AF307301

Gerhard Fasching

# Die empirisch-wissenschaftliche Sicht

Springer-Verlag Wien New York

o. Prof. Dipl.-Ing. Dr. techn. Gerhard Fasching

Institut für Werkstoffe der Elektrotechnik
Technische Universität Wien, Österreich



Mit 87 Abbildungen

CIP-Titelaufnahme der Deutschen Bibliothek

**Fasching, Gerhard:**
Die empirisch-wissenschaftliche Sicht / Gerhard Fasching –
Wien Springer, 1989

ISBN-13:978-3-7091-9060-9    e-ISBN-13:978-3-7091-9059-3
DOI: 10.1007/978-3-7091-9059-3

# Vorwort

Der Zugriff der empirischen Wissenschaft stellt sich unter die Forderung des logischen Aufbaues und der empirischen Fundierung. Ein widerspruchsfreies System, bei dem die Erfahrung die Quelle dieses Wissens ist, ist also das Ziel. Häufig sieht man dabei in diesem Zugriff eine Möglichkeit, die Realität selbst oder zumindest Aspekte der Realität zu erfassen: Tatsachen werden – so sieht man es gerne – durch Begriffe festgehalten, zu Gesetzen verdichtet und für wahre Erklärungen verwendet. Diesem Begriffs-, Gesetz- und Erklärungsfundament der "empirisch-wissenschaftlichen Wirklichkeit" wenden wir uns zu und stehen bald vor einer Reihe erstaunlicher Probleme, die einen Sichtwandel nahelegen: Das, was uns die Methode des Zugriffes als Ergebnis zurückwirft, hat nämlich nichts Absolutes an sich, wie man das beim Ergreifen einer Realität wohl erwartet hätte. Das, was uns entgegengeworfen wird, hat – so finden wir – bloß relativen Charakter. Dieser sogenannte "Gegenwurf" ist überhöht gesagt ein Denkmuster, welches als relative Reflexion relativ ausgewählter Elemente des Gewahrwerdens konstruiert wurde. Die empirisch-wissenschaftliche Sicht ist somit in erster Linie an die spezielle Methodik ihrer eigenen Konstruktion gebunden und nicht an eine objektive Struktur der Realität. Die vermeintlich ergriffene Realität zerfließt. Es ist eine eigenartige Situation, mit der wir zu Beginn unserer Überlegungen jedenfalls nicht gerechnet hätten. Hierdurch erscheint eine Verabsolutierung der empirisch-wissenschaftlichen Sicht zur alleinigen Wahrheit immer fragwürdiger, und es öffnet sich hierdurch der Pfad zu einer pluralistischen, vielgestaltigen Sicht.

Die hier erörterten Themen sind aufs engste mit einer ganzen Reihe großer Forscherpersönlichkeiten und Denker verbunden: CARNAP, HEMPEL, KUHN, KUTSCHERA, LAKATOS, OPPENHEIM, POINCARÉ, POPPER, RESCHER, STEGMÜLLER und WALLOT. Ihre Gedanken waren – auch wenn ich zum Teil eine andere Auffassung vertrete – für mich von unschätzbarem Wert. Insbesondere hat mir das umfangreiche Œuvre von Professor WOLFGANG STEGMÜLLER den Zugang zur Wissenschaftstheorie geöffnet.

Anregung zu diesem Buch waren viele Diskussionen mit Studierenden naturwissenschaftlich-technischer Fachrichtung. Diskussionen mit Studierenden, denen oft die bedrückende Einseitigkeit einer verabsolutierten empirisch-wissenschaftlichen Sicht vor Augen steht. Das Buch ist als begleitender Text zu einer einführenden Vorlesung gedacht, die ich seit einiger Zeit an der Technischen Universität Wien halte.

Es ist mir ein Anliegen, meinen Freunden für viele kritische Gespräche zu danken, die mir immer wieder geholfen haben, die manchmal ins Stocken geratene Arbeit in Gang zu halten. Weiters möchte ich die Mithilfe von Frau Gertrude Nowotny und Herrn Thomas Zottl hervorheben, sie haben mit besonderer Sorgfalt den Text geschrieben, und Herr Heinz Homolka hat die Zeichnungen angefertigt. Sie haben meine immer wieder vorgebrachten Änderungswünsche mit Geduld ertragen. Ich bedanke mich auch für die Gewährung von Druckkostenbeiträgen, wodurch eine preisgünstige Herausgabe des Buches möglich wurde. Schließlich ist es mir ein Anliegen, dem Springer-Verlag für die rasche Drucklegung und für die schöne Ausstattung des Buches zu danken.


Waldhausen im Strudengau,　　　　　　　　　　　Gerhard Fasching
　　　Mai 1989

# Inhaltsverzeichnis

## Kapitel III.  Gesetze und Theorien

## Kapitel IV.   Erklärungen und Voraussagen



## Kapitel V.   Reflexionen der Anschauung an Begriff und Theorie

# Einleitung

Die empirische Wissenschaft will mehr sein, als bloß eine Sammlung von ungewissen Alltagsweisheiten und kuriosen Merkwürdigkeiten. An erster Stelle steht daher die Forderung nach einem *logischen* und in sich widerspruchsfreien Aufbau. Weiters gilt der Anspruch einer *empirischen* Wissenschaftlichkeit; verkürzt gesagt meint man damit, daß nur die Erfahrung als Quelle und Basis für dieses Wissen über die Welt gilt; wenn wir etwas nicht empirisch erfahren haben, dann können wir es auch nicht im empirischen Sinn wissen. Begriffe, Gesetze und Erklärungen sind dabei das Fundament, auf dem diese wissenschaftliche Sicht aufbaut. Tatsachen und Sachverhalte werden durch Begriffe festgehalten, zu Gesetzen, zu Naturgesetzen verdichtet und für wahre Erklärungen verwendet. Der Bogen scheint geschlossen zu sein – die Realität hat man offenbar dadurch ergriffen. Denn die *Begriffe* fußen direkt auf der Erfahrung; ihre Bedeutung ist eindeutig und unmißverständlich festgelegt; mit ihnen können wir Beobachtungen und Experimente beschreiben; wir können Aussagen machen, die sich durch Augenschein unmittelbar als wahr herausstellen und die von jedermann überprüft werden können; diese Aussagen sind intersubjektiv, also objektiv. Und wenn sich bei solchen Behauptungen zeigt, daß der Ablauf des Geschehens immer wieder in genau der gleichen Art vor sich geht, dann liegt offenbar ein *Gesetz* vor, dem die Forschungsobjekte selbst unterworfen sind: Was wir wissen, beruht also auf Beobachtungen und Experimenten; was wahr oder falsch ist, entscheidet die Natur. In Begriffen und Gesetzen sieht man aber keinen Selbstzweck; sie sind uns vielmehr ein Hilfsmittel, um noch viel mehr zu erreichen. Begriffe und Gesetze ermöglichen es uns, die Phänomene, vor denen wir stehen, zu formulieren, zu ordnen, zu durchleuchten und zu beeinflussen. Eine zentrale Bedeutung hat dabei die Frage: Warum ist dieses bestimmte Phänomen aufgetreten? Man sucht also nach einer *Erklärung.* Eine Erklärung weist nach, daß man bei den vorliegenden Anfangsbedingungen und den bekannten Gesetzen das Ereignis logisch erschließen kann, daß man mit ihm also hätte rechnen müssen; das heißt, wir verstehen dann, warum dieses

Ereignis aufgetreten ist. Schließen wir im Gegensatz zur Erklärung auf
ein Ereignis, bevor es noch stattgefunden hat, so nennen wir das eine *Voraussage*: Sie ermöglicht es uns, gezielt in die Phänomene einzugreifen und
wir können – wenn wir es nur richtig machen – die Welt fehlerfrei und korrekt nach unseren eigenen Vorstellungen gestalten: Vieles wird machbar.
Es ist bekannt, daß die Möglichkeit von Erklärung und Voraussage die
Wissenschaft in ihrer Anfangszeit ganz wesentlich befruchtet hat. Auch
ihre Bedeutung, die sie sehr bald für die Gesellschaft gewonnen hat, hängt
sicher mit diesen Fähigkeiten zusammen.

Begriffe, Gesetze, Erklärungen und Voraussagen sind also das Fundament, auf dem wir unsere empirisch-wissenschaftliche Sicht aufbauen.
Sie sind das Fundament unserer empirisch-wissenschaftlichen Wirklichkeit: Sachverhalte und Tatsachen werden dort begrifflich-theoretisch erfaßt. Die empirisch-wissenschaftliche Forschung vermittelt uns sogar die
zwingende Vorstellung, daß diese Sicht nicht nur im Bereich unserer täglichen Erfahrung, sondern auch bis tief in die belebte und unbelebte Materie
hinein gültig und anwendbar ist. Ja, nicht nur das. Wir kommen sogar
zu der Auffassung, daß sie bis an die räumlichen und zeitlichen Grenzen
unseres gesamten Universums anwendbar ist. Wir haben nirgends auch
nur andeutungsweise irgend etwas gefunden, was prinzipiell jenseits des
empirisch-wissenschaftlichen Zugriffes liegt. Man gelangt auf diese Weise
zu der Vorstellung, daß man mit Hilfe der empirisch fundierten Gesetze,
Theorien, Erklärungen und Voraussagen etwas zutage fördert, was man die
*Realität* nennt, also etwas, was man die Dinghaftigkeit oder die Wirklichkeit nennt. Diese Vorstellung wird man allerdings nur als Zielvorstellung
gelten lassen können. Denn man hat bis heute ja sicher nur einen kleinen Bruchteil der Forschungsgegenstände erforscht und es gibt eine Unzahl ungelöster wissenschaftlicher Probleme. Man ist aber überzeugt, daß,
abgesehen von irgendwelchen untergeordneten Korrekturen, sich letztlich
alle wesentlichen und gesicherten Erkenntnisse auch in Zukunft in diesen
Rahmen einordnen lassen. Wir haben also bis jetzt nur einen *Aspekt der
Realität* erkannt, also einen zur Zeit noch verengten Anblick des Gesamten.
Man stellt sich aber vor, daß der zukünftige wissenschaftliche Fortschritt
neue Aspekte zutage fördern wird, die sich – gerade wegen der vereinbarten *empirischen* Wissenschaftlichkeit – nahtlos an die bereits entdeckten
Aspekte der Realität anfügen lassen, wodurch dann "die eine Realität" in
ihrer Absolutheit in immer komplettierterer Form endlich sichtbar wird.
Der Übergang von der "Realität" zum "Aspekt der Realität" ist aber
erst das eine Zugeständnis, welches man macht, es gibt noch ein zweites: Es kann nämlich ohneweiters im Zug der Wissenschaftsentwicklung
zutage treten, daß ein bislang erfolgreich angewendetes Gesetz in bestimmten Randbereichen der Wirklichkeit seine Gültigkeit zum Teil verliert und
schließlich durch ein umfassenderes und genaueres Gesetz verdrängt wird.

Das alte, ausrangierte Gesetz ist zwar dann natürlich immer noch gültig, man hat es ja im Rahmen der bisherigen Erfahrung stets erfolgreich anwenden können; aber das neue Gesetz ist jedenfalls genauer und exakter. Wir sehen in einer solchen Entwicklung einen deutlichen Hinweis für eine asymptotische Annäherung an die Realität. Dieses zweite Zugeständnis veranlaßt uns also zu sagen, daß die empirisch-wissenschaftliche Sicht nicht Realitätsaspekte erfaßt, sondern daß sie aspektweise etwas ergreift, dem man bloß eine gewisse Realitätsnähe attestieren kann. Aber selbst diese Vorstellung, daß man eine *aspekthafte Realitätsnähe* tatsächlich dingfest machen kann, wäre schon sehr viel und wir könnten mit einem solchen Ergebnis wohl recht zufrieden sein. Diese Vorstellung der aspekthaften Realitätsnähe steht auch vielfach im Zentrum des Selbstverständnisses der empirischen Wissenschaft. Wir können eine solche Vorstellung aber natürlich nicht als ein bloßes Dogma, als eine ungeprüft hingenommene Behauptung akzeptieren, denn Dogmen sind im Bereich der empirischen Wissenschaft unzulässig. Wir werden also diese Vorstellung gegebenenfalls zu untermauern, jedenfalls aber zu überprüfen haben, damit wir uns über die Tragfähigkeit und Verläßlichkeit unserer empirisch-wissenschaftlichen Aussagen ein richtiges Bild machen. Reicht unsere Methode wirklich bis zur aspekthaften Realitätsnähe? Es wird also genauer zu beleuchten sein, wie man zu diesen angeblich scharf und verläßlich definierten Begriffen kommt, die für uns offenbar die erste und wichtigste Voraussetzung sind, damit man in die empirisch-wissenschaftliche Sicht überhaupt einen Einstieg findet. Wir werden auch zu fragen haben, wie man jetzt wirklich diese wahren (oder zumindest wahrscheinlich wahren) Gesetze und Theorien auffindet und welche Struktur sie haben. Auch Erklärungen und Voraussagen werden einer sorgfältigen Analyse zu unterziehen sein; wir fragen somit nach dem Paradigma für rationale Erklärungen. Auf dieser Grundlage wollen wir dann dem Gedanken nachgehen, ob der Begriffs-Gesetz-Erklärungs-Bogen wirklich unterbrechungslos und verläßlich bis zur aspekthaften Realitätsnähe reicht, oder ob das vielleicht doch nicht so ist.

Die Ergebnisse, die unsere diesbezüglichen Untersuchungen zutage fördern werden, werden diese Hoffnungen – das soll schon jetzt vorausschauend gesagt werden – eher enttäuschen:
*Beim Aufbau der Begriffe* werden wir zwar eine auf der Anschauung fußende Begriffspyramide errichten können. Die Begriffe werden sich aber nicht bedingungslos auf Erfahrbares zurückführen lassen; im Gegenteil, es werden verschiedene Befunde, Hypothesen und Überlegungen auf die Gültigkeit (!) der betreffenden Begriffsdefinitionen Einfluß nehmen und man wird hierdurch eine Reihe wichtiger Begriffsdefinitionen bloß als Provisorien oder hypothetische Verallgemeinerungen auffassen dürfen.
*Unser zweites Fundament werden, wie gesagt, die Gesetze und Theorien*

*sein.* Auch hier stehen wir bald vor einem provokativen Satz: "Theorien erweisen sich nie als wahr, höchstens als falsch." Und selbst diese Behauptung wird noch zu zahm sein. Die Struktur von Theorien wird sich nämlich komplexer erweisen, als wir zuerst vermuten würden. Hierbei wird die üblicherweise gehegte Vorstellung von der "Annäherung der menschlichen Erkenntnis an die Realität" problematisch.
*Unser drittes Fundament, die Erklärungen und Voraussagen,* führt gerade bei den im Bereich der empirischen Wissenschaft so wichtigen indeterministischen Gesetzen auf ganz merkwürdige Probleme. Man stößt nämlich auf das Phänomen der Mehrdeutigkeit: Zwei Sätzen, die voneinander das Gegenteil behaupten, wird dort attestiert, daß sie mit hoher Wahrscheinlichkeit beide (!) wahr sind. Wir werden schließlich in "informativen Erklärungen" das Paradigma für rationale Erklärungen sehen, wobei der vertraute Begriff der "wahren deterministischen Erklärung" seinen Sinn verliert.

Vor diesem Hintergrund – so meine ich – erscheint die "Wirklichkeit" der empirischen Wissenschaft in einem anderen Licht. Wir werden die Frage neu zu überdenken haben, wie sich die Anschauung als allgemeinste Form des Gewahrwerdens an Begriffen, Theorien, Erklärungen und Voraussagen "spiegelt", also von ihnen zurückgeworfen wird. Begriffspyramide, Theorienetz, Erklärungen und Voraussagen bilden sozusagen einen Reflektor, der einen *Gegenwurf* hervorbringt. Der Gegenwurf wird sich dabei nicht als etwas erweisen, das man "die Realität" nennen könnte. Der Gegenwurf – so wird sich zeigen – ist nicht etwas Absolutes, er ist im Gegenteil relativ und zwar relativ in Bezug auf die Bauart des Reflektors, wobei sogar mit diskontinuierlichen Änderungen des Gegenwurfes und auch mit mehreren nebeneinander stehenden Gegenwürfen zu rechnen ist, die sich nicht als deckungsgleich erweisen. Ein Gegenwurf ist also ein Denkmuster, welches aus einer relativen Reflexion konstruiert wurde. Und auf noch etwas muß man deutlich hinweisen. Mit einem monopolistischen Verabsolutieren eines bestimmten Gegenwurfes zu einer "Realität" ist ein erheblicher Nachteil verbunden: man wird durch eine solche Vorgangsweise nämlich blind dafür, andere mögliche Gegenwürfe neben dem suggestiv zwingenden, zur Zeit "offiziellen Gegenwurf", der jetzt "Realität" heißt, überhaupt wahrzunehmen. Ein vielleicht längst überfälliger Umstieg von einem unfruchtbar gewordenen Gegenwurf auf einen neuen erfolgversprechenden Gegenwurf wird dadurch erschwert und behindert. Das Zutagetreten eines neuen Denkmusters – welches vielleicht dringend für die Lösung von anstehenden Problemen benötigt wird – wird dadurch verzögert. Man muß in der Interpretation des Gegenwurfes als Realität sogar eine unerlaubte Immunitätsstrategie sehen, die bloß der Stabilität und Standfestigkeit dieses momentanen, "liebgewordenen" Gegenwurfes dienen soll. Unsere Überlegungen öffnen jedenfalls den Pfad zu einer pluralistischen, vielseitigen Sicht.

Die Namen jener Denker, die mit diesen Themen und Vorstellungen aufs engste verbunden sind, werden in den nachfolgenden Kapiteln genannt. Das zitierte Schrifttum soll einerseits die Quellen nennen, die für mich zum Teil von unschätzbarem Wert waren, und soll anderseits zur ergänzenden Lektüre anregen.

# Kapitel I

# Der Zugriff der empirischen Wissenschaft

## 1. Vorbemerkung

In diesem ersten Kapitel wollen wir uns der Frage nähern, was man denn eigentlich unter dem Zugriff der empirischen Wissenschaft verstehen soll. Ich meine jenen Zugriff der empirischen Wissenschaft, der sich der Realität, also der Dinghaftigkeit bemächtigen will. Wir wollen dieses Thema hier zu Beginn aber nicht von der Wissenschaftstheorie her aufrollen, sondern lieber von der Seite der wissenschaftlichen Praxis, und auch das wollen wir nur auf dem allereinfachsten Niveau tun. Schon im Gymnasium und in den ersten Semestern an der Universität erfährt der Student an einfachen Beispielen, was er unter den einzelnen empirisch-wissenschaftlichen Begriffen zu verstehen hat. Soweit das möglich ist, wird ihm auch gezeigt, wie man durch Experiment und Beobachtung jene Gesetze finden kann, die die Natur beherrschen. Jedenfalls wird man mit Begriffen und Gesetzen vertraut gemacht, die die Basis für die verschiedenen empirisch-wissenschaftlichen Fachrichtungen sind. Schon einfache Beispiele aus dem Bereich der klassischen Physik, der Werkstoffwissenschaft, der Biologie und der Astronomie können uns wichtige Begriffe und Gesetze vor Augen führen, die uns zeigen, wie es zu diesem empirisch-wissenschaftlichen Zugriff im Detail kommt. Wir wollen solche Beispiele im folgenden näher beleuchten. Sie vermitteln uns, so glaube ich, recht eindringlich die Vorstellung, daß die empirisch-wissenschaftliche Sicht bis tief in die belebte und unbelebte Natur hinein gültig und anwendbar ist. Grenzen werden jedenfalls nicht gesehen. Wie tragfähig und verläßlich ist die Basis unseres Gebäudes? Können wir uns darauf verlassen, daß die Realität oder zumindest Aspekte der Realität in absoluter Weise ergriffen werden? Oder wenn schon das alles nicht der Fall wäre, können wir wenigstens behaupten, daß wir uns der Realität nähern? Vor diesen Fragen werden wir stehen.

## 2. Einige Beispiele

An Hand einer Reihe von Einzelfällen wollen wir demonstrieren, auf welche Weise die empirische Wissenschaft die Welt ergreift, auf welche Weise man das auffindet und festhält, was man gerne die Realität nennt, also das, was tatsächlich gegeben ist, die Gegebenheit, die Dinghaftigkeit oder die Wirklichkeit. Die Betrachtung von Einzelfällen ist oft belanglos, weil man dabei seine Aufmerksamkeit nur auf einen verschwindend kleinen Ausschnitt des Gesamten richtet. Und so ist es auch hier. Auch wenn wir im folgenden vielleicht kleine Details ansprechen, so kommt es also nicht darauf an, sich in Einzelheiten zu verbeißen; wir werden im späteren Teil unserer Überlegungen ohnehin nicht mehr auf sie zurückkommen; *man kann insbesondere die rechnerischen Details bedenkenlos überspringen* und nur die zusammenfassenden Bemerkungen, die jeweils am Ende der Beispiele angeführt werden, durchsehen. Uns kommt es hier zunächst nur darauf an, einen ersten Eindruck davon zu bekommen, auf welche Weise man in der empirischen Wissenschaft an die Probleme herangeht. Es muß, so glaube ich, nicht besonders betont werden, daß der Akribie und Sorgfalt bei der Behandlung solcher Fragen im Prinzip keine Grenzen gesetzt sind; wir wollen uns hier eher einer einfachen Darstellung zuwenden, weil schon dabei all das zu sehen ist, worauf es uns ankommt. Die Beispiele, die wir herausgreifen werden, entstammen verschiedenen Fachgebieten: der klassischen Mechanik, der Elektrodynamik, der Werkstoffwissenschaft, der Biologie und der Astronomie. Insbesondere soll von folgenden Themen die Rede sein:

1. Freier Fall
2. Einfaches Pendel
3. Kräfte auf elektrische Ladungen
4. Bewegte elektrische Ladungen in einem Magnetfeld
5. Bewegung freier Ladungsträger (allgemeiner Fall)
6. Die Dichte von Kristallen
7. Elektronen, Atome und Moleküle
8. Lebendige Systeme
9. Neurale Kommunikation
10. Stellare Objekte.

Diese Beispiele sind für uns wertvoll, weil sie uns auf einfache Weise vor Augen führen, auf welcher Basis die empirisch-wissenschaftliche Sicht nach einer viel vertretenen Auffassung ruht.

*1. Der freie Fall.* Angeblich hat schon GALILEI im Jahr 1590 am schiefen Turm zu Pisa Fallversuche ausgeführt und festgestellt, daß man es hierbei mit einer beschleunigten Bewegung zu tun hat – die Fallgeschwindigkeit wird also immer größer, je länger der Körper fällt –, und er hat festgestellt, daß Körper unabhängig von Art, Gestalt und Gewicht gleich schnell fallen, denn sie schlagen immer gleichzeitig am Boden auf, egal aus welcher Höhe man sie gleichzeitig fallen läßt. Natürlich muß man hier sofort eine Einschränkung anbringen: Der Luftwiderstand muß vernachlässigbar klein sein. Denn wir wissen, eine Münze und ein Stück Papier fallen natürlich nicht gleich schnell zu Boden; wenn man aber das Papier zu einer kleinen Kugel zusammenknüllt und so den Luftwiderstand reduziert, dann kommen Münze und Papier doch auch wieder nahezu gleichzeitig am Boden auf. Der freie Fall ist ein grundlegendes Experiment; die meisten einführenden Lehrbücher der Physik (BERGMANN-SCHAEFER [Experimentalphysik I, Seite 40], SEXL [Physik], GERTHSEN [Physik]) handeln dieses Thema ab.

| wir beobachten: | | wir folgern: | | | |
|---|---|---|---|---|---|
| Zeit | Fallstrecke | mittlere Geschw im Zeitintervall | Geschw.-zunahme pro Sek. d.h. Beschleunigung | Geschw zur Zeit $t$ | Zeit |
| $t$ | $x(t)$ | $\bar{v}$ | $g$ | $v(t)$ | $t$ |
| 0 s | 0 m | | | 0 m/s | 0 s |
| | | 5 m/s | | | |
| 1 s | 5 m | | 10 m/s$^2$ | 10 m/s | 1 s |
| | | 15 m/s | | | |
| 2 s | 20 m | | 10 m/s$^2$ | 20 m/s | 2 s |
| | | 25 m/s | | | |
| 3 s | 45 m | | 10 m/s$^2$ | 30 m/s | 3 s |
| | | 35 m/s | | | |
| 4 s | 80 m | | 10 m/s$^2$ | 40 m/s | 4 s |
| | | 45 m/s | | | |
| 5 s | 125 m | | | 50 m/s | 5 s |

Tabelle 1

Stellen wir uns vor, wir machen ein Experiment und untersuchen, welche Strecke ein frei fallender Körper im Lauf der Zeit fliegend zurücklegt, und stellen fest, daß er nach 1 Sekunde 5 Meter tief gefallen ist, nach 2 Sekunden sind es 20 Meter usw., wie das in Tabelle 1 aufgelistet wurde. Wir sehen, daß die Fallgeschwindigkeit offenbar immer größer wird, denn der Körper legt in der ersten Sekunde 5 Meter zurück, in der zweiten Sekunde sind es schon 15 Meter (= 20 m − 5 m), in der dritten Sekunde sogar 25 Meter usw. Diese Fallstrecke in Metern während einer Sekunde nennt man die mittlere Geschwindigkeit $\bar{v}$ in Metern pro Sekunde. (Die Geschwindigkeit wird von Sekunde zu Sekunde natürlich nicht sprungartig größer, sondern sie wächst allmählich; um eine quantitative Vorstellung über die Geschwindigkeitszunahme zu erhalten, haben wir daher die oben genannte *mittlere* Geschwindigkeit eingeführt.) Wir sehen hieraus, daß die Geschwindigkeits-Zunahme pro Sekunde, also die Beschleunigung $g$, immer den *gleichen* Wert hat, nämlich stets 10 m/s je Sekunde, also 10 m/s$^2$. Wir sagen also, daß der freie Fall eine *gleichmäßig* beschleunigte Bewegung ist: Die Fallbeschleunigung ist

$$g = 10 \text{ m/s}^2$$

(genauere und exaktere Messungen führen auf $g = 9{,}81$ m/s$^2$) und die Geschwindigkeit nimmt also mit jeder Sekunde gemäß

$$v(t) = g \cdot t$$

zu; zur Sekunde Null steht der Körper noch still, nach der ersten Sekunde ($t = 1$ s) ist die Geschwindigkeit $v = 10$ m/s (die mittlere Geschwindigkeit $\bar{v}$ ist in diesem Zeitintervall also 5 m/s), nach der zweiten Sekunde ($t = 2$ s) ist sie $v = 20$ m/s usw. Betrachten wir jetzt noch einmal den in Tabelle 1 angegebenen experimentell beobachteten Zusammenhang zwischen Fallstrecke und Zeit; es fällt uns auf, daß die Fallstrecke proportional zum Quadrat der Zeit ist. Denn die Strecke, die der fallende Körper zurücklegt, genügt dem Gesetz

$$x(t) = \frac{g}{2} \cdot t^2 \, ,$$

das heißt zum Beispiel, daß nach 3 Sekunden der Körper

$$x = \frac{10 \text{ m/s}^2}{2} \cdot (3 \ s)^2 = 5 \text{ m/s}^2 \cdot 9 \text{ s}^2 = 45 \text{ m}$$

tief gefallen ist.

Die beiden Gleichungen für den freien Fall erhält man auch aus dem Newtonschen Gesetz

$$F = m \, \frac{\mathrm{d}^2 x}{\mathrm{d}t^2}$$

($F \ldots$ Kraft, $m \ldots$ Masse, $a = \frac{\mathrm{d}^2 x}{\mathrm{d}t^2} \ldots$ Beschleunigung dieses Körpers) und aus der Beziehung für die Gewichtskraft

$$F = G = m \cdot g$$

($G \ldots$ Gewichtskraft oder Gewicht, $g \ldots$ Fallbeschleunigung) durch Integration. Man erhält nach kurzer Rechnung

$$v(t) = v_0 + g \cdot t$$

und

$$x(t) = x_0 + v_0 \cdot t + \frac{g}{2}\, t^2 \,,$$

wobei $x_0$ die Anfangslage und $v_0$ die Anfangsgeschwindigkeit bedeuten. Sind diese Werte wie bei unserem Beispiel gleich Null ($x_0 = 0$, $v_0 = 0$) dann ist

$$v(t) = g \cdot t$$

und

$$x(t) = \frac{g}{2} \cdot t^2 \,.$$

Wir haben also den freien Fall auf empirisch-experimentelle Weise erfaßt, indem wir sogenannte Größenbegriffe (Zeit, Wegstrecke, Geschwindigkeit, Beschleunigung, Kraft und Masse) konstruiert haben, mit deren Hilfe wir aus der Natur Gesetzmäßigkeiten abgelesen haben. Mit Hilfe der *Begriffe* und *Gesetze* können wir dieses Naturphänomen *erklären*; denn wenn sich zum Beispiel jemand wundert, wieso denn der frei fallende Körper nach 5 Sekunden Fallzeit ausgerechnet 125 Meter tief gefallen ist, dann können wir durch mathematisches Einsetzen in unsere Gleichung sehr leicht zeigen, daß diese angezweifelte Beobachtung den Fallgesetzen genügt und daß also kein Anlaß zur Verwunderung besteht. Ja wir können sogar noch weiter gehen und *voraussagen*, daß der Körper im freien Fall in 6 Sekunden 180 Meter zurücklegen wird, und diese Voraussage im nachhinein experimentell verifizieren. Das tatsächliche Eintreffen dieser Voraussage wird man gerne als Beweis für das Gesetz gelten lassen.

**2.** *Das einfache Pendel.* Ein sehr lehrreiches Beispiel ist das sogenannte einfache Pendel in der besonders eleganten Ableitung nach KITTEL [Mechanik, Seite 135]. Das einfache Pendel besteht aus einer punktförmig gedachten Masse $m$ am unteren Ende eines masselosen Stabes mit der Länge $l$, der an seinem oberen Ende drehbar gelagert ist (Abbildung 1). Wir stellen uns konkret ein Pendel mit einer Pendellänge von $l = 1$ m vor und einer Pendelmasse von $m = 1$ kg, wobei das Pendel um einen Winkel von $\alpha = 10°$ ausgelenkt wird. Wir stellen experimentell fest, daß dieses Pendel für eine Hinundherschwingung 2 Sekunden braucht. Warum ist das so und was würde sich ändern, wenn man am Pendel irgendetwas verändert, zum Beispiel die Pendellänge variiert, die Pendelmasse vergrößert oder den Auslenkungswinkel auf $\alpha = 20°$ erhöht. Das wollen wir uns hier ansehen.

Lenkt man das Pendel aus seiner lotrechten Ruhelage um den Winkel $\alpha$ aus, dann wird der Massepunkt um

$$h = l - l \cdot \cos \alpha$$

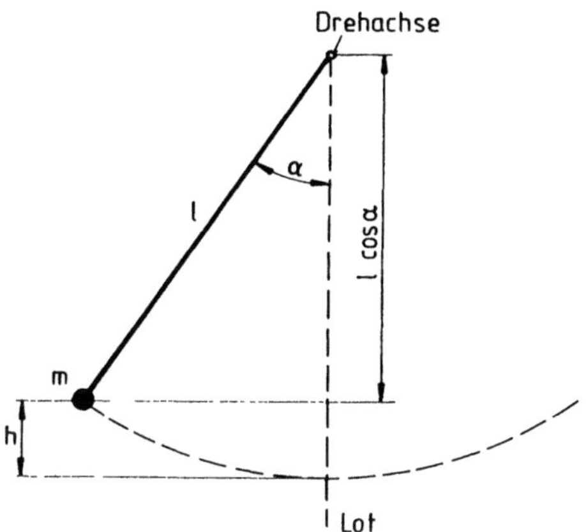


Abbildung 1

nach oben gehoben. Die potentielle Energie der Masse im Schwerefeld der
Erde ist

$$W_{pot.} = \text{Gewicht} \cdot \text{Höhe} = m\,g \cdot h = m\,g\,l\,(1 - \cos \alpha)\ .$$

Sobald das Pendel frei schwingt, verändert sich der Auslenkungswinkel $\alpha$
und die Geschwindigkeit des schwingenden Massepunktes ist

$$v = l \cdot \frac{d\alpha}{dt}\ .$$

$\frac{d\alpha}{dt}$, also die Änderung des Winkels $(d\alpha)$ je Zeitintervall $(dt)$, nennt man
die Winkelgeschwindigkeit. Die kinetische Energie des Pendels ist damit

$$W_{kinet.} = \frac{m\,v^2}{2} = \frac{1}{2}\,m\,l^2\,\left(\frac{d\alpha}{dt}\right)^2\ .$$

Die Gesamtenergie des schwingenden Pendels ist in jedem bestimmten
Zeitpunkt durch

$$W = W_{kinet.} + W_{pot.} = \frac{1}{2}\,m\,l^2\,\left(\frac{d\alpha}{dt}\right)^2 + m\,g\,l\,(1 - \cos \alpha)$$

gegeben. Der Energieerhaltungssatz besagt, daß die Gesamtenergie $W$ konstant ist; dieser Erhaltungssatz führt uns zur Lösung unseres Problems. Eine Reihenentwicklung zeigt, daß man für nicht zu große Winkel $\alpha$ näherungsweise

$$\cos\alpha \approx 1 - \frac{1}{2}\,\alpha^2$$

schreiben kann, wodurch sich die Gleichung für die Gesamtenergie des schwingenden Pendels im Rahmen der Einschränkung $\alpha \ll 1$ zu dem näherungsweise gültigen Ausdruck

$$W = \frac{1}{2}\,m\,l^2\,\left(\frac{d\alpha}{dt}\right)^2 + \frac{1}{2}\,m\,g\,l\,\alpha^2$$

vereinfacht. Löst man diese Gleichung nach $\frac{d\alpha}{dt}$ auf, so erhält man

$$\frac{d\alpha}{dt} = \sqrt{\frac{2W - m\,g\,l\alpha^2}{m\,l^2}} = \sqrt{\frac{g}{l}}\,\sqrt{\underbrace{\frac{2W}{m\,g\,l}}_{\alpha_0^2} - \alpha^2}\ .$$

Man kann leicht zeigen[1], daß dem Ausdruck $\frac{2W}{m\,g\,l}$ unter der Wurzel eine Größe $\alpha_0^2$ entspricht; $\alpha_0$ ist dabei jener maximale Ausschlagswinkel, bei dem das Pendel umkehrt und in die andere Richtung wieder zurückschwingt. Es ist also

$$\frac{d\alpha}{dt} = \sqrt{\frac{g}{l}}\,\sqrt{\alpha_0^2 - \alpha^2}$$

oder

$$\frac{d\alpha}{\sqrt{\alpha_0^2 - \alpha^2}} = \sqrt{\frac{g}{l}}\,dt\ .$$

---

[1] Der Winkel $\alpha_0$ möge dem Umkehrpunkt der Pendelbewegung entsprechen. Im Umkehrpunkt ist das Pendel einen kurzen Moment in Ruhe, das heißt, die kinetische Energie ist dort Null. Aus $d\alpha/dt = 0$ folgt für die Gesamtenergie

$$W = 0 + \frac{1}{2}\,m\,g\,l\,\alpha_0^2\ .$$

Es ist also

$$\alpha_0^2 = \frac{2\,W}{m\,g\,l}\ .$$

Ist zur Zeit $t = 0$ der Ausschlagswinkel $\alpha = \alpha_1$, dann ist nach Integration der obigen Gleichung

$$\int\limits_{\alpha_1}^{\alpha} \frac{d\alpha}{\sqrt{\alpha_0^2 - \alpha^2}} = \sqrt{\frac{g}{l}} \int\limits_0^t dt \ .$$

Löst man die Integrale, so erhält man

$$\text{arc sin} \ \frac{\alpha}{\alpha_0} - \text{arc sin} \ \frac{\alpha_1}{\alpha_0} = \sqrt{\frac{g}{l}} \cdot t$$

und mit $\sin \text{arc} \sin \frac{\alpha}{\alpha_0}$ erhält man

$$\frac{\alpha}{\alpha_0} = \sin \left[ \sqrt{\frac{g}{l}} \cdot t + \text{arc sin} \ \frac{\alpha_1}{\alpha_0} \right]$$

oder

$$\alpha = \alpha_0 \sin (\omega_0 \, t + \varphi)$$

wobei

$$\omega_0 = \sqrt{\frac{g}{l}}$$

und

$$\varphi = \text{arc sin} \ \frac{\alpha_1}{\alpha_0}$$

gesetzt wurde. $\omega_0$ nennt man die Kreisfrequenz und $\varphi$ die Phasenverschiebung der Schwingung. Die gefundene Lösung mit der Gleichung

$$\alpha = \alpha_0 \cdot \sin (\omega_0 \, t + \varphi)$$

sagt also aus, daß die Pendelschwingung eine Kreisfunktion ist, wobei die Maximalamplitude der Schwingung $\alpha_0$ ist und die Frequenz $f$ der Schwingung durch

$$f = \frac{\omega_0}{2\pi} = \frac{1}{2\pi} \sqrt{\frac{g}{l}}$$

gegeben ist. Bei einem Pendel mit 1 Meter Pendellänge ist

$$f = \frac{1}{2\pi} \sqrt{\frac{10 \text{m/s}^2}{1 \text{m}}} \approx 0.5 \ \frac{1}{\text{s}} \ .$$

Das Pendel macht also eine halbe Schwingung je Sekunde, es benötigt also für eine Hinundherschwingung insgesamt 2 Sekunden, wie wir zu Beginn auch experimentell registriert haben. Es ist bemerkenswert, daß die Frequenz der Pendelschwingung unabhängig von der Masse $m$ des Pendels und unabhängig von der Amplitude $\alpha_0$ ist. Schwere und leichte Pendel schwingen also mit der gleichen Frequenz. wenn sie nur gleich lang sind. Genauso hat auch die Amplitude des Pendelausschlages $\alpha_0$ keinen Einfluß auf die Frequenz (soferne nur $\alpha_0 \ll 1$).

Fassen wir zusammen. Eine punktförmig gedachte Masse, die am unteren Ende eines masselosen Stabes befestigt ist, der oben drehbar gelagert wurde, stellt ein schwingfähiges Gebilde dar – das einfache Pendel. Schwingt das Pendel durch seinen tiefsten Punkt, dann bewegt es sich am schnellsten, es liegt hohe kinetische Energie und verschwindend kleine potentielle Energie vor. Verharrt das Pendel in seiner höchsten Schwingungslage, in seinem Umkehrpunkt, für einen kurzen Moment in Ruhe, dann liegt verschwindend kleine kinetische Energie und hohe potentielle Energie vor. Der Energieerhaltungssatz besagt, daß die Gesamtenergie stets konstant ist; es wandeln sich also abwechselnd potentielle und kinetische Energie ineinander um, während das Pendel hin und her schwingt. Diese Überlegungen haben uns zur Bewegungsgleichung des Pendels geführt. Die Schwingungsfrequenz erweist sich in diesen Gleichungen nur von der Pendellänge und von der Erdbeschleunigung abhängig. Die Masse des Pendelkörpers hat keinen Einfluß und auch nicht die Bogenlänge. wie weit das Pendel aus seiner Ruhelage ausgelenkt wurde; auf die Dauer der Hinundherbewegung hat das keinen Einfluß. Die Pendelbewegung wurde empirisch und theoretisch im Lauf der Wissenschaftsgeschichte sehr genau untersucht und man hat eine bemerkenswert gute Übereinstimmung zwischen Theorie und Experiment gefunden. Durch empirisch fundierte *Begriffe* (Masse, Länge, Geschwindigkeit, Energie, ...) und *Gesetze* (Energieerhaltungssatz, ...) konnten wir schon mit relativ einfachen Mitteln und einfachen Überlegungen die doch recht komplexe Pendelbewegung *erklären*. Auf der Grundlage analoger Überlegungen sind selbstverständlich auch für andere Pendelexperimente, die man gegebenenfalls auch erst in Zukunft ausführen will, Vorausberechnungen und *Voraussagen* möglich. Pendel haben früher eine besondere Bedeutung im Bereich genauer Zeitmessungen gehabt; das hängt damit zusammen, daß nur die Pendellänge auf die Schwingungsfrequenz einen Einfluß hat, und andere Einflußgrößen. die die Schwingungsfrequenz verfälschen können, wie zum Beispiel die Weite des Pendelausschlages, von Natur aus ausgeschlossen sind. Jedes Meterpendel ist sozusagen ein Sekundenpendel.

**3.** *Kräfte auf elektrische Ladungen.* Bei den vorangegangenen Beispielen haben wir uns im Bereich der Mechanik befunden. Körper mit bestimmten Massen haben sich bewegt. wir haben Abstände, Zeiten, Geschwindigkeiten, Beschleunigungen, Kräfte, Energien und verschiedene

Gesetze, die hier gelten, registriert. Neben diesem mechanischen Aspekt der Wirklichkeit wollen wir jetzt *einen weiteren Aspekt* einfließen lassen, der *neben* den mechanischen Phänomenen zur Wirkung kommen kann: Die Wirkung elektrischer Ladungen. Das große Gebiet der Elektrizität und des Magnetismus wird in ausführlichen Darstellungen (BERGMANN-SCHAEFER [Experimentalphysik II], GERTHSEN [Physik]) und in Monographien (HOFMANN [Feld]) abgehandelt. Wir wollen hier unsere Aufmerksamkeit nur auf zwei spezielle Experimente lenken. Sie sollen uns die Andersartigkeit dieser Phänomene vor Augen führen, sie sollen zeigen, daß neben dem mechanischen Aspekt auch elektromagnetische Aspekte bei der Erfassung der Realität als Gesamtes zu berücksichtigen sind; mechanische Aspekte und elektromagnetische Aspekte wären für sich allein genommen also offenbar bloß Ausschnitte, verengte Anblicke des Gesamten. Gerade das historisch gestaffelte Entdecken immer neuer Aspekte der Realität sollte uns hellhörig dafür machen, daß manche Aspekte der Wirklichkeit uns heute wahrscheinlich immer noch nicht zugänglich sind.

Ein besonders hervorstechendes Kennzeichen des "elektrischen Zustandes" erblickt man in neuartigen Kraftwirkungen, die zwischen elektrisch geladenen Körpern auftreten. Es gibt zwei verschiedene Arten von Ladungen, die man sinnvollerweise als positiv und negativ kennzeichnet, da sie einander neutralisieren können. Untersucht man die Kraftwirkung zwischen elektrisch geladenen Teilchen, so zeigt sich zunächst einmal qualitativ, daß sich gleichnamige Ladungen abstoßen und ungleichnamige Ladungen anziehen. Davon soll jetzt genauer die Rede sein.

Jeder kennt den Effekt, daß ein mit einem Stück Seide geriebener Glasstab sich elektrisch auflädt und in der Lage ist, kleine Papierstückchen anzuziehen; THALES VON MILET hat angeblich schon im Altertum solche Versuche mit geriebenem Bernstein durchgeführt. Durch die innige Berührung und anschließende Trennung der beiden Stoffe werden beide in einen elektrisch geladenen Zustand versetzt; die Ladungen am Glasstab nennen wir positiv, die Ladung am Seidentuch nennen wir negativ. Wir sehen die Sache so, daß durch das Reiben der beiden, ursprünglich im elektrischen Gleichgewicht befindlichen und daher neutralen Substanzen Ladungen in den anderen Körper zum Teil übergetreten sind, die durch das anschließende Trennen der Stoffe zuletzt nicht mehr zurückfließen konnten. Solche Ladungen kann man auf Metallkörper, zum Beispiel auf Metallkugeln übertragen. Soferne diese Metallstücke etwa durch Porzellan von ihrer Umgebung elektrisch isoliert sind, wird die aufgebrachte elektrische Ladung nicht abfließen, sondern sich auf der Metallkugel gleichmäßig verteilen. Man weiß zwar zunächst nicht, wie groß solche Ladungen sind, man kann sie aber zum Beispiel exakt halbieren, indem man mit der geladenen Metallkugel eine gleich große, aber ungeladene Metallkugel berührt; die

elektrische Ladung teilt sich aus Symmetriegründen auf die beiden gleich
großen Kugeln zu gleichen Teilen auf. Durch mehrfaches Umladen kann
man beliebige Teilladungen gezielt erzeugen.

Die Kraftwirkung zwischen zwei Ladungen kann man in einer einfachen Vorrichtung untersuchen. Hängt man eine positiv geladene Metallkugel an einem isolierenden Faden auf und nähert dieser Kugel eine
andere positiv geladene Kugel, so wird es zu Abstoßungskräften kommen,
wodurch die aufgehängte Kugel aus ihrer alten Gleichgewichts- und Ruhelage herausbewegt wird und in einer neuen Gleichgewichtslage schließlich
zur Ruhe kommt (Abbildung 2). Vom Standpunkt der Mechanik ist ein
solches Experiment unverständlich, denn das Pendel wird nicht durch mechanische Wirkungen, wie zum Beispiel durch einen Stoß, abgelenkt; es
handelt sich also um eine neuartige Kraft $F$, die der Gravitationskraft-
komponente $F'$ das Gleichgewicht hält. Es ist also

$$F = F' \ .$$

$F$ ist die von den Ladungen $Q_1$ und $Q_2$ herrührende elektrische Ab-
stoßungskraft. $F'$ ist die Komponente der Schwerkraft, die auf die be-
wegliche Metallkugel wirkt. Das Gewicht dieser Kugel ist

$$G = m \cdot g$$

($m \ldots$ Masse, $g \ldots$ Erdbeschleunigung) und die Komponente $F'$

$$F' = G \cdot \sin \alpha = m \, g \cdot \sin \alpha \ .$$

Einfache Winkelmessungen ($\alpha$) ermöglichen also, die Kräfte zwischen elektrisch geladenen Kugeln zu bestimmen.

COULOMB hat 1785 mit einer ähnlichen Vorrichtung (er hat eine
Drehwaage mit einem Torsionsfaden verwendet) die elektrischen Ab-
stoßungs- und Anziehungskräfte untersucht, die zwischen unterschiedlich
geladenen Körpern in unterschiedlichen Entfernungen zur Wirkung kommen. Es hat sich an Hand einer sehr großen Anzahl von Experimenten
gezeigt, daß die gegenseitige Kraftwirkung zwischen zwei elektrisch geladenen Körpern dem Produkt der beiden Elektrizitätsmengen $Q_1$ und $Q_2$
proportional und dem Quadrat der Entfernung $r$ umgekehrt proportional
ist (Coulombsches Gesetz):

$$F = f \cdot \frac{Q_1 \cdot Q_2}{r^2}$$

Die Kraft zwischen zwei Punktladungen hat dabei stets die Richtung ihrer
Verbindungslinie. Heute setzen wir für den Proportionalitätsfaktor im
internationalen Einheitensystem

$$f = \frac{1}{4\pi\varepsilon_0} \ .$$

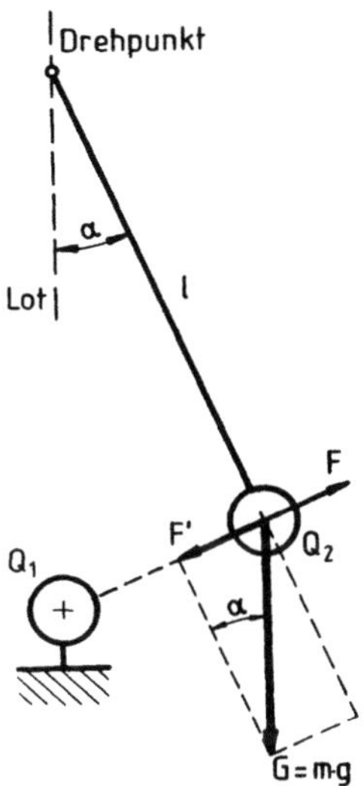



**Abbildung 2**

$\varepsilon_0$ ist die sogenannte elektrische Feldkonstante; der Faktor $4\pi$ berücksichtigt die Kugelsymmetrie.

In der Umgebung einer elektrischen Ladung existiert also ein Kraftfeld; es werden auf andere elektrische Ladungen, egal in welchem Raumpunkt sie sich befinden, anziehende, beziehungsweise abstoßende Kräfte ausgeübt. Zur Kennzeichnung des elektrischen Zustandes dieser Raumpunkte definiert man die sogenannte Feldstärke durch

$$\vec{E} = \frac{\vec{F}}{Q}$$

und meint, daß die Feldstärken $\vec{E}$ in den betreffenden Raumpunkten umso größer sind, je größere Kräfte $\vec{F}$ durch eine Probeladung $Q$ registriert werden. (Der Pfeil über den Buchstabensymbolen soll zum Ausdruck bringen, daß es sich bei diesen Größen um Vektoren handelt, also um Größen, die durch Betrag und Richtung gekennzeichnet sind. Die Kraft $\vec{F}$ zum Beispiel ist durch den Betrag der Kraft und durch ihre Richtung, wohin sie wirkt, gegeben. Eine Temperatur ist dagegen eine Größe, die nur durch

ihren Betrag – zum Beispiel 20° Celsius – und natürlich nicht durch eine
Richtung gekennzeichnet werden muß; solche Größen nennt man Skalare.)
Man kann also mit Hilfe einer Probeladung $Q$ den ganzen Raum in kleinen
Schritten abtasten und die dort wirkenden Kräfte $\vec{F}$ registrieren und je-
dem Punkt vermöge $\vec{E} = \vec{F}/Q$ einen bestimmten Feldvektor $\vec{E}$ zuordnen.
Wir sagen, der Raum ist von einem elektrischen Feld erfüllt. Feldlinienbil-
der gestatten, die Feldkonfigurationen graphisch darzustellen, sie optisch
zu verdeutlichen und festzuhalten.

Die Erfahrung hat uns also gezeigt, daß es Raumgebiete gibt, in de-
nen ruhende, elektrisch geladene Körper Kräfte erfahren, die sich nicht
durch mechanische Wirkungen (direkter Kraftangriff, Stoß, Reibung,
Trägheit, Gravitation, ...) erklären lassen. Solche elektrisch bedingte
Kräfte nennen wir Coulombsche Kräfte und sagen, daß dort, wo sie auftreten, ein elektrisches Feld vorliegt. Man ist gezwungen, die bisherigen
Begriffe um spezielle elektrische *Begriffe* (Ladung, elektrische Feldstärke,
Coulombkraft, ...) und *Gesetze* (Coulombsches Gesetz, ...) zu erweitern,
wenn man neben mechanischen auch elektrische Phänomene *erklären, vor-
aussagen* und erfassen will.

**4.** *Bewegte elektrische Ladungen in einem Magnetfeld.* Im vorangehenden Beispiel haben wir von Coulomb-Kräften gesprochen, die auf elektrisch geladene Körper wirken, wenn sie sich in einem elektrischen Feld
befinden. Es gibt, wie sich zeigt, aber auch noch andere Kräfte, nämlich
solche, die nur dann auftreten, wenn der geladene Körper sich bewegt.
Diese Kräfte sind die sogenannten LORENTZ-Kräfte; sobald sie in einem
Raumgebiet auftreten, sagen wir, daß dort ein Magnetfeld herrscht.

Umfangreiche experimentelle Untersuchungen haben gezeigt, daß die
Lorentz-Kraft $\vec{F}$ durch ein Vektorprodukt, nämlich durch

$$\vec{F} = Q \cdot (\vec{v} \times \vec{B})$$

beschrieben werden kann. $Q$ ist hierbei die Ladung des Probekörpers,
der sich mit der Geschwindigkeit $\vec{v}$ bewegt, und $\vec{B}$ ist jener Vektor, der
das besagte Magnetfeld charakterisiert, welches im betreffenden Raumpunkt herrscht. Diese Gleichung sagt folgendes aus: Wenn man einen
positiv geladenen $(Q)$ Probekörper mit der Geschwindigkeit $\vec{v}$ in einem
Magnetfeld $\vec{B}$ bewegt, so wirkt auf ihn eine Kraft $\vec{F}$, die (im Sinn einer
Rechtsschraube) senkrecht auf $\vec{v}$ und $\vec{B}$ steht und ihrem Betrag nach gleich

$$F = Q \cdot v \, B \sin \alpha$$

ist; $\alpha$ ist hierbei der Winkel zwischen $\vec{v}$ und $\vec{B}$ (Abbildung 3). Stellt man
sich vor, daß man mit solchen bewegten Probeladungen ein Raumgebiet in

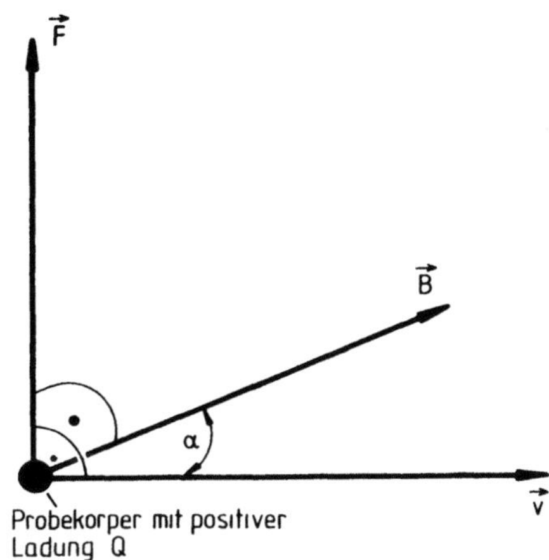


Abbildung 3

kleinen Schritten abtastet, dann kann man aus den registrierten Kraftwirkungen für jeden Raumpunkt vermöge der Lorentzschen Kraftgleichung einen magnetischen Feldvektor $\vec{B}$ bestimmen. Wir sagen, das betreffende Raumgebiet ist von einem magnetischen Feld erfüllt. Auch hier gestatten Feldlinienbilder die Feldkonfigurationen graphisch darzustellen und festzuhalten.

Die experimentelle Erfahrung hat uns also die Existenz sogenannter Lorentz-Kräfte gezeigt. Sobald Lorentz-Kräfte in einem Raumgebiet auftreten, sagen wir, daß dort ein Magnetfeld herrscht. Die elektrischen und magnetischen Felder sind die Grundlage für alle elektromagnetischen Phänomene, bis hin zu den elektromagnetischen Wellen (Licht, Röntgenstrahlung) und zu den umfangreichen Anwendungen der Elektrotechnik. Neben mechanischen und elektrischen verfügen wir jetzt auch über magnetische *Begriffe* und *Gesetze*. Im Bereich der *Erklärungen* und *Voraussagen* sind uns neben mechanischen und elektrischen jetzt auch magnetische Aspekte der Wirklichkeit zugänglich.

**5.** *Bewegung freier Ladungsträger (allgemeiner Fall).* In den beiden vorangegangenen Beispielen haben wir Kräfte kennengelernt, die auf Ladungsträger wirken können. Sogenannte Lorentz-Kräfte, die *nur* auf-

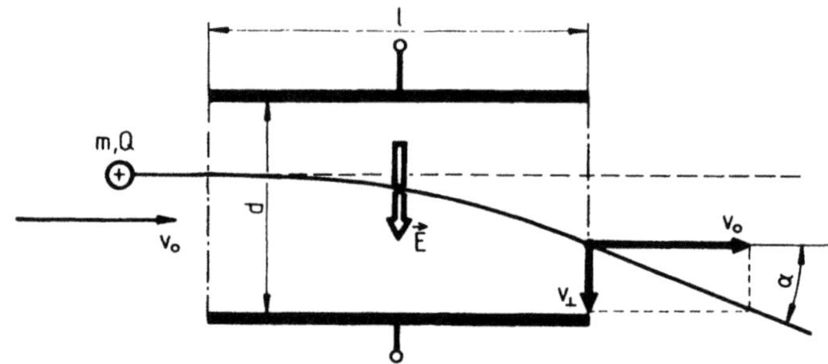


Abbildung 4

treten können, wenn sich der Ladungsträger bewegt (und zwar in einem
Magnetfeld) und Coulombkräfte, die *auch dann* auftreten, wenn der Ladungsträger ruht (und zwar in einem elektrischen Feld). Für beide Kräfte
wollen wir uns Beispiele ansehen. Zuerst der elektrische Fall.

Wir stellen uns vor, daß Ladungsträger in ein elektrisches Querfeld
eingeschossen werden, welches durch zwei parallele Platten erzeugt wird,
die an einer Spannungsquelle angeschlossen seien (Abbildung 4). Sobald
der Ladungsträger mit der Masse $m$ in das elektrische Feld eintritt (wir
wollen annehmen, daß das genau an der linken strichpunktierten Randli-
nie des Plattenpaares der Fall ist) wirkt auf den Ladungsträger mit der
Ladung $+Q$ eine Coulombkraft

$$F = Q \cdot E \ .$$

Diese Kraft erzeugt nach dem Newtonschen Gesetz eine konstante Beschleunigung $a \ (= \mathrm{d}^2 x / \mathrm{d}t^2)$ gemäß

$$m \cdot \frac{\mathrm{d}^2 x}{\mathrm{d}t^2} = F \ ,$$

also

$$m \, a = Q \, E \ ,$$

wodurch der Ladungsträger, der mit der Geschwindigkeit $v_0$ in das elektrische Feld eingeschossen wurde, wie ein Stein im Schwerefeld der Erde

längs einer Wurfparabel nach unten fällt. Sobald der Ladungsträger das Plattenpaar durchlaufen hat, das ist nach der Zeit

$$t = \frac{l}{v_0}$$

der Fall ($l$ ... Weglänge zwischen dem Plattenpaar, $v_0$ ... Geschwindigkeit, mit der der Ladungsträger eingeschossen wurde), fliegt er wieder längs einer geraden Linie weiter. Wie beim freien Fall sammelt der Ladungsträger in dieser Zeit $t$ zufolge seiner elektrisch bedingten Beschleunigung $a$ in Feldrichtung $\vec{E}$ eine Geschwindigkeit $v_\perp$ auf, die durch

$$v_\perp = a \cdot t = \frac{Q\,E}{m} \cdot \frac{l}{v_0}$$

gegeben ist. Der Ladungsträger hat jetzt zwei Geschwindigkeitskomponenten, $v_0$ und $v_\perp$, seine resultierende Geschwindigkeit hat sich dadurch um den Winkel $\alpha$ nach unten gedreht, der Ladungsträger ist im elektrischen Querfeld abgelenkt worden. Der Ablenkwinkel $\alpha$ ergibt sich aus

$$\mathrm{tg}\ \alpha = \frac{v_\perp}{v_0} = \frac{\frac{Q\,E}{m} \cdot \frac{l}{v_0}}{v_0} = \frac{Q\,E\,l}{m\,v_0^2}\ . \qquad \text{(Gleichung a)}$$

Im magnetischen Fall liegen die Verhältnisse anders. Wenn ein Ladungsträger mit der Ladung $+Q$ mit einer Geschwindigkeit $\vec{v}_0$ durch ein Magnetfeld $\vec{B}$ fliegt, so wirkt auf ihn die Lorentz-Kraft

$$\vec{F} = Q\,(\vec{v}_0 \times \vec{B})\ .$$

Nimmt man an, daß der Ladungsträger in senkrechter Richtung auf das Magnetfeld eingeschossen wird ($\vec{v}_0$ steht senkrecht auf $\vec{B}$), dann ist der Betrag dieser Kraft

$$F = Q\,v_0\,B$$

und die Kraftrichtung ist wie immer stets senkrecht auf die Geschwindigkeit $\vec{v}_0$ orientiert. Die Abbildung 5 zeigt diese Verhältnisse. Das Magnetfeld $\vec{B}$ steht senkrecht aus der Zeichenebene heraus (die Vektorpfeilspitzen sind im Bild von oben zu sehen). Der Ladungsträger mit der Ladung $Q$ bewegt sich in Richtung von $\vec{v}_0$. Die Lorentz-Kraft $\vec{F}$ wirkt senkrecht auf $\vec{v}_0$ und $\vec{B}$. Der Ladungsträger erfährt dadurch also eine Beschleunigung, die immer senkrecht zu seiner eigenen Bahn wirkt, wodurch eine Kreisbewegung entsteht. Die Zentrifugalkraft, mit der der Ladungsträger auf seiner Kreisbahn nach außen drängt, ist

$$F_{\text{zentrifugal}} = \frac{m\,v_0^2}{r}\ .$$

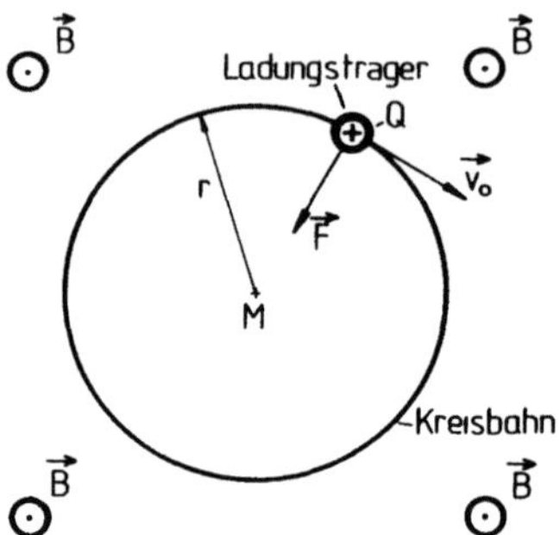


Abbildung 5

Die gleich große Zentripetalkraft, mit der der Ladungsträger zum Mittelpunkt $M$ seiner Kreisbahn hingezogen wird, ist die Lorentz-Kraft.

$$F_{\text{zentripetal}} = F_{\text{Lorentz}} = Q\, v_0\, B$$

Die Kräfte sind also gleich groß, woraus

$$\frac{m\, v_0^2}{r} = Q\, v_0\, B$$

folgt und somit der Radius der Kreisbahn bestimmt werden kann.

$$r = \frac{m\, v_0}{Q\, B}$$

Wenn also ein Ladungsträger in senkrechter Richtung auf ein Magnetfeld eingeschossen wird, dann bewegt sich der Ladungsträger auf einer
Kreisbahn mit dem Radius $r$. Wir wollen annehmen, daß das Magnetfeld
nur einen verhältnismäßig kleinen Raumbereich einnimmt, sodaß der Ladungsträger nur ein kleines Stück seiner Kreisbahn durchläuft; es kommt
also bloß zu einer Ablenkung der Flugbahn um einen Winkel $\alpha$. Der
Ablenkwinkel ist proportional zu jener Strecke $l$, die der Ladungsträger
im Magnetfeld durchläuft und umgekehrt proportional zum Radius $r$ der
Kreisbahn:

$$\alpha \approx \frac{l}{r} = \frac{l\, Q\, B}{m\, v_0} \qquad \text{(Gleichung b)}$$

(Die Ablenkung von bewegten Ladungsträgern im Magnetfeld wird zum
Beispiel im Fernsehgerät verwendet, um den Elektronenstrahl zeilenförmig
über den Bildschirm zu führen.)

Bewegte Ladungsträger werden also sowohl im elektrischen Feld
(Gleichung a), als auch im magnetischen Feld (Gleichung b) in ganz spezifischer Art aus ihrer Bahn abgelenkt. Handelt es sich bei unserem Ladungsträger um ein "unbekanntes Flugobjekt", wir wissen also nicht, welche Ladung $Q$ und welche Masse $m$ es hat, dann kann man mit elektrischen
und magnetischen Ablenkexperimenten aus den *beiden* Gleichungen a und
b, bei vorgegebenen konstruktiven Daten der Experimentiervorrichtung,
die *beiden* Unbekannten, nämlich Ladung $Q$ und Masse $m$, errechnen. Wie
man das im Detail macht, kann man bei GERTHSEN [Physik, Seite 403]
nachlesen. Die ganz große Bedeutung dieser Experimente liegt jedenfalls
darin, daß man hiermit sogenannte Massenspektrometer aufbauen kann,
die es erlauben, präzise Massenbestimmungen bis herunter in den Bereich
der Moleküle und Atome durchzuführen. Mechanische, elektrische und
magnetische *Begriffe* und *Gesetze* erlauben es uns also, in Verbindung
mit geeigneten experimentellen Vorrichtungen, bis in den Mikrokosmos
vorzudringen und die dort vorliegenden Bausteine zu analysieren und zu
vermessen.

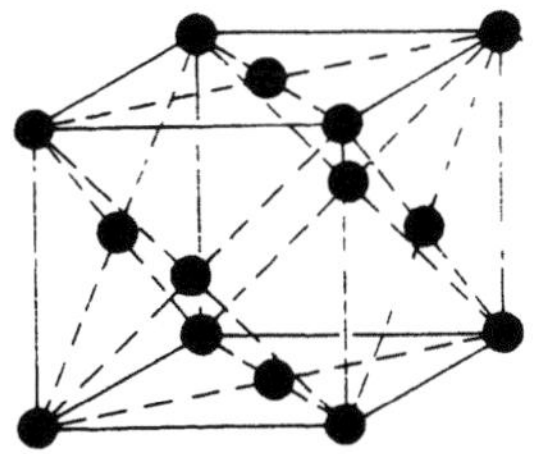

Abbildung 6
(aus: FASCHING [Werkstoffwissenschaft])

**6.** *Die Dichte von Kristallen.* Der vollständige Satz von Feldglei-
chungen, es sind das die sogenannten MAXWELL-Gleichungen, zeigt,
daß sich elektrische und magnetische Felder gegenseitig induzieren können:
Ein sich zeitlich änderndes elektrisches Feld erzeugt ein magnetisches Wirbelfeld und ein sich zeitlich änderndes Magnetfeld erzeugt ein elektrisches

Wirbelfeld. Wie wir wissen, können hierdurch elektromagnetische Wellen
entstehen, die sich im Vakuum mit der Lichtgeschwindigkeit $c$ ausbreiten.
Es gibt ein weit ausgedehntes Spektrum elektromagnetischer Wellen. Beispielsweise ist die Röntgenstrahlung auch eine elektromagnetische Welle;
sie zeichnet sich durch eine besonders kurze Wellenlänge aus. Die Wellenlänge ist derart klein, daß es sogar an den Atomen eines Kristallgitters
zu Interferenzen kommen kann. Ein Studium dieser Interferenzen ist sehr
aufschlußreich. Denn aus Analysen der Interferenzmuster gewinnt man
genaue Vorstellungen, wie die Atome in den verschiedenen Kristallgittern
angeordnet sind. Eine moderne wissenschaftliche Disziplin, die Werkstoffwissenschaft, setzt sich zum Ziel, die makroskopisch in Erscheinung tre-
tenden Eigenschaften der Stoffe aus dem Aufbau der Materie abzuleiten
und verständlich zu machen (FASCHING [Werkstoffwissenschaft]).

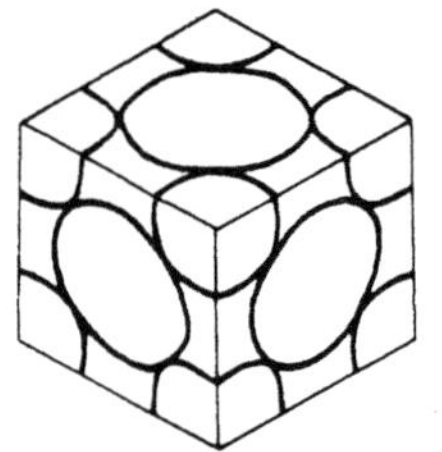

Abbildung 7
(aus: FASCHING [Werkstoffwissenschaft])

Warum wiegt zum Beispiel jeder Kubikzentimeter eines Kupferkri-
stalles ausgerechnet 8,9 Gramm? Röntgenstrahluntersuchungen haben
gezeigt, daß ein Kupferkristall ein sogenanntes kubisch-flächenzentriertes
Gitter hat; es hat einen Gitteraufbau, wie ihn die Abbildung 6 schematisch zeigt. In diesem Bild sind die Atome im Vergleich zur Gittergeome-
trie stark verkleinert dargestellt, damit man auch die Lage der hinteren
Atome deutlich erkennen kann. Wir müssen uns vorstellen, daß die kugel-
förmig gedachten Atome, wie in Abbildung 7 gezeigt, sich in Wirklichkeit
gegenseitig berühren. Einer solchen kubisch-flächenzentrierten Elementarzelle muß man insgesamt 4 Atome zurechnen, nämlich 6 Halbatome in den
Flächenzentren (Flächenmitten) und 8 Achtelatome in den Würfelecken;

die restlichen Atomteile gehören den Nachbarzellen an. Das Volumen der kubisch-flächenzentrierten Elementarzelle kann man aus dem Atomradius berechnen. Hierzu betrachten wir die Vorderfront der Elementarzelle, wie sie die Abbildung 8 zeigt. Aus dem pythagoräischen Lehrsatz entnimmt man den Zusammenhang zwischen der Seitenlänge $a$ der Einheitszelle und dem Atomradius $r$. Es ist

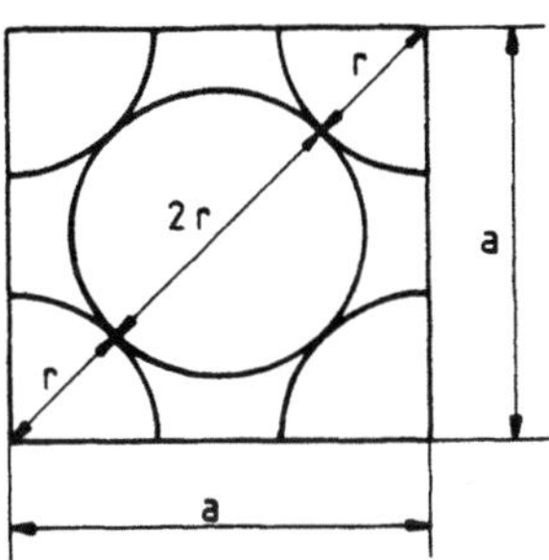


Abbildung 8
(aus: FASCHING [Werkstoffwissenschaft])

$$a^2 + a^2 = (4r)^2$$

oder

$$a = 2\sqrt{2} \cdot r \ .$$

Damit können wir jetzt das Volumen der Einheitszelle berechnen. Ein Kupferatom hat einen Atomradius von $1,278 \cdot 10^{-10}$ m und damit ist das

$$\text{Volumen der Einheitszelle} = a^3 = (2\sqrt{2} \cdot r)^3 =$$

$$= (2\sqrt{2} \cdot 1,278 \cdot 10^{-10} \text{ m})^3 = 4,72 \cdot 10^{-23} \text{ cm}^3 \ .$$

Jede Einheitszelle enthält 4 Kupferatome je $1,055 \cdot 10^{-22}$ Gramm, sodaß die

$$\text{Masse der Einheitszelle} = 4 \cdot 1,055 \cdot 10^{-22} \text{ Gramm} =$$

$$= 4,22 \cdot 10^{-22} \text{ Gramm}$$

beträgt. Die Dichte von Kupfer ist damit

$$\rho = \frac{\text{Masse der EZ}}{\text{Volumen der EZ}} = \frac{4,22 \cdot 10^{-22}}{4,72 \cdot 10^{-23}} \; \frac{\text{g}}{\text{cm}^3} = 8,94 \; \text{g/cm}^3 \, ,$$

ein Zahlenwert, der mit den experimentell ermittelten Werten sehr schön übereinstimmt.

Das fein strukturierte Netz empirisch-wissenschaftlicher *Begriffe* und *Theorien* ermöglicht es uns, einen Einblick in den Aufbau der Materie zu gewinnen und Eigenschaften der Materie zu deuten. Man kann zum Beispiel aus der Kenntnis der Kristallstruktur von Kupfer – sie wurde mit Röntgenstrahlen analysiert – und aus der Dimension der Kupferatome die Dichte von Kupfer errechnen.

**7.** *Elektronen, Atome und Moleküle.* Das Wissen um den Bau der Atome und Moleküle stellt heute eine unverzichtbare Basis im Bereich der empirisch-naturwissenschaftlichen Forschung dar (BEISER [Atome], PAULING [Bindung], PAULING [Chemie], GUTMANN, HENGGE [Chemie], FASCHING [Werkstoffwissenschaft], PENZLIN [Physiologie]). Anfang des 19. Jahrhunderts hat man entdeckt, daß man chemische Verbindungen durch elektrischen Strom zersetzen kann. Man hat zum Beispiel festgestellt, daß stets eine Elektrizitätsmenge von etwa 96.500 Coulomb aus Wasser 1 Gramm Wasserstoffgas freisetzt. G.J. STONEY hat daraus gefolgert, daß Elektrizität aus diskreten Einheiten besteht, die mit materiellen Atomen verbunden sind; im Jahr 1891 hat er diese Elementareinheiten Elektronen genannt. Eine ganze Reihe großer Forscherpersönlichkeiten hat sich mit dem Nachweis der Elektronen befaßt. Ein Elektron ist ein überaus kleines Teilchen mit einer Masse von etwa $m_e = 9.1 \cdot 10^{-31}$ Kilogramm und einer negativen Ladung von $Q_{Elektron} = e = 1.5 \cdot 19^{-19}$ Coulomb. Etwa im Jahr 1925 ist DE BROGLIE zu der Auffassung gekommen, daß man Elektronen im Atom als Welle interpretieren muß, wobei die Wellenlänge durch

$$\lambda = \frac{h}{m_e \, v}$$

gegeben ist. $m_e$ ist die Masse des Elektrons, $v$ ist seine Geschwindigkeit und $h$ ist die PLANCKsche Konstante. Einige Jahre später konnte der Wellencharakter der Elektronen[2] sogar auch experimentell nachgewiesen

---

[2] Was man mit Wellencharakter und Teilchencharakter meint. verdeutlicht WEIZSÄCKER [Atomlehre, Seite 40] mit dem Worten "Ein atomares 'Teilchen' ist eine physikalische Realität, die jenseits der Grenzen unmittelbarer Wahrnehmung liegt, und die wir in unseren räumlichen und zeitlichen Begriffen überhaupt nicht mehr anschaulich beschreiben können Es ist daher strengge-

werden; Elektronenstrahlen zeigen bei Wechselwirkung mit Materie analoge Beugungseffekte wie Röntgenstrahlen. Die Vorstellung der Materiewellen hat SCHRÖDINGER 1926 zu einer allgemeinen Wellengleichung geführt, die eine theoretische Deutung gewisser, damals noch unverständlicher experimenteller Daten ermöglicht hat. In dieser partiellen Differentialgleichung

$$-\frac{h^2}{8\pi^2 m}\left(\frac{\partial^2\psi}{\partial x^2}+\frac{\partial^2\psi}{\partial y^2}+\frac{\partial^2\psi}{\partial z^2}\right)+V(x,\ y,\ z)\cdot\psi=-\frac{h}{2\pi j}\ \frac{\partial\psi}{\partial t}\,,$$

die für eine Wellenfunktion $\psi$ angeschrieben wurde, bedeuten $x$, $y$ und $z$ Raumkoordinaten, $t$ die Zeit, $h$ ist die Plancksche Konstante, $m$ die Masse des Teilchens, $V$ ist die potentielle Energie des Teilchens und $j$ ist die imaginäre Einheit. Man beachte, daß mit $\psi$ zunächst kein Realzustand gemeint ist, den man physikalisch anschaulich interpretieren könnte. Die Wellenfunktion $\psi(x,\ y,\ z,\ t)$ ist im allgemeinen eine komplexe Größe, und sie ist so gebaut, daß die Intensität der Welle proportional zur Wahrscheinlichkeitsdichte dafür ist, ein Teilchen zur Zeit $t$ am Ort $(x, y, z)$ anzutreffen. Die Wellenmechanik macht also von ihrer Struktur her bedingt über das fragliche materielle Teilchen nur Wahrscheinlichkeitsaussagen. Wenn man die Schrödingergleichung für ein Atom mit 1 Elektron löst, so findet man, daß das Elektron nur bestimmte, diskrete Energiezustände annehmen kann. Die Energie des Elektrons ist im Atom gequantelt, die betreffenden Energiezustände hält man durch Quantenzahlkombinationen fest. Für jede Quantenzahlkombination liefert die Wellenfunktion $\psi$ Wahrscheinlichkeitsaussagen darüber, in welchen Raumelementen des Atoms man das Elektron antreffen kann. Diese Raumelemente veranschaulicht man durch sogenannte Orbitale oder Bahnräume. Diese Vorstellung ist grundlegend für den Bau der Atome; ein $n$-fach positiv geladener Atomkern, der den Hauptträger der Masse darstellt, ist von $n$ Elektronen umgeben, deren räumliche Lokalisierung durch die Orbitale angegeben wird; hierbei ist jeder Quantenzustand nur von einem einzigen Elektron besetzbar (PAULI-Prinzip).

Eine ganz wichtige Frage ist die Frage nach den Bindungskräften; sie soll den Sachverhalt klären, warum die Atome im Molekül aneinan-

---

nommen weder ein Teilchen noch eine Welle. Um aber von ihm überhaupt eine Kenntnis zu erhalten, müssen wir es mit irgendeinem Meßapparat in Verbindung bringen; im einfachsten Fall etwa mit einem Mikroskop oder einem Beugungsgitter. Die Reaktion des Meßapparates auf das atomare Gebilde interpretieren wir nun notgedrungen in unseren anschaulichen Begriffen: 'da und dort wurde ein Teilchen gesehen' oder: 'eine Welle von der und der Wellenlänge wurde abgebeugt! Die Begriffe 'Teilchen' und 'Welle' ... treten also nur auf als durch unsere Anschauungsformen geforderte Deutung eines nicht mehr unmittelbar anschaubaren Geschehens."

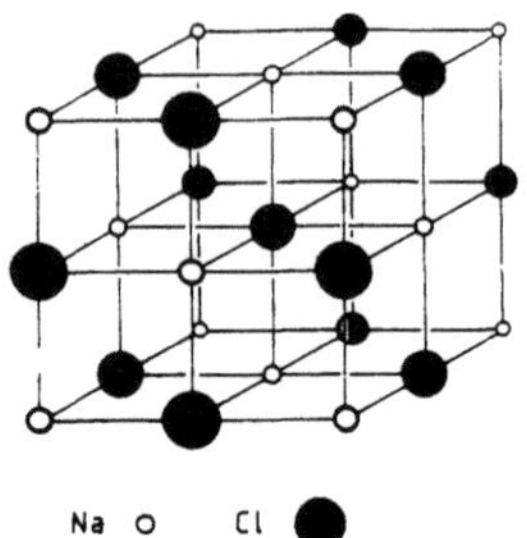



Abbildung 9
(aus: FASCHING [Werkstoffwissenschaft])

der gebunden sind und warum die Atome und Moleküle der Festkörper
und Flüssigkeiten aneinander haften. Es sind verschiedene Arten von
Bindungskräften (Ionenbindung, kovalente Bindung, metallische Bindung,
van der Waalssche Kräfte) zu unterscheiden, die weitgehend für das makroskopische Verhalten ganzer Stoffgruppen verantwortlich sind. Ihrer
Natur nach sind das aber alles elektrische Kräfte; sie rühren her von der
elektrostatischen Anziehung zwischen den positiv geladenen Atomkernen
und den negativ geladenen Elektronen.

Bei der *Ionenbindung* gibt ein Atom (zum Beispiel Natrium) ein Elektron an ein anderes Atom (zum Beispiel an Chlor) ab, wodurch zwei un-
gleich geladene Ionen (Natrium wird positiv, Chlor negativ) entstehen,
zwischen denen elektrostatische Anziehungskräfte zur Wirkung kommen.
Gibt es eine große Menge solcher Ionen, dann wird sich jedes Ion mit
möglichst vielen Ionen entgegengesetzten Vorzeichens zu umgeben versuchen, und es bildet sich, wie Abbildung 9 zeigt, ein Ionenkristall (NaCl,
Steinsalz).

Bei der *kovalenten Bindung* teilen sich die beteiligten Atome ein
oder mehrere Elektronenpaare. Hierbei kommt es sehr darauf an, wie
die Bahnräume der Elektronen ausgebildet sind und wie sich die im Atom
räumlich fixierten Bahnräume erfolgreich überlappen können. Bei kovalenten Bindungen ist die Bindungskraft also richtungsabhängig; Atome
werden sich zu ganz typischen räumlichen Strukturen zusammenschließen.
zum Beispiel zeigt ein Wassermolekül (Abbildung 10) eine abgewinkelte
Gestalt; diese Struktur des Moleküls ist für viele makroskopisch beob-

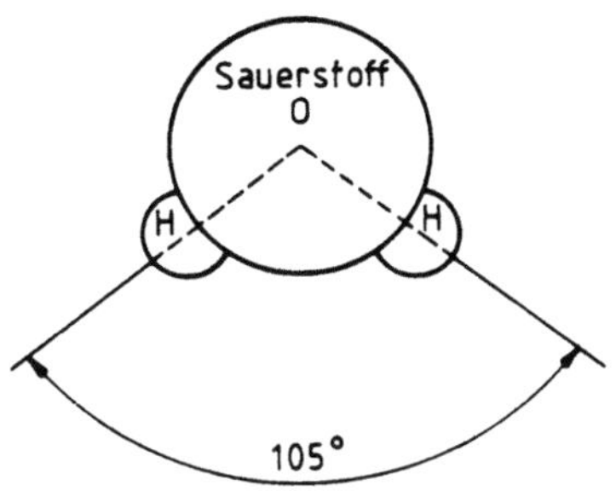


Abbildung 10
(aus: FASCHING [Werkstoffwissenschaft])

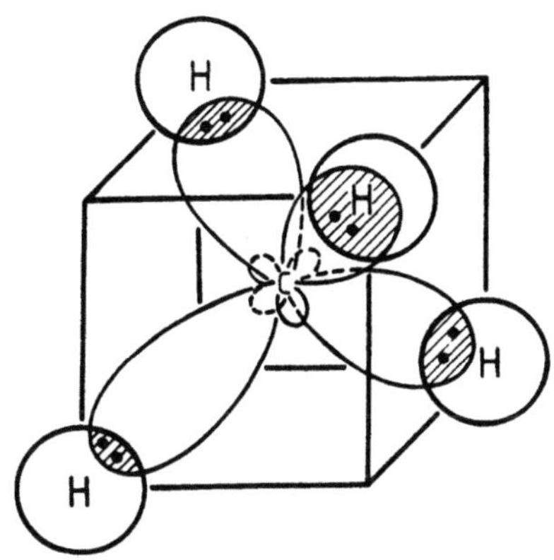


Abbildung 11
(aus: GUTMANN, HENGGE [Chemie])

achtbaren Eigenschaften verantwortlich (HÜTTER [Wasser]). Beim Me-
thanmolekül $CH_4$ sind um das zentrale Kohlenstoffatom die Wasserstoff-

atome entsprechend Abbildung 11 angeordnet (C ... Kohlenstoffatom, H
... Wasserstoffatom. Die Keulen und Kugeln stellen die Bahnräume der
Elektronen dar.) Beim Benzolmolekül $C_6H_6$ bildet sich eine Ringstruktur
aus; die Abbildung 12 zeigt, wie man sich die Überlappung der Orbitale
vorstellt ($p_z$-Elektronen weggelassen).

Die *metallische Bindung* steht der kovalenten Bindung nahe, es
gehören allerdings die Bindungselektronen nicht mehr zu bestimmten
Atompaaren allein, sondern sie sind dem Kristall als Ganzes zugeordnet,
sie können sich in der Metallstruktur frei bewegen. (Darauf beruht die
elektrische Leitfähigkeit der Metalle.) *Van der Waalssche Kräfte* sind im
Vergleich zu den bisher erwähnten Kräften wesentlich schwächere Wechsel-
wirkungen. Sie sind auf elektrostatische Kräfte zwischen (permanenten
oder auch erst influenzierten) Dipolen zurückzuführen. Beim abgewin-
kelten Wassermolekül (Abbildung 10) zum Beispiel sind die Bindungselektronen zwischen Wasserstoff und Sauerstoff angeordnet, wodurch sich
eine unsymmetrische Ladungsverteilung ergibt und sogenannte Wasserstoffbrückenbindungen möglich werden. Beim Wassermolekül bilden sich
daher in tetraedrischer Form Brücken aus. Zwei Brücken rufen die nack-
ten Wasserstoffatome hervor, die beiden anderen Brücken schließen sich
an das negative Ende des Dipols, also an das Sauerstoffatom an. Im
festen Zustand bildet Wasser damit eine Tetraederstruktur (Abbildung
13); ein Wassermolekül hat hierdurch bloß vier Nachbarn und der Eiskri-
stall hat damit eine vergleichsweise geringe Dichte; denn je Volumen sind
nur verhältnismäßig wenig Atome enthalten. (Eis schwimmt auf Wasser.)

Die immer tiefere Fundierung des Wissens um die Materie hat zur
Vorstellung von Materiewellen geführt, die einer allgemeinen Wellengleichung, der Schrödingergleichung, genügen. Auf der Grundlage dieser Wellengleichung gewinnt man einen konkreten Einblick in die Atomstruktur,
man kann sich eine gute Vorstellung über die Wirkungsweise der zwi-
schenatomaren Bindungskräfte machen und hieraus Aussagen über den
Aufbau der Moleküle und Kristalle gewinnen. Aus dem inneren Aufbau
der Atome und ihrem gegenseitigen Zusammenwirken beginnen wir in immer weiteren Grenzen die makroskopischen Eigenschaften der Materie zu
verstehen.

**8.** *Lebendige Systeme.* Die Beispiele, die uns den Zugriff der empirischen Wissenschaft vor Augen führen sollten, haben uns gezeigt,
daß wir tatsächlich stufenweise immer wieder neue Aspekte der Realität
erschließen konnten. Neue Aspekte, die sich zu einem Ganzen zusammen-
gefügt haben. Einfache Begriffe, wie Masse, Länge, Zeit, Geschwindigkeit,
Energie und andere, haben uns zunächst den mechanischen Aspekt der
Realität erfassen lassen. Bald haben uns aber andere Begriffe weitere Ein-
blicke ermöglicht. Elektrische und magnetische Felder üben auf bewegte

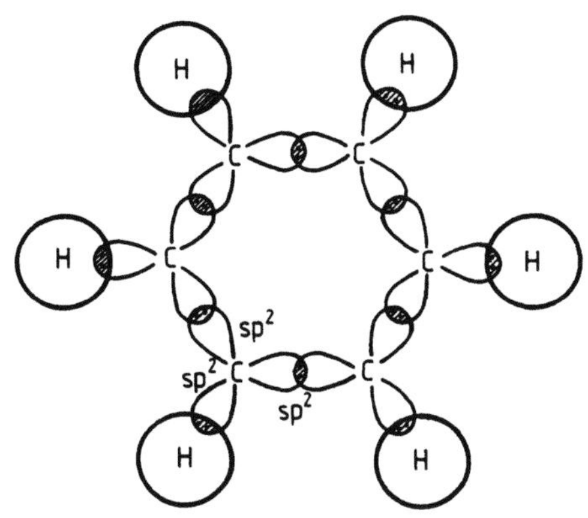

Abbildung 12
(aus: GUTMANN, HENGGE [Chemie])

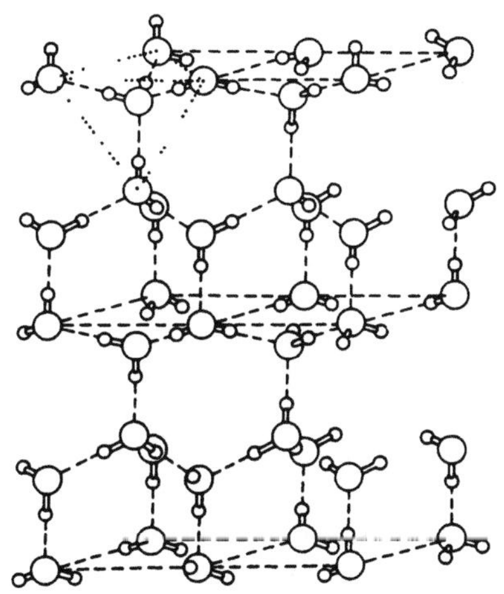

Abbildung 13
(aus: GUTMANN, HENGGE [Chemie])

Ladungsträger neuartige Kräfte aus, die uns bisher nicht geläufig waren.
Es hat sich auch erwiesen, daß elektrische und magnetische Felder einander gegenseitig induzieren können; elektrische und magnetische Felder
können sich gegenseitig verkoppeln und dadurch elektromagnetische Wellen hervorbringen. Wir verstehen heute das Licht in seinen verschiedenen
Farben, die Wärmestrahlung, das ultraviolette Licht und die Röntgenstrahlen als derartige elektromagnetische Wellen; sie unterscheiden sich
bloß hinsichtlich ihrer Wellenlänge. Wir machen uns heute konkrete Vorstellungen über Kristallstrukturen, über die Struktur der Moleküle und
über den inneren Bau der Atome. Das gegenseitige Zusammenwirken dieser submikroskopischen Bausteine läßt uns umgekehrt in weiten Grenzen
die Eigenschaften der Materie verstehen. Sind im Rahmen dieser begrifflichen und gesetzlichen Erkenntnisse auch die verschiedenen Formen des
"Lebendigseins" von Naturgegenständen zu verstehen? Von Lebewesen?
Oder steht man hier vor einem grundlegend anderen Phänomen?

Die wissenschaftliche Lehre, die sich mit den Vorgängen in den Lebewesen befaßt, die die für alle Lebewesen gültigen Gesetzmäßigkeiten erforschen will, ist die *Physiologie*. Die Physiologie hat in den letzten Jahren
eine stürmische Entwicklung genommen. Einen sehr schönen gerafften
Überblick gewinnt man zum Beispiel an Hand der Bücher von PENZLIN
[Physiologie] und KEIDEL [Physiologie]. Insbesondere seien auch die Publikationen BARTELS [Atmung], BAUEREISEN [Herz], BRAND [Hor-
mone], BROMM [Nerven], CASPERS [Zentralnervensystem], KEIDEL
[Biologische Regelung], PICHOTKA [Stoffwechsel] und RÜDEL [Muskel-
physiologie] erwähnt, die sich hier in vertiefender Art mit den erwähnten Fragen befassen. Auf diesen Arbeiten fußend, insbesondere aber auf
PENZLIN, wollen wir im nachfolgenden Text unseres kurzen Beispiels,
aspektweise beleuchten, wie wir auf der Basis der empirischen Wissenschaften heute das Lebendigsein sehen.

*Leben* begegnet uns nur in der Gestalt des Lebendigseins von Naturgegenständen, von sogenannten Lebewesen. Einer ungeheuren Artenviel-
falt stehen wir gegenüber; das kleinste Lebewesen (Mycoplasma) hat eine
Masse von vielleicht $10^{-13}$ Gramm, das ist etwa der zwanzigmillionste
Teil eines Sandkornes und das größte Lebewesen (Blauwal) hat vielleicht
100.000 Kilogramm. Die Physiologie (insbesondere die allgemeine Physiologie) befaßt sich damit, die Gesetzmäßigkeiten zu erforschen, die für
alle Lebewesen in gleicher Weise gelten. Ihre Methode ist das Experiment
und sie strebt (PENZLIN) eine Kausalanalyse der Vorgänge an. Physikalischen und chemischen Methoden wird hier ein breiter Raum gewidmet.
Das Spezifische des lebendigen Zustandes sind gewisse Lebensäußerungen,
wie Bewegung, Wachstum, Entwicklung, Reizbarkeit, Reproduktionsfähig-
keit und ähnliches mehr. Lebewesen fassen wir als lebendige Systeme auf;

Leben ist also eine Systemeigenschaft, wobei wir unter System einen nach bestimmten Gesichtspunkten abgegrenzten Bereich der objektiven Realität verstehen. Ein System besteht aus Elementen, die eine bestimmte Verknüpfung zeigen; wir sprechen von der Struktur des Systems. Dagegen ist die Umgebung des Systems das, was mit dem System in Wechselwirkung steht. Organismen tauschen nämlich in erheblichem Maß Stoffe mit ihrer Umgebung aus, sie sind auf den Einstrom von Energie aus ihrer Umgebung angewiesen; sie leisten damit Arbeit und bauen dabei zum Beispiel ihre eigene Struktur auf oder erneuern ihre abgelebte Struktur immer wieder. Es findet ein kontinuierlicher Ersatz und eine ständige Erneuerung der Bausteine statt. Zerfall und Neuaufbau hält sich im System die Waage, Abtransport und Neuaufbau gleichen sich ständig aus, das System steht im sogenannten Fließgleichgewicht (BERTALANFFY). Ein Lebewesen muß im Gegensatz zu einer Maschine auch bei völliger äußerer Ruhe Arbeit leisten, um den für das Leben typischen dynamischen Zustand aufrechtzuerhalten. Energie muß hierfür durch biologische Oxidation freigesetzt werden, sie ist zu speichern und schließlich zu verwerten. Lebende Systeme müssen sich einerseits von der Umgebung weitgehend abschließen und müssen anderseits aber trotzdem in der Lage sein, lebenswichtige Stoffe aus der Umgebung zu beziehen und Abfallprodukte ausscheiden zu können. Diese Aufgabe erfüllt bei der Zelle die Zellmembran. Beim Durchtritt bestimmter Stoffe durch die Zellmembran wirken verschiedene elektrochemische Vorgänge zusammen; bei Zellmembranen spielt weiters die Diffusion und die Osmose eine entscheidende Rolle. Erhebliche Energien verwendet die Zelle, um das Ungleichgewicht zwischen ihrem Innen- und ihrem Außenraum stabil zu halten.

*Kommunikation und biologische Regelung* spielen in Organismen eine bedeutende Rolle. Denn in Lebewesen laufen die mannigfaltigen stofflichen und energetischen Umsetzungen nicht unabhängig voneinander ab. Die Ganzheit eines Organismus entsteht durch Eingliederung einer großen Zahl von Teilprozessen und Teilsystemen unter ein Ordnungsprinzip und eine solche Eingliederung wird erst durch besondere Steuer- und Regelmechanismen ermöglicht. Diese Regel- und Steuermechanismen setzen einen Austausch von Nachrichten und Signalen zwischen den einzelnen Teilsystemen auf bestimmten Nachrichtenkanälen voraus. Denn was in einem sogenannten Regelkreis fließt und die Regelung bewirkt, ist Information. Solche Informationssignale sind entweder chemische Substanzen (Botenstoffe, Hormone), die über Blut- und Lymphbahnen geleitet werden, oder es sind elektrische Impulse, die auf Nervenfasern weitergeleitet werden. *Hormone* sind Wirkstoffe, die der Organismus selbst produziert und die als chemisches Informationssignal alle Zellen eines Organes synchronisieren. Zur Beendigung der Hormonwirkung kommt es durch Abbau oder Biotransformation des Hormons im Blut und in den Geweben und

schließlich kommt es zu deren Ausscheidung. Die *neurale Kommunikation*
findet dagegen über Nerven statt, die die Teilsysteme im Organismus miteinander verbinden. An Nervenfasern kann man elektrische Nervenimpulse
von etwa 1/10 Volt Amplitude und einer Dauer von etwa 1/1000 Sekunde
messen; die Signale laufen mit Geschwindigkeiten bis zu 360 Kilometer
pro Stunde entlang der Nervenfaser. Nervenzellen sondern schließlich spezielle Überträgersubstanzen (Neurotransmitter) ab. Es zeigt sich, daß die
*Kybernetik* als jene Forschungsrichtung, die sich mit Steuerungs- und Re-
gelungsvorgängen im Bereich der Technik befaßt, auch im Bereich der
Biologie eine erfolgreiche Anwendung findet. Im menschlichen Organismus wird zum Beispiel die Aufrechterhaltung einer bestimmten mittleren
Körpertemperatur oder eines bestimmten Blutdrucks oder eines konstanten Blutzuckerspiegels als kybernetisches Problem verstanden.

*Stoffaufnahme und Stoffverteilung* sind für die Existenz der Organismen von großer Bedeutung, weil erst hiermit der Aufbau der eigenen
Struktur und auch der Prozeß der Erneuerung und ein kontinuierlicher
Ersatz von Strukturbausteinen möglich wird. Einerseits handelt es sich
hierbei um die Aufnahme von festen und flüssigen Stoffen, die durch komplizierte Verarbeitungsvorgänge soweit vorbereitet werden, daß der Organismus sie aufnehmen kann und sich die lebensnotwendigen Substanzen
synthetisiert. Anderseits handelt es sich auch um die Aufnahme und Ab-
gabe gasförmiger Stoffe (Sauerstoff, Kohlendioxid, . . . ). Dieser Prozeß der
Atmung beruht auf einem Gasaustausch zwischen dem umgebenden Medium und Körperflüssigkeiten (äußere Atmung), einem Gasaustausch zwischen Körperflüssigkeiten und den Zellen (innere Atmung) und schließlich
der biologischen Oxidation in der Zelle selbst (Zellatmung). Neben der
Stoffaufnahme ist die Verteilung der Stoffe im Körper unerläßlich: diese
Aufgabe erfüllt vielfach ein Blutgefäßsystem. Stoffwechselendprodukte
werden im allgemeinen ausgeschieden.

*Aufnahme und Verarbeitung von Informationen* sind Vorgänge, die
insbesondere für Tiere von lebenswichtiger Bedeutung sind. Alle Lebewesen sind thermodynamisch offene Systeme: Es findet mit der Umgebung
sowohl ein Stoffaustausch als auch ein Energieaustausch statt. Lebewesen
sind nämlich im höchsten Maß von ihrer Umgebung abhängig, es ist für sie
entscheidend, Informationen aus der Umwelt aufzunehmen und verarbeiten zu können. Nur so können sie auch unter ungünstigen Bedingungen
Nahrung finden, auf einen Geschlechtspartner treffen und Gefahren aus
dem Weg gehen. Im Nervensystem sind besondere Strukturen ausgebildet, die in der Lage sind Informationen aufzunehmen. Diese sogenannten
Rezeptoren sind die "persönlichen Meßinstrumente" (GRANIT) der Tiere,
über die sie etwas von ihrer Umwelt erfahren können. Soferne kein geeig-
neter, reizspezifischer Rezeptor vorhanden ist, der oberhalb seiner Reiz-

schwelle erregt wird, kann man auch nichts erfahren. Rezeptorzellen sind
bei höher organisierten Lebewesen manchmal auch zu komplizierten, aber
hocheffizienten Sinnesorganen zusammengefaßt. Je nach ihrem adäquaten
Reiz teilt man die Sinnesorgane in
*mechanische Sinne* (Tastsinn, Vibrationssinn, Gleichgewichtssinn,
     akustischer Sinn, Echoorientierung),
*optische Sinne* (Hell-Dunkel-Sehen, Richtungssehen, Farbsehen,
     Polarisationswahrnehmung),
*thermische Sinne* (Kaltrezeptoren, Warmrezeptoren, Grubenorgan der
     Klapperschlange: Erregung ab 0,003 Grad Temperaturerhöhung.)
*chemische Sinne* (Geruchssinn, Geschmackssinn) und
*elektrische Sinne* (elektrosensorische Systeme, Elektroortung)
ein. Jedes Sinnesorgan kann hierbei nur adäquate Empfindungen auslösen;
eine mechanische Reizung des Auges zum Beispiel ruft Lichtempfindungen
hervor. Sinnesorgane reagieren auf einen Reiz mit einem Vorgang, den
man Erregung nennt; Nervenfasern dienen der Weitergabe der Erregung
und es kann bei komplexen lebendigen Systemen zu einer Empfindung
kommen. Man ist der Auffassung (PAWLOW [Nerventätigkeit, Seite 6]),
daß mit der Vollendung der Physiologie der höchsten Nerventätigkeit es
auch gelingen müßte, "die in uns selbst verlaufenden und für uns dunklen
Erscheinungen unserer Innenwelt zu erklären."

*Effektoren*, also Körperorgane, die auf einen Reiz ausführend reagieren, gewährleisten schließlich, daß der aufgenommene und verarbeitete
Informationsstrom aus der Umwelt zu einer sinnvollen, lebewesenerhalten-
den oder arterhaltenden Reaktion führt. Hierher gehört die Produktion
mechanischer Energie, die beim Muskel auf der Fähigkeit der Muskelfa-
sern beruht, sich in Längsrichtung verkürzen und wieder verlängern zu
können; die hierfür erforderliche Energie stammt aus dem Stoffwechsel.
Aber auch die Produktion elektrischer Energie bei einer Reihe von Fischen
(Zitterrochen, Zitteraal), die Möglichkeit des Farbwechsels, die Produktion
von Licht durch Biolumineszenz und die Gassekretion (Schwimmblasen-
bildung) gehören zum Beispiel hierher.

Im Rahmen unserer *empirisch-wissenschaftlichen Sicht* stellt sich
Leben also nur als Lebendigsein von Naturgegenständen dar. Leben ist
eine Systemeigenschaft, wobei wir unter System einen nach bestimmten
Gesichtspunkten abgegrenzten Bereich der objektiven Realität verstehen.
Ein solches System besteht aus Elementen, zwischen denen bestimmte
Verknüpfungen bestehen. Kommunikation und biologische Regelung er-
lauben die Eingliederung einer großen Zahl von Teilsystemen unter die
Ganzheit eines Organismus. Der stoffliche Aufbauprozeß des Organismus
und der ständig ablaufende Vorgang der Erneuerung und des Ersatzes von
Strukturbausteinen wird durch ein ausgefeiltes System der Stoffaufnahme

und Stoffverteilung und des Schlackenabtransportes ermöglicht. Lebewesen sind thermodynamisch offene Systeme; es findet mit der Umwelt ein ununterbrochener Stoff- und Energieaustausch statt. Lebewesen sind dadurch im höchsten Maß von ihrer Umgebung abhängig; es ist für sie daher entscheidend, Informationen aus der Umwelt aufnehmen und verarbeiten zu können; sie bedienen sich hierzu verschiedener Rezeptoren, die bis hin zu hocheffizienten Sinnesorganen ausgebaut sein können. Verschiedene Körperorgane, die als Effektoren wirken, gewährleisten, daß der Organismus in seiner Umwelt in lebens- und arterhaltender Weise reagieren kann.

**9.** *Neurale Kommunikation.* Das vorangehende Beispiel hat aspektweise beleuchtet, was man physiologisch unter Leben versteht. Es muß wohl nicht betont werden, daß über jeden der angesprochenen Einzelaspekte umfangreiche Detailkenntnisse vorliegen. Als ein Beispiel dafür wollen wir aus dem Bereich der neuralen Kommunikation den Fall näher betrachten, der sich mit der Frage befaßt, auf welche Weise in den Nervenfasern die Nervenimpulse entstehen; wir stützen uns dabei auf den Text von BROMM [Nerven] und PENZLIN [Physiologie]. Aber auch hier können wir im Rahmen eines einfachen Beispieles das Problem natürlich nur oberflächlich anreißen; vieles bleibt ungesagt und noch viel mehr ist unerforscht. Trotzdem führen uns aber offenbar die empirisch-wissenschaftlichen Bemühungen immer näher an das heran, was wir gerne die Realität nennen.

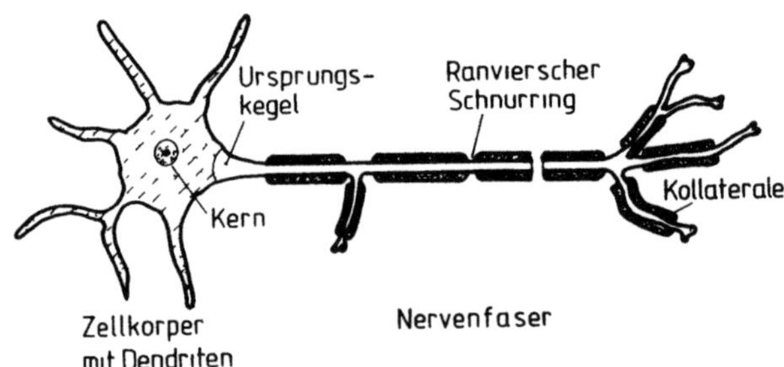



Abbildung 14
(aus: BROMM [Nerven]; abgeändert)

Der Grundbaustein des Nervensystems ist die *Nervenzelle* oder das sogenannte *Neuron.* Die Abbildung 14 zeigt schematisch den Aufbau eines Neurons. Welche Teile unterscheiden wir beim Neuron und welche Aufgaben erfüllen sie? Die Dendriten des Zellkörpers haben die Aufgabe, die Information aufzunehmen, die Membran des Zellkörpers verarbeitet die Information, dabei kann am Ursprungskegel ein Nervenimpuls ausgelöst werden. Der Nervenimpuls wird über die Nervenfaser weitergeleitet und auf das nächste Neuron oder zum Beispiel auf eine Muskelzelle oder eine Drüse oder allgemein auf ein Erfolgsorgan übertragen. (Es gibt sehr verschiedene Formen von Neuronen. Die Purkinje-Zelle der Kleinhirnrinde als Extrembeispiel hat etwa 200.000 Kontakte zu Nachbarzellen, die gleichzeitig Nachrichten aufnehmen und einen Nervenimpuls auslösen können. Insgesamt sind im menschlichen Nervensystem etwa 30 Milliarden Nervenzellen enthalten.) Das Innere der Zelle wird von einer Zellmembran umschlossen; diese Membran stellt eine gewisse Grenzbarriere dar, die für die verschiedenen Ionensorten und Partikel unterschiedliche Durchlässigkeiten zeigen. Wenn man die Ionenkonzentrationen innerhalb und außerhalb der Nervenzelle untersucht, macht man eine bemerkenswerte Feststellung: Im Inneren der Zelle liegt eine hohe Kalium- und eine niedrige Natriumionenkonzentration vor und außerhalb der Zelle ist das umgekehrt, hier liegt niedrige Kalium- und eine hohe Natriumionenkonzentration vor. Eine Gegenüberstellung von Zahlenwerten (markhaltige Nervenfaser; Frosch) zeigt das deutlich:

| Ionen | Ionenkonzentration bei 20°C in Millimol pro Liter | |
|---|---|---|
| | Zellinneres | Zelläußeres |
| $K^+$ | 120 | 2,5 |
| $Na^+$ | 37 | 120 |

Tabelle 2

(Insgesamt herrscht sowohl im Zellinneren als auch außerhalb der Zelle Elektroneutralität; wenn man alle Bestandteile der betreffenden Flüssigkeit berücksichtigt, dann gleichen sich also die positiven und negativen Ladungen praktisch vollständig aus.) Zellmembranen – sie haben eine Dicke von etwa 8 Nanometer ($8 \cdot 10^{-9}$ m) – faßt man als Lipiddoppelschichten mit Proteininseln auf. Lipide sind fettähnliche Stoffe, sie sind hydrophob und verhindern weitgehend ein Diffundieren von Wasser und Ionen. Die Proteine dürften als Durchtrittsstellen für Ionen fungieren.

Wir sind am *elektrischen Potential der Zellmembran* interessiert. Zur Messung des Membranpotentials wird ein Zellpräparat (M. sartorius des Frosches) in einer Meßkammer untergebracht, in der sich eine

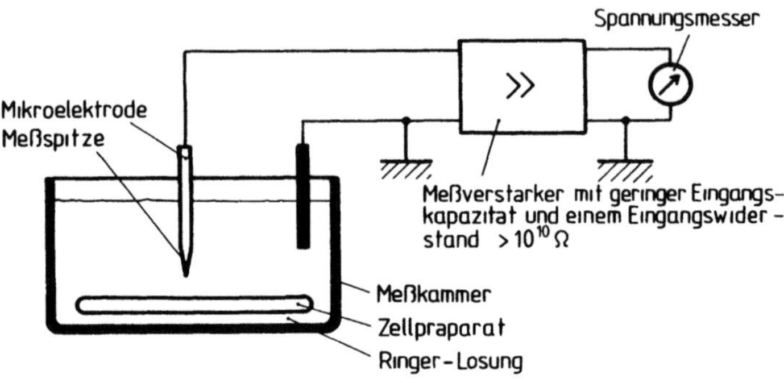



Abbildung 15

Flüssigkeit (Ringer-Lösung) befindet, die die extrazelluläre Flüssigkeit ersetzt (Abbildung 15).  Die Ringer-Lösung und damit das Zellpräparat. sowie der Meßverstärker sind zur Reduktion von Störsignalen geerdet; an den Verstärkereingang ist weiters eine (bis auf die Meßspitze allseitig isolierte) Mikroelektrode angeschlossen (eine sogenannte unpolarisierbare Elektrode).  Der Meßverstärker mißt mit dem am Ausgang angeschlossenen Instrument die Potentialdifferenz (=Spannung) zwischen der geerdeten Ringerlösung/Zellpräparataußenseite und der Spitze der Mikroelektrode.  Solange sich die Meßspitze der Mikroelektrode in der Ringer-Lösung befindet, liegen beide Eingänge des Meßverstärkers auf Nullpotential (Erdung) und der Spannungsmesser zeigt Null Millivolt.  Sobald jedoch die Meßspitze der Mikroelektrode die Zellmembran durchsticht und in das Zellinnere gelangt, zeigt der Spannungsmesser, daß das Innere des Zellpräparates −95 Millivolt im Vergleich zur Zellaußenseite aufweist. (Untersucht man andere Zellpräparate, so findet man Potentialdifferenzen zwischen 70 und 100 Millivolt, wobei auch hier stets das Zellinnere negativ gegenüber der Zellaußenseite ist.)

Wie kommt es zu einer solchen Potentialdifferenz? Es scheinen hier ähnliche Vorgänge vorzuliegen  wie bei einer Batterie, wie bei einem sogenannten galvanischen Element; bei diesem kommt es durch Wanderung von Ionen zu elektrischen Spannungen. Betrachten wir das Zellpräparat. Die Zellmembran kann nur von kleinen Ionen durchsetzt werden, und das wären im wesentlichen die K$^+$ und Na$^+$ Ionen, aber auch Cl$^-$ und Ca$^{++}$

Ionen kämen in Frage. Man hat mit radioaktiv markierten Ionen nachgewiesen. daß $K^+$ Ionen eine Zellmembran wesentlich leichter durchsetzen können als $Na^+$ Ionen; den Einfluß von $Na^+$ Ionen wollen wir daher fürs erste vernachlässigen. Wir erinnern uns (Tabelle 2), daß im Inneren der Zelle eine wesentlich höhere $K^+$ Ionenkonzentration vorliegt als im Zelläußeren:

| $K^+$ Ionenkonzentration bei 20° C: | |
| --- | --- |
| Zellinneres: | $120 \cdot 10^{-3}$ mol/l |
| Zelläußeres: | $2,5 \cdot 10^{-3}$ mol/l |

Die hohe Kaliumkonzentration im Zellinneren im Vergleich zum Außenraum bewirkt, daß durch die Zellmembran positive Kaliumionen hindurchtreten und in den Außenraum gelangen; man nennt diesen Vorgang Diffusion. Die abgewanderten $K^+$ Ionen lassen im Zellinneren aber negative Ionen ungesättigt zurück, wodurch sich eine elektrische Feldstärke ausbildet, die zwischen den abgewanderten $K^+$ Ionen und den zurückgebliebenen, nicht diffusionsfähigen negativen Ionen Coulombsche Anziehungskräfte hervorruft. Der Diffusion (von $K^+$ Ionen in den Zellaußenraum zufolge Konzentrationsunterschiede) wird also durch eine Coulombsche Rückstellkraft (zufolge dadurch bewirkter Ladungstrennung) das Gleichgewicht gehalten. Die NERNST-Gleichung beschreibt diese Situation; sie gibt Auskunft über die Höhe der Potentialdifferenz, die sich dabei einstellt: Wenn zwei Bereiche mit verschiedenen Konzentrationen $c_a$ und $c_i$ eines bestimmten Ions aneinander grenzen, dann baut sich an der Grenzfläche eine Potentialdifferenz $U$ gemäß der Gleichung

$$U = \frac{RT}{zF} \ln \frac{c_a}{c_i}$$

auf. $F$ ist die FARADAY-Konstante

$$F = 96{,}500 \text{ A s mol}^{-1} \, ,$$

sie nennt die Ladung eines Mols einwertiger Ionen. $z$ gibt an, wievielwertig das betrachtete, diffundierende Ion ist, $T$ ist die absolute Temperatur in Kelvin und $R$ ist die Gaskonstante.

$$R = 8{,}31 \text{ V A s K}^{-1} \text{ mol}^{-1}$$

Bei 20° $(= 20 + 273 \text{ K} = 293 \text{ K})$ ist die Kaliumionenkonzentration innerhalb beziehungsweise außerhalb der Zellmembran

$$c_i = 120 \cdot 10^{-3} \text{ mol/l}$$

$$c_a = 2{,}5 \cdot 10^{-3} \text{ mol/l}$$

und damit errechnet sich für die Kalium-Potentialdifferenz

$$U_{\mathrm{K}} = \frac{R\,T}{z\,F}\,\ln\frac{c_a}{c_\iota} = \frac{8,31\ \mathrm{V\ A\ s\ K}^{-1}\ \mathrm{mol}^{-1}\cdot 293\ \mathrm{K}}{1\cdot 96500\ \mathrm{A\ s\ mol}^{-1}}\cdot\ln\frac{2,5\cdot 10^{-3}\ \mathrm{mol/l}}{120\cdot 10^{-3}\ \mathrm{mol/l}} =$$

$$= 0,02523\ \mathrm{V}\cdot\underbrace{\ln 0,02083}_{-3,8712} = -98\ \mathrm{mV}\ .$$

Könnten die $\mathrm{Na}^+$ Ionen durch die Zellmembran diffundieren und wären die $\mathrm{K}^+$ Ionen im Vergleich dazu zu vernachlässigen, dann ergäbe sich wegen der bei 20°C gemessenen Natriumionenkonzentration

$$c_\iota = 37\cdot 10^{-3}\ \mathrm{mol/l}$$

$$c_a = 120\cdot 10^{-3}\ \mathrm{mol/l}$$

eine Natrium-Potentialdifferenz von

$$U_{\mathrm{Na}} = \frac{RT}{zF}\,\ln\frac{c_a}{c_\iota} = \frac{8,31\ \mathrm{V\ A\ s\ K}^{-1}\ \mathrm{mol}^{-1}\cdot 293\ \mathrm{K}}{1\cdot 96500\ \mathrm{A\ s\ mol}^{-1}}\cdot\ln\frac{120\cdot 10^{-3}\ \mathrm{mol/l}}{37\cdot 10^{-3}\ \mathrm{mol/l}} =$$

$$= 0,02523\ \mathrm{V}\cdot\underbrace{\ln 3,24324}_{+1,17657} = +30\ \mathrm{mV}\ .$$

(Die Idealisierung, daß durch unsere Zellmembran ausschließlich $\mathrm{K}^+$ Ionen diffundieren und $\mathrm{Na}^+$ Ionen und andere Ionensorten vollständig vernachlässigt werden können, trifft in Wirklichkeit nicht exakt zu. Es stellt sich im Hinblick auf die beteiligten Ionensorten eine Mischpotentialdifferenz ein. Eine solche Mischpotentialdifferenz repräsentiert aber keinen thermodynamischen Gleichgewichtszustand mehr, wodurch ein ständiger gegenläufiger Strom von $\mathrm{Na}^+$ und $\mathrm{K}^+$ Ionen die Konzentrationsgradienten zwischen dem Zellinneren und dem Zelläußeren abbauen würden. Sogenannte Ionenpumpen, die in der Zellmembran zur Wirkung kommen, sorgen unter Energieaufwand dafür, daß der Konzentrationsgradient erhalten bleibt.) Die Spannung, die sich an der Zellmembran einstellt, nennen wir jedenfalls Ruhepotential (eigentlich Ruhepotentialdiffernz); wir wollen dieses Potential damit vom sogenannten *Aktionspotential* unterscheiden, von dem jetzt die Rede sein soll.

Wir machen ein neues Experiment, welches in Abbildung 16 schematisch dargestellt ist. Wir messen mit Hilfe der Meßelektrode, die wir durch die Zellmembran durchstechen, in der bekannten Art zum Beispiel ein Ruhepotential von −80 mV. Wir stechen jetzt eine zweite Mikroelektrode, die sogenannte Reizelektrode, durch die Zellmembran. Sobald wir mit Hilfe des Schalters $S$ und der Spannungsquelle $U$ einen kurzen elektrischen Reiz ausüben, stellen wir mit der Meßelektrode fest, daß die Zelle hierauf mit

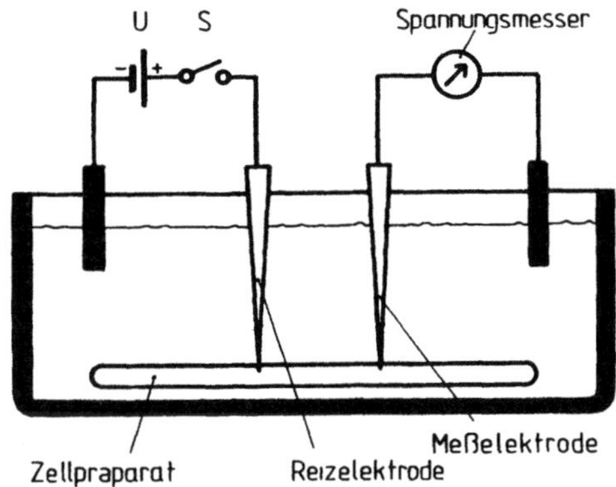


Abbildung 16

einem kurzdauernden *Aktionspotential* (Abbildung 17) reagiert: Die negative Aufladung des Zellinneren bricht zusammen, und es kommt sogar
zu einer kurzzeitigen Umpolarisation; das Zellinnere ist kurzfristig positiv geladen ("overshoot"). Daran anschließend kommt es wieder zur Re-
polarisation, das Potential nimmt wieder seinen negativen Ruhewert an.
Der kurzzeitige elektrische Reiz hat also einen Nervenimpuls ausgelöst.
der, wie wir gesagt haben, über die Nervenfaser weitergeleitet und gegebenenfalls auf das nächste Neuron übertragen werden kann. Worauf ist
es aber zurückzuführen, daß ein kurzes elektrisches Reizsignal das Aktionspotential der Nervenzelle auslöst? Es konnte experimentell (Voltage-
clamp-Versuch) nachgewiesen werden, daß die Membranleitfähigkeit für
$Na^+$ und $K^+$ Ionen potentialabhängig und zeitabhängig ist. Durch den
kurzzeitigen elektrischen Reiz erhöht sich die $Na^+$ Leitfähigkeit kurzfristig
bis auf das 500-fache des Ruhewertes; $Na^+$ Ionen strömen in das Zellinnere, das Zellinnere wird positiv. Das Membranpotential verschiebt sich
also zur (früher von uns berechneten) Natrium-Potentialdifferenz

$$U_{Na} = +30 \text{ mV} .$$

In der daran anschließenden Repolarisationsphase wird das Ein-
strömen von $Na^+$ Ionen in die Zelle reduziert. Darüber hinaus kommt
es jetzt zu einem Ausströmen von $K^+$ Ionen aus der Zelle, wodurch das

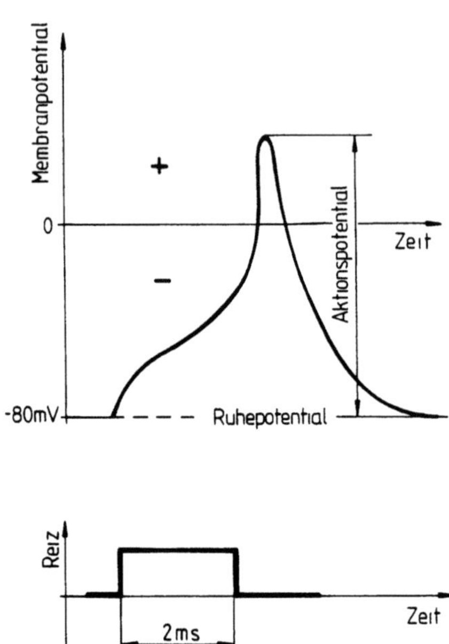



Abbildung 17

Potential wieder auf seinen ursprünglichen Ruhewert, der in der Nähe der
(von uns berechneten) Kalium-Potentialdifferenz

$$U_{\mathrm{K}} = -98 \text{ mV}$$

liegt, zurückgeführt wird.

Aus dem Bereich der neuralen Kommunikation haben wir ein Detail herausgegriffen, nämlich die Frage, wie Nervenimpulse aussehen und
wie sie entstehen. Vieles, was daran anschließt, blieb unerwähnt: Der
Einfluß anderer Ionensorten; das Funktionieren der Ionenpumpen; die
Aktionspotentiale bei unterschiedlich hohen und unterschiedlich gepol-
ten Reizsignalen; die Ionentheorie der Erregung; die Fortleitung der Nervenimpulse; die Kabelgleichung für die Nervenfaser und anderes mehr.
Eine meßtechnische Untersuchung hat uns jedenfalls gezeigt, daß die
Zelle im unerregten Zustand an der Zellmembran eine elektrische Span-

nung (ca. 1/10 Volt) aufweist, und zwar ist das Zellinnere im Vergleich zum Zelläußeren negativ gepolt. Auf einen elektrischen Reiz kann die Zelle mit einem selbsttätigen, kurzdauernden (ca. 1/1000 Sekunde) Aktionspotential – mit einem Nervenimpuls – reagieren, der längs der Nervenfaser weitergeleitet werden kann. Die an der Zellmembran entstehende elektrische Spannung geht gemäß der NERNST-Gleichung auf Konzentrationsgradienten gewisser Ionen zurück, die in der Zelle beziehungsweise im Außenraum enthalten sind. Eine Potential- und Zeitabhängigkeit der Membranleitfähigkeit für die verschiedenen Ionensorten führt auf die Ausbildung des empirisch beobachteten Aktionspotentials, gegebenenfalls sogar auch mit kurzzeitiger Umpolarisation des Zellinneren (overshoot). Die empirisch beobachtbaren Phänomene, die mit der Auslösung eines elektrischen Nervenimpulses einhergehen, sind offenbar ausschließlich als physikalisch-chemische Vorgänge aufzufassen. Auch wenn man vielleicht noch nicht alle Details kennt, so kann man aber doch jetzt schon sagen, daß hier keine außer- oder unphysikalischen oder unchemischen Prinzipien zur Wirkung kommen oder auch bloß nur andeutungsweise sichtbar werden. Das Lebendigsein ist – soviel wir heute empirisch-wissenschaftlich sehen können – auch in seinen feinsten Teilaspekten ausschließlich auf der Basis der Physik und Chemie fundiert[3]. Auch die Worte des Neo-Behavioristen

---

[3] GIERER Leben] umreißt (in einer allerdings kritischen Stellungnahme) die Thematik noch deutlicher "Die Grundvorgänge der belebten Natur, Vererbung und Evolution, Gestaltbildung und Gehirnfunktion, liegen in der Reichweite physikalischer Erklärung; auch wenn wir die biochemischen Vorgänge in vielen Fällen noch nicht kennen, spricht nichts dafür, daß außerphysikalische oder unphysikalische Prinzipien dabei wirken. Natürlich erfordert eine physikalisch begründete Erklärung biologische Beobachtungen und Begriffe; das spezifisch Lebendige wird also keineswegs als Illusion entlarvt. Die Gesetze aber, die die belebte Natur befolgt, sind die bekannten physikalischen Gesetze der modernen Physik: Die Physik ist die Grundlage für alle Vorgänge in Raum und Zeit, den Bereich des Lebendigen eingeschlossen. ... In welcher Beziehung steht Bewußtsein zu physikalischen Vorgängen im Nervensystem? Diese Frage berührt das menschliche Selbstverständnis ganz unmittelbar: Geht es doch darum, ob seelische Vorgänge unabhängig von physikalischen Vorgängen ablaufen und dann auf das Gehirn einwirken, oder ob seelisches Erleben ausschließlich Ergebnis beziehungsweise Begleiterscheinung von Gehirnprozessen ist Wie steht es mit der Freiheit unseres Willens, wenn in Wirklichkeit alles nach mechanischen Gesetzen abläuft? Eine Reihe schwieriger Fragen kommt in diesem Zusammenhang auf. Antworten hängen entscheidend davon ab, ob die Physik im Gehirn vollständig gilt oder nicht; nur wenn sie nicht ganz gilt, kann es nämlich außerphysikalische Einflüsse des Bewußtseins auf physikalische Vorgänge im Nervensystem geben.

HEBB weisen offenbar in die gleiche Richtung, in die man mitunter
gerne denkt. Ich glaube aber, man findet diesen Text heute doch irgendwie zu scharf formuliert. Er schreibt in seiner [Neuropsychologi-
cal Theory]: "Die moderne Psychologie nimmt als vollkommen erwiesen an, daß Verhalten und neurale Funktion vollkommen korrelieren,
daß das eine vollständig durch das andere verursacht ist. Es gibt keine
separate Seele oder Lebenskraft, hier und dort den Finger ins Hirn zu
stecken und die neuralen Zellen zu veranlassen, etwas zu tun, was sie
sonst nicht täten." Die Aufgabe der Psychologie sieht HEBB darin,
"das Verhalten zu verstehen und die Grillen des menschlichen Gedan-
kens zu reduzieren auf mechanische Prozesse von Ursache und Wirkung".
Eine doch viel differenziertere und vorsichtigere Position wird dagegen
heute angesichts der Ergebnisse der modernen Naturwissenschaft eingenommen. In einer Evolution des Erkennens beleuchtet der Molekular-
biologe und Nobelpreisträger MAX DELBRÜCK [Wirklichkeit], wie es
kommen konnte, daß aus unbelebter Materie das Bewußtsein entstanden
ist. Er skizziert von der Evolution des Kosmos ausgehend die Anfänge des
organischen Lebens, die Anfänge und ersten Ansätze der Wahrnehmung
und er verfolgt deren Entwicklung bis hin zur Ausbildung des menschlichen Gehirns. Ist der Geist des Menschen also eine adaptive Antwort auf
selektive Zwänge? Wenn es so ist, daß das Bewußtsein im Rahmen eines
Evolutionsprozesses entstand, so steht man jedenfalls bald voll Erstaunen
vor jener umfassenden Leistungsfähigkeit, die wohl kaum im Rahmen der
Evolution je erforderlich war. DELBRÜCK erläutert an vielen Beispielen diese faszinierende Problematik, ohne allerdings auf eine endgültige
Antwort zu kommen. Die Wissenschaft kennt die Lösung noch nicht.

**10.** *Stellare Objekte.* Unsere Beispiele wollen an Hand einer
Reihe von Einzelfällen demonstrieren, auf welche Weise die empirische Wissenschaft die Welt ergreift. Zuerst waren es Beispiele
aus dem täglichen Leben: der freie Fall und das einfache Pendel. Dann haben wir elektrische und magnetische Felder kennenge-

---

Gilt sie aber, so sollten seelische Vorgange auch eindeutig dem physikalischen
Zustand zuzuordnen sein. Alle unsere Erkenntnisse sprechen nun für die letztere
Alternative Seelische Vorgänge beruhen auf Gehirnprozessen, und für Gehirn-
prozesse gelten die Gesetze der Physik."
Ähnlich sieht die Sache jedenfalls auch Albert EINSTEIN [Weltbild, Seite
168], "... denn die allgemeinen Gesetze, auf welche das Gedankengebäude der
theoretischen Physik gegrundet sind, erheben den Anspruch, für jedes Natur-
geschehen gultig zu sein  Auf ihnen sollte sich auf dem Wege reiner gedank-
licher Deduktion die Abbildung d h  die Theorie eines jeden Naturprozesses
einschließlich der Lebensvorgange finden lassen, wenn jener Prozeß der Deduktion nicht weit über die Leistungsfähigkeit menschlichen Denkens hinausginge."

lernt, die es uns gestatten, die Bausteine des Mikrokosmos zu analysieren. Man kann mit solchen Methoden Einblick in den Aufbau der Materie gewinnen, man kann Aussagen über Kristallstrukturen, über die Struktur der Moleküle und den inneren Bau der Atome gewinnen. Wir haben uns weiters der Frage zugewendet, ob im Rahmen solcher begrifflicher und gesetzlicher Erkenntnisse auch die verschiedenen Formen des Lebendigseins von Naturgegenständen zu verstehen sind und sind zu der Auffassung gekommen, daß das Leben auch in seinen feinsten Teilaspekten ausschließlich auf der Basis der Physik und Chemie fundiert ist. Denn, eine Wirkung außerphysikalischer oder unchemischer Prinzipien wurde *nicht einmal andeutungsweise* sichtbar. Die Begriffe und Gesetze der empirischen Wissenschaft erweisen sich also nicht nur im Bereich unserer täglichen Erfahrung, sondern auch bis tief in die belebte und unbelebte Materie hinein als gültig und anwendbar. Sind unsere Begriffe und Gesetze auch im Makrokosmos gültig? Sind sie auch weit entfernt im interstellaren Raum anwendbar; oder beschränkt sich ihre Gültigkeit nur auf unsere unmittelbare räumliche Umgebung? Sind sie nur heute oder waren sie auch schon vor Millionen Jahren gültig? Waren sie auch schon zur Zeit der Erfindung der Photosynthese, also vor 3 Milliarden Jahren, gültig? Antworten auf solche Fragen können wir aus astronomischen Beobachtungen herauslesen. Wir wollen auch hier ein Beispiel beleuchten, ohne uns dabei allerdings in Einzelheiten zu verlieren, die bloß für den Spezialisten von Interesse sind. Eine gut lesbare Einführungsliteratur über Methoden und Ergebnisse der Astronomie sind die Werke von BECKER [Astronomie], SCHAIFERS und TRAVING [Handbuch] und VOIGT [Astronomie]. Insbesondere BECKERs Buch möge uns hier als Basis dienen.

Die Sterne sind uns im allgemeinen als Forschungsobjekt nicht unmittelbar zugänglich; das ist eine Situation, in der andere Wissenschaftsbereiche eher nicht stehen. Wir sind hier auch nicht in der Lage, ein Experiment zu machen, die Natur zu befragen, indem wir unserem Forschungsobjekt Randbedingungen aufzwingen und die Reaktion als Antwort abwarten und registrieren. Wir können die Sterne nur beobachten; wir können nur das festhalten und zu verstehen trachten, was vor unseren Augen, ohne unser Zutun abläuft; die einzige Verbindung zu unserem Forschungsobjekt ist die Strahlung, die vom Stern ausgeht und bei uns eintrifft. Alles, was wir über die Sterne erfahren können, müssen wir also einer Analyse dieser Strahlung entnehmen. Die Strahlung ist, wie wir wissen, eine elektromagnetische Welle und aus dem großen Bereich der möglichen Wellenlängen läßt die Lufthülle der Erde praktisch nur das sichtbare Licht (und gewisse ultrakurze Radiowellen) durchtreten, für alle anderen Wellen ist die Erdatmosphäre undurchlässig oder, wie man sagen könnte, undurchsichtig. Eine Analyse der Strahlung wird die Richtung, die Intensität und die Qualität zu untersuchen haben. Durch Messung der Richtung kann man

die Position des Sternes in einem Koordinatensystem festlegen. Durch
wiederholte Richtungsmessung kann man die Bewegung und gegebenenfalls auch die Entfernung des Sternes bestimmen (Astrometrie). Aus der
Intensität und der Qualität der Strahlung kann man über den physikalischen Zustand des betreffenden Sternes Aussagen gewinnen (Astrophysik).
Astronomische Messungen bedienen sich grundsätzlich des Fernrohres, bei
dem die vom Stern kommenden Lichtstrahlen gesammelt und im Brennpunkt des Fernrohres vereinigt werden. Hier stehen sie für die weiteren
Untersuchungen zur Verfügung, sie können mit einem Okular betrachtet,
sie können mit Film fotografiert oder mit anderen Methoden analysiert
werden. Was ist dabei gemeint, wenn von der Qualität der Strahlung
die Rede ist? Wir haben erwähnt, daß Elektronen im Atom nur ganz
bestimmte Energiewerte annehmen können; jede Atomsorte hat also ein
ganz charakteristisches Schema von Energieniveaus, die für Elektronen im
Prinzip zulässig sind. Elektronen können unter Absorption von Energie
von einem tieferen Energieniveau in ein höheres Energieniveau (soferne
dort Platz ist) angehoben werden; oder sie können umgekehrt unter Emis-
sion von Energie auf ein tieferes Niveau (soferne dort Platz ist) herunter-
fallen. Die Energie wird dabei in Form eines Lichtquants einer bestimmten Wellenlänge (einer bestimmten Farbe) emittiert. Das gleiche Licht-
quant wäre im Absorptionsfall in der Lage, das Elektron wieder auf das
höhere Energieniveau hinaufzuheben. Atome können also elektromagnetische Wellen exakt vorgegebener Wellenlänge (sogenannte Spektrallinien)
entweder emittieren oder absorbieren. Dem charakteristischen Energieni-
veauschema jeder Atomsorte entsprechen also eindeutig zugeordnete charakteristische Emissions- oder Absorptionsspektren. Eine Atomsorte kann
man also unverwechselbar an ihrem Spektrum erkennen.

Die meßtechnische Untersuchung der spektralen Zusammensetzung
des Sternenlichtes ist also eine ganz bedeutende Aufgabe der Astrophysik. Man bedient sich hierzu eines Spektrographen, der an einem Fernrohr montiert ist. Die Abbildung 18 zeigt die Hauptbestandteile der
Meßvorrichtung. Der vom Stern kommende Lichtstrahl tritt in das Fernrohr ein und wird durch die Fernrohroptik im Brennpunkt konzentriert;
in der Fokalebene entsteht das Bild des Sternes. Idealisiert gesehen,
müßte sich der Stern wegen seiner großen Entfernung als ausdehnungslo-
ser Punkt abbilden. Wegen der Luftunruhe und wegen Beugungseffekten
entsteht in der Fokalebene in Wirklichkeit dagegen stets ein kleines schei-
benförmiges Sternbild; um ein reines Spektrum zu gewährleisten, blendet
man mit Hilfe eines feinen Spaltes eine schmale Lichtlinie heraus. Eine
Kollimatorlinse erzeugt parallele Lichtstrahlen, die ein Prisma (symmetrisch) durchlaufen. Läßt man einen aus verschiedenen Farbkomponen-
ten (=Wellenlängen) zusammengemischten Lichtstrahl durch ein Prisma
laufen, dann zerlegt dieses Prisma das Licht wieder in seine einzelnen

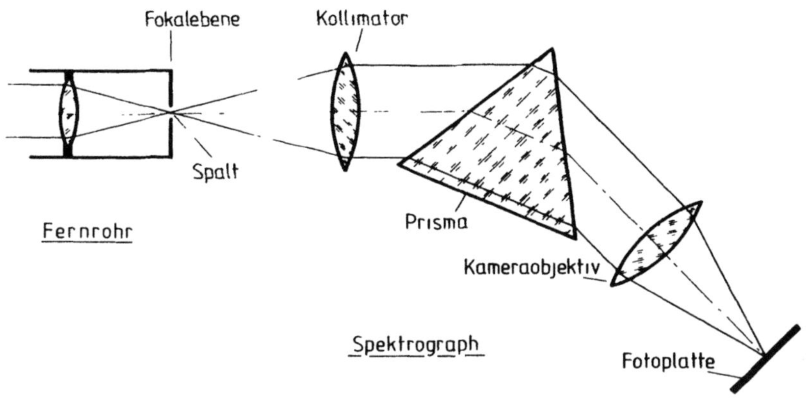



Abbildung 18

Farben, weil verschiedene Farben (Wellenlängen) durch das Prisma unterschiedlich stark abgelenkt werden. Das Kameraobjektiv bildet die
abgelenkten Lichtstrahlen auf die Fotoplatte ab, sodaß die Lichtlinie des
Spaltes in ihre verschiedenen Farben (Wellenlängen) sortiert nebeneinander liegend mehrfach abgebildet wird (Spektrallinien). Ein solches Spektrum gibt also genauestens darüber Auskunft, aus welchen Wellenlängen
sich ein Lichtstrahl im einzelnen zusammensetzt. Detailfragen über den
Aufbau von Spektrographen und über die Anforderungen. die an das Fernrohr gestellt werden, wollen wir überspringen, aber es sei doch erwähnt,
daß man neben das Spektrum des Sternenlichtes, also auf die gleiche Fotoplatte, ein terrestrisches Vergleichsspektrum (zumeist das Linienspektrum
der Eisenatome) auffotografiert. Hierdurch ist man in der Lage, durch Li-
nienvergleich und Interpolation die Wellenlängen der Sternspektrallinien
quantitativ anzugeben. (Wie das im Detail gemacht wird, kann man bei
BECKER [Astronomie, Seite 126 f.] nachlesen, oder noch besser in der
einschlägigen Spezialliteratur.) Es zeigt sich jedenfalls, daß die Spektren
der Sterne im allgemeinen kontinuierliche Spektren mit Absorptionslinien
und Absorptionsbanden sind. Diese Sternspektren können Spektren che-
mischer Elemente – die man aus Laborversuchen kennt – zugeordnet werden. Beispielsweise findet man im Stern $\delta$ des Sternbildes Großer Hund

im Spektrum folgende chemische Elemente:

| | | |
|---|---|---|
| Wasserstoff | Vanadium | Bor |
| Kohlenstoff | Chrom | Lanthan |
| Stickstoff | Mangan | Cer |
| Sauerstoff | Eisen | Praseodym |
| Magnesium | Cobalt | Neodym |
| Aluminium | Nickel | Samarium |
| Silicium | Zink | Europium |
| Schwefel | Strontium | Gadolinium |
| Calcium | Yttrium | Dysprosium |
| Scandium | Zirkonium | Ytterbium |
| Titan | Cadmium | Lutetium |
| | | Hafnium |

Von mehreren hunderttausend Sternen sind die Spektren bekannt und es zeigt sich, daß man in der Mehrzahl der Fälle die Spektren auf einfache Weise (nämlich durch Schätzung des Intensitätsverhältnisses bestimmter Leit-Spektrallinien) in Klassen einteilen kann (Havardsystem). Man konnte nachweisen, daß diese Klasseneinteilung einen sehr verläßlichen Hinweis auf die Oberflächentemperatur der Sterne abgibt (SAHAsche Theorie). Wenn aber die Spektralklasseneinteilung die Bedeutung einer Temperaturskala für Sterne hat, dann ist zu erwarten, daß hiermit auch die absolute Helligkeit des Sternes verknüpft ist; denn heiße Sterne werden heller leuchten als kühle. Das HERTZSPRUNG-RUSSELL-Diagramm hält diese Zusammenhänge quantitativ fest.

Die Frage, wie weit ein Stern von uns entfernt ist, wurde zuerst mit trigonometrischen Methoden in Angriff genommen. Mit Methoden der Winkelmessung kann man etwa $10^{15}$ Kilometer (also eine Billiarde Kilometer) weit in den Raum hinausgreifen. Man hat auf diese Weise die Entfernung einiger tausend Sterne bestimmt. Die Reichweite dieses Verfahrens ist trotz allem vergleichsweise gering; die spektroskopische Entfernungsbestimmung kann nämlich wesentlich tiefer in den Raum hinein messen. Dieses Verfahren beruht darauf, daß man aus spektroskopischen Untersuchungen die absolute Helligkeit eines Sternes weiß und aus der terrestrisch beobachtbaren Helligkeit, wie uns der Stern erscheint, seine Entfernung von uns errechnen kann. Die photometrische Methode der Entfernungsbestimmung greift noch weiter in den Raum hinaus und übertrifft das eben beschriebene spektroskopische Verfahren. Sie beruht darauf, daß bestimmte Sterne ($\delta$-Cephei- und RR-Lyrae-Sterne) periodische Lichtschwankungen zeigen, wobei die Periode des Lichtwechsels eine Funktion der absoluten Helligkeit ist: Langsame Lichtschwankungen deuten auf eine große absolute Helligkeit hin und umgekehrt. Die Umrechnung der absoluten Helligkeit auf die Sternentfernung beruht wieder auf dem Vergleich mit der beobachtbaren Helligkeit, mit der uns der betreffende Stern am Himmel erscheint. Solche Cepheidenpulsationen lassen auf Entfernungen bis zu Nachbargalaxien schließen. Noch größere Entfernungen von galaktischen Objekten, wo man also einzelne Sterne in ihnen nicht mehr auflösen und voneinander optisch trennen kann, werden schließlich aus integralen Eigenschaften der Galaxien (scheinbarer Durchmesser, scheinbare Helligkeit, Radialgeschwindigkeit) abgeschätzt. Die heute meßbaren größten Entfernungen liegen bei $10^{22}$ Kilometer, das sind Distanzen, wo das Licht schon eine Milliarde Jahre unterwegs ist, um bei uns einzutreffen (SCHAIFERS, TRAVING [Handbuch, Seite 660]). Die größten Fernrohre dürften heute eine Reichweite von einigen Milliarden Lichtjahren haben. Man vermutet, daß die Welt, wie wir sie kennen, insgesamt höchstens 13 Milliarden Lichtjahre groß ist.

Eine Analyse der Spektrallinien zeigt uns, daß manche Sterne offenbar um ihre eigene Achse rotieren, während andere keine Rotationseffekte zeigen. Auf welche Weise kann man solche Informationen aus den Spektren der Sternlichtstrahlen entnehmen? Man sieht das am besten am Beispiel der Sonne. Die Sonne ist der einzige Stern, dessen Oberflächenelemente einer Messung einzeln zugänglich sind; wir sehen die Sonne wegen ihrer Nähe als Scheibe. Stellt man sich die Sonne als rotierende Kugel mit senkrecht stehender Drehachse vor, dann bewegt sich ein Teil der Kugelfläche (zum Beispiel der linke) auf den Betrachter zu, während sich der andere Teil (der rechte) vom Betrachter wegbewegt. Richtet man das Fernrohr mit dem aufmontierten Spektrometer auf den linken Rand der Sonnenfläche, dann treten in das Fernrohr Lichtstrahlen ein, die von Oberflächenbereichen emittiert wurden, die sich uns entgegen bewegen, also auf uns zukommen. Umgekehrt stammen Lichtstrahlen vom rechten Rand der Sonne von Oberflächenbereichen, die sich von uns wegbewegen. Wellenzüge, denen man entgegenläuft, werden kurzwelliger erscheinen, Wellenzüge, denen man davonläuft, erscheinen langwelliger (DOPPLER-Effekt). Ein Spektrum von Oberflächenbereichen, die sich zufolge Sonnenrotation auf uns zu bewegen, wird also Linien zeigen, die alle gemeinsam ins Kurzwellige (in Richtung Violett) verschoben sind. Das Spektrum des von uns sich wegbewegenden Sonnenrandes ist umgekehrt nach Rot verschoben. Aus dieser gegenläufigen Spektrallinienverschiebung der beiden Rand-Lichtstrahlen kann man die Rotationsgeschwindigkeit berechnen; der Sonnenäquator läuft hiernach mit einer Umfangsgeschwindigkeit von 2 km/s. Sterne sind für uns punktförmige Lichtquellen, die Ränder und die Mittelzone der Sternoberfläche sind für uns nicht mehr zu unterscheiden. Trotzdem kommt es auch hier bei Rotation zu gegenläufigen Spektrallinienverschiebungen, die sich in diesem Fall zufolge Strahlenmischung als Verbreiterung der ursprünglich scharfen und schmalen Linien äußern. Atair, der Hauptstern des Sternbildes Adler,

zeigt breite Spektrallinien, was darauf schließen läßt, daß es sich um einen
schnell rotierenden Stern handelt. Die Vega, der Hauptstern der Leier,
zeigt dagegen sehr schmale Spektrallinien; eine Rotation im Sinne unserer Erörterung liegt also nicht vor. (Man beachte jedoch, daß rotierende
Sterne mit Drehachsen in Blickrichtung zu keiner Spektrallinienverbreite-
rung führen können.)

Brechen wir an dieser Stelle unsere Detailerörterungen ab; sie haben
uns doch recht deutlich gezeigt, daß wir trotz der Tatsache, daß uns die
Sterne als Forschungsobjekt nicht unmittelbar zugänglich sind, hier dennoch über recht genaue Kenntnisse verfügen. Die Begriffe und Gesetze der
empirischen Wissenschaft sind offenbar auch tief im Makrokosmos gültig.
Die Sternatmosphäre enthält chemische Elemente, die wir auch von der
Erde her kennen; die Atome sind offenbar dort analog wie auf der Erde gebaut, denn ihre Spektren sind identisch. Wir haben genaue Vorstellungen
davon, welche Oberflächentemperaturen auf den Sternen vorliegen; wir
wissen über die absolute Helligkeit der Sterne Bescheid, auch wenn ihre
Entfernung uns zunächst noch unbekannt ist. Verschiedene Methoden haben es uns schließlich ermöglicht, die Tiefe des Raumes abzuschätzen, in
dem sich unsere Forschungsobjekte befinden. Jene Forschungsobjekte, auf
die wir unser begrifflich-logisches Werkzeug der empirischen Wissenschaft
anwenden. Die heute meßbaren größten Entfernungen liegen bei $10^{22}$ Kilometer. Die größten Fernrohre sehen sogar einige $10^{22}$ Kilometer weit.
Allerdings ist das Licht von dort schon einige Milliarden Jahre unterwegs,
um bei uns einzutreffen. Unser empirisch-wissenschaftlicher Zugriff reicht
also gleichzeitig auch weit in die Vergangenheit zurück.

## 3. Auf welcher Basis ruht die empirisch-wissenschaftliche Sicht?

Unsere Beispiele sollten uns in einer Reihe von Einzelfällen demonstrieren, auf welche Weise die empirische Wissenschaft die Welt ergreift.
auf welche Weise sie das auffindet und festhält. was man gerne Realität
nennt. Unsere Beispiele sollten uns einen ersten Eindruck davon geben,
wie man hier an die Probleme herangeht. Ganz zu Anfang schien es eher
ein hoffnungsloses Beginnen zu sein, die ungeheuer vielfältigen Erscheinungen auch nur irgendwie erfassen zu können. Es hat sich aber gezeigt,
daß man die Phänomene offenbar schon mit einer gar nicht allzu großen
Zahl von *Begriffen* beschreiben kann. Dabei ist es natürlich von entscheidender Wichtigkeit, daß die Bedeutung des jeweiligen Begriffes eindeutig festgelegt und vollkommen bestimmt ist. Nur bei absolut eindeutiger

und unmißverständlicher Definition ist der Begriff als grundlegendes Basiswerkzeug für den Aufbau einer empirisch-wissenschaftlichen Sicht geeignet. Wir sind hier der Auffassung, daß die Begriffsbildung ausschließlich auf reiner Konvention beruht. Durch Konvention werden die, vielleicht schon im vorwissenschaftlichen Sprachgebrauch verwendeten Ausdrücke entsprechend präzisiert, sodaß sie den bei uns gestellten Anforderungen genügen. Wir werden aber scharf darauf zu achten haben, daß bei unseren Begriffsdefinitionen nicht irgendwelche Unsicherheiten oder Unbestimmtheiten einfließen, weil diese unvermeidlicherweise in alle unsere späteren Aussagen durchschlagen würden. Allfällige Annahmen, Regeln, Forderungen, Bedingungen und Prinzipien, die durch den Prozeß der Begriffsbildung in den Begriff selbst eingehen sollten, werden auf das genaueste und restlos zu erfüllen sein.

Unsere Beispiele haben uns weiters auf ein zweites wichtiges Fundament aufmerksam gemacht, welches jeder empirisch-wissenschaftlichen Sicht zugrunde liegt: Es sind das die *Gesetze*. Gesetze sind generelle Aussageformeln, sie sind die Abbildung eines Grundzuges eines gewissen Objektbereiches der Wissenschaft. Die Basis für die Aufdeckung der Gesetze sind – so sehen wir das zumindest – die zuvor präzise definierten Begriffe. Beobachtungen und Experimente gestatten es Aussagen zu machen, die sich durch Augenschein unmittelbar als wahr herausstellen und die von jedermann in der gleichen Weise überprüft und bestätigt werden können[4]. Wenn sich bei solchen Beobachtungen zeigt, daß der Ablauf eines Geschehens immer wieder in genau der gleichen Art vor sich geht, dann liegt offenbar ein Gesetz vor, dem die Forschungsobjekte selbst unterworfen sind. Die zusammengetragenen Beobachtungsaussagen werden daher sorgfältigst analysiert, verglichen und klassifiziert mit dem Ziel solche zugrundeliegenden Gesetze zu erkennen (Induktionsprinzip!). Beobachtungen und Experimente, von denen wir ausgehen und mit denen wir prüfen, sagen uns, was wahr oder falsch ist. Die empirisch-wissenschaftliche Weltauffassung ruht daher auf Tatsachen. Sie kennt nämlich nur zwei Satzklassen, die sie miteinander in Verbindung bringt: Die Erfahrungssätze über irgendwelche Gegenstände und die Sätze der Logik. Auf diese Weise wird ein Fundament

---

[4] WEIZSÄCKER beschreibt in seiner [Gegenwartsphysik, Seite 23] die physikalische Methode in deutlichen Worten: "Das naive menschliche Denken geht von der Sache aus, das wissenschaftliche von der Methode. Die Methode ist ein Weg. Dieser Weg hat kein anderes Ziel als eben die Sache, die sachliche Wahrheit." ... Worin besteht die wissenschaftliche Methode? "Sie besteht einmal darin, daß man vom unmittelbar Gegebenen ausgeht. ... Man läßt schließlich als allgemeine Wahrheiten ... nur jene Verallgemeinerungen vielfacher Erfahrung gelten, welche in jedem Einzelfall wieder objektiv nachgeprüft, nachgemessen und nachgerechnet werden können: die Naturgesetze."

objektiv bewiesener Gesetze gebaut, die man also als wahr (oder zumindest als wahrscheinlich wahr) einstufen kann. Schon an dieser Stelle wird uns mit besonderer Deutlichkeit die *unverzichtbare Forderung nach empirischer Überprüfbarkeit* aller wesentlichen Aussagen klar. In das System unserer empirisch-wissenschaftlichen Weltauffassung darf an keiner Stelle etwas einfließen, was sich der empirischen Überprüfbarkeit grundsätzlich entzieht.

Im Rahmen der empirisch-wissenschaftlichen Arbeit steht man oft vor der Frage: "Welche Erscheinungen und Phänomene traten auf und folgten aufeinander?" oder kurz: "Was war der Fall?" Zur Beantwortung einer solchen Frage wird man die Resultate von Beobachtungen festzuhalten haben. Die Antwort auf die Frage "Was war der Fall?" nennt man eine *Beschreibung*. Hier findet bereits das ganze ausgefeilte Instrumentarium Verwendung, welches im Rahmen der Begriffsbildung geschaffen wurde. Wir wollen annehmen, daß die Beschreibung mit besonderer Sorgfalt und mit angemessenen Begriffen durchgeführt wurde; trotzdem ist uns nachher der Vorgang um nichts verständlicher als vorher. Wir kennen nach der Kenntnisnahme der Beschreibung bloß den Hergang des Ereignisses und sonst nichts. Erst die Beantwortung einer Warum-Frage ändert die Situation. Wir kommen hierdurch zu dem, was man *Erklärung* nennt. "Warum ist dieses bestimmte Phänomen aufgetreten?" Eine Antwort auf diese Frage bringt im Vergleich zur bloßen Beschreibung natürlich einen erheblich größeren Aufwand mit sich. Eine Erklärung greift jedenfalls entscheidend über das hinaus, was eine Beschreibung liefern könnte. Bei der Erklärung wird nämlich aus konkreten Anfangsbedingungen und bestimmten allgemeinen Gesetzen das betreffende Ereignis logisch erschlossen. Der Argumentationsschritt der Erklärung weist nach, daß man bei den hier vorliegenden Anfangsbedingungen und den bekannten Gesetzen mit dem betreffenden Ereignis rechnen muß; das heißt, wir verstehen also, warum jenes Ereignis aufgetreten ist. Primär gegeben ist also das Ereignis, nachträglich werden die Anfangsbedingungen und Gesetze aufgesucht und die logische Ableitung wird konstruiert. Ist die Reihenfolge umgekehrt, dann spricht man von *Voraussage*. Anfangsbedingungen und Gesetze sind primär gegeben und eine logische Ableitung schließt auf ein "Ereignis", bevor es noch stattgefunden hat. Die gleichsam spiegelsymmetrische Struktur von Erklärung und Voraussage führt zu der Vorstellung, daß jede Erklärung eine potentielle Voraussage ist und jede Voraussage eine potentielle Erklärung. Diese Vorstellung von der strukturellen Gleichartigkeit von Erklärung und Voraussage hat insbesondere in der Anfangszeit die Wissenschaft besonders befruchtet und ihre Bedeutung für die Gesellschaft untermauert.

Unsere zehn Beispiele haben uns, so glaube ich, zweierlei vermittelt. Einerseits einen formalen Aspekt: Begriffe, Gesetze und wissenschaftliche Systematisierungen (also Erklärungen und Voraussagen) sind das Fundament, auf dem wir unsere empirisch-wissenschaftliche Sicht aufbauen: *Sachverhalte und Tatsachen werden begrifflich-theoretisch erfaßt.* Andererseits wurde uns die zwingende Vorstellung vermittelt, daß die empirisch-wissenschaftliche Sicht nicht nur im Bereich unserer täglichen Erfahrung, sondern auch bis tief in die belebte und unbelebte Materie hinein gültig und anwendbar ist. Ja, nicht nur das. Wir kommen sogar zu der Auffassung, daß sie bis an die räumlichen und zeitlichen Grenzen unseres gesamten Universums anwendbar ist. Wir haben nirgends auch nur andeutungsweise irgend etwas gefunden, was prinzipiell jenseits des empirisch-wissenschaftlichen Zugriffs liegt. Natürlich hat man erst einen kleinen Bruchteil der Welt erforscht und es gibt eine Unzahl ungelöster wissenschaftlicher Probleme, aber man ist doch überzeugt, daß, abgesehen von irgendwelchen untergeordneten Korrekturen. sich letztlich alle wesentlichen und gesicherten Erkenntnisse in diesen intellektuellen Rahmen einordnen lassen. Natürlich ist es noch nicht gelungen, mit Hilfe der empirisch fundierten begrifflichen Werkzeuge und mit Hilfe der Gesetze, Theorien, Erklärungen und Voraussagen dasjenige komplett zutage zu fördern, was man *die Realität* nennt. Also das in seiner Vollständigkeit, was tatsächlich gegeben ist, das, was man Gegebenheit nennt, was man Dinghaftigkeit, die Wirklichkeit, also die Realität im nicht verengten Sinn nennt. Wir haben bis jetzt sicher nur einen *Aspekt der Realität* erkannt[5], einen eingeschränkten und verengten Anblick des Gesamten. Es wäre sicher voreilig, wenn man leugnen wollte, daß es vielleicht auch noch andere Aspekte der Realität geben mag. Im Gegenteil, wir haben im historischen Ablauf des wissenschaftlichen Fortschrittes immer wieder gesehen, daß neue Aspekte der Realität entdeckt wurden, die sich mehr oder minder nahtlos an die bereits aufgefundenen Aspekte der Realität anfügen ließen, wodurch dann "die eine Realität" in immer kompletterterer Form endlich sichtbar wurde. Noch eine andere Einschränkung gestehen wir in diesem Zusammenhang zu: Es kann ohne weiteres im Zug der Wissenschaftsentwicklung zutage treten, daß ein bislang erfolgreich angewendetes Gesetz in bestimmten Randbereichen der Wirklichkeit seine Gültigkeit zum Teil verliert und schließlich durch ein umfassenderes und genaueres Gesetz verdrängt wird. Wir sehen in einer solchen Entwicklung eine *asymptotische Annäherung an die Realität* [6].

---

[5] "Das physikalische Weltbild hat nicht unrecht mit dem, was es behauptet, sondern mit dem, was es verschweigt" formuliert WEIZSÄCKER [Gegenwartsphysik, Seite 25] treffend. Die Aspekthaftigkeit der Erkenntnis wird man also nie aus den Augen verlieren dürfen.

[6] "Die Naturwissenschafter sind im tiefsten Grund ihres Herzens davon

Die zugestandenen Einschränkungen gehen an sich schon sehr weit. Die empirisch-wissenschaftliche Sicht erfaßt hiernach nämlich nicht mehr die komplette Realität im nicht verengten Sinn, sondern sie erfaßt nur aspektweise etwas, dem man bloß eine gewisse Realitätsnähe attestieren kann. Eine entscheidende Frage ist aber immer noch, wie tragfähig und verläßlich die Basis unserer empirisch-wissenschaftlichen Sicht ist. Es wird also genauer zu beleuchten sein, wie man zu den scharf und verläßlich definierten Begriffen kommt, die für uns offenbar die erste und wichtigste Voraussetzung sind, damit man in die empirisch-wissenschaftliche Sicht überhaupt einen Einstieg findet; hierüber sprechen wir im Kapitel II. Wir werden auch fragen, wie man jetzt wirklich die Gesetze auffindet und welche Struktur sie haben; das ist das Thema von Kapitel III. Im Kapitel IV sprechen wir von Erklärungen und Voraussagen und fragen nach dem Paradigma für rationale Erklärungen. Im Kapitel V gehen wir der Frage nach, inwieweit Begriffe, Gesetze und Erklärungen einen Aspekt der Realität liefern.

---

überzeugt, daß ihre Theorien keine vergänglichen Hypothesen sind, sondern – zugegebenermaßen vorläufige und in Teilbereichen irrige – Annäherungen an die absolute und unteilbare Wahrheit." (WILD [Wissenschaftsverständnis])

# Kapitel II
# Begriffe

## 1.  Vorbemerkung

Ein eigenständiger Zweig der Kultur, der wahrscheinlich von den Griechen zum erstenmal als solcher angesehen wurde, ist die Wissenschaft. Wissenschaft im weiten Sinn meint den Inbegriff des menschlichen Wissens. Oder nach einer Formulierung KANTs meint man das Ganze der Erkenntnis nach Prinzipien geordnet. Also einen geordneten Zusammenhang wahrer Urteile, wahrscheinlicher Annahmen, möglicher Fragen über die Wirklichkeit in einem nicht verengten Sinn.

Beleuchten wir hier einen formalen Aspekt. Wichtige Formen wissenschaftlicher Aussagen sind zum Beispiel Beschreibungen und Erklärungen. Beschreibungen erörtern in geordneter Weise einen Sachverhalt. um von ihm eine deutliche und eindeutige Vorstellung zu geben. So kann man etwa die thermische Ausdehnung eines Körpers als Zusammenhang zwischen der auftretenden Körpertemperatur und der zugehörigen Längenänderung beschreiben und in Tabellen oder Kurvendarstellungen exakt festhalten. Man kann diesen Vorgang sehr genau und anspruchsvoll erörtern, sodaß man eine präzise Vorstellung davon hat "was der Fall ist". Warum das allerdings der Fall ist, erfährt man bei der Beschreibung jedoch noch nicht; dazu ist eine Erklärung notwendig. Eine Erklärung soll also einleuchtend machen, warum irgend ein verwickelter oder erstaunlicher Tatbestand beobachtet werden kann. Also beim Beispiel der thermischen Ausdehnung wird man auf den asymmetrischen Verlauf der potentiellen Energie in Abhängigkeit vom Atomabstand hinweisen und erläutern, daß die Temperaturerhöhung auf einer Zufuhr thermischer Energie beruht und diese thermische Energie die Gitteratome zu Schwingungen anregt, wobei sich der mittlere Abstand der schwingenden Gitteratome eben wegen des asymmetrischen Energieverlaufes vergrößern muß. Man kann auch noch weiter gehen und den asymmetrischen Energieverlauf, der das alles bewirkt, aus dem Atombau deuten und hierfür

wiederum als noch tiefer liegendere Erklärung quantenmechanische Überlegungen anführen. Eine solche Erklärung – so wird man sicher sagen
– wird aber nur dann einleuchtend sein, wenn die hier verwendeten Begriffe in ihrer Bedeutung bereits vorgegeben und bekannt sind. Man wird
(mit C. SIGWART) unter einem Begriff eine Vorstellung verstehen, "die
die Forderung durchgängiger Konstanz, vollkommener Bestimmtheit, allgemeiner Übereinstimmung und unzweideutiger sprachlicher Bezeichnung
erfüllt." Das Wesentliche am Begriff ist "die Konstanz und allseitige Unterscheidung eines mit einem bestimmten Wort bezeichneten Vorstellungs-
gehaltes." Um eine Erklärung nicht mißzuverstehen und vor allem um den
Bedeutungsumfang einer Erklärung richtig einschätzen zu können, ist es
notwendig, auch die in einem Begriff allenfalls subsumierten Annahmen,
Regeln, Prinzipien, Bedingungen und Verallgemeinerungen zu sehen, kurz,
den ganzen zugehörigen "Postulatsapparat" zu beachten. Einem fertigen
Begriff, wie wir ihn im täglichen oder im wissenschaftlichen Sprachgebrauch verwenden, sieht man allerdings im nachhinein, wenn wir uns also
bereits an ihn gewöhnt haben und das Wissen um seine Entstehungsge-
schichte verdrängt oder nie kennengelernt haben, nicht mehr an, welcher
Postulatsapparat ihm zugrundeliegt. Der Postulatsapparat tritt dagegen
dann zutage, wenn man Schritt für Schritt von möglichst einfachen zu immer schärferen und exakteren Begriffsformen übergeht. Diese exakteren
und zuletzt ganz speziellen Begriffsformen ermöglichen dann schließlich
das gewünschte tiefere Eindringen in die Struktur des Gegebenen auf be-
griffsspezifische Weise. Ein solcher Begriff stellt also einen elementaren
Denkakt dar und die Urteile und die Schlüsse, die in einer Wissenschaft
erdacht werden, sind aus solchen Begriffen zusammengesetzt.

In diesem Abschnitt möchte ich den stufenförmigen Aufbau der Begriffe beleuchten. Ausgehen will ich hierbei von einer ganz allgemeinen,
möglichst wenig spezialisierten Form des Gewahrwerdens – nennen wir sie
"Anschauung" – und hierauf die höheren Begriffsformen stufenweise aufbauen. Zuerst ist von den klassifikatorischen (oder qualitativen) Begriffen
die Rede, dann von den komparativen Begriffen, dann von den quantitativen (oder metrischen) Begriffen und schließlich von den Größen-Begriffen.
Größenbegriffe (genauer: Größenarten) sind z.B. die Länge oder die Geschwindigkeit oder die magnetische Permeabilität, wobei man unter dem
Größenbegriff, wie wir noch genauer erörtern werden, "allgemein den Wesensinhalt", die "Wesenheit", die "Wesensart", eine "Abstraktion von Eigenschaften der zu beschreibenden physikalischen Objekte, Zustände oder
Vorgänge" meint. Eine derart gedanklich festgehaltene Wesenheit benennt
man schließlich im Bereich der Größenbegriffe durch ein Buchstabensymbol und spricht z.B. von der Größenart der Länge $l$. (Man meint also nicht
irgendeine konkrete Länge, wie die Länge des Tisches, an dem ich gerade
schreibe, sondern eben den Inbegriff der Länge.) Mit diesem Größenbegriff

ist man dann in der Lage, beobachtbare allgemeine Zusammenhänge zwischen Größenarten über Buchstabensymbole in formelmäßiger Darstellung als "allgemeine Gesetzmäßigkeiten" anzugeben. Im Kapitel über Gesetze und Theorien werden wir diese optimistische Sicht allerdings etwas einzuengen haben, doch davon wollen wir später sprechen. Größenbegriffe sind jedenfalls vor allem aus den Naturwissenschaften nicht mehr wegzudenken, und sie haben aber auch weitgehend in die Alltagssprache Eingang gefunden.

Im ersten Moment wird man der Auffassung sein, daß der gesamte Stufenbau der Begriffsbildung ausschließlich auf reiner Konvention beruht. Daß also allein durch Konvention die Ausdrücke, die im vorwissenschaftlichen Sprachgebrauch verwendet wurden, präzisiert werden. Daß also auf diese Weise erhebliche Bedeutungsbereiche des vorwissenschaftlichen Begriffes bewußt weggeschnitten und aus der Betrachtung ausgeklammert werden, und daß damit ein schärferer Begriff übrig bleibt. Solche ausschließlich per Konvention definierte Begriffe würden dann offenbar eine beliebig gut tragfähige Basis bilden für begriffliche Argumentationen, für wissenschaftliche Erklärungen und für wissenschaftliche Theorien. Ob eine solche Auffassung zutrifft, wird man prüfen müssen. Oder ob sich anstelle der ersten Vermutung ergibt, daß in den Stufenbau der Begriffsbildung an manchen Stellen, die die *Gültigkeit* der Begriffsdefinition garantieren sollten, Erfahrungen, empirische Befunde, Hypothesen und Theorien unvermeidlicherweise einfließen. Dann allerdings müßten in die Begriffe, mit denen wir die Erfahrung einmal formulieren wollen, schon von vornherein die begrifflich formulierten Erfahrungen eingebracht worden sein. Die Basis verlöre hierdurch offenbar zum Teil die erhoffte Tragfähigkeit und man müßte mit einer bescheideneren Aussagekraft zufrieden sein. Unsere Aussagen gelten aber natürlich cum grano salis, denn was für einen bestimmten, als Beispiel herausgegriffenen Begriff gilt, ist nicht unbebedingt generell auch für alle anderen Begriffe bindend.

Über die Begriffsbildung der klassifikatorischen, der komparativen und der quantitativen Begriffe gibt es auf dem Gebiet der Wissenschaftstheorie und Analytischen Philosophie ein umfangreiches Schrifttum. An erster Stelle sind hier die Werke von STEGMÜLLER [Begriffsbildung], KUTSCHERA [Wissenschaftstheorie] und CARNAP [Naturwissenschaft] zu nennen[1]. Hier wird in präziser Form die Begriffsbildung ausführlich

---

[1] Aber auch: CARNAP [Begriffsbildung], EINSTEIN [Evolution], [Weltbild, Seite 163 ff.], ESSLER [Wissenschaftstheorie], HEISENBERG [Philosopie], HEITLER [Erkenntnis], HUND [Begriffsgeschichte], [Grundbegriffe] KRAFT [Neopositivismus], POPPER [Logik], SCHLEICHERT [Empirismus], SCHRÖDINGER [Natur], [Naturgesetz], STEGMÜLLER [Überblick], VOLLMER [Erkenntnistheorie], WEIZSÄCKER [Weltbild], WIELAND [Wissen-

abgehandelt. Dieses Schrifttum wurde von mir auch weitgehend als Grundlage verwendet. Der Größenbegriff, der heute in allen naturwissenschaftlichen Gebieten eine dominierende Rolle spielt, wird in diesen Monographien jedoch nicht entsprechend berücksichtigt. Darüberhinaus erscheint es mir als zweckmäßig, den Größenbegriff vom quantitativen Begriff überhaupt abzuheben und gesondert zu betrachten. Die Konstruktion des Größenbegriffes, die Besonderheit der Größengleichungen, die Einheiten, Einheitengleichungen, Einheitenterme und Einheitensysteme und eine Darstellung, was man unter den wichtigsten Größenbegriffen der Naturwissenschaft versteht, ist in diesem Schrifttum überhaupt nicht bzw. bloß andeutungsweise enthalten. Umgekehrt ist es beim physikalisch orientierten Schrifttum, das sich mit der Größenlehre befaßt. Hier wird allein der physikalische Aspekt behandelt und es wird im allgemeinen nur sehr unzureichend der Anschluß zu den tiefer liegenden Basisbegriffsformen hergestellt. Von der Möglichkeit, daß ein Postulatsapparat bis zum Größenbegriff durchschlägt, ist hier nur sehr andeutungsweise und in sehr dunklen Worten die Rede. Manchmal wird – bei Mißachtung der getroffenen Einschränkungen – der Größenbegriff dann noch in Bereichen angewendet, wo er bereits inhaltsleer geworden ist. Die hier vorliegende Darstellung stützt sich bei der Erörterung der klassifikatorischen, komparativen und quantitativen Begriffe ganz wesentlich auf STEGMÜLLER [Begriffsbildung]. Tiefergehende epistemologische Details wird man daher besser dort nachlesen, weil sie in jener Monographie in voller Breite dargestellt werden konnten. Ich möchte hier dagegen eine Darstellung der Gesamtsicht versuchen, wo man, von einer ganz allgemeinen Form des Gewahrwerdens ausgehend, zu den ganz speziellen Größenbegriffen, wie "Energie", "elektrische Spannung" oder "magnetische Feldstärke" fortschreitet. Also zu Begriffen, die sowohl in der Alltagssprache, als auch in der Wissenschaftssprache immer wieder verwendet werden. Natürlich wäre es ideal, wenn man für jeden einzelnen Begriff neben einer exakten und ausführlichen Definition vor allem auch alle getroffenen Annahmen, Regeln, Bedingungen und Verallgemeinerungen, die zu seiner Bildung geführt haben, aufzählen könnte. Ein solches Unterfangen übersteigt aber meiner Ansicht nach wohl alle Möglichkeiten einer Realisierung. Aber ich halte es schon für ganz wichtig zu überlegen, wie die tagtäglich verwendeten Größenbegriffe aufeinander aufbauen, auf welche Weise sie auf dem stufenförmigen Fundament der klassifikatorischen, komparativen und quantitativen Begriffe ruhen und wieso überhaupt in die Größenbegriffe Postulate und einschränkende Bedingungen eingehen.

---

schaftstheorie]

## 2. Klassifikatorische Begriffe

### 2a. Die Anschauung als allgemeine Form des Gewahrwerdens

Bei unserem stufenförmigen Aufbau der Begriffe wollen wir von einer möglichst allgemeinen, breiten und unverengten Basis ausgehen. Diese Basis soll zunächst so breit gedacht sein, daß sie jede Form des Gewahr- oder Innewerdens meint. Auf diese Breite wollen wir Wert legen, damit nicht von vornherein irgendwelche Bereiche als ausgeschlossen erscheinen. Eine Benennung und Beschreibung dieser allgemeinen Basis wird notwendigerweise dunkel, vage und unbestimmt sein. Eine klare und scharfe Bedeutung kann im Gegensatz dazu nur ein verengter Begriff, ein spezieller Begriff aufweisen und gerade die Begriffsverengung soll an dieser Stelle noch vermieden werden. Nennen wir diese allgemeine Basis, von der wir ausgehen wollen, "Anschauung". Man könnte die Anschauung formulieren als das unmittelbare Erleben, als das Innewerden oder Gewahrwerden oder auch Erfassen von Dingen, von Gestalthaftem, von Gegenständlichem. Aber nicht nur äußere Formen, sondern auch innere Vorgänge und Zustände in einem ganz allgemeinen Sinn seien hier gemeint. Wiederum müssen wir bedenken, daß wir an dieser Stelle noch keine Einschränkungen und Begriffsverengungen vornehmen wollen. Wir werden also unter dem Begriff der Anschauung einerseits eine wahrnehmungshafte Anschauung meinen, ein empirisches nichtbegriffliches Erfassen von Wirklichkeiten, aber anderseits auch ein nicht an die Sinne gebundenes Innewerden. Ein Innewerden von nichtsinnlichen Wirklichkeiten, Ideen, Werten oder Bedeutungen. Man kann hier an logische Wirklichkeiten oder an mathematische Wirklichkeiten denken, man kann ethische Werte oder ein Innewerden des Absoluten meinen. Man beachte, daß hier ein möglichst weiter Begriffsbogen gezogen werden soll, der nichts von vornherein ausschließt, was wir hinterher vielleicht vermissen könnten. Es wird hier auch nicht die Existenz von all dem behauptet, was ich hier aufgezählt habe. Wir können all das immer noch wegstreichen, wenn es in unserer Welt nicht vorkommen sollte. Wenn man auch weiß, was etwa damit gemeint ist, so ist in diesem Stadium doch die Frage, was es mit dem Gewahrwerden, Erfassen und sinnlich Wahrnehmen auf sich hat, noch recht dunkel und unbestimmt. Sobald man die Begriffe später verschärft, wird man, so ist zu hoffen, hierzu noch ganz genau Stellung beziehen können. Eine Erklärung und Deutung solcher Fragen mit Hilfe komplexer Begriffe ist an dieser frühen Stelle jedoch verfehlt, weil diese Begriffe ja noch gar nicht zur Verfügung stehen und weil es auch noch nicht geklärt ist, ob ein den komplexen Begriffen allenfalls anhaftender Postulatsapparat zu berücksichtigen ist, worüber man im gegenwärtigen Stadium aber noch nichts wissen kann. Sobald komplexere Begriffe einmal zur Verfügung stehen und man

mit Hilfe wissenschaftlicher Erklärungen Zusammenhänge erfassen kann,
lassen sie sich vielleicht immer noch zur nachträglichen Deutung einführen.


## 2b. Generierung klassifikatorischer Begriffe

Klassifikatorische Begriffe[2] bringen eine bedeutende Präzisierung
gegenüber der Anschauung mit sich, sie stellen aber immer noch einen
sehr einfachen Begriffstypus dar. Klassifikatorische Begriffe nennt man
auch qualitative Begriffe und sie sind nichts anderes als eine Einteilung eines Gegenstandsbereiches in einander ausschließende Arten oder Klassen.
Solche klassifikatorische Begriffe sind zum Beispiel: Wald, Wiese, kristallin, amorph, grün, saphirfarben, schwer oder warm. Vorwissenschaftliche
klassifikatorische Alltagsbegriffe sind oft unscharf, wenn sie nicht mit systematischer Strenge gebildet wurden: Wann wird zum Beispiel aus einer
Wiese mit Sämlingen und Wurzelschößlingen der Wald? Aber auch im
wissenschaftlichen Sprachgebrauch steht man oft vor ähnlichen Fragen.
Ist eine auf ein Substrat aufgedampfte dünne Metallschicht mit wenigen
Atomlagen und nicht weitreichender Ordnung noch amorph oder ist sie
schon kristallin? Man wird ein Kriterium angeben müssen, um die An-
gemessenheit oder Zulänglichkeit einer Begriffsdefinition systematisch zu
garantieren.

Wissenschaftliche klassifikatorische Begriffe sind angemessen formuliert, wenn sie den sogenannten *Adäquatheitsbedingungen* genügen; wenn
die Begriffe einerseits voneinander exakt abgegrenzt sind und wenn sie anderseits den Gegenstandsbereich erschöpfend abdecken. Man formuliert
sie wie folgt:
1. Adäquatheitsbedingung. Die durch klassifikatorische Begriffe festgelegten Klassen müssen voneinander scharf abgegrenzt sein. Die Klassen
   müssen sich wechselseitig ausschließen. Es darf nicht der Fall eintreten,
   daß irgendein Gegenstand zu zwei Klassen gleichzeitig gehört.
2. Adäquatheitsbedingung. Die Klasseneinteilung muß erschöpfend sein.
   Jeder Gegenstand des Gegenstandsbereiches muß also in irgendeine der
   Klassen hineinfallen.

Es gibt eine Reihe von Beispielen für klassifikatorische Begriffe in den
verschiedenen Naturwissenschaften. Wenn wir von trivialen Fällen absehen wollen, spielen hier natürlich schon zu einem erheblichen Ausmaß auch
höhere Begriffsformen immer wieder herein; das möge uns bei dieser

---

[2] Man vergleiche auch die umfassende Darstellung bei STEGMULLER
[Begriffsbildung]

Aufzählung jedoch nicht stören. Am bekanntesten ist sicher die Systematik der Tiere und die Systematik der Pflanzen. Aber auch die Einteilung des Mineralreiches (MOTTANA [Mineralien]) gehört hierher. Acht große Klassen bilden hier das System: 1. die Elemente, 2. die Sulfide, 3. die Halogenide, 4. die Oxide und Hydroxide, 5. die Carbonate, 6. die Sulfate, 7. die Phosphate und 8. die Silikate. Ein anderes Beispiel liefert die Kristallographie (KLEBER [Kristallographie], siehe auch KRAMER [Symmetriestrukturen]). Alle Kristalle lassen sich gemäß ihrer makroskopischen Symmetrie einer und nur einer der 32 möglichen Kristallklassen zuordnen. Die 32 Kristallklassen gliedern sich in 7 Kristallsysteme, nämlich 1. das trikline, 2. das monokline, 3. das rhombische, 4. das trigonale, 5. das tetragonale, 6. das hexagonale und 7. das kubische System. Wieder ein anderes Beispiel ist das Periodische System der chemischen Elemente, wo man in einem System von Zeilen und Spalten die chemischen Elemente nach ihren chemischen Eigenschaften spaltenweise gruppieren kann, wobei zeilenweise von links nach rechts gelesen die Kernladungszahl kontinuierlich zunimmt. Die spaltenweise untereinander stehenden Elemente mit den chemisch ähnlichen Eigenschaften tragen klassifikatorische Sonderbezeichnungen wie: Edelgase, Alkalimetalle, Erdalkalimetalle, Chalkogene, Halogene u.a.m.

Beim Aufbau klassifikatorischer Begriffe spielt zunächst die willkürliche Festsetzung und damit später die Konvention natürlich eine wichtige Rolle. Der Naturforscher ist bei der Wahl seiner Begriffe zwar bis zu einem gewissen Grad frei. Es ist jedoch zu bedenken, daß die Begriffe gebildet werden, um bestimmte in Betracht gezogene Phänomene beschreiben und auch erklären zu können. Bei der Festsetzung der Begriffe werden daher ganz wesentlich auch Fruchtbarkeits- und Einfachheitsüberlegungen mitspielen. Der Systematik liegt im allgemeinen ein ganz spezielles Ordnungsprinzip zugrunde. Wenn sich dieses Ordnungsprinzip zum Beispiel jetzt auch für andere wichtig erscheinende Aspekte, an die man vorher gar nicht gedacht hat, als brauchbar erweist, so wird man dieses Ordnungsprinzip wahrscheinlich fruchtbar nennen. Es ist zum Beispiel das genannte chemische Ordnungsprinzip der Mineralklassifizierung auch im Hinblick auf physikalische und kristallstrukturelle Eigenschaften wertvoll. Vom wirtschaftlich-technischen Standpunkt mag es vielleicht belanglos und unfruchtbar erschienen, da Fragen der Mineralhäufigkeit, der rentablen Abbaubarkeit, des Mineralwertes, und des Bedarfes nicht berührt werden. Oder ein anderes Beispiel: Das Periodische System der chemischen Elemente hat seine Fruchtbarkeit schon gleich nach seiner Aufstellung durch MEYER und MENDELEJEW bewiesen. Denn damals mußte man, damit die Anordnung stimmt, noch eine große Zahl von Plätzen im Schema freilassen. Die Vermutung, daß hierher – mit vorbestimmten chemischen Eigenschaften – noch nicht entdeckte Elemente eingetragen gehören, hat

sich bald darauf bestätigt. Heute sind im Periodischen System keine
Lücken mehr vorhanden. Fruchtbarkeits- und Einfachheitsüberlegungen
werden bei der Begriffsbildung in Relation zu den in Betracht gezogenen
Phänomenen stehen. Die unter diesen Voraussetzungen festgelegten Begriffe werden sich, wenn die Erwartungen in Erfüllung gehen, wissenschaftlich als fruchtbar erweisen und es werden vielleicht auch ursprüngliche
Randgebiete in den Phänomenkreis eingegliedert. Zufolge der getroffenen
Einfachheits- und Fruchtbarkeitsüberlegungen ist es denkbar, daß man
gegebenenfalls auch Gesetzmäßigkeiten erkennt, die den Phänomenen zugrundeliegen (siehe auch SCHULZE [Einfachheitsprinzip] und PREISIN-
GER [Symmetrie]). Umgekehrt können sich diese derart festgelegten Begriffe aber für einen anderen Zusammenhang als unfruchtbar erweisen.

*Anmerkung.* Begriffe können an manche Probleme also besser und an
manche Probleme dagegen schlechter angepaßt sein. Als Folge davon sind
die betreffenden Probleme unterschiedlich schwer in diesem Begriffssystem
zu beschreiben. Als Beispiele – die zum Teil dem Thema allerdings schon
vorgreifen – könnte man nennen·
a) Punkte in einer Ebene lassen sich durch je zwei Koordinaten beschreiben. Im karthesischen Koordinatensystem sind es die Abschnitte $x$ und
$y$. Im Polarkoordinatensystem sind es Ursprungsabstand $r$ und Winkel $\varphi$
Ein Kreis mit dem Radius $R$ (in Hauptlage) läßt sich in Polarkoordinaten
einfacher beschreiben: $r = R$, in karthesischen Koordinaten ist der Aufwand größer: $x^2 + y^2 = R^2$. Die gerade Linie ist dagegen in karthesischen
Koordinaten einfacher anzugeben $y = k \cdot x + d$ als in Polarkoordinaten·
$r\,(\sin\varphi - k\cos\varphi) = d$.
b) Die empirische Untersuchung der Veränderlichkeit der Vakuumlicht-
geschwindigkeit war vor dem Jahr 1983 noch logisch sinnvoll, nach 1983
dagegen sinnlos. Im Jahr 1983 wurde nämlich anstelle des Platin-Iridium-
Meterprototyps eine neue Begriffsdefinition für das Meter eingeführt (vergleiche Abschnitt 5b über Größengleichungen, Basisgrößen und Einheiten, sowie Anhang 1), die eine Rückwirkung auf den Geschwindigkeitsbegriff hat. Das Meter ist seither die Länge jener Strecke, die Licht im
leeren Raum während der Dauer von 1/299 792 458 Sekunden durchlauft.
Damit wird der Begriff der Lichtgeschwindigkeit per Definition konstant
gesetzt und zwar auf den unveränderlichen Wert $c = 299\,792\,458$ m s$^{-1}$
Eine empirische Überprüfung der Veränderlichkeit der Vakuumlichtge-
schwindigkeit ist somit ab jetzt überflussig und daher sinnlos
c) In der Physik erfaßt man Licht begrifflich als Wellenbewegung, die
Phänomene der Lichtbeugung und der Lichtbrechung sind dann leicht
zugänglich. Erfaßt man dagegen das Licht als Teilchen, dann kann man
dafür den Photoneneffekt in einfacher Weise deuten In der umgekehrten
Version entziehen sich jedoch die genannten Phänomene der Deutbarkeit

d) Auch in der Sprache des Dichters kann es zu ähnlichen Schwierigkeiten
kommen: In einem Gedicht möge eine bestimmte Wirklichkeit in beein-
druckender Tiefe beschrieben worden sein. Es ist aber kaum möglich, die
Wirklichkeit dieses Gedichtes mit gleichem Tiefgang in eine fremde Sprache zu transponieren. Denn die Worte sind in verschiedenen Sprachen
zumeist nicht eindeutig zuordenbar.

e) Die Begriffe haben in unterschiedlichen Kulturräumen wie gesagt verschiedene Bedeutung. Zum Beispiel die Begriffe "kaufen" und "verkaufen".
Der Unterschied kommt so deutlich in der Rede des Häuptlings SEATTLE
der Duwamish-Indianer zum Ausdruck. SEATTLE antwortete in seiner
Rede im Jahr 1855 dem 14. Präsidenten der Vereinigten Staaten, dem
Demokrat Franklin Pierce, auf sein Angebot, ihr Land den weißen Sied-
lern zu verkaufen. Die Weisheit seiner Rede macht uns heute tief betroffen:
"... Das Ansinnen des weißen Mannes, unser Land zu kaufen, werden wir
bedenken  Aber mein Volk fragt, was denn will der weiße Mann? Wie kann
man den Himmel oder die Wärme der Erde kaufen – oder die Schnelligkeit
der Antilope? Wie können wir Euch diese Dinge verkaufen? Könnt Ihr
denn mit der Erde tun, was Ihr wollt – nur weil der rote Mann ein Stück
Papier unterzeichnet – und es dem weißen Mann gibt? Wenn wir nicht die
Frische der Luft und das Glitzern des Wassers besitzen – wie könnt Ihr
sie von uns kaufen? Könnt Ihr die Büffel zurückkaufen, wenn der letzte
getötet ist? ..." [Teil der Erde, Seite 26].

Einmal festgelegte Begriffe können sich also für einen anderen Zusammenhang als unfruchtbar erweisen. Es könnte sein, daß diese festgelegten
Begriffe gerade in einem Bereich unfruchtbar sind, den man neuerdings
für sehr bedeutend hält. Es ist denkbar, daß man dort Gesetzmäßigkeiten
und Zusammenhänge dann gar nicht mehr erkennen kann. Dann wäre der
Übergang auf ein neues Begriffssystem zweckmäßig. Das alte Begriffssystem wird aber vermutlich manchmal die Keimbildung für das neue System
erschweren, weil es die Zusammenhänge nicht nur nicht aufzeigt, sondern
eher sogar verdeckt. (Als Beispiel könnte das Erkennen interdisziplinärer
Probleme dienen, wie z.B. bei Umweltfragen, Ökologie etc. FASCHING
[Umwelt]. Ein bekanntes Beispiel aus der Geschichte erläutert HUND
[Begriffsgeschichte, Seite 169 ff.]: Er zeigt, daß die Vorstellung des Hor-
ror Vacui lange Zeit die Erkenntnis des Luftdruckes verhinderte.) Diese
Fragen spielen schon hier in die Probleme der Theoriendynamik hinein.
die wir im Kapitel über Gesetze und Theorien anreißen wollen. Die Formulierung wissenschaftlicher klassifikatorischer Begriffe findet allein mit
den Methoden der Konvention zur Einteilung eines Gegenstandsbereiches
in die verschiedenen Klassen also nicht das Auslangen. Die erforderlichen
Fruchtbarkeits- und Einfachheitsüberlegungen stützen sich, wie wir gesehen haben, wesentlich auch auf empirische Erfahrungen und Befunde.

Wissenschaftliche klassifikatorische Begriffe sind, wie wir ausgeführt haben, erst dann angemessen formuliert, wenn sie den beiden Adäquatheitsbedingungen genügen: Wenn also

1. der Fall ausgeschlossen ist, daß irgendein Gegenstand zu zwei Klassen gehört, weil die klassifikatorischen Begriffe nicht scharf genug abgegrenzt sind und

2. aber jeder Gegenstand mit Sicherheit in irgendeine der Klassen hineinfällt.

Es ist aber genau betrachtet nicht selbstverständlich, daß diese Bedingungen erfüllt sind. Mehrere Fälle sind hier denkbar und voneinander zu unterscheiden. Die Bedingungen könnten gelten, weil sie sich als logische Wahrheiten präsentieren. Oder, die Bedingungen gelten zwar nicht aus logischen Gründen, stellen sich aber zumindest als empirische Wahrheit heraus. Oder aber, nur eine der Bedingungen ist eine logische Wahrheit und die andere ist eine empirische Wahrheit und umgekehrt. Nennt man zum Beispiel die Farben, wie sie in den Farbtafeln (siehe auch RICHTER [Farbemetrik]) angeführt sind, bunte Farben und den Rest (also die Schwarz-Weiß-Reihe) unbunte Farben, so ist die 2. Adäquatheitsbedingung, also "Alle Farben sind bunt oder unbunt", eine logische Wahrheit. Denn selbst wenn wir durch Mutation einmal auch Röntgenstrahlen wahrnehmen könnten, so wären diese gemäß Definition als unbunt einzustufen und die 2. Adäquatheitsbedingung wäre noch immer gültig. Die Begriffe wären nach wie vor adäquat definiert. Hätte man dagegen die Farben, wie sie in den Farbtafeln angeführt sind, als bunte Farben und ausdrücklich die Schwarz-Weiß-Reihe als unbunte Farben bezeichnet, dann wäre die 2. Adäquatheitsbedingung, also "Alle Farben sind bunt oder unbunt", bloß eine empirische Wahrheit. Denn bisher ist noch keine andere Farbe beobachtet worden. Sollte sich das ändern und Röntgenstrahlen würden in Zukunft einmal als Farbe wahrgenommen werden, so würde also die Erfahrung lehren, daß die 2. Adäquatheitsbedingung verletzt ist und daß also die Begriffe nicht mehr adäquat definiert sind. Solche Situationen sind auch bei den weiter oben angeführten Beispielen im Laufe der Geschichte bis zu einem gewissen Grad sichtbar geworden. Bei der ursprünglichen Aufstellung des Periodischen Systems der chemischen Elemente hat man Plätze im Schema freigelassen, weil die betreffenden Elemente noch nicht bekannt waren. Später hat man die Elemente aufgefunden, die in die freigelassenen Lücken passen, so daß das System schließlich voll aufgefüllt war. (Von den Elementen höherer Ordnungszahl wollen wir hier absehen.) Die 2. Adäquatheitsbedingung war, wie die Erfahrung also gelehrt hat, erfüllt. Auch Überschneidungen (1. Adäquatheitsbedingung) sind im wesentlichen nicht beobachtet worden. Bei der Einteilung des Mineralreiches - unser zweites Beispiel - waren dagegen aus empirischen Gründen Erweiterungen notwendig und es entwickelte sich schließlich das folgende System (MOTTANA [Mineralien]):

1. Elemente (angeschlossen: Legierungen, Carbide, Nitride und Phosphide)
2. Sulfide (angeschlossen: Selenide, Telluride, Arsenide, Bismutide und Antimonide)
3. Halogenide
4. Oxide und Hydroxide
5. Carbonate (angeschlossen: Borate und Nitrate)
6. Sulfate ( angeschlossen: Tellurate, Chromate, Molybdate und Wolframate)
7. Phosphate (Arsenate und Vanadate)
8. Silikate

(9. organische Verbindungen)

In der Kristallographie – um das dritte Beispiel zu nennen – wird die Erfüllung der Adäquatheitsbedingungen durch Symmetrieüberlegungen gewährleistet, sodaß man schließlich sagen kann: "Alle Kristalle lassen sich einer und nur einer der 32 möglichen Kristallklassen zuordnen." (KLEBER [Kristallographie] S.57). Man erfährt, daß sich alle Kristalle zuordnen lassen, also gilt die 2. Adäquatheitsbedingung; man erfährt weiters, daß sie sich nur einer einzigen Klasse zuordnen lassen, also gilt auch die 1. Adäquatheitsbedingung.

Klassifikatorische Begriffe lassen sich also nicht durch Konvention allein sinnvoll definieren. Beobachtungen und empirische Bestätigungen, hypothetische Generalisierungen, intuitive Fruchtbarkeits- und Einfachheitsüberlegungen stehen mit der Generierung der klassifikatorischen Begriffe in engem Zusammenhang (STEGMÜLLER [Begriffsbildung]). Hierdurch werden Grenzen sichtbar, die dem Begriff eine gewisse Restunschärfe aufzwingen. Dennoch bringt der klassifikatorische Begriff eine bedeutende Präzisierung gegenüber der Anschauung mit sich und zwar durch Abgrenzung und Verengung zufolge der durchgeführten Einteilung des Gegenstandsbereiches in einander ausschließende Arten. Die Präzisierung wird durch Abgrenzung und Verengung ermöglicht, es wird ein schmaler Aspekt gemeint, der alle anderen Randbereiche und Randfacetten, die vielleicht im vorwissenschaftlichen Begriff noch angesprochen waren, notwendigerweise ausschließt. Der präzisierte Begriff sollte natürlich stets einen eigenen Namen erhalten, der es gestattet, ihn vom vorwissenschaftlichen Begriff zu unterscheiden. In vielen Fällen wird das aber nicht gemacht. sodaß man diese Besonderheit stets sehr genau beachten muß. Der neue Begriff wird immer im Hinblick auf bestimmte Aspekte präzisiert. Durch die Aufstellung dieser Spezialbegriffe ist der vorwissenschaftliche Begriff aber natürlich nicht überflüssig geworden, denn der Spezialbegriff ist den speziellen Anwendungen vorbehalten.

Die Abbildung 1 zeigt in einer schematischen Darstellung die auf der
Anschauung stufenartig ruhende spezialisierte Form des klassifikatorischen
Begriffes. Zwei Adäquatheitsbedingungen sind es, die eine angemessene
Begriffsformulierung ermöglichen. So werden die klassifikatorischen Be-

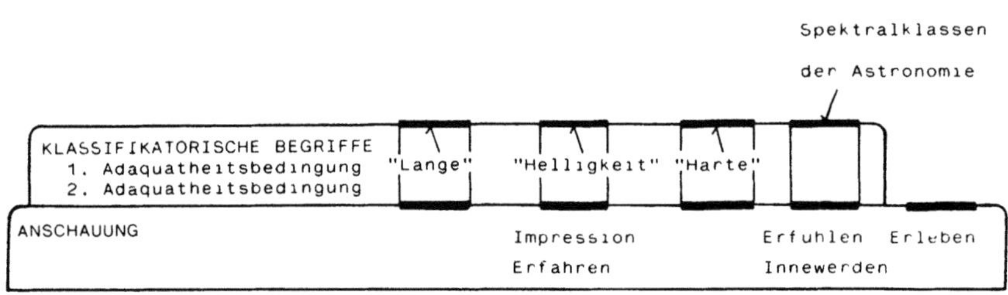


Abbildung 1
Querschnitt durch die Begriffspyramide

griffe zum Beispiel die Spektralklassen der Astronomie, die Systematik
des Mineralreiches gebildet, aber auch Begriffe wie Härte, Helligkeit und
Länge werden so definiert, daß sie sich vom Übrigen exakt abgrenzen und
gleichzeitig ihren Gegenstandsbereich erschöpfend umfassen. Es ist selbstverständlich, daß die klassifikatorischen Begriffe nicht das gesamte Feld
der Anschauung abdecken. Die Abbildung 2 zeigt von dieser vorhin im
Querschnitt dargestellten Begriffspyramide den Grundriß. Wir erkennen.
daß von dem weiten Bereich der Anschauung ein Teilbereich zu klassifikatorischen Begriffen verschärft wurde. Diese schematisch symbolische Darstellung in Querschnitt und Grundriß, die wir im folgenden noch mehrfach
verwenden wollen, kann natürlich nur sehr unvollkommen die Verhältnisse
zeigen. Auch die angeführten Benennungen für Begriffe und Anschauungsformen, die als Beispiele den kleinen schraffierten Kreisfeldern zugeordnet
wurden, möge man als schematisches Schlagwort sehen; sie sind in dieser
Kürze zum Teil sicher auch mißverständlich. Man darf also keine allzu
strengen Maßstäbe an diese Graphik anlegen. Trotzdem will ich bei dieser bildhaften Darstellung bleiben, weil sie meines Erachtens einen guten
visuellen Eindruck vermittelt, vor allem auch hinsichtlich der Frage, wie
die später zu besprechenden höheren Begriffsformen auf den klassifikatorischen Begriffen fundiert sind.

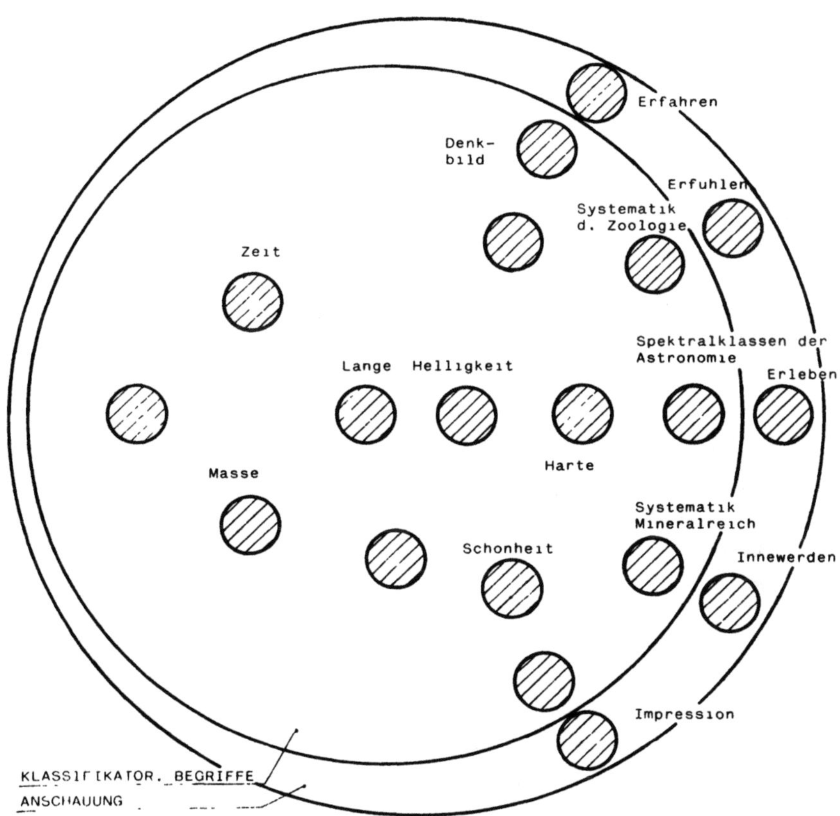


Abbildung 2
Grundriß der Begriffspyramide

# 3.  Komparative Begriffe

Die vorhin erläuterte Generierung klassifikatorischer Begriffe führt
schließlich zu einem Begriffssystem, mit dem man zum Beispiel folgende
Aussage machen kann: "Die Wiese ist grün", "Die aufgedampfte Nickel-
schicht ist amorph", oder "Glimmer ist ein Silikat". Wir wollen für das
Folgende das Vorhandensein klassifikatorischer Begriffe voraussetzen und
darüberhinaus zusätzlich Begriffe zu erzeugen versuchen, die zu Aussagen
mit höherer Aussagekraft führen. Hierfür bieten sich die sogenannten komparativen Begriffe an. Komparative Begriffe sind gegenüber den klassifikatorischen Begriffen eine höhere Begriffsform, wodurch sich die gewünschte
Informationsverschärfung ermöglichen läßt. Beispiele für komparative Begriffe findet man etwa in folgenden Aussagen: "Franz ist größer als Fritz",
"Im Sternbild Orion strahlt der Stern Beteigeuze heller als der Stern Ri-
gel", "Gold ist schwerer als Blei" oder "Kupfer ist ein schlechterer Elek-
trizitätsleiter als Silber". Wir wollen im folgenden Text beleuchten[3], auf
welche Weise und mit welchen gedanklichen Relationen die komparativen
Begriffe gebildet werden, welchen Postulaten diese Relationen genügen
müssen und ob neben der Konvention noch andere Einflußgrößen existieren. Auch wird die Frage zu überlegen sein, ob die durch die komparativen Begriffe geglückte Informationsverschärfung irgendwelche besondere
Aspekte hervorhebt.

Komparative Begriffe sind also Relationsbegriffe, die es erlauben, einen Vergleich anzustellen und nach größer-gleich-kleiner zu differenzieren,
ohne daß bereits der quantitative Begriff, der dann darüberhinaus sogar
noch eine Zahlenwertzuordnung vornimmt, vorweggenommen wird. Vorausschauend sei gesagt, daß der komparative Begriff eine Zwischenstufe
zwischen klassifikatorischem und quantitativem Begriff darstellt.

Komparative Begriffe werden eingeführt über konventionelle Regeln,
die sich zweier Relationen bedienen, nämlich der Vorgängerrelation $V$ und
der Koinzidenzrelation $K$. Diese Relationen werden auf die Begriffsgegenstände jenes Bereiches $B$ angewendet, der durch den komparativen
Begriff erfaßt werden soll. Die beiden Relationen besagen dabei folgendes:
1. *Die Vorgängerrelation.* Gilt die Vorgängerrelation $x\,V\,y$, so besagt dies,
    daß der Begriffsgegenstand $x$ dem Begriffsgegenstand $y$ im Sinn der
    Reihenordnung vorangeht. Wenn der Bereich der Begriffsgegenstände

---

[3] Eine umfassende Darstellung gibt STEGMÜLLER [Begriffsbildung] ab
Seite 23, die dem folgenden Text als Grundlage dient. In CARNAP [Naturwis-
senschaft, Teil II] findet man darüberhinaus wertvolle Ergänzungen.

zum Beispiel die Härte von Kristallen meint, so ist $x$ nicht so hart wie $y$.

2. *Die Koinzidenzrelation.* Gilt die Koinzidenzrelation $xKy$, so besagt das, daß der Begriffsgegenstand $x$ vom Begriffsgegenstand $y$ im Sinn der Reihenordnung nicht zu unterscheiden ist. Für das Beispiel der Kristallhärte gilt, daß $x$ gleich hart ist wie $y$.

Die beiden Relationen $V$ und $K$ wurden zwar als Regeln auf konventioneller Basis eingeführt, das besagt aber nicht, daß die komparativen Begriffe einzig und allein durch Konvention definierbar wären. Denn die Entscheidung, ob in einem konkreten Beispiel eine Vorgänger- oder die Koinzidenzrelation vorliegt, ist in jedem Fall grundsätzlich nur mit Hilfe einer empirischen Untersuchung zu fällen. Ob eine Vorgängerrelation oder die Koinzidenzrelation vorliegt, ist also nicht aus der Logik ableitbar. Einige der nachfolgenden Postulate, die, wie wir sehen werden, erst die Ordnung im komparativen Begriffssinn garantieren, erhalten, was ihre Gültigkeit betrifft, dadurch bloß den Charakter empirischer Hypothesen. (Daran ändert sich auch nichts, wenn ein hoher Bestätigungsgrad für die betreffende Hypothese vorliegt.)

Um eine Ordnung[4] im komparativen Begriffssinn zu realisieren, müssen die Vorgänger- und Koinzidenzrelationen bestimmte Postulate erfüllen, die nachfolgend beleuchtet werden sollen. Die in den Postulaten genannten Begriffsgegenstände $x$, $y$ oder $z$ sind hierbei grundsätzlich über alle Begriffsgegenstände des Bereiches $B$ zu variieren.

*Postulat 1* besagt, daß die Relation $K$ totalreflexiv ist:

$$\bigwedge x\,(xKx)$$

Das heißt, für alle $x$ gilt, daß $x$ mit sich selbst koinzident ist. Dieses Postulat ist eine logische Wahrheit, weil $x$ zu sich selbst identisch ist.

*Postulat 2* besagt, daß die Relation $K$ symmetrisch ist:

$$\bigwedge x \bigwedge y\,(xKy \rightarrow yKx)$$

Das heißt, für alle $x$ und für alle $y$ des Bereiches gilt, daß bei einer Koinzidenz von $x$ und $y$ diese auch für $y$ und $x$ gilt. Diese Relation gilt nicht etwa aus logischen Gründen, sondern es handelt sich um einen empirischen

---

[4] Bei einer "Ordnung" von Begriffsgegenständen eines Bereiches $B$ sollte nur immer ein einziges Element eine ganz bestimmte Position in der Reihung einnehmen können. Falls mehrere Elemente die gleiche Position einnehmen (also koinzidieren), sollte man besser von "Quasiordnung" sprechen (HEMPEL). Wir vernachlässigen hier diese Unterschiede

Satz, der erst festgestellt werden muß. Denn ob die Koinzidenz zwischen $x$ und $y$ vorliegt, kann nur mit Hilfe einer empirischen Untersuchung entschieden werden, die sich ganz bestimmter Methoden, Vorrichtungen oder Apparate bedient. Nehmen wir an, diese erste Untersuchung habe $xKy$ ergeben. Ob jetzt die zweite Untersuchung, die darüberhinaus auch die Koinzidenz zwischen $y$ und $x$, also $yKx$ feststellen will, ebenfalls zu einem positiven Ergebnis kommt, muß abgewartet werden. Erst dann gilt für die beiden $x$ und $y$ das 2. Postulat als erfüllt. Natürlich sind wir bei den uns geläufigen komparativen Begriffen derart an dieses Ergebnis gewöhnt, daß es uns als selbstverständlich erscheint. Und darum ist es auch recht schwer, Gegenbeispiele zu erfinden, die nicht von der Suggestivkraft der Erfahrung erdrückt werden. Stellen wir uns den Fall vor, daß sich zwei zueinander parallele Kräfte $F_1$ und $F_2$ überlagern und wir vereinbaren als Methode, um die Koinzidenz der beiden Kräfte $F_1$ und $F_2$ festzustellen, ein spezielles Federwaagenexperiment. Beleuchten wir ein konkretes Beispiel: Ein Sportler, der sein Bestes gibt, dehne einen Expander mit der Kraft $F_1$ und verlängere die Feder um $\Delta l_1$. Ein Helfer möge den Sportler (nachdem er gezeigt hat, was er kann) jetzt mit seiner Maximalkraft unterstützen. (Es wirken also jetzt beide Kräfte auf die Feder ein, sowohl $F_1$ als auch $F_2$.)  Wenn es dem Helfer gelingt, eine so große

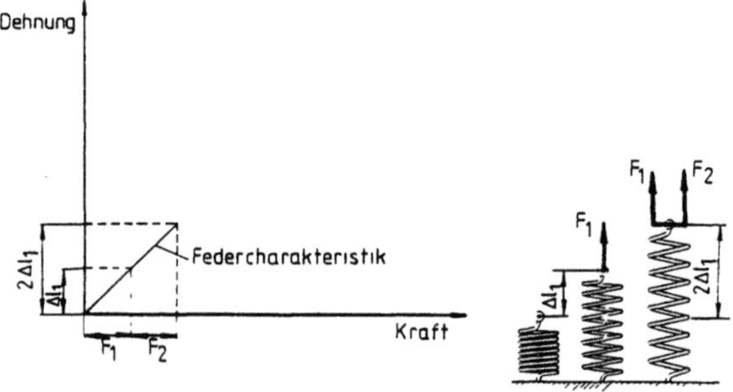


Abbildung 3

Kraft aufzubringen, daß sich die Feder insgesamt jetzt auf $2 \cdot \Delta l_1$ verlängert, dann möge definitionsgemäß gelten, daß die Kraft $F_2$ mit der Kraft $F_1$ koinzidiert. Die Abb. 3 zeigt graphisch den Kraft-Dehnungs-

Zusammenhang für dieses Experiment. Es wird also die Koinzidenz $F_2 K F_1$ experimentell ermittelt, es ist also $F_2$, wie der Versuch lehrt, definitionsgemäß koinzident mit $F_1$. Ob $F_1$ auch koinzident mit $F_2$ ist, kann nur mit einem weiteren Experiment überprüft werden (Abb. 4). Jetzt verlängert die Kraft $F_2$ die Feder um $\Delta l_2$. Die Zusatzkraft $F_1$ ist definiti-

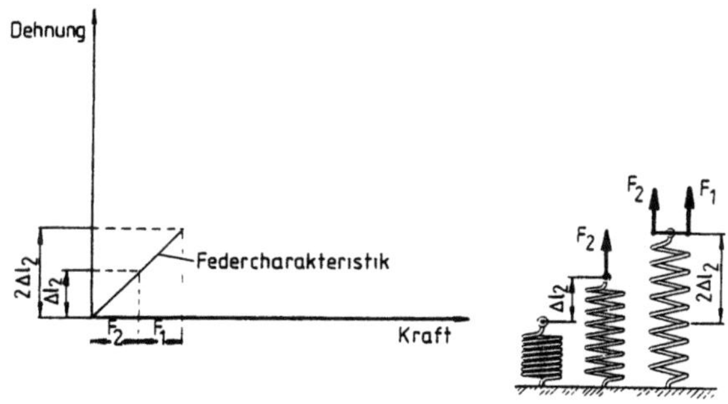


Abbildung 4

onsgemäß dann koinzident mit $F_2$, wenn sie die Feder insgesamt auf $2 \cdot \Delta l_2$ verlängert. Wir sehen aus dem Experiment, daß auch die Koinzidenz $F_1 K F_2$ gilt und wir finden damit für diesen Fall das 2. Postulat als erfüllt; die Koinzidenzrelation ist hier demnach symmetrisch. Es ist einleuchtend, daß auch halb so starke Sportler und halb so starke Helfer Koinzidenzrelationen liefern, die dem 2. Postulat genügen. Stellen wir uns aber jetzt vor, die Kräfte ließen sich noch steigern und wir kommen in Bereiche, wo die Federcharakteristik nichtlinear wird und zum Beispiel einen Knick aufweist. Der Sportler habe also jetzt eine größere Kraft $F_1'$ und dehne die Feder um $\Delta l_1'$ (Abb. 5). Der Helfer möge den Sportler jetzt mit seiner Maximalkraft $F_2'$ unterstützen. Wenn es dem Helfer gelingt, eine so große Kraft aufzubringen, daß sich die Feder insgesamt jetzt auf $2 \cdot \Delta l_1'$ verlängert, dann gilt definitionsgemäß, daß die Kraft $F_2'$ mit der Kraft $F_1'$ koinzidiert. Die Abb. 5 zeigt graphisch den Kraft-Dehnungs-Zusammenhang für dieses Experiment. Es wird also die Koinzidenz $F_2' K F_1'$ experimentell ermittelt, es ist also $F_2'$ koinzident mit

$F_1'$. Ob auch $F_1'$ koinzident mit $F_2'$ ist, kann wiederum nur mit einem weiteren Experiment überprüft werden (Abb. 6). Jetzt verlängert der Helfer mit seiner Maximalkraft $F_2'$ die Feder um $\Delta l_2'$. Die zusätzlich wirkende Maximalkraft des Sportlers $F_1'$ wäre dann koinzident mit $F_2'$, wenn sie die

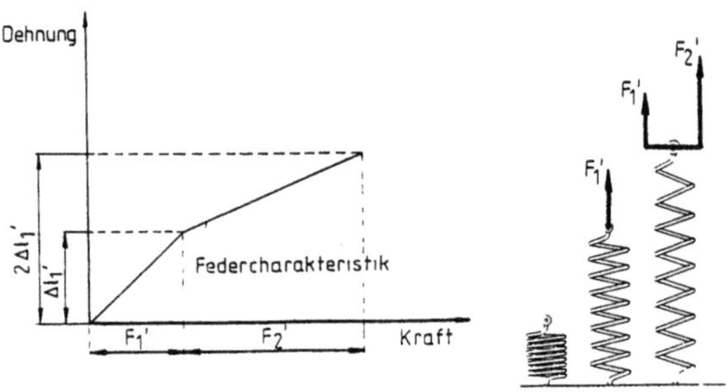


Abbildung 5

Feder insgesamt auf $2 \cdot \Delta l_2'$ verlängert. Wir sehen, daß das bei diesem Experiment nicht gelingt; es ist also die Koinzidenz $F_1' K F_2'$ nicht gegeben und wir sehen damit, daß das 2. Postulat nicht mehr gültig ist. Das Experiment hat ergeben, daß die vereinbarte Relation $K$ in bestimmten Bereichen zufolge empirischer Sachverhalte und Gegebenheiten nicht mehr symmetrisch ist[5]. Wir wollen jedoch nur mit solchen Koinzidenzrelationen arbeiten, wo die Symmetrie gewährleistet ist, wo also auch das Postulat 2 gilt.

*Postulat 3* besagt, daß die Relation $K$ transitiv (lat.: transire =

---

[5] Ein anderes Beispiel mit Gewichten und einer Balkenwaage nennt STEGMÜLLER [Begriffsbildung] auf Seite 33· Bedeutet die Aussage "Objekt *a* wiegt Objekt *b* auf" dasselbe wie "wenn *a* auf die Schale I und *b* auf die Schale II gelegt wird, so bleibt die Waage im Gleichgewicht", so könnte es eine Welt geben, wo das Objekt *a* das Objekt *b* aufwiegt, aber beim Vertauschen der Gegenstände die Waage nicht mehr im Gleichgewicht bleibt. Das Postulat 2 wäre damit verletzt. (Vergl auch CARNAP [Naturwissenschaft, Seite 63].)

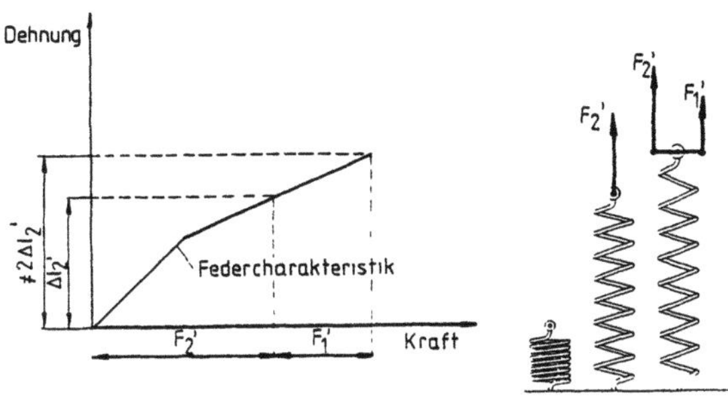


Abbildung 6

hinübergehen, durchgehen) ist:

$$\bigwedge x \bigwedge y \bigwedge z \,(x\,Ky \wedge y\,Kz \rightarrow x\,Kz)$$

Das heißt, für alle $x$, $y$ und $z$ gilt, daß bei einer Koinzidenz zwischen $x$ und $y$, sowie einer Koinzidenz zwischen $y$ und $z$, auch eine Koinzidenz zwischen $x$ und $z$ gelten muß. Diese Relation gilt gleichfalls nicht aus logischen Gründen, sondern das 3. Postulat stellt einen Satz dar, der empirisch sichergestellt werden muß. Beispielsweise könnte eine Balkenwaage, die gemäß der Struktur unserer Welt erst bei quantisierten Gewichtsdifferenzen ansprechen möge, zwischen den Gewichten $x$ und $y$ sowie $y$ und $z$ (gerade noch) Koinzidenz feststellen, während sie zwischen $x$ und $z$ diese Koinzidenz nicht mehr feststellt, weil sozusagen die "zulässige", nicht registrierbare Gewichtsdifferenz jetzt den Maximalwert überschritten hat und so die Nichtkoinzidenz verrät. Das 3. Postulat wäre in diesem Fall also verletzt. Wir sehen hier deutlich, daß also das 3. Postulat im allgemeinen eine Idealisierung beinhaltet, weil sich eine unendlich hohe Meßgenauigkeit wohl nie verwirklichen läßt. (STEGMÜLLER [Begriffsbildung, Seite 36] erörtert am analogen Beispiel der psychologischen Gewichtsempfindung die epistemologischen Konsequenzen.)

Die Koinzidenzrelation $K$ erfüllt bei Zutreffen der Postulate 1 bis 3 die Bedingungen für eine Äquivalenzrelation. Die Menge aller Elemente von $x \in B$, die zu einem $m \in B$ äquivalent sind, heißt Äquivalenzklasse

[*m*]. Die Äquivalenzrelation gibt also zu einer Klassenzerlegung des Bereiches *B* Anlaß. Keine der Klassen ist leer, die Klassen sind disjunkt (getrennt, zueinander paarweise fremd) und die Vereinigung aller Klassen liefert wieder den ganzen Bereich *B*. Die Koinzidenzrelation erzeugt für den Bereich *B* eine erschöpfende Klasseneinteilung (vergleiche 2. Adäquatheitsbedingung der klassifikatorischen Begriffe), wobei die einzelnen Klassen einander ausschließen (vergleiche 1. Adäquatheitsbedingung der klassifikatorischen Begriffe). Eine komparative Ordnung ist bis jetzt noch nicht entstanden. Diese wird erst durch die Ordnungsrelation *V* eingeführt, die wiederum bestimmten Postulaten genügen muß.

*Postulat 4* besagt, daß auch die Relation *V* transitiv ist:

$$\bigwedge x \bigwedge y \bigwedge z \, (xVy \wedge yVz \rightarrow xVz)$$

Das heißt, daß für alle *x*, *y* und *z* der Zusammenhang zu gelten hat, daß für den Fall, daß *x* ein Vorgänger von *y* ist und weiters *y* ein Vorgänger von *z* ist, damit auch *x* ein Vorgänger von *z* sein muß. Das Zutreffen des 4. Postulates ist gleichfalls wieder mit empirischen Methoden sicherzustellen.

*Postulat 5* sagt aus, daß die Relation *V* *K*-irreflexiv ist:

$$\bigwedge x \bigwedge y \, (xKy \rightarrow \neg \, xVy)$$

Das heißt, es darf kein Element *x*, welches zu einem anderen Element *y* in der Koinzidenzrelation steht, zu diesem anderen Element *y* in der Vorgängerrelation stehen. Oder auch: kein *x* kann sich selbst vorangehen. Diese Bedingung gilt aus logischen Gründen.

*Postulat 6* sagt aus, daß die Vorgängerrelationen *K*-zusammenhängend sind:

$$\bigwedge x \bigwedge y \, (xVy \vee xKy \vee yVx)$$

Das heißt, entweder koinzidieren *x* und *y* miteinander oder das eine ist der Vorgänger vom anderen. Auch dieses Postulat ist mit empirischen Methoden sicherzustellen.

Ein bekanntes Beispiel für einen komparativen Begriff aus dem Bereich der Mineralogie ist die Härte. Man versteht darunter den Widerstand, den ein Körper dem Ritzen entgegensetzt. Die Vorgängerrelation ist bei der Ritzhärte dadurch definiert. daß jener Körper von zwei Körpern als der härtere angesehen wird, der den anderen ritzen kann. Die Koinzidenzrelation sagt aus, daß zwei Körper dann gleich hart sind, wenn sie sich wechselseitig nicht ritzen können. Das härtere Mineral ritzt also immer das weichere, während gleich harte Mineralien sich gegenseitig nicht zu ritzen vermögen. Damit man den Grad der Härte angeben kann und dafür auch einen bezeichnenden Namen hat, wurde von MOHS eine Reihe von Mineralien mit steigender Härte zusammengestellt, die sogenannte Härteskala; die hier aufeinander folgenden Mineralien sind: 1. Talk, 2. Steinsalz, 3. Kalkspat, 4. Flußspat, 5. Apatit, 6. Feldspat, 7. Quarz, 8. Topas, 9. Korund und 10. Diamant. Ohne hier auf genauere Details der Methodik einzugehen, kann gesagt werden, daß man damit im allgemeinen die Härte eines Minerals leicht experimentell ermitteln und mit einem Begriff benennen kann. Hiernach hat zum Beispiel Turmalin die gleiche Härte wie Quarz (Härtestufe 7), oder Bleiglanz liegt in seiner Härte zwischen Steinsalz (Härtestufe 2) und Kalkspat (Härtestufe 3). Man beachte, daß die einzelnen Stufennummern der Härteskala bloß die Reihenfolge der Referenzmineralien nach steigender Härte angeben. Die Ziffern sagen nichts aus über die tatsächliche Härtestufung, wie etwa doppelt-so-hart oder halb-so-hart; später hat sich (mit anderen Methoden) auch herausgestellt, daß die Abstände der Härtestufen sehr ungleichmäßig groß sind. Das Wesentliche am komparativen Begriff ist die Möglichkeit, nach größergleich-kleiner unterscheiden zu können; und das wird bei der Härteskala durch die vereinbarte Ritzmethode erreicht. Darüber hinaus also als Ergänzung zum eigentlichen komparativen Härtebegriff, gibt die Mohssche Härteskala mit Hilfe der zehn Referenzmineralien an, in welchem Härtebereich man sich etwa befindet; das ist also eine Zusatzinformation, die die Mohssche Härte zu einem Hybridbegriff macht. Man kann die Mineralhärte nach größer-gleich-kleiner unterscheiden (komparativer Begriff) und vereinbart noch zusätzlich Härteintervallklassen, die man mit Ordinalzahlen durchnumeriert. Hier liegt ein gewisser Ansatz vor, der schon zum metrischen Begriff überleitet, aber keinesfalls liegt schon ein brauchbarer metrischer Begriff vor. Wir werden im nächsten Abschnitt auf diesen besonderen Punkt noch verweisen. Auch hier kann sich aber wieder auf Grund empirischer Erkenntnisse herausstellen, daß die Begriffsbildung zu modifizieren ist oder daß sich die gewählte Vorgänger- und Koinzidenzrelation in manchen Bereichen sogar als ungeeignet erweist. Eine Modifikation war zum Beispiel notwendig, weil sich herausgestellt hat, daß die Fruchtbarkeit dieses Begriffes größer wäre, wenn man die höheren Härtegrade feiner unterteilen würde. Und so haben die Härtegrade schließlich folgende Ergänzung erfahren: 6. Feldspat, 7. Reines Quarzglas, 8. Quarz, 9. Topas, 10. Granat, 11. Geschmolzener Zirkon, 12. Korund, 13. Siliziumkarbid, 14. Borkarbid, 15. Diamant. Der komparative Begriff der Ritzhärte hat sich jedoch in manchen Grenzbereichen sogar als ungeeignet erwiesen, weil er keine scharfe Entscheidung liefern konnte. Man sieht sich zum Beispiel zu dieser Aussage genötigt, wenn sich zwei Mineralien wechselseitig beim Test ein "wenig" ritzen; auch dann wird man wohl oder übel sagen müssen, die beiden Mineralien sind gleich hart. Denn das eine Mineral ritzt das andere Mineral und gleichzeitig ritzt das andere Mineral

das eine. Auf beiden Mineralien sieht man also nach dem Test schwache
Ritzspuren gleicher Intensität. Geht (gemäß Vorgängerrelation) von zwei
solchen, gleich harten Mineralien jeweils eines dem anderen an Härte voraus und umgekehrt? Ist das 5. Postulat hier gleich in zwei Lesrichtungen
verletzt? Ist dann überhaupt die Koinzidenz- und Vorgängerrelation in
der genannten Form brauchbar? Die sichere Bestimmung der Härte wird
weiters oft auch dadurch erschwert, daß bei leicht spaltbaren Mineralien
die Härte "nach verschiedenen Richtungen" unterschiedlich groß ist. Beim
Kalkspat zum Beispiel ist sie beim Ritzen in Richtung von der stumpfen
Endecke zu einer Seitenecke größer als auf der selben Linie in entgegen-
gesetzter Richtung (BRAUNS [Mineralogie, Seite 74]). Es werden also
hinterher bei den Voraussetzungen, die zur Begriffsbildung geführt haben,
Reparaturen und Adaptionen fällig.

Die Generierung komparativer Begriffe geschieht zusammenfassend
gesagt mit Hilfe von zwei Relationen. Die Koinzidenzrelation $K$ faßt systematisch die koinzidierenden Begriffsgegenstände des betrachteten Bereiches $B$ zu Klassen zusammen; dieser Vorgang ist der gleiche wie bei
der Bildung klassifikatorischer Begriffe; er gibt also noch zu keiner Informationserhöhung Anlaß. Die Vorgängerrelation $V$ dagegen ordnet die
oben gebildeten Äquivalenzklassen nach "größer" oder "kleiner"; das heißt
hier tritt also die erwartete Informationserhöhung ein, weil ein Ordnungsprinzip eingeführt wurde, welches beim klassifikatorischen Begriff noch
nicht existiert hat. Der komparative Begriff wurde über die konventionellen Regeln der Koinzidenz- und der Vorgängerrelation eingeführt. Ob
aber in einem konkreten Fall für herausgegriffene Begriffsgegenstände eine
Vorgänger- oder eine Koinzidenzrelation vorliegt, ist nicht eine logische
Wahrheit, sondern ist nur durch eine empirische Untersuchung zu entscheiden, die sich bestimmter Meßgeräte oder Versuchsanordnungen im
allgemeinsten Sinn bedient. Die mit der Funktion dieser Vorrichtungen
und Anordnungen verbundenen Bedingungen (Meßunsicherheit, Gültigkeit von Extrapolationen und Interpolationen, Art der Mittelwertbildung
bei Mehrfachmessungen, etc.) fließen in das Ergebnis der Entscheidung
unvermeidlich ein. Ein wissenschaftlich verläßlicher komparativer Begriff
läßt sich nur dann bilden, wenn die Koinzidenz- und Vorgängerrelationen
einer Reihe von Postulaten genügen, die in der Mehrzahl der Fälle keine
logischen Wahrheiten sind, sondern deren Gültigkeit auf empirischem Weg
sichergestellt werden muß. Und weil in allen sechs Postulaten die sogenannten Allquantoren $\bigwedge$ vorkommen, müßten die Postulate auch an allen
Begriffsgegenständen experimentell verifiziert werden. Die Annahme der
Gültigkeit der Postulate ist daher mit Ausnahme des 1. und 5. Postulates (diese gelten aus logischen Gründen) eine im Prinzip unverifizierbare
hypothetische Verallgemeinerung. Weiters fließen in die Generierung der
komparativen Begriffe, wie wir gesehen haben, auch Idealisierungen ein.

Die wissenschaftlichen komparativen Begriffe zeigen im allgemeinen eine feinere Klasseneinteilung als beim klassifikatorischen Begriffsfall; dort hat man sich im allgemeinen nämlich mit einer gröberen Gruppierung zufrieden gegeben. Hier ist daher zum Zweck der Präzisierung eines vorwissenschaftlichen Begriffes im verstärkten Maß die Abgrenzung und Verengung im Hinblick auf einen ganz schmalen Aspekt zu beobachten. Dieser Aspekt hat bei den komparativen Begriffen darüberhinaus grundsätzlich eine unvermeidliche weitere Komponente. Die Begriffsbildung bedient sich genau genommen immer experimenteller Methoden, Vorrichtungen und Apparate. Zu komparativen Begriffen werden also nur jene schmalen Aspekte, die sich solchen Randbedingungen überhaupt unterwerfen lassen.

Die Abbildung 7 zeigt wiederum in schematischer Art den Stufenbau, der von der Anschauung über die klassifikatorischen Begriffe zu den komparativen Begriffen führt. Sowohl die Vorgänger- als auch die Koinzidenzrelation als auch eine Reihe von Postulaten waren nötig, um komparative Begriffe auf der Basis der klassifikatorischen Begriffe formulieren zu können. So werden die komparativen Begriffe wie länger, heller oder härter auf der Grundlage der entsprechenden klassifikatorischen Begriffe gebildet. Die komparativen Begriffe decken keinesfalls alle klassifikatorischen Begriffe ab und schon gar nicht das gesamte Feld der Anschauung.

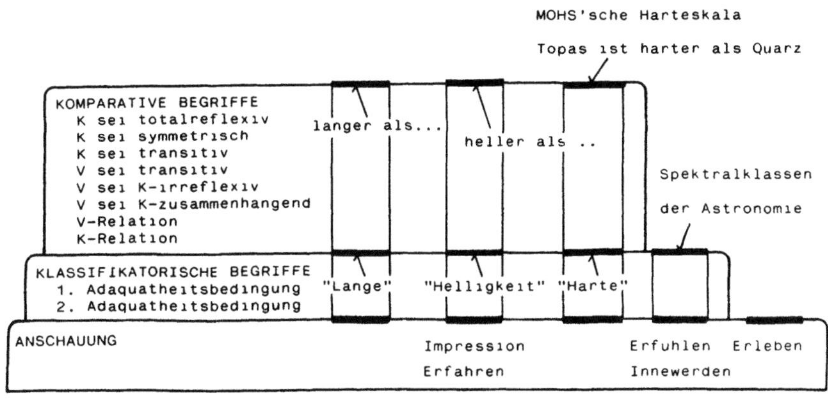


Abbildung 7
Querschnitt durch die Begriffspyramide

Die Abbildung 8 zeigt von dieser vorhin im Querschnitt dargestellten Begriffspyramide den Grundriß. Wir sehen, daß von dem weiten Bereich

der Anschauung ein Teilbereich zu klassifikatorischen Begriffen verschärft
wurde. Von diesen wurde abermals ein kleinerer Bereich zu komparativen
Begriffen spezialisiert. (Als Grenzfall der Definierbarkeit wird man wahrscheinlich den angegebenen komparativen Begriff "schöner" ansehen; er
entzieht sich offenbar schon dieser verschärften Begriffsbildungsmethode.)

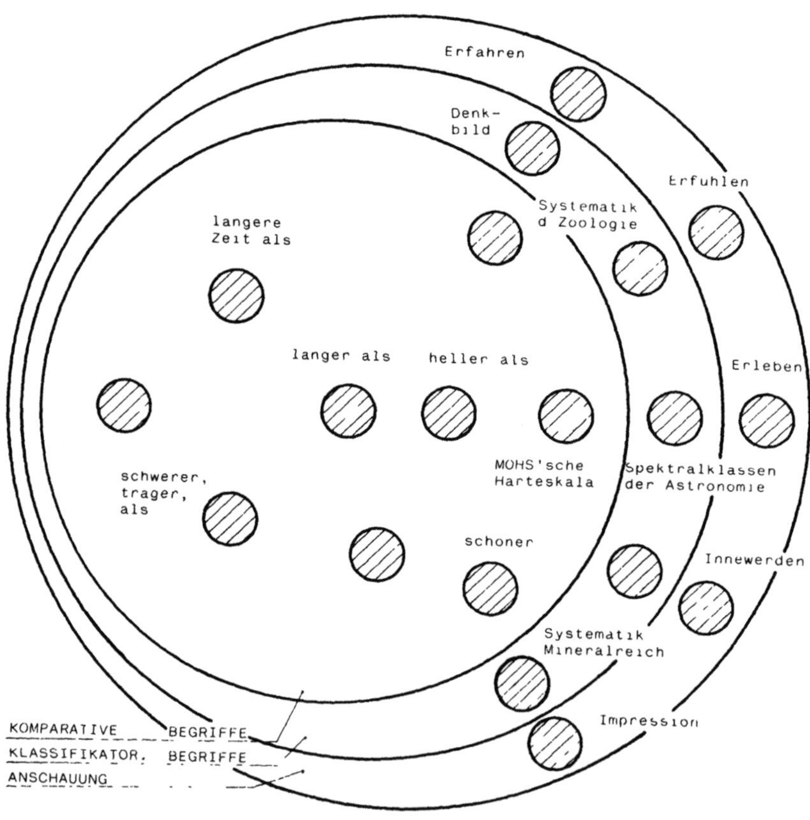


Abbildung 8
Grundriß der Begriffspyramide

# 4. Quantitative Begriffe

Die Metrisierung, die zu den quantitativen[6] Begriffen der Erfahrungswissenschaften führt, ist eine sehr ausführlich untersuchte Thematik[7], die hier nicht zusammengefaßt werden kann. Einige mir wichtig erscheinende Aspekte[8] sollen aber beleuchtet werden, die die Prozedur der Metrisierung zumindest für einfache Sonderfälle andeuten und die schließlich einen Hinweis geben, wo die speziellen Größenbegriffe, die in den naturwissenschaftlichen Erklärungen und physikalischen Formeln und Gleichungen verwendet werden, ihre Fundierung finden. Auch hier wird wieder die Frage auftauchen, ob allein schon Konvention für die Bildung quantitativer Begriffe genügt, oder ob gewisse Bedingungen, Regeln und Prinzipien, deren Erfüllung mit empirischen Erkenntnissen und Hypothesen zusammenhängt, mit der Begriffsbildung einhergehen.

Blicken wir zurück: Die Bildung komparativer Begriffe war über ein ganz bestimmtes Regel-System möglich. Zwei Relationen – die Vorgängerrelation und die Koinzidenzrelation – haben in Verbindung mit einer Reihe von Postulaten zu höheren Begriffsformen geführt, die gegenüber den klassifikatorischen Begriffen eine Informationsverschärfung gebracht haben. Die komparativen Begriffe ermöglichen zum Beispiel Aussagen wie: "Das Mineral Turmalin ist genauso hart wie Quarz" oder "Apatit ist härter als Bleiglanz". Ob aber jetzt das Mineral Apatit doppelt so hart ist wie Bleiglanz, kann mit dem komparativen Begriff nicht entschieden werden; hierzu ist eine weitere Verschärfung der Begriffsform nötig. Um solche Aussagen machen zu können, müssen wir eine neue Begriffsform bilden, die sogenannten quantitativen Begriffe. Dann erst können wir Aussagen formulieren wie: "Drei unterschiedlich langen Stäben $A$, $B$ und $C$ konnten als Längen die Zahlenwerte 1,7 , 3,5 bzw. 5,1 zugeordnet werden"; "Der Stab $C$ ist also dreimal so lang wie der Stab

---

[6] Die Worte "quantitativ" und "metrisch" werden in diesem Text weitgehend synonym verwendet. Die Vorgänge, die zur Bildung quantitativer und metrischer Begriffe führen, bezeichnet man analog als Quantifizierung bzw. Metrisierung. Auf eine gewisse Verwechslungsgefahr mit Ausdrücken des sonstigen Sprachgebrauches muß allerdings hingewiesen werden: Metrische Begriffe haben also nichts mit Begriffen des metrischen Maßsystems (Meter, also nicht englisches Zoll etc.) zu tun.

[7] Siehe etwa STEGMÜLLER [Begriffsbildung], CARNAP [Begriffsbildung], [Naturwissenschaft], HEMPEL [Fundamentals], KUTSCHERA [Wissenschaftstheorie], u.a. Geschichtliche Aspekte des Überganges vom Qualitativen zum Quantitativen erörtert HUND [Begriffsgeschichte, Seite 54 ff.].

[8] Ausführlicher behandelt STEGMÜLLER [Begriffsbildung, Kap. I und II] manche dieser Fragen.

*A''*. Durch die Methodik der quantitativen Begriffe werden beispielsweise
der Länge oder dem Volumen bestimmter Objekte oder der Zeitdauer irgend eines Vorganges mit Hilfe bestimmter Regeln Zahlenwerte zugeordnet. Ich möchte hier den quantitativen Begriff vom später zu erläuternden
Größen-Begriff unterscheiden. Der hier zu besprechende quantitative Begriff ordnet einer bestimmten Länge zum Beispiel den Zahlenwert 1,7 zu
und ergänzt erläuternd, daß sich dieser Zahlenwert bei Verwendung eines Zollstabes ergibt. Man sagt auch: Die Länge des Stabes gemessen
in Zoll liefert den Zahlenwert 1,7 oder kurz: ist 1,7. Wir werden sehen,
daß der später zu erläuternde Größenbegriff im Gegensatz zum quantitativen Begriff zu einer noch weitergehenderen Aussage fähig ist: Einerseits
kann man nämlich in analoger Weise zum Beispiel wieder die Länge eines
ganz konkreten Stabes angeben (allerdings in einer etwas modifizierten
Weise); man spricht dann von der konkreten Größe. Anderseits kann man
aber auch ganz allgemein "den Wesensinhalt oder den Inbegriff der Länge"
zu erfassen suchen; dann spricht man von der Größenart. Physikalische Gleichungen verbinden solche Größenarten miteinander. Wir werden
erläutern, auf welche Weise die physikalischen Größenarten ein in sich zusammenhängendes Netz von Begriffen bilden. Die Größenbegriffe verwenden darüberhinaus eine sehr fruchtbare Symbolik, von der noch ausführlich die Rede sein wird. Diese Besonderheiten sind es, die eine getrennte
Behandlung der Größenbegriffe sinnvoll erscheinen lassen. Wir wollen im
folgenden aber zunächst der Frage nachgehen, auf welche Weise man einen
quantitativen Begriff gewinnen kann. Man wird hierbei grundsätzlich drei
Methoden unterscheiden können: die primäre, sekundäre und die tertiäre
Metrisierung. Bei der primären Metrisierung wird ein quantitativer Begriff generiert, ohne daß man sich auf schon vorhandene andere quantitative Begriffe stützt. Bei der sekundären Metrisierung wird der neue
Begriff auf bereits vorhandene quantitative Begriffe zurückgeführt. (Beispiel: Geschwindigkeit = Weg/Zeit bei bereits vorhandenen metrisierten
Begriffen Weg und Zeit.) Bei der tertiären Metrisierung handelt es sich um
eine Art Alternativmetrisierung eines bereits definierten Begriffes, häufig
gebraucht zum Zweck der Definitionsbereichserweiterung. Für uns ist
zunächst die primäre Metrisierung von Interesse. Inbesondere beleuchten wir die Quantifizierung sogenannter extensiver Begriffe. Extensive
Begriffe sind solche, für die eine empirische Kombinationsoperation existiert, die zur arithmetischen Additions-Operation ähnlich ist. Die Länge,
die Masse und die Zeit stellen zum Beispiel solche extensive Begriffe dar.
Nichtextensive Begriffe sind intensive Begriffe, wie zum Beispiel der Tem-
peraturbegriff, die Tonhöhe oder die Härte eines Stoffes. Eine Metrisierung
intensiver Begriffe handelt STEGMÜLLER in [Begriffsbildung, Seite 61]
und CARNAP in [Naturwissenschaft, Seite 69] ab.

Für die Einführung des quantitativen Begriffes wollen wir voraussetzen, daß der entsprechende klassifikatorische und der entsprechende komparative Begriff bereits gebildet wurden, daß also zum Beispiel schon der Begriff "Länge" existiert und auch die Begriffe "länger", "gleichlang" und "kürzer" vorhanden sind. Der quantitative Begriff wird jetzt als numerische Funktion eingeführt: Beim Funktionsbegriff liegt eine eindeutige Zuordnung von "Argumenten" $u$ aus einem "Argumentbereich" $B$ zu "Werten" $v$ aus einem "Wertebereich" $W$ vor. Bei den hier stets betrachteten numerischen Funktionen sind die Werte Zahlen; der Wertebereich umfaßt die reellen Zahlen[9]. Formal kann man die Zuordnung jedenfalls als

$$f(u) = v$$

anschreiben: Den Argumenten $u$ (zum Beispiel den verschieden langen Stäben) wird mittels eines *Funktors* $f$ ein Zahlenwert $v$ zugeordnet. Der quantitative Begriff wird also formal durch den Funktor $f$ repräsentiert und eingeführt.

Angenommen, der betreffende komparative Begriff wurde für den Argumentbereich $B$ durch die Koinzidenzrelation $K$ und durch die Vorgängerrelation $V$ festgelegt, dann kann man die Frage, ob der durch den Funktor $f$ eingeführte zugehörige quantitative Begriff mit dem komparativen Begriff im Einklang steht, durch *Adäquatheitsbedingungen* sicher-

---

[9] Die reellen Zahlen sind die rationalen und die irrationalen Zahlen. Also 1) alle positiven und negativen ganzen und gebrochenen Zahlen, sowie die Null und 2) alle nichtperiodischen unendlichen Dezimalbrüche (das sind die meisten Wurzeln, Logarithmen, trigonometrischen Funktionen, ferner $\pi$, $e$ und andere). Die unter 1) genannten Rationalzahlen bilden eine unendliche Menge; sie haben folgende Eigenschaften:

1. Die Menge ist geordnet. Von zwei verschiedenen Rationalzahlen läßt sich immer sagen, welche die kleinere ist.

2. Die Menge ist überall dicht. Zwischen zwei verschiedenen Rationalzahlen liegen unendlich viele weitere Rationalzahlen.

3. Zwei beliebige rationale Zahlen lassen sich stets durch die sogenannten arithmetischen Operationen verknüpfen und das Ergebnis ist wiederum eine rationale Zahl. Die arithmetischen Operationen sind: Addition, Subtraktion, Multiplikation und Division. (Die einzige Ausnahme ist die Division durch Null.)

4. Jede rationale Zahl kann man in der Form eines endlichen oder unendlichen periodischen Dezimalbruches darstellen. Die Rationalzahlen sind zwar überall dicht, sie erfüllen jedoch noch nicht die gesamte Zahlengerade. (Die unendlich genau gemessene Diagonalenlänge eines Quadrates von 1 Meter Seitenlänge ließe sich zum Beispiel nicht durch eine rationale Zahl ausdrücken.) Die Einführung der unter 2) genannten irrationalen Zahlen erlaubt es schließlich jedem Punkt der Zahlengeraden eine Zahl zuzuordnen. Die Menge der Zahlen wird dadurch stetig.

stellen. Die Metrisierung des komparativen Begriffes ist dann adäquat,
wenn der Funktor folgende Bedingungen erfüllt:
1. Jedem Argument $x \in B$ wird eine reelle Zahl $f(x)$ zugeordnet.
2. Für alle Argumente $x \in B$ und alle $y \in B$ gilt:
   Wenn $x K y$, dann ist $f(x) = f(y)$.
3. Für alle Argumente $x \in B$ und alle $y \in B$ gilt:
   Wenn $x V y$, dann ist $f(x) < f(y)$.
Die Adäquatheitsbedingungen stellen also sicher, daß (gemäß Bedingung 1) allen Argumenten eine reelle Zahl zugeordnet wird und daß (gemäß Bedingung 2) für den Fall einer Koinzidenz zwischen $x$ und $y$ auch die
durch den quantitativen Begriff zugeordneten Zahlenwerte $f(x)$ und $f(y)$
gleich groß sind. Weiters stellt die Adäquatheitsbedingung (gemäß Bedingung 3) sicher, daß für den Fall, daß $x$ ein Vorgänger von $y$ ist, auch der
Zahlenwert $f(x)$ kleiner als $f(y)$ ist. Mit der Erfüllung der Adäquatheitsbedingungen wurde jedoch noch nicht der quantitative Begriff gewonnen;
es wurde dadurch nur sichergestellt, daß $f(x)$ mit dem früher definierten komparativen Begriff im Einklang steht. Es wurde bloß eine sogenannte Ordinalskala gewonnen. Beispielsweise ordnet die Koinzidenz- und
Vorgängerrelation der Ritzhärte alle bekannten Mineralien in eine Reihenordnung steigender Härte. Die Adäquatheitsbedingung 1 ordnet jedem
Mineral einen Zahlenwert zu, wobei gemäß Bedingung 2 allen gleichharten
Mineralien hierbei der gleiche Zahlenwert zugeordnet wird und gemäß Bedingung 3 den Mineralien geringerer Härte auch der kleinere Zahlenwert
entspricht und umgekehrt. Die so gewonnene Ordinalskala ist adäquat zur
Mohsschen Härteskala. Mit dieser Ordinalskala sind aber, wie wir wissen.
noch keine quantitativen Aussagen formulierbar.

Der metrische Begriff wird schließlich eingeführt durch drei besondere Regeln und durch das sogenannte Kommensurabilitätsprinzip.
Zunächst soll von den *Metrisierungsregeln* die Rede sein.
1. Metrisierungsregel: Gleichheitsregel. Wir haben sie bereits kennen gelernt. Für beliebige Argumente $x$ und $y$ aus dem Argumentbereich $B$
   gilt: Wenn $x K y$, dann ist $f(x) = f(y)$.
2. Metrisierungsregel: Einheitenregel. Durch die Einheitenregel wird einem Standardobjekt oder einem Standardvorgang $k$ per Konvention der
   rationale Zahlenwert $r$ zugeordnet. (Im allgemeinen wird man $r = 1$
   wählen.)[10]

---

[10] Genau genommen müßte im folgenden Text, wenn der allgemeine Fall
gemeint ist, stets von "Standardobjekt oder Standardvorgang" von "Kombina-
tionsobjekt oder Kombinationsvorgang" usw gesprochen werden. Diese Dop-
pelbenennung ist im allgemeinen Fall notwendig, denn es wird zum Beispiel
die Längeneinheit von einem Standardobjekt verkörpert, die Zeiteinheit dagegen von einem Standardvorgang Ich will jedoch davon absehen, den Text

3. Metrisierungsregel: Additivitätsprinzip. Das Additivitätsprinzip spricht davon, wie man einem komplexen Objekt, welches sich aus einer Kombination von zwei Einzelobjekten zusammensetzt, einen Zahlenwert zuordnet. Für beliebige Objekte $x$ und $y$ aus dem Argumentbereich $B$ soll gelten

$$f(x \circ y) = f(x) + f(y).$$

Das Symbol "$\circ$" ist (nach HEMPEL) ein spezielles Zeichen für die Durchführung einer Operation genau definierter Art zur Kombination physischer Objekte zur Bildung eines neuen physischen Objektes. Eine solche Kombinationsoperation kann zum Beispiel sein:

a) Hintereinanderlegen von Stäben, und zwar Kante an Kante längs einer geraden Linie zu einer neuen Gesamtlänge.

b) Fugenfreies Nebeneinanderlegen von Teilflächen zu einer neuen Gesamtfläche.

c) Zusammengießen von Flüssigkeiten zu einem Gesamtvolumen.

d) Nebeneinanderstellen von Gewichten auf einer Waagschale.

Nach dem Additivitätsprinzip soll also der Zahlenwert eines (auf genau definierte Art erzeugten) Kombinationsobjektes gleich der Summe der Zahlenwerte sein, die den Einzelobjekten zugeordnet sind. (Die Kombinationsoperation $\circ$, die Koinzidenzrelation $K$ und die Vorgängerrelation $V$ müssen dabei darüberhinaus eine Reihe von gemeinsamen Regeln, die sogenannten Maßprinzipien, erfüllen, weil die Metrisierung auf dem komparativen Begriff aufbaut und diese Relationen und Operationen miteinander verknüpft.) Mit den erläuterten drei Metrisierungsregeln ist aber der metrische Begriff noch immer nicht gewonnen; erst das Kommensurabilitätsprinzip führt dazu, daß dem betreffenden Argument aus dem Argumentbereich schließlich die Zahl zugeordnet wird. Das *Kommensurabilitätsprinzip* besagt: Jedes Argument (Objekt) $x$ des Argumentbereiches (Objektbereiches) $B$ ist mit Hilfe der Koinzidenzrelation $K$ und der Kombinationsoperation $\circ$ mit dem Standardobjekt (Standardvorgang) $k$ kommensurabel (vergleichbar). Die Kommensurabilität ist dabei unter folgenden Bedingungen gewährleistet:

1. Es gibt im Grundbereich Objekte $y_1, y_2, \ldots y_i, y_j, \ldots y_n$, die die in den nachfolgenden Punkten 2 bis 4 genannten Forderungen erfüllen.

2. Für beliebige $y_i$ und $y_j$ obiger Objekte gilt $y_i K y_j$.

3. Es gibt eine Zahl $l$ ($l \leq n$), sodaß $(y_1 \circ y_2 \circ \ldots \circ y_l) K k$.

4. Es gibt eine Zahl $s$ ($s \leq n$), sodaß $(y_1 \circ y_2 \circ \ldots \circ y_s) K x$.

Die Bedingungen 1 und 2 besagen, daß es im Objektbereich insgesamt $n$ koinzidierende Objekte $y_i$, sogenannte Hilfsstandardobjekte gibt. Nach

---

durch übertriebene Konsequenz mit dieser schwerfälligen Doppelausdrucksweise zu belasten.

der 3. Bedingung koinzidieren $l$ Stück Hilfsstandardobjekte mit dem Standardobjekt $k$ und nach der 4. Bedingung koinzidieren $s$ Stück Hilfsstandardobjekte mit dem Objekt $x$ [11]. Daher ist

$$f(y_1 \circ y_2 \circ \ldots \circ y_l) =$$
$$= f(y_1) + f(y_2) + \ldots + f(y_l) = f(k) = r$$
$$f(y_1 \circ y_2 \circ \ldots \circ y_s) =$$
$$= f(y_1) + f(y_2) + \ldots + f(y_s) = f(x)$$

und weil für alle $i$ zwischen 1 und $n$

$$f(y_i) = f(y_1)$$

gilt, ergibt sich

$$l \cdot f(y_1) = r$$

und

$$s \cdot f(y_1) = f(x)$$

oder

$$f(x) = s \cdot \frac{r}{l} \; .$$

Dem Objekt wird durch den Metrisierungsvorgang also der Zahlenwert $s \cdot r/l$ zugeordnet; die Metrisierung wird also hier auf den Prozeß des Zählens zurückgeführt (HEMPEL).

Die Einführung des metrischen Begriffes gelang über verschiedene Regeln und Bedingungen, deren Gültigkeit nicht selbstverständlich ist. Einige dieser Gesichtspunkte mögen angerissen werden:

**1)** Die Gleichheits- und Einheitenregel (1. und 2. Metrisierungsregel) kann zu nicht unerheblichen Schwierigkeiten bei der Begriffsgenerierung führen. Man sieht das am Beispiel der Zeitmetrik sehr schön. Zur primären Metrisierung der Zeit muß man von einem periodischen Vorgang Gebrauch machen. Die Frage, die sich hier stellt, ist nicht unproblematisch: Woran kann man eigentlich, bevor man noch die Zeit metrisiert hat, erkennen, daß ein periodischer Vorgang wirklich "exakt" periodisch ist? Es ist das, wie man sieht, ein unlösbarer Widerspruch, ein Zirkelschluß. Exakt periodische oder nicht exakt periodische Vorgänge kann man voneinander ja erst unterscheiden, wenn man über eine Zeitmessung verfügt. Auf diese,

---

[11]) An sich war das Additivitätsprinzip nur für ein Objektpaar, also für nicht mehr als 2 Objekte $x$ und $y$ angeschrieben worden, und wir wenden es hier auf insgesamt $l$ beziehungsweise $s$ Hilfsstandardobjekte an. Das ist zulässig, weil man in einem sukzessiven Prozeß das Additivitätsprinzip zuerst auf $y_1$ und $y_2$ anwendet, diese beiden zu einem neuen Objekt zusammenfaßt und jetzt $y_3$ hinzufügt und so fort, bis alle Hilfsstandardobjekte abgearbeitet sind.

zunächst selbstverständlich erscheinende Weise der Entscheidung für einen
"exakt periodischen Vorgang" kann also nicht zurückgegriffen werden. Der
einzige Ausweg aus dieser Situation sieht so aus, daß man die Perioden
des gewählten periodischen Vorganges per Annahme und Festsetzung für
gleich lang erklärt. Man entscheidet sich also für einen bestimmten periodischen Vorgang als Einheit und behauptet gleichzeitig, daß seine Perioden gleich lang sind, sich also zeitlich gesehen starr verhalten; einen anderen verläßlicheren Weg sehen wir nicht. Würde man verschieden "exakt"
periodische Vorgänge der Zeitmetrisierung zugrundelegen (zum Beispiel:
schwingendes Cäsiumatom, Erdrotation oder Pulsschlag[12] eines bedeutenden Herrschers), dann hätten die Naturgesetze natürlich unterschiedliche Gestalt. Zum Beispiel müßten sie erfassen und berücksichtigen, daß mechanische Pendel langsamer schwingen, wenn der Herr-
scher Fieber hat. Denn es liegen jetzt mehr Pulsschläge (= Zeit-
einheiten) als vorher im Zeitintervall einer Pendelschwingung. Sobald sich das Fieber legt, schwingen auch die mechanischen Pendel wieder mit ihrer gewohnten Geschwindigkeit. (In eine ähnliche
Situation hat uns übrigens auch die jahreszeitliche Schwankung der Erdrotation geführt.) Die Wahl einer vielleicht ungewöhnlich erscheinenden
Zeiteinheit (Pulsschlag eines Menschen, oder gar der tägliche Bürogang eines Beamten, oder das Ziehen der Wolken am Himmel) kann man nicht als
falsch bezeichnen; man erhält auch hier jedenfalls ein in sich widerspruchsfreies System von Naturgesetzen, allerdings ist es in seiner Struktur sicher
nicht besonders einfach. Und damit sind wir bei einem Gesichtspunkt angelangt, der die Auswahl des periodischen Vorganges tatsächlich bestimmen könnte. Der einzige Ausweg ist offenbar der folgende. Man wird sich
für jenen periodischen Vorgang zur Zeitmetrisierung entschließen, der zu
einer möglichst einfachen Gestalt der wichtigsten Naturgesetze führt[13].

---

[12] GALILEI hat seine berühmten Experimente mit der Fallrinne zum Teil
noch unter Verwendung des Pulsschlages als Zeiteinheit gemacht. Er schreibt:
"Bei wohl hundertfacher Wiederholung fanden wir stets, daß die Strecken sich
verhielten wie die Quadrate der Zeiten, und dies galt für jede beliebige Neigung
der Rinne, in der die Kugel lief ... Häufig wiederholten wir die einzelnen Versuche und fanden gar keine Unterschiede, auch nicht einmal von einem Zehntel
eines Pulsschlages." Später hat er die Zeitmessung durch Verwendung einer
Wasseruhr verbessert: "Zur Ausmessung der Zeit stellten wir einen Eimer voll
Wasser auf, in dessen Boden ein enger Kanal angebracht war, durch den sich
ein feiner Wasserstrahl ergoß, der mit einem kleinen Becher aufgefangen wurde.
Das auf diese Weise aufgefangene Wasser wurde auf einer sehr genauen Waage
gewogen" GALILEI [Discorsi]. Die Zeit wurde von ihm also später "gewogen".

Die Prädikate "einfach" und "wichtig" dürften allerdings kaum eindeutig sein. Aber nehmen wir – um die Sache abschließen zu können – an, diese Frage ließe sich zumindest für eine bestimmte Zeitepoche und für einen bestimmten Fundus an Erfahrungen entscheiden. Das Ergebnis wäre eine in diesem Rahmen brauchbare Zeiteinheit, die man der Zeitmessung zugrundelegen kann. Analoge Schwierigkeiten wie bei der Zeitmetrisierung treten übrigens auch bei der primären Metrisierung der Länge durch einen starren Stab als Längeneinheit auf. Auch hier wird man einen bestimmten vertrauenswürdigen Stab als Längeneinheit wählen und ihn gleichzeitig für starr erklären müssen. Hier schließt sich eine Reihe weiterer Fragen an: Gibt es mit Sicherheit nur eine einzige Klasse periodischer Vorgänge, die so groß ist, daß man sie sinnvollerweise der Zeitmetrisierung zugrundelegen wird? (Eine kleine Klasse eines periodischen Vorganges wäre beim Beispiel unseres Herrschers der Pulsschlag seiner rechten Hand, aber auch seiner linken Hand, des Herzens und vielleicht auch noch anderer physiologischer Vorgänge.) Gibt es mit Sicherheit nur eine einzige Klasse starrer Körper? Dürfen wir erwarten, daß die Welt auch in Zukunft nicht in mehrere Starrheits- und Periodizitätsklassen zerfällt?

Ein anderer interessanter Gesichtspunkt, der mit der "Unveränderlichkeit" der Längeneinheit und gleichfalls auch mit Einfachheitsüberlegungen zusammenhängt, sei noch erwähnt. Stellen wir uns vor, der Längenstandard wird durch einen Metallstab repräsentiert, der für einige Zeit an einen anderen Ort gebracht wird, an dem eine höhere Temperatur herrscht. Um jetzt nicht sagen zu müssen, die ganze übrige Natur sei um ein bestimmtes Maß geschrumpft, um sich also nicht bizarr

---

[13] HENRI POINCARÉ hat in [Wissenschaft, Seite 32] dieses Problem folgendermaßen formuliert Wenn wir eine andere Art, die Zeit zu messen, annehmen wollten, so würden die Erfahrungen, auf die das Newtonsche Gesetz gegründet ist, nichtsdestoweniger den gleichen Sinn behalten. Nur der Wortlaut wäre ein anderer, weil es in eine andere Sprache übersetzt wäre. Es würde zweifellos sehr viel weniger einfach werden. So läßt sich also die von den Astronomen angenommene Definition folgendermaßen zusammenfassen "Die Zeit muß so definiert werden, daß die Gleichungen der Mechanik so einfach wie möglich werden " Mit anderen Worten, es gibt keine Art, die Zeit zu messen, die richtiger ist als eine andere; die, die allgemein angewendet wird, ist nur bequemer. Wir haben nicht das Recht, von zwei Uhren zu sagen, daß die eine richtig gehe und die andere falsch, wir können nur sagen, daß es vorteilhafter ist, sich nach den Angaben der ersteren zu richten.
Und an einer anderen Stelle [Wissenschaft, Seite 43] schreibt POINCARÉ· Die Gleichzeitigkeit zweier Ereignisse oder ihre Aufeinanderfolge und die Gleichheit zweier Zeiträume müssen derart definiert werden, daß der Wortlaut der Naturgesetze so einfach wie möglich wird  Mit anderen Worten, alle diese Regeln, alle diese Definitionen sind nur die Früchte eines unbewußten Opportunismus.

komplizierte Naturgesetze einzuhandeln, schreibt man dem Metallstab dort an dem anderen Ort eine größere Länge zu und zwar proportional zur Temperaturdifferenz, die der Längenstandard bei seiner Ortsveränderung durchlaufen hat. Es zeigt sich, daß dieser Proportionalitätsfaktor vom Werkstoff abhängt, aus dem der metallische Längenstandard hergestellt wurde. Wir sagen also, es hätte sich natürlich der Maßstab, der unsere Längeneinheit darstellt, zufolge Temperaturerhöhung verlängert und keinesfalls wäre die übrige Welt in ihren Ausmaßen geschrumpft. Durch diesen Entschluß, die Sache so zu sehen, vereinfachen sich jedenfalls die Naturgesetze ganz wesentlich und darum fassen wir ihn auch. Betrachten wir jetzt einen zweiten Fall. Wir transportieren wiederum unseren Längenstandard-Metallstab an einen anderen Ort, an dem aber jetzt nicht eine höhere Temperatur herrscht, sondern an einen Ort, wo ein höheres Gravitationsfeld wirkt. Wir befördern also den Stab von der Erde zum Beispiel auf einen wesentlich größeren Himmelskörper, der eine um vieles stärkere Anziehungskraft aufweist. Durch den Einfluß dieses Gravitationsfeldes (welches in Stablängsrichtung orientiert sei), wird die Länge des Metallstabes etwas kürzer. Das Ausmaß der Verkürzung ist unabhängig vom Werkstoff, aus dem der Metallstab besteht. POINCARÉ hat darauf hingewiesen, daß man das Verhalten von Stäben in Gravitationsfeldern auf zwei grundsätzlich verschiedene Arten beschreiben kann:
a) Man führt neue physikalische Gesetze ein und behält die euklidische Geometrie bei oder
b) man behält die Starrheit der Körper bei und geht auf die nichteuklidische Geometrie über.
Die Rettung der euklidischen Geometrie hätte also Korrekturfaktoren in den Gesetzen der Mechanik und der Optik erfordert (CARNAP [Naturwissenschaft, Seite 161]). Und weil diese Korrekturfaktoren unabhängig vom Werkstoff sind, aus dem der Metallstab besteht, kann man anstelle der verschiedenen Korrekturfaktoren auch ein geeignetes universelles nichteuklidisches Raum-Zeit-System annehmen, welches uns von der Notwendigkeit befreit, davon zu sprechen, daß sich Objekte im Gravitationsfeld zusammenziehen. Diesen Weg ist EINSTEIN in seiner Allgemeinen Relativitätstheorie gegangen.

2) Es muß darauf verwiesen werden, daß das Additivitätsprinzip keine logische Notwendigkeit darstellt, sondern in jedem Fall bloß eine (vielleicht gut abgesicherte) empirisch-hypothetische Vermutung ist. Wenn man als Kombinationsoperation $\supset_l$[14] das Hintereinanderlegen von Stäben zwecks Bildung einer neuen Gesamtlänge meint, dann suggeriert dieses Beispiel natürlich sehr intensiv die Gültigkeit des Additivitätsprin-

---

[14] Der Index 1 deutet an, daß es sich um die Kombinationsoperation zur Bildung einer Gesamtlänge aus Einzellängen handelt.

zips. Denn die Länge von hintereinander liegenden Stäben ist für uns
immer gleich der Summe der Länge der einzelnen Stäbe. Im Prinzip wäre es aber zum Beispiel denkbar, daß die Gültigkeit des Additivitätsprinzips von der Art der Stäbe abhängt. Etwa auf die Weise,
wie auch ein permanentmagnetischer Stab und ein weichmagnetischer
Stab dem Additivitätsprinzip wegen des Magnetostriktionseffektes nicht
genügen wird: Die Summenlänge kann hier nämlich größer oder kleiner als die Summe der Einzellängen sein. Sehen wir eine andere
Kombinationsoperation $\circ_v$ an. Der Index $v$ deutet an, daß es sich
um die Kombinationsoperation zur Bildung einer Gesamtgeschwindigkeit $v$ aus Einzelgeschwindigkeiten handelt. Man kann sich etwa vorstellen, daß man an einem Ufer steht und beobachtet, wie ein Schiff mit
der Geschwindigkeit $v_1$ fährt und auf dem Schiffsdeck sich ein Radfahrer in Richtung Bug mit der Geschwindigkeit $v_2$ bewegt. Relativ zum
Beobachter am Ufer bewegt sich der Radfahrer einleuchtenderweise dann
mit der Summengeschwindigkeit $v = v_1 + v_2$. Wir wissen, wenn wir von
Schiffen und Radfahrern absehen, daß sich aus experimentellen Untersuchungen ergeben hat, daß dieses Additivitätsprinzip jedoch für sehr hohe
Geschwindigkeiten (und zwar bei Annäherung an die Lichtgeschwindigkeit) nicht mehr gültig ist. CARNAP [Naturwissenschaft, Seite 82] sieht
daher die Geschwindigkeit $v$ als eine extensive nicht-additive Größe an.
(Dieser empirische Befund war bekanntlich auslösend für die Aufstellung
der Relativitätstheorie.) Die Gültigkeit des Additivitätsprinzips wird also
in jedem Fall von der Besonderheit der jeweiligen Kombinationsoperation
$\circ_i$ abhängen und wird empirisch zu untermauern sein. In gleicher Weise
wird auch die Erfüllung der erwähnten Maßprinzipien zu einer empirischen
Hypothese.

**3)** An das Kommensurabilitätsprinzip muß man gleichfalls noch einige Überlegungen anschließen. Das Kommensurabilitätsprinzip hat es
uns ermöglicht, einem beliebigen Objekt $x$ aus unserem Objektbereich $B$
mit Hilfe der Hilfsstandardobjekte den Zahlenwert

$$f(x) = s \cdot \frac{r}{l}$$

zuzuordnen und damit wurde die Quantifizierung (Metrisierung) vollzogen. Dieser Zahlenwert kann, wie die Gleichung zeigt, einzig und allein
nur eine rationale Zahl sein, sie läßt sich also stets in der Form eines endlichen (oder unendlichen periodischen) Dezimalbruches darstellen. Wenn
wir zum Beispiel die Diagonale eines Quadrates mit 1 Meter Seitenlänge
mit guter Meßgenauigkeit bestimmen, so erhalten wir zum Beispiel den
rationalen Zahlenwert $d = 1,41420$. Auch wenn wir eine ganz extrem
hohe Meßgenauigkeit verlangen würden, ergäben sich vielleicht mehr Ziffern hinter dem Komma, das Ergebnis wäre aber trotzdem immer nur

eine rationale Zahl[15]. Wenn man jetzt von einer anderen Argumentationsseite kommend annimmt, daß die euklidische Geometrie die Geometrie unserer Welt sei, dann sagt man gleichzeitig (mit PYTHAGORAS), daß die Diagonale $d = \sqrt{2}$ ist; das ist aber jetzt eine irrationale Zahl. Die Diagonale kann natürlich nicht gleichzeitig durch eine rationale und eine irrationale Zahl beschrieben werden, und diesen logischen Widerspruch zwischen Erfahrung und Theorie löst man so, daß man verblüffenderweise die Erfahrung opfert. Analog liegen die Verhältnisse beim Kreisumfang, bei der Kugeloberfläche usw., denn $\pi$ ist gleichfalls eine irrationale Zahl. Im gleichen Licht muß man auch die häufig erhobene Forderung sehen, daß ein betrachteter quantitativer Begriff durch eine stetige und differenzierbare Funktion zu beschreiben sei. Durch diese einengende Maßnahme wird erreicht, daß die mathematische Analysis auf die Natur anwendbar wird. Metrische Begriffe sind also wesentlich von theoretischen Idealisierungen geprägt. Diese Vorstellung führt zu der These, daß die quantitativen Begriffe nur partiell interpretierbare theoretische Begriffe seien. (STEGMÜLLER beleuchtet in [Begriffsbildung, Kapitel IV] diese Fragestellung ausführlich.)

Bisher war von der *primären Metrisierung* die Rede, das war die Einführung eines quantitativen Begriffes, ohne daß man sich dabei auf schon vorhandene Begriffe stützt. Bei der *sekundären Metrisierung* fällt diese Einschränkung weg, und es können bei der Konstruktion des neuen Begriffes jetzt auch andere schon metrisierte Begriffe einfließen und verwendet werden, es handelt sich also um eine abgeleitete Metrisierung. Analog zur primären Metrisierung wird dem sekundär zu metrisierenden Begriff über einen Funktor $f$ ein Zahlenwert zugeordnet, wobei wiederum die damit verbundenen bestimmten Bedingungen, Prinzipien, Regeln und Voraussetzungen beachtet werden müssen, kurz es muß der betreffende Postulatsapparat berücksichtigt werden. Aber auch die Postulate aller metrischen Begriffe, die bei der Konstruktion des sekundär zu metrisierenden Begriffes verwendet werden, finden in den neuen Begriff Eingang. Beispielsweise wird der qualitative Begriff der Bewegung und der komparative Begriff des langsam-gleichschnell-schneller zum quantitativen Begriff der Geschwindigkeit sekundär über einen Funktor metrisiert, der im Prinzip einen Quotienten

$$\frac{\text{Zahlenwert der Wegstrecke}}{\text{Zahlenwert der Zeit}}$$

---

[15] Vom Standpunkt des Messens ist hierbei zu sagen, daß nie eine beliebig große Zahl gleich langer Hilfsstandardobjekte zur Verfügung steht, die, aneinander gereiht, die erforderlichen Koinzidenzen liefern.

ansetzt oder in einer Formelsprache als sogenannte Zahlenwertgleichung

$$v = \frac{l}{t}$$

schreibt, wobei $v$ für Geschwindigkeit, $l$ für Weg und $t$ für Zeit steht[16].
Der Funktor oder diese Quantifizierungsvorschrift, wird im allgemeinen
über diesen Formel-Kern hinaus auch noch andere begriffstypische Aussagen enthalten, wie zum Beispiel:

a) Es handelt sich nur um Wegstrecken, die von einem Objekt zurückgelegt
   werden.

b) Unter der Zeit ist ausschließlich jene Zeit zu verstehen, die für das Objekt erforderlich war, um die betreffende Wegstrecke zurückzulegen.

c) Das Objekt soll sich dabei gleichförmig schnell bewegt haben. Ist diese
   Voraussetzung nicht erfüllt, dann ist vielleicht der Begriff der mittleren
   Geschwindigkeit sinnvoll. Soll die Geschwindigkeit als Grenzwert des
   Quotienten Weg/Zeit ausgedrückt werden; ist also der Begriff der Momentangeschwindigkeit brauchbar? Ist der Grenzwertbegriff zulässig?
   (Zum Beispiel kann der Grenzwertbegriff bei der Definition der Dichte
   als Quotient Masse/Volumen an sich nicht angewendet werden, da die
   Materie diskret ist.)

d) Der Geschwindigkeitsbegriff muß ganz allgemein auf das Objekt überhaupt anwendbar sein. Zum Beispiel entziehen sich Objekte, die nicht
   streng lokalisierbar sind, dem Geschwindigkeitsbegriff (wie etwa das
   Elektron auf seiner "Elektronenbahn" im Atom).

e) Dazu kommen, vor allem bei komplizierteren Begriffen, allfällige Zusatzvorschriften, die mit der formalen Struktur des betreffenden
   Formel-Kernes zusammenhängen (hier zum Beispiel: Division durch
   Null ist unzulässig).

Diese Aussagen sind gegebenenfalls durch den Postulatsapparat zu
ergänzen, der mit den zugehörigen Adäquatheitsbedingungen, Metrisierungsregeln, Maßprinzipien sowie dem Kommensurabilitätsprinzip zusammenhängt, vermehrt um die Postulatsapparate der im Formel-Kern verwendeten, bereits metrisierten Begriffe (hier: Länge und Zeit).

Man kann auch noch von einer dritten Art der Metrisierung, also
einer *tertiären Metrisierung* sprechen, nämlich einer abgeleiteten Metrisierung, die sich auf ein Naturgesetz stützt, welches allgemein als gültig
angesehen wird. In diesem Naturgesetz, so wollen wir annehmen, sind

---

[16] Wir werden im Zusammenhang mit den Größenbegriffen ein eigenes Symbol für Zahlenwerte kennenlernen. Hier ist die Verwendung dieses Symbols noch
nicht notwendig, weil hier bei denquantitativenBegriffen grundsatzlich nur Zahlenwerte vorkommen und daher eine Verwechslungsgefahr nicht besteht

natürlich alle verwendeten Begriffe bereits definiert worden, also auch jener, der jetzt neuerlich tertiär zu metrisieren ist. Es handelt sich also um eine Alternativmetrisierung unter Verwendung eines akzeptierten Naturgesetzes. Beispielsweise ist die Dichte als das Verhältnis von Masse zu Volumen eines Körpers definiert. Zur Bestimmung der Dichte etwa einer Flüssigkeit sind Masse und Volumen also durch Wägung bzw. durch einen Meßkolben zu ermitteln. Ein Alternativverfahren dazu stellt das Aräometer dar, wo die Dichte der Flüssigkeit aus der Eintauchtiefe eines schwimmenden Körpers bestimmt wird. Hier wird also das Archimedische Prinzip benutzt, wonach der hydrostatische Auftrieb gleich dem Gewicht des durch den Körper verdrängten Flüssigkeitsvolumens ist, und dieses Gewicht ist eben proportional der zu ermittelnden Flüssigkeitsdichte. Solche Alternativmetrisierungen sind für manche Spezialanwendungen recht brauchbar. Die Bedeutung der tertiären Metrisierung liegt aber vor allem in der Möglichkeit, den ursprünglichen Definitionsbereich des Begriffes unter Verwendung eines akzeptierten Naturgesetzes zu erweitern, wovon ausgiebiger Gebrauch in Naturwissenschaft und Technik gemacht wird. Beispielsweise verwendet man Gasthermometer mit konstantem Volumen bei niedrigen Drücken als Standardinstrument für die Temperaturmessung. Mit diesem Instrument werden vor allem die Fixpunkte sekundärer Thermometer geeicht. Für sehr tiefe Temperaturen verwendet man Helium ($^4$He) als sogenannte sekundäre Skala und erfaßt Temperaturen von 5,2 Kelvin bis 0,8 Kelvin. Mit $^3$He erweitert sich der Meßbereich bis zu 0,3 Kelvin. Für Temperaturen unterhalb von 0,3 Kelvin kann man die Suszeptibilität paramagnetischer Salze messen und die Temperatur durch Extrapolation des Curieschen Gesetzes berechnen. Allerdings engt hier wiederum die Gültigkeit des Curieschen Gesetzes den Meßbereich dieses Verfahrens ein. Auf der Basis solcher Erweiterungen des ursprünglichen Definitionsbereiches werden dann Fragestellungen zugänglich, wie etwa: Wie weit sind die Wasserstoffatome im Wasserstoffmolekül voneinander entfernt? Welchen Durchmesser hat unsere Galaxie? Wie "schwer" ist der Andromedanebel? (HAHN [Galaxienmasse]). In den Fällen tertiärer Metrisierung ist aber zu bedenken, daß hier der mit dem Naturgesetz verbundene Postulatsapparat (z.B. Fragen des Gültigkeitsbereiches) zusätzlich wirksam wird. Der quantitative Begriff ist nach wie vor also als ein nur partiell interpretierbarer theoretischer Begriff anzusehen, der allerdings durch die mehrfachen Möglichkeiten der tertiären Metrisierung eine fortschreitende empirische Verschärfung der Begriffsbedeutung erlebt, ohne jedoch jemals wirklich vollständig interpretierbar zu sein (STEGMÜLLER [Begriffsbildung, Kapitel IV]).

Einen anderen nicht unbedeutenden Problemkreis stellt die empirische Bestimmung des "tatsächlichen Wertes" eines quantitativen Begriffes

dar, also *die eigentliche Messung*. Das Problem liegt darin, daß die Meßresultate grundsätzlich streuen. Und das hat Folgen für die Frage der Verifizierung bzw. Falsifizierung von naturwissenschaftlichen Gesetzen und
Theorien. Diese können sich nach POPPER [Logik] nämlich höchstens
nur bewähren, sie sind dagegen nie endgültig verifizierbar, sondern einzig
und allein empirisch widerlegbar und zwar genügt dazu bereits ein einziges Gegenbeispiel, um das betrachtete Gesetz umzustoßen. Und diese
Konsequenz tritt bei der Messung wegen der Meßwertstreuung im Prinzip
regelmäßig auf. Es wird daher die Sache so zu betrachten sein, daß jedes Ensemble von Meßresultaten statistische Hypothesen liefert, wie der
Meßwert tatsächlich aussehen könnte. Aus diesen rivalisierenden statistischen Hypothesen ist jetzt die Auswahl[17] zu treffen und diese dient dann
als Basis für die Überprüfung der quantitativen Gesetze, Hypothesen oder
Theorien. Es sind also im allgemeinen nicht mehr die faktischen Meßwerte,
die jene Basis darstellen, mit der die betreffende Theorie überprüft wird.
Damit gehen jetzt allerdings in jede Form der empirischen Erfahrung statistische Überlegungen, einschließlich der damit zusammenhängenden wissenschaftstheoretischen Fragen, ein. (Zum Beispiel: Wie kann man sich
zwischen zwei statistischen Hypothesen, die sich auf ein und denselben
Sachverhalt beziehen, entscheiden? Ganz merkwürdige Phänomene werden wir im Zusammenhang mit statistischen Gesetzen im Kapitel über
Erklärungen und Voraussagen kennen lernen; manche vertraute Vorstellung werden wir zu relativieren haben.)

In der Art der schon früher gebrachten Darstellung führt die hier
gezeigte Abbildung 9 den Stufenbau weiter. Von der allgemeinsten Form
des Gewahrwerdens, Innewerdens und Erlebens, also der sogenannten Anschauung führen Methoden der Spezialisierung und Verschärfung zum
klassifikatorischen Begriff, zum komparativen Begriff und schließlich zum
quantitativen Begriff. Formal wurde der quantitative Begriff auf dieser
letzten Stufe durch einen Funktor eingeführt. Aber erst die Adäquatheitsbedingungen, die Metrisierungsregeln, das Kommensurabilitätsprinzip
und die Messung selbst führen zu dem Zahlenwert, der das Ziel der Metrisierung war. Der auf den klassifikatorischen und komparativen Begriffen
ruhende quantitative Begriff erlaubt Aussagen wie: Der Länge meines
Bleistiftes wurde die Zahl 13,6 zugeordnet, wobei aus der verwendeten
Quantifizierungsvorschrift hervorgeht, daß als Standardobjekt $k$ hier ein
ganz bestimmtes Objekt gewählt wurde, welches man Zentimeter genannt
hat. Ein anderes Beispiel sind die Helligkeitsangaben in der Astronomie.
Auch hier ist wieder zu bemerken, daß die quantitativen Begriffe weder

---

[17] Bei dieser Auswahl ist es durchaus denkbar, daß nicht nur ein einziger
genau bestimmter Wert, sondern auch ein ganzer Wertebereich herauszugreifen
ist.

die komparativen Begriffe, noch die klassifikatorischen Begriffe oder die Anschauung abdecken können; die Begriffsbildungsmethodik und der Postulatsapparat haben nämlich bereits eine erhebliche Komplexität angenommen. Die Abbildung 10 zeigt von dieser vorhin im Querschnitt dargestellten Begriffspyramide den Grundriß. Wir erkennen, daß von dem weiten Bereich der Anschauung ein Teilbereich zu klassifikatorischen Begriffen verschärft wurde. Von diesen wurde abermals ein kleinerer Bereich zu komparativen Begriffen spezialisiert. Darauf aufbauend konnte für manche noch engere Bereiche ein quantitativer Begriff gebildet werden.

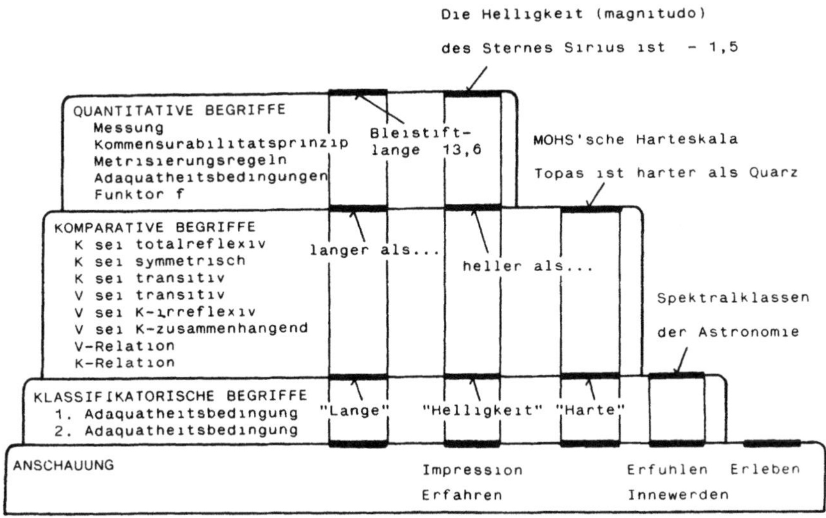


Abbildung 9
Querschnitt durch die Begriffspyramide

Man hat also durch eine besondere Methodik in die Natur den quantitativen Aspekt hineingetragen und hat dadurch zum ersten Mal die Möglichkeit geschaffen, übersichtliche und einfache Begriffe zu bilden, die eine quantitative Formulierung von Gesetzen, Hypothesen und Theorien gestattet. Allerdings werden wir bei den Gesetzen und Theorien noch mit besonderen Schwierigkeiten zu kämpfen haben. Einem übertriebenen Optimismus im Hinblick auf die Erfaßbarkeit von objektiv bewiesenen Gesetzen und Theorien soll hier also nicht das Wort geredet werden. Die Klassiker der Physiker des vorigen Jahrhunderts haben jedenfalls Einheiten entwickelt, um mit Hilfe der durch die Metrisierung gewonnenen Zahlenwerte in Gleichungen rechnen zu können. Wir werden im folgenden

Abschnitt eine Weiterbildung dieses quantitativen Begriffes beleuchten, nämlich den sogenannten Größenbegriff.

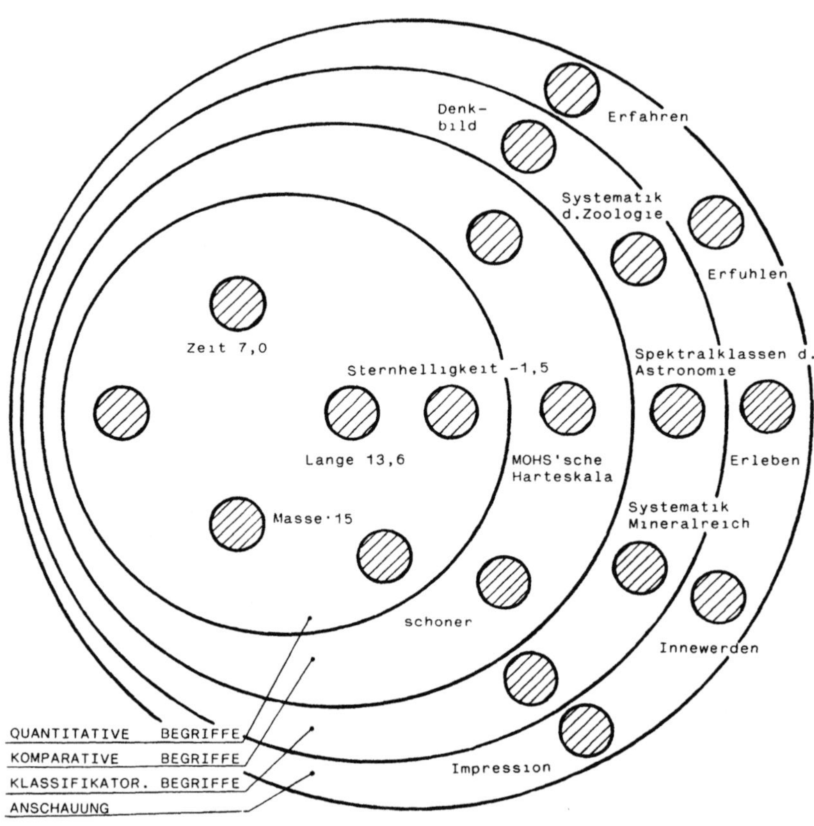


Abbildung 10
Grundriß der Begriffspyramide

# 5. Größenbegriffe

Die Methode zur Generierung quantitativer Begriffe hat einem bestimmten Argument eines Argumentbereiches eine Zahl zugeordnet. Also beispielsweise der Länge meines Bleistiftes (aus dem großen Bereich aller jener Objekte, denen man sinnvoll eine Länge zuschreiben kann) wurde die Zahl 13,6 zugeordnet, wobei aus der Quantifizierungsvorschrift hervorgeht, daß (vergleiche 2. Metrisierungsregel: Einheitenregel) als Standardobjekt $k$ ein ganz bestimmtes Objekt gewählt wurde, welches man Zentimeter genannt hat. Analog kann man mit anderen Quantifizierungsvorschriften dem Volumen eines Objektes oder der Zeitdauer eines Vorganges einen Zahlenwert zuordnen. Wichtig ist dabei für uns zu beachten, daß das Ergebnis der Quantifizierung stets ein Zahlenwert, irgendeine Ziffer ist. Der Größenbegriff dagegen soll zu einer umfassenderen Aussage fähig sein. Einerseits soll der Größenbegriff natürlich wiederum die Länge eines ganz konkreten Objektes angeben können, also etwa die konkrete Größe einer bestimmten Länge. (Wir werden sehen, daß das aber in einer etwas modifizierten Weise geschieht.) Anderseits soll der Größenbegriff auch etwas zu erfassen suchen, was man ganz allgemein den "Wesensinhalt, die Abstraktion des Inbegriffes der Länge" nennen könnte. Man will also auch die sogenannte Größenart festhalten. Bestehen in der Natur zwischen solchen Größenarten Zusammenhänge, die man mit empirischen Methoden registrieren kann, dann wird es das Ziel sein, diese allgemeinen Zusammenhänge in der Form mathematischer Gleichungen (Größengleichungen) darzustellen.

Die Worte "Wesensinhalt" und "Wesenheit" haben einen philosophisch sehr weiten und tiefen Bedeutungsinhalt. Wir werden sehen, daß das, was wir hier als Wesensinhalt bezeichnen, nur eine sehr abgemagerte Bedeutung hat. In diesem abgeschwächten Sinn sind im folgenden die Worte Wesensart, Wesensinhalt, Wesenheit usw. zu verstehen.

Auch historisch gesehen war der quantitative Begriff zeitlich vor dem Größenbegriff in Verwendung; es ist der Größenbegriff in der Physik sogar erst relativ spät aufgetreten. FISCHER [Größen, Seite 60] weist darauf hin, daß erst die Arbeiten WALLOTs in den Jahren 1922 und 1926 die Fruchtbarkeit des Begriffes der allgemeinen physikalischen Größen und der Größengleichungen aufgedeckt haben. Es war nämlich vorher die Tragweite dieser Begriffe nicht klar erkannt worden, denn sonst wären sie auch von den Klassikern der Physik des vorigen Jahrhunderts sicherlich weitgehend angewendet worden; die Literatur beweist, daß dies im wesentlichen nicht der Fall war. Man hat bis dahin vielmehr ganz überwiegend nur sogenannte Zahlenwertgleichungen gekannt, also Gleichungen, in denen bloß Zahlenwerte miteinander verknüpft werden. Und nur mit diesen

Zahlenwertgleichungen hat man die physikaiischen Zusammenhänge dargestellt. Die Klassiker der Physik des vorigen Jahrhunderts haben offenbar nicht beabsichtigt, Größen zu definieren, sondern sie haben Einheiten entwickelt, um mit Zahlenwerten in Gleichungen rechnen zu können.

Wir werden in diesem Abschnitt gleich zu Beginn den Größenbegriff formal einführen. Auf dieser Grundlage werden wir zunächst allgemeine Aussagen über Größengleichungen, Basisgrößen und Einheiten machen und schließlich die ganz speziellen Größenbegriffe der Naturwissenschaft herausarbeiten. Wir werden erläutern, auf welche Weise die Größenbegriffe der Naturwissenschaft ein in sich zusammenhängendes Netz von Begriffen bilden.

## 5a. Einführung des Größenbegriffes

Für die Einführung des Größenbegriffes wird vorausgesetzt, daß der betreffende quantitative Begriff zumindest auf eine einzige Art bereits konstruiert wurde. Das heißt, es gibt einen Funktor $f$, also eine explizit formulierte Quantifizierungsvorschrift, welche unter Verwendung eines Standardobjektes (oder Standardvorganges) $k$ auf ein Objekt $x$ des Objektbereiches $B$ angewendet, einen Zahlenwert $f(x) = v$ liefert, wobei ein begriffsspezifischer Postulatsapparat $p$ zu beachten war. Wir haben schon erwähnt, daß es verschiedentlich nicht nur eine einzige Art gibt, einen bestimmten quantitativen Begriff zu bilden, sondern es stehen zumeist mehrere Arten nebeneinander in Verwendung (vergleiche tertiäre Metrisierung). Längen kann man nicht nur in Meter oder Zentimeter, sondern auch in Zoll messen; das Standardobjekt hierfür kann ein Maßstab aus Platin-Iridium, es kann aber auch eine bestimmte Wellenlänge eines schwingenden Cadmiumatoms sein oder aber auch die Länge jener Strecke, die Licht im leeren Raum während der Dauer eines bestimmten Sekundenbruchteils zurücklegt. Der Zahlenwert der Länge kann durch Hintereinanderlegen von Stäben und zwar Kante an Kante längs einer geraden Linie bestimmt werden oder durch Interferenzmessung an Lichtstrahlen oder auch durch Anwendung der Trigonometrie, wie beispielsweise bei der Landesvermessung. Jedenfalls gibt es für den betreffenden quantitativen Begriff zumeist mehrere Funktoren $f_i$, die unter Verwendung eines jeweils bestimmten Standardobjektes $k_i$ und unter Berücksichtigung eines zugehörigen spezifischen Postulatsapparates $p_i$ zu Zahlenwerten führen, die das Ergebnis der Quantifizierung darstellen. Der Größenbegriff, den wir jetzt betrachten wollen, strebt hier eine Synthese an. Für die Einführung des Größenbegriffes werden zwei besondere Operatoren konstruiert, die $[G]_i$-Operator, bzw. $[G]$-Operator genannt seien. Mit diesen beiden Operatoren werden wir in drei Stufen den Größenbegriff einführen.

Die Konstruktion des $[G]_i$ – Operators werde folgendermaßen vorgenommen:

1. Der $[G]_i$-Operator enthält den Funktor $f_i$; er umfaßt also die Quantifizierungsvorschriften des betreffenden quantitativen Begriffes.

2. Im $[G]_i$-Operator wird das konkret zur Anwendung gelangende Standardobjekt (der Standardvorgang) $k_i$ genannt und damit festgelegt.

3. Im $[G]_i$-Operator ist der mit dem Funktor $f_i$ und dem Standardobjekt $k_i$ verbundene Postulatsapparat $p_i$ enthalten. Es sind also hier alle Annahmen, Regeln, Forderungen, Bedingungen und Prinzipien aufgenommen, soweit sie vom klassifikatorischen, komparativen und quantitativen Begriffsunterbau zum Größenbegriff durchschlagen. Hier sind also subsumiert alle Konventionen, empirischen Befunde, hypothetischen Annahmen und Verallgemeinerungen, Einfachheits- und Fruchtbarkeitsüberlegungen, sowie Idealisierungen. Soweit statistische Hypothesen (zum Beispiel von den Messungen her) in den genannten Basisbegriffen vorkommen, sind sie gleichfalls im Postulatsapparat $p_i$ enthalten.

4. Die unter Punkt 1 bis 3 genannten Aussagen werden zu einem Abkürzungssymbol $[G]_i$ zusammengefaßt und dieses Abkürzungssymbol sei als algebraische Größe zu behandeln. Um bei den verschiedenen Größen, die in der Naturwissenschaft vorkommen, die unterschiedlichen $[G]_i$-Operatoren auseinanderhalten zu können, ist es zweckmäßig, den betreffenden $[G]_i$-Operatoren besondere Abkürzungssymbole zu geben. Zum Beispiel dem $[G]_i$-Operator der Länge $l$ – bei Verwendung eines Standardobjektes $k$, welches Meter genannt sei – das Symbol $[l]_i$ zuzuordnen oder auch $[l]_i = m$ zu schreiben, wobei das Symbol $m$ also für $[l]_i$ steht und daran erinnern soll, daß im $[l]_i$-Operator der Länge im Punkt 2 als Standardobjekt das Meter festgelegt wurde. Bei der Schreibweise $[G]_i$ soll die eckige Klammer symbolisch darauf hinweisen, daß hier eine Reihe von Aussagen zusammengefaßt sind, nämlich die Punkte 1 bis 4. Der Index $i$ symbolisiert ferner, daß dieser Begriff ganz konkret den Funktor $f_i$, das Standardobjekt $k_i$ und den Postulatsapparat $p_i$ meint.

Die Konstruktion des $[G]$-Operators ist ähnlich zur Konstruktion des $[G]_i$-Operators, nur daß hier die Spezialisierung auf $f_i$, $k_i$ und $p_i$ fallengelassen wird. Man könnte sagen, daß der $[G]$-Operator alle sachlich zusammengehörigen $[G]_i$-Operatoren vereint. Die Konstruktion sieht also folgendermaßen aus:

1. Der $[G]$-Operator enthält einen Funktorkatalog $F$, der alle zulässigen Funktoren $f_i$ auflistet.

2. Der $[G]$-Operator bezeichnet einen Standardobjekt-Bereich $K$, der die zu den Funktoren $f_i$ gehörigen Standardobjekte $k_i$ nennt.

3. Der $[G]$-Operator enthält einen Postulatskatalog $P$, der die zu den Funktoren $f_i$ und zu den Standardobjekten $k_i$ gehörigen Postulatsap-

parate $p_\iota$ aufzählt.

4. Die unter Punkt 1 bis 3 genannten Aussagen werden zu einem Abkürzungssymbol $[G]$ zusammengefaßt und dieses Abkürzungssymbol sei als algebraische Größe zu behandeln. Um bei den verschiedenen Größen, die in der Naturwissenschaft vorkommen, die unterschiedlichen $[G]$-Operatoren auseinanderhalten zu können, ist es zweckmäßig, den betreffenden $[G]$-Operatoren besondere Abkürzungssymbole zu geben. Zum Beispiel dem $[G]$-Operator der Länge $l$ das Symbol $[l]$ zuzuordnen oder dem $[G]$-Operator der Geschwindigkeit $v$ das Symbol $[v]$ zu geben.

Der $[G]_\iota$-Operator und der $[G]$-Operator ermöglichen die Einführung des Größenbegriffes. Wir wollen diesen Prozeß in drei Stufen durchführen: die erste Stufe läuft lediglich auf eine andere Schreibweise des quantitativen Begriffes hinaus; die zweite Stufe ist in einem eingeschränkten Sinn bereits eine Abstraktion auf den "Wesensinhalt" der betreffenden Größe; die dritte Stufe ist schließlich eine weitere Verallgemeinerung der Abstraktion, die sich insbesondere für die mathematische Formulierung von allgemeinen Gesetzmäßigkeiten eignet.

**1)** Die Größe $G^\times$ wird formal durch den multiplikativen Ausdruck

$$G^\times = \{G\}^\times \cdot [G]_\iota$$

definiert. $\{G\}^\times$ ist dabei jener Zahlenwert, der sich ergibt, wenn der im $[G]_\iota$-Operator festgelegte Funktor $f_\iota$ unter Verwendung des Standardobjektes (Standardvorganges) $k_\iota$ und unter Berücksichtigung des Postulatsapparates $p_\iota$ auf ein bestimmtes Objekt $x$ angewendet wird. $[G]_\iota$ ist das Abkürzungssymbol für den verwendeten $[G]_\iota$- Operator. Entsprechend dem Punkt 4 der $[G]_\iota$-Begriffskonstruktion ist $[G]_\iota$ als algebraische Größe zu betrachten, die hier also multiplikativ mit dem Zahlenwert $\{G\}^\times$ verbunden ist. Die Größe $G^\times$ ist die sogenannte konkrete Größe. Beispielsweise ist die konkrete Länge meines Bleistiftes

$$l^\times = 13,6 \cdot cm.$$

Der multiplikative Faktor cm ist die Abkürzung für den speziellen $[G]_\iota$-Operator, der das Standardobjekt Zentimeter verwendet. Die Anwendung dieses $[G]_\iota$-Operators auf meinen Bleistift hat den Zahlenwert $\{G\}^\times = 13,6$ ergeben. Der Begriff der konkreten Größe $G^\times$ ist adäquat zum quantitativen Begriff, weil der Zahlenwert der konkreten Größe, also $\{G\}^\times$, mit dem Zahlenwert, der sich beim quantitativen Begriff ergibt, wegen der Konstruktion des $[G]_\iota$- Operators stets übereinstimmt. Die Bildung des $G^\times$-Begriffes – also die konkrete Größe – liefert im Vergleich zum quantitativen Begriff nichts Neues, der $G^\times$-Begriff stellt lediglich eine andere Schreibweise dar; er ist jedoch im Zusammenhang mit dem jetzt anschließend zu besprechenden $G^{(*)}$-Begriff eine Übergangsform zum Begriff der Größenart.

**2)** Die Größe $G^{(\times)}$ wird formal durch den multiplikativen Ausdruck

$$G^{(*)} = \{G\} \cdot [G]_\iota$$

definiert. Der Unterschied zu der unter 1) definierten Größe $G^{\check{}}$ ist der, daß hier der Zahlenwert $\{G\}$ nicht mehr eine konkrete Zahl ist, weil der $[G]_\iota$-Operator noch gar nicht auf ein konkretes Objekt angewendet wurde. $\{G\}$ ist also hier jener Zahlenwert, der sich ergeben würde, wenn der im $[G]_\iota$-Operator festgelegte Funktor $f_\iota$ unter Verwendung des dort genannten Standardobjektes $k_\iota$ und unter Berücksichtigung des Postulatsapparates $p_\iota$ auf ein Objekt $x$ angewendet wird. $[G]_\iota$ ist das Abkürzungssymbol für den verwendeten $[G]_\iota$-Operator. $[G]_\iota$ ist als algebraische Größe multiplikativ mit $\{G\}$ verbunden. Handelt es sich zum Beispiel bei dieser Größe wieder um eine Länge $l^{(\check{})}$, die aus dem $[l]_\iota$-Operator unter Verwendung des Standardobjektes Zentimeter (abgekürzt: $[l]_\iota = cm$) gebildet werden soll, dann gilt für alle noch nicht festgelegten Objekte $x$, also bei noch nicht konkret festgelegten Zahlenwerten $\{l\}$, die Beziehung

$$l^{(\times)} = \{l\} \cdot cm.$$

Auch hier ist wieder der Begriff der Größe $G^{(*)}$ adäquat zum quantitativen Begriff, weil der Zahlenwert $\{G\}$, auch wenn er jetzt noch unbestimmt ist, mit dem Zahlenwert, der sich beim quantitativen Begriff ergibt, wegen der Konstruktion des $[G]_\iota$-Operators stets übereinstimmt. (Man beachte, daß bereits die 1. Adäquatheitsbedingung der quantitativen Begriffe verlangt hat, daß *jedem* Argument $x \in B$ eine reelle Zahl $f(x)$ zugeordnet wird. $\{G\}$ ist also einer dieser Zahlenwerte, nur haben wir uns noch nicht darauf festgelegt, welcher es ist.) Die Konstruktion des hier beschriebenen $G^{(\times)}$-Begriffes stellt insofern etwas Neues dar, als er bereits eine Abstraktion auf den "Wesensinhalt" der betreffenden Größe (zum Beispiel der Länge) vornimmt, ohne sich auf ein konkretes Objekt zu beziehen: Das was man unter der Größe zu verstehen hat, ist im Funktor $f_\iota$, im Standardobjekt $k_\iota$ und im Postulatsapparat $p_\iota$ des $[G]_\iota$- Operators zusammengefaßt. Der Zahlenwert dagegen ist offen, weil der $[G]_\iota$-Operator noch auf kein Argument angewendet wurde.

**3)** Die Größe $G$ wird formal durch den multiplikativen Ausdruck

$$G = \{G\} \cdot [G]$$

definiert. Der Unterschied zu der unter 2) definierten Größe $G^{(\times)}$ ist der, daß hier nicht nur der Zahlenwert $\{G\}$ keine konkrete Ziffer mehr ist, sondern daß jetzt auch das Tripel aus Funktor $f_\iota$, Standardobjekt $k_\iota$ und Postulatsapparat $p_\iota$ als Variable betrachtet wird und zunächst noch nicht als festgelegt gilt. $\{G\}$ ist also hier jener Zahlenwert, der sich ergeben würde, wenn der $[G]$-Operator auf ein bestimmtes $f_\iota$-$k_\iota$-$p_\iota$-Tripel konkretisiert wird und jetzt auf ein Objekt $x$ angewendet wird. $[G]$ ist das Abkürzungssymbol für den verwendeten $[G]$-Operator. $[G]$ wird wieder als algebraische Größe multiplikativ mit $\{G\}$ verbunden. Die Größe $G$ ist die sogenannte Größenart. Ob sich der Begriff der Größenart in dieser Allgemeinheit überhaupt adäquat definieren läßt, muß eine besondere Adäquatheitsbedingung zeigen. Sie wird durch zwei Aussagen formuliert:

1. Der Argumentbereich $B$ beinhalte $r$ Argumente (Objekte), zum Beispiel die Objekte $x_m$ und $x_n$. Jede Variante des $[G]$-Operators, also auch die Variante mit dem Funktor $f_\iota$, dem Standardobjekt $k_\iota$ und dem Postulatsapparat $p_\iota$ (somit der $[G]_\iota$-Operator) ordnet allen Objekten $x$ des Bereiches $B$ eine bestimmte Größe (also eine konkrete Größe) zu. Zum Beispiel[18]:

$$G(x_m)^{\check{}} = \{G(x_m)\}^{\check{}}_{[G]_\iota} \cdot [G]_\iota \quad \text{oder}$$

$$G(x_n)^{\check{}} = \{G(x_n)\}^{\check{}}_{[G]_\iota} \cdot [G]_\iota$$

2. Adäquatheit ist gegeben, wenn für ein herausgegriffenes Objektpaar $x_m$, $x_n$ bei Anwendung aller im $[G]$-Operator subsumierten $[G]_\iota$-Operatoren sich ein invarianter Quotient[19]

$$\frac{\{G(x_m)\}^{\check{}}_{[G]_\iota}}{\{G(x_n)\}^{\check{}}_{[G]_\iota}}$$

einstellt und dieser Sachverhalt für alle Objektpaare des Bereiches $B$ gilt[20].

Die in Zahlen ausgedrückten Größenverhältnisse der einzelnen Objekte müssen also invariant gegen einen Funktor-Standardobjekt-Postulats-Wechsel sein. (Analog: Wenn Äpfel halbsoviel kosten wie Orangen, so muß dieses Preisverhältnis 1/2 auch für Lire, Rubel oder Dollar gelten.) Ob diese Adäquatheitsbedingung erfüllt ist, muß eine empirische

---

[18] Der obere Sternchenindex bei $\{G(x)\}^{\check{}}_{[G]_\iota}$ deutet an, daß es sich um einen konkreten Zahlenwert handelt. Der untere Index $[G]_\iota$ hält fest, daß dieser Zahlenwert durch Anwendung des $[G]_\iota$-Operators gewonnen wurde.

[19] Zumindest ein nahezu invarianter Quotient muß sich einstellen; andernfalls müßte das "ungeeignete $f_\iota$-$k_\iota$-$p_\iota$-Tripel" aus dem $[G]$-Operator ausgeschieden werden.

[20] Die Adäquatheit des Größenbegriffes mit dem früheren komparativen Begriff ist sichergestellt, weil der jeweilige Quotient $q$ für $q = 1$ die Koinzidenzrelation und für $q > 1$ oder $q < 1$ auf eine Vorgängerrelation führt.

Untersuchung zeigen. Die Konstruktion dieses Größenbegriffes $G$ stellt also eine noch allgemeinere Form einer Abstraktion des "Wesensinhaltes" der betreffenden Größe dar: Das, was man unter der Größe zu verstehen hat, ist im $[G]$-Operator ganz allgemein zusammengefaßt. Es ist jedoch nicht von vornherein festgelegt, welches Funktor-Standardobjekt-Postulats-Tripel man verwenden wird und ebenso wurde nicht festgelegt. auf welches Argument $x$ der $[G]$-Operator überhaupt angewendet werden soll, sodaß der Zahlenwert $\{G\}$ ebenfalls noch nicht fixiert ist. Das $f_i$-$k_i$-$p_i$-Tripel und der Zahlenwert werden beim Größenartbegriff als Variable betrachtet. Der Größenartbegriff wird dadurch – wie es WALLOT in seinem Buch [Größengleichung] formuliert hat – gleichsam unabhängig von den Zufälligkeiten seines "Koordinatensystems". Diese Verallgemeinerungen sind für die praktische Anwendung überaus wertvoll und haben sich in vielen Bereichen als sehr fruchtbar erwiesen. Allerdings sind damit auch manche Probleme verbunden, die man stets im Auge behalten muß. Durch das Offenlassen des Zahlenwertes $\{G\}$ nehmen die Größen scheinbar einen kontinuierlichen Charakter an und sie können hinsichtlich des Zahlenwertes auch grenzenlos variiert werden; das ist aber eine Verallgemeinerung, die durch die Erfahrung jedenfalls nicht generell gedeckt ist und die auch nachträglich oft zurückzunehmen ist. Zum Beispiel bei der elektrischen Ladung, die sich als quantisiert erweist (Elektronenladung) oder bei der Geschwindigkeit von Objekten oder Signalen, wo sich ein Maximalwert herausstellt (Lichtgeschwindigkeit). Auch das Offenlassen des $f_i$-$k_i$-$p_i$-Tripels ist manchmal nicht unproblematisch. Natürlich ist es belanglos, ob man als Standardobjekt ein Metermaß oder einen Zollstock verwendet; die sich ergebenden Zahlenwerte werden sich bei einem konkreten Objekt bloß umgekehrt wie die Extension der Standardobjekte verhalten. Man nennt das manchmal die Invarianz der Größen gegen einen Wechsel der Standardobjekte. Nicht unkritisch dagegen ist es, wenn man bedenkt, daß mit dem Wechsel des $f_i$-$k_i$-$p_i$-Tripels auch die besonderen Eigenschaften, die diesem Tripel anhaften, ausgetauscht werden[21]. Wir werden später am Beispiel des Geschwindigkeitsbegriffes durchaus Verschiebungen in der Begriffsbedeutung erkennen können.

Im üblichen Sprachgebrauch nennt man die Abkürzungssymbole

---

[21] Ich will hier nicht von den angeblich 112 verschiedenen Ellen (WESTPHAL [Begriffssystem]) des Jahres 1800 in Baden in Deutschland sprechen und auch nicht davon, daß König David von Schottland im Jahr 1150 das inch als durchschnittliche Daumendicke dreier Männer, "eines großen, eines kleinen und eines mittelgroßen Mannes",festlegte (GERTHSEN [Physik]).
Schon das offizielle Standardobjekt der Längenmessung, das "Meter", hat eine bewegte Geschichte, die zum mehrmaligen Austausch des $f_i$-$k_i$-$p_i$-Tripels geführt hat: 1791 war das Meter ein Zehnmillionstel des Erdmeridianquadran-

$[G]_\iota$ bzw. $[G]$ auch kurz "Einheiten" oder zum Beispiel spezialisiert auf
Abstände und Distanzen spricht man von der "Einheit der Länge" $[l]$, oder
wenn man hierbei an ein ganz bestimmtes Standardobjekt denkt, spricht
man zum Beispiel von $[l]_\iota = m$ also vom Meter. Es ist wichtig, im Auge
zu behalten, daß – entsprechend der vollen Aussage des $[G]_\iota$- Operators der Länge – unter dem Wort "Meter" implizit wesentlich mehr gemeint ist als die Aussage, daß das Standardobjekt der Meter-Prototyp
ist. Erst durch den kompletten Aussageumfang des $[G]_\iota$- oder $[G]$- Operators kann die Wesensart der betreffenden physikalischen Größe ergriffen
werden. Dadurch gewinnt nämlich der Größenbegriff $G = \{G\} \cdot \lfloor G \rfloor$ erst-
seine umfassende Aussagekraft. In der Größenlehre wird daher darauf
auch immer wieder hingewiesen: "Die physikalische Größe hat sich in der
Größenlehre als hervorragendes Element zur Darstellung physikalischer
Zusammenhänge erwiesen. Ihr wertvollstes Merkmal betrifft die Zerleg-
barkeit in zwei Faktoren, wovon der eine, die Einheit, als spezielle Größe
gleicher Art die Wesensart (Qualität) der Größe umfaßt, während der
zweite, der Zahlenwert, die Angabe des Ausmaßes (der "Großheit") über-
nimmt" (OBERDORFER [Größenlehre]). "Die Einheiten stellen ebenso
wie die physikalischen Größen selbst Abstraktionen von Eigenschaften der
zu beschreibenden physikalischen Objekte, Zustände oder Vorgänge dar"
(KOHLRAUSCH [Einheitensysteme]). Und wie diese Abstraktionen von
Eigenschaften bzw. wie die Wesensart der Größe explizit aussieht, ist im
$[G]_\iota$- bzw. $[G]$-Operator oder kurz in der Einheit der betreffenden Größe
verankert.

Auch vom Standpunkt der Größenbegriffe soll noch einmal die Frage
des Messens und Vergleichens beleuchtet werden. Vergleichen kann man

---

ten; 1799 wurde es "endgiltig" zu 443,291 "Pariser Linien" festgelegt; weiters
wurde es danach in Form eines gehämmerten Platinschwammes als "Mètre des
Archives" für verbindlich erklärt, 1895 wurde es durch das "Mètre international"
aus Platin-Iridium ersetzt; 1927 wurde eine Umdefinition durch Präzisierung
der Ablesevorschrift vorgenommen; anschließend ist eine neue Meterdefinition
(über die rote Cadmiumlinie) speziell für spektroskopische Wellenlangenmessun-
gen entstanden; 1960 wurde die Meterdefinition auf Wellenlängen von Krypton
86 zurückgeführt; 1983 hat man schließlich überhaupt das Meter komplett um-
definiert und faßt es jetzt als Lange jener Strecke auf, die Licht im leeren Raum
während der Dauer eines bestimmten Sekundenbruchteils zurücklegt  Aus einer
Länge ist also eine Lichtzeit geworden. (ROTTER [Meter]).
Auch bei der Feststellung der Zeiteinheit hat es manchen Wechsel gegeben
Zunächst war die Sekunde ein bestimmter Bruchteil eines Tages, dann war
sie die Schwingungsdauer eines bestimmten Pendels; 1956 hat man sie als den
31 556 925,9747-ten Teil des Jahres 1900 aufgefaßt, bis man schließlich 1964
die Sekunde auf die Schwingung eines Cäsiumatoms zuruckgefuhrt hat.

nur gleichartige Größen miteinander. Man wird Größen dann als gleichartig[22] ansehen können, wenn sie in ihrem $[G]$-Operator oder zumindest in ihrem $[G]_\iota$-Operator übereinstimmen. Solche gleichartige Größen lassen sich zueinander in Verhältnis setzen und es entsteht bei der Quotientenbildung eine unbenannte Zahl:

$$\frac{G_1^*}{G_2^*} = \frac{\{G_1\}^* \cdot [G]_\iota}{\{G_2\}^* \cdot [G]_i} = \{G_3\}^*$$

Bei der Messung einer Größe wird eine solche unbenannte Verhältniszahl $\{G_3\}^*$ bestimmt. Die Größe $G_1^*$, die man messen wollte, ist also das $\{G_3\}^*$-fache der als Vergleichsgröße gewählten Größe $G_2^*$. Üblicherweise ist die Vergleichsgröße bei einer Messung die Einheitsgröße, also

$$G_2^* = \{G_2\}^* \cdot [G]_\iota = 1 \cdot [G]_\iota,$$

woraus der Größenvergleich als Verhältniszahl

$$\frac{G_1^*}{G_2^*} = \frac{\{G_1\}^* \cdot [G]_\iota}{\{G_2\}^* \cdot [G]_\iota} = \frac{\{G_1\}^* \cdot [G]_\iota}{1 \cdot [G]_\iota} = \{G_1\}^*$$

liefert und sich die zu messende Größe $G_1^*$ also als das $\{G_1\}^*$-fache der Einheitsgröße $G_2^*$ herausstellt, also ist

$$G_1^* = \{G_1\}^* \cdot G_2^* = \{G_1\}^* \cdot 1 \cdot [G]_\iota = \{G_1\}^* \cdot [G]_\iota.$$

---

[22] Häufig sagt man auch vereinfachend, daß zwei Größen dann "gleichartig" sind, wenn man von solchen Größen sinnvoll Summen und Differenzen bilden kann. Zum Beispiel sind die Länge und die Breite meines Tisches so gesehen gleichartige Größen oder auch die Arbeit und die Wärmemenge in einem thermodynamischen Prozeß. Allerdings ist die Geschwindigkeit eines Radfahrers $(v_1)$, der auf einem bewegten Schiff $(v_2)$ fährt, genaugenommen nicht mehr sinnvoll durch Summenbildung $v = v_1 + v_2$ zu einer Gesamtgeschwindigkeit zusammenzusetzen. Wie schon früher erwähnt, ist nämlich anstelle der Summe hier das Additivitätsprinzip der Relativitätstheorie zu verwenden:

$$v = \frac{v_1 + v_2}{1 + \frac{v_1 v_2}{c^2}}$$

($c$ ist die Lichtgeschwindigkeit) Die einfache Summenbildung stimmt in diesem wörtlichen Sinn nur dann, wenn entweder $v_1$ oder $v_2$ Null ist. Zu irgendeiner Geschwindigkeit $v_1$ wäre also nur die Geschwindigkeit $v_2 = 0$ "gleichartig"; $v_2 \neq 0$ wäre demnach zu $v_1$ ungleichartig; $v_1$ wäre demnach nicht einmal zu sich selbst gleichartig. Ein anderes Beispiel wäre die Temperatur. Hier könnte man zwar noch Temperaturdifferenzen bilden, aber wohl nicht mehr unmittelbar sinnvoll Temperatursummen. Ich halte es daher für zweckmäßiger, die Gleichartigkeit über den $[G]$- bzw. $[G]_\iota$-Operator zu definieren.

Die gemessene Größe $G_1^*$ stellt sich dar als das Produkt aus Zahlenwert $\{G_1\}^*$ und dem multiplikativ verwendeten algebraischen Abkürzungssymbol $[G]_\iota$, welches für den $[G]_\iota$-Operator dieser Größe steht und wie gesagt Einheit der betreffenden Größe genannt wird.

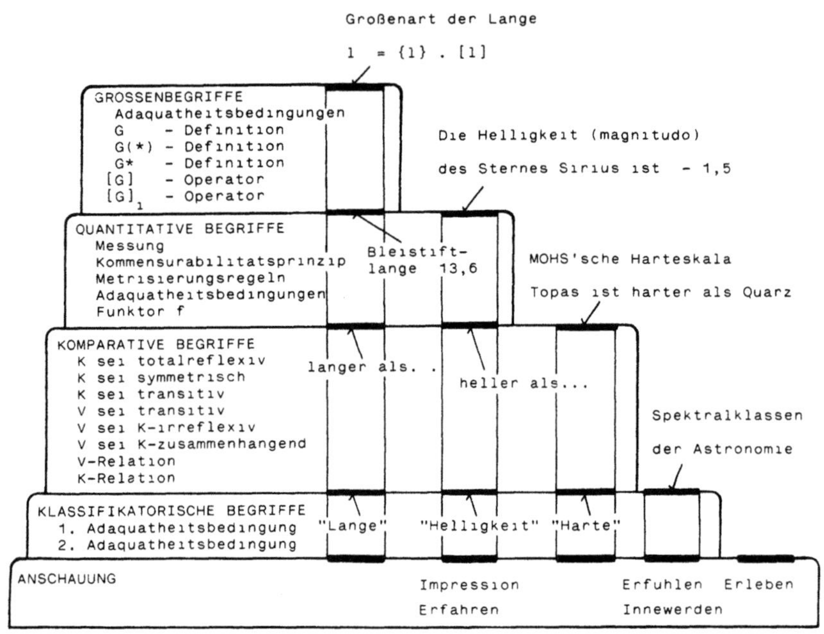


Abbildung 11
Querschnitt durch die Begriffspyramide

Fassen wir das Gesagte zusammen und stellen es wieder in einem symbolischen Bild dar. Die Abbildung 11 zeigt einen Querschnitt durch die Begriffspyramide und den Abschluß des Stufenbaues durch den hier erörterten Größenbegriff. Die Einführung eines $[G]_\iota$- und $[G]$-Operators hat auf der Basis der klassifikatorischen, komparativen und quantitativen Begriffe sukzessive die Definition der sogenannten Größenart ermöglicht. Die Größenart ist das, was man den Wesensinhalt oder den Inbegriff der betreffenden Größe, zum Beispiel einer Länge $l$, bezeichnen könnte. Bestehen in der Natur zwischen solchen Größenarten Zusammenhänge, dann lassen sich diese in Form von mathematischen Gleichungen darstellen und festhalten; davon wird noch die Rede sein. Jedenfalls sind die in den sogenannten Größengleichungen verwendeten Buchstabensymbole Abkürzungen für diese hier besprochenen Größenarten. Größenbegriffe stellen hochspezialisierte Sonderbegriffe dar, die durch eine komplexe Begriffsbildungsmethodik und einen umfangreichen Postulatsapparat gekennzeichnet sind. Die Abbildung 12 zeigt von dieser im Querschnitt dargestellten Begriffspyramide den Grundriß. Wir erkennen, daß von dem weiten Bereich der Anschauung ein Teilbereich zu klassifikatorischen Begriffen verschärft wurde. Von diesen wurde abermals ein kleinerer Bereich zu komparativen Begriffen spezialisiert. Darauf aufbauend konnte für manche noch engere Bereiche der quantitative Begriff gebildet werden. Bis schließlich zuletzt der Größenbegriff als hochspezialisierter Sonderbegriff auf dem quantitativen Begriff aufbaut. Aber nicht nur die auf den freien Plateaus liegenden Begriffe werden gebraucht, sondern auch die meisten innerhalb der Pyramide vorzufindenden Begriffe, wie sie in der Querschnittsdarstellung der Begriffspyramide beispielshaft angegeben wurden. Also nicht nur der abstrakte Größenbegriff zum Beispiel der Länge steht in Verwendung, sondern auch der Begriff, der die konkrete Länge meines Bleistiftes mit Hilfe des cm-Standardobjektes auf die Ziffer 13,6 festlegen kann. Gleichfalls steht auch nach wie vor der komparative kürzer-gleich-länger-Begriff in Verwendung, der auf der klassifikatorischen Längenvorstellung und einem ganz allgemeinen Gewahrwerden fundiert ist. Keine dieser Anschauungs- bzw. Begriffsformen ist überflüssig.


## 5b. Größengleichungen, Basisgrößen und Einheiten

Allgemeine Gesetzmäßigkeiten[23], die in der Natur mit empirischen Methoden "gefunden" werden, werden in formelmäßiger Darstellung durch die sogenannten Größengleichungen angegeben. Wenn man von den mathematischen Symbolen absieht, so repräsentieren die sonstigen Formelzeichen, die in diesen Gleichungen stehen, stets Größenarten. Größengleichungen sind also mathematische Formulierungen von Verknüpfungen zwischen Größenarten (KOHLRAUSCH [Einheitensysteme]). Steht eine solche Größengleichung zur Verfügung und will man sie auf einen konkreten Fall anwenden, dann werden die einzelnen Symbole $G$, die die bestimmten Größenarten symbolisieren, durch die konkreten Größen, also durch die entsprechenden $G^*$ ersetzt. Dieses Ersetzen ist deswegen zulässig, weil im [G]- Operator schon von vornherein alle sachlich zusammengehörigen

---

[23] Gesetze und Theorien werden später noch ausführlich zu beleuchten sein. Vorläufig wird hier ein eher naiver Gesetzesbegriff mit relativ vager Bedeutung verwendet.

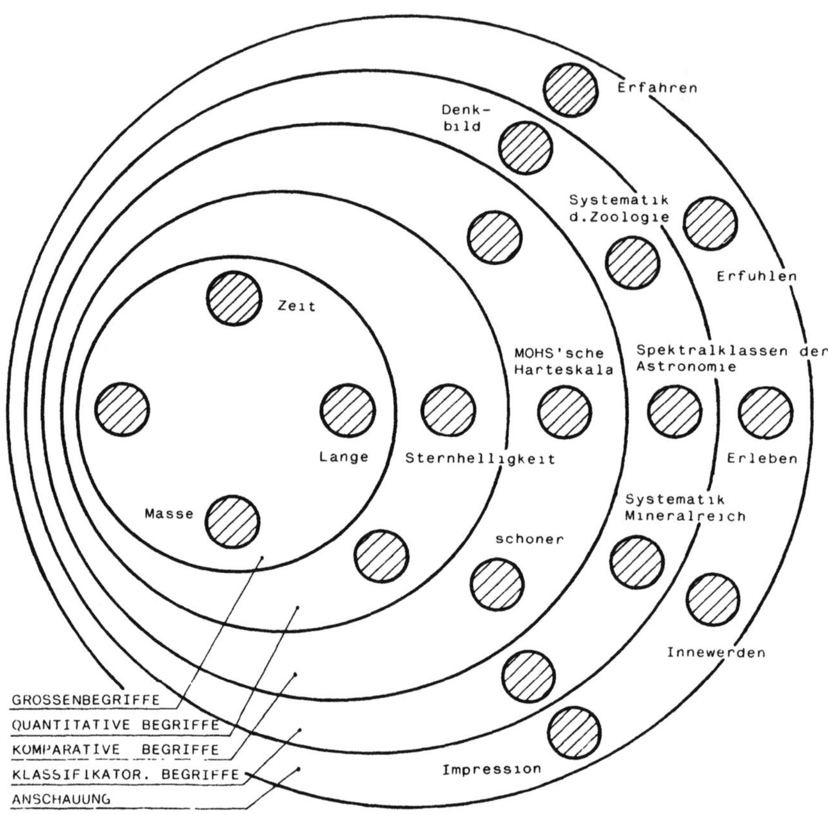


Abbildung 12
Grundriß der Begriffspyramide

$[G]_i$- Operatoren vereint sind, also auch jene, auf die jetzt spezialisiert
werden soll. Für die Methode des Größen-Definierens wäre es ideal, wenn
die Anzahl der unabhängigen Größengleichungen gleich groß wäre wie die
Anzahl der Größenarten, denn dann könnte man mit Hilfe der Gleichungslehre die unbekannten Größenarten explizit ausdrücken und berechnen.

Es zeigt sich jedoch, daß das nicht so ist. Dieser Sachverhalt wird uns noch bei den Gesetzen und Theorien beschäftigen und uns dort zu überraschenden Überlegungen führen, die auf die Fragen der Begriffsbildung wieder ganz entscheidend zurückführen werden. Die Anzahl der unabhängigen Größengleichungen und der darin vorkommenden Größenarten ist also nicht gleich groß. Es sind nämlich in einem bestimmten physikalischen Gebiet grundsätzlich mehr Größenarten vorhanden, als voneinander unabhängige Größengleichungen gefunden werden können. Sind also $n$ Stück Größenarten durch $m$ Stück Größengleichungen miteinander verknüpft $(n > m)$, so sind im Sinn der Gleichungslehre $k = n - m$ Größen unbestimmt und bedürfen einer a-priori-Definition. Diese $k$ Stück a priori zu definierenden Größenarten sind die sogenannten Basisgrößenarten. Man sagt in diesem Fall, daß das Größensystem vom Grade $k$ ist. Dieser Grad des Größensystems ist mehr oder minder vorgegeben. An ihm ändert sich auch nichts, wenn man eine neue Größe per Definition einführt. Denn führt man eine neue Größe ein, dann geschieht dies durch eine Definitionsgleichung und der Grad des Größensystems bleibt erhalten, weil sowohl $n$ als auch $m$ um 1 erhöht wurde und die Differenz daher gleich bleibt. Eine Basiseinheit wird geschaffen durch Konstruktion des betreffenden $[G]_i$-Operators, in welchem das konkret zur Anwendung gelangende Standardobjekt (der Standardvorgang) $k$ festgelegt ist. Dabei ist es unerheblich, ob alle Basisgrößen dabei durch primäre Metrisierung gewonnen werden oder einige hiervon durch sekundäre Metrisierung gebildet wurden[24].

Bei der Erarbeitung eines neuartigen physikalischen Gebietes kann es sein, daß man auf eine vorher nicht bekannte "physikalische Qualität" stößt. Eine genauere Schilderung, wie es dabei zugeht, werden wir im Kapitel über Gesetze und Theorien geben. Um dieser neuen Situation jedenfalls gerecht zu werden, wird man nach einer adäquaten Metrisierung suchen müssen und gegebenenfalls eine neue Basisgrößenart einführen. Es ist bemerkenswert, daß die Anzahl der Basisgrößen jedoch nicht streng durch die Natur vorgegeben ist (KOHLRAUSCH [Einheitensysteme]). Der gewählten Basisgrößenzahl liegt nämlich die jeweilige Auffassung und Beschreibung der physikalischen Erscheinungen zugrunde. Es gibt verschiedene Gesichtspunkte, die "richtige" Zahl von Ba-

---

[24] Zum Beispiel beruhte früher die Meterdefinition auf einem Meterprototyp aus Platin-Iridium; es lag also eine primäre Metrisierung vor, weil man sich dabei (cum grano salis) nicht auf schon vorhandene quantitative Begriffe gestützt hat. Heute dagegen definiert man das Meter als jene Strecke, die Licht im leeren Raum während der Dauer eines bestimmten Sekundenbruchteils zurücklegt. Das heißt, heute setzt die Meterdefinition den Zeitbegriff (und die Zeiteinheit) voraus und es handelt sich daher jetzt um eine sekundäre Definition.

sisgrößen zu finden, wie zum Beispiel Einfachheits- und Symmetrieüberlegungen, Übersichtlichkeitsforderungen und ähnliches (KOHLRAUSCH
[Einheitensysteme], OBERDORFER [Größenlehre], FISCHER [Größen]).
Vielfach sieht man heute die nachfolgend aufgezählten Teilgebiete der
Physik als "voneinander unabhängige Bereiche" an: physikalische Geometrie[25], Kinematik[25], Dynamik[25], Elektrizität, Thermodynamik, Photometrie und das Diskontinuum der Molekularphysik. Dagegen faßt man
die Bereiche Magnetismus und Gravitation als rückführbar auf die oben
genannten Teilgebiete auf[26]. Jedem der oben genannten unabhängigen
Teilbereiche wird also jedenfalls heute mehr oder minder uneingeschränkt
eine Basisgrößenart zugeordnet und man kommt dadurch auf insgesamt
7 Basisgrößenarten und zwar: 3 mechanische, 1 elektrische, 1 thermische, 1 photometrische und 1 atomistische. Beispielsweise ist für diese
Basisgrößenarten das bekannte "Internationale Einheitensystem der Meterkonvention", das sogenannte "Système International d' Unités", inklusive der Basiseinheit für die Atomistik anwendbar. Das Internationale
Einheitensystem ist ein sogenanntes kohärentes System und die Einheiten
sind kohärente Einheiten, also Einheiten, die "aufeinander abgestimmt"
sind.

Ein kohärentes System kann man auf der Basis der sogenannten Einheitengleichungen entwickeln. Einheitengleichungen gehen aus Größengleichungen hervor, wenn man die dort auftretenden Größen $G$ durch

$$G = \{G\} \cdot [G]$$

formal ersetzt. Beispielsweise ist der bekannte Zusammenhang "Arbeit
ist Kraft mal Weg" als Größengleichung (für den Fall, daß Kraft und
Weg kollinear sind und die Kraft darüberhinaus sich als zeitlich konstant
erweist) anschreibbar zu

$$A = F \cdot s \ .$$

Die Größenarten Arbeit, Kraft und Weg werden als Produkt aus Zahlenwert mal Einheit angeschrieben

$$A = \{A\} \cdot [A]$$
$$F = \{F\} \cdot [F]$$
$$s = \{s\} \cdot [s]$$

und formal in die Größengleichung eingeführt.

$$[A] = \varsigma \cdot [F] \cdot [s]$$

---

25) Diese drei Bereiche faßt man zum Bereich der Mechanik zusammen

26) Nicht alle Autoren teilen zwar diese Ansicht, und es wurde daher auch
diese Vorgangsweise mehrfach kritisch beleuchtet (WALLOT [Größengleichungen])

Diese Gleichung ist für den betrachteten Zusammenhang die sogenannte Einheitengleichung und der Faktor $\varsigma$ ist die Abkürzung für

$$\varsigma = \frac{\{F\} \cdot \{s\}}{\{A\}} \ .$$

$\varsigma$ ist der sogenannte Einheitenkoeffizient. Wenn in einem Einheitensystem der Einheitenkoeffizient $\varsigma$ für alle Einheitengleichungen gleich 1 ist, dann handelt es sich um ein kohärentes System und die Einheiten sind kohärente Einheiten. Es wird sich zeigen, daß ein kohärentes Einheitensystem gewisse Vorteile hat. Jedenfalls ist das Internationale Einheitensystem ein solches kohärentes System.

Gerne faßt man die Einheitengleichungen als Beziehungen zwischen Einheiten auf und "leitet" aus ihnen die unverwechselbare und in ihrer Aussage vollständige Einheit für die durch die Größengleichung neu eingeführte Größe her. Diese Ansicht ist nicht unproblematisch. Wir werden sehen, daß die hierdurch gewonnenen Aussagen nur sehr unvollständig sind und daß man den gewonnenen Ausdruck höchstens als mehr oder weniger glücklich gewähltes Abkürzungssymbol für die Einheit der neu eingeführten Größe auffassen darf. In der vorhin angeschriebenen Einheitengleichung zum Beispiel wird wegen $\varsigma = 1$ die Einheit der Arbeit $[A]$ einem Produkt von Einheiten (allgemein einem Potenzprodukt), nämlich $[F] \cdot [s]$ gleichgesetzt. Dieses Potenzprodukt nennt man Einheitenterm. Die Einheit einer Größe ist eine Größe gleicher Art, die durch einen speziellen $[G]_\iota$-Operator festgelegt ist. Wegen des Gleichheitszeichens in der Einheitengleichung repräsentiert der Einheitenterm als Abkürzungssymbol ebenfalls den speziellen $[G]_\iota$- Operator. Man kann daher den Einheitenterm als einen stellvertretenden Einheitennamen, also als ein Kunstwort auffassen, welches anstelle des Abkürzungssymbols für den speziellen $[G]_\iota$-Operator steht. Diese Art der Namensgebung erweist sich insbesondere deshalb als zweckmäßig, weil man aus praktischen Gründen einfach nicht allen Größen spezielle Einheitennamen zuordnen kann. Diese systematisierte Namensgebung für $[G]_\iota$-Operatoren ist allerdings nicht ohne Schönheitsfehler, denn es zeigt sich, und wir werden das im Detail später noch sehen, daß manche verschiedenartige Größen dabei gleiche Einheitennamen erhalten [27]. Man muß also stets bedenken, daß das Auftreten gleicher Einheitennamen eben noch kein Hinweis darauf ist, daß es sich wirklich um gleichartige Größen handelt. Gleiche Einheitennamen bürgen also nicht

---

[27] Zum Beispiel haben Arbeit und (Dreh-)Moment beide den Einheitenterm $m^2$ kg s$^{-2}$; auch die elektrische Stromstärke und die magnetische Spannung haben einen gemeinsamen Einheitenterm, nämlich A (=Ampere); eine ganze Reihe verschiedener Größen haben als Einheitenterm den Wert 1, nämlich: Winkel, Poissonzahl, Suszeptibilität, Bel, Phon u.a.m.

dafür, daß von gleichen Einheiten die Rede ist. Ganz zu schweigen von
den sonstigen Aussagen, die im $[G]_t$-Operator enthalten sind. Trotzdem
ist die systematisierte Namensgebung für kohärente Einheiten einer Größe
oft ein sehr brauchbares Kontrollhilfsmittel beim praktischen Rechnen mit
Größengleichungen. Weil nämlich in einem kohärenten Einheitensystem
von vornherein durch den ursprünglichen Aufbau des Systems grundsätzlich alle Einheitengleichungen aller Größengleichungen einen Einheitenkoeffizient $\varsigma = 1$ aufweisen, muß auch bei jeder späteren Benützung dieser
Größengleichungen in jeder beliebigen Kombination für jede verwendete
Größe wieder derselbe Einheitenterm als stellvertretender Einheitenname
herauskommen. Ist das bei einer praktischen Rechnung mit Größengleichungen und kohärenten Einheiten einmal nicht der Fall, dann hat sich
im allgemeinen ein Rechenfehler eingeschlichen. Allerdings folgt umgekehrt nicht zwingend aus einem richtigen Einheitennamen am Ende einer
Kalkulation die Fehlerfreiheit der Rechnung.

Das Internationale Einheitensystem[28] hat konkrete Basiseinheiten
festgelegt und für verbindlich erklärt und damit Standardobjekte, beziehungsweise Standardvorgänge definiert, die heute als Grundlage für das
allgemein übliche kohärente Einheitensystem verwendet werden.   Und
zwar:

| | |
|---|---|
| für die Länge | das Meter (m) |
| für die Masse | das Kilogramm (kg) |
| für die Zeit | die Sekunde (s) |
| für die elektrische Stromstärke | das Ampere (A) |
| für die thermodynamische Temperatur | das Kelvin (K) |
| für die Lichtstärke | die Candela (cd) |

Diese Einheiten sind die sogenannten SI-Einheiten.  Dazu kommt noch
eine Erweiterung

| | |
|---|---|
| für die Stoffmenge | das Mol (mol). |

Was man unter diesen Standardobjekten beziehungsweise Standard-
vorgängen versteht, sei kurz angerissen:

---

[28] Zu diesem Thema halte ich besonders folgende Darstellungen für sehr
lesenswert: DIN [Größennormen], FISCHER [Großen], KOHLRAUSCH [Ein-
heitensysteme], OBERDORFER [Größenlehre], ÖSTERR. NORMUNGSIN-
STITUT [Größen], ROTTER [Meter], STILLE [Größeneinführung], WALLOT
[Größengleichungen]. Im folgenden Text greife ich bei den angegebenen Zahlenwerten und den Größen- und Standarddefinitionen auf den Wortlaut und
auf die Angaben hauptsächlich der Publikationen der DIN und des ÖSTERR
NORMUNGSINSTITUTes zurück

*a. Das Kilogramm* (kg). Das Kilogramm ist die Basiseinheit der Masse und zwar ist 1 Kilogramm die Masse des Internationalen Kilogrammprototyps. Dieser Prototyp ist ein Zylinder aus einer Legierung von 90 % Platin und 10 % Iridium, dessen Höhe und Durchmesser gleich groß sind (etwa 39 mm). Das Kilogramm beruht vereinfacht gesehen also auf einer primären Metrisierung, weil es sich nicht auf irgendwelche schon vorhandene quantitative Begriffe stützt. Dieses Standardobjekt wurde 1889 zum Internationalen Prototyp erklärt und wird im Internationalen Bureau für Maß und Gewicht in Sèvres aufbewahrt.

*b. Die Sekunde* (s). Die Sekunde ist die Basiseinheit der Zeit. Die Sekunde ist gleich der Dauer von 9 192 631 770 Schwingungen der Strahlung, die dem Übergang zwischen den beiden Hyperfeinstrukturniveaus des Grundzustandes des Cäsiumatoms-133 entspricht. Die Sekunde beruht vereinfacht ausgedrückt auf einer primären Metrisierung, die sich also nicht auf schon vorhandene quantitative Begriffe stützt. Dieser Standardvorgang verkörpert seit 1967 die Basiseinheit der Zeit.

*c. Das Meter* (m). Das Meter ist die Basiseinheit der Länge. Das Meter ist die Länge der Strecke, die Licht im leeren Raum während der Dauer von 1/299 792 458 Sekunden durchläuft. Das Meter beruht also auf sekundärer Metrisierung, weil schon in die Definition der Zeitbegriff einfließt. Dieser Standardvorgang verkörpert seit 1983 die Basiseinheit der Länge.

*d. Das Ampere* (A). Das Ampere ist die Basiseinheit der elektrischen Stromstärke. Das Ampere ist gleich der Stärke des elektrischen Stromes, der durch zwei geradlinige, dünne, unendlich lange Leiter, die in einer Entfernung von 1 Meter parallel zueinander im leeren Raum angeordnet sind, unveränderlich fließend bewirken würde, daß diese beiden Leiter aufeinander eine Kraft von $2 \cdot 10^{-7}$ kg m s$^{-2}$ je 1 Meter Länge ausüben (1 kg m s$^{-2}$ = 1 Newton). Die Abbildung 13 zeigt schematisch die Versuchsanordnung und nennt vorgreifend das zuständige Kraftgesetz; wesentlich ist in unserem Zusammenhang nur, daß zwischen den vom Strom $I$ durchflossenen Stromleitern eine Kraft $F$ auftritt und daß man die Einheit der Stromstärke auf eine solche Art festlegt, daß die Kraft $F$ einen vorgegebenen, vereinbarten Wert annimmt. Das Ampere beruht auf sekundärer Metrisierung, weil bereits in die Definition der Masse-, Zeit- und Längenbegriff eingeht. Dieser genannte Standardvorgang verkörpert seit 1948 die Basiseinheit der elektrischen Stromstärke.

*e. Das Kelvin* (K). Das Kelvin ist die Basiseinheit der thermodynamischen Temperatur. Das Kelvin ist 1/273,16 der thermodynamischen Temperatur des Tripelpunktes[29] des Wassers. Gemeint ist hierbei reines Wasser

---

[29] Es gibt für jede reine Substanz eine bestimmte Temperatur und einen

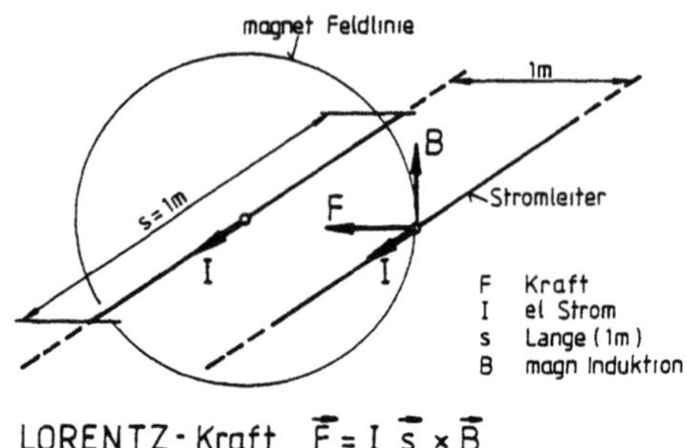


Abbildung 13

natürlicher Isotopenzusammensetzung. Das Kelvin wird man wegen Skalierungsfragen und wegen der Volumsexpansionsmessungen gleichfalls als
sekundär metrisiert ansehen. Dieses Standardobjekt, bzw. dieser Standardvorgang, der der Kelvindefinition zugrunde liegt, wurde 1967 festgelegt.

*f. Die Candela* (cd). Die Candela ist die Basiseinheit der Lichtstärke.
Die Candela ist gleich der Lichtstärke in der Richtung der Normalen einer Fläche von 1/600 000 Quadratmeter der Oberfläche des
schwarzen Körpers[30] bei der Temperatur des unter dem Druck von
101 325 $m^{-1}$ kg $s^{-2}$ erstarrenden Platins (1 $m^{-1}$ kg $s^{-2}$ = 1 Pascal). Die

---

bestimmten Druck, bei welchem der feste, der flüssige und der dampfförmige
Zustand im Gleichgewicht miteinander bestehen können. Im Fall von Wasser
liegt dieser sogenannte "Tripelpunkt" bei einer Temperatur von $+0,072^{\circ}C$ und
einem Druck von 613 $Pa$ (das sind 4,6 Torr oder $6 \cdot 10^{-3}$ atm)

[30] Ein sog. "schwarzer Körper" ist der Idealfall eines Körpers, der in der
Lage ist, alle auf ihn auftreffenden elektromagnetischen Wellen zu absorbieren. Nach dem Gesetz der Wärmestrahlung von KIRCHHOFF hat ein solcher
Körper dann auch maximales Emissionsvermögen für elektromagnetische Wellen, die seinem thermodynamischen Gleichgewichtszustand entsprechen. Es ist
in der Praxis nicht einfach, einen idealen schwarzen Körper zu realisieren, weil
auch Ruß im obengenannten Sinn nicht völlig "schwarz" ist. Am ehesten kann
ein schwarzer Körper noch durch konische Hohlräume oder durch Strahlungs-
hohlraume aus Wolfram realisiert werden, die im Inneren durch Wolframwolle
sozusagen aufgerauht sind und verschiedene Blenden enthalten.

Candela ist also eine sekundär metrisierte Größe. Dieser Standardvorgang verkörpert seit 1967 die Basiseinheit der Lichtstärke.

*g. Das Mol* (mol). Das Mol ist die Basiseinheit für die Stoffmenge. Das Mol ist gleich der Stoffmenge eines Systems, das ebensoviele Teilchen enthält, wie Atome in 0,012 Kilogramm Kohlenstoff-12 enthalten sind. Bei der Verwendung des Mol muß die Art der Teilchen besonders angegeben werden. Es können Atome, Moleküle, Ionen, Elektronen oder Gruppen solcher Teilchen genau angegebener Zusammensetzung sein. Das Mol ist sekundär metrisiert. Die Mol-Standardfestlegung verkörpert seit 1971 die Basiseinheit der Stoffmenge.

## 5c. Die speziellen Größenbegriffe der Naturwissenschaft

Eine vollständige Zusammenstellung der Definitionen und Erläuterungen aller Größenbegriffe zu geben, die in der Wissenschaft verwendet werden, und zu erörtern, auf welche Weise sie ein in sich zusammenhängendes Netz von Begriffen bilden, ist wohl allein schon des Aufwandes wegen undurchführbar. Ich möchte mich daher bloß auf eine Auswahl wichtiger Begriffe beschränken. Das ist aber nicht die einzige Einschränkung, die ich treffen muß. Die zweite betrifft die Erörterung des Begriffes selbst. Ich will vorausschicken, welche Angaben die nachfolgende Zusammenstellung enthält und auch das nennen, wovon nicht gesprochen wird, auch wenn es wichtig ist. Generell kann man sagen, daß die nachfolgende Auflistung der speziellen Größenbegriffe aufbauend strukturiert ist, wobei die Basiseinheiten des internationalen Einheitensystems das Fundament bilden; die Zusammenstellung beginnt mit den einfachen Begriffen und es werden mit ihnen sukzessive die komplizierteren Begriffe gebildet. Die Größenart wird benannt, das Formelzeichen[31] wird angeführt und die Definitions- oder Verknüpfungsgleichung wird angegeben. Der Einheitenterm und gegebenenfalls auch der spezielle Einheitenname, sowie ergänzende Anmerkungen z.B. über andere gebräuchliche Einheiten schließen die Angaben

---

[31] Die verwendeten Buchstabensymbole für die Formelzeichen sind weitgehend normgerecht (ÖSTERR.NORMUNGSINSTITUT [Größen]). Wegen der geringen Buchstabenzahl der Alphabete sind allerdings unterschiedliche Größen manchmal mit gleichen Buchstaben bezeichnet. Im Text wird die Zitierung der Begriffe durch eine fortlaufende Numerierung jedoch wieder eindeutig; zum Beispiel "(3) Molare Masse $M$" oder "(22) Moment $M$". Soweit es für den Zusammenhang wichtig ist, werden Vektorgrößen durch einen über das Buchstabensymbol gesetzten Pfeil charakterisiert, wie z.B. $\vec{v}$ für die Geschwindigkeit, wenn die Geschwindigkeit als vektorielle Größe betrachtet werden muß
Hinweise zu Fragen der Nomenklatur findet man weiters in DIN [Größennormen] und STILLE [Nomenklatur].

ab, die über den betreffenden Größenbegriff gemacht werden. Die Zusammenstellung enthält dagegen nicht:
a) Ausführliche Quantifizierungsvorschriften mit allfälligen Alternativmöglichkeiten für Funktordefinitionen.
b) Sonstige Standardobjekte bzw. Standardvorgänge.
c) Angaben zum Postulatsapparat.
Diese Erläuterungen wären zwar in voller Breite im $[G]$-Operator explizit aufzunehmen, sie sind jedoch kaum geschlossen darstellbar. Man vergleiche hierzu etwa die Ausführungen über die Zeit- und Längenmetrik im Werk von STEGMÜLLER [Begriffsbildung, Seite 69 – 94]. Ein weiterer wichtiger Gesichtspunkt ist hier noch generell anzumerken. Bei der Definition der nachfolgenden Größenbegriffe gehen vielfach naturgesetzliche Zusammenhänge ein, die wir im Prinzip in diesem Stadium aber noch gar nicht kennen können. Es zeigt sich also schon hier ganz deutlich die enge und unentwirrbare Verflochtenheit von Begriffsbildung und Gesetzbildung, worüber wir später noch ausführlich sprechen wollen. Die nachfolgende Auflistung von Begriffen soll also keinesfalls die Illusion wecken, daß man über eine theorieneutrale Beobachtungssprache verfüge. Im Gegenteil: Das Dogma der neutralen Beobachtungssprache wird im Kapitel über Gesetze und Theorien mehr als fragwürdig erscheinen.

Noch ein für die praktische Anwendung recht brauchbares Hilfsmittel soll zur Sprache kommen. Die in der nachfolgenden Größenartzusammenstellung genannten SI-Einheiten sind für bestimmte praktische Anwendungen manchmal entweder zu groß oder zu klein. Zur Anpassung an handliche Werte verwendet man dann die sogenannten SI-Vorsilben, die Abkürzungen für bestimmte dezimale Faktoren darstellen. Sie lauten:

| Name | Zeichen | Faktor der Zehnerpotenz |
|------|---------|-------------------------|
| Exa | E | $10^{18}$ |
| Peta | P | $10^{15}$ |
| Tera | T | $10^{12}$ |
| Giga | G | $10^{9}$ |
| Mega | M | $10^{6}$ |
| Kilo | k | $10^{3}$ |
| Hekto | h | $10^{2}$ |
| Deka | da | $10$ |
| Dezi | d | $10^{-1}$ |
| Zenti | c | $10^{-2}$ |
| Milli | m | $10^{-3}$ |
| Mikro | $\mu$ | $10^{-6}$ |
| Nano | n | $10^{-9}$ |
| Piko | p | $10^{-12}$ |

| Femto | f | $10^{-15}$ |
| Atto | a | $10^{-18}$ |

Die SI-Vorsilben sind unmittelbar vor die Namen der SI-Einheiten zu setzen und die Zeichen der SI-Vorsilben sind unmittelbar vor die Zeichen der SI-Einheiten zu schreiben. Also zum Beispiel "Kilometer" für km = $10^3 \cdot$m. (Es ist zu beachten, daß die Vielfachen und Teile der SI-Einheiten mit den SI-Einheiten aber nicht mehr kohärent sind. In der Rechnung ist daher stets eine Rückverwandlung erforderlich[32].)

Die untenstehende Zusammenstellung will beispielhaft darstellen, auf welche Weise das in sich zusammenhängende Netz von Größenbegriffen aus den Basiseinheiten gebildet wird. (Im Anhang 1 ist eine erweiterte Fassung des Begriffsnetzes angegeben.) Es werden in dieser Darstellung Zahlenwerte einschlägiger physikalischer Konstanten genannt, wobei im allgemeinen in Klammern ihre Unsicherheit (einfache Standardabweichung) in Einheiten der letzten angegebenen Dezimale angeführt ist.

Zusammenstellung der speziellen Größenbegriffe:

*(1) Stoffmenge n, ($\nu$)*

Die Stoffmenge ist als Basisgröße definiert.
Einheit:    $[n]$ = mol    (Mol)

Anmerkung:

Die Zahl der Teilchen in einem Mol gibt die LOSCHMIDT- oder AVOGADRO-Konstante an:

$$L = 6{,}022\,045(31) \cdot 10^{23} \ \text{mol}^{-1}$$

*(2) Masse m*

Die Masse ist als Basisgröße definiert.
Einheit:    $[m]$ = kg    (Kilogramm)

Anmerkung:

a) Dezimale Vielfache und Teile der SI-Einheit der Masse werden in der Benennung durch die SI-Vorsilben zum Wort "Gramm" gebildet. Zum Beispiel: 1 dag und nicht 1 ckg = $10^{-2}$ kg

---

[32] Ausnahme: Kilogramm (kg) ist die kohärente SI-Einheit und nicht, wie man aus der Symbolik vermuten könnte, das Gramm (g).

b) Sonstige Einheiten:
   1 Tonne (t) = 1 000 kg
   1 Karat (k) = 0,000 2 kg
   Atomphysikalische Einheit (u)
   u = 1/12 der Masse eines Kohlenstoffatoms-12
   $u = \dfrac{10^{-3}\ \text{kg mol}^{-1}}{L}$   ($L$ ist die Loschmidtsche Konstante)
   $u = 1{,}660\ 565\ 5(86) \cdot 10^{-27}$ kg
   Die relative Atommasse $A_r$ ist der Zahlenwert, der in u gemessenen
   Atommasse $A$.
   $A = A_r \cdot u$          (Analog: relative Molekülmasse $M$)


c) Besondere Massen:
   Ruhemasse des leichten
   Wasserstoffatoms: $m_H = 1{,}007\ 825\ 22 \cdot u = 1{,}673\ 43 \cdot 10^{-27}$ kg
   Protonenruhemasse:   $m_p = 1{,}672\ 648\ 5(86) \cdot 10^{-27}$ kg
   Neutronenruhemasse: $m_n = 1{,}674\ 954\ 3(86) \cdot 10^{-27}$ kg
   Elektronenruhemasse: $m_e = 9{,}109\ 534(47) \cdot 10^{-31}$ $kg$

*(3) Molare Masse M*

Definition: $M = \dfrac{m}{n}$                      aus (1), (2)

Einheit:   $[M] = \text{kg mol}^{-1}$

Anmerkung:

   Die molare Masse ist eine stoffmengenbezogene Masse.


*(4) Zeit t*

Die Zeit ist als Basisgröße definiert.
Einheit:   $[t] = \text{s}$   (Sekunde)

Anmerkung:

a) Sonstige Einheiten:
   1 Minute (min) = 60 s
   1 Stunde (h) = 3 600 s
   1 Tag (d) = 86 400 s
   Woche, Monat, Jahr (a)
   In Sonderfällen treten allerdings auch Abweichungen auf: In Schalt-
   jahren wird ein ganzer Tag eingefügt; eine Stunde wird beim Som-
   merzeit-Normalzeit-Übergang eingefügt bzw. unterdrückt; durch
   sogenannte Zeitdienstmitteilungen wird weiters veranlaßt, daß in
   den verschiedenen Zeitskalen "Schaltsekunden" eingefügt oder unterdrückt werden.

b) Abweichende Einheiten für das kaufmännische Rechnen bzw. im
   Geldwesen:
   1 Monat = 30 d
   1 Jahr = 360 d


*(5) Länge l*

Die Länge ist als Basisgröße definiert.
Einheit: $[l] = $ m    (Meter)

Anmerkung:

Sonstige Einheiten:
1 Astronomische Einheit $= 149,6 \cdot 10^9$ m
1 Parsec (pc) $\approx 206\,265$ Astronomische Einheiten $\approx 30,857 \cdot 10^{15}$ m


*(6) Ebener Winkel α, β, γ*

Definition: $\alpha = \dfrac{\text{Kreisbogen}}{\text{Kreisradius}}$       aus (5)

Einheit:    $[\alpha] = \dfrac{1\,\text{m}}{1\,\text{m}} = $ rad    (Radiant)

Anmerkung:

a) Sonstige Einheiten:
   1 rechter Winkel $= \frac{\pi}{2}$ rad
   1 Grad ($°$) $= \frac{1}{90}$ des rechten Winkels $= \frac{\pi}{180}$ rad
   1 Minute ($'$) $= \frac{1}{60}$ Grad $= \frac{\pi}{10\,800}$ rad
   1 Sekunde ($''$) $= \frac{1}{60}$ Minute $= \frac{\pi}{648\,000}$ rad
   1 Neugrad (Gon) $= \frac{1}{100}$ des rechten Winkels $= \frac{\pi}{200}$ rad
   1 Neuminute $= \frac{1}{100}$ Neugrad $= \frac{\pi}{20\,000}$ rad
   1 Neusekunde $= \frac{1}{100}$ Neuminute $= \frac{\pi}{2\,000\,000}$ rad

b) Diese Winkeldefinition stellt genau genommen eine sogenannte
   "nichtrationale" Einführung dar (WALLOT [Größengleichungen]).
   Es wäre vernünftiger ("rationaler") gewesen, den Vollwinkel gleich
   1 zu setzen, also als einen vollen Umlauf des Winkelschenkels zu
   definieren:

$$\alpha' = \frac{\text{Kreisbogen}}{2\pi \cdot \text{Kreisradius}}$$

Nach der SI-Definition ist der volle Winkel dagegen gleich $\frac{2\pi r}{r} = 2\pi$.
Bei nichtrational eingeführten Größen kommen Geometriefaktoren
($\pi$) an der falschen Stelle zum Vorschein.


*(7) Fläche A, (S)*

Definition: $|\vec{A}| = l^2$       aus (5)

Das Quadratmeter ist gleich dem Flächeninhalt eines Quadrates von 1 Meter Seitenlänge.

Einheit:    $[A] = \text{m}^2$

Anmerkung:

Sonstige Einheiten: (Nur für Grund und Boden)

1 Hektar (ha) = 10 000 m²
1 Ar (a) = 100 m²

*(8) Raumwinkel $\Omega$, $(\omega)$*

Definition: $\Omega = \frac{A}{r^2}$                               aus (5), (7)

Der Raumwinkel ist das Verhältnis der Fläche $A$, die sein Kegel aus einer Kugelfläche vom Halbmesser $r$ ausschneidet, zum Quadrat des Halbmessers.

Einheit:    $[\Omega] = \frac{1\,\text{m}^2}{1\,\text{m}^2} = 1\,\text{sr}$    (Steradiant)

Anmerkung:

Diese Definition ist genau genommen wieder eine nichtrationale Größeneinführung. Bei einer rationalen Größeneinführung würde man schreiben:

$$\Omega' = \frac{A}{4\pi r^2}$$

Man würde also die durch den Raumwinkel ausgeschnittene Kugelfläche zur Gesamtfläche der Kugel in Relation setzen.

*(9) Volumen $V$, $(v)$*

Definition: $V = l^3$                               aus (5)

Das Kubikmeter ist gleich dem Rauminhalt eines Würfels von 1 Meter Seitenlänge.

Einheit:    $[V] = \text{m}^3$

Anmerkung:

Sonstige Einheit:
1 Liter (l) = $10^{-3}$ m³ = 1 dm³

*(10) Dichte $\rho$*

Definition: $\rho = \frac{\text{d}m}{\text{d}V}$                               aus (2), (9)

Einheit:    $[\rho] = \text{kg m}^{-3}$

*(11) Spezifisches Volumen v*

Definition: $v = \frac{dV}{dm} = \frac{1}{\rho}$                   aus (2), (9)

Einheit:   $[v] = \mathrm{kg^{-1}\,m^3}$

*(12) Frequenz f, ν*

Definition: $f = \frac{1}{T}$                   aus (4)

$T$ ist die Dauer einer Vollschwingung (Periode).

Einheit:   $[f] = \frac{1}{1s} = \mathrm{s^{-1}} = \mathrm{Hz}$   (Hertz)

Anmerkung:

Sonstige Frequenzgröße :
Kreisfrequenz $\omega = 2\pi f$

*(13) Geschwindigkeit u, v, w, c*

Definition: $\vec{v} = \frac{d\vec{l}}{dt}$                   aus (4), (5)

Einheit:   $[v] = \mathrm{m\,s^{-1}}$

Anmerkung:

Eine besondere Geschwindigkeit ist die Lichtgeschwindigkeit $c$ im
leeren Raum. Sie ist wegen der Definition der Basiseinheit Meter

$$c = \frac{l}{t} = \frac{1\ \mathrm{m}}{\frac{1}{299\,792\,458}\ \mathrm{s}} = 299\,792\,458\ \mathrm{m\,s^{-1}}$$

Dieser Wert wurde also durch die Basiseinheit Meter (auf indirekte
Weise) zu einem exakten Zahlenwert [33].

*(14) Winkelgeschwindigkeit ω*

Definition: $\vec{\omega} = \frac{\vec{r} \times \vec{v}}{r^2}$                   aus (5), (13)

Hierin ist $r$ der Normalabstand eines Punktes von der Drehachse
und $v$ die Umlaufgeschwindigkeit des Punktes.

---

[33] Vor 1983 war die Basiseinheit der Länge als ein Vielfaches der Wellenlänge eines strahlenden Krypton-Atoms definiert. Nach 1983 wurde die Basiseinheit der Länge als jene Strecke definiert, die das Licht in einem bestimmten Sekundenbruchteil durchläuft. Hierdurch wurde die Lichtgeschwindigkeit
also neuerdings auch vom Standpunkt der Begriffsdefinition konstant gesetzt.
Diese Verschiebung in der Begriffsbedeutung wurde durch den oben genannten
Wechsel des $f_i$-$k_i$-$p_i$-Tripels bei der Einheit der Länge bewirkt.

Andere Definition: $\omega = \frac{\alpha}{t}$ $\qquad$ aus (4), (6)

Die Winkelgeschwindigkeit eines gleichmäßigen Rotationsvorganges ist gleich dem zurückgelegten (überstrichenen) Winkel $\alpha$, bezogen auf die dafür erforderliche Zeit $t$.

Einheit: $\quad [\omega] = \mathrm{rad\,s}^{-1}$

Anmerkung:

Sonstige Einheit:

$1\ U/\mathrm{min} \stackrel{\wedge}{=} \frac{2\pi\ \mathrm{rad}}{60\ \mathrm{s}} \approx 0,104\ 72\ \mathrm{rad\,s}^{-1}$ $\quad$ (Umdrehung je Minute)

### (15) Beschleunigung a

Definition: $\vec{a} = \frac{\mathrm{d}\vec{v}}{\mathrm{d}t}$ $\qquad$ aus (4), (13)

Einheit: $\quad [a] = \frac{\mathrm{m/s}}{\mathrm{s}} = \mathrm{m\,s}^{-2}$

Anmerkung:

Eine besondere Beschleunigungsgröße ist die sogenannte Fallbeschleunigung $g$. Als Normwert für die Fallbeschleunigung wurde der exakte Zahlenwert

$$g_n = 9,806\ 65\ m\,s^{-2}$$

vereinbart.

### (16) Winkelbeschleunigung α

Definition: $\vec{\alpha} = \frac{\vec{r} \times \vec{a}}{r^2}$ $\qquad$ aus (5),(15) oder

$\qquad\quad \alpha = \frac{\mathrm{d}\omega}{\mathrm{d}t}$ $\qquad$ aus (4), (14)

Einheit: $\quad [\alpha] = \mathrm{rad\,s}^{-2}$

Anmerkung:

Eine Winkelbeschleunigung von $1\ \mathrm{rad\,s}^{-2}$ liegt dann vor, wenn sich die Winkelgeschwindigkeit des Rotationsvorganges während der Zeit von 1 Sekunde gleichmäßig um 1 Radiant je Sekunde ändert.

### (17) Kraft F, Gewicht G, (P, W)

Definition: $\vec{F} = m \cdot \vec{a}$ $\qquad$ aus (2), (15) bzw.

$\qquad\quad G = m \cdot g$

Hierin ist $g$ die örtliche Fallbeschleunigung.

Einheit: $\quad [F] = \mathrm{kg\,m\,s}^{-2} = \mathrm{N}$ $\quad$ (Newton)

Anmerkung:

Die nicht mehr empfohlene Einheit Kilopond (kp) kann
umgerechnet werden gemäß:

$$1 \ \text{kp} = 9,806\,65 \ \text{N}$$

*(18) Gravitationskonstante G*
Definition: $F = G \cdot \frac{m_1\,m_2}{r^2}$ aus (2), (5), (14)
Einheit:   $[G] = \text{N}\,\text{m}^2\,\text{kg}^{-2} = \text{m}^3\,\text{s}^{-2}\,\text{kg}^{-1}$
Anmerkung:

Die Gravitationskonstante hat den Wert
$G = 6,672\,0(41) \cdot 10^{-11} \ \text{m}^3\,\text{s}^{-2}\,\text{kg}^{-1}$

*Die Größenbegriffe (19) bis (30)* sind im Anhang 1 aufgelistet.

*(31) Elektrische Stromstärke I*

Die elektrische Stromstärke ist als Basisgröße definiert.
Einheit:   $[I] = A$   (Ampere)

*(32) Elektrische Stromdichte S, J, G*
Definition: $I = \int_A \vec{S}\,\mathrm{d}\vec{A}$ aus (7), (31)
Einheit:   $[S] = \text{A}\,\text{m}^{-2}$

*(33) Elektrizitätsmenge, Ladung Q*

Definition: $Q = \int\limits_{t_1}^{t_2} I\mathrm{d}t$ aus (4), (31)
Einheit:   $[Q] = \text{A}\,\text{s} = \text{C}$   (Coulomb)
Anmerkung:

Eine besondere Ladung ist die Elementarladung
(Ladung des Elektrons): $e = 1,602\,189\,2(46) \cdot 10^{-19}$ C.

Die weiteren Größenbegriffe (34) bis (92) sind im Anhang 1 zusammengestellt.

Obenstehend in Kürze und in größerer Ausführlichkeit im Anhang 1
wurde eine Auswahl wichtiger Größengleichungen, die als Definitionsgleichungen fungieren, zusammengestellt. Hierdurch wurde ein in sich zusammenhängendes Netz von Größenbegriffen gebildet, die aus den Gebieten

der Geometrie, der Kinematik, der Dynamik, aus Elektrizität und Magnetismus, der Thermodynamik, der Photometrie und der Molekularphysik
stammen. Die Art der Vernetzung haben wir durch die neben der Definitionsgleichung angeordneten Hinweiszahlen angegeben, die auf die hierbei
zugrunde liegenden Begriffe verweisen. Die Reihenfolge der genannten
Begriffsdefinitionen hat keine verbindliche Gültigkeit, sie kann also bis zu
einem gewissen Grad auch umgestellt werden. Dadurch ändert sich dann
nur die Ansicht, welche Größe gegenüber einer anderen Größe "vorrangig
definiert" wird. Diese Reihenfolge ist aber im großen und ganzen belanglos. So könnte man etwa naheliegenderweise die Elektrizitätsmenge (33)
– gleichsam als das der Elektrizität zugrunde liegende Urphänomen – vor
der elektrischen Stromstärke (31) definieren und den elektrischen Strom
als zeitliche Ladungsänderung gemäß

$$I = \frac{\mathrm{d}Q}{\mathrm{d}t}$$

verstehen. Diese Ansicht vertritt zum Beispiel WALLOT [Größengleichun-
gen]. Oder aber, man definiert umgekehrt den Strom vor der Elektrizitätsmenge und schreibt

$$Q = \int\limits_{t_1}^{t_2} I \mathrm{d}t \ .$$

Der letzteren Version haben wir uns hier aus konventionellen Gründen
angeschlossen, weil im Internationalen Einheitensystem die Stromstärke
vorrangig als Basiseinheit festgelegt wurde. Und so ließen sich noch mehrere Beispiele ähnlicher Art konstruieren.

Wenn man die Zusammenstellung der Größengleichungen genauer
ansieht und insbesondere das Begriffssystem von den einfachsten Begriffen
her kommend aufbauen will, dann findet man bei den Größengleichungen
hinsichtlich ihrer Struktur gewisse Unterschiede:
a) Denkt man sich vorerst die Basisgrößen als noch nicht festgelegt, so
   steht man zu Beginn – wie immer man es auch anfangen mag – in jedem der voneinander "unabhängig betrachteten Teilgebiete der Physik"
   einer Gleichung gegenüber, die (zumindest) zwei noch nicht definierte
   Größen enthält. Eine solche Gleichung hilft nicht weiter. Erst wenn
   man die eine der beiden Größen festlegt und als Basisgröße betrachtet, wird die betreffende Gleichung zu einer anwendbaren Definitionsgleichung für die zweite Größe. (Bei unserer Zusammenstellung der
   Größenbegriffe haben wir die Basisgrößen daher auch vorrangig definiert um nicht in diese Situation zu kommen.) Beispielsweise ist also
   in unserer Zusammenstellung der speziellen Größenbegriffe in der Be-
   griffsbeziehung (6) – wenn wir sie als Ausgangspunkt betrachten wollen

– sowohl die Größe "Winkel" als auch die Größe "Länge" (des Kreisbogens oder des Kreisradius) zunächst undefiniert. Durch die Festlegung der Länge als Basisgröße (5) wird die Beziehung (6) zur anwendbaren Definitionsgleichung für den Winkelbegriff.

b) Bei der zweiten Art von Größengleichungen, die zur ersten Art eine gewisse Verwandtschaft zeigt, wird ein neuer Begriff als Kombination aus irgendwelchen anderen bereits definierten Begriffen festgelegt. Beispielsweise wird der Begriff der Dichte (10) als Verhältnis von Masse und zugehörigem Volumen definiert. Analog war die Vorgangsweise bei der Festlegung der Begriffe Molare Masse (3), Fläche (7), Raumwinkel (8) und Volumen (9). Solche Definitionen können charakteristische Phänomene der Natur treffend erfassen, wie etwa die Dichte (10) und ihre direkte Meßbarkeit mit einem Aräometer. Oft sind solche Festlegungen aber für uns bloß recht zweckmäßig Abkürzungen, die wir aus freien Stücken gewählt haben, wie etwa bei der Kreisfrequenz (12).

c) Eine dritte Gleichungsart ergibt sich – jetzt allerdings zwangsläufig – wenn sich auf Grund empirischer Erfahrungen herausstellt, daß zwischen bereits früher definierten Größen irgendwelche Wechselbeziehungen bestehen. Durch eine solche Gleichung wird also eine Größe festgelegt, die die besondere Art der aufgefundenen Wechselwirkung festhält. Beispielsweise stellt sich in unserem System, in dem Kräfte, Massen und Längen bereits definiert sind, heraus, daß auch zwischen Massen selbst Kraftwirkungen (sogenannte Gravitationskräfte) über gewisse Distanzen hinweg in bestimmter Größe auftreten. Den empirisch feststellbaren Zusammenhang zwischen diesen bereits definierten Größen müssen wir zur Kenntnis nehmen, das heißt, wir werden das beobachtbare Ausmaß dieser Wechselbeziehung durch die sogenannte Gravitationskonstante (18) festhalten und registrieren.

Die Größenbegriffe sind uns zumeist etwas so Selbstverständliches, daß uns die Frage nach dem Vorteil dieser Begriffsart überflüssig erscheint. Es erscheint uns die Quantität und es erscheint uns die Größe zumeist so, als wären sie uns ontologisch vorgegeben. Wir haben dagegen gesehen, daß das, was man unter Quantität oder Größe versteht, hochspezialisierte Sonderbegriffe sind, die durch eine komplexe Begriffsbildungsmethodik und einen umfangreichen Postulatsapparat gekennzeichnet sind. "Wäre die ... Auffassung richtig, wonach es sich bei dem Unterschied zwischen Qualität und Quantität um einen ontologischen Unterschied handelt, so wäre es grundsätzlich müßig, Wertgesichtspunkte ins Spiel zu bringen. Die Quantitäten wären in der Natur vorgegeben, und wir könnten nichts anderes tun, als dieses Faktum zur Kenntnis zu nehmen. Zu fragen, welchen theoretischen Vorteil diese Größen im Verhältnis zu Qualitäten mit sich bringen, wäre ebenso sinnlos wie zu fragen, worin der theoretische Vorteil dafür zu erblicken sei, daß Steine existieren oder daß es außer Tannen auch

noch Fichten gibt. – Nun sind die Quantitäten aber nichts Vorgegebenes,
sondern etwas von uns Geschaffenes. Aus diesem Grunde ist es nicht nur
sinnvoll, zu fragen, warum wir solche Größen einführen. Es ist darüberhinaus angemessen, eine Rechtfertigung für die Einführung metrischer Begriffe zu verlangen. Denn die Regeln für die Einführung solcher Begriffe
sind, wie wir uns überzeugen mußten, verhältnismäßig kompliziert. Und
wenn man die geistige Anstrengung in Kauf nimmt, solche Begriffe zu konstruieren, dann muß man für diese Anstrengung einen vernünftigen Zweck
anzugeben imstande sein." (STEGMÜLLER [Begriffsbildung, Seite 98]).

Die Vorteile der Größenbegriffe liegen vor allem darin, daß sich die
Größen in Verbindung mit den Größengleichungen als besonders allgemein und auch als sehr fruchtbar erweisen. Den Vorteil, den die Größenbegriffe bieten, kann man deutlich erkennen, wenn man den Gegensatz
zwischen quantitativen Begriffen und Größenartbegriffen beleuchtet. Bei
der Aufstellung der quantitativen Begriffe legt man dem Funktor $f$, den
man auf ein bestimmtes Objekt $x$ anwendet, ein konkretes Standardobjekt
zugrunde und erhält "aus diesem Meßverfahren" einen ganz bestimmten
Zahlenwert. Man kann solche Zahlenwerte zueinander in Relation setzen und man gewinnt dadurch sogenannte Zahlenwertgleichungen. Wie
gesagt, die Klassiker der Physik des vorigen Jahrhunderts haben mit solchen Zahlenwertgleichungen gerechnet. Die Größenbegriffe und insbesondere die Größenartbegriffe waren ihnen dagegen offenbar unbekannt. Der
Größenartbegriff versucht als Weiterbildung des quantitativen Begriffes
die sogenannte Wesensart der betreffenden Größe zu erfassen. Und das
geschieht so, daß man bei der Größe

$$G = \{G\} \cdot [G]$$

den Zahlenwert $\{G\}$ als noch nicht festgelegt betrachtet und auch im $[G]$-
Operator das $f_\iota$-$k_\iota$-$p_\iota$-Tripel als vorläufig variabel ansieht. Mehr ist unter
Wesensart nicht gemeint. Jedenfalls kann man damit für die Gesetzmäßig-
keiten der Physik ein Gleichungssystem systematisch aufbauen, welches
diese Größenartbegriffe in sehr allgemeiner Form verknüpft. Die physikalischen Gesetzmäßigkeiten werden durch den Größenartbegriff und durch
die Größengleichungen in mathematischer Symbolik formulierbar, indem
man das, was wir oben Wesensart der physikalischen Phänomene genannt
haben, zueinander in Relation setzt. Und diese Methodik hat sich als
überaus fruchtbar erwiesen.

# 6. Der Stufenbau und die Vielfalt der Begriffe

Wenn wir unseren Weg, der uns eine Begriffspyramide vor Augen geführt hat, rückblickend betrachten, so war er leider gekennzeichnet durch seine Unvollständigkeit in der Darstellung. Der Fragenkreis, den wir uns vorgenommen haben, ist wegen seiner Komplexität wahrscheinlich überhaupt nicht geschlossen darstellbar. Aber trotzdem sind uns hierbei eine Reihe bemerkenswerter Aspekte und Gesichtspunkte begegnet, die ganz wesentlich in die Begriffsbedeutung einfließen, die uns aber bei der tagtäglichen Benützung des Begriffes wohl nur selten zum Bewußtsein kommen. Wie war der Weg, der von der Anschauung bis zur sogenannten Wesensart einer physikalischen Größe geführt hat, die schließlich in die Gleichungen der Physik Eingang findet? Es war ein stufenförmiger Aufbau, wo jeder Folgebegriffstypus auf dem Vorgängerbegriffstypus aufbaut. ihn also zu einem großen Teil voraussetzt. Aus der Anschauung haben wir klassifikatorische Begriffe, komparative Begriffe, quantitative Begriffe und schließlich die Größenbegriffe gebildet. Hierbei sind uns eine Reihe von Einflußfaktoren begegnet:

1. Die Konvention: Damit haben wir gerechnet, denn es muß durch Konvention festgelegt werden, auf welche Weise die unterschiedlichen Begriffstypen in verläßlicher Art definiert werden sollen. Vielleicht haben wir uns aber diese Konventionen eher etwas einfacher vorgestellt.
2. Der Einfluß empirischer Befunde: Auch das ist für die Bildung von Begriffen, die zur Durchleuchtung empirischer Phänomene verwendet werden sollen, zu erwarten gewesen. Allerdings entpuppt sich – was vom Standpunkt der erhofften Tragfähigkeit der Begriffe nicht sehr angenehm ist – bis zu einem gewissen Grad *die Gültigkeit der Begriffsdefinition* als abhängig von der Erfahrung. Und da gibt es offenbar noch mehrere solche eher unerwünschte Einflüsse.
3. Es gehen zum Teil unvermeidlicherweise bei der Begriffsgenerierung nämlich auch Hypothesen, Annahmen und Theorien mit ihren Unsicherheiten ein.
4. Die Begriffsgenerierung ist zum Teil auch von Idealisierungen geprägt.
5. Es spielen auch Fruchtbarkeits- und Einfachheitsüberlegungen in unsere Aufgabe der Begriffsbildung herein, was anscheinend auch nicht ganz unproblematisch ist.

Es war also keineswegs möglich, die Begriffe bedingungslos auf Erfahrbares zurückzuführen. Jedenfalls liefern die Methoden der Begriffsbildung eine Vielfalt von verschiedenen Begriffstypen, die für die einzelnen Anwendungsbereiche zu einem unentbehrlichen Werkzeug wurden. In dieser Vielfalt liegt unser Reichtum. Beleuchten wir die einzelnen Einflußfaktoren noch einmal genauer.

## 6a. Einflüsse auf den Stufenbau

*Konvention.* Der Einfluß der Konvention auf die Begriffsbildung ist auf allen Stufen der Begriffspyramide ganz entscheidend gewesen. Um zu einer gewissen Präzisierung gegenüber der unbestimmten Anschauung (der Basisstufe der in unseren Abbildungen dargestellten Begriffspyramide) zu kommen, haben wir mit Hilfe zweier Adäquatheitsbedingungen den klassifikatorischen Begriff (die zweite Stufe der Begriffspyramide) in einer strengen Form eingeführt. Die Adäquatheitsbedingungen der klassifikatorischen Begriffe sorgen für eine angemessene Formulierung:

1. Adäquatheitsbedingung. Die durch klassifikatorische Begriffe festgelegten Klassen müssen voneinander scharf abgegrenzt sein. Die Klassen müssen sich wechselseitig ausschließen. Es darf nicht der Fall eintreten, daß irgendein Gegenstand zu zwei Klassen gleichzeitig gehört.
2. Adäquatheitsbedingung. Die Klasseneinteilung muß erschöpfend sein. Jeder Gegenstand des Gegenstandsbereiches muß also in irgendeine der Klassen hineinfallen.

Bei der Wahl der Begriffe ist man bis zu einem gewissen Grad zwar frei, es ist jedoch zu bedenken, daß die Begriffe gebildet werden, um bestimmte in Betracht gezogene Phänomene beschreiben und auch erklären zu können. Diese Nebenbedingung ist, wie wir gesehen haben, nicht ohne Konsequenzen. Wir kommen bei den Fruchtbarkeits- und Einfachheitsüberlegungen nocheinmal darauf zu sprechen.

Der komparative Begriff (die dritte Stufe der Begriffspyramide) wurde durch zwei spezielle Relationen und durch sechs Postulate eingeführt:

1. Die Vorgängerrelation. Gilt die Vorgängerrelation $xVy$, so besagt dies, daß der Begriffsgegenstand $x$ dem Begriffsgegenstand $y$ des Bereiches $B$ im Sinn der Reihenordnung vorangeht. Wenn der Bereich der Begriffsgegenstände zum Beispiel die Härte von Kristallen meint, so ist $x$ nicht so hart wie $y$.
2. Die Koinzidenzrelation. Gilt die Koinzidenzrelation $xKy$, so besagt das, daß der Begriffsgegenstand $x$ vom Begriffsgegenstand $y$ im Sinn der Reihenordnung nicht zu unterscheiden ist. Für das Beispiel der Kristallhärte gilt, daß $x$ gleich hart ist wie $y$.

Um eine Ordnung im komparativen Begriffssinn verläßlich zu realisieren, müssen die Vorgänger- und Koinzidenzrelation bestimmte Postulate erfüllen:

Postulat 1 besagt, daß die Relation $K$ totalreflexiv ist:

$$\bigwedge x\,(xKx)$$

Das heißt, für alle $x$ gilt, daß $x$ mit sich selbst koinzident ist.

Postulat 2 besagt, daß die Relation $K$ symmetrisch ist:

$$\bigwedge x \bigwedge y \, (xKy \rightarrow yKx)$$

Das heißt, für alle $x$ und für alle $y$ des Bereiches gilt, daß bei einer Koinzidenz von $x$ und $y$ diese auch für $y$ und $x$ gelten muß.

Postulat 3 besagt, daß die Relation $K$ transitiv ist:

$$\bigwedge x \bigwedge y \bigwedge z \, (xKy \wedge yKz \rightarrow xKz)$$

Das heißt, für alle $x$, $y$ und $z$ gilt, daß bei einer Koinzidenz zwischen $x$ und $y$, sowie einer Koinzidenz zwischen $y$ und $z$ auch eine Koinzidenz zwischen $x$ und $z$ gelten muß.

Postulat 4 besagt, daß auch die Relation $V$ transitiv ist:

$$\bigwedge x \bigwedge y \bigwedge z \, (xVy \wedge yVz \rightarrow xVz)$$

Das heißt, daß für alle $x$, $y$ und $z$ der Zusammenhang zu gelten hat, daß für den Fall, daß $x$ ein Vorgänger von $y$ ist und weiters $y$ ein Vorgänger von $z$ ist, damit auch $x$ ein Vorgänger von $z$ sein muß.

Postulat 5 sagt aus, daß die Relation $V$ $K$-irreflexiv ist:

$$\bigwedge x \bigwedge y \, (xKy \rightarrow \neg \, xVy)$$

Das heißt, es darf kein Element $x$, welches zu einem anderen Element in der Koinzidenzrelation steht, zu diesem anderen Element $y$ in der Vorgängerrelation stehen.

Postulat 6 sagt aus, daß die Vorgängerrelationen $K$-zusammenhängend sind:

$$\bigwedge x \bigwedge y \, (xVy \vee xKy \vee yVx)$$

Das heißt, entweder koinzidieren $x$ und $y$ miteinander oder das eine ist der Vorgänger vom anderen.

Die Koinzidenzrelation $K$ und die Postulate 1 bis 3 gewährleisten die Klassenzerlegung des Bereiches $B$ in Äquivalenzklassen; das heißt, keine Klasse ist leer, die Klassen sind getrennt und die Vereinigung aller Klassen liefert wiederum den ganzen Bereich $B$. Die Vorgängerrelation $V$ und die Postulate 4 bis 6 ordnen die vorher gebildeten Äquivalenzklassen nach "größer" oder "kleiner".

Der quantitative Begriff (die vierte Stufe der Begriffspyramide) wird formal über einen Funktor eingeführt:

$$f(u) = v$$

Den Argumenten $u$ (zum Beispiel den verschieden langen Stäben) wird
mittels eines Funktors $f$ ein Zahlenwert $v$ zugeordnet.

Die Adäquatheitsbedingungen der quantitativen Begriffe stellen sicher,
daß der quantitative Begriff mit dem früher definierten komparativen Begriff im Einklang steht:

1. Jedem Argument $x \in B$ wird eine reelle Zahl $f(x)$ zugeordnet.
2. Für alle Argumente $x \in B$ und alle $y \in B$ gilt: Wenn $xKy$, dann ist
   $f(x) = f(y)$.
3. Für alle Argumente $x \in B$ und alle $y \in B$ gilt: Wenn $xVy$, dann ist
   $f(x) < f(y)$.

Der quantitative Begriff wird durch 3 Metrisierungsregeln und durch das
Kommensurabilitätsprinzip eingeführt:

1. Metrisierungsregel: Gleichheitsregel. Für beliebige $x$ und $y$ des Argumentbereiches $B$ gilt: Wenn $xKy$, dann ist $f(x) = f(y)$.
2. Metrisierungsregel: Einheitenregel. Einem Standardobjekt (-vorgang)
   $k$ wird per Konvention der rationale Zahlenwert $r$ zugeordnet.
3. Metrisierungsregel: Additivitätsprinzip.

$$f(x \circ y) = f(x) + f(y)$$

Dem Zahlenwert eines Kombinationsobjektes (-vorganges) wird die Summe
der Zahlenwerte der Einzelobjekte (-vorgänge) zugeordnet.

Kommensurabilitätsprinzip: Jedes Argument ist mit dem Standardobjekt kommensurabel (vergleichbar); und zwar wird durch Einführung von
Hilfsstandardobjekten der quantitative Begriff auf den Prozeß des Zählens
zurückgeführt; hierbei ergibt sich grundsätzlich eine Rationalzahl.

Drei Methoden der Metrisierung (Bildung des quantitativen Begriffes)
seien herausgestellt: Bei der primären Metrisierung wird ein quantitativer Begriff generiert, ohne daß man sich dabei auf schon vorhandene
andere quantitative Begriffe stützt. Bei der sekundären Metrisierung wird
der neue Begriff gebildet, indem er auf bereits vorhandene quantitative
Begriffe zurückgeführt wird; diese Methode liefert ein großes Spektrum
neuer Begriffe. Bei der tertiären Metrisierung stützt man sich auf ein für
gültig angesehenes Naturgesetz; dieses Verfahren wird häufig zum Zweck
der Definitionsbereichserweiterung gebraucht. (Wie "schwer" ist der Andromedanebel?)

Der Größenbegriff (die fünfte Stufe der Begriffspyramide) und insbesondere der Größenartbegriff versucht etwas zu erfassen, was man "Wesensinhalt, Wesenheit, Wesensart" des betreffenden Phänomens oder einer
bestimmten Eigenschaft nennen könnte. Die Einführung dieses Größenbegriffes erfolgt über zwei besondere Operatoren, den $[G]_t$- Operator und
den $[G]$-Operator.

Der $[G]_t$-Operator ist folgendermaßen konstruiert:

1. Er enthält einen ganz konkreten Funktor $f_i$.
2. Es wird das konkret zur Anwendung gelangende Standardobjekt $k_i$ festgelegt.
3. Ist der mit dem Funktor $f_i$ und dem Standardobjekt $k_i$ verbundene Postulatsapparat $p_i$ enthalten.
4. Die unter Punkt 1 bis 3 genannten Aussagen werden zu einem Abkürzungssymbol $[G]_i$ zusammengefaßt und dieses Abkürzungssymbol sei als algebraische Größe zu behandeln.

Der $[G]$-Operator ist ähnlich zur Konstruktion des $[G]_i$-Operators, nur daß hier die Spezialisierung auf ein $f_i$-$k_i$-$p_i$-Tripel fallengelassen wird. Unter dem $[G]$-Operator ist daher folgendes zu verstehen:

1. Er enthält einen Funktorkatalog $F$, der alle zulässigen Funktoren $f_i$ auflistet.
2. Er bezeichnet einen Standardobjekt-Bereich $K$, der alle zu den Funktoren $f_i$ gehörenden Standardobjekte $k_i$ nennt.
3. Er enthält einen Postulatskatalog $P$, der alle zu den Funktoren $f_i$ und zu den Standardobjekten $k_i$ gehörigen Postulatsapparate $p_i$ aufzählt.
4. Die unter Punkt 1 bis 3 genannten Aussagen werden zu einem Abkürzungssymbol $[G]$ zusammengefaßt und dieses Abkürzungssymbol sei als algebraische Größe zu behandeln.

Der $[G]_i$- und der $[G]$-Operator ermöglichen die Einführung des Größenbegriffes:

Die konkrete Größe $G^*$ wird eingeführt durch den multiplikativen Ausdruck

$$G^* = \{G\}^* \cdot [G]_i.$$

$\{G\}^*$ ist dabei jener Zahlenwert, der sich ergibt, wenn der im $[G]_i$-Operator festgelegte Funktor $f_i$ unter Verwendung des Standardobjektes $k_i$ und unter Berücksichtigung des Postulatsapparates $p_i$ auf ein bestimmtes Objekt $x$ angewendet wird. $[G]_i$ ist das Abkürzungssymbol für den verwendeten $[G]_i$-Operator.

Die Größenart $G$ (also die "Wesensart") wird eingeführt durch den multiplikativen Ausdruck

$$G = \{G\} \cdot [G].$$

$\{G\}$ ist hier jener Zahlenwert, der sich ergeben würde, wenn der $[G]$-Operator konkretisiert wird auf ein bestimmtes $f_i$-$k_i$-$p_i$-Tripel und jetzt auf ein Objekt $x$ angewendet wird. $[G]$ ist das Abkürzungssymbol für den verwendeten $[G]$-Operator.

Die Adäquatheitsbedingung für Größenbegriffe muß sicherstellen, daß die verschiedenen möglichen Aussagen untereinander überhaupt kompatibel sind und daß sie mit dem quantitativen Begriff übereinstimmen. Die Adäquatheitsbedingung verlangt, daß die in Zahlen ausgedrückten Größenverhältnisse der einzelnen Objekte invariant gegen einen Funktor-

Standardobjekt-Postulatsapparat-Wechsel sein müssen.
Zusammenhänge zwischen diesen derart definierten Größenarten kann
man in Form mathematischer Gleichungen (Größengleichungen) darstellen. Die Größengleichungen, die als Definitionsgleichungen fungieren, lassen sich in einer solchen Reihenfolge anordnen, daß ein in sich zusammenhängendes Netz von Größenbegriffen gebildet wird. Man kann damit für die Gesetzmäßigkeiten der Physik ein Gleichungssystem systematisch aufbauen, welches diese Größenartbegriffe in sehr allgemeiner Form
verknüpft.

Der Wesensinhalt, die Wesensart einer Eigenschaft ist im Sinn des
Begriffes einer konkreten Größe $G^\times$ also eine Reaktionsweise (in Form eines konkreten Zahlenwertes $\{G\}^\times$) auf die Anwendung des $[G]_\iota$-Operators
auf einen Gegenstand. Und im Sinn der Größenart $G$ ist die Wesensart
eine potentielle Reaktionsweise (in Form eines noch offenen unbestimmten
Zahlenwertes $\{G\}$) auf die Anwendung eines zur Zeit noch nicht festgelegten $f_\iota$-$k_\iota$-$p_\iota$-Tripels aus dem $[G]$-Operator, der nichts anderes als eine
ganze Rezeptsammlung verschiedener $f_\iota$-$k_\iota$-$p_\iota$-Tripel ist. Eine Eigenschaft
im Sinn des Größenbegriffes ist also eine Reaktionsweise; man gibt die Eigenschaft durch einen Bedingungssatz, "wenn $a$, so $b$", also durch eine
Implikation an[34]. Das heißt "wenn $[G]$, so $\{G\}$" oder speziell "wenn $[G]_\iota$,
so $\{G\}^\times$" oder wenn wir den Längenbegriff jetzt auf meinen Bleistift anwenden wollen: "wenn cm, so 13,6". Der Größenbegriff ist in diesem Sinn
eine intersubjektive Aussage.

*Einfluß empirischer Befunde.* Zur Durchleuchtung empirischer
Phänomene sind natürlich empirische Befunde unerläßlich; und das ist
auch ganz deutlich im Rahmen der Konventionen zum Ausdruck gekommen. Wir haben beim komparativen Begriff die Vorgänger- und die Koinzidenzrelation eingeführt; in allen Fällen ist die Entscheidung. ob die
eine oder die andere Relation in einem bestimmten Anwendungsfall vorliegt, nur durch eine empirische Untersuchung feststellbar. Diese Untersuchung bedient sich im allgemeinen Sinn bestimmter Versuchsanordnungen bzw. bestimmter Meßgeräte. In noch ausgeprägterem Maß waren
empirische Untersuchungen beim quantitativen Begriff erforderlich. Auf
empirischem Weg haben hier die drei Metrisierungsregeln und das Kommensurabilitätsprinzip zu dem gewünschten Zahlenwert geführt.

Die Einführung neuer Begriffe ist aber nicht immer nur ein Akt
der freien Entscheidung. Wir haben auch ein einfaches Beispiel erwähnt.
auf welche Weise empirische Befunde zwangsläufig neue Begriffe festlegen können. Dieser Fall tritt dann auf, wenn sich auf Grund empirischer
Erfahrung herausstellt, daß zwischen bereits früher definierten Größen

---

[34] Siehe auch CARNAP [Begriffsbildung, Seite 7].

irgendwelche Wechselbeziehungen bestehen; dieser Fall ist an Hand der Gravitationskonstante (18) deutlich geworden. Es spielen also im Bereich der Begriffsbildung neben dem großen Einfluß der Konvention auch empirische Komponenten mit; man hat demnach nicht immer die Freiheit, ein wissenschaftliches System in willkürlicher Weise aufzubauen. Es muß das System an die empirisch registrierbaren Befunde, an die Tatsachen der Natur angepaßt werden (CARNAP [Naturwissenschaft, Seite 67]).

Auf den verschiedenen Stufen der Begriffsbildung haben wir *eine Reihe* von Bedingungen und Postulaten kennengelernt, die die Gültigkeit der betreffenden Begriffsdefinition garantieren. Die eine oder andere Bedingung gilt aus logischen Gründen und ist somit selbstverständlich, aber es existieren auch solche, deren Zutreffen auf dem Weg der Erfahrung nachgewiesen werden muß. Und diese Probleme beginnen schon beim klassifikatorischen Begriff. Die Gültigkeit der 1. und 2. Adäquatheitsbedingung der klassifikatorischen Begriffe ist in manchen Fällen bloß eine empirische Wahrheit; eine in Zukunft andere oder erweiterte empirische Erfahrung kann die Gültigkeit dieser Adäquatheitsbedingungen umstoßen. Ähnliche Verhältnisse haben wir auch bei den komparativen Begriffen angetroffen. Die Postulate 2, 3, 4 und 6, die erfüllt sein müssen, damit die Ordnung im komparativen Begriffssinn überhaupt garantiert ist, lassen sich nur empirisch auf ihre Gültigkeit untersuchen. Besonders bemerkenswert ist, daß die Postulate Allquantoren enthalten, das heißt es sind prinzipiell *alle* Begriffsgegenstände des Bereiches $B$ in diese Überprüfungsaktion einzubeziehen. Im Bereich der komparativen Begriffe könnte sich auf Grund empirischer Befunde herausstellen, daß die gewählten Entscheidungsrelationen, die Vorgängerrelation $V$ und die Koinzidenzrelation $K$, in manchen Bereichen der Erfahrung ungeeignet sind; der komparative Begriff verliert dort seine Anwendbarkeit und stellt dadurch die gesamte Systematik in Frage. Ein anderes Beispiel haben wir beim quantitativen Begriff gesehen; dort darf man die Gültigkeit des Additivitätsprinzips bloß als empirisch hypothetische Vermutung ansehen; aus logischen Gründen gilt sie jedenfalls nicht. Auch auf der nächst höheren Stufe beim Größenbegriff muß die Gültigkeit der Adäquatheitsbedingung über empirische Befunde sichergestellt werden, wobei sich die Untersuchung wieder auf alle Objekte zu erstrecken hat. Beim Größenbegriff sind darüber hinaus die erforderlichen empirischen Befunde wegen der umfangreichen Funktor-, Standardobjekt- und Postulatskataloge nochmals beträchtlich angewachsen.

Auch noch auf einen andersartigen Einfluß empirischer Befunde haben wir bei den klassifikatorischen Begriffen hingewiesen. Wir haben davon gesprochen, daß der Naturforscher bei der Wahl seiner Begriffe bis zu einem gewissen Grad frei ist. Es ist jedoch zu bedenken, daß die Begriffe gebildet werden, um bestimmte in Betracht gezogene Phänomene be-

schreiben und auch erklären zu können. Bei der Festsetzung der Begriffe
werden daher Fruchtbarkeits- und Einfachheitsüberlegungen mitspielen.
Diese Überlegungen sind aber ganz wesentlich davon abhängig, wie der
gegenwärtige Fundus der empirischen Erfahrung beschaffen ist.

*Einfluß von Hypothesen, Annahmen und Theorien.* Der Gültigkeit
der Begriffsdefinitionen liegen – so hat sich gezeigt – bis zu einem gewissen
Grad auch Hypothesen und Annahmen zugrunde. Diese Hypothesen und
Annahmen finden hier deswegen Eingang, weil die Adäquatheitsbedingun-
gen und Postulate Allquantoren enthalten und weil sich die experimentelle
Verifikation auf *alle* Objekte des Objektbereiches erstrecken müßte. Im all-
gemeinen werden wir demnach im Prinzip unverifizierbare hypothetische
Verallgemeinerungen vor uns haben.

Hypothesen im Hinblick auf zukünftige Gültigkeit können bis zu einem gewissen Grad auch in die Werkzeuge der Begriffsbildung Eingang
finden. Wir haben beim komparativen Begriff gesehen, daß die gewählte
Vorgänger- und Koinzidenzrelation aufgrund neuer empirischer Befunde
gegebenenfalls ungeeignet werden kann. Hypothesen können beim quantitativen Begriff im Bereich der Gleichheits- und Einheitenregel erforderlich
werden. (Zum Beispiel bei der Zeitmetrisierung: Woran erkennt man
einen exakt periodischen Vorgang, bevor man noch die Zeit metrisiert
hat?) Bei der Wahl des Standardobjektes wird hierbei ein entscheidendes Kriterium die Überlegung sein, daß die "wichtigsten" Naturgesetze
eine "einfache" Gestalt annehmen mögen. Ein solches Auswahlkriterium
ist aber wiederum von Hypothesen und Annahmen abhängig. Weitere
Hypothesen betreffen hierbei Starrheitsklassen, Periodizitätsklassen und
die zukünftige Beständigkeit solcher Klassen, wie STEGMÜLLER erörtert
hat. Wir haben auch darauf verwiesen, daß beim quantitativen Begriff die
Gültigkeit des Additivitätsprinzips nicht aus logischen Gründen gegeben
war, sondern daß es sich hier genau genommen bloß um eine empirisch
hypothetische Vermutung handelt.

Einen eigenen Problemkreis stellen die statistischen Hypothesen und
die statistischen Überlegungen dar, die offenbar in jede Form empirischer
Erfahrung eingehen und damit in fast alle Detailfragen der Begriffsbildung
hereinspielen. Das Problem liegt darin, daß Meßresultate grundsätzlich
streuen und hierdurch naturwissenschaftliche Gesetze und Theorien prinzipiell falsifizieren. Daher die Suche nach einem Ausweg, den man in
folgendem sieht: Jedes Ensemble von Meßresultaten liefert statistische
Hypothesen, wie der Meßwert tatsächlich aussehen könnte. Aus diesen rivalisierenden statistischen Hypothesen ist jetzt die Auswahl zu treffen und
diese dient dann als Basis für die Überprüfung der quantitativen Gesetze
und Theorien. Bei dieser Auswahl ist es durchaus denkbar, daß nicht nur
ein einziger genau bestimmter Wert, sondern auch ein ganzer Wertebereich

herauszugreifen ist. Es sind also im allgemeinen – und das ist bemerkenswert – nicht mehr die faktischen Meßwerte, die jene Basis darstellen, mit
der die Theorie überprüft wird. Damit gehen in jede Form der empirischen Erfahrung bis zu einem gewissen Grad statistische Überlegungen
ein. An dieser Stelle wäre zusätzlich anzumerken, daß beim Einsatz von
Meßgeräten, Versuchseinrichtungen und sonstigen Vorrichtungen die mit
der jeweiligen Funktion verbundenen Bedingungen (Funktionssicherheit,
Fehlergrenzen. Gültigkeit von Extrapolationen und Interpolationen, u.ä.)
in die Ergebnisse einfließen.

Wir haben auch verschiedentlich den Einfluß von Theorien gefunden.
Wir wissen, daß beim quantitativen Begriff das Kommensurabilitätsprinzip, welches die Basis unserer empirischen Erfahrung ist, grundsätzlich
zu rationalen Zahlen führt. Und so muß zum Beispiel auch die Diagonale eines Quadrates, von diesem Standpunkt der Erfahrung aus gesehen,
eine rationale Zahl sein. Trifft man aber jetzt zusätzlich – man könnte
sagen inkohärenterweise – die Annahme, daß die euklidische Geometrie
die Geometrie unserer Welt sei, dann ist die Diagonale des (Einheits-)
Quadrates gleich $\sqrt{2}$, also gleich einer irrationalen Zahl. Dieser Widerspruch zwischen Theorie und Erfahrung wird gelöst, indem man die Erfahrung opfert (STEGMÜLLER)[35]. Analoge Fälle liefern zum Beispiel
der Kreisumfang, die Kreisfläche, die Kugeloberfläche, das Kugelvolumen,
sowie Umfang, Fläche und Volumen von Ellipse bzw. Ellipsoid. Ein anderes Beispiel für den Einfluß von Theorien auf empirische Begriffe ist
die Forderung, daß sie stetige und differenzierbare Funktionen seien; man
verlangt das von quantitativen Begriffen, damit die mathematische Analysis auf die Natur anwendbar wird. Quantitative Begriffe werden also
wesentlich auch durch theoretische Idealisierungen geprägt. Insbesondere
in der modernen empirischen Forschung werden diese Einflüsse heute immer deutlicher gesehen. ZIMAN [Erkenntnis, Seite 58f.] führt eine ganze
Reihe von Beispielen insbesondere aus der Physik an und kommt dabei
zu folgender Ansicht: "Die rohen Daten müssen vom einzelnen Forscher
korrigiert, analysiert und gedeutet werden, bevor sie für die Weitergabe
hinreichend kompakt und interessant sind. Diese Vorgänge erfolgen im
gegenwärtigen akzeptierten Denkschema und sind stark durch die anerkannte Theorie geprägt. Die Aufgabe des einzelnen Beobachters ist es,
den Störungsanteil in seinen Daten möglichst gering zu halten, ihn aber
richtig einzuschätzen, da die wissenschaftliche Gemeinschaft die korrekten Signals von den Störungen durch den Untergrund trennen und als

---

[35] Es gibt zwar gewisse Ansätze (CARNAP [Naturwissenschaft, Seite 94])
für eine diskrete Geometrie bzw. eine diskrete Physik. Die Veränderungen wären
allerdings bedeutend, weil man nicht mehr mit Differentialgleichungen arbeiten
könnte. Diese setzen nämlich das Kontinuum der reellen Zahlen voraus.

verläßliches Wissen und wissenschaftliche Wahrheit weitergeben möchte."

*Idealisierungen.* Die getroffenen Idealisierungen wurden schon mehrfach angesprochen. Sie hängen mit der unvermeidlichen Meßungenauigkeit empirischer Untersuchungen zusammen und mit der idealisierenden Annahme, daß bestimmte Theorien und Hypothesen auf die Natur anwendbar seien.

*Fruchtbarkeits- und Einfachheitsüberlegungen.* Bei der Auswahl der Begriffe spielen Einfachheits- und Fruchtbarkeitsüberlegungen eine gewisse Rolle[36]. Wenn sich eine gewählte Systematik auch für andere Aspekte als brauchbar erweist, wird man sie als fruchtbar ansehen. Es kann sein, daß man durch die Besonderheit des Begriffssystems bevorzugt, zum Beispiel neue Gesetzmäßigkeiten auffindet. Es ist aber durchaus auch möglich, daß diese Begriffe andere Zusammenhänge wiederum eher verdecken (vergleiche Abschnitt 2.b über Generierung klassifikatorischer Begriffe). Dabei ist zu bedenken, daß Fruchtbarkeits- und Einfachheitsvorstellungen vom jeweiligen Stand des Wissens abhängen werden. Ein-

---

[36] Einfachheitsüberlegungen und Schönheitskriterien haben für viele führende Physiker im Bereich der Begriffs- und Gesetzbildung eine nicht zu unterschätzende Rolle gespielt (SCHULZE [Einfachheitsprinzip]). Eine Reihe entsprechender Äußerungen legen hiervon Zeugnis ab: PLANCK [Abhandlungen] war der Überzeugung, daß ein Naturgesetz umso einfacher lautet, je umfassender es ist. Auch EINSTEIN [Evolution] äußerte sich ähnlich, denn er ist der Ansicht, daß für den Forscher die "Vorstellung von der Welt immer einfacher wird, je mehr sein Horizont sich weitet ..." Für HEISENBERG [Teil] ist "das wichtigste Wahrheitskriterium unserer Wissenschaft die am Schluß stets aufleuchtende Einfachheit der Naturgesetze" Von DIRAC wird berichtet, "daß für ihn die Schönheit von Gleichungen immer die stärkste Kraft gewesen sei" PLANCK hätte sogar, nach der Bewährung der allgemeinen Relativitätstheorie befragt, geantwortet: Die experimentellen Bestätigungen seien wohl noch nicht ausreichend, aber die ganze Theorie sei so schön, daß sie sicher richtig sei. Schließlich noch eine Ansicht HEISENBERGs [Grenzen] "Die Bedeutung des schönen für die Auffindung des Wahren ist zu allen Zeiten anerkannt und hervorgehoben worden." SCHULZE [Einfachheitsprinzip] erläutert in einem interessanten Aufsatz die Rolle des Einfachheitsprinzips am Beispiel der Auffindung der Planetengesetze und am Beispiel des Planckschen Strahlungsgesetzes KRAMER [Symmetriestrukturen] untersucht den Einfluß von Symmetrieoperationen auf Probleme der Physik  Nocheinmal sei auch an die Festlegung der Zeiteinheit erinnert. "Die Zeit muß so definiert werden, daß die Gleichungen der Mechanik so einfach wie möglich werden" sagt POINCARÈ [Wissenschaft, Seite 32]. HEITLER spricht es explizit aus, daß sich der moderne theoretische Physiker vom metaphysischen Gedanken der Einfachheit leiten läßt [Erkenntnis, Seite 7].

fachheitsüberlegungen haben auch Einfluß auf die Metrisierungsregeln des quantitativen Begriffes gehabt (Zeitmetrisierung, Längenmetrisierung).

## 6b. Die Vielfalt der Begriffsarten

*Größenbegriffe und quantitative Begriffe.* Für sehr viele Bereiche der Naturwissenschaft ist der Größenbegriff von unschätzbarer Bedeutung, weil sich Zusammenhänge zwischen Größenarten in Form mathematischer Gleichungen darstellen lassen. Diese Größenartbegriffe sind hochspezialisierte Sonderbegriffe, die durch eine komplexe Begriffsbildungsmethodik und einen umfangreichen Postulatsapparat ermöglicht wurden. Der Größenbegriff erfaßt etwas, was man (wie wir gesehen haben, im verengten Sinn) Wesensart des betreffenden Phänomens oder der betreffenden Eigenschaft nennen könnte (ohne damit zu sagen, daß dieses Phänomen oder diese Eigenschaft ontologisch vorgegeben ist.) Diese Wesensart einer physikalischen Größe erfaßt man durch das im $[G]$-Operator festgelegte Regelsystem mit allen seinen dort vorgesehenen Varianten und Möglichkeiten. Das Regelsystem sagt aus, wie man an die Natur oder an einen Gegenstand heranzugehen hat, um als Antwort eine Ziffer zu bekommen. Eine Eigenschaft im Sinn des Größenartbegriffes ist also eine potentielle Reaktionsweise. "Wenn $[G]$, so $\{G\}$"; oder konkretisiert "wenn cm, so 13,6". Mehr ist unter Wesensart hier nicht gemeint.

Dieser hochspezialisierte Sonderbegriff, den wir Größenart genannt haben, ruht in seiner Fundierung auf dem quantitativen Begriff und hat mit ihm gemeinsam, daß umfangreiche experimentelle Methoden und Vorrichtungen angewendet werden müssen, um das Ziffern-Resultat zu produzieren. Daran erkennt man deutlich, daß natürlich nur solche Begriffe zu quantitativen Begriffen oder Größenartbegriffen werden können, die sich solchen Bedingungen, wie sie oben genannt wurden, überhaupt unterwerfen lassen. Die Quantifizierung wird nicht gelingen, wenn die erforderlichen empirischen Gesetzmäßigkeiten nicht gelten. Und auch wenn die Quantifizierung möglich wäre, kann es sein, daß man auf sie verzichtet, wenn sie sich als unfruchtbar erweist, weil sich zum Beispiel keine quantitativen Gesetzmäßigkeiten ausdrücken lassen (STEGMÜLLER [Begriffsbildung, Seite 18]) oder diese sich als belanglos erweisen.

Wir haben auch ausführlich erörtert, daß die Bildung dieser hochspezialisierten Sonderbegriffe nicht gratis war. Wir mußten in erheblichem Ausmaß in Kauf nehmen, daß in die *Gültigkeit* der Begriffsdefinitionen empirische Befunde, Hypothesen, Annahmen, Theorien, Idealisierungen, sowie Fruchtbarkeits- und Einfachheitsüberlegungen einfließen, die in vielfältiger Weise aufeinander rückwirken. Man sieht mit HEMPEL

in metrischen Begriffen bloß partiell interpretierbare theoretische Terme
(STEGMÜLLER [Begriffsbildung, Seite 59 und Seite 249f.]).

Und noch etwas haben wir gesehen, womit wir vielleicht am Anfang
nicht gerechnet haben. Die Quantitäten haben sich im Zug der Begriffsbildung nicht als etwas ontologisch Vorgegebenes erwiesen, sondern sie haben
sich als etwas von uns Geschaffenes gezeigt (STEGMÜLLER). Das heißt,
wir selbst haben den quantitativen Aspekt in die Welt hineingetragen.
Mit dem quantitativen Begriff bringt man die quantitative Ordnung in
die Welt hinein. Ohne solche Methoden könnte man die quantitative Ordnung nicht entdecken. (Vergleiche auch ESSLER [Wissenschaftstheorie
II, Seite 65].) Es ist bemerkenswert, daß die Methoden, die die quantitativen Begriffe (oder auch die Größenbegriffe) generieren, voneinander
im Detail sehr verschieden sind. Es ist nicht so, als müßten wir nur auf
irgendeine bestimmte ganz allgemeine Weise die Augen öffnen und wir
würden dann schon alle die unterschiedlichen Größen wahrnehmen. Wir
registrieren also nicht mit ein und derselben Methode die verschiedenen
Größen, wie die Länge, die Masse oder die Zeit usw., sondern wir haben
ganz bestimmte ausgearbeitete Regeln für einen Meßprozeß der jeweiligen Größe zur Verfügung, wodurch dann erst der betreffende quantitative
Begriff einen Sinn bekommt. Die Größen sind uns seinsmäßig nicht vorgegeben, sie sind für uns nicht das Primäre. Es ist also falsch, wenn man
meint, daß die Wissenschaft zuerst auf irgendeine geheimnisvolle Weise in
den Besitz eines Größenbegriffes gelangt und sich hinterher überlegt, wie
man ihn messen könnte. Der Größenbegriff ergibt sich immer erst aus
dem Meßprozeß. Es muß allerdings zugegeben werden, daß man das nicht
immer voll berücksichtigt hat. EINSTEIN hat diesen Punkt in Diskussionen stets besonders betont, in Diskussionen, die auf die Relativitätstheorie hinführten und wo es hauptsächlich um Fragen der Messung von
Raum und Zeit ging. Er betonte, daß wir nicht genau wissen können,
was mit solchen Begriffen wie "gleiche Dauer", "gleiche Entfernung (im
Raum)", "Gleichzeitigkeit zweier Ereignisse an verschiedenen Orten" usw.
gemeint ist, ohne daß man die Geräte und Regeln genau festlegt, mit denen man derartige Begriffe messen kann (CARNAP [Naturwissenschaft,
Seite 75]). Bei der Erörterung der Frage, wieso es dazu kommt, daß jedem
Inertialsystem der Physik (das ist ein Koordinatensystem, das sich geradlinig mit konstanter Geschwindigkeit bewegt) seine eigene, besondere Zeit
zugeschrieben werden mußte, schreibt EINSTEIN [Weltbild, Seite 216f.]:
"Bei der Entwicklung dieser Idee zeigte es sich, daß früher der Zusammenhang zwischen den unmittelbaren Erlebnissen einerseits, Koordinaten
und Zeit anderseits nicht mit genügender Schärfe überlegt worden war.
– Es ist überhaupt einer der wesentlichen Züge der Relativitätstheorie,
daß sie bemüht ist, die Beziehungen der allgemeinen Begriffe zu den erlebbaren Tatsachen schärfer herauszuarbeiten. Dabei gilt stets der Grund-

satz, daß die Berechtigung eines physikalischen Begriffes ausschließlich in seiner klaren und eindeutigen Beziehung zu den erlebbaren Tatsachen beruht." Der Größenbegriff – und das gilt auch für den allereinfachsten – ist uns also nicht als Ausgangspunkt gegeben und er ist also für uns nicht das Primäre. Das Primäre ist, wie wir ausführlich erörtert haben, der Meßprozeß, der in dem stufenförmigen Bau der gesamten Begriffspyramide integriert ist und der von uns schließlich auf die Phänomene der Anschauung angewendet wird.

Es hieße, die Verhältnisse sehr stark zu simplifizieren, wenn man dennoch diesen hochspezialisierten Sonderbegriff als etwas ansieht, was primär gegeben ist und uns als Ausgangspunkt dient. Wenn man also Meter, Sekunde, Kilogramm und Ampere und alle daraus abgeleiteten Größen gleichsam als das ontologisch Vorgegebene auffaßt und nun, sozusagen im Rückwärtsgang, jenes abzuleiten versucht, wovon wir in der Anschauung ausgegangen sind. Der kontinuierlich abgemagerte Sonderbegriff kann natürlich hinterher nicht mehr die Fülle der Anschauung erfassen. Es muß sich bei einer solchen Vorgangsweise also eine auffallende Einschränkung des Gesichtsfeldes ergeben und zwar auf das rein quantitative bestimmter Aspekte, wie es ja beabsichtigt war. Im Falle der Umdeutung des Größenbegriffes zum ontologisch Vorgegebenen werden darüber hinaus auch zu einem großen Anteil die Einflüsse auf den Stufenbau der Begriffspyramide – die Konventionen, die empirischen Befunde, die Hypothesen, Annahmen, Theorien und Idealisierungen – plötzlich unsichtbar oder sie erscheinen, wenn sie sich aus praktischen Gründen als nicht ignorierbar erweisen, zumindest so, als wären sie hinterher künstlich hinzugefügt worden.

*Komparative Begriffe.* Die komparativen Begriffe haben überall dort Bedeutung, wo es ausschließlich darauf ankommt, Phänomene hinsichtlich irgendeines bestimmten Gesichtspunktes miteinander zu vergleichen; also zum Beispiel zu fragen nach größer-gleich-kleiner, wenn es um Schwellenwerte geht oder wenn mit dem Begriff der Ritzhärte zu unterscheiden ist, ob das Mineral Bleiglanz tatsächlich härter als Steinsalz und nicht so hart wie Kalkspat ist. Die komparativen Begriffe ermöglichen es also, Gemeinsamkeiten und Unterschiede zu ermitteln und zu formulieren. Wenn für einen bestimmten, besonders engen Aspekt ohnehin ein entsprechender quantitativer Begriff zur Verfügung steht, ist der komparative Begriff vielleicht nicht so wichtig. In jenen Fällen aber, wo der quantitative Begriff nicht gebildet werden kann oder sich als unfruchtbar erweist oder bloß belanglos ist, wird der komparative Begriff vielleicht wertvoll sein.

Auch der komparative Begriff ist (in seiner scharfen Version) von empirisch-experimentellen Befunden, Hypothesen, Annahmen und Idealisierungen geprägt, allerdings in einem geringeren Ausmaß als der quanti-

tative Begriff und der Größenbegriff. Und noch immer liegen so manche in
Verwendung stehende komparative Begriffe jenseits dieser strengen Definierbarkeit (z.B. "schöner als"). Die Randbedingungen der komparativen
Begriffe sind sicher nicht so scharf wie jene der quantitativen Begriffe.
Aber trotzdem gibt es auch hier wiederum Fälle, die sich nicht sinnvoll in
diesen für sie zu schmalen Aspekt hineinpressen lassen. Sie entziehen sich
dann gänzlich der komparativen Begriffsbildung.

*Klassifikatorische Begriffe und Anschauung.* Das breite Feld der
klassifikatorischen Begriffe war durch eine Einteilung eines Gegenstandsbereiches in einander ausschließende Arten oder Klassen gekennzeichnet.
Hierher gehören die für die Wissenschaft wichtigen Ordnungssysteme, wie
die Einteilung des Mineralreiches, der Pflanzen oder der Zoologie oder
auch die Systematik der stellaren Spektralklassen und aus dem Bereich
der Werkstoffwissenschaft die Systematik der Kristallographie. Aber auch
viele einfachere Begriffe zählen zu den klassifikatorischen Begriffen, wie
kalt, schwer, grün, amorph, Wald und Haus.

Zwei Adäquatheitsbedingungen waren es, die den klassifikatorischen
Begriff gegenüber der Anschauung bedeutend präzisiert haben; hierdurch
ist aus dem unscharfen, vorwissenschaftlichen klassifikatorischen Alltags-
begriff der wissenschaftliche klassifikatorische Begriff mit systematischer
Strenge gebildet worden. Und gerade dadurch sind Beobachtungen und
empirische Bestätigungen, hypothetische Generalisierungen, sowie intuitive Fruchtbarkeits- und Einfachheitsüberlegungen mit allen ihren bekannten Rückwirkungen in die Begriffsbildung eingeflossen. Einerseits erhalten
daher sogar auch die klassifikatorischen Begriffe eine gewisse Restunschärfe
und andererseits entziehen sich wegen der scharfen und strengen Begriffs-
bildungssystematik manche Bereiche der Anschauung zumindest zum Teil
oder aber auch zur Gänze der klassifikatorischen Begriffsbildung. Zum
Beispiel "die Schönheit" für den zuerst genannten Fall, bzw. "das Innewerden" oder "die Impression" für den zweiten. Bei vielen Worten, die
einen klassifikatorischen Begriff meinen, schwingt also oft noch sehr viel
mehr mit, was jenseits der reinen Definition liegt, und vieles läßt sich überhaupt nicht in den offenbar noch immer zu schmalen Aspekt hineinpressen.
"Je schärfer man die menschliche Erkenntnis als dasjenige definiert, was
sich in Worten ausdrücken läßt, desto deutlicher wird, wie viele wesentliche Phänomene sich nicht unmittelbar in Worten ausdrücken lassen" (K.
LORENZ [Abbau, Seite 101]).

Der Ausgangspunkt bei unserem Unternehmen, die Begriffe für empirisch-wissenschaftliche Anwendung zu bilden und zu konstruieren, war
also die Anschauung. Die Anschauung ist für uns das Ursprünglichste, was
uns für diese unsere Aufgabe zur Verfügung steht. Von hier aus finden wir
zu den Voraussetzungen, Bedingungen und Postulaten, die die Begriffs-

bildung möglich machen. KAMPITZ [Wertfreiheit, Seite 158] sieht es noch allgemeiner: "Anstatt die Lebenswelt von wissenschaftlichen Kriterien aus als vor- oder unwissenschaftlich abzuqualifizieren, gilt es vielmehr, sie als den gründenden Boden wieder an die Wissenschaften heranzutragen. Ihre Erfahrungen sind nicht schlechtweg bloß subjektiv gegenüber den Experimenten der Wissenschaften, sondern die ursprünglichen, hinter die wir nicht mehr zurückgehen können. Sie erschließen überhaupt erst die Voraussetzungen und Bedingungen, die Wissenschaft als menschliche Tätigkeit ermöglichen."

## 6c. Ein Vergleich der verschiedenen Begriffsarten

Die verschiedenen Begriffsarten lassen sich natürlich nicht unabhängig vom Anwendungsfall bewerten. Man kann nicht sagen, die Größenbegriffe sind gegenüber den klassifikatorischen Begriffen zu bevorzugen oder umgekehrt. Gerade die Vielfalt der Begriffe, die uns zur Verfügung steht, bietet uns die weitgespannten Möglichkeiten. Hier eine Askese zu üben, wäre sicher nicht richtig. Es kommt auf den Anwendungsfall an. Wenn man im Hinblick auf die gewünschten Aussagen bloß den schmalen Aspekt eines quantitativen Begriffes meint, so ist die quantitative Aussage natürlich der komparativen Aussage überlegen und diese erst recht wieder der klassifikatorischen Aussage. So gesehen lassen sich mit dem "höher entwickelten" Begriffssystem natürlich genauere Informationen zum Ausdruck bringen: "Wenn zwei Gegenstände $a$ und $b$ kalt sind, so kann $a$ deshalb immer noch wärmer sein als $b$, und es ist dann noch nichts darüber ausgesagt, ob die Temperaturdifferenz zwischen beiden groß oder klein ist, ob $a$ nur um wenig oder um vieles wärmer ist als $b$, und um wieviel $a$ wärmer ist als $b$" (ESSLER [Wissenschaftstheorie II, Seite 68]). Es ist auch praktisch unmöglich, einen empirischen Sachverhalt, den man mit einer Größengleichung erfaßt hat, jetzt auf einer "tieferen" Begriffsebene zu beschreiben und zum Beispiel nur komparative Begriffe oder gar nur klassifikatorische Begriffe verwenden zu wollen. STEGMÜLLER hat in seiner [Begriffsbildung, Seite 99] diese Verarmung am Beispiel der Temperaturmessung beschrieben.

Die Nachteile einer nicht-quantitativen Beschreibung kann man etwa auch am Beispiel des Gasgesetzes sehr schön sehen. Unter (73) haben wir im Anhang 1 die Definitionsgleichung der Gaskonstanten $R$ angeschrieben zu: $p\,V = n\,R\,T$. Wie CARNAP [Naturwissenschaft, Seite 55] zeigt, kann der Informationsverlust nicht nur im Verlust der Ziffernaussage zum Ausdruck kommen (Beispiel a), sondern es kann in manchen Fällen sogar überhaupt jede Aussage (und zwar auch die komparative!) schließlich verhindert werden (Beispiel b).

a) Sonderfall des Boylschen Gesetzes ($n=$ konst, $T=$ konst, also: $p\,V=$ konst.) Mit komparativen Begriffen wird man folgendes registrieren: "Bleibt die Temperatur einer konstanten Gasmenge in einem abgetrennten Raum gleich, dann steigt der Druck, wenn das Volumen abnimmt; wenn der Druck abnimmt, dann nimmt das Volumen zu." Diese Formulierung ist, wie wir sehen, viel schwächer als die quantitative, weil es hier nicht mehr möglich ist, Zahlenwerte vorauszusagen; man kann nur über die Veränderung, über das allfällige Zunehmen, Abnehmen oder Gleichbleiben etwas aussagen.

b) Man betrachte das allgemeine Gasgesetz, wobei sich aber jetzt Druck $p$, Volumen $V$, und Temperatur $T$ gleichzeitig verändern (nur die Gasmenge bleibe konstant): $V = \text{konst} \cdot T/p$. Was kann in diesem Fall mit komparativen Begriffen registriert werden? "Wir stellen experimentell fest, daß sowohl Temperatur wie auch Druck zunehmen. Was können wir über das Volumen sagen? In diesem Fall können wir nicht einmal sagen, ob es zunimmt, abnimmt oder konstant bleibt. Um das zu bestimmen, müßten wir nämlich wissen, in welchem Verhältnis Temperatur und Druck ansteigen. Wenn die Temperatur verhältnismäßig stärker ansteigt als der Druck, dann folgt aus unserer Formel, daß das Volumen zunimmt. Aber wenn wir dem Druck und der Temperatur keine Zahlenwerte zuschreiben können, sind wir in diesem Fall nicht in der Lage, auch nur irgendetwas über das Volumen vorherzusagen." Es wird also für diese Fragestellung bei Verwendung komparativer Begriffe anstelle quantitativer Begriffe nicht bloß ein etwas aussageschwächerer Zusammenhang zu registrieren sein, sondern es zeigt sich, daß jetzt *überhaupt* kein naturgesetzlicher Zusammenhang mehr sichtbar wird.

## 6d. Grenzen werden sichtbar

Dieser von uns eingeschlagene Weg, *die Anschauung nach einer bestimmten Systematik zu den verschiedenen Begriffen zu verdichten*, gibt uns ein recht präzises und brauchbares Instrumentarium in die Hand, welches für den Zugriff der empirischen Wissenschaft offenbar unerläßlich ist. Gegen eine Überbewertung und Verabsolutierung dieser Vorgangsweise oder gar gegen einen Totalitätsanspruch. der mit dieser Methode alle Dimensionen der Wirklichkeit zu ergreifen meint, ist allerdings verständlicherweise Widerstand laut geworden. Es fällt nämlich auf, daß dadurch große Bereiche der menschlichen Erfahrung verlorengehen und wir zuletzt ein Bild einer sogenannten "Wirklichkeit" in Händen haben, welches eigenartige Verzerrungen aufweist.

Dieser Widerstand beginnt schon dort, wo man fälschlicherweise meint, zwangsweise alles mit quantitativen Begriffen beschreiben zu

müssen. Es gibt wissenschaftliche Gebiete, die sich einer solchen Methodik entziehen. Ein Beispiel aus dem Bereich der Verhaltensforschung ist hierbei die Gestaltwahrnehmung. Man meint damit die Fähigkeit, im räumlichen und zeitlichen Vielerlei der Eindrücke übergeordnete und einheitliche Strukturen zu erkennen (VOLLMER [Erkenntnistheorie, Seite 52]). Vor der Gefahr einer Überbewertung des Quantitativen im Bereich der Wissenschaft, insbesondere auf dem Gebiet der Verhaltensforschung, warnt K. LORENZ [Abbau] an mehreren Stellen seines Buches: "Die Fähigkeit des Arztes, die Kunst des Tierpflegers und die wesentlichste Fähigkeit des Landschaftsökologen liegen darin, einem lebenden System rein empfindungsmäßig und zunächst unreflektiert anzusehen, daß in ihm 'etwas nicht stimmt'. Eben diese Leistung ist als der 'klinische Blick' des erfahrenen Arztes bekannt" (Seite 256). "Eine der wichtigsten Leistungen der Gestaltwahrnehmung besteht darin, daß sie uns befähigt, Gesundes von Krankem zu unterscheiden. Ein einigermaßen mit Gestaltwahrnehmung begabter Beobachter, der mit einer bestimmten Art von Lebewesen genugsam vertraut ist, sieht ganz einfach, wann mit diesem Organismus etwas nicht in Ordnung ist. Die moderne Medizin, vor allem die moderne medizinische Erziehung pflegt im allgemeinen die Leistungen der Gestaltwahrnehmung gewaltig zu unterschätzen. Es ist ein Irrtum zu glauben, daß der 'klinische Blick' durch eine wenn auch noch so große Zahl von quantifizierenden Daten und deren elektronischer Auswertung völlig ersetzt werden könne, so unentbehrlich diese heute zu seiner Ergänzung geworden sind" (Seite 138). Bei ZIMAN [Erkenntnis, Seite 35ff.] finden wir eine ganze Reihe von Beispielen, die zeigen, daß sogar auch in der Physik und der Werkstoffwissenschaft das "Gestalterkennen" immer größere Bedeutung gewinnt; doch blicken wir wieder zur Verhaltensforschung zurück:
Es "muß dem epidemischen Irrglauben entgegengetreten werden, daß nur dem Zähl- und Meßbaren Wirklichkeit zukomme. Es muß überzeugend klar gemacht werden, daß unsere subjektiven Erlebnisvorgänge den gleichen Grad von Realität besitzen wie alles, was in der Terminologie der exakten Naturwissenschaften ausgedrückt werden kann" (K. LORENZ [Abbau, Seite 12]).

Man sollte hier wahrscheinlich die Worte nicht auf die Goldwaage legen, insbesondere weil die Sätze aus dem Zusammenhang gerissen wurden. Aber ich meine sie machen deutlich, worauf es uns ankommen sollte: Eine freiwillige Verengung auf hochspezialisierte Sonderbegriffe und ein askeseartiger Verzicht auf den Reichtum der übrigen Formen ist somit nicht einmal im Bereich der Naturwissenschaft überall zweckmäßig, geschweige denn auf anderen Bereichen, wo gerade das Mitschwingen von Randbedeutungen, also auch die Randfacetten des vorwissenschaftlichen Begriffes nicht ausgeschlossen sein sollen. Nocheinmal möchte ich LORENZ zitieren:

"Erlebnisqualitäten lassen sich, wie gesagt, nicht definieren, doch läßt sich
auch das Unsagbare ausdrücken: der Künstler kann es. Der Tondichter,
dessen Werk unmittelbar zu Herzen geht, bedarf nicht einmal des gespro-
chenen Wortes. Doch auch in Worten läßt sich das Unsagbare ausdrücken,
wie uns die Dichtkunst belehrt" (Seite 103).
In diesen Bereichen tritt also sogar die klassifikatorische Bedeutung der
Worte zurück. Die Worte vermitteln ein Anklingen einer Vorstellung, sie
vermitteln ein Mitschwingen einer inneren Erfahrung. Worte vermitteln
ein Anklingen von Bedeutungen auch im Bereich der Transzendenz und
des Glaubens.

Werfen wir nocheinmal einen Blick über den Zaun, der unsere empirische Wissenschaft umgrenzt, auch wenn das nicht zu unserem Thema
gehört. Der Weg, den wir im Zug der Begriffsbildung gegangen sind, hat
uns gezeigt, daß wir uns nämlich vor einem folgenschweren Fehler hüten
müssen. Wir haben uns, von der Anschauung ausgehend, für die Zwecke
empirischer Wissenschaftlichkeit ein hochpräzises Begriffsinstrumentarium geschaffen, welches unter ganz bestimmten Bedingungen zweifellos
Hervorragendes leistet. Aus Begeisterung[37] über diesen Erfolg darf es
aber natürlich nicht dazu kommen, daß man im Extremfall alles, was man
nicht messen kann oder was man nicht meßbar machen kann, sich nicht
mehr Wirklichkeit zu nennen getraut und daß also all das andere nicht als
Wirklichkeit zu erfahren und zu erkennen wäre[38]. Vor solchen Fehlern
wurde eindringlich auch von Seiten der Physiker gewarnt: "Seit NEWTON
beherrscht die Kausalidee, zuerst allmählich. dann in atemberaubendem
Tempo, die ganze Wissenschaft. ... Die Kausalidee greift dann aber auch
auf andere Wissenschaften über, auf die Biologie und Psychologie, vom 19.
Jahrhundert ab sogar auf manche Geisteswissenschaften. ... Mit dem Ein-
bruch der kausalen Ideenwelt in fast alle Gebiet des Lebens ist ein erster
Schritt vollzogen vorden, der vom Menschlichen wegführt, der Wissenschaft und Mensch zu scheiden beginnt. ... Die kausal-deterministische
Denkweise hat sicher keinen oder nur einen höchst bescheidenen Platz für
alles, was den Menschen angeht." (HEITLER [Erkenntnis, Seite 10ff.])

---

[37] "Die sich dabei zeigende Tendenz zu einer extremen Verwissenschaftli-
chung, das fraglose Vertrauen und Setzen auf wissenschaftliche Methodik und
Ausdrucksweise erreicht nicht selten eine Intensität, ja eine Inbrunst. wie sie
frühere Zeiten der Magie oder der Religion entgegengebracht haben mögen."
(KAMPITZ [Wertfreiheit, Seite 149]).

[38] Das erinnert an jenen Fischer, der in seinem Netz nur Fische findet,
die größer als die Maschen des Netzes sind, und der mit tiefer Überzeugung
behauptet, daß es keine kleineren Fische im Meer gibt, da er solche in seinem
langen Leben noch nie mit seinem Netz gefangen hat

HOMMES [Erfahrungsverlust] weist auf die drohenden Gefahren eines Erfahrungsverlustes in der gegenwärtigen Welt hin. Ein solcher Erfahrungsverlust stellt sich nämlich ein, wenn sich die empirische Wissenschaft verabsolutiert und schließlich einen Totalitätsanspruch hervorkehrt und meint, daß sie auch Entscheidendes über die Bedeutung oder Nichtbedeutung jener Bereiche etwas aussagen kann, die empirisch-wissenschaftlich nicht zu fassen sind. Damit wird kein Einwand gegen die empirische Wissenschaft erhoben, es wird aber sehr wohl ein Einwand dagegen vorgebracht, wenn man fordert, man solle für das Leben insgesamt auf Wissenschaft setzen und wenn man meint, es kann alles, was wichtig und bedeutsam für den Menschen ist, entsprechend den Prinzipien des konstruierenden Verstandes aufgearbeitet werden. Im Zug der Begriffsbildung haben wir deutlich gesehen, daß die Methoden, die die einzelnen Begriffe generieren, voneinander im Detail sehr verschieden sind. Es ist also nicht so, als müßten wir nur auf irgendeine bestimmte Weise "die Augen öffnen" und wir würden dann schon all die unterschiedlichen Begriffe zur Verfügung haben. Wir registrieren also nicht mit ein und derselben Methode die verschiedenen Größen, wie Länge, Masse oder Zeit, sondern wir haben ganz bestimmte ausgearbeitete Regeln für einen Meßprozeß der jeweiligen Größe zur Verfügung, wodurch sie dann erst einen Sinn bekommt. Die empirische Wissenschaft beobachtet also nicht einfach das, was ihr die Natur darbietet, sondern sie zwingt die Natur auf vorgelegte Fragen zu antworten. "Wenn Zentimeter, so 13,6." Es können also dabei nur jene Antworttypen überhaupt auftreten, die wir im Zusammenhang mit der vorgelegten Frage haben wollten; ich glaube, es ist im Verlauf der Begriffsbildung aber auch recht deutlich geworden, daß nicht einmal dieses komplikationslos möglich war; die Begriffe, die wir im Bereich der Wissenschaft verwenden, haben wir jedenfalls nicht bedingungslos auf Erfahrbares zurückführen können. Sieht man von diesen Schwierigkeiten aber einmal ab, so müssen wir trotzdem schon jetzt offenbar zugeben, daß das, was zum Beispiel in der Naturwissenschaft Natur heißt, nur jener Bereich ist, der sich dazu eignet, "Objekt" von Naturwissenschaft zu werden. Im Verlauf unserer künftigen Überlegungen zu Gesetzen, Theorien, Erklärungen und Voraussagen werden wir unsere Ansprüche sogar nocheinmal deutlich einzuschränken haben. Doch davon wollen wir später sprechen. HOMMES jedenfalls stellt die Frage, was üblicherweise heute mit dem geschieht, wovon die empirische Wissenschaft absieht; auf diese Dimensionen der Wirklichkeit muß man ja deswegen, weil sie sich nicht für die Empirie eignen, nicht überhaupt verzichten. Allerdings verbreitet sich immer mehr "der Anschein allumfassender Kompetenz von Wissenschaft. Und schon dieser Schein ist offensichtlich geeignet, die vielleicht möglichen anderen Erfahrungshorizonte immer mehr zuzudecken, sodaß am Ende nichts anderes mehr bestimmende Wirklichkeit für den

Menschen werden kann. ... Macht man die Wissenschaft zum Kriterium der Beurteilung dessen, was ist – ausdrücklich und vermeintlich im Namen der Wissenschaft selbst oder nur einfach praktisch durch den tatsächlichen Umgang mit Wissenschaft – , so beraubt man die Wirklichkeit auf weite Strecken ihrer Bedeutung. ... Die Beschränkung in der Wahrnehmung der Wirklichkeit, die die Wissenschaft methodisch erzwingt und die sich in der Herrschaft der Technik fortsetzt, ist ungefährlich, solange gewährleistet bleibt, daß wir alles andere, von dem da abgesehen wird, nicht aus den Augen verlieren. ... So mag es mißverständlich sein, nach einer anderen Wissenschaft zu rufen. Was wir aber verlangen müssen, ist ein anderer Umgang mit der Wissenschaft."

Die Wissenschaft hat also offenbar bloß den Stellenwert eines Angebotes. KAMPITZ [Wertfreiheit, Seite 158f.] weist darauf hin, daß dies "im Grunde nur eine Wiederholung der alten Einsicht ist, daß Wirklichkeit auf vielfältige Weise erfahren und Wahrheit für uns in verschiedener Weise erschlossen ist. Die logisch oder empirisch ausgerichtete Richtigkeit, auf die sich die Wissenschaft beruft, liegt dabei keineswegs zugrunde, sie ist selbst vielmehr Folge lebensweltlich-ursprünglicher Erschließung der Wahrheit."

Einen anderen Gesichtspunkt, der den Geltungsbereich des naturwissenschaftlich-technischen Wirklichkeitsverständnisses und die technologische Umsetzung im Blickfeld hat, bringt ALTNER [Fortschrittsprozeß. Seite 307f.] vor. Es ist der Gesichtspunkt der Auswirkung: "Das lawinenartige Anschwellen von Zerstörungs- und Todesphänomen im Gefolge des technisch-naturwissenschaftlichen Fortschrittsprozesses läßt doch fragen, ob die manipulative Verdringlichung der Natur, wie sie im Fortschreiten objektivierender Kausalforschung Tag für Tag stattfindet, der Natur einer auf Wandel angelegten und stabilisierten Lebenswelt gerecht werden kann." Auch diese Worte lassen uns nachdenklich werden.

# Kapitel III

# Gesetze und Theorien

## 1. Vorbemerkung

Im Abschnitt über Größenbegriffe haben wir gesagt, daß allgemeine Gesetzmäßigkeiten, die in der Natur mit empirischen Methoden gefunden werden, in formelmäßiger Darstellung durch Größengleichungen angebbar sind. In dieser Behauptung war ein gewisser Vorgriff enthalten, dem wir uns jetzt zuwenden wollen. Wir haben nämlich noch nicht gefragt, was Gesetze und Theorien sind und mit welcher Methode man sie eigentlich auffinden kann. Zur vorläufigen Charakterisierung könnten wir sagen, daß ein Gesetz eine generelle Aussageformel ist, die die Abbildung eines Grundzuges eines gewissen Objektbereiches der Wissenschaft darstellt, während eine Theorie einen Zusammenschluß von Gesetzen zu einem System meint; also eine wissenschaftliche Wissenseinheit, in der Tatsachen, Modellvorstellungen, Gesetze bzw. Hypothesen zu einem Ganzen zusammengeschlossen sind.

Werfen wir einige Schlaglichter auf solche heute üblichen Meinungen, die sagen, was man unter wissenschaftlicher Erkenntnis zu sehen hat:

"Wenn wir uns hier vorzustellen versuchen, wie ein Verstand von übermenschlicher Kraft und Reichweite, der jedoch in bezug auf die logischen Gedankengänge ganz normal wäre, ... die wissenschaftliche Methode betreiben würde, so würde dieser Prozeß folgendermaßen aussehen: Zunächst würde er sämtliche Tatsachen ohne Auslese und Apriori-Vermutung über ihre relative Bedeutung beobachten und aufzeichnen. Zweitens würde er die beobachteten und aufgezeichneten Tatsachen analysieren, vergleichen und klassifizieren, ohne auf andere Hypothesen oder Postulate zurückzugreifen, als er sie notwendigerweise für logisches Denken braucht. Drittens würde er aus dieser Analyse der Tatsachen induktiv Verallgemeinerungen bezüglich der klassifikatorischen und kausalen Beziehungen zwischen ihnen gewinnen. Viertens würde

seine weitere Forschung sowohl deduktiv als auch induktiv ausfallen,
wobei er Schlüsse aus zuvor aufgestellten Verallgemeinerungen verwenden würde." (WOLFE zitiert in HEMPEL C. G. [Naturwissenschaften,
Seite 21].)

Das heißt also: "Alles was wir über die Natur wissen, beruht letztlich
auf Beobachtungen und Versuchen; die Physik ist eine Erfahrungswis-
senschaft. Was wahr oder falsch ist, entscheidet letztlich die Natur"
(SCHREINER [Physik, Seite 1]).

Oder noch schärfer gesagt: "Die wissenschaftliche Weltauffassung kennt
nur Erfahrungssätze über Gegenstände aller Art und die analytischen
Sätze der Logik und Mathematik (CARNAP, HAHN, NEURATH
[Weltauffasssung, Seite 210])[1].

"Wissenschaft ist eine Struktur, die auf Tatsachen beruht" (DAVIS
[Method, Seite 8]).

Aus diesen (zugegebenermaßen aus dem Zusammenhang genomme-
nen) Äußerungen könnte man die Ansicht herauslesen, daß die wissenschaftliche Erkenntnis samt ihren Gesetzen und Theorien ganz ohne Frage
ein objektiv bewiesenes und absolut zuverlässiges Wissen ist. Diese Ansicht wird aber zu relativieren sein. Manche Einschränkungen haben wir
nämlich schon kennengelernt. Bei der Abhandlung der wissenschaftlichen Begriffsbildung haben wir gesehen, daß sich die Begriffe, die in Gesetze, Theorien und Erkenntnisse eingehen, nicht bedingungslos auf Erfahrbares zurückführen lassen; verschiedene mehr oder minder unerwartete Einflüsse mußten wir zur Kenntnis nehmen. All das wird in voller

---

[1] "Die (sinnvollen) Sätze zerfallen in folgende Arten: Zunächst gibt es
Sätze, die schon auf Grund ihrer Form allein wahr sind ('Tautologien' nach
WITTGENSTEIN; sie entsprechen ungefähr KANTs 'analytischen Urteilen');
sie besagen nichts über die Wirklichkeit  Zu dieser Art gehören die Formeln der
Logik und Mathematik; sie sind nicht selbst Wirklichkeitsaussagen, sondern die-
nen zur Transformation solcher Aussagen. Zweitens gibt es Negate solcher Sätze
('Kontradiktionen'); sie sind widerspruchsvoll, also auf Grund ihrer Form falsch.
Für alle übrigen Sätze liegt die Entscheidung über Wahrheit oder Falschheit in
den Protokollsätzen; sie sind somit (wahre oder falsche) Erfahrungssätze und
gehören zum Bereich der empirischen Wissenschaft. Will man einen Satz bilden
der nicht zu diesen Arten gehört, so wird er automatisch sinnlos." (CARNAP
[Analyse, Seite 166]).
(Einen interessanten Überblick über den Ursprung des Neopositivismus, der im
Wiener Kreis seine Keimzelle hatte und der zu einer mächtigen internationalen
philosophischen Bewegung wurde, gibt KRAFT in seinem Werk [Neopositivis-
mus].)
Einen ausführlichen und kritischen Überblick über den modernen Empirismus
und die Analytische Philosophie der Gegenwart findet man bei STEGMÜLLER
[Hauptströmungen I., Seite 346-509]

Breite auch hier bei der Erörterung der Gesetze und Theorien Eingang
finden. Aber wie ist es überhaupt zu verstehen und wieso ist es soweit gekommen, daß man landläufig meint, insbesondere in der Naturwissenschaft "objektiv bewiesene" Gesetze auffinden zu können? Dieses Phänomen möchte ich als erstes zum Teil schlaglichtartig beleuchten, ohne eine wissenschaftstheoretische Beweisführung zu bemühen (die
man etwa im Werk von KUTSCHERA [Wissenschaftstheorie] nachlesen
kann). Wir werden zuerst eine häufig angesprochene Methode der Rechtfertigung von Gesetzen beleuchten, die es gestatten soll, vom besonderen Einzelfall, der sich etwa experimentell ergeben hat, auf das Allgemeine und damit auf das Gesetzmäßige zu schließen. Offenbar ist das ja
nach oft vertretener Ansicht gerade die Methodik, die jeder empirischen
Wissenschaft zugrundeliegt. Allerdings wird sich zeigen, daß dieser sogenannte Induktivismus, der die Wahrheit der Gesetze erweisen soll, sein
Ziel anscheinend nicht erreicht. Gesetze lassen sich also nicht als wahr
erweisen. Lassen sich Aussagen aber wenigstens im negativen Sinn
überprüfen, daß sich also herausstellt. daß die betreffende Aussage falsch
ist, damit man mit logischer Sicherheit das Falsche wenigstens umgehend
verwerfen kann? Dieser hier angedeutete Weg wird vom Falsifikationismus beschritten. Erstaunlicherweise ergeben sich aber auch hier prinzipielle Probleme. Und dazu kommt noch eine weitere Überraschung.
Eine Analyse der historischen Entwicklung wissenschaftlicher Theorien hat
nämlich außerdem gezeigt, daß sogar die gängige Ansicht eines allmähli-
chen, über historische Zeiträume hinweggehenden Wachstums des Wissens
heute offenbar auch nicht mehr zu halten ist. Die Idee vom kontinuierlich sich vermehrenden Wissensschatz wird abgelöst von der Vorstellung
immer wiederkehrender wissenschaftlicher Revolutionen mit allen jenen
charakteristischen Eigenschaften, die Umstürzen begrifflich anhaften. Ein
idealisiertes Bild, welches uns bis heute als Leitvorstellung begleitet hat,
wird jedenfalls unbrauchbar. Überlegungen zur Theoriendynamik führen
schließlich zu einem strukturalistischen Theorienkonzept, welches die bisherige Auffassung vom Wesen einer Theorie grundlegend ändert.

Im nachfolgenden Text lehnen sich die beiden Abschnitte über Induktivismus und Falsifikationismus stark an die Arbeiten von CHAL-
MERS [Wege], POPPER [Logik] und LAKATOS [Methodologie] an; die
historischen Aspekte der Theoriendynamik wurden zum größten Teil von
KUHN [Struktur] erstmalig zusammenfassend erörtert und sie dienen diesem Text als Grundlage. Das auf SUPPES, SNEED, RAMSEY und
STEGMÜLLER zurückgehende strukturalistische Theorienkonzept wird
insbesondere auf der Basis von STEGMÜLLER [Erklärung, S.1034ff.],
[Analyse] und [Theoriendynamik] in diesem Text dargestellt. In allen diesen Werken wird man also nachlesen, wenn man die Sicht vertiefen will.

## 2.  Induktivismus

Man versteht unter Induktion die wissenschaftliche, beziehungsweise
philosophische Methode, die vom Einzelnen und Besonderen auf das Allgemeine und das Gesetzmäßige schließt. Für FRANCIS BACON ist die
einzige verläßliche Quelle der Erkenntnis die beobachtungsmäßige und experimentelle Erfahrung und die einzig richtige Methode, die zur Erkenntnis
der Gesetze führt, ist die Induktion. Er schreibt: "Die Empirie kommt
nicht über das Besondere hinaus, sie schreitet immer nur von Erfahrungen zu Erfahrungen, von Versuchen zu neuen Versuchen; die Induktion
dagegen zieht aus den Versuchen und Erfahrungen die Ursachen und allgemeinen Sätze heraus und leitet dann wieder neue Erfahrungen und Versuche aus diesen Ursachen und allgemeinen Sätzen oder Prinzipien ab"
(BACON: Novum Organum. 1620). Wissen faßt man als ein bewiesenes
Wissen auf und das wesentliche Merkmal intelektueller Ehrlichkeit ist es,
niemals unbewiesene Behauptungen aufzustellen.

Für den Induktivismus in naiver Form beginnt die Wissenschaft mit
der Beobachtung, die es gestattet, Aussagen zu machen, die sich durch
Augenschein unmittelbar als wahr herausstellen und von jedermann in
der gleichen Weise überprüft werden können und die man Beobachtungsaussagen nennt[2]. Aus der Basis dieser Beobachtungsaussagen werden
durch ein besonderes, sorgfältiges, nach allen Seiten absicherndes Verfahren die Gesetze und Theorien extrahiert. Zwei Teilfragen sind in diesem
Zusammenhang also zu beleuchten; was versteht man unter solchen Beobachtungsaussagen und wie muß das Verfahren aussehen, das der strengen
Anforderung der Gesetzesextraktion gerecht wird?

Zunächst einige Worte zu den Beobachtungsaussagen. Diese sollen
nur das enthalten, was wirklich wahrgenommen wurde. Beobachtungsaussagen als Sätze sind das Fundament der empirischen Wissenschaften (denn
Gesetze und Theorien können als Sätze nur wieder durch Sätze überprüft
und analysiert werden). Eine solche Beobachtungsaussage wäre zum Beispiel: "Der Forscher $N$ hat unter diesen und jenen Randbedingungen am
Ort $x$ und zur Zeit $t$ mit einem Meßgerät $M$ den Jupiter beobachtet und
seine Position am Himmel durch die Positionskoordination $\alpha$ und $\delta$ festgehalten." Man beachte: Solche Beobachtungsaussagen sind Einzelfallaussagen, während Gesetze und Theorien, die aus ihnen gewonnen werden
sollen, allgemeingültige Aussagen sind, wie zum Beispiel: "Die Bahnen
der Planeten sind Ellipsen, in deren einem gemeinsamen Brennpunkt die
Sonne steht."

---

[2]  Eine ausführliche Darstellung über das Thema der Beobachtungsaussagen findet man bei CARNAP [Protokollsätze] und NEURATH [Protokollsätze].

Die zweite kritische Teilfrage ist also, auf welche Weise eine solche Gesetzesextraktion aus den obengenannten Einzelfallaussagen gelingen kann. Nach dem naiv-induktivistischen Ansatz ist die Verallgemeinerung und Generalisierung der Einzelfallaussagen zu allgemeingültigen Aussagen unter bestimmten Bedingungen erlaubt. Diese Bedingungen könnte man wie folgt formulieren:

a. "Nur eine große Anzahl von Beobachtungsaussagen erlaubt eine Generalisierung zu allgemeingültigen Aussagen." Man wird also, um beim vorhin genannten Beispiel zu bleiben, nicht versuchen, aus der einen Beobachtungsaussage zur Zeit $t$ schon die Verallgemeinerung vorschnell zu treffen, sondern man wird die Position des Planeten Jupiters während mehrerer Jahre zu verschiedenen Zeiten registrieren müssen, und man wird vielleicht auch historisch weiter zurückliegende und überlieferte Beobachtungen zum Vergleich heranziehen. Aber das genügt noch nicht für die angestrebte Verallgemeinerung.

b. "Eine Generalisierung von Beobachtungsaussagen zu allgemeingültigen Aussagen ist nur erlaubt, wenn man unter einer großen Vielfalt von Bedingungen beobachtet hat." Man wird also, wenn man eine Allaussage über Planeten machen will, nicht nur den Jupiter beobachten, sondern auch die Venus, den Mars und andere Planeten. Wie verhalten sich Planeten von Planeten, also Monde? Hat die Planetenmasse einen Einfluß? Hängt die Planetenposition davon ab, welcher Luftdruck und welche Lufttemperatur zum Zeitpunkt der Beobachtung vorliegt (Refraktionseinflüsse)? Sind die Beobachtungsaussagen miteinander verträglich, wenn man den Beobachtungsort auf der Erdoberfläche woandershin verlegt; etwa auf einen anderen Kontinent, etwa nach Norden in die Arktis oder zum Äquator. Spielt es eine Rolle, wie weit der betreffende Planet von der Sonne entfernt ist (Periheldrehung beim Merkur)? All das wird zu untersuchen sein. Aber noch eine dritte Bedingung ist zu berücksichtigen:

c. "Keine einzige Beobachtungsaussage darf in Widerspruch zur generalisierten allgemeingültigen Aussage stehen." Diese Bedingung ist selbstverständlich, weil eine einzige Abweichung die Allaussage, die ja eben in allen Fällen und somit ausnahmslos gelten soll, ad absurdum führt.

Faßt man diese Punkte zu einem Prinzip zusammen, so sagt dieses, unter welcher Voraussetzung eine Generalisation möglich ist:

"Wenn sehr viele Beobachtungsaussagen unter einer großen Vielfalt von Bedingungen immer und ohne Ausnahme gezeigt haben, daß jeder untersuchte Einzelfall von $F$ die Eigenschaft $G$ hat, dann haben alle $F$ die Eigenschaft $G$."

Die wissenschaftliche Erkenntnis beruht nach jener Auffassung auf diesem

Induktionsprinzip. Das Induktionsprinzip ist also die Basis der empirischen Wissenschaften. Denn die wissenschaftliche Erkenntnis soll auf der Erfahrung fußen. Erfahrungen lassen sich aber nur als singuläre Beobachtungsaussagen aussprechen und diese werden durch das Induktionsprinzip in allgemeingültige Aussagen übergeführt. Wir gewinnen die Gesetze. Den Übergang von den Beobachtungsaussagen zu den allgemeingültigen Aussagen wollen wir induktives Schließen nennen. Wir stellen uns also einen kontinuierlichen Prozeß im Fortgang der wissenschaftlichen Erkenntnis vor: Die Basis ist die Beobachtung, eine gewissenhafte und genaue Beachtung des Induktionsprinzips führt zu allgemeinen Gesetzmäßigkeiten, die anschließende Erweiterung der experimentellen Basis führt unter Berücksichtigung der bereits gewonnenen Gesetze zu immer umfassenderen Theorien. Wir können mit Hilfe dieser Gesetze und Theorien beobachtete Phänomene erklären und wir können auch in die Zukunft blicken und Prognosen stellen. Die Wissenschaft zeigt ein kumulierendes Wachstum, der sichere Wissensschatz vergrößert sich immer mehr und bietet immer größere Möglichkeiten. Ein alter Traum der Menschheit scheint in Erfüllung gegangen zu sein.

Der weiche Punkt bei dieser Überlegung ist natürlich das Induktionsprinzip. Dieses Prinzip mag plausibel sein und es erscheint fürs erste einleuchtend. Aber läßt sich die Rechtmäßigkeit und Berechtigung des Induktionsprinzips irgendwie erweisen (CARNAP [Naturwissenschaft, Seite 28])? Häufig meint man im deduktiven und im induktiven Schluß zwei gleichwertige Zweige der Logik sehen zu dürfen. Man sagt: Die Deduktion schreitet vom Allgemeinen zum Besonderen und die Induktion geht den umgekehrten Weg, nämlich vom Besonderen zum Allgemeinen. Bei der Deduktion bildet man aus der Menge der Prämissen eine Konklusion, und diese ist genauso zuverlässig wie es die Prämissen waren. Sind also die Prämissen wahr, dann ist auch die Konklusion wahr.

Alle Hunde haben vier Beine
Ursa ist ein Hund
} Prämissen

———————————

Ursa hat vier Beine
} Konklusion

Zwar kann aus falschen Prämissen eine falsche Konklusion folgen, wenn zum Beispiel mit "Ursa" nicht ein Hund, sondern das Sternbild am nördlichen Himmel gemeint war. Aber aus wahren Prämissen kann beim deduktiven Zweig des Schließens niemals eine falsche Konklusion logisch erschlossen werden; dieser Fall ist unmöglich. So liegt es also nahe, auch beim zweiten Zweig des Schließens, beim induktiven Schließen, analog zu argumentieren und zu behaupten: Wenn sich die sorgfältig untersuchten Prämissen des induktiven Schlusses als wahr erwiesen haben, dann ist auch die daraus gezogene Konklusion wahr. Wenn man zum Beispiel einen 1 Meter langen Eisenstab mit quadratischem Querschnitt hernimmt und ihn von Raumtemperatur auf eine Temperatur von 400 °C erwärmt, so stellt man fest, daß er sich ausdehnt. Man kann diesen Versuch auch mehrfach wiederholen, immer wieder liefert er dieses Ergebnis. Man kann auch kurze Eisenstäbe und lange Eisenstäbe untersuchen, man kann eine Erwärmung um große Temperaturdifferenzen oder um kleine Temperaturdifferenzen vornehmen, man kann die Probe von der Raumtemperatur ausgehend um 200 Grad erwärmen oder als Ausgangspunkt für die Erwärmung den Siedepunkt des Wassers wählen. Immer wieder findet man, daß sich die Stabprobe ausdehnt. Man kann anstelle von Stäben mit quadratischem Querschnitt aber auch kurze Zylinder, Platten oder Kugeln untersuchen; man wird die Untersuchungen schließlich auf Kupfer, Silber, Platin, Aluminium usw. erweitern und wird immer wieder das gleiche Ergebnis erhalten, die untersuchten Proben dehnen sich aus. Niemals hat man dabei eine Ausnahme beobachtet. Und wenn man jetzt all diesen Prämissen durch eine besondere Überprüfung auch noch das Zertifikat "absolut wahr" verleihen kann, dann wird man sich berechtigt fühlen, genauso wie beim deduktiven Schluß zu sagen: wenn die Prämissen wahr sind, dann ist auch die daraus zu ziehende Konklusion wahr. Also gilt: "Alle Metalle dehnen sich aus, wenn sie erhitzt werden". Das Vertrauen auf die Wahrheit eines induktiven Schlusses – das muß deutlich gesagt werden – ist aber durch nichts begründet. Auch wenn man annehmen kann, daß die Prämissen wahr sind. das Induktionsprinzip sorgfältig beachtet wurde und daher ein gültiger, induktiver Schluß gezogen wurde, kann die Konklusion falsch sein. Im Gegensatz zur Deduktion ist es bei der Induktion nämlich kein Widerspruch, wenn wahre Prämissen falsche Schlußfolgerungen liefern. Eine endliche Zahl von Beobachtungen kann, auch wenn sehr viele Fälle untersucht wurden, prinzipiell nie das universelle Gesetz vollständig sichern. Es genügt ein einziger Beobachtungsfall, wo das universelle Gesetz verletzt ist. Ein Gegenbeispiel etwa, welches das oben konstruierte universelle Gesetz zu Fall bringt, wäre eine bestimmte Eisen-Nickel-Legierung, die sich nämlich im Bereich der Raumtemperatur nicht ausdehnt; wir wissen, daß für diesen Sonderfall die Magnetostriktion verantwortlich gemacht wird. Jedenfalls kann das induktive Schließen nicht durch logische Begründung gerechtfertigt werden.

CHALMERS zitiert in [Wege, Seite 16] die ein wenig grausige, einschlägige Geschichte, die von dem englischen Mathematiker und Philosophen Lord BERTRAND RUSSELL stammt. Sie handelt vom induktivistischen Truthahn: Der Truthahn fand am ersten Morgen auf der Mastfarm heraus, daß er um neun Uhr morgens gefüttert wird. Gleichwohl zog er, als

guter Induktivist, daraus zunächst noch keine voreiligen Schlüsse. Er war-
tete, bis er eine große Anzahl von Beobachtungen gemacht hatte, daß er
um neun Uhr morgens gefüttert wird. Diese Beobachtungen machte er unter einer großen Vielfalt von unterschiedlichen Bedingungen, an verschiedenen Wochentagen, an warmen und kalten Tagen, an Regentagen und
an sonnigen Tagen. Jeder Tag brachte ihm eine neue Beobachtungsaussage. Schließlich war sein induktivistisches Gewissen beruhigt, und er kam
zu dem Induktionsschluß: "Ich werde jeden Tag um neun Uhr morgens
gefüttert." – Leider stellte sich diese Schlußfolgerung in einer unzweideu-
tigen Weise als falsch heraus. nämlich als ihm am Heiligen-Abend, anstatt
daß er Futter bekam, der Hals durchgeschnitten wurde. Der Induktionsschluß mit wahren Voraussetzungen führte unseren armen induktivistischen Truthahn zu einer falschen Schlußfolgerung. Viele andere Beispiele
ließen sich anführen bis hin zu der ursprünglichen, Jahrtausende alten und
wohl begründeten Überzeugung der Bewohner Afrikas, daß alle Menschen
schwarz sind.

Die logische Begründung des induktiven Schließens ist also nicht
möglich. Es gibt aber noch einen anderen Versuch, das Induktionsprinzip
zu retten. Kann man die Rechtfertigung nicht direkt aus der Erfahrung
ablesen? Eine große Zahl sehr sorgfältig überprüfter Beispiele ist doch
bekannt, wo man aus empirischen Befunden durch induktive Schlüsse Gesetze abgeleitet hat, die sich in allen beobachteten Fällen als zutreffend
herausgestellt haben. Diese fast unzähligen Beispiele der erfolgreichen Anwendung des Induktionsprinzips sind doch der Beweis für die Gültigkeit
dieses Prinzips. Spätestens seit DAVID HUME kann man sich diesem Gedanken nicht mehr anschließen, denn der obige Beweisversuch möchte mit
Hilfe des Induktionsprinzips zeigen, daß das Induktionsprinzip gültig ist:
Es war im Fall a gültig, es war im Fall b gültig, also ist es immer gültig.
Ein solcher Schluß ist schon wieder ein induktiver Schluß, der zeigen soll,
daß induktive Schlüsse wahr sind; so etwas ist natürlich nicht möglich.

Das induktive Schließen hat sich also weder durch logische Begründung noch aus der Erfahrung rechtfertigen lassen. Hilft eine Umformulie-
rung des Induktionsprinzips unter Zuhilfenahme des Wahrscheinlichkeitsbegriffes? Man könnte sagen:
"Wenn sehr viele Beobachtungsaussagen unter einer großen Vielfalt von
Bedingungen immer und ohne Ausnahme gezeigt haben, daß jeder untersuchte Einzelfall von $F$ die Eigenschaft $G$ hat, dann haben wahrscheinlich
alle $F$ die Eigenschaft $G$."
Man erkennt sofort, daß auch ein solches Prinzip in dieser allgemeinen
Form nicht zu rechtfertigen ist. Wie vorhin sagen wir, daß eine endliche
Zahl von Beobachtungen, auch wenn sehr viele Fälle untersucht wurden,
prinzipiell nie ein universelles Gesetz, welches für unendlich viele Fälle

gilt, sichern kann und daher auch nichts über die zugehörige Wahrscheinlichkeit aussagen kann. Durch die Einführung der Wahrscheinlichkeit handelt man sich aber noch ein weiteres Problem ein. Muß man nicht dann jede beliebige zukünftige Beobachtungsaussage, egal wie sie ausfällt, als Bestätigung des Gesetzes auffassen, weil ja die Gesetzesaussage im Prinzip nichts mehr verbietet (siehe auch POPPER [Logik, Seite 207])?

Aber nicht nur diese ganz grundlegenden Bedenken zur Frage der Gültigkeit liegen vor, sondern auch die im Induktionsprinzip enthaltenen Formulierungen sind nicht eindeutig und führen auf Probleme. Wir haben gesagt:
"Wenn sehr viele Beobachtungsaussagen unter einer großen Vielfalt von Bedingungen immer und ohne Ausnahme gezeigt haben, daß jeder untersuchte Einzelfall von $F$ die Eigenschaft $G$ hat, dann haben (wahrscheinlich) alle $F$ die Eigenschaft $G$."

a. Was meint man mit dem Hinweis "sehr viele Beobachtungsaussagen"? Wie oft muß man einen "größten anzunehmenden Unfall" bei einem Kernkraftwerk in dicht besiedeltem Gebiet beobachten, um sich über das Ausmaß der Konsequenzen verläßliche Vorstellungen zu machen? Zehnmal oder genügt schon einmal? Wie oft muß man anderseits die Koinzidenz zwischen einem zu erwartenden persönlichen Mißgeschick und einer über den Weg laufenden schwarzen Katze beobachten, um einen diesbezüglichen Zusammenhang als Wahrheit anzuerkennen? Einmal, oder doch eher öfter? Man gewinnt also den Eindruck, daß man das von vornherein gar nicht genau sagen kann. Man müßte anscheinend das betreffende Gesetz oder die Theorie schon vor Abschluß der Beobachtung kennen, um das Ausgangsprinzip formulieren zu können, nach welchem dieses Gesetz dann aufgefunden werden kann.

b. Auch der zweite Hinweis, daß man seine Beobachtungen "unter einer großen Vielfalt von Bedingungen" wiederholen soll, trägt in sich den gleichen Mangel. Was ist eine große Vielfalt? Wenn man zum Beispiel den Siedepunkt des Wassers untersucht, könnte man mancherlei Bedingungen im Rahmen der experimentellen Untersuchung variieren wollen: Quellwasser, Regenwasser, Donauwasser, Wasser aus Indien, Mineralwasser, Wasser mit gelösten Substanzen, Wasser mit unterschiedlichem Gehalt an schwerem Wasser. Spielt es eine Rolle, an welchem Ort der Erde man das Wasser erhitzt (in Venedig, auf einer Tiroler Alm oder am Mt. Everest)? Spielt die Wetterlage am Tag des Versuches eine Rolle (Tiefdruck, Hochdruck)? Kommt es darauf an, wie man das Wasser erhitzt, langsam oder schnell, mit einer Flamme oder mit Mikrowellen? Ist die Jahreszeit wichtig, das untersuchte Wasservolumen, der Name des Laborbesitzers? Die Vielfalt der Bedingungen ist unendlich groß und wenn man sie alle berücksichtigen wollte, dann wird man mit der Arbeit nicht fertig. Das Gesetz bleibt uns für immer verborgen. Man wird also im Ernstfall nur jene Bedingungen in die empirische Untersuchung aufnehmen, die ins Gewicht fallen; auf entbehrliche und nicht unbedingt nötige Untersuchungen wird man verzichten. Das Kriterium, welches man braucht um zu entscheiden, was wichtig ist, liefert unser theoretisches Wissen. Jetzt sind wir aber wieder in dieser Situation, daß Theorie schon vor der Beobachtung gebraucht wird. Vor der Beobachtung, aus der wir die Theorie ableiten wollten. Eine Notwendigkeit, die der naiven Ansicht, wie man ein Gesetz gewinnt, offenbar entgegensteht.

Es scheint unvermeidlich zu sein, einen zu HUMEs Ansicht ähnlichen Standpunkt einzunehmen: Einerseits baut die empirische Wissenschaft auf einem Induktionsprinzip auf. Anderseits läßt sich das Induktionsprinzip nicht rational fundieren. Also entbehrt die Wissenschaft der rationalen Basis; sie läßt sich offenbar nicht rational rechtfertigen. Daß wir dennoch an Gesetze und Theorien glauben, hängt hiernach mit einem gewissen Gewöhnungsprozeß zusammen; eine Gewöhnung an manche repetierende, äquivalente Erscheinungen. Wenn man eine solche Ansicht vermeiden will, wird man vermutlich das Induktionsprinzip als Grundlage der empirischen Wissenschaft opfern müssen. Die landläufige Ansicht, wonach man mit Hilfe eines Induktionsprinzips "objektiv bewiesene" Gesetze auffinden kann, ist also mehr als fragwürdig; es scheint unmöglich zu sein, Konklusionen über Beobachtbares oder Zukünftiges aus induktiven Schlüssen als richtig zu erweisen. Die Regeln der Induktion stellen vielmehr eher eine Zusammenfassung der induktiven Praxis dar (vergleiche auch KUTSCHERA [Wissenschaftstheorie, Seite 192]).

## 3. Falsifikationismus

Wir haben die Absicht bekundet, die Ansicht zu opfern, daß das Induktionsprinzip die Grundlage der empirischen Wissenschaft ist. Aber worauf lassen wir uns da ein? Sir KARL POPPER hat diese Idee schon 1934 in seinem Hauptwerk [Logik] dargelegt und analysiert:

Das Induktionsprinzip scheint nämlich zunächst unlösbar eng mit der empirischen Wissenschaft verknüpft zu sein. Denn von Beobachtungen und Experimenten führt in dieser Vorstellung ein induktiver Schluß zu allgemeingültigen Sätzen und Satzsystemen. Die Berechtigung zu einem solchen induktiven Schluß – so sagt man – liegt im Induktionsprinzip, wie immer es auch im Ernstfall formuliert sein mag. Für wie wichtig es gehalten wird, geht zum Beispiel aus den Worten REICHENBACHs hervor:

"... dieses Prinzip entscheidet über die Wahrheit wissenschaftlicher Theorien. Es aus der Wissenschaft streichen zu wollen, hieße nichts anderes, als die Entscheidung über Wahrheit und Falschheit der Theorien aus der Wissenschaft herauszunehmen. Aber es ist klar, daß dann die Wissenschaft nicht mehr das Recht hätte, ihre Theorien von den willkürlichen Gedankenschöpfungen der Dichter zu unterscheiden." REICHENBACH verweist weiters darauf, "daß das Induktionsprinzip von der gesamten Wissenschaft rückhaltlos anerkannt wird und daß es keinen Menschen gibt, der dieses Prinzip, auch für das tägliche Leben ernstlich bezweifelt" (zitiert nach POPPER [Logik, Seite 4]). Trotzdem ist es, wie wir uns schon auch an einfachen Beispielen klar machen konnten, sehr fraglich, wieso wir die Berechtigung hätten, von einer endlichen Zahl von Beobachtungen auf eine universell gültige Aussage schließen zu dürfen. POPPER hält die Schwierigkeiten der Induktion überhaupt für unüberwindlich; was die Induktion wirklich ist, läßt sich offenbar nichteinmal formulieren, geschweige denn läßt sie sich rechtfertigen; die Induktion ist so gesehen also ein Trugbild. Universell gültige Aussagen lassen sich nämlich niemals verifizieren. Und dieser Gedanke wirft eine andere Frage auf. Ist das Induktionsprinzip für die empirische Wissenschaft denn überhaupt notwendig, kann man dem Induktionsprinzip nicht auch aus dem Weg gehen?

POPPERs Alternative zur Induktion ist die deduktive Methodik der Nachprüfung. Diese neue Sicht führt zu einem Wandel in der Auffassung a) wie man eine Theorie aufstellt, b) wie man sie überprüft und c) wie sie in ihrer Struktur beschaffen sein soll.

a. Der Induktivismus war durch ein sehr umsichtiges Vorgehen gekennzeichnet, wenn es darum geht, eine neue Theorie erstmalig aufzustellen (große Zahl von Beobachtungen, Vielfalt unterschiedlicher Bedingungen, sorgsamer Induktionsschluß). Demgegenüber fällt diese Skrupelhaftigkeit jetzt weg, weil man bewußt den Akt der Überprüfung auf später verschiebt. Man will also jetzt gar nicht mehr wissen, wie und auf welche Weise irgend jemand zu einer Theorie gekommen ist und ob das auf verläßliche Art geschehen ist. Die Methodik der Theorienbildung ist für unsere Fragestellung gar nicht mehr so interessant. Die Theorie kann einem im Schlaf[3] eingefallen sein, die Hauptsache ist, man verfügt über sie. So ähnlich ist es ja auch in anderen Bereichen kultureller Bemühungen. Es ist höchstens von psychologischem Inter-

---

[3] Es muß aber auch nicht immer der vielfach zitierte Schlaf sein SCHIEDERMAIR [Universität, Seite 78] erinnert in diesem Zusammenhang "an den Fernsehauftritt des jüngsten Nobelpreisträgers für Physik, KLAUS VON KLITZING, der einer staunenden Allgemeinheit eröffnet hat, daß ihm der Einfall zu seiner bahnbrechenden Entdeckung in der Gegenwart seines Assistenten nachts um 2 Uhr bei französischem Landwein und Käse gekommen sei"

esse, auf welche Weise etwa ein Dichter beim Schreiben einer Tragödie
für seinen Helden irgendeine ausweglose Grundsituation zwischen Freiheit und Notwendigkeit oder zwischen Sinn und Sinnlosigkeit erdacht
hat oder auf welche Weise einem Forscher die Lösung eines Naturrätsels
in Form einer wissenschaftlichen Theorie eingefallen ist. Es ist das eine
Frage der Einfühlung und Intuition, wie es EINSTEIN [Weltbild, Seite
168] zum Beispiel für den Physiker formuliert hat: "Höchste Aufgabe
des Physikers ist also das Aufsuchen jener allgemeinsten ... Gesetze, aus
denen durch reine Deduktion das Weltbild zu gewinnen ist. Zu diesen
... Gesetzen führt kein logischer Weg. sondern nur die auf Einfühlung
in die Erfahrung sich stützende Intuition."

b. Bedeutsam ist für uns dagegen jetzt die Frage, wie man eine auf irgend eine Weise vorgegebene Theorie überprüft. Zufolge Verzichtes
auf das Induktionsprinzip können wir einer Theorie oder einem Gesetz jetzt nicht mehr von vornherein, wie früher, das Prädikat "wahr"
oder "wahrscheinlich wahr" verleihen. Anstelle eines zweifelhaften induktiven Schlusses auf eine "Wahrheit", tritt nach POPPER [Logik,
Seite 7] hier eine logisch deduktive Überprüfung der Theorie. Die vom
Menschen per Intuition und Einfühlungsvermögen entworfenen Einfälle
und Theorien sind zunächst nicht mehr als spekulative Vermutungen;
aus ihnen werden auf deduktivem Weg Folgerungen logisch erschlossen;
diese Folgerungen werden untereinander und mit anderen Sätzen des
restlichen Systems korreliert und auf Widerspruch, Vereinbarkeit, Äqui-
valenz u.ä. hin untersucht. Vier Fragenkomplexe werden insbesondere
zu untersuchen und zu überprüfen sein: 1. Die innere Widerspruchslosigkeit. 2. Bewährt sich das Neue, was die Theorie behauptet, auch bei
der empirischen Prüfung, bei der experimentellen Untersuchung, bei
der Beobachtung? 3. Der empirische Charakter der Theorie ist sicherzustellen; die Theorie darf nicht tautologisch sein. 4. Es ist die Frage
zu durchleuchten, ob die Theorie im Vergleich zu den anderen Theorien einen wissenschaftlichen Fortschritt darstellt. Die vorgeschlagenen
Theorien werden also nach strengen Maßstäben einer Überprüfung unterzogen. Findet man alle Folgerungen erfüllt, so hat sich die Theorie vorläufig einmal bewährt und wir werden sie vorerst nicht verwerfen; wahr oder wahrscheinlich wahr ist sie deshalb aber noch nicht.
Bewährung ist nie ein Beweis. Wird zum Beispiel irgendeine neue Folgerung aus der Theorie dagegen falsifiziert, so gilt wegen des logisch
deduktiven Ableitungsverfahrens schlagartig die ganze Theorie als falsifiziert, sie hält der Prüfung also damit in ihrer Gesamtheit nicht stand,
sie muß schließlich durch eine neue Theorie ersetzt werden.

c. Besondere Aufmerksamkeit ist der Struktur einer Theorie zuzuwenden.
Eine empirisch-wissenschaftliche Theorie muß sorgfältig gegenüber Ma-

thematik und Logik[4] einerseits, aber auch gegenüber pseudowissen-
schaftlichen Systemen anderseits abgegrenzt werden können. Die Festsetzung einer solchen Abgrenzung dient nämlich der verläßlichen Kennzeichnung des Charakters einer empirischen Erkenntnis. Das Abgrenzungskriterium soll aussagen, ob eine nähere Untersuchung eines bestimmten Satzsystems für die empirische Wissenschaft überhaupt von
Interesse ist. POPPER schlägt als Abgrenzungskriterium die Falsifizierbarkeit des Systems vor [Logik, Seite 15]. Es wird also nicht gefordert, daß das System auf empirisch-methodischem Weg endgültig
positiv ausgezeichnet werden kann, es wird aber sehr wohl verlangt,
daß die logische Form des Systems es möglich macht, daß man dieses
System mittels methodischer Nachprüfung negativ auszeichnen kann.
Die Struktur eines empirisch-wissenschaftlichen Systems muß also so
beschaffen sein, daß es an der Erfahrung scheitern kann. Sonst stellt
dieses System nämlich keinen Beitrag zur empirischen Wissenschaft dar.
Man sieht den Begriff der Theorie also in einem anderen Licht und manche Gesichtspunkte gewinnen dabei eine neue Bedeutung:

1. Bewährt sich das Neue, was die Theorie behauptet, in allen Fällen
der empirischen Untersuchung? Diese Frage werden wir uns ununterbrochen stellen müssen, denn Gesetze und Theorien haben keinen Anspruch mehr auf das endgültige Prädikat "wahr".
2. Wie können wir eine weitgehende Objektivität der wissenschaftlichen
Aussagen erreichen? Was meint man überhaupt, wenn man sagt, etwas
sei objektiv?
3. Die Struktur einer Theorie soll so beschaffen sein, daß sie an der
Erfahrung scheitern kann. Wie sehen hierfür einfache Beispiele aus?
4. Was wären dagegen nichtfalsifizierbare Strukturen?
5. Methodologische Regeln führen auf einen wissenschaftlichen Fort-
schrittsgedanken. Was bringt dieser Fortschritt?
6. Ist das alte Ideal der empirischen Wissenschaften noch haltbar, welches sagt, daß hier von absolut gesichertem Wissen die Rede ist oder
haben wir uns mit einem bescheideneren Bild zu begnügen.
Diese Gesichtspunkte wollen wir im folgenden näher beleuchten.

**1.** Eine Grundforderung ist also, daß das Neue, was aus einer
Theorie folgt, mit der empirisch-experimentellen Untersuchung verträglich
sein muß. Diese Überprüfung ist, worauf POPPER hinweist, rein deduktiver Art und vermeidet die zweifelhafte induktive Argumentation.
Aus dem Theoriesystem werden auf deduktive Weise singuläre Folge-

---

[4] "Alles logische Denken ist tautologisch; es kann nur dazu verhelfen, schon
Gesagtes anders zu sagen, nie kann es dazu verhelfen, etwas Neues zu sagen."
(HAHN [Occam, Seite 101])

rungen gezogen, die der Beobachtung zugänglich sind; von besonderem Interesse sind natürlich solche Folgerungen, die bisher noch nicht aus irgendwelchen anderen Theorien abgeleitet werden konnten, aber auch Folgerungen, die sich mit anderen Theorien vergleichen lassen, sind von Interesse. Aus solchen Überprüfungen kann man entnehmen, ob sich die Theorie (vorläufig) bewährt oder ob sie falsifiziert wird. Man beachte die Asymmetrie zwischen Verifikation und Falsifikation. Nehmen wir an, wir verfügen über wahre Beobachtungsaussagen, so ist es nicht möglich, einen vermuteterweise allgemeingültigen Satz zu verifizieren. Umgekehrt ist es aber sehr wohl möglich, durch eine einzige wahre Beobachtungsaussage einen vermuteterweise allgemeingültigen Satz ein für alle Male zu widerlegen. Die sich als wahr herausstellende Beobachtungsaussage, daß der Forscher N am Ort $x$ und zur Zeit $t$ einen petrolfarbenen, also nichtweißen Schwan beobachtet hat, würde ein für alle Male den Satz falsifizieren, daß *alle* Schwäne weiß sind. Oder ein anderes Beispiel. Im 15. Jahrhundert wurde es als selbstverständlich angesehen, daß sich Körper nur dann bewegen, wenn Kräfte auf sie einwirken. (Eine kurze Darstellung der Bewegungslehre des ARISTOTELES findet man bei HUND [Begriffsgeschichte, Seite 28ff.].) Eine Weiterführung dieser Ansicht ist der Satz, daß die Fallgeschwindigkeit eines Körpers proportional zu seinem Gewicht ist. Diese Theorie wird widerlegt durch die Beobachtung, daß kleine Steine und sehr große Steine beim freien Fall ungefähr die gleiche Geschwindigkeit erreichen. Die Grundlage der empirischen Wissenschaft ist also offenbar das Widerlegungsverfahren und nicht, wie wir früher gemeint haben, ein Beweisverfahren. Wenn man also sagt, dieses oder jenes Gesetz hätte sich "bewährt", so meint man damit, daß es uns bis jetzt nicht gelungen ist, das fragliche Gesetz an der Erfahrung scheitern zu lassen. Wir werden später erörtern, daß solche Entscheidungen der Falsifikation in komplexen Fällen gar nicht so einfach getroffen werden können (vergleiche auch POPPER [Logik, Seite 23]).

**2.** Bei all den hier genannten Methoden der Überprüfung setzt man als selbstverständlich voraus, daß die Überprüfung "objektiv" sei. POPPER [Logik, Seite 18ff.] präzisiert die Objektivität als Möglichkeit einer intersubjektiven Kritik der Aussagen, als Möglichkeit einer gegenseitigen rationalen Kontrolle durch kritische Diskussion[5]. Oder er

---

[5] Die Gesamtstrategie der Naturwissenschaften ist, wie ZIMAN [Erkenntnis, Seite 102] sagt, auf das Erreichen eines maximalen Konsens in der Öffentlichkeit gerichtet. "Die Objektivität der Welt, in der wir leben, wird dadurch garantiert, daß wir diese Welt mit anderen denkenden Wesen teilen. Durch die Kommunikation mit unseren Mitmenschen erhalten wir von ihnen fertige, mit einander harmonisierende Begründungen. Wir wissen, daß diese Begründungen nicht von uns kommen und erkennen gleichzeitig wegen ihrer Harmonie

sagt auch etwas enger formuliert: "Die Objektivität der wissenschaftlichen Sätze liegt darin, daß sie intersubjektiv nachprüfbar sein müssen. ... Nur dort, wo gewisse Vorgänge (Experimente) auf Grund von Gesetzmäßigkeiten sich wiederholen, bzw. reproduziert werden können. nur dort können Beobachtungen, die wir gemacht haben, grundsätzlich von jedermann nachgeprüft werden. Sogar unsere eigenen Beobachtungen pflegen wir wissenschaftlich nicht ernst zu nehmen, bevor wir sie nicht selbst durch wiederholte Beobachtungen oder Versuche nachgeprüft und uns davon überzeugt haben, daß es sich nicht nur um ein einmaliges 'zufälliges Zusammentreffen' handelt, sondern um Zusammenhänge, die durch ihr gesetzmäßiges Eintreffen, durch ihre Reproduzierbarkeit grundsätzlich intersubjektiv nachprüfbar sind. So hat wohl schon jeder Experimentalphysiker überraschende, unerklärliche 'Effekte' beobachtet, die sich vielleicht sogar einige Male reproduzieren ließen, um schließlich spurlos zu verschwinden; aber er spricht in solchen Fällen noch nicht von einer wissenschaftlichen Entdeckung (obwohl er sich vielleicht bemühen wird, Reproduktionsanordnungen für den Vorgang aufzufinden). Der wissenschaftlich belangvolle physikalische Effekt kann ja geradezu dadurch definiert werden, daß er sich regelmäßig und von jedem reproduzieren läßt, der die Versuchsanordnung nach Vorschrift aufbaut. Kein ernster Physiker wird jene 'okkulten Effekte' zu deren Reproduktion er keine Anweisung geben kann, der wissenschaftlichen Öffentlichkeit als Entdeckung unterbreiten. denn nur zu bald würde man auf Grund des negativen Resultats der Nachprüfungen die 'Entdeckung' als ein Hirngespinst ablehnen." Beispielsweise hat MILLER, nachdem er selbst schon früher das negative Resultat des Michelson-Experimentes reproduziert hatte, am Mount Wilson (1921 – 1926) einen unaufgeklärten positiven Ausfall des Michelson-Experimentes festgestellt. Bei späteren Nachprüfungen fiel der Versuch wieder so aus, wie man ihn aus den anderen Erfahrungen erwartet hatte, und man sagt, daß die abweichenden Ergebnisse "durch unbekannte Fehlerquellen verursacht wurden" (POPPER [Logik, Seite 19]).

**3.** Wir haben weiters auf den unbedingt erforderlichen empirischen Charakter der zu überprüfenden Theorie verwiesen und gefordert, daß die Struktur der Theorie so beschaffen sein muß, daß sie an der Erfahrung scheitern kann. Es ist im Sinne POPPERs ein Merkmal intellektueller Ehrlichkeit, daß man jene experimentellen Bedingungen ausspricht und nennt, die die eigene Theorie zum Scheitern bringen würden. "Wenn eine einzige

---

das Werk von ebenso vernünftigen Wesen wie wir selbst sind. Und weil diese Begründungen der Welt unserer Wahrnehmungen angepaßt erscheinen, glauben wir, wir dürften schließen, daß diese vernunftbegabten Wesen dasselbe Ding vor sich haben; wir wissen also, daß wir nicht geträumt haben." (PIRSIG [Zen. Seite 262])

aus ihr geschlossene Konsequenz sich als unzutreffend erweist, muß sie verlassen werden; eine Modifikation erscheint ohne Zerstörung des ganzen Gebäudes unmöglich" sagt EINSTEIN [Weltbild, Seite 228] über die Allgemeine Relativitätstheorie und führt auch solche Bedingungen explizit an. Eine Theorie muß also falsifizierbar sein. Aber auch schon an ganz einfachen Miniaturtheorien kann man sich vergegenwärtigen, was mit der Forderung gemeint ist, daß Theorien eine falsifizierbare Struktur haben müssen. Solche Beispiele wären:

a) Die Fallgeschwindigkeit eines Körpers ist proportional zu seinem Gewicht.
b) Der hydrostatische Auftrieb eines Körpers ist gleich dem Gewicht des durch den Körper verdrängten Flüssigkeitsvolumens.
c) Bauen im April die Schwalben, gibt's viel Futter, Korn und Kalben.

Alle drei Beispiele sind von ihrer Struktur her gesehen falsifizierbar. Das erste Beispiel haben wir sogar schon als falsifiziert erkannt, Fallversuche mit großen und kleinen Steinen haben dieses Gesetz an der Erfahrung bereits scheitern lassen. Es wurde ausgeschieden. Das zweite Beispiel ist das Archimedische Prinzip, auf ihm beruht die kalkulierbare Schwimmfähigkeit der Schiffe; bis heute hat es sich bewährt. Das dritte Beispiel ist eine Bauernregel, die gleichfalls von ihrer Aussagenstruktur her gesehen falsifizierbar ist. Alle drei Beispiele zeigen die Merkmale einer guten empirischen Theorie: Sie können von ihrer Struktur her gesehen, an der Erfahrung scheitern; sobald sie allerdings wirklich scheitern sollten, sind sie natürlich aus unserem Theorienrepertoire ein für alle Male auszuscheiden.

4. Ein allgemein gültiger Satz oder eine Theorie kann aber im Prinzip auch eine solche Struktur haben, daß keine Falsifikation möglich ist. Beispiele hierfür wären:

a) An meinem Urlaubsort $x$ wird es ab dem Zeitpunkt meiner Ankunft jeden Tag regnen oder nicht regnen.
b) Für jeden euklidischen Kreis gilt, daß seine Punkte gleich weit vom Mittelpunkt entfernt sind.
c) Nur das seelisch motivierte Medium ist in der Lage, parapsychologische Phänomene zu produzieren[6].

Es gibt keine logisch mögliche Beobachtungsaussage, die den Satz $a$ widerlegen könnte, egal ob es jetzt nämlich regnet oder nicht regnet. Obwohl dieser Satz ausschließlich von empirischen Phänomenen spricht, sagt er

---

[6] Man konnte an dieser Stelle auch aus MOLIÈREs Malade Imaginaire die Theorie "Opium bewirkt den Schlaf durch seine virtus dormitiva" zitieren, mit der MOLIÈRE die Ärzte seiner Zeit lacherlich machen wollte (LACATOS [Methodologie, Seite 114])

nichts über die empirische Wirklichkeit aus, er legt nichts fest, er verbietet nichts, er prophezeit nichts, er ist nicht überprüfbar, dieser Satz kann von seiner Bauart her grundsätzlich nicht an der Erfahrung scheitern, er teilt uns aber auch nichts über die Wirklichkeit mit, er ist daher belanglos und somit aus dem Fundus empirischer Aussagen aufgrund des Abgrenzungskriteriums auszuscheiden. Der Satz *b* ist ein wichtiger Satz der Geometrie, es hat aber trotzdem keinen Sinn, die empirische Wirklichkeit danach zu durchforschen, ob nicht doch ein euklidischer Kreis gefunden werden könnte, bei dem dieser Satz verletzt ist. Es hat keinen Sinn mit empirischen Methoden die Bewährung dieses Satzes anzustreben, weil ja der "euklidische Kreis" genau durch diesen Satz definiert ist; glaubt man tatsächlich eine Ausnahme, gefunden zu haben, dann hat es sich eben nicht um den euklidischen Kreis gehandelt. Der Satz *b* ist damit gleichfalls kein Satz der empirischen Wissenschaft, wenn er auch woanders von großer Bedeutung sein mag. Der Satz *c* behauptet, daß parapsychologische Phänomene, wie Hellsichtigkeit, Gedankenübertragung u.ä. nur dann produzierbar sind, wenn das erwähnte Medium seelisch motiviert ist. Der Satz *c* ist nicht falsifizierbar, wenn der Satz in eine Tautologie entartet, wenn man also die fragliche seelische Motivation des Mediums ausschließlich nur daran erkennen kann, ob parapsychologische Phänomene durch das Medium produzierbar waren. Egal was für ein Beobachtungsergebnis vorliegt, es stellt für den Satz *c* grundsätzlich eine Bewährung dar: Die momentane Nichtmotivation des Mediums erkennt man an seiner momentanen Unfähigkeit Paraphänomene zu produzieren. Anders ist das allerdings, wenn man auf irgend eine andere, zweite Art die fragliche seelische Motivation empirisch und intersubjektiv (objektiv) feststellen kann; dann ist der Satz *c* nicht mehr tautologisch, dann ist er falsifizierbar. Das heißt, dieser Satz ist jetzt der Gefahr ausgesetzt falsifiziert zu werden, er muß sich bewähren. Die durch die Vermeidung der Tautologie neuerdings mögliche Falsifikation könnte zum Beispiel so aussehen, daß das Medium trotz nachgewiesener seelischer Motivation kein Paraphänomen fertigbringt. Der Satz *c* gehört im nichttautologischen Fall in die zuerstgenannte Beispielgruppe, in der die Sätze durch ihre Falsifizierbarkeit einen möglichen Beitrag zur empirischen Wissenschaft darstellen. Ein System ist nicht-wissenschaftlich, wenn es zwar die Verifikation anstrebt, die Falsifikation aber systematisch verhindert.

**5.** Wir haben erwähnt, daß an den Theoriebegriff auch ein gewisser wissenschaftlicher Fortschrittsgedanke geknüpft ist, der mit den methodologischen Regeln verbunden ist, die nach POPPER [Logik, Seite 25 – 28] als Festsetzungen der empirischen Wissenschaft nach dem Muster von Spielregeln zugrundeliegen.

Zu diesen Spielregeln gehört, daß man

a) die Wissenschaft als Dauerbeschäftigung auffaßt; die wissenschaftlichen

Erkenntnisse sind laufend in allen Varianten zu überprüfen. Wer einen
wissenschaftlichen Satz als endgültig verifiziert betrachtet, tritt aus dem
Spiel der Wissenschaft aus.
b) Man darf in die empirische Wissenschaft nur objektive Aussagen
   einführen, also nur solche, die intersubjektiv nachprüfbar sind.
c) Hypothesen, die man einmal aufgestellt hat und die sich bewährt haben,
   darf man nicht grundlos verwerfen.
Was wäre ein Grund, beziehungsweise wann wird die Verwerfung einer Hypothese zur Pflicht? Ein selbstverständlicher Grund für die Verwerfung
einer Hypothese ist jener Fall, bei dem irgendeine neuerdings festgestellte
deduktive Folgerung mit der Erfahrung in Widerspruch steht. Ein anderer Grund für das Fallenlassen einer bestimmten Hypothese wäre, wenn
man an ihrer Stelle eine Hypothese aufnimmt, die besser nachprüfbar
ist. Eine bisher noch nicht falsifizierte wissenschaftliche Theorie steht also
umso höher im Kurs, je mehr Gelegenheiten vorliegen, zu zeigen, daß sich
die Natur in Wirklichkeit anders verhält, als die Theorie behauptet. Der
an den Theoriebegriff geknüpfte wissenschaftliche Fortschrittsgedanke verlangt also, daß die Theorien im Lauf der Entwicklung immer falsifizierbarer
werden, das heißt, daß die Theorien in ihrem Aussageumfang immer mehr
erweitert werden. Man wird also aus dem gleichen Grund auch eine absichtliche oder künstliche Verhinderung einer Theoriefalsifikation ächten.

Denken wir zurück an unser einfaches Beispiel der thermischen Ausdehnung und erläutern das vorhin Gesagte an einem fingierten Forschungsprojekt. Man hat also einen Eisenstab mit quadratischem Querschnitt
immer wieder erwärmt und festgestellt, daß er sich ausdehnt. Man hat
die verallgemeinernde Vermutung ausgesprochen: "Eisen dehnt sich aus,
wenn es erhitzt wird". Diese 1. Theorie hat sich bewährt, denn nicht nur
Stäbe mit quadratischem Querschnitt, sondern auch Zylinder, Platten und
Kugeln gehorchen dieser Theorie; sogar auch verunreinigtes (legiertes) Eisen dehnt sich beim Erhitzen aus. Eine darüber hinaus gehende Untersuchung von Kupfer ergibt, daß auch dieses Material sich beim Erhitzen
ausdehnt. Das führt zu einer neuen Vermutung, nämlich zur 2. Theorie:
"Metalle dehnen sich aus, wenn sie erhitzt werden". Diese neue Theorie ist
falsifizierbarer als die alte Theorie, denn man kann die gleichen Ausdeh-
nungsuntersuchungen (kurze oder lange Stäbe, Zylinder, Platten, Kugeln,
Ellipsoide) nicht nur beim Eisen, sondern auch bei Kupfer, Nickel, Silber,
Platin, Aluminium usw. ausführen. Für diese Theorie gibt es demnach
viel mehr Gelegenheit zu versagen, als das bei der ursprünglichen Theorie,
die nur für Eisen gegolten hat, der Fall war. Diese zweite Theorie ist somit
höher falsifizierbar, ihr Aussageumfang ist gewachsen, sie stellt gegenüber
der ersten Theorie einen wissenschaftlichen Fortschritt dar. Entsprechend
der methodologischen Regel, daß die empirische Wissenschaft als Dauerbeschäftigung aufzufassen ist, versucht man hartnäckig, diese Theorie

zu falsifizieren; dadurch daß sie höher falsifizierbar ist als die 1. Theorie, wären die Chancen für eine Widerlegung an sich gestiegen, aber es gelingt nicht, die Theorie bewährt sich. Ein neuerlicher Versuch mit einem Metall, welches den Namen "Invar" trägt, sorgt für Aufregung, es dehnt sich nämlich in einem bestimmten Temperaturintervall beim Erhitzen nicht aus. Die 2. Theorie "Metalle dehnen sich aus, wenn sie erhitzt werden" ist also damit falsifiziert. Denn Invar ist nachgewiesenermaßen ein Metall (wir setzen voraus, daß man bereits festgelegt hat, was ein Metall ist) und es dehnt sich unter gewissen Randbedingungen beim Erhitzen trotzdem nicht aus. Man könnte jetzt eine neue Vermutung aussprechen, um den neuen experimentellen Erkenntnissen gerecht zu werden und die Theorie 3a formulieren: "Metalle dehnen sich aus, wenn sie erhitzt werden, mit Ausnahme von Invar". Eine solche Theorie ist aber zu ächten, denn der letzte Halbsatz ist nichts anderes als eine künstliche Verhinderung der Theoriefalsifikation durch eine sogenannte ad-hoc-Modifikation, die die Aufgabe hat, die Theorie gegen die drohende Falsifikation zu immunisieren. Diese neue scheinreparierte Theorie 3a ist nämlich nicht – wie methodologisch gefordert – höher falsifizierbar als die verunglückte Theorie 2; denn sie bezieht sich auf den gleichen Beispielsumfang abzüglich des widerspenstigen Ausnahmefalles. Die Theorie 3a mit ihrer Ad-hoc-Modifikation enthält auch keine weiteren, überprüfbaren Konsequenzen als die, die in der Vorgängertheorie schon enthalten waren. So eine Theorie stellt keine wissenschaftliche Bereicherung dar, sie ist also abzulehnen; damit ist aber die gesamte Ausdehnungstheorie gefallen. Intensive Forschungen mögen zu einer andersartigen Vermutung führen, nämlich zur Theorie 3b: "Metalle dehnen sich aus, wenn sie erhitzt werden, es sei denn, es überlagert sich ein besonderer, kompensierender Kontraktionseffekt". Eine solche Modifikation erweist sich als annehmbar, weil sie auf überprüfbare Konsequenzen hinweist. Aber eines muß gesagt werden – falls ein solcher besonderer, kompensierender Kontraktionseffekt nicht "isoliert" werden kann, ist die Falsifikation der Theorie 2 durch Invar gültig und man ist wieder auf die alte Theorie 1 zurückgeworfen worden. Die Theorie 3b ist jetzt damit durch eine emsige, besondere Forschungsarbeit zu untermauern. Sie möge folgende Argumente zutage fördern:

- Invar erweist sich als ferromagnetisch.
- Ferromagnetische Materie enthält in ihrem Inneren spontan magnetisierte Bereiche (Weißsche Bezirke), auch wenn sich nach außen, also makroskopisch gesehen keine Gesamtmagnetisierung bemerkbar macht.
- Die innere, spontane Magnetisierung erweist sich als temperaturabgängig.
- Eine Magnetisierung der Materie führt zu Volums- und Gestaltsänderungen (Magnetostriktion).

Eine Synthese dieser Teilaspekte führt auf das Ergebnis, daß die Temperaturabhängigkeit der spontanen Magnetisierung bei Invar gerade so geartet ist, daß die damit verknüpfte Magnetostriktion solche Volumenänderungen bewirkt, daß die normale, bei Metallen beobachtbare Temperaturausdehnung hier gerade kompensiert wird. Man beachte, daß alle aufgezählten Teilaspekte separat überprüfbar sind und selbst wieder Konsequenzen in anderen Bereichen haben. Zum Beispiel wird die Temperaturabhängigkeit der spontanen Magnetisierung sich auch als Temperaturabhängigkeit der magnetischen Sättigung bemerkbar machen (Curietemperatur). Oder die magnetostriktionsbedingte Volumen- und Gestaltsänderung wird sich auch beim künstlichen Aufmagnetisieren in einer stromdurchflossenen Spule nachweisen lassen (Anwendung: magnetostriktive Schwinger als Ultraschallgeneratoren). Man wird sich auch fragen, ob der auf dem Ferromagnetismus fußende kompensierende Kontraktionseffekt die einzige Möglichkeit ist, oder ob es vielleicht noch andere Varianten gibt. Zu diesem Zweck wird man besondere Aufmerksamkeit jetzt den nichtferromagnetischen Metallen zuwenden und auch verschiedenste Legierungen testen und dabei tatsächlich fündig werden: Eine Bi-Cd-Pb-Sn-Legierung zeigt, obwohl sie nicht ferromagnetisch ist, die gleiche Ausdehnungsanomalie wie Invar (FASCHING [Legierungssysteme]). Ein magnetostriktiver Kompensationseffekt kann hier also nicht zur Erklärung herangezogen werden. Heißt das jetzt, daß die allgemeine Temperatur-Ausdehnungstheorie doch durchbrochen ist, oder läßt sich auch hier wieder ein separat analysierbarer kompensierender Kontraktionseffekt, der aber nun auf einem anderen Prinzip beruht, auffinden? Die durch das bedrohliche falsifizierende Experiment angeregte Forschungsarbeit deckt schließlich als den verantwortlichen Sachverhalt den temperaturabhängigen Umbau der Kristallstruktur auf, der von Volumsänderungen begleitet wird. Wir sehen also, daß die Theorie 3b im Gegensatz zur Theorie 3a einen wissenschaftlichen Fortschritt darstellt und sich als fruchtbar erweist. Die Theorie 3b stellt also einen würdigen Nachfolger der falsifizierten und damit unbrauchbar gewordenen Theorie 2 dar. Ein anderes einschlägiges Beispiel, welches POPPER [Logik, Seite 51] und LAUE [Relativitätstheorie, Bd. 1, Seite 10] zitieren, stammt aus der Wissenschaftsgeschichte. Es handelt sich um das Michelsonsche Experiment zur Messung der Lichtgeschwindigkeit: Um den unerwarteten Ausgang des Experimentes (Konstanz der Lichtgeschwindigkeit) im Theoriegebäude zu berücksichtigen, hat man die Lorentz-Fitzgeraldsche Kontraktionshypothese aufgestellt. Diese ad-hoc-Modifikation hat praktisch keine falsifizierbaren Konsequenzen und nur den Zweck, Theorie und Experiment in Übereinstimmung zu halten. Diese Hypothese erfüllt also nicht das Kriterium für eine "gute Theorie". Dagegen war die Relativitätstheorie hochfalsizierbar und überaus fruchtbar. Die weitere Forschungsarbeit hat daher auf ihr aufgebaut.

**6.** Das Bild, das wir uns von der empirischen Wissenschaft machen müssen, ist also offenbar viel bescheidener als das des Induktivismus. POPPER hat in einem schönen Vergleich die Situation eindrucksvoll umrissen [Logik, Seite 75, 223, 225]:
"So ist die empirische Basis der objektiven Wissenschaft nichts 'Absolutes'; die Wissenschaft baut nicht auf Felsengrund. Es ist eher ein Sumpfland, über dem sich die kühne Konstruktion ihrer Theorien erhebt; sie ist ein Pfeilerbau, dessen Pfeiler sich von oben her in den Sumpf senken – aber nicht bis zu einem natürlichen, 'gegebenen' Grund. Denn nicht deshalb hört man auf, die Pfeiler tiefer hineinzutreiben, weil man auf eine feste Schicht gestoßen ist:   Wenn man hofft, daß sie das Gebäude tragen werden, beschließt man, sich vorläufig mit der Festigkeit der Pfeiler zu begnügen ...
Unsere Wissenschaft ist kein System von gesicherten Sätzen, auch kein System, das in stetem Fortschritt einem Zustand der Endgültigkeit zustrebt. Unsere Wissenschaft ist kein Wissen (epistēmē) : weder Wahrheit noch Wahrscheinlichkeit kann sie erreichen.
Dennoch ist die Wissenschaft nicht nur biologisch wertvoll. Ihr Wert liegt nicht nur in ihrer Brauchbarkeit: Obwohl Wahrheit und Wahrscheinlichkeit für sie unerreichbar ist, so ist doch das intellektuelle Streben, der Wahrheitstrieb, wohl der stärkste Antrieb der Forschung.
Zwar geben wir zu: Wir wissen nicht, sondern wir raten. Und unser Raten ist geleitet von dem unwissenschaftlichen, metaphysischen (aber biologisch erklärbaren) Glauben, daß es Gesetzmäßigkeiten gibt, die wir entschleiern, entdecken können. Mit BACON könnten wir die 'Auffassung, der sich jetzt die Naturwissenschaft bedient, Antizipationen, leichtsinnige und voreilige Annahmen' nennen.
Aber diese oft phantastisch kühnen Antizipationen[7] der Wissenschaft werden klar und nüchtern kontrolliert durch methodische Nachprüfungen. Einmal aufgestellt, wird keine Antizipation dogmatisch festgehalten. Die Forschung sucht nicht sie zu verteidigen, sie will nicht recht behalten: mit allen Mitteln ihres logischen, ihres mathematischen und ihres technisch-experimentellen Apparats versucht sie, sie zu widerlegen – um zu neuen unbegründeten und unbegründbaren Antizipationen, zu neuen 'leichtsinnigen Annahmen', wie BACON spottet, vorzudringen ...
Das alte Wissenschaftsideal, das absolut gesicherte Wissen (epistēmē), hat sich als ein Idol erwiesen. Die Forderung der wissenschaftlichen Objektivität führt dazu, daß jeder wissenschaftliche Satz vorläufig ist. Er kann sich wohl bewähren – aber jede Bewährung ist relativ, eine Beziehung, eine Relation zu anderen, gleichfalls vorläufig festgesetzten Sätzen."

---

[7] Antizipation bedeutet soviel wie Hypothese.

Fassen wir das verzweigt Gesagte zusammen. Wir sprechen über Gesetze und Theorien. Wir verstehen unter einem Gesetz eine generelle Aussageformel, die einen Grundzug eines gewissen Objektbereiches der Wissenschaft abbildet. Ein Gesetz ist also nicht bloß ein besonderes Kondensationsprodukt, das über die bisherigen singulären Beobachtungsaussagen wie ein raffinierter Datenspeicher Auskunft gibt[8]. Ein Gesetz ist vielmehr ein die singulären Beobachtungsaussagen umschließender Allsatz, also eine allgemeine Behauptung, eine generelle Aussageformel über potentiell unendlich viele Fälle. Zwischen unserer Sammlung von verläßlichen Beobachtungsaussagen und einer generellen Aussageformel über potentiell unendlich viele Fälle ist also ein ganz großer Unterschied. Worin liegt aber das Recht begründet, daß wir meinen, daß wir uns auf diese generelle Aussageformel verlassen dürfen? Gibt es also einen zuverlässigen Schritt, der von einzelnen Beobachtungsaussagen zur generellen Aussageformel führt? Dieser formalwissenschaftliche Schritt würde dann die Basis jeder empirischen Wissenschaft darstellen. Die Auffassung, so haben wir gesehen, wonach man mit Hilfe eines Induktionsprinzips objektiv bewiesene Gesetze auffinden kann, ist für uns mehr als fragwürdig. Es scheint unmöglich zu sein, Konklusionen über Zukünftiges aus induktiven Schlüssen als richtig zu erweisen. Diese Erkenntnis hat dazu geführt, das Induktionsprinzip als Basis der empirischen Wissenschaft aufzugeben. Mit diesem Verzicht verlieren aber die Gesetze und erst recht die Theorien, die wir als einen Zusammenschluß von Gesetzen, Hypothesen und Tatsachen zu einem System verstehen, das bisherige Prädikat "wahr" oder "wahrscheinlich wahr". Gesetze und Theorien erscheinen uns jetzt in einem ganz neuen Licht. Wir sehen sie beide zunächst nur als spekulative Vermutungen, als kühne Einfälle, vielleicht sogar bloß als "leichtsinnige und voreilige" Annahmen. Bleiben wir gleich beim komplizierteren Fall, bei den Theorien; was hier gesagt wird, gilt aber natürlich auch für die Gesetze. Wenn es also nicht gelingt, eine Theorie von vornherein als wahr oder wahrscheinlich wahr zu kennzeichnen, dann müßte man sie zumindest hinterher nach verläßlichen Maßstäben einer Überprüfung unterziehen. Wie macht man das und welche Eigenschaften muß eine Theorie aufweisen, damit sie überhaupt überprüfbar ist. Die Voraussetzung für die geforderte Überprüfbarkeit ist die innere Widerspruchslosigkeit der Theorie und ihre Falsifizierbarkeit. Die Falsifizierbarkeit verlangt der Theorie eine solche Struktur ab, daß sie im Prinzip in der Lage ist, an der Erfahrung zu scheitern. Man beachte die bemerkenswerte Asymmetrie zwischen Verifikation und Falsifikation: Aus einzelnen wahren Beobachtungsaussagen kann nie ein

---

[8] "Die Wissenschaft muß ja schließlich von einem Kuriositatenladen unterschieden werden, in dem interessante lokale oder kosmische Merkwürdigkeiten gesammelt und zur Schau gestellt sind" (LAKATOS [Methodologie, Seite 100])

allgemeiner Satz verifiziert, sehr wohl dagegen falsifiziert werden. Theorien erweisen sich also nie als wahr, höchstens als falsch. Die Falsifizierbarkeit als Abgrenzungskriterium dient der verläßlichen Kennzeichnung des Charakters einer empirischen Erkenntnis und sagt aus, ob eine nähere Untersuchung eines bestimmten Satzsystems für die empirische Wissenschaft überhaupt von Interesse ist. Mit diesen beiden Voraussetzungen der inneren Widerspruchslosigkeit und der Falsifizierbarkeit kann man an die Überprüfung der Theorie herangehen. Die Überprüfung soll objektiv sein, also intersubjektiv nachprüfbar. Bewährt sich das Neue, was die Theorie behauptet, auch bei der experimentellen Untersuchung, bei der Beobachtung, dann kann man bei dieser Theorie bleiben. Weil eine Bewährung nie ein Beweis ist, ist die Theorie nie als endgültig verifiziert zu betrachten; sie befindet sich ununterbrochen am Prüfstand. Erweist sich auch nur irgendeine (deduktiv erschlossene!) Detailfolgerung der Theorie als falsch, dann ist die gesamte Theorie als falsifiziert zu betrachten und aus der Wissenschaft auszuscheiden. Theorien mit geringer Falsifizierbarkeit (wenngleich sich auch ein Falsifizierbarkeitsgrad im Ernstfall wahrscheinlich kaum angeben läßt) sind so beschaffen, daß die Wirklichkeit kaum Gelegenheit hat, mit den Theorie-Folgerungen in Widerspruch zu stehen. Niedrig falsifizierbare Theorien verraten uns also kaum etwas über die Wirklichkeit. Es werden also hochfalsifizierbare Theorien, die aber trotzdem einer Widerlegung entgehen, in der empirischen Wissenschaft bevorzugt, denn nur sie liefern einen wissenschaftlichen Beitrag.

Wenn sich Gesetze und Theorien schon nicht als wahr erweisen können, können sie sich dann wenigstens verläßlich als falsch erweisen? Man würde diese Frage nach dem bisher Gesagten mit Bestimmtheit bejahen, denn aus wahren Beobachtungsaussagen kann ein allgemeiner Satz falsifiziert werden. Und das stimmt auch, wenn man voraussetzen kann, daß a) tatsächlich wahre Beobachtungsaussagen vorliegen und daß b) Theorien wirklich nichts anderes sind als einfach strukturierte allgemeine Sätze.

a) Betreffend die Wahrheit der Beobachtungsaussagen sind noch einmal die seherischen Worte POPPERs [Logik, Seite 75] zu zitieren, wonach "die empirische Basis der objektiven Wissenschaft nichts 'Absolutes' ist; die Wissenschaft baut nicht auf Felsengrund. Es ist eher ein Sumpfland über dem sich die kühne Konstruktion ihrer Theorien erhebt; sie ist ein Pfeilerbau, dessen Pfeiler sich von oben her in den Sumpf senken – aber nicht bis zu einem natürlichen 'gegebenen' Grund." Die empirische Basis ist nichts Absolutes. Alle Beobachtungsaussagen sind fehlbar. Beobachtungsaussagen erweisen sich darüber hinaus selbst wieder als theorieabhängig. Man muß nämlich bedenken – und das spielt gleichzeitig in Punkt b) hinein – "daß die experimentellen Techniken des Wissenschaftlers fehlbare Theorien involvieren, in deren Lichte er die Tatsachen interpretiert" (LAKATOS [Methodologie, Seite 104]). Wir müssen also ein Berufungsverfahren zulassen "für den Fall, daß der Theoretiker das negative Verdikt des Experimentators zu bezweifeln wünscht. Der Theoretiker darf verlangen[9], daß der Experimentator seine interpretative Theorie genau angibt, und er darf sie – zum Ärger des Experimentators – durch eine bessere ersetzen, in deren Licht seine zunächst 'widerlegte' Theorie eine positive Beurteilung erhalten kann" [Methodologie, Seite 127].

b) Theorien sind in vielen Fällen mehr als bloß einfach strukturierte allgemeine Sätze. Eine Theorie ist im allgemeinen ein überaus komplexes Gebilde, in dem ein ganzes System von allgemeinen Aussagen, Hilfshypothesen und Randbedingungen zusammenspielen. Die experimentelle Überprüfung einer Theorie ist gleichfalls wieder als komplexe Testsituation zu sehen, wo verschiedene Anfangsbedingungen und Zusatztheorien hereinspielen werden. Das heißt, wenn die Überprüfung einer solchen Theorie ein falsifizierendes Ergebnis liefert, dann kann man offenbar nur den gesamten Theorie-und-Test-Komplex als falsifiziert betrachten. (LAKATOS [Methodologie, Seite 127] schreibt: Es ist nicht so, daß wir eine Theorie vorschlagen, und die Natur ruft vielleicht "nein"; wir schlagen ein Netz von Theorien vor, und die Natur ruft vielleicht "inkonsistent". So verschiebt sich das Problem vom alten Problem der Ersetzung einer durch 'Tatsachen' widerlegten Theorie zum neuen Problem der Auflösung von Widersprüchen zwischen eng verbundenen

---

[9] LAKATOS [Methodologie, Seite 127] führt hierfür NEWTON, der damals an seiner Mondtheorie arbeitete, als Beispiel an, der den ersten Königlichen Astronomen Englands, FLAMSTEED, veranlaßte, Beobachtungsdaten in diesem Sinn umzudeuten. NEWTON hat bei seinem Besuch am 1 September 1694 FLAMSTEED genau angewiesen, auf welche Weise Änderungen vorzunehmen seien. Am 7 Oktober 1694 schrieb FLAMSTEED an NEWTON "Seitdem Sie nach Hause gegangen sind, habe ich die Beobachtungen überprüft, die ich gebrauchte, um die größten Gleichungen der Erdbahn zu bestimmen, unter Berücksichtigung der Mondstellen zu denselben Zeiten ... Ich finde, daß Sie (*wenn die Erde sich nach der Seite des Mondes neigt, wie Sie andeuten*) etwa 20″ abschlagen durfen ... "
NEWTON hat FLAMSTEED auch eine "bessere" Theorie uber die Lichtstrahlenbrechung in der Atmosphare gelehrt, die also angibt, um wieviel ein Stern (bei einer bestimmten Hohe uber dem Horizont) über seinem "wahren Ort" durch die Strahlenbrechung gehoben erscheint. FLAMSTEED hat diese Theorie akzeptiert und seine ursprunglichen Daten korrigiert. NEWTON hat damit gegen seine eigene berühmte Regel verstoßen nach der man nicht auf Grund von bloßen Hypothesen gegen Aussagen argumentieren soll, die induktiv aus den Erscheinungen selbst abgeleitet sind (LENK [Wissenschaftstheorie, Seite 118])

Theorien. Welche der einander widersprechenden Theorien soll eliminiert werden?) Man darf nicht immer nur die zentrale theoretische Aussage, sozusagen den Theoriekern verdächtigen; es können auch gewisse Aspekte der Testsituation oder Randbereiche der komplexen Theorie für die Falsifikation verantwortlich sein.

Wir werden sehen, daß das Bild der verläßlichen Falsifikation wahrscheinlich nur eine Idealisierung darstellt. Wir haben offenbar noch eine viel zu einfache Vorstellung von dem, was eine Theorie wirklich ist. Endgültige Falsifikationen sind wahrscheinlich gar nicht einfach[10]. LAKATOS [Methodologie, Seite 98] stellt sogar die Behauptung auf, daß "gerade die am meisten bewunderten wissenschaftlichen Theorien nicht imstande sind, beobachtbare Sachverhalte zu verbieten." Er erzählt in seiner trockenen Art eine kleine Geschichte, aus der man entnehmen kann, daß man immer wieder viele Gründe aufzuzählen in der Lage ist, warum eine falsifizierte Theorie nach Ansicht ihrer Anhänger doch richtig sein wird: "Die Geschichte betrifft einen imaginären Fall planetarischer Unart. Ein Physiker in der Zeit vor Einstein nimmt Newtons Mechanik und sein Gravitationsgesetz $N$ sowie die akzeptierten Randbedingungen $A$ und berechnet mit ihrer Hilfe die Bahn eines eben erst entdeckten kleinen Planeten $p$. Aber der Planet weicht von der berechneten Bahn ab. Glaubt unser Newtonianer, daß die Abweichung von Newtons Theorie verboten war und daß ihr Beweis die Theorie $N$ widerlegt? – Keineswegs. Er nimmt an, daß es einen bisher unbekannten Planeten $p'$ gibt, der die Bahn von $p$ stört. Er berechnet Masse, Bahn etc. dieses hypothetischen Planeten und ersucht dann einen Experimentalastronomen, seine Hypothese zu überprüfen. Aber der Planet $p'$ ist so klein, daß selbst das größte vorhandene Teleskop ihn nicht beobachten kann: Der Experimentalstronom beantragt einen Forschungszuschuß, um ein noch größeres Teleskop zu bauen. (Sollte das winzige vermutete Planetchen selbst für das größtmögliche optische Teleskop unerreichbar sein, so könnte der Physiker mit einem vollkommen neuen Instrument (etwa mit einem Radioteleskop) Versuche anstellen, um es zu 'beobachten', d.h. um die Natur, wenn auch nur indirekt, über es zu befragen. (Die neue 'Beobachtungstheorie' mag dabei nicht vollkommen ausgearbeitet, geschweige denn streng überprüft sein; aber unser Physiker wird dadurch genauso wenig beunruhigt werden wie seinerzeit Galilei.)) In drei Jahren ist das neue Instrument fertig. Wird der unbekannte Planet $p'$ entdeckt, so feiert man diese Tatsache als einen neuen Sieg der Newtonschen Wissenschaft. – Aber man findet ihn nicht. Gibt unser Wissenschaftler Newtons Theorie und seine Idee des störenden Planeten auf? – Nicht im mindesten! Er mutmaßt nun, daß der gesuchte Pla-

---

[10] ANDERSSON [Falsifikationismus] beleuchtet an Hand von geschichtlichen Beispielen die Probleme des Falsifikationismus und Fallibilismus.

net durch eine kosmische Staubwolke vor unseren Augen verborgen wird.
Er berechnet Ort und Eigenschaften dieser Wolke und beantragt ein Forschungsstipendium, um einen Satelliten zur Überprüfung seiner Berechnungen abzusenden. Vermögen die Instrumente des Satelliten (darunter
völlig neue, die auf wenig geprüften Theorien beruhen) die Existenz der
vermuteten Wolke zu registrieren, dann erblickt man in diesem Ergebnis
einen glänzenden Sieg der Newtonschen Wissenschaft. Aber die Wolke
wird nicht gefunden. Gibt unser Wissenschaftler Newtons Theorie, seine
Idee des störenden Planeten und die Idee der Wolke, die ihn verbirgt,
auf? – Nein! Er schlägt vor, daß es im betreffenden Gebiet des Universums ein magnetisches Feld gibt, das die Instrumente des Satelliten
gestört hat. Ein neuer Satellit wird ausgesandt. Wird das magnetische
Feld gefunden, so feiern Newtons Anhänger einen sensationellen Sieg. –
Aber das Resultat ist negativ. Gilt dies als eine Widerlegung der Newtonschen Wissenschaft? – Nein. Man schlägt entweder eine neue, noch
spitzfindigere Hilfshypothese vor, oder ... die ganze Geschichte wird in
den staubigen Bänden der wissenschaftlichen Annalen begraben, vergessen
und nie mehr erwähnt. (Zumindest bis ein neues Forschungsprogramm das
Programm Newtons überholt, das fähig ist, dieses bisher unzugängliche
Phänomen zu erklären. In diesem Fall wird das Phänomen wieder ausgegraben und als ein 'entscheidendes Experiment' inthronisiert.)"[11]
Dieses Bild wirkt – selbst wenn es nicht in diesem spöttischen Ton erzählt
wäre – fast wie eine böswillige Verleumdung. Aber auch von Seiten der
Physiker werden heute Stimmen laut, daß das Falsifikations-Kriterium
zwar als Grundsatz berechtigt ist, aber in der Praxis manchmal nicht
zu halten ist. ZIMAN [Erkenntnis, Seite 29] zitiert ein Beispiel: "Dieses

---

[11] Bei der Lektüre dieser Geschichte wird man sich sagen, daß dieser hier geschilderte Vorgang des Vertröstens auf immer unwahrscheinlichere Ursachen an
den Haaren herbeigezogen erscheint und in Wirklichkeit wohl nicht vorkommt
Eine Theorie wird abzulehnen sein, wenn die experimentelle Erfahrung *der betreffenden Zeit* dagegen spricht. Interessant ist in diesem Zusammenhang das
von CHALMERS [Wege, Seite 77] zitierte Beispiel, wonach TYCHO DE BRAHÉ
gerade in diesem Sinn es für sich in Anspruch nahm, die Theorie von KOPERNI
KUS widerlegt zu haben Denn beim Umlauf der Erde um die Sonne mußte die
Sichtrichtung der Fixsterne im Lauf des Jahres schwanken. BRAHÉs experimentelle Arbeiten, die zu den sorgfältigsten und exaktesten seiner Zeit zählten,
konnten diese Paralaxe aber nicht nachweisen. Daher war seine Schlußfolgerung
zu verstehen. Vom Standpunkt BRAHÉs wäre es nämlich äußerst unwahrscheinlich und nicht vertretbar gewesen, die Fixsternentfernung so groß anzusetzen, daß die Schwankungen der Fixstern-Sichtrichtung unmeßbar klein wird
und so verschwindet. Vom puristischen Standpunkt gesehen, hätte man sich *damals* eigentlich seiner Argumentation anschließen müssen. Daß wir heute über
Fixsternentfernungen anders denken, kann damals kein Argument gewesen sein

Problem stellt sich in einer noch immer nicht gelösten wissenschaftlichen Kontroverse der jüngsten Zeit, dem Problem der 'fehlenden Sonnenneutrinos' (KUCHOWICZ [Neutrinos]). Die akzeptierten Theorien der Kernreaktionen im Inneren der Sonne sagen die Erzeugung eines intensiven Flusses von Neutrinos vorher, die bei ihrem Durchgang durch die Erde beobachtbar sein sollten. Das Neutrino ist ein schwer zu registrierendes Teilchen, doch kann es mit riesigen, komplizierten und teuren Apparaten gelegentlich nachgewiesen werden. Gigantische Experimente dieser Art konnten die Theorie bisher nicht bestätigen: Der Fluß an Sonnenneutrinos ist zwar nicht genau meßbar, er scheint jedoch in allen Experimenten wesentlich kleiner als der theoretische Wert zu sein. Doch was wurde dadurch falsifiziert? Selbst wenn wir den experimentellen Wert nicht in Frage stellen, bedeutet dies nicht, daß die Theorie der Kernreaktionen falsch ist. Die Rechnungen benötigen viele Annahmen wie beispielsweise die Mischungsgeschwindigkeit des Plasmas im Sonneninneren und gleichbleibende Bedingungen über lange Zeiträume. Diese Annahmen können schwer getrennt beurteilt werden, aber beeinflussen die Resultate stark. Einige Atomphysiker interpretieren das experimentelle Ergebnis als radikale Falsifikation der Theorie und suchen nach grundlegend anderen Modellen für die Energieproduktion der Sonne; andere schätzen mit gleicher Berechtigung die Konsequenzen geringfügiger Modifikationen des Standardmodells der Sonne ab (TRIMBLE [Neutrinos])." ZIMAN [Erkenntnis, Seite 33] fährt weiter fort: "Vielleicht stehen viele Folgerungen einer Theorie nicht mit den Experimenten in Einklang, und doch kann sie wegen ihrer inneren Geschlossenheit und ihres weiten Anwendungs- und Gültigkeitsbereiches überzeugen. Die Physiker akzeptieren die Schrödingergleichung der Wellenmechanik – nicht, weil sie wie die frühere Theorie von Bohr das beobachtete Spektrum des Wasserstoffs wiedergibt; die Wellenmechanik steht deshalb unangefochten da, weil sie – wenn auch nicht immer in Zahlen – nahezu alle Eigenschaften von Atomen, Molekülen und Kristallen erklären konnte. Wenn sie einmal bei der Erklärung neuer Phänomene (z.B. der Supraleitung) zu versagen scheint, dann geben wir eher einem Fehler in unserer Rechnung oder einem falschen Verständnis der physikalischen Situation die Schuld, als daß wir annehmen würden, die Wellenmechanik sei nun widerlegt." Die Falsifikation ist also ein recht schwieriges Unterfangen. Darüberhinaus müssen wir noch mit einem zweiten Problem in jenen Bereichen der empirischen Forschung rechnen, deren Experimente mit einem ungeheuren Aufwand verbunden sind. (Vergleiche auch FÖLSING [Hochenergiephysik].) Im Bereich der wissenschaftlichen Großforschung – wie etwa im Bereich der Hochenergieforschung – , bei der das Instrumentarium etwa soviel Platz wie eine Fabrik benötigt, wo ein Experiment durch Jahre hindurch geplant wird und welches Dutzende Wissenschafter, Techniker und Datenanalytiker beschäftigt, wirft die geforderte Reproduzierbarkeit experimenteller Resultate nicht unerhebliche erkenntnistheoretische Fragen auf. Der sonst übliche scharfe Wettbewerb um die Qualität und Absicherung experimenteller Resultate wird wegen der hohen Kosten für eine Experimentwiederholung eher unzureichend sein, ja es wird sogar immer deutlicher die Tendenz spürbar, eine "kostspielige Duplikation von Forschung" zu vermeiden. Forschungseinrichtungen (wie etwa Superbeschleuniger), die überhaupt nur einmal auf der Erde vorkommen, sind dann jedenfalls die äußerste Grenze (ZIMAN [Erkenntnis, Seite 53]). Unser Bild von der Intersubjektivität verschiebt sich.

## 4. Die unerwartete historische Sicht der Wissenschaftsentwicklung

THOMAS S. KUHN hat mit seinem Buch über "Die Struktur wissenschaftlicher Revolutionen" eine erstaunte Hinwendung zur Wissenschaftsgeschichte verursacht. Erstaunt war die Hinwendung deshalb, weil aus historischer Sicht das Bild vom Fortschritt der Wissenschaft sich als zweifelhaft ergab. Die Rede vom Fortschritt der Wissenschaft ist, wie wir sehen werden, aber viel mehr als nur ein Schlagwort. Das Bild vom Fortschritt wird heute für den naturwissenschaftlichen Beruf fast als unverzichtbare Ideologie angesehen. KUHNs geschichtswissenschaftliche Arbeiten zeigen. daß man die Verhältnisse unzulässig simplifiziert, wenn man die Struktur des gerade heute stattfindenden Wissenschaftsbetriebes als die einzige Art ansieht, wie Wissenschaft überhaupt zu betreiben ist. KUHNs historische Beispiele decken verschiedene Arten von Wissenschaft auf und das macht uns in bemerkenswerter Weise den Blick frei und wir lösen uns aus der Suggestivkraft einer zu stark vereinfachten und idealisierten Sicht über Gesetze und Theorien. Wir werden uns in der nachfolgenden Argumentation eng an KUHNs Originaltext anlehnen[12]. Das soll aber nicht heißen, daß sein Wissenschaftskonzept hier im einzelnen dargelegt

---

[12] Man wird nicht umhin können, KUHNs Originalwerk [Struktur] nachzulesen, wenn man auch das Umfeld jener doch zum Teil aus dem Zusammenhang gerissenen, gekürzten und manchmal auf unseren Zweck zugeschnittenen Argumente kennen lernen will. Im Originalwerk ist weiters zur Untermauerung des Textes eine umfangreiche Sammlung von Primär- und Sekundärliteratur genannt. Die nachfolgend angeführten Seitenzahlen zu KUHNs [Struktur] sollen den Zugang zu diesen Informationen erleichtern und auch als Quellennachweis dienen. Die Angaben sind geordnet nach den nachfolgenden Absatzbezeichnungen unseres Textes.

werden soll, damit wir im nachfolgenden Text darauf nahtlos aufbauen können. Manche Vorstellungen und Begriffe (wie "Paradigma", u.a.) werden in wesentlich abgeänderter Form später weiterverwendet. Die historischen Schlaglichter und KUHNs Überlegungen sollen uns dagegen hier helfen, die hypnotische Starre abzuschütteln, indem wir fragen, ob sich in der Geschichte unser bisheriges Bild über Gesetze und Theorien auch wirklich widerspiegelt. Das Leitwort hierfür wäre WITTGENSTEINs "Denk nicht, sondern schau!". Folgende Fragen und Themen werden wir ansprechen:

0. Welche historische Sicht sind wir gewöhnt und wie sieht dagegen das Bild aus, welches uns KUHN vor Augen führt?
1. Die präparadigmatische Phase.
2. Die normale Wissenschaft.
3. Rätsel, Anomalien und Krisen.
4. Wissenschaftliche Revolutionen.

**0. Welche historische Sicht sind wir gewöhnt?** Von der empirischen Wissenschaft her kommend, sieht man zumeist die Wissenschaft als ein Unternehmen an, welches die Aufgabe hat, Fakten, Theorien und Methoden zusammenzustellen, wobei die Wissenschaftler jene Personen sind, die sich mit oder ohne Erfolg bemüht haben. den einen oder anderen Sachverhalt zu dieser besonderen Zusammenstellung beizutragen. Die Entwicklung einer Wissenschaft ist ein Vorgang, bei dem kleinere

---

Absatz 0 (Welche historische Sicht sind wir gewöhnt?): Seite 18f , 23f., 34, 114, 136, 186f.

Absatz 1 (Die präparadigmatische Phase): Seite 31-34, 37f , 91

Absatz 2 (Die normale Wissenschaft)  Seite 45f., 60, 72.

Absatz 3 (Rätsel, Anomalien und Krisen)· Seite 59f., 79-86, 88, 95, 98f., 104f., 110f., 115f.

Absatz 4 (Wissenschaftliche Revolutionen): Seite 133f , 141f

Darüberhinaus sei auch die zusammenfassende Skizze des KUHNschen Wissenschaftskonzeptes von STEGMÜLLER [Theoriendynamik, Seite 153f.] genannt.

Eine Fundgrube historischer Details ist auch HUNDs [Begriffsgeschichte]

KUHNs Ideen haben ein großes Echo gefunden und haben zu einem interessanten und fruchtbaren, zum Teil kritischen Meinungsaustausch geführt. Eine Gegenüberstellung zum Falsifikationismus findet man bei KUHN [Logik], die Problematik der Normalwissenschaft und der wissenschaftlichen Revolutionen beleuchten WATKINS [Normalwissenschaft], TOULMIN [Normalwissenschaft], WILLIAMS [Normalwissenschaft], POPPER [Naturwissenschaft] und FEYERABEND [Revolutionen], [Methodenzwang], über die Natur des Paradigmas schreibt MASTERMAN [Paradigma]; wertvolle Ergänzungen zu diesen Fragen findet man bei KUHN [Bemerkungen], aber auch bei STEGMÜLLER [Hauptströmungen, Seite 483-534].

oder größere sprungartige Erweiterungen vorgenommen werden, wodurch
solche Einzelheiten in isolierter oder kombinierter Weise dem vorhandenen Bestand des Wissens additiv hinzugefügt werden. Ganz entscheidend
für diese Additivität ist die in der empirischen Wissenschaft bestehende
Möglichkeit, daß man stets Behauptung und Tatsache einander gegenüber-
stellen kann, sodaß man unzweideutig, ein für alle Male zwischen wahr und
falsch entscheiden kann. Die Erforschung der Fakten wird immer weiter
vorgetrieben durch die Entwicklung neuartiger Instrumente, die immer
präzisere Aussagen erlauben. Die aufgefundenen Gesetze werden logisch
miteinander verknüpft, bis schließlich umgreifende Theorien die Einzel-
erkenntnisse immer mehr und mehr zusammenschließen. Im Gegensatz zu
anderen kulturellen Bemühungen, wie etwa der Philosophie oder der Theo-
logie, hat jedenfalls die Wissenschaft sich seit den Uranfängen stets um die
gleichen Ziele bemüht und die Fortschritte haben daher eine kontinuierliche Annäherung an die Realität gebracht. Man vergleicht daher auch gerne
das Unternehmen der Wissenschaft mit einem großen Bauwerk, bei dem
Ziegelsteine aneinander- und aufeinandergefügt werden. Die Wissenschaftler haben also in einem additiven Prozeß Fakten, Begriffe, Gesetze und
Theorien einem Informationsschatz hinzugefügt, wodurch schließlich das
entstanden ist, was wir in den heutigen wissenschaftlichen Lehrbüchern
lesen können[13].

Hiermit soll natürlich nicht gesagt werden, daß der Prozeß der Kumulation immer mit der gleichen Geschwindigkeit vorangekommen ist. Im
Gegenteil, es gibt viele Perioden der Stagnation und oft ist der Kumula-
tionsprozeß nur langsam vorangekommen, zu anderen Zeiten wiederum
war ein beflügeltes Fortschreiten zu beobachten. Schuld an diesem zeit-
weise stockenden Fortschritt ist jedenfalls nur die menschliche Unzulänglichkeit und insbesondere hat in den Zeiten des wissenschaftlichen Frühsta-
diums ein Gemisch aus Irrtum, Mythos und Aberglauben das Anwachsen
der Wissenschaft behindert. Irrtum, Mythos und Aberglauben gilt es auszuscheiden. Die modernen Theorien zeigen demgegenüber eine gewisse
Adaptierbarkeit. sie fügen sich scheinbar nahtlos in den Kumulations-
prozeß ein. Man argumentiert: Dieses Bild der Additivität ist durchaus verträglich damit, daß hin und wieder auch heute noch eine an sich
bewährte Theorie durch eine moderne Theorie ersetzt wird. Keinesfalls

---

[13] "Das Ansehen der Naturwissenschaft beruhte nicht zuletzt darauf,
daß sich im Verlauf der Arbeit immer ein Konsens herausbildete, die zur
Lehrbuchreife gediehene naturwissenschaftliche Erkenntnis besaß intersubjektive Verbindlichkeit. So werden beispielsweise die Maxwellschen Gleichungen
der Elektrodynamik von allen Physikern akzeptiert und angewandt, unabhängig
von ihrer Nationalität, ihrem Herkommen und ihrer politischen Überzeugung."
(WILD [Wissenschaftsverständnis])

bedeutet das, daß die überholte Theorie etwa falsch gewesen sei. Die moderne Theorie ist bloß umfassender als die überholte Theorie. Die überholte Theorie ist also nicht etwa logisch unvereinbar mit der modernen, im Gegenteil, sie wird als ableitbarer Spezialfall angesehen, der jetzt für einen genau umrissenen, etwas engeren Anwendungsbereich gültig ist. Dieser so gesehene Vorgang ist gleichzeitig eine schöne Metapher dafür, daß die Theorien in ihrem historischen Wandel der Wahrheit offenbar immer näher kommen, denn die alte Theorie ist ja immer noch annähernd richtig.

Und all das, was hier beschrieben wurde, soll der Historiker in chronologischer Reihenfolge festhalten. Das wäre dann die historische Sicht, die wir gewöhnt sind. Er soll also aufzählen, welcher Forscher zu welchem Zeitpunkt welches Gesetz oder welches Faktum entdeckt und dem Wissensschatz hinzugefügt hat. Aber auch die veralteten Anschauungen, die Irrtümer und den alten Aberglauben und auch den Mythos, der wie Nebel zu Beginn der Wissenschaft vor unseren Augen lag, wird man der Vollständigkeit wegen und vielleicht auch als abschreckendes Beispiel erwähnen.

KUHNs historische Sicht ist mit diesem Bild aber nicht verträglich[14]. Es wird von ihm zuallererst bezweifelt, ob man veraltete Anschauungen wirklich als unwissenschaftlich bezeichnen darf, nur weil man sie ausrangiert hat. Wenn man nämlich die Bestandteile vergangener Anschauungen sorgfältig durchleuchtet, so findet man, daß das, was man zuerst so bereitwillig als "Irrtum" und "Aberglaube" bezeichnet hat, im Prinzip nicht weniger wissenschaftlich ist als die heutigen Anschauungen. Wenn man die veralteten Anschauungen aber unbedingt als Mythen abqualifizieren will. dann wird man es sehr schwer haben mit der historischen Erkenntnis, daß diese sogenannten Mythen durch die gleichen Methoden erzeugt und zufolge gleicher Vernunftgründe geglaubt werden, wie die heutigen wissenschaftlichen Erkenntnisse. Eine solche Sicht empfindet man zurecht als absurd. Wenn man dagegen die veralteten Anschauungen auch als Wissenschaft ansieht, dann findet man, daß diese frühere Wissenschaft Glaubenselemente eingeschlossen hat, die mit den heute vertretenen völlig unvereinbar sind. Diese Entscheidung zugunsten der Wissenschaftlichkeit veralteter Theorien hat sonach eine ganz wichtige Konsequenz: Man wird

---

[14] ZIMAN [Erkenntnis, Seite 107] sagt pointiert. "Es ist allzuleicht, die Geschichte der Naturwissenschaften als Erfolgsmärchen falsch darzustellen, in dem ein erleuchtetes Genie nach dem anderen durch zwingende Gründe dazu getrieben wurde, den unvermeidbaren Schritt nach vorne zu tun. ... Doch solche optimalen Wege sind Fiktionen, die wir nur durch Ignorieren eines großen Bestandes an weiterem Material erhalten, das zu seiner Zeit nicht weniger wissenschaftlich war."

die wissenschaftliche Entwicklung in ihrer Gesamtheit nicht mehr als kumulativen Wachstumsprozeß betrachten dürfen.

Der erste Abschnitt in der Wissenschaftsentwicklung ist nach KUHN die sogenannte präparadigmatische Phase. Es ist das ein außerordentlich mühsamer Weg, den die Forscher gehen müssen, um einmal zu einem ersten fest umrissenen Forschungskonsensus zu kommen. In dieser Wissenschaftsepoche scheinen nämlich alle Tatsachen und Phänomene in gleicher Weise relevant zu sein und die wissenschaftliche Entwicklung bezieht sich auf die unermeßlich vielen, leicht zugänglichen Daten. Jeder Experimentator hat seine eigenen Ansichten über das Wesen seines Fachbereiches und es werden die einzelnen Phänomene auf unterschiedlichste Weise interpretiert. Die präparadigmatische Phase kommt zum Abschluß durch die Ausbildung des sogenannten Paradigmas. Ein "Paradigma" ist im normalen Sprachgebrauch soviel wie ein Exempel, also zum Beispiel ein konjugiertes Verb in einer Grammatik, wobei dieses Exempel als Musterbeispiel für alle anderen, gleich konjugierten Verben steht. KUHNs Paradigmabegriff ist im Vergleich dazu viel umfassender; das Paradigma legt nämlich fest, welche Gesetze und Theorien gelten, welche Lösungsmethoden wissenschaftlich sind und wie ein Phänomen zu sehen ist. Der zweite Abschnitt in der Wissenschaftsentwicklung ist die normale Wissenschaft. Die normale Wissenschaft ist die im Rahmen des Paradigmas stattfindende, also traditionsgebundene Tätigkeit des Lösens wissenschaftlicher Rätsel. Ein dritter Abschnitt der Wissenschaft ist durch das Überhandnehmen von offenbar unlösbaren Rätseln und Anomalien gekennzeichnet, wodurch schließlich eine Krise in der Wissenschaft ausgelöst wird. Der vierte Abschnitt ist die außerordentliche Wissenschaft. Sie ist das traditionszerstörende Gegenstück zur traditionsgebundenen Tätigkeit der normalen Wissenschaft, sie führt zu wissenschaftlichen Revolutionen. Man beachte, eine solche wissenschaftliche Revolution bringt eine Verschiebung im Bereich der zulässigen und dadurch sichtbar gemachten Probleme und auch der legitimen Problemlösungsmethoden mit sich. Eine wissenschaftliche Revolution gestaltet also die Welt um, in der die wissenschaftliche Arbeit getan wird. Von Kumulation ist in diesem Abschnitt der Entwicklung nichts zu sehen.

**1. Die präparadigmatische Phase.** In der präparadigmatischen Phase gibt es keine einheitliche, allgemein anerkannte Anschauung über den betreffenden Forschungsbereich. Es gibt vielmehr eine Anzahl miteinander konkurrierender Schulen und Zweigschulen. Zu verschiedenen Zeiten leisteten alle diese Schulen bedeutende Beiträge zu dem Bestand an Konzepten, Phänomenen und Techniken. Wer aber damals über einen bestimmten Forschungsbereich eine Abhandlung schrieb und eine der gängigen Auffassungen nicht als gegeben hinzunehmen vermochte, war genötigt, seinen Forschungsbereich von Grund auf neu zu entwickeln. Hierbei konnte er relativ frei bestätigende Beobachtungen und Experimente wählen. Denn der Autor war nicht gezwungen, irgendeine bestimmte Standardreihe von Methoden anzuwenden und er war auch nicht gezwungen eine bestimmte Standardreihe von Phänomenen zu erklären. Diese Vorgangsweise ist auch heute noch so manchem kreativen Fachbereich vertraut. In anderen Bereichen dagegen ist diese Phase bereits abgeschlossen und läßt sich nur mehr historisch beleuchten. Ein Beispiel für dieses Stadium ist das Gebiet der Elektrizität in der ersten Hälfte des achtzehnten Jahrhunderts. Nahezu jeder bedeutende Experimentator – GRAY, DESAGULIERS, DuFAY, NOLLET, WATSON, FRANKLIN – hatte seine eigene Anschauung über das Wesen der Elektrizität. Der gemeinsame Boden für diese divergierenden Sichten, die sich bestenfalls durch eine Familienähnlichkeit auszeichneten, war die Mechano-Korpuskular-Theorie jener Zeit. Greifen wir drei Forschergruppen mit ihren Vorstellungen heraus. Für die eine Reihe früher Theorien war die Reibungserzeugung und die Anziehungskraft das fundamentale Phänomen; in der Abstoßung sah man eher einen Sekundäreffekt zufolge eines gewissen mechanischen Rückpralls; man neigte in dieser Gruppe dazu, die Diskussion des von GRAY neu entdeckten Elektrizitätsleitungseffektes so lange wie möglich hinauszuschieben. Die Elektrizität war in ihrer Vorstellung demnach so etwas ähnliches wie eine "Ausdünstung", die von Nichtleitern ausging. Für eine andere Gruppe früher Forscherpersönlichkeiten war das Anziehungs- und das Abstoßungsphänomen gleichermaßen als Phänomen fundamental und wichtig; aber auch für sie war die Erklärung einfachster Leitungseffekte schwierig. Eine dritte Gruppe wieder nahm die Leitungseffekte zum Ausgangspunkt und man neigte dazu, von der Elektrizität als von einer Art "Flüssigkeit" zu sprechen, die durch Leitungen laufen konnte. Allerdings war hier wiederum die umgekehrte Schwierigkeit, die Theorie mit manchen Anziehungs- und Abstoßungseffekten in Einklang zu bringen. Wie kommt es, daß nun eine der Schulen aus der Vorparadigmazeit schließlich triumphiert und die anderen zum Verschwinden bringt, obwohl sie wegen der ihr eigenen charakteristischen Auffassung vom Forschungsgegenstand nur einen bestimmten Teil der noch unfertigen Sammlung von Informationen hervorgehoben hat? Jene Forscher, die die Elektrizität als Flüssigkeit ansahen, geben hierfür ein schönes Beispiel. Es kamen nämlich einige von ihnen auf die Idee, die elektrische Flüssigkeit in Flaschen abzufüllen; ein Gedanke, der einem "gelegentlichen Tatsachensucher", der die Natur wahllos forschend betrachtet, natürlich niemals gekommen wäre. In unserem Fall dagegen ist diese Idee um 1740 gleich von mindestens zwei Forschern unabhängig voneinander verfolgt worden. Man hielt hierzu eine mit Wasser gefüllte

Phiole in der Hand und berührte das Wasser mit einem Stromleiter, der
an einem Influenzgenerator hing. Als man die Phiole dann vom Influenzgenerator entfernte und mit der zweiten Hand die Wasseroberfläche
berührte, dann erhielt man einen elektrischen Schlag. Diese Versuche haben später zur sogenannten Leidenerflasche, der Vorläuferin unserer Kon-
densatoren, geführt. FRANKLIN hat sich lange Zeit mit der Erklärung
dieser seltsamen Erscheinung beschäftigt. Seine Deutungen waren jedenfalls ein ganz wirksames und entscheidendes Argument und haben
seine Theorie zum ersten Paradigma gemacht, wenn auch noch nicht
alle Abstoßungsphänomene tatsächlich gedeutet werden konnten. Damit
eine Theorie als Paradigma angenommen wird, muß sie also besser
erscheinen als ihre Konkurrentinnen, sie muß aber nicht gleich alle
Tatsachen, mit denen sie konfrontiert ist, erklären können[15]. Ein
Paradigma zeigt ferner an, welche Experimente man sinnvollerweise
durchführen wird und welche nicht, weil sie zu sekundären und übermäßig
komplexen Erscheinungen führen würden. Ein Paradigma beinhaltet somit eine relativ strenge Definition des Fachgebietes. Das Paradigma
macht also Schluß mit der ermüdenden Debatte über die Grundlagen
und ermutigt die Forscher, genauere, "esoterischere" Arbeiten im Bereich
ausgesuchter Phänomene in Angriff zu nehmen. Es werden jetzt Spe-
zialgeräte entwickelt, das Faktensammeln, die Theoriepräzisierung wird
zu einer ganz gezielten Tätigkeit. Der Forschungsbereich ist zur Fachwissenschaft geworden, mit einer eigenen Fachsprache in den Publikationen, die auf der Kenntnis des gemeinsamen Paradigmas aufbauen
und die sich hauptsächlich an Fachkollegen richten.

---

[15] SEXL weist in diesem Zusammenhang auf weitere Details hin "...
So beginnt fast jede neue Theorie mit zahlreichen Unklarheiten, die technisch
schwierig zu bewältigen sind und nur wenigen eingearbeiteten Experten zugänglich sind  Die Theorie gilt als schwierig. Dies war z B bei der Newton'schen
Mechanik der Fall, als man sich über die Stabilität des Planetensystems nicht im
klaren war  Konnten Instabilitäten nicht mit einem Schlag die gesamte Ideenwelt Newtons zunichte machen? Fast hundert Jahre scharfsinniger Forschung
waren notwendig, um dieses Problem zumindest teilweise aufzuklären, und eine
endgültige Antwort steht auch heute noch aus  Die vielen Erfolge der Theorie
führen aber dazu, daß sich ein Lehrbuchkanon gelöster Probleme ausbildet, die
für den Unterricht bereitstehen

Die großen Schwierigkeiten, die früher das Verständnis der Theorie erschwerten,
werden dabei nicht mehr erwähnt und sind meist nur wenigen Experten bekannt
Die Theorie wird allmählich lehrbar, wobei sich sehr verschiedene Niveaus des
Verständnisses einstellen können ...

Wie sehr dieser Prozeß der Durchsetzung und Lehrbarmachung einer physikalischen Theorie ein Vorgang der Gewöhnung ist, der keinesfalls dem Idealbild
völliger Durchdringung entspricht, das man manchmal von physikalischen Theo-

**2. Die normale Wissenschaft.** Die normale Wissenschaft beschäftigt sich mit der Verwirklichung jener Verheißung von Erfolg, die das Paradigma behauptet hat. Hierzu wird eine Erweiterung der Kenntnisse jener Fakten herbeigeführt, die vom Paradigma als besonders aufschlußreich geoffenbart wurden. Weiters wird eine Verbesserung des Zusammenspieles dieser Fakten mit den Voraussagen des Paradigmas angestrebt und schließlich wird diese Verbesserung durch weitere Präzisierung des Paradigmas bewirkt. Bei einer näheren historischen Untersuchung erscheint das Unternehmen der normalen Wissenschaft fast so wie ein Versuch, die Natur in die vorgeformte und relativ starre Schublade, welche das Paradigma darstellt, hineinzuzwängen. Es ist nicht das Ziel der normalen Wissenschaft, neue Phänomene zu finden. Im Gegenteil, nicht in die Schublade hineinpassende Phänomene werden oft überhaupt nicht gesehen. Die normale Wissenschaft ist nämlich nur bestrebt, die vom Paradigma bereits vertretenen Phänomene und Theorien zu verdeutlichen. KUHN führt eine große Zahl von Beispielen dafür an, welcher Art die Probleme sind, die sich der normalen Wissenschaft jetzt tatsächlich stellen. Es sind das im wesentlichen drei Gruppen: 1) jene Fakten, die vom Paradigma als für die Natur der Dinge als besonders aufschlußreich bezeichnet werden, 2) die Untersuchung von Fakten, die sich unmittelbar mit Voraussagen aus der Paradigmatheorie vergleichen lassen und 3) befaßt sich die normale Wissenschaft mit der Präzisierung der Paradigmatheorie, um restliche Unklarheiten zu erhellen. Nach der historischen Sicht von KUHN erwirbt die wissenschaftliche Gemeinschaft mit dem Paradigma ein Kriterium für die Wahl von Problemen, von welchen man vermuten kann, daß sie einer Lösung zugeführt werden können; und das sind die einzigen Probleme, die die Gemeinschaft als wissenschaftlich anerkennt. Es gibt aber durchaus auch andere Probleme, die früher einmal zu den Norm-Problemen gehört haben, diese werden aber jetzt

---

rien hat, zeigt eine Episode aus der Geschichte der Relativitätstheorie. Die Lorentz-Kontraktion ist eine der einfachsten Voraussagen, die aus den Grundlagen der Theorie folgt. Sie wird in praktisch allen Darstellungen der Relativitätstheorie eingehend diskutiert. Es zeigt sich, daß ein rasch bewegter Körper einem ruhenden Beobachter stark verkürzt erscheint. In zahlreichen Büchern finden sich auch graphische Darstellungen dieses Effektes, der zu sehr bemerkenswerten optischen Erscheinungen in einer relativistischen Welt führen sollte. Erst im Jahr 1955 entdeckte ROGER PENROSE und JAMES TERREL, daß die übliche Darstellung des Effektes völlig unzutreffend ist und bewegte Körper nicht etwa verkürzt, sondern verdreht erscheinen. Vierzig Jahre lang hatten selbst alle Experten die falschen Darstellungen aus der Anfangszeit der Relativitätstheorie unkritisch und ungeprüft übernommen." (SEXL [Relativitätstheorie, Seite 212])

angesichts des neuen Paradigmas als metaphysisch abgelehnt oder man
schiebt sie in den Bereich einer Nachbardisziplin ab oder man hält sie
schließlich für viel zu komplex und sondert sie aus diesem Grund aus.
Es wird die normale Wissenschaft also als ein Unternehmen gesehen,
wo Rätsel spezieller Art zu lösen sind. Und ein erfolgreicher Wissenschaftler ist ein Experte im Rätsellösen. Das Paradigma der Gemeinschaft lernt der Wissenschaftler während seiner Ausbildung. Und es ist
bemerkenswert, er lernt die Begriffe, und Theorien nie "in abstracto",
sondern er begegnet den Begriffen und Theorien von allem Anfang an innerhalb eines pädagogisch älteren Komplexes, wobei Begriffe und Theorien
stets mit ihren Anwendungen gemeinsam und durch diese Anwendungen
dargeboten werden. Ein "Prozeß des Lernens durch Fingerübung" führt
den Wissenschaftler schließlich in seinen akademischen Beruf ein und das
erlernte Paradigma führt seinerseits dann in sicherer Art die Forschung der
normalen Wissenschaft durch seine wirksame Priorität. Aber nicht nur an
Hand historischer Beispiele kommt man zu dieser Auffassung, auch bei einer Analyse der modernen Naturwissenschaft, insbesondere der Physik,
findet man zu einer ganz analogen Ansicht. ZIMAN [Erkenntnis, Seite
102ff.] erläutert dies an einer ganzen Reihe treffender Beispiele.

**3. Rätsel, Anomalien und Krisen.** Im Rahmen der normalen
Wissenschaft arbeitet der Wissenschaftler als ein Experte im Rätsellösen.
Jedes Forschungsprojekt stellt sich dar als ein Geflecht instrumentaler,
begrifflicher und mathematischer Rätsel, die auf der Basis des Paradigmas beruhen. Die Güte eines Rätsels liegt nicht darin, daß die Lösung
einen besonderen inneren Wert hat oder darin, daß die Lösung interessant und wichtig ist; wirklich drängende Probleme nehmen zumeist nicht
einmal den Charakter eines Rätsels an. Was aber für ein Rätsel dagegen immer wichtig ist, ist die sichere Existenz einer Lösung. Das Paradigma ist ein unerläßlicher Prüfstein für die einigermaßen zielsichere
Auswahl der Probleme, von denen man das Vorhandensein einer para-
digmagerechten Lösung vermuten kann. Den Wissenschaftler hindert also
höchstens sein eigener Mangel an Scharfsinn daran, eine Lösung zu finden;
das dürfte den leidenschaftlichen Forschungsdrang verstehen lassen und
damit auch die bemerkenswerte Antriebskraft für den Fortschritt der normalen Wissenschaft deuten. In der normalen Wissenschaft sehen wir also
ein ausgesprochen kumulatives Unternehmen vor uns, welches zielsicher
danach strebt, den Umfang und die Exaktheit der paradigmaorientierten
wissenschaftlichen Erkenntnisse auszuweiten. Es ist aber nicht das erklärte
Ziel der normalen Wissenschaft, irgendwelche Neuheiten – tatsächlicher
oder theoretischer Art – zutage zu fördern. Dennoch trägt die normale
Wissenschaft, wie die Geschichte zeigt, eine besonders ausgeprägte Fähigkeit in sich, unvermutete Phänomene sichtbar zu machen und zu entdecken. Und das ist nicht erstaunlich, denn ein unvermutetes Phäno-

men, vielleicht sogar eine Anomalie kann nur vor einem ganz konkreten Erwartungs-Hintergrund sichtbar werden, der durch ein Paradigma aufgespannt wurde. Und je ausgeprägter und anspruchsvoller das Paradigma gebaut ist, desto empfindlicher wird es eine Anomalie anzeigen. Wenn aber beim normalwissenschaftlichen Spiel, welches einem bestimmten Satz von Spielregeln folgt, unabsichtlich neue Fakten generiert werden, dann erfordert ihre Eingliederung, daß ein neuer Satz von Spielregeln aufgestellt wird. Wenn die neuen Fakten einmal eingegliedert sind, dann ist der Wissenschaftsbereich, in dessen Gebiet die neuen Entdeckungen fallen, mit seinen neuen Spielregeln aber nicht mehr ganz der gleiche, wie er früher einmal war.

Das Wort "Entdeckung" ist überhaupt etwas irreführend; man denkt dabei nämlich sehr leicht an einen Vorgang, der in einem ganz bestimmten Zeitpunkt vor sich geht, so wie wenn man beim Umgraben im Garten ganz plötzlich auf einen Schatz stößt und staunend vor einem Sack mit Goldmünzen steht. Eine Entdeckung, wie wir sie meinen, ist demgegenüber nicht ein solcher einziger und elementarer Prozeß, den man eindeutig einem bestimmten Entdecker und einem bestimmten Zeitpunkt zuordnen kann. Eine Entdeckung eines neuen Faktums ist nämlich ein komplexes Ereignis und als solches stellt es eine zeitlich ausgedehnte Episode dar, in welcher sich die Erkenntnis etabliert, "daß etwas ist und was es ist". Nur wenn ein Phänomen nicht neu ist, wenn also alle relevanten Begriffe ohnehin schon von vornherein festgelegt und bekannt sind, kann die Enthüllung des "daß" und des "was" ohne Arbeitsaufwand in einem extrem kurzen Zeitintervall, sozusagen per Augenschein, vor sich gehen. Wirkliche Entdeckungen erfordern dagegen eine Anpassung der Spielregeln und stellen daher einen zeitlich ausgedehnten Vorgang dar, der die folgende historische Struktur zeigt:

a) Die vom Paradigma der normalen Wissenschaft erzeugte Erwartung wird in Wirklichkeit nicht erfüllt. Dem Wissenschaftler wird eine Anomalie bewußt.

b) Diese Anomalie wird in ihrer ganzen Ausdehnung zum Brennpunkt einer näheren Erforschung gemacht.

c) Dieser neuartige und jetzt sichtbar gewordene, detaillierte Sachverhalt ist durch Anpassung des Paradigmas zu assimilieren, wodurch sich schließlich die Anomalie in etwas umwandelt, was man aufgrund des neuen Paradigmas dann sogar als Gesetzmäßigkeit erwarten darf.

Es liegt hier also etwas ganz anderes vor, als ein kumulatives Aufeinanderlegen von einzelnen, voneinander isolierten Erkenntiseinheiten. KUHN führt in seinem Buch viele historische Beispiele an, wo man deutlich diesen zeitlich ausgedehnten Prozeß mit all seinen paradigmatischen Anpassungsproblemen verfolgen kann. Bei der Entdeckung des Sauerstoffs zum Beispiel zieht sich dieser Prozeß vom Jahr 1774 bis zum Jahr 1777 hin,

und man weiß genau genommen nicht, wem man den Lorbeerkranz auf
die Stirne drücken soll: PRIESTLEY, LAVOISIER oder SCHEELE[16].
LAVOISIER, dem man üblicherweise den Lorbeerkranz zuerkennt, hat im
Jahr 1777 nicht so sehr die Entdeckung des Sauerstoffes. sondern vielmehr
die Sauerstofftheorie der Verbrennung in seiner Publikation angekündigt.
Diese Theorie hat schließlich zu einer revolutionären Neuformulierung der
Chemie geführt. Aber auch andere Entdeckungen, die nicht gleich eine
ganze Paradigmatheorie umwerfen, lösen einen nicht unerheblichen Schock
aus, denn auch sie erfordern, daß man Arbeiten, die man bereits für absolut abgeschlossen gehalten hat und die sich auf vermeintlich unverfäng-
liche Projekte bezogen haben, neu bearbeiten und neu überdenken muß.
Ein gutes Beispiel hierfür ist die Entdeckung RÖNTGENs. Vom Standpunkt der damaligen Theorie waren die Röntgenstrahlen keinesfalls verboten, dennoch hat diese Entdeckung auf die damaligen Wissenschaftler
wie ein Schock gewirkt. Lord KELVIN hat sogar zunächst von einem
ausgefeilten Schwindel gesprochen. Diese Erschütterung beruht darauf,
daß die Wissenschaftler vor RÖNTGENs Entdeckung eine offenbar rele-
vante veränderliche Größe nicht bemerkt und sie auch in ihre Überlegungen nicht einbezogen haben. Auf diese Weise greift also die Entdeckung der
Röntgenstrahlen sehr wohl in schon bestehende und schon bearbeitete und
zum Teil abgeschlossene Forschungsgebiete ein; denn auch bei früheren
einschlägigen Versuchen werden, ohne daß man es allerdings wußte und
ohne daß man es berücksichtigen konnte, Röntgenstrahlen erzeugt worden
sein.

An diesen genannten Beispielen wird bereits das auffallende Inein-
andergreifen und das kontinuierliche Übergehen von Rätsel, Anomalie,
Krise und Revolution deutlich. Das bloß intellektuelle Aufspalten dieses historischen Kontinuums in einzelne Abschnitte möge man also nicht
überbewerten.

Rätsel und zarte Anomalien sind für die normale Wissenschaft
zunächst nichts Beunruhigendes: sie können sich aber im Lauf der Zeit
auswachsen und schließlich zu Krisen oder gar Revolutionen führen. Historische Beispiele lassen erkennen, daß das Bewußtsein einer Anomalie
oft sehr lange anhält und nicht beseitigt werden kann und schließlich so
tief eindringt, daß man in diesem Forschungsbereich mit Recht von einem
Stadium der wachsenden Krise sprechen kann. Man beobachtet eine Periode verstärkter fachwissenschaftlicher Unsicherheit, weil man auf der Basis
des alten Paradigmas offenbar nicht in der Lage ist, für einige neuerdings
anstehende Rätsel der normalen Wissenschaft die erwartete Auflösung zu

---

[16] Einen kurz gefaßten Überblick über die Phlogistontheorie und die Entdeckung des Sauerstoffs findet man bei PAULING [Chemie, Seite 104f.]

finden. Dieses Versagen und dieses Unvermögen löst schließlich die Suche nach neuen Spielregeln aus. Es kommt zuletzt zu einer umfassenden Paradigmazerstörung und zu einer zum Teil umfangreichen Verschiebung bei den Problemen und bei den Verfahren, die die normale Wissenschaft kennzeichnet.

Ein schönes Beispiel hierfür ist der Übergang vom Ptolemäischen zum Kopernikanischen System. Das Ptolemäische System ist in den Jahrhunderten um Christi Geburt entstanden und hat sich als besonders erfolgreich in der Voraussage der veränderlichen Positionen von Sternen und Planeten erwiesen. Es hat im Altertum kein System gegeben, welches sich in diesem umfassenden Ausmaß bewährt hätte. Und so war dieses System im Mittelalter die offizielle wissenschaftliche Ansicht. Natürlich haben die hiermit getroffenen Voraussagen in bezug auf die Planetenpositionen und die Präzession von Tag- und Nachtgleiche nie wirklich exakt mit den damals verfügbaren besten Beobachtungen übereingestimmt. Und daher war es auch die Hauptaufgabe der damaligen normalwissenschaftlichen Tätigkeit, die Theorie mit den Himmelsbeobachtungen in Übereinstimmung zu bringen. Die Astronomen hatten eine Zeitlang auch allen Grund zu der Vermutung, daß ihre Bemühungen Erfolg haben würden. Bei einer einzelnen Unstimmigkeit waren sie nämlich ausnahmslos in der Lage, diese durch Korrekturen zu beseitigen. Wenn man aber die Forschungsbemühungen insgesamt betrachtete, so war es nicht mehr zu übersehen, daß die Kompliziertheit der Astronomie viel schneller wuchs als ihre Exaktheit und es war zu befürchten, daß die vielleicht hier an dieser Stelle korrigierte Diskrepanz an einer anderen Stelle wieder zutage trat. Am Anfang des sechzehnten Jahrhunderts haben also immer mehr der besten Astronomen Europas erkannt, daß das ptolemäische Paradigma versagte und zwar gerade auf dem Gebiet seiner eigenen traditionellen Probleme. Dieses aufkommende Krisenbewußtsein hat das Suchen nach einem neuen Paradigma ausgelöst. Die Krise wurde auch noch durch verschiedene Randbedingungen verschärft, wie zum Beispiel die längst überfällige Kalenderreform, die wegen der ungelösten Probleme der Präzession von Tag- und Nachtgleiche ins Stocken kam, aber auch historische und philosophische Elemente haben hier mitgespielt. Das alte ptolemäische Paradigma wurde aber erst zögernd aufgegeben, als das neue Paradigma mit gewissen Erfolgsverheißungen sichtbar wurde.

Ein anderes Beispiel ist die Krise der Physik im späten neunzehnten Jahrhundert, die zur Relativitätstheorie geführt hat. Eine frühe Wurzel dieser Krise führt sogar bis ins späte siebzehnte Jahrhundert, wo eine Reihe von Philosophen, allen voran LEIBNIZ (siehe zum Beispiel [Hauptschriften, Band 1]), kritisierten, daß NEWTON an einer (zwar auf den neuesten Stand gebrachten) Version der klassischen Konzeption des absoluten

Raumes festgehalten hat. Diese Kritik war natürlich rein von logischen
Überlegungen getragen und nicht etwa von Anomalien der Newtonschen
Theorie ausgelöst. Es gab also so gesehen keinen Grund, diese Kritik ernst
zu nehmen. Die wirklichen Probleme haben erst etwa 1815 begonnen;
damals ist die Wellentheorie des Lichtes in die normale Wissenschaft ein-
gedrungen. Die sich immer stärker manifestierenden Schwierigkeiten lagen
in folgendem: Wenn das Licht eine Wellenbewegung ist, die sich in einem
durch die Newtonschen Gesetze beherrschten mechanischen Äther fort-
pflanzt, dann müßte man auch Strömungen im Äther, zum Beispiel zufolge
der Erdbewegung in Relation zu einem Lichtstrahl, entdecken können. Bekanntlich haben die sorgfältigsten Messungen mit hierfür neu entwickelten Spezialgeräten diese Strömungen experimentell aber nicht entdecken
können. FRESNEL, STOKES und andere haben schließlich eine Anpassung und Präzisierung der Äthertheorie entworfen, um zu erklären, warum
sich keine Ätherströmung beobachten ließ. Im wesentlichen hat es sich
darum gehandelt, anzunehmen, daß jeder bewegte Körper in der Lage
ist, den Äther bis zu einem gewissen Grad mitzuziehen. Zwischen 1880
und 1900 hat sich die Situation aber nocheinmal geändert und zugespitzt.
Die elektromagnetische Theorie von MAXWELL wurde in den wissenschaftlichen Alltag übernommen. MAXWELL hatte zwar in einer frühen
Version seiner Theorie die hypothetischen Eigenschaften des mechanischen
Äthers in seinen Gleichungen und Überlegungen noch eingebaut, in seiner
endgültigen Version der Theorie jedoch ließ er sie fallen. Damit hat MAX-
WELLs Diskussion des elektromagnetischen Verhaltens von Körpern, die
sich in Bewegung befinden, auf Ätherströmungen keinen Bezug genom-
men. Nach 1890 sind viele experimentelle und theoretische Versuche un-
ternommen worden, um Ätherströmungen zu entdecken und sie in die
Maxwelltheorie einzuarbeiten. Es hat eine ganze Reihe von Ansätzen gegeben und man kann fast von Wucherungen miteinander konkurrierender
Theorien sprechen. EINSTEINs spezielle Relativitätstheorie ist in diesem
Umfeld entstanden.

Wie reagieren Wissenschaftler auf Anomalien und Krisen? Jedenfalls reagieren sie auf Anomalien nicht einfach dadurch, daß sie das Paradigma sofort fallenlassen [17]. Denn gewissen Rätseln sahen sich die

---

[17] Ein Beispiel hierfur gibt LAKATOS Er analysiert in [Methodologie,
Seite 137] das Forschungsprogramm von BOHR Hierbei zeigt sich die folgende
Situation Das Bohrsche Atommodell mit seinen um den Atomkern kreisen-
den Elektronen mußte auf Grund der Theorie von MAXWELL und LORENTZ
in $10^{-8}$ Sekunden in sich zusammenfallen, weil in einer solchen Konfiguration
Energie abgestrahlt wird. BOHR blieb jedoch bei seinen theoretischen Vorstel-
lungen, obwohl seine Theorie falsifiziert wurde. LAKATOS analysiert BOHRs
Beweggründe

wissenschaftlichen Theorien immer gegenüber und als Purist müßte man
einen paradoxen Schluß ziehen, nämlich "daß alle Theorien zu jeder Zeit
widerlegt sind". Die Entscheidung, ein Paradigma fallen zu lassen, setzt
voraus, daß bereits ein Alternativ-Paradigma vorhanden ist und beruht
auf einem Vergleich beider Paradigmata mit der Natur und zusätzlich
auf einem Vergleich der Paradigmata miteinander. Es ist bemerkenswert, daß die historischen Studien bisher keinen Prozeß in der Wissenschaftsentwicklung aufdecken konnten, der mit der methodologischen
Schablone der Falsifikation durch unmittelbaren Vergleich mit der Natur eine Ähnlichkeit hätte. Es gibt also immer wieder Anomalien und
Diskrepanzen, die keine besonderen Reaktionen nach sich ziehen, einfach deswegen, weil sie nicht für derart fundamental gehalten wurden,
um ein größeres Unbehagen auszulösen. Beispielsweise war in den sech-
zig Jahren nach NEWTONs erster Berechnung die vorausgesagte Bewegung des Perigäums[18] nur halb so groß wie jene, die man tatsächlich
beobachten konnte. Die Versuche, diese wohlbekannte Diskrepanz zu
lösen, sind zunächst alle nicht gelungen; es wurde sogar vorgeschlagen,
das Gravitationsgesetz zu modifizieren. CLAIRAUT erbrachte endlich
1750 den Nachweis, daß die Anwendung nur mathematisch falsch war.
Ein anderes Beispiel dafür, daß nicht jede hartnäckige Anomalie sofort in
eine Krise führt, war die unerklärliche Perihelverschiebung[19] beim Planeten Merkur. Bekanntlich wurde diese Anomalie erst durch die Allgemeine
Relativitätstheorie gelöst, zu einem Zeitpunkt also, wo genau genommen
die Newtonsche Theorie schon wieder außer Kraft gesetzt war[20]. In der
Physik sieht man jedenfalls das Problem der Falsifikation offenbar wirk-

---

[18] Das Perigäum ist jener Punkt der Mondbahn, oder allgemeiner einer
Satellitenbahn, der der Erde am nächsten liegt.

[19] Das Perihelium ist jener Punkt einer Planeten- oder Kometenbahn, der
der Sonne am nächsten liegt. Die Perihelbewegung ist eine langsame Drehung
der Ellipsenbahn eines Planeten in seiner Bahnebene, sodaß sich eine Rosetten-
bahn ergibt. Beim Merkur beträgt die Ellipsenbahndrehung rund 43 Winkelse-
kunden in 100 Jahren.

[20] Neuere Arbeiten lassen wieder neue Zweifel aufkommen. Es wird berichtet, daß die Untersuchungen von GUINAN und MALONEY an einem Stern-
Binärsystem im Sternbild des Herkules größere Diskrepanzen zwischen Beobachtung und den relativistischen Erwartungswerten aufgedeckt haben. Das System DI Herculis besteht aus zwei Sternen mit je etwa 5 Sonnenmassen, die in
10,55 Tagen auf elliptischer Bahn eine Umdrehung um den gemeinsamen Schwerpunkt $S$ ausführen. Die Lage dieses Binärsystems ist für unseren Blickwinkel
von der Erde gerade so günstig, daß man äußerst genaue Zeitmessungen im
Rahmen der Analyse der Bahnbewegungen durchführen kann. Man fand hierbei
eine Verschiebung des Periastrons (dh. des dem gemeinsamen Schwerpunkt $S$
nächstgelegenen Bahnpunktes) von $0,65° \pm 0,18°$ pro Jahrhundert. Nach

lich nicht so streng; ZIMAN [Erkenntnis, Seite 33] schreibt: "Vielleicht stehen viele Folgerungen einer Theorie nicht mit den Experimenten in Einklang, und doch kann sie wegen ihrer Geschlossenheit und ihres weiten Anwendungs- und Gültigkeitsbereiches überzeugen. Die Physiker akzeptieren die Schrödinger-Gleichung der Wellenmechanik – nicht, weil sie wie die frühere Theorie von Bohr das beobachtete Spektrum des Wasserstoffs wiedergibt; die Wellenmechanik steht deshalb unangefochten da, weil sie – wenn auch nicht immer in Zahlen – nahezu alle Eigenschaften von Atomen, Molekülen und Kristallen erklären konnte. Wenn sie einmal bei der Erklärung neuer Phänomene (z.B. der Supraleitung) zu versagen scheint, dann geben wir eher einem Fehler in unserer Rechnung oder einem falschen Verständnis der physikalischen Situation die Schuld, als daß wir annehmen würden, die Wellenmechanik sei nun widerlegt." In anderen Fällen wiederum, lösen Anomalien eine Krise aus. Als Beispiele haben wir die Äther-Strömung und die Kopernikanische Revolution genannt. Die jetzt ablaufenden Vorgänge haben wir schon angedeutet: Das alte Paradigma wird aufgeweicht, die Regeln für die normale Forschung sind nicht mehr so straff, es treten ein oder mehrere Paradigma-Konkurrenten auf und es kommt zu Paradigma-Kämpfen, die das Ziel haben, dem einen oder anderen Anwärter Anerkennung zu verschaffen. Es sei nocheinmal betont und hervorgehoben, daß hier also kein kumulativer Prozeß vorliegt. Es handelt sich dagegen um einen kompletten Neuaufbau des Gebietes auf neuen Grundlagen und Grundsätzen; hierdurch ändert aber die Fachwissenschaft ihre Anschauungen über das Gebiet, sie ändert auch ihre Methoden und ihre Ziele. Beim Paradigmawechsel wird das gleiche Paket Daten wie vorher betrachtet; die Daten werden aber durch den Paradigmawechsel in ein neues System gegenseitiger Beziehungen gestellt[21]. Daß so etwas im Prinzip möglich ist, ja daß man genau genommen mit solchen Umdeutungsmöglichkeiten schon

---

der Newtonschen Gravitationstheorie mußte dieser Wert $1,93°$ pro Jahrhundert und nach der Allgemeinen Relativitatstheorie sogar $2,34°$ pro Jahrhundert betragen. Man ist der Auffassung, daß diese Diskrepanzen nicht den theoretischen Überlegungen der Astronomen zugeschoben werden konnen, weshalb Zweifel an der Allgemeinen Relativitatstheorie zurückbleiben. Weitere Untersuchungen stehen noch aus. (SMITH [Relativity])

[21] SEXL sagt zu einer ähnlichen Fragestellung folgendes "Theorien folgen nicht aus Experimenten! Die Konstanz der Lichtgeschwindigkeit ist eine *mögliche* Erklärung des Michelson-Versuches, deren *Eindeutigkeit* niemand nachgewiesen hat Dazu wäre es ja notwendig, die Klasse aller moglichen physikalischen Theorien zu kennen. Einen Eindeutigkeitsbeweis gibt es fur keine physikalische Erklärung und keine Theorie Nur das Bestreben, physikalisches Wissen als völlig gesicherten Teil menschlicher Erkenntnis darzustellen, führt oft zu Darstellungen, die eine Eindeutigkeit der theoretischen Begriffe vortäuschen.

von allem Anfang an rechnen muß, hat bereits HEINRICH HERTZ
in seiner Einleitung zu den 'Prinzipien der Mechanik' so überraschend
deutlich anklingen lassen. Er schreibt: "Das Verfahren ..., dessen wir
uns zur Ableitung des Zukünftigen aus dem Vergangenen und damit zur
Erlangung der erstrebten Voraussicht stets bedienen, ist dieses: Wir machen uns innere Scheinbilder oder Symbole der äußeren Gegenstände, und
zwar machen wir sie von solcher Art, daß die denknotwendigen Folgen
der Bilder stets wieder die Bilder seien von den naturnotwendigen Folgen der abgebildeten Gegenstände. ... Eindeutig sind die Bilder, welche
wir uns von den Dingen machen wollen, noch nicht bestimmt durch die
Forderung, daß die Folgen der Bilder wieder die Bilder der Folgen seien.
Verschiedene Bilder derselben Gegenstände sind möglich, und diese Bilder können sich nach verschiedenen Richtungen unterscheiden" (HERTZ
[Prinzipien]). Ein tatsächlich stattfindender Paradigmenwechsel stellt für
die betroffenen Wissenschaftler allerdings immer eine außerordentliche Erschütterung dar. Es gibt sehr schöne historische Zeugnisse dafür, wie
die betroffenen Wissenschaftler diese akute Situation empfunden haben:
KOPERNIKUS schreibt über die Untersuchungen der Astronomen seiner
Zeit: "... es ging ihnen so, als wenn jemand von verschiedenen Orten her
Hände, Füße, Kopf und andere Körperteile, zwar sehr schön, aber nicht
in der Proportion eines bestimmten Körpers gezeichnet, nähme und, ohne
daß sie sich irgendwie entsprächen, mehr ein Monstrum als ein Mensch
daraus zusammensetzte." Oder EINSTEINs Worte. "Es war, wie wenn

---

Dadurch wird aber unverständlich, wieso es in der Wissenschaft zu "wissenschaftlichen Revolutionen" (KUHN [Struktur]) kommen kann, bei denen alte
Tatbestände plötzlich unter völlig neuen Gesichtspunkten gesehen werden."
(SEXL [Relativitätstheorie, Seite 214]).
Zu der Vorstellung, daß bei einem Paradigmawechsel das gleiche Paket Daten
in ein neues System gegenseitiger Beziehungen gestellt wird, sollte man auch
an EINSTEINs Satz erinnern, wonach "jede Theorie wahr ist, vorausgesetzt,
man verbindet ihre Symbole auf passende Weise mit beobachteten Quantitäten."
(Siehe SCHRÖDINGER [Energy, Seite 170])
Auf einen ähnlichen Tatbestand, der im Bereich der Medizin liegt, weist ZI-
MAN [Erkenntnis, Seite 90] hin: "Leider ist die moderne Naturwissenschaft
monolithisch und monopolistisch.Die sogenannte abendländische Naturwissenschaft hat ihre Wurzeln im Europa des 17. Jahrhunderts und hat alle Konkurrenten verdrängt. ... In der Medizin bestehen jedoch so große Unterschiede
in der Begriffsbildung und Interpretation, daß abendländische und chinesische
Ärzte scheinbar über völlig verschiedene physiologische Phänomene sprechen.
... (Wir müssen) den beunruhigenden Hinweis zur Kenntnis nehmen, daß naturwissenschaftliche Forschung nicht unvermeidlich zur selben, einzigartigen und
'objektiven' Darstellung führt."

einem der Boden unter den Füßen weggezogen worden wäre, ohne daß sich irgendwo fester Grund zeigte, auf dem man hätte bauen können". WOLF-GANG PAULI hat in der Zeit bevor HEISENBERGs Theorie publiziert wurde einem Freund sein Herz ausgeschüttet. "Zur Zeit ist die Physik wieder einmal furchtbar durcheinander. Auf jeden Fall ist sie für mich zu schwierig und ich wünschte, ich wäre Filmschauspieler oder etwas Ähnliches und hätte von der Physik nie etwas gehört." Aber schon wenige Zeit später schrieb er: "Heisenbergs Modell der Mechanik hat mir wieder Hoffnung und Freude am Leben gegeben."

**4. Wissenschaftliche Revolutionen.** Über Revolutionen haben wir schon viel gesagt. Ein besonders wichtiges Charakteristikum für sie ist, daß sie in ihrem Wesen nicht kumulativ sind. Eine Revolution ist also wesensverschieden von der normalen Forschung, die sich, wie wir gesehen haben, kumulativ verhält; denn die in ihr wirkenden Wissenschaftler wählen paradigmaorientiert die Probleme regelmäßig so aus, daß anzunehmen ist, daß sie mit den begrifflichen und instrumentellen Techniken in enger Anlehnung an die bereits existierenden und bekannten Probleme gelöst werden können. Genau genommen ist es elementar einleuchtend, daß zwischen einem Paradigma, das eine Anomalie zutage fördert und einem anderen Paradigma, welches diese Anomalie aus seinen Gesetzen ableiten kann, ein logischer Konflikt bestehen muß. Und daraus ist unmittelbar einzusehen, daß bei dem Prozeß, in dem das zweite Paradigma angenommen wird, das erste Paradigma verdrängt werden muß.

KUHN erörtert ausführlich, daß im gleichen Sinn die Einsteinsche Theorie auf ihrer Ebene unvereinbar ist mit der Newtonschen Theorie, genauso, wie auch die Kopernikanische Astronomie mit der Ptolemäischen Astronomie unvereinbar ist. Im Prinzip würde man meinen, daß man die Newtonsche Dynamik aus der relativistischen Dynamik folgendermaßen ableiten kann: $E_1$, $E_2$, ... $E_n$ seien Aussagen, die in ihrer Gesamtheit die Gesetze der Relativitätstheorie darstellen. In diesen Aussagen sind Variable und Parameter enthalten, die die räumliche Lage eines Massepunktes, die Zeit, die Ruhemasse und ähnliche Größen verkörpern. Mit logisch-mathematischen Methoden kann man hieraus Aussagen ableiten, die experimentell kontrollierbar sind. Dieses Gebäude stellt die relativistische Dynamik dar. Jetzt soll die Newtonsche Mechanik als Spezialfall der Relativitätstheorie nachgewiesen werden: Die ursprüngliche $E_i$-Reihe ist zu ergänzen durch weitere Aussagen, unter anderem durch

$$\frac{v^2}{c^2} \ll 1 \quad .$$

Hierdurch wird aber die Newtonsche Theorie rückwirkend in ihrem Umfang und ihrer Bedeutung eingeschränkt, nämlich auf jene Spezialfälle,

für die die Massepunkte eine Geschwindigkeit $v$ haben, die wesentlich
kleiner als die Lichtgeschwindigkeit $c$ ist. Verarbeitet man diese jetzt
erweiterte Aussagenkonfiguration mit logisch-mathematischen Methoden,
dann kann man eine neue Reihe von Aussagen $N_1$, $N_2$, ... $N_n$ generieren.
Diese neue Reihe von Aussagen ist identisch mit den Gesetzen der Newtonschen Dynamik. Die Newtonsche Dynamik hat man hierdurch aber
nur *scheinbar* aus der Relativitätstheorie abgeleitet. Denn die Variablen
und Parameter der Einsteinschen $E_i$-Reihe (räumliche Lage, Zeit, Ruhemasse) sind noch immer in der $N_i$-Reihe enthalten. Die Einsteinschen
Begriffe sind aber mit den Newtonschen Begriffen keinesfalls identisch,
auch wenn sie die gleichen Namen tragen. (Einsteins Masse ist zum Beispiel mit der Energie vertauschbar, Newtons Masse ist das nicht.) Wenn
man die Definitionen der Variablen und Parameter der $N_i$-Reihe nicht
ändert, dann sind die abgeleiteten Aussagen nicht newtonisch. Wenn man
sie aber ändert, dann kann man nicht sagen, es handelt sich um eine Ableitung. Man bedenke auch, daß eine solche Uminterpretation zeitlich vor
EINSTEINs Arbeit gar nicht möglich wäre. Eine solche Uminterpretation geht auch an der Hauptsache vorbei: Der Brennpunkt der revolutionären Wirkung der Einsteinschen Theorie ist gerade der Zwang, die
Bedeutung von feststehenden und vertrauten Begriffen zu ändern. Diese
wissenschaftliche Revolution hat also das begriffliche Netzwerk verschoben[22]. Bei einer Erörterung der Allgemeinen Relativitätstheorie sagt
EINSTEIN [Weltbild, Seite 227]: "Die neue Theorie der Gravitation
weicht in prinzipieller Hinsicht von der Theorie Newtons bedeutend ab.
Aber ihre praktischen Ergebnisse stimmen mit denen der Newtonschen
Theorie so nahe überein, daß es schwer fällt, Unterscheidungskriterien zu
finden, die der Erfahrung zugänglich sind."

Das Paradigma ist die Basis, aus der die normale Wissenschaft ihre
Methoden, ihre Problemgebiete und ihre Lösungsnormen ableitet; nur
diese werden von der wissenschaftlichen Gemeinschaft als wissenschaftlich anerkannt. Damit wird sichtbar, was es bedeutet, wenn ein Para-

---

[22] Es gibt natürlich auch noch andere Beispiele dafür, wo der logische Konflikt zwischen Theorien, die "aufeinander aufbauen", sichtbar wird. HEMPEL
[Erklärung, Seite 15] gibt Beispiele hierfür im Zusammenhang mit NEWTONs
Theorie an. GALILEIs Gesetz für den freien Fall etwa behauptet eine konstante Beschleunigung; nach NEWTONs Gravitationsgesetz dagegen nimmt die
Beschleunigung um kleine Werte stetig zu, wenn der frei fallende Körper sich
dem Erdboden nähert. Auch die KEPLERschen Gesetze, wonach die Bahnen
der Planeten Ellipsen sind, sind mit der NEWTONschen Theorie unverträglich.
Die Planetenbahnen sind keine exakten Ellipsen, da neben der Gravitationswir-
kung der Sonne auch noch die der Planeten zu berücksichtigen ist. Ähnliche
Probleme treten auch bei den Gesetzen der geometrischen Optik und bei den
Prinzipien der Wellenoptik auf.

digma in einer wissenschaftlichen Revolution durch ein anderes ersetzt wird. Die Wissenschaft erfährt im Prinzip dadurch eine neue Definition. Ihre Problemgebiete können sich wandeln; manche Fragestellungen, die vorher vielleicht im Hintergrund gestanden sind, werden durch den Paradigmawandel neuerdings ins Zentrum gerückt; andere Fragestellungen, die vorher vielleicht existentiell waren, werden nachher als "unwissenschaftlich" angesehen. Nicht nur die Problemgebiete, auch die Methoden und Normen der Wissenschaft können sich ändern; es kann sich also das Kriterium wandeln, welches eine "anerkannte wissenschaftliche Lösung" von einer "metaphysischen Spekulation" unterscheidet.

## 5. Ansätze zur Theoriestruktur

Unsere ursprüngliche Ansicht zu der Frage, was man unter Gesetzen und Theorien verstehen soll, ist nicht unerheblich erschüttert worden. Dazu ist auch noch die eher unerwartete historische Sicht der Wissenschaftsentwicklung gekommen, die diesen Eindruck verstärkt hat. Das alles berührt das Selbstverständnis der empirischen Wissenschaft sehr stark. Hiervon ist die Physik genau so betroffen, wie die Chemie, die Biologie und andere grundlegende Zweige der empirischen Wissenschaften; hiervon sind aber auch alle jene Bereiche berührt, die auf diesen Basiswissenschaften aufbauen, wie die technischen Wissenschaften oder weiter spezialisierend, wie die Werkstoffwissenschaft oder die Elektrotechnik. Alle diese Gebiete sind in ihrem Selbstverständnis betroffen von der Frage, in welchem Licht man die Gesetze und Theorien sehen muß.

Eine ganz bedeutende Annäherung an diese Frage ist in der letzten Zeit durch das strukturalistische Theorienkonzept eingeleitet worden. Dieses Konzept geht auf die bahnbrechenden Arbeiten von SNEED [Structure] und STEGMÜLLER zurück. Aber auch andere Namen sind hier zu nennen, wie BALZER, HANSSON, KUHN, MOULINES, PUTNAM, RAMSEY, SUPPES und TOULMIN. Insbesondere die Ausführungen von STEGMÜLLER [Analyse], [Erklärung, Seite 1043 – 1077], [Begriffsbildung] und [Theoriendynamik] dienen dem nachfolgenden Text als straffer Leitfaden; mit graphisch schematisierten Darstellungen möchte ich diese mengentheoretischen Argumentationen ergänzen. Die Neuerungen der letzten Jahre, die sich auf das strukturalistische Konzept beziehen, sind von STEGMÜLLER in seinem Buch [Strukturalismus] zusammengefaßt worden. Ein umfassendes Werk über die Grundstruktur wissenschaftlicher Theorien von BALZER, MOULINES und SNEED [Structures] steht zur Zeit noch in Vorbereitung.

Gehen wir noch einmal zurück auf unsere früher formulierte vorläufige Charakterisierung, was wir unter einem Gesetz und unter einer Theorie verstehen. Ein Gesetz, so haben wir sinngemäß ursprünglich gesagt, will eine generelle Aussageformel sein, die die Abbildung eines Grundzuges eines gewissen Objektbereiches der Wissenschaft darstellt. Eine Theorie ist demgegenüber ein umfassenderes Gebilde. Eine Theorie ist ein Zusammenschluß von Gesetzen zu einem System; eine Theorie ist also eine wissenschaftliche Wissenseinheit, in der Gesetze, Hypothesen und Tatsachen zu einem Ganzen zusammengeschlossen sind. Wir sprechen hier von Theorien im Bereich empirischer Wissenschaften, also sind empirisch interpretierte Theorien gemeint, somit Theorien, denen man einen empirischen Gehalt zuordnen kann, also Theorien, die in allgemeiner Form eine empirische Aussage machen und eine Behauptung aussprechen, wie zum Beispiel die folgende:

"Dieser oder jener Gegenstand $o$ des Objektbereiches $O$ genügt im Hinblick auf einen definierten Grundzug, zum Beispiel im Hinblick auf ein gewisses empirisches Phänomen den Bedingungen der Theorie $T$."

Oder auf eine Kurzformel gebracht:

"Der Gegenstand $o$ ist ein Modell $m$ der Theorie $T$."

Diese allgemeine Form einer empirischen Aussage nennt man auch eine Proposition (Behauptung) der Theorie $T$. Wir nennen sie die Proposition $\overline{\overline{p}}$. Ob eine solche Behauptung $\overline{\overline{p}}$ aber auch wahr ist, ob also die Theorie wirklich ein Phänomen abbildet, muß man allerdings erst empirisch überprüfen. Diese geschilderten Zusammenhänge kann man in einem einfachen Schaubild (Abbildung 1) übersichtlich darstellen. Wenn wir hier von empirisch interpretierten Theorien $T$ sprechen, so schränken wir uns auf solche mit quantitativer Struktur ein; es sei aber erwähnt, daß eine Erweiterung auf qualitative Strukturen jedenfalls möglich ist (STEGMÜLLER [Erklärung, Seite 1063]).

Die empirische Aussage $\overline{\overline{p}}$ der Theorie $T$ ist, wie gesagt, am Anfang zunächst noch völlig unüberprüft; eine solche Überprüfung ist aber notwendig, denn es könnte ja sein, daß die Gegenstände $o$, die man zu erfassen beabsichtigt, nicht durch die entworfene Theorie $T$ abgebildet werden, daß also $o$ doch kein Modell $m$ der Theorie $T$ ist. Bevor wir diese Frage zu klären versuchen, müssen wir aber jene Größen und Begriffe näher ansehen, die wir zur Beantwortung eben dieser Frage benötigen. Wir unterscheiden hierbei die nicht-theoretischen Größen von den theoretischen Größen. Hierbei sind die nicht-theoretischen Größen solche Größen, die in einer Theorie vorkommen, die sich aber unabhängig von dieser Theorie auf irgendeine Weise bestimmen lassen. Theoretische Größen sind dagegen solche, die in einer Theorie $T$ vorkommen und die sich nur dann bestimmen lassen, wenn man die Gültigkeit der Theorie $T$ voraussetzen kann. Solche, bezüglich der Theorie $T$ theoretische Größen, nennt man $T$-theoretisch.

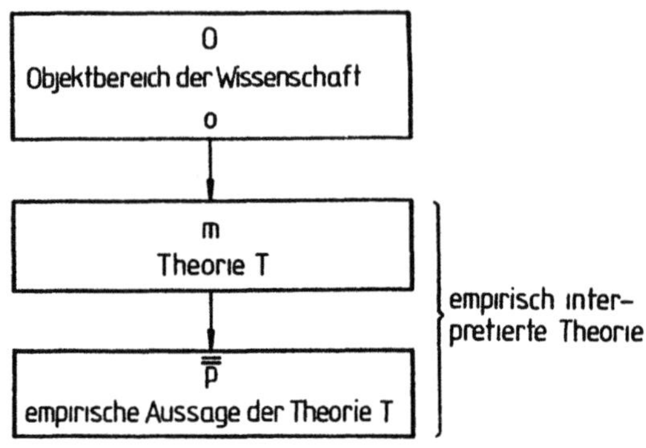


Abbildung 1

Versuchen wir jetzt zu überprüfen, ob das Objekt $o$ ein Modell $m$ der Theorie $T$ ist und nehmen wir an, daß die Theorie $T$ sowohl $T$-nicht-theoretische als auch $T$-theoretische Größen enthält. Wenn man sich für eine neu erdachte Theorie überzeugen will, ob irgendein $o$ ein Modell $m$ der Theorie $T$ ist, dann muß man die darin vorkommenden quantitativen Größen am Objekt $o$ bestimmen und in die mathematische Struktur der Theorie einführen und dann feststellen, ob sie richtig ist. Die $T$-nicht-theoretischen Größen lassen sich im allgemeinen problemlos bestimmen, weil wir annehmen dürfen, daß sie anderweitig eindeutig definiert wurden und sich auch auf das Objekt $o$ erfolgreich anwenden lassen. Die $T$-theoretischen Größen machen dagegen Schwierigkeiten, denn man kann sie nur dann bestimmen, wenn man die Gültigkeit der Theorie $T$ bereits voraussetzen kann. Damit nehmen wir aber gerade das vorweg, was wir beweisen wollten. Die Bestimmung des quantitativen Wertes einer $T$-theoretischen Größe, die man benötigt, um die Gültigkeit der Theorie zu beweisen, setzt die Richtigkeit eben dieser Theorie voraus. Oder anders formuliert: Wenn man die Vermutung überprüfen möchte, ob ein Objekt $o_i$ ein Modell der Theorie $T$ ist, dann setzt das voraus, daß man glauben darf. daß ein anderes Objekt $o_j$ ein Modell der Theorie $T$ ist. Es entpuppt sich also die Theorie in einer Struktur nach Abbildung 1 bei Vorliegen $T$-theoretischer Größen als empirisch nicht interpretierbar. Dieses sogenannte Problem der theoretischen Terme führt uns in eine Zirkularität, und das bedeutet, daß unsere empirisch interpretierte Theorie eine andere Struktur aufweisen muß als sie in Abbildung 1 schematisch dargestellt wurde. Würde man bei der bisherigen Struktur bleiben wollen, dann müßte man in empirisch interpretierten Theorien $T$-theoretische Begriffe und Größen verbieten.

**Abbildung 2**
(aus: SEXL [Physik])

Man erläutert diese Zusammenhänge gerne an einem vereinfachten Beispiel, der sogenannten archimedischen Statik. Der Objektbereich dieser Minitheorie umfaßt Gegenstände, die sich um eine Drehachse drehen können und die sich im Gleichgewicht befinden. Intuitiv könnte man hierfür sofort folgende Beispiele aufzählen:

a) Die einfache Balkenwaage mit aufgelegtem Wiegegut und Gewichtsstücken.

b) Die Kinderschaukel mit einigen Kindern, die links und rechts auf dem Schaukelbalken sitzen.

c) Ein Steinbrecher (Abbildung 2), dem es gelingt, unter Einsatz seines ganzen Körpergewichtes einen riesengroßen Steinblock in Schwebe zu halten.

d) Eine einfache Laufgewichtswaage, bei der die Last, die am kurzen Hebelsarm hängt, durch ein am langen Hebelsarm verschiebbares Gewicht austariert wird.

e) Der Differentialflaschenzug, auf dem sich zwei Lasten im Gleichgewicht befinden.

f) Jene besondere Kriegsmaschine des ARCHIMEDES (Abbildung 3) von der PLUTARCH schreibt:"Als die Römer die Stadt zu Wasser und zu Land angriffen, gerieten die Syrakusaner in Bestürzung und hielten sich

Abbildung 3
(aus: SEXL [Physik])

zunächst aus Furcht ganz still, weil sie es mit einer so großen Macht nicht aufnehmen konnten. Aber jetzt ließ Archimedes seine Maschinen spielen. ... Es schoben sich an der Meerseite hornartig gekrümmte Balken über die Mauer, welche die Schiffe ... mit eisernen Greifern beim Vorderteil in die Höhe zogen. ... Oft hatte man den gräßlichen Anblick, daß ein aus dem Meer emporgezogenes Schiff schwebend hin und her geschwenkt wurde, bis es endlich, wenn die Leute herausgeschleudert waren, leer an die Mauer stieß oder wieder ins Meer hinabstürzte."
g) Gehört nicht in einem weiteren Sinn auch der am Seil balancierende Akrobat in diese Beispielsammlung?
Die mathematische Struktur unserer Minitheorie möge durch ein System, wie es die Abbildung 4 zeigt, gegeben sein. Die Körper $k$ mit dem Gewicht $g(k)$, die im Abstand $d(k)$ von der Drehachse angeordnet sind, halten sich das Gleichgewicht, wenn

$$g(k_1) \cdot d(k_1) + g(k_2) \cdot d(k_2) = g(k_3) \cdot d(k_3)$$

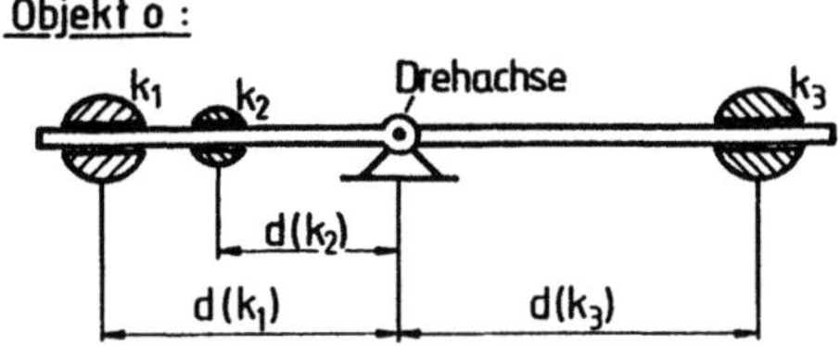


Abbildung 4

oder allgemein, wenn gilt:

$$\sum_{\imath} g(k_{\imath}) \cdot d(k_{\imath}) = 0 \; ,$$

wobei:

a) $d(k_{\imath}) < 0$ wenn $k_i$ alleine betrachtet die Drehachse im Uhrzeigersinn dreht.

b) $d(k_{\imath}) > 0$ wenn $k_{\imath}$ alleine betrachtet die Drehachse im Gegenuhrzeigersinn dreht.

c) $g(k_{\imath}) > 0$ .

Wir wollen voraussetzen, daß man bereits Verfahren kennt, Abstände genau zu messen; zum Wiegen werden genaue Balkenwaagen oder Laufgewichtswaagen verwendet; Federwaagen seien noch nicht bekannt. Die mathematische Struktur unserer Minitheorie soll empirisch interpretierbar sein, das heißt man muß ihr einen empirischen Gehalt $\overline{\overline{P}}$ zuordnen können, zum Beispiel in der Form, daß man sagt: "Die erwähnte Kinderschaukel ist ein Modell der archimedischen Statik". Zu diesem Zweck bestimmt man durch Messung die in der Theorie vorkommenden Größen und führt sie in die Struktur der Theorie ein und überprüft, ob sie der Theorie genügen. Trifft das zu, dann hat man erstmalig eine erfolgreiche Anwendung der Theorie gefunden. Man muß allerdings bedenken, daß die in der Minitheorie vorkommenden Größen von unterschiedlicher Art sind. Der Abstand $d(k_{\imath})$ ist eine nicht-theoretische Größe und kann komplikationslos ermittelt werden. Das Gewicht $g(k_{\imath})$ ist dagegen eine $T$-theoretische Größe; es kann nur mit Hilfe der Balkenwaage oder Laufgewichtswaage bestimmt werden. Um also erstmalig eine erfolgreiche Anwendung (Kinderschaukel) der Theorie nachzuweisen, muß man Gewichte $g(k_{\imath})$ mit einer Methode (Balkenwaage) bestimmen, die die erfolgreiche

Anwendbarkeit der Theorie bereits voraussetzt. Oder anders formuliert: Wenn man die Vermutung überprüfen möchte, ob die Kinderschaukel ein Modell der bislang noch nicht überprüften archimedischen Statik ist, dann setzt das voraus, daß trotzdem schon eine Balkenwaage existiert, die ein erfolgreiches Modell der archimedischen Statik ist. Man nimmt also das vorweg, was man beweisen wollte. Falls es dagegen gelungen sein sollte, die $T$- theoretische Größe (Gewicht) auf außertheoretische Weise zu bestimmen (Federwaage), dann wird die ursprünglich $T$-theoretische Größe jetzt nicht-theoretisch und die erwähnten Probleme lösen sich auf. Allerdings gibt es diese Hintertüre offenbar nur bei einfachen Minitheorien; in der Newtonschen Mechanik zum Beispiel sind die Größen Ort, Zeit, Geschwindigkeit und Beschleunigung nicht-theoretische Größen; Kraft und Masse sind dagegen $T$-theoretisch. Unsere einfache Minitheorie hat uns also durch das Auftreten der Zirkularität vor Augen geführt, daß die Struktur empirisch interpretierter Theorien anders sein muß, als in Abbildung 1 angedeutet wurde.

Die Proposition $\bar{\bar{p}}$ war zu stark; sie hat behauptet, "$o$ ist ein Modell $m$ der Theorie $T$". Sie hat uns in eine Zirkularität geführt. SNEED hat dieses Zirkularitätsproblem mit Hilfe der sogenannten Ramsey-Satz-Methode einer Lösung zugeführt (STEGMÜLLER [Begriffsbildung, Seite 434]). RAMSEYs Ausgangspunkt war:

- Eine Theorie ist entweder wahr oder falsch.
- Theoretische Terme haben keine feste Bedeutung, weil sich die theoretische Sprache (bis jetzt) nicht auf die Beobachtungssprache zurückführen läßt.
- Wenn das aber so ist, wie der letzte Satz sagt, dann kann der erste Satz nicht stimmen, weil die gewünschte scharfe Alternative von entweder/oder nur dann zutrifft, wenn alle in der Theorie vorkommenden Aussagen eine scharfe Bedeutung haben. Solche sogenannte theoretische Sätze sind daher nur als satzartige Gebilde aufzufassen, die nicht mehr wahr oder falsch sein können.

RAMSEYs Lösungsweg ist kurz gesagt der folgende: Man ersetzt die theoretischen Terme durch Variable und bindet diese Variablen durch Existenzquantoren; von einem solchen Satz kann man dann sehr wohl fragen, ob er wahr oder falsch ist. Wir wollen diesem Gedankengang jetzt ausführlicher nachgehen. Wir benötigen dafür jedoch eine etwas feinere Terminologie. Wir werden daher 1. von der "Menge der Modelle $M$", 2. die "Menge der möglichen Modelle $M_m$" unterscheiden, die wir 3. in die "Menge der möglichen partiellen Modelle $M_{mp}$" überführen, welche schließlich 4. der Ramsey-Satz- Methode zugrunde gelegt wird. Man kann dadurch eine empirische Aussage $\bar{p}$ gewinnen, die zwar im Vergleich zur ursprünglichen

Behauptung $\overset{=}{p}$ abgeschwächt ist, die sich aber dafür nicht in der Zirkularität verstrickt. Beleuchten wir diese 4 Punkte näher:

**1.** Unter der "Menge der Modelle $M$" fassen wir jene Modelle zusammen, die die Theorie im eigentlichen Sinn tragen. Sie verkörpern den theoretischen Apparat der Theorie und erfüllen auch ihre gesetzlichen Bedingungen. Bei unserem bereits herangezogenen Beispiel der archimedischen Statik möge $M$ durch das in der Abbildung 4 dargestellte System samt zugehörigem Begriffs- und Formelgerüst repräsentiert sein.

**2.** Die "Menge der möglichen Modelle" $M_m$ faßt jene möglichen Modelle $m_m$ zusammen, die im Prinzip die gleiche allgemeine Struktur wie die Modelle haben und die sich auch durch solche Begriffe beschreiben lassen, wie es die Theorie verlangt, es wird aber nicht gefragt, ob die gesetzlichen Bedingungen und mathematischen Beziehungen des Formelgerüstes erfüllt sind. Die Menge der möglichen Modelle trifft somit eine gewisse formale Vor-Auslese und klärt die Frage ab, für welche empirische Strukturen überhaupt eine Chance dafür besteht, daß eine Koinzidenz zwischen Phänomen und Theorie eintreten könnte. Denn wenn eine empirische Struktur, die man im Hinblick auf eine archimedische Statik herausgegriffen hat, keine Körper $k$ aufweist, die sich im Abstand $d$ von einer Drehachse befinden, dann läßt sich unsere Theorie überhaupt nicht anwenden und die betreffende empirische Struktur ist dann bestimmt kein mögliches Modell $m_m$ der archimedischen Statik.

Hingegen ist die erwähnte Balkenwaage (sie sei aus einer stabilen Bronzelegierung gefertigt) mit aufgelegtem Wiegegut, die man durch Gewichtstücke ins Gleichgewicht gebracht hat, ein mögliches Modell $m_m$, denn hier gibt es tatsächlich bestimmte Körper, die in bestimmten Abständen von einem Drehpunkt angeordnet sind, so wie es die Minitheorie fordert. Natürlich wird unsere Balkenwaage ganz anders aussehen, als das System, welches die Abbildung 4 zeigt; aber zumindest im Prinzip (was immer das heißen mag) liegt die gleiche Struktur vor; man kann ja unmöglich verlangen, daß alle Anwendungen die exakt gleiche Struktur aufweisen müssen wie die Abbildung 4. Vorwegnehmend gesagt, wird sich diese Balkenwaage als (tatsächliches) Modell herausstellen. Tatsächliche Modelle müssen immer auch mögliche Modelle sein, aber natürlich nicht umgekehrt.

Eine analog gebaute, aber aus Stahl gefertigte Balkenwaage mit aufgelegtem Wiegegut, die man durch Gewichtstücke ins Gleichgewicht gebracht hat, ist ebenfalls ein mögliches Modell $m_m$; es kann aber sein, daß sie (zufolge einer Aufmagnetisierung der Stahlteile "falsch geht" und damit dann) nicht den mathematischen Beziehungen der archimedischen Statik genügt. Sie wäre dann ein mögliches Modell $m_m$, aber kein (tatsächliches) Modell.

Die Kinderschaukel mit einigen Kindern, die links und rechts auf dem Schaukelbalken sitzen und die Schaukel im Gleichgewicht halten, ist ebenfalls ein mögliches Modell.

Kann unser Steinbrecher von Abbildung 2 ein mögliches Modell der archimedischen Statik abgeben? Das System des Steinbrechers sieht natürlich wiederum ganz anders aus, als das System unserer Abbildung 4 oder auch als das vorhin besprochene System der Balkenwaage oder der Kinderschaukel. Aber wie gesagt, haben verschiedene Anwendungen ja nie exakt gleiche geometrische Strukturen. Aber: Der Steinbrecher läßt sich mit jenen Begriffen und Größen beschreiben, wie sie von unserer Minitheorie im Formelgerüst gefordert werden. Denn hier ist von einem schweren Felsen die Rede und vom Körpergewicht unseres jungen Mannes und von den zugehörigen Drehpunktabständen dieser Körper. So gesehen würde man den Steinbrecher bei den möglichen Modellen einordnen. Vorausschauend sei aber erwähnt, daß der Formelapparat bei diesem Beispiel, nämlich:

$$(\text{Gewicht des Steinbrechers}) \times (\text{Hebellänge } \overline{BC}) = $$
$$(\text{Gewicht des Felsens}) \times (\text{Hebellänge } \overline{CA})$$

nicht erfüllt ist. In der dargestellten Situation ist unser Steinbrecher nämlich in der Lage, viel schwerere Lasten im Gleichgewicht zu halten, als die Formel vermuten läßt. Er wäre damit also ein mögliches Modell, aber kein (tatsächliches) Modell[23].

**3.** Die "möglichen partiellen Modelle $m_{mp}$" erhält man dadurch, daß man bei den möglichen Modellen $m_m$ alle theoretischen Terme herausnimmt und wegläßt. Die Gesamtheit der möglichen partiellen Modelle $m_{mp}$ sei die "Menge der möglichen partiellen Modelle $M_{mp}$". Ein mögliches partielles Modell ist zum Beispiel unsere Balkenwaage, auf der das Wiegegut und die Gewichtstücke vom Drehpunkt einen bestimmten und bekannten Abstand haben; die Gewichte bleiben als theoretische Terme dagegen unberücksichtigt. Ein anderes mögliches partielles Modell ist die Kinderschaukel, auf der einige Kinder in bestimmten und uns bekann-

---

[23] Wegen der besonderen Wichtigkeit des Steinbrechers und analoger Anwendungen könnte man (wir tun es hier aber nicht) auf eine andere archimedische Statik $a'$ übergehen, die in ihrem Formelgerüst diesen widerspenstigen Fall eingliedert und fortan auch abgewinkelte Hebel explizit in die Betrachtung einbezieht. (In der Abbildung 2 erkennt man nämlich, daß der "physikalisch wirksame" Hebelarm $\overline{BC}$ im Vergleich zu $\overline{CA}$ geknickt ist.) In dieser neuen archimedischen Statik $a'$ wäre unser Steinbrecher dann sowohl ein mögliches Modell als auch ein (tatsächliches) Modell.

ten Abständen vom Drehpunkt sitzen; welche Körpergewichte diese Kinder haben, geht in dieses mögliche partielle Modell nicht ein. Bei den möglichen partiellen Modellen werden die empirischen Strukturen also ausschließlich durch die nicht-theoretischen Größen allein beschrieben; die theoretischen Terme werden weggelassen. Man beachte, daß es die theoretischen Terme waren, die uns in die Zirkularität geführt haben; sie kommen also in den möglichen partiellen Modellen nicht mehr vor. Das mögliche partielle Modell gibt also einen beobachtbaren Sachverhalt in der Sprache der nicht-theoretischen Terme wieder; einen Sachverhalt, der schließlich durch eine Theorie, die nicht-theoretische Terme *und* theoretische Terme enthält, erfaßt werden soll. Ergänzt man dagegen rückschreitend bei den möglichen partiellen Modellen $m_{mp}$ wieder theoretische Terme, dann erhält man abermals mögliche Modelle $m_m$. Man sollte aber nicht voraussetzen, daß nur ein einziger theoretischer Term als Ergänzung auf das mögliche partielle Modell paßt; wir müssen hier mit einer Mehrdeutigkeit rechnen, die uns in einem späteren Abschnitt noch beschäftigen wird.

**4.** Die Ramsey-Satz-Methode wird uns jetzt zu einer neuen Form empirischer Aussagen führen, die sich nicht mehr in der Zirkularität fängt; allerdings hat das zur Folge, daß wir uns ein anderes Bild vom Aufbau der Theorien machen müssen.

RAMSEYs Methode zielt darauf ab, aus einer Theorie die problembeladenen theoretischen Terme zu eliminieren und eine Ersatztheorie zur Verfügung zu stellen, die zur ursprünglichen Theorie weitgehend äquivalent ist. Wir stellen uns eine interpretierte Theorie $T$ vor, die sowohl eine bestimmte Anzahl von theoretischen Termen $\tau_i$, als auch eine bestimmte Anzahl von Beobachtungstermen $\omega_i$ enthält; sie sei durch

$$T\left(\tau_i, \tau_2, \ldots \tau_n, \omega_1, \omega_2, \ldots \omega_k\right)$$

symbolisch wiedergegeben. RAMSEY löst sein Problem in zwei Schritten. Im 1. Schritt substituiert er alle theoretischen Terme durch Variable $(\varphi_1, \varphi_2, \ldots \varphi_n)$; im 2. Schritt bindet er diese Variablen durch Existenzquantoren $\bigvee \varphi_i$ und gewinnt damit aus der Theorie $T$ den zugehörigen sogenannten Ramsey-Satz $T^R$:

$$\bigvee \varphi_1 \bigvee \varphi_2 \ldots \bigvee \varphi_n \ T(\varphi_1, \varphi_2, \ldots \varphi_n, \omega_1, \omega_2, \ldots \omega_k)$$

Im Ramsey-Satz kommen keine theoretischen Terme mehr vor und im Hinblick auf seine Verwendbarkeit für Erklärungen und Voraussagen steht der Ramsey-Satz $T^R$ der ursprünglichen Theorie $T$ nicht nach, weil ja an der Struktur der Theorie nichts geändert wurde.

Man kann die Ramsey-Satz-Methode auch an einem sehr einfachen Beispiel erläutern. MOLIÈRE hat in seinem Theaterstück Le Malade

Imaginaire einen Satz gesagt, den wir jetzt als empirische Behauptung auffassen wollen:

"Opium bewirkt den Schlaf durch seine virtus dormitiva."

In dieser Behauptung ist die "virtus dormitiva" vom empirischen Standpunkt eine okkulte Entität, eine geheimnisvolle Seinshaftigkeit, sie sei also der theoretische Term. Der Ramsey-Satz dieser Behauptung lautet dann:

$$\bigvee x \ (\text{Opium bewirkt den Schlaf durch sein } x).$$

Die empirische Behauptung des Ramsey-Satzes sagt also aus: Es existiert ein $x$ und dieses im Opium enthaltene $x$ bewirkt den Schlaf. Während man auf die ursprüngliche Behauptung im wesentlichen mit den ironischen Worten "Aha, so ist das also!" reagieren wird, bewirkt der Ramsey-Satz dieser ursprünglichen Behauptung etwas ganz anderes. Der Ramsey-Satz verlangt nach einer empirischen Verifizierung; es wird ja behauptet, daß es ein $x$ gibt, welches ganz besondere Phänomene produziert. Nehmen wir an, der Satz wird tatsächlich verifiziert, dann stellt sich also zum Beispiel heraus, daß das $x$ eine bestimmte kristalline Substanz ist, die diese oder jene chemische Zusammensetzung hat und diese Substanz ist für das geschilderte Phänomen verantwortlich. Es kann aber auch sein, daß trotz aufwendiger Verifizierungsbemühungen das $x$ nicht gefunden werden kann; dann wird man wahrscheinlich mit zwei Reaktionen rechnen müssen: Die erste ist die, daß man sagt, es gibt überhaupt kein $x$ und die genannte empirische Behauptung ist daher falsch. Oder aber man vermutet, daß bloß die Wissenschaftler zu unfähig sind das $x$ zu finden. Es kann aber auch sein, daß die ganze Proposition zum Beispiel durch Placebo-Experimente an Testpersonen stichhaltig widerlegt wird und daß sich herausstellt, im Opium ist gar kein $x$ enthalten, welches die betreffenden Phänomene hervorruft; das alles wäre dann bloß ein gigantischer Selbstbetrug gewesen – eine Schimäre wie NESTROY sagen würde – das Phänomen hätte nämlich offenbar bloß auf einer weltweiten Autosuggestion beruht.

Kehren wir zu unserer Aufgabe zurück, den Ramsey-Satz auf unser Problem anzuwenden. Wir greifen zurück auf die möglichen partiellen Modelle. In einem möglichen partiellen Modell wird die empirische Struktur ausschließlich nur durch nicht-theoretische Größen beschrieben; die theoretischen Größen wurden weggelassen. Dieses mögliche partielle Modell $m_{mp}$ wird also unser fester Ausgangspunkt sein. Von hier gehen wir zum möglichen Modell $m_m$ über. Dies geschieht durch Einführung der Relation der "Erweiterung" $E$. Wir schreiben sie formal als $xEy$ an und sprechen davon, daß "$x$ eine Erweiterung von $y$ ist" oder wir sagen "$y$ wird zu $x$ erweitert". Für uns möge der Inhalt dieser Relation folgendes bedeuten:

Das erste Relationsglied ist ein mögliches Modell $m_m$, soferne das zweite Relationsglied ein mögliches partielles Modell $m_{mp}$ ist, welches aus dem ersten Relationsglied durch Weglassen der theoretischen Terme entstanden ist. Damit sind wir in der Lage, unsere ursprüngliche empirische Aussage $\bar{\bar{p}}$ mit dem Wortlaut

$$o \text{ ist ein Modell } m \text{ der Theorie } T$$

durch den folgenden Existenzsatz $\bar{p}$ zu ersetzen

$$\bigvee m_m \ (m_m E m_{mp} \wedge m_m \text{ ist ein } m \text{ der Theorie } T).$$

Diesen Existenzsatz könnte man in anschaulicher Sprechweise folgendermaßen formulieren:

Es gibt ein mögliches Modell $m_m$; das mögliche Modell $m_m$ ist eine Erweiterung des möglichen partiellen Modelles $m_{mp}$ und dieses mögliche Modell $m_m$ ist ein Modell $m$ der Theorie $T$.

oder:

Das mögliche partielle Modell $m_{mp}$ (welches wir uns von einem Objekt $o$ gebildet haben) erfährt eine Erweiterung zu einem möglichen Modell $m_m$ und diese Erweiterung ist ein Modell $m$ der Theorie $T$.

oder:

Es gibt eine Erweiterung des möglichen partiellen Modelles $m_{mp}$, die ein Modell $m$ der Theorie $T$ ist.

oder:

Das mögliche partielle Modell $m_{mp}$ besitzt eine Erweiterung $m_m$, die ein Modell von $T$ ist.

Dieser Existenzsatz $\bar{p}$ stellt die Behauptung auf, daß man Werte der theoretischen Terme finden kann, die das mögliche partielle Modell $m_{mp}$ in ein Modell der Theorie $T$ umformen. Auf welche Weise wir diese Werte der theoretischen Terme finden, ist unerheblich; ihr Entdecker muß hierüber keine Rechenschaft ablegen, er darf sie auch erraten haben. Es kommen also in $\bar{p}$ an entscheidender Stelle explizit keine theoretischen Terme mehr vor, und das löst das Problem der Zirkularität. Wir treffen daher die Entscheidung, ab jetzt nicht mehr $\bar{\bar{p}}$, sondern $\bar{p}$ als allgemeine Form einer empirischen Aussage der Theorie $T$ anzusehen. $\bar{p}$ nennen wir manchmal auch die Proposition $\bar{p}$. Selbstverständlich muß diese Proposition als empirische Aussage auch empirisch verifiziert werden; es muß diese behauptete Erweiterung auch aufgefunden werden, dann kann man erst sagen, daß die Verifikation der Proposition geglückt sei. Bemerkenswert ist aber, daß das

Fundament der Theorie, also das Formelgerüst für sich alleine nicht empirisch verifiziert werden kann. Man müßte nämlich für diesen Zweck die in der Theorie $T$ vorkommenden $T$-theoretischen Begriffe unabhängig von der Theorie $T$ bestimmen können.

Wenn man die geschilderten Zusammenhänge wieder in einem einfachen Schaubild darstellen möchte, dann muß man die im Vergleich zur Abbildung 1 feiner gegliederte Struktur berücksichtigen. Wir müssen im Bereich der Theorie $T$ nicht nur die Modelle $m$, sondern auch die möglichen partiellen Modelle $m_{mp}$ und die möglichen Modelle $m_m$ einfließen lassen.

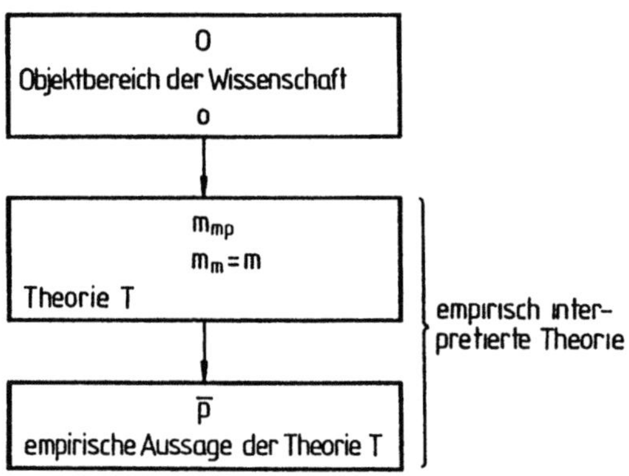


Abbildung 5

Gleichzeitig ist auch die empirische Aussage $\bar{\bar{p}}$ durch die neue Proposition $\bar{p}$ zu ersetzen. Schematisch zeigt die Abbildung 5 die neue Struktur. In der Proposition $\bar{p}$ und in der genannten Abbildung haben wir alles in der Einzahl dargestellt: Es war von *einem* Objekt $o$ (zum Beispiel die Kinderschaukel mit etlichen Kindern) die Rede, welches die Grundlage war für die Bildung von *einem* möglichen partiellen Modell $m_{mp}$, welches zu *einem* möglichen Modell $m_m$ erweitert wurde. Das alles wird man in die Mehrzahl setzen müssen. In der Struktur der Theorie werden wir von der Menge der möglichen partiellen Modelle $M_{mp}$, der Menge der möglichen Modelle $M_m$ und der Menge der Modelle $M$ zu sprechen haben. Keinesfalls wird man aber dabei meinen, daß sich jedes mögliche Modell aus dieser Menge als ein (tatsächliches) Modell der Theorie $T$ entpuppt. Im Gegenteil, man wird nur bei einem Bruchteil der Menge der möglichen Modelle überhaupt

anstreben, sie in die Theorie wirklich einzugliedern. Nicht jedes Objekt
des Objektbereiches soll zum Gegenstand der Theorie werden, nur weil
es zufälligerweise in unserer formalen Vor-Auslese zum möglichen Modell
werden konnte. Die "falsch gehende" magnetisierte Stahl-Balkenwaage,
oder eine vielleicht schon eingerostete Laufgewichtswaage werden wir nicht
als Modelle unserer Theorie ansehen wollen. Die Theorie soll also nur von
bestimmten "intendierten Anwendungen" handeln.

Eine feinere Terminologie, wo wir 1. die Menge der Modelle $M$, 2.
die Menge der möglichen Modelle $M_m$ und 3. die Menge der möglichen
partiellen Modelle $M_{mp}$ von einander unterschieden haben, hat uns 4. zur
Ramsey-Satz-Methode geführt. Die hier gewonnene neue Sicht hat die
Struktur unserer empirisch interpretierten Theorie einer gewissen Gliederung unterworfen. Wendet man diese Theorie jetzt auf unterschiedliche
Objekte an, dann stößt man 5. auf das Problem des Theorie-Propositions-
Krakelee, welches uns zu einer wichtigen Einsicht führt: Den theoretischen
Größen der Theorie sind gewisse "einschränkende Bedingungen", "Nebenbedingungen" oder, wie SNEED sagte, "Constraints" auferlegt. Das bleibt
nicht ohne Rückwirkung auf die Struktur der Theorie. Gar nicht so selbstverständlich ist auch die Frage, von welchen Objekten die Theorie eigentlich zu sprechen beabsichtigt. Wir wollen das unter Punkt 6. als Problem
der intendierten Anwendungen beleuchten. Auch dieser Gedanke führt uns
wieder zu einer gewissen Modifikation der Theorie-Struktur. Damit haben wir aber dann die Struktur der kleinsten Theorieeinheit, die man auch
Theorie-Element nennt, gefunden. Übergeordnete Gebilde nennt man 7.
Netze von Theorie-Elementen; auch von ihnen soll kurz die Rede sein.
Netze von Theorie-Elementen sind nichts Starres, sie können sich verfei-
nern, sie können sich aber auch zwangsweise rückentwickeln. Wir wollen
daher auch 8. zur Dynamik der Theorienetze etwas sagen.

**5.** Das Problem des Theorie-Propositions-Krakelee. Der bisherigen
Struktur der Theorie haftet noch ein wesentlicher Mangel an. Es zerfällt
nämlich die empirische Aussage einer Theorie in Aussagelemente, die beziehungslos nebeneinander stehen, auch wenn im Objektbereich zwischen
den Objekten, von denen hier die Rede ist, Wechselbeziehungen bestehen. Angenommen, es ist, wie Abbildung 6 zeigt, von einem Objekt $o^i$
die Rede, von welchem wir das mögliche partielle Modell $m^i_{mp}$ gebildet
haben, welches eine Erweiterung zu einem möglichen Modell $m^i_m$ erfährt
und diese Erweiterung erweist sich als ein Modell der Theorie $T$. Diese
Proposition sei die Proposition $\bar{p}^i$. Anderseits sei aber auch von einem
Objekt $o^j$ die Rede, von welchem wir das mögliche partielle Modell $m^j_{mp}$
gebildet haben, welches eine Erweiterung zu einem möglichen Modell $m^j_m$
erfährt und diese Erweiterung erweist sich gleichfalls als ein Modell der
Theorie $T$. Diese Proposition $\bar{p}^j$ steht beziehungslos neben der Propo-

sition $\bar{p}^i$ und das auch dann, wenn im Objektbereich zwischen $o^i$ und $o^j$
eine Wechselbeziehung besteht, wie das der strichlierte Pfeil andeuten soll.
Es kommt dadurch sowohl im Bereich der empirischen Aussage, als auch
im Bereich der Theorie zur Aufsplitterung, zu einem Krakelee, zu einem
beziehungslosen Nebeneinanderstehen, auch dann, wenn zwischen den Objekten Wechselbeziehungen existiert haben. Hier geht also etwas verloren.
Und zwar geschieht das dort, wo das mögliche partielle Modell durch

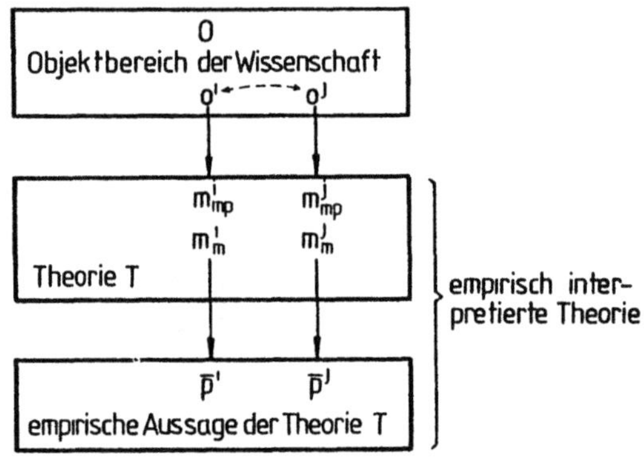


Abbildung 6

Auffinden von Werten theoretischer Terme in ein mögliches Modell umgewandelt wurde. Denn bei dieser Umwandlung hat man jetzt noch nicht
berücksichtigt, daß wegen der Wechselbeziehung zwischen $o^i$ und $o^j$ (siehe
den strichlierten Pfeil) die Werte der theoretischen Terme im Fall der Behandlung von $o^j$ von den Werten der theoretischen Terme im Fall der
Behandlung von $o^i$ abhängen werden. Diese Abhängigkeit, diese ein-
schränkenden Bedingungen, die den theoretischen Größen auferlegt werden müssen, sind die sogenannten Constraints, sie verhindern das Auseinanderfallen der einzelnen Aussagen. In die Grundstruktur der Theorie ist
also die Menge der Constraints einzufügen und es ist zu verlangen, daß die
den theoretischen Termen auferlegten Constraints zu erfüllen sind. Wir
werden die Proposition $\bar{p}$ daher ersetzen durch die Proposition $P$, die eine
nicht in Einzelaussagen zersplitterte empirische Gesamtbehauptung darstellt:

Jedes mögliche Modell $m^i_{mp}$, welches zu den intendierten Anwendungen der Theorie gehört, besitzt eine Erweiterung $m^i_m$, die ein Modell

von $T$ ist, und die Menge aller dieser Erweiterungen erfüllt die den
theoretischen Größen auferlegten Constraints.

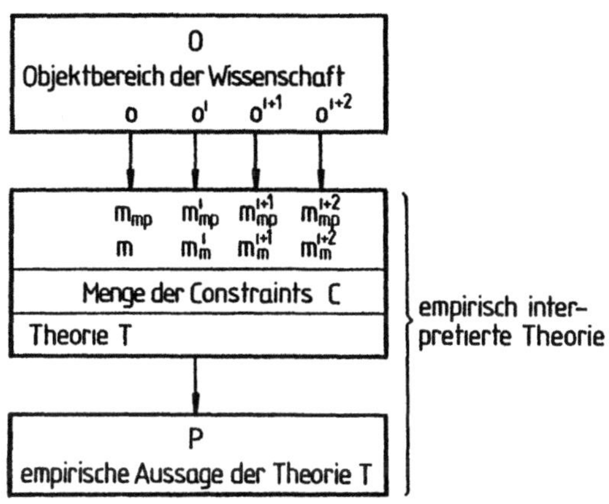



Abbildung 7

In schematischer Darstellung ist diese ergänzte Struktur in der Abbildung
7 gezeigt. Die hier eingetragenen Details wird man nicht immer mit-
schleppen wollen, sondern man wird sie sich in einer Mengenschreibweise
zusammengefaßt denken, wie es die Abbildung 8 zeigt.

Die Wirkung der Constraints wollen wir uns an einem einfachen Beispiel aus unserer archimedischen Statik ansehen. Wir betrachten drei
"Objekte" und zwar jeweils eine Kinderschaukel, auf der Kinder sitzen
und die zum Teil eine Schultasche am Rücken tragen; die Kinderschaukel sei jedesmal im Gleichgewicht. Bis jetzt sind die drei "Objekte" (also
die drei geplanten Schaukelversuche der Kinder auf der zur Verfügung gestellten Kinderschaukel) noch unabhängig voneinander. Wir wollen jetzt
die Wechselbeziehung zwischen ihnen einführen, indem wir bei den drei
Schaukelexperimenten nicht verschiedene Kinder und ihre Schultaschen
zulassen, sondern nur die beiden Kinder $x$ und $y$ und die Schultasche $z$.
Wir betrachten also drei verschiedene Objekte der archimedischen Statik;
zwischen diesen besteht jetzt eine Wechselbeziehung, weil immer dieselben
Kinder und immer dieselbe Schultasche vorkommen. Und zwar schaukeln

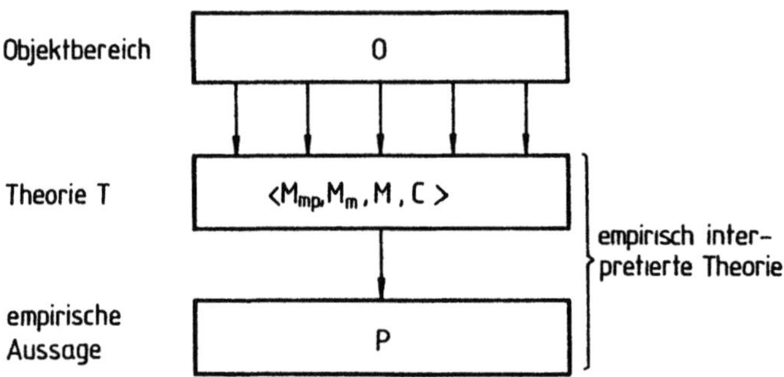


Abbildung 8

immer die beiden Kinder $x$ und $y$ miteinander, nur daß im 1. Fall das Kind $y$ die Schultasche $z$ trägt, im 2. Fall trägt das Kind $x$ die Schultasche $z$ und im 3. Fall schaukeln beide Kinder ohne Schultasche (Abbildung 9). Bezeichnet man in den drei Fällen den (theoretischen) Gewichtsterm mit $g_1$, $g_2$ und $g_3$, dann gelten für diese drei Fälle der archimedischen Statik die folgenden Gleichungen:

$$g_1(x) \cdot d_1(x) = g_1(y \circ z) \cdot d_1(y)$$

$$g_2(x \circ z) \cdot d_2(x) = g_2(y) \cdot d_2(y)$$

$$g_3(x) \cdot d_3(x) = g_3(y) \cdot d_3(y)$$

Der Ausdruck $g_1(y \circ z)$ und der Ausdruck $g_2(x \circ z)$ meint den theoretischen Gewichtsterm der Kombination von $y$ und $z$ beziehungsweise $x$ und $z$. Diese drei Fälle stehen immer noch beziehungslos nebeneinander. Jetzt führen wir die Constraints ein, die unserem theoretischen Term auferlegt sind und zwar:

a) Das Gewicht sei eine sogenannte extensive Größe, das heißt das Gewicht eines Körpers, der sich aus Teilkörpern zusammensetzt, ist gleich der Summe der Gewichte der Teilkörper. Es gilt also:

$$g_1(y \circ z) = g_1(y) + g_1(z)$$

$$g_2(x \circ z) = g_2(x) + g_2(z)$$

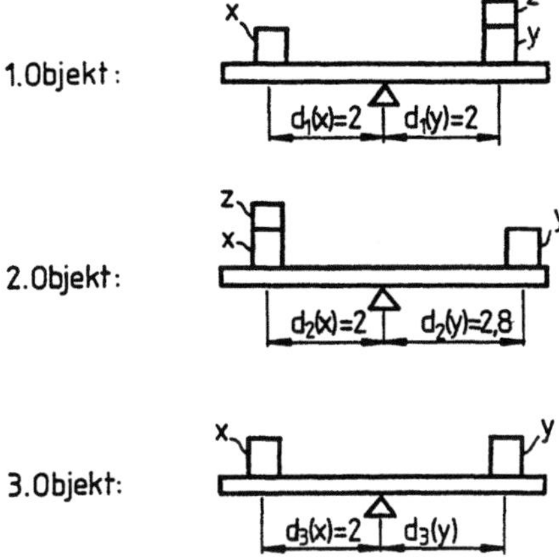



Abbildung 9

b) Das Gewicht sei ferner eine sogenannte konservative Größe, das heißt das Gewicht der Kinder und auch das der Schultasche bleibt in allen drei Anwendungsfällen erhalten, egal wer wo mit wem schaukelt, es bleibt also gleich groß. Es gilt:

$$g_1(x) = g_2(x) = g_3(x)$$
$$g_1(y) = g_2(y) = g_3(y)$$
$$g_1(z) = g_2(z)$$

Führt man diese Constraints in die Gleichungen der archimedischen Statik ein, dann erhält man:

$$\frac{d_3(y)}{d_3(x)} = \frac{d_1(y) \cdot d_2(x) + d_1(y) \cdot d_2(y)}{d_1(y) \cdot d_2(x) + d_1(x) \cdot d_2(x)} \ .$$

Man ersieht daraus, daß nach Einführung der Constraints die drei Fälle nicht mehr beziehungslos nebeneinander stehen, denn aus den Messungen der Drehpunktabstände bei den ersten beiden Anwendungsfällen kann man jetzt eine Aussage über das Drehpunktabstandsverhältnis $d_3(y)/d_3(x)$ beim dritten Anwendungsfall machen. Wenn zum Beispiel beim dritten Fall das Kind $x$ im Abstand von $d_2(x) = 2$ vom Drehpunkt sitzt, dann sagt uns die Gleichung voraus, daß das Kind $y$ im Abstand

$$d_3(y) = \frac{2 \cdot (2 \cdot 2 + 2 \cdot 2,8)}{2 \cdot 2 + 2 \cdot 2} = 2,4$$

die Schaukel im Gleichgewicht halten wird[24]. Die den *theoretischen* Größen auferlegten Constraints ermöglichen bemerkenswerterweise eine Voraussage bei *nicht-theoretischen* also bei "empirischen" Größen. Denn die Constraints haben sich auf das Gewicht und die Voraussagen auf Drehpunktsabstände bezogen. Die Constraints wirken als Querverbindungen zwischen allen möglichen Anwendungsfällen der betrachteten Theorie $T$ und halten die verschiedenen empirischen Aussagen aus dem Bereich der intendierten Anwendungen zusammen und führen zu einer einzigen unzerlegbaren empirischen Gesamtaussage $P$.

6. Das Problem der intendierten Anwendungen. Es ist zwar schon mehrfach von intendierten Anwendungen die Rede gewesen, aber was man hierunter wirklich verstehen soll, haben wir noch nicht gesagt. Zwar ist uns klar, daß intendierte Anwendungen solche sind, von denen die Theorie zu sprechen beabsichtigt und wir haben auch schon gesagt, daß die intendierten Anwendungen nur ein Bruchteil der Menge der möglichen, beziehungsweise der möglichen partiellen Modelle unserer Theorie sind. Aber wie man diese Menge bestimmt, ist zunächst noch offen. Es ist natürlich nicht möglich, in einer vollständigen Liste nach der Art eines Inventarverzeichnisses alle jene Anwendungsmöglichkeiten der Reihe nach aufzuzählen, für die die Theorie gilt. Man wird sich aber schon eher vorstellen wollen, daß man die intendierten Anwendungen dadurch ein für alle Male festlegt, daß man jene Eigenschaften angibt, die die Menge der intendierten Anwendungen exakt charakterisiert. Aber auch hier findet man keinen gangbaren Weg. Man findet nämlich im allgemeinen Fall zu keinem Ergebnis, wenn man wirklich alle notwendigen *und* hinreichenden Eigenschaften aufzählen will, die alle intendierten Anwendungen exakt kennzeichnen. Hier liegt eine starke Analogie vor zu dem von WITTGENSTEIN [Untersuchungen] angeführten Beispiel zum Wort "Spiel". Hier zeigt sich nämlich auch sehr deutlich, daß man offenbar nicht in der Lage ist, dem Begriff "Spiel" die notwendigen *und* hinreichenden Merkmale zuzuschreiben, die einerseits alle Spiele kennzeichnen und die anderseits aber nicht womöglich auch gewisse Nicht-Spiele charakterisieren könnten. Man wird zwar bei verschiedenen Spielen gewisse Ähnlichkeiten feststellen

---

[24] Als Gewichtsfunktionen ergeben sich zum Beispiel $g(x) = 30$, $g(y) = 25$ und $g(z) = 5$, diese Funktionen sind in diesem Zusammenhang zwar nicht von Interesse, aber man kann sich damit leicht von der Gültigkeit des obigen Rechenergebnisses überzeugen.

können, aber wirklich gemeinsame Merkmale, die notwendig und hinreichend sind, wird man nicht finden können. STEGMÜLLER beschreibt in seiner [Theoriendynamik, Seite 196], wie man vorgehen wird, wenn man den Begriff Spiel zumindest ungefähr umgrenzen will:

a) Man wird zunächst eine Liste typischer Spiele aufstellen. Diese Liste wird man zufolge neuer Erfahrungen und Überlegungen allenfalls ergänzen, aber auch durch Streichungen modifizieren. Auch unnötige Duplikate wird man aus der Liste eliminieren und erhält schließlich eine "Minimalliste". Diese Liste enthält jetzt das, was man die Paradigmen der Spiele nennen wird. (Man verwechsle nicht diesen hier verwendeten Paradigmen-Begriff mit KUHNs Paradigma.)

b) Jetzt wird man vereinbaren, daß man nie mehr eine dieser Beschäftigungen, die wir als Spiel deklariert und in unsere Minimalliste aufgenommen haben, im nachhinein doch als Nicht-Spiel auffassen wird. Das heißt, aus der Minimalliste wird vereinbarungsgemäß nichts mehr gestrichen. Wir dürfen dagegen – wenn es notwendig werden sollte – die Minimalliste erweitern.

c) Und jetzt kommt der Fall der praktischen Anwendung dieser Liste: Man wird eine nicht zur Minimalliste gehörige Beschäftigung oder Tätigkeit als Spiel verdächtigen, wenn sie eine "signifikante" Anzahl von Eigenschaften hat, die bei den Beispielen unserer Minimalliste vorkommen.

Man sieht deutlich, wie vage diese Zuordnung ist. Eine hinreichende Bedingung dafür, daß die betrachtete Beschäftigung tatsächlich ein Spiel ist, kann man dadurch nicht geben. Damit muß man sich offenbar abfinden.

Die eben geschilderte Vorgangsweise der Kennzeichnung wurde von SNEED vorgeschlagen, um die intendierten Anwendungen einer Theorie festzulegen. Der Weg ist also der: es wird die Menge der intendierten Anwendungen $I$ im wesentlichen durch die Menge von paradigmatischen Beispielen $I_0$ umrissen. Die Menge der paradigmatischen Beispiele $I_0$ ist etwa in den Lehrbüchern zu finden und zwar in den dort durchbesprochenen praktischen Anwendungen der Theorie, sowie in den selbst zu erarbeitenden Übungsbeispielen. Diese paradigmatischen Beispiele $I_0$ sind als Menge grundsätzlich in der Menge der intendierten Anwendungen $I$ enthalten. Zu den intendierten Anwendungen $I$ der Theorie wird man all das zählen, was zur Menge der paradigmatischen Beispiele $I_0$ eine gewisse "Familienähnlichkeit" aufweist. Die Menge der intendierten Anwendungen wird also keinesfalls scharf umrissen sein, wir müssen also mit einer offenen Menge rechnen. Bei den meisten Anwendungen wird zwar kein Zweifel darüber bestehen, ob hier auch eine intendierte Anwendung vorliegt, ob also diese Anwendung ein Fall für die Theorie ist. Es ist aber durchaus auch denkbar, daß bei manchen anderen Anwendungen im vorhinein diese Entscheidung auch bei intensiven Paradigmen-Studien gar nicht getroffen werden kann. In diesen Fällen trifft man keine autoritäre Ad-hoc-Entscheidung, das wäre ja reine Willkür, sondern man läßt die Entscheidung der Theorie über, ob der betreffende Anwendungsfall überhaupt zu den intendierten Anwendungen gehört oder nicht. Sofern es also möglich ist, das betreffende mögliche partielle Modell zu einem Modell zu erweitern, welches auch die sonstigen Bedingungen der Theorie erfüllt, dann hat es sich hier um einen intendierten Anwendungsfall gehandelt. Ist das dagegen nicht so, dann streicht man eben diesen Fall aus der Menge der intendierten Anwendungen. Man nennt diese Vorgangsweise auch die "Methode der Autodetermination von $I$ durch die Theorie". In diesem Grenzbereich der intendierten Anwendungen könnte man in plakativer Form sagen, daß "die Theorie ihre eigenen Fakten bestimmt". Diese These wird von verschiedenen Autoren auch in zum Teil schärferer Weise vertreten. Theorien können in dieser Sicht also eine gewisse Immunität und Stabilität gegen drohende empirische Widerlegungen aufweisen.

Was hier beschrieben wurde, wollen wir auch in unsere graphische Darstellung nach Abbildung 8 einbinden. Man muß also die Struktur der Theorie $T$ so erweitern, daß man erkennen kann, daß

1. die Menge der intendierten Anwendungen $I$ ein Bruchteil der Menge der möglichen partiellen Modelle $M_{mp}$ ist, daß

2. die Menge der intendierten Anwendungen $I$ eine offene Menge ist und daß

3. die Menge der intendierten Anwendungen $I$ durch die Menge der paradigmatischen Beispiele $I_0$ festgelegt wird, wobei $I_0$ in der Menge $I$ enthalten sein muß. Das heißt, es ist

$$I_0 \subseteq I \ .$$

Zu diesem Zweck betrachten wir die bisherige symbolische Darstellung der empirisch interpretierten Theorie als einen Querschnitt durch ein räumliches Gebilde, welches diese Feinstruktur enthält. Die Abbildung 10 will durch die Darstellung des Umklappens diese räumliche Struktur mit ihrer Feingliederung verdeutlichen.

Zur Illustration dessen, was man in einem allereinfachsten Fall unter pardigmatischen Beispielen für Minitheorien verstehen könnte. seien einige Bilder aus alten Physikbüchern wiedergegeben; sie zeigen, wie man dem Leser an Hand einer manchmal auf das Notwendigste abgemagerten Wirklichkeit – dadurch aber in großer Allgemeinheit – vermitteln kann, wovon die betreffende Theorie spricht. So hat man zum Beispiel den Satz vom Kräfteparallelogramm, wie die Abbildung 11 zeigt, an Fäden demonstriert, die in räumlich unterschiedlicher Anordnung durch Gewichte auf Zug belastet wurden. Oder. schon ausführlicher (Abbildung 12), jene mechanischen Vorrichtungen, die praktisch erläutern, auf welche Weise man kleine Kräfte in große Kräfte umwandeln kann. Alte Schwungmaschinen

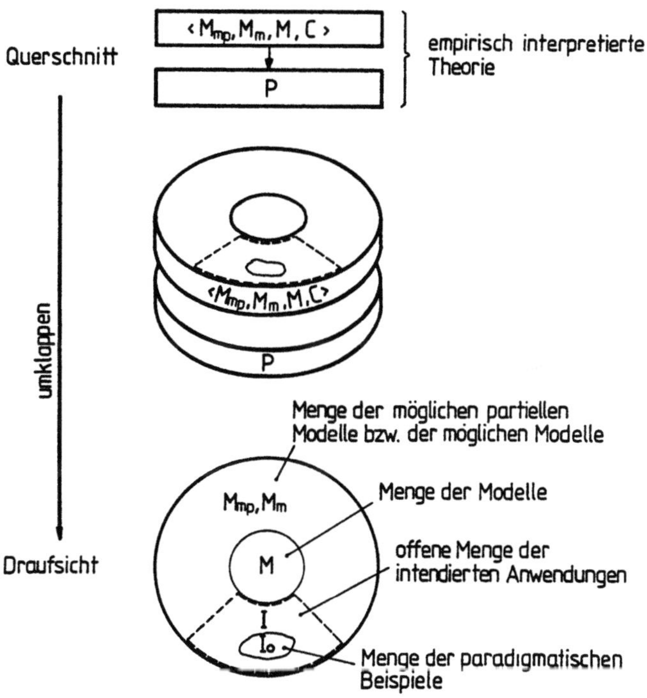


Abbildung 10

(Abbildung 13) illustrieren wiederum Phänomene, von denen die Theorie rotierender Systeme handelt. Diese Illustrationsbeispiele stellen das Problem natürlich viel zu einfach dar, wenn man an eine grundlegende und umfassende Theorie denkt, wie das etwa die Newtonsche Theorie ist. Die paradigmatischen Beispiele, die Newton für seine Theorie gesehen hat, waren nämlich selbst wiederum umfangreiche und komplexe Zusammenhänge, die sich bis zu diesem Zeitpunkt einer Erfassung auf der Basis einer einheitlichen Theorie entzogen haben. Es waren das die folgenden Phänomene:

a) Planetenbewegung um die Sonne, sowie Bewegungsverhalten vom Erdmond und von den Jupitermonden.

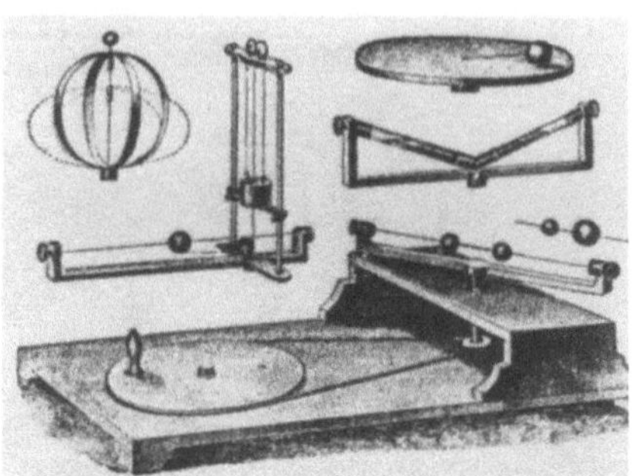

|  |  |
|---|---|
| **Abbildung 11** | **Abbildung 13** |
| (aus: SEXL [Physik]) | (aus: SEXL [Physik]) |

b) Gezeitenphänomene der Meere.
c) Freier Fall von schweren Körpern in der Nähe der Erdoberfläche.
d) Pendelbewegung.

**7.** Netze von Theorie-Elementen. Umfangreiche Theorien stellen sich komplexer dar, als wir in unserem Bild bisher zeigen konnten; wir werden daher unsere Vorstellung noch einmal zu erweitern haben. Wir wollen das, was wir bisher empirisch interpretierte Theorie genannt haben, ab jetzt Theorie-Element bezeichnen. Und Spezialisierungen, die aus einem solchen Theorie-Element hervorgegangen sind, wollen wir wiederum als ein für sich isoliertes Theorie-Element betrachten[25]. Ein solches Theorie-Element $T$ sehen wir als ein geordnetes Paar

$$T = < K, I >$$

an, wobei $K$ der Kern der Theorie ist mit den Bestandteilen

$$K = < M_{mp}, M_m, M, C >$$

---

[25] SNEED hat die spezialisierten Gesetze in einem sogenannten erweiterten Theoriekern zusammengefaßt. Der Vorschlag, die spezialisierten Gesetze genauso wie die Theorie zu behandeln, aus der sie hervorgegangen sind, stammt von BALZER. Spezialisierte Gesetze werden also wie Minitheorien behandelt (STEGMÜLLER [Erklärungen, Seite 1057])

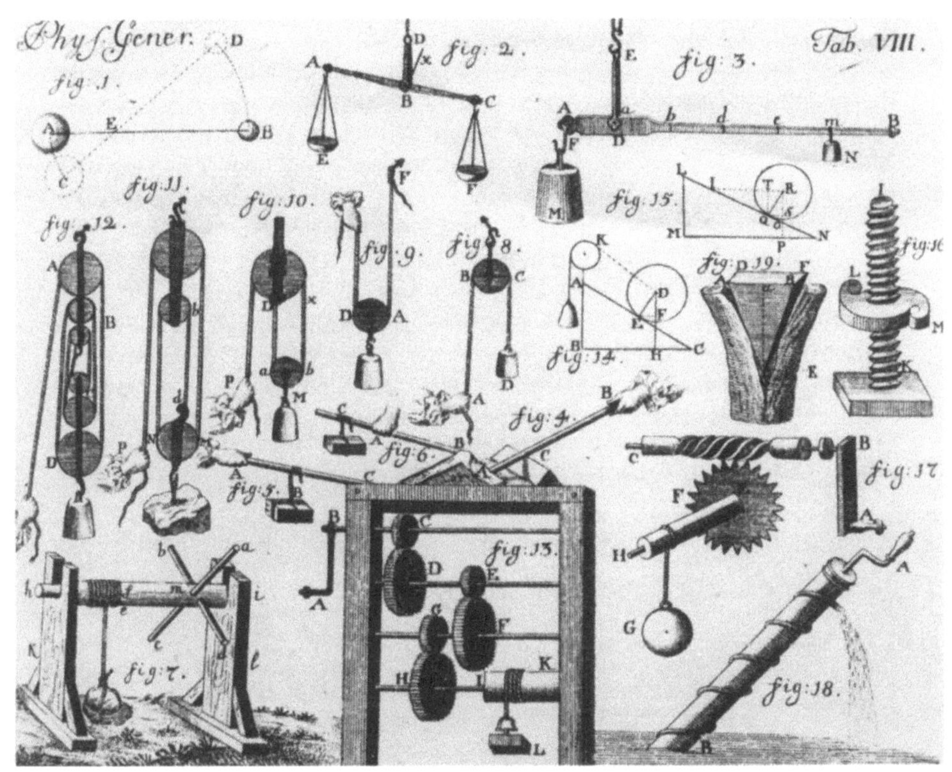

Abbildung 12
(aus: SEXL [Physik])

und $I$ die intendierten Anwendungen sind, die sich durch

$$I \subset M_{mp}$$

auszeichnen, das heißt also, $I$ ist in $M_{mp}$ eingeschlossen. $K$ und $I$ sind in unserer Struktursymbolik in Abbildung 14 getrennt dargestellt. Jenes Theorie-Element, welches die Grundlage für alle Spezialisierungen abgegeben hat, sei das Theoriegrundelement $T_b$ oder auch die Ba-

sis $B(N)$ des Netzes $N$. Spezialisierungen in Form von Kernspezialisierungen der intendierten Anwendungen (auf Teilmengen) führen zu einem Netz von Theorie-Elementen, welches vom Theoriegrundelement $T_b$
seinen Ausgang nimmt und sich als eine Verfeinerung des Netzes darstellt. Aber auch Erweiterungen des Feldes der intendierten Anwendung
im Bereich des Theoriegrundelementes stellen eine wesentliche Möglichkeit der Weiterentwicklung der Theorie dar. Die Abbildung 15 zeigt als
Beispiel drei solche Stadien der Netzverfeinerung, die wir als einen Ausbau
der Theorie auffassen wollen. In jedem Einzelbild stellen die Kreise die
Theorie-Elemente dar, die durch Spezialisierung aus dem Theoriegrundelement $T_b$ entstanden sind. Die Feinstruktur und die erwähnte Spezialisierung auf Teilmengen wurden im Bild aus Maßstabsgründen nicht mehr
eingezeichnet. Wir sollten uns weiters beim Anblick dieses Bildes daran erinnern (vergleiche Abbildung 10), daß jedem Theorie-Element "die nicht
in Einzelaussagen zersplitterte empirische Gesamtbehauptung", also die
Proposition $P$ unterlegt ist. In gleicher Weise werden wir dem kompletten Theorienetz $N$, welches wir jetzt als eine "Theorie im starken
Sinn" auffassen, auch eine "Theorieproposition im starken Sinn" unterlegen. Diese Theorieproposition im starken Sinn ist eine nicht in Einzelaussagen zersplitterte Gesamtbehauptung. Sie stellt in einem einzigen Satz
fest. daß jede intendierte Anwendung der Theorie, sowie alle ihre Teilmengen, die im Netz vorkommen, die Forderung der Kerne dieses Netzes

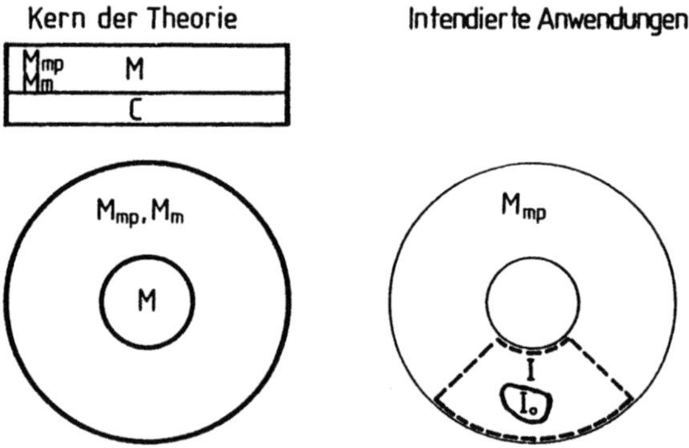


Abbildung 14

erfüllen. Werfen wir noch einmal einen Blick auf die Abbildung 15 mit

ihren drei Momentaufnahmen historischer Zustände. Theorien zeigen also
einen gewissen Wandel, sie erfahren Veränderungen, man spricht auch
von der Theoriendynamik. Dieser Wandel darf aber nicht darüber hin-
wegtäuschen, daß dem ganzen Theorienetz ein fester unveränderlicher
Ausgangspunkt als Fundament zugrundeliegt; dieses Fundament verhilft
dem Theorienetz zur eigenen Identität. Jene Gegebenheiten, die die Theorie, also das komplette Netz identifizieren, nennt man die "wesentlichen"
Eigenschaften der Theorie. Diese wesentlichen Eigenschaften, man könnte
sagen die "paradigmatischen Bestandteile einer Theorie", werden festgeschrieben durch den Kern $K_b$ und durch die paradigmatischen Beispiele
$I_0$ des Theoriegrundelementes $T_b$. Die "akzidentiellen" Eigenschaften der
Theorie können sich dagegen wandeln, ohne daß man sagen müßte, das
Wesen der vorliegenden Theorie hätte sich verändert. Zu den akzidentiellen Eigenschaften der Theorie zählen die intendierten Anwendungen
mit Ausnahme der paradigmatischen Beispiele (also akzidentiell ist die
Differenzmenge $I - I_0$), sowie die Spezialisierungen des Kernes des Theoriegrundelementes.

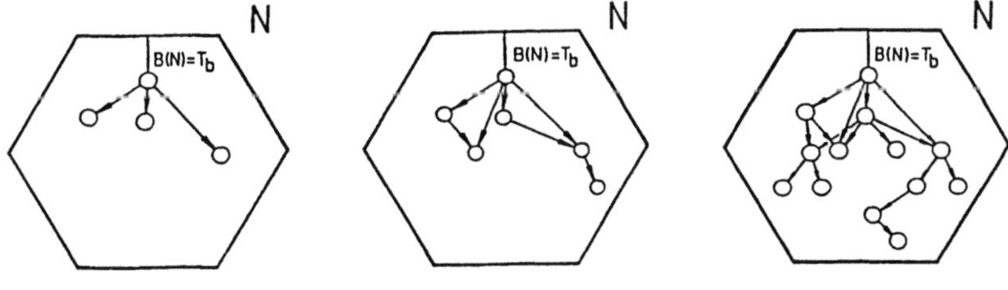


Abbildung 15

8. Dynamik der Theorienetze. Die Abbildung 15 hat uns mit
ihren drei Momentaufnahmen historischer Zustände bereits dynamische
Veränderungen eines Theorienetzes vor Augen geführt. Wir müssen uns
diese Entwicklung, ausgehend von dem Theoriegrundelement $T_b$, in sehr
vielen Einzelschritten vor sich gehend denken. Es ist das der Entwicklungsprozeß, der in der "normalen Wissenschaft" genau genommen ständig
abläuft. Der Schöpfer eines neuen wissenschaftlichen Konzeptes hat die
paradigmatischen Bestandteile der Theorie festgelegt und hat dadurch

ein Fundament gegründet, welches trotz nachträglichen Wandels, dieser Theorie (im starken Sinn) zu ihrer Identität verhilft. Die wesentlichen Eigenschaften der Theorie wurden festgeschrieben durch den Kern $K_b$ und durch die paradigmatischen Beispiele $I_0$ des Theoriegrundelementes $T_b$. Der daran anschließende Entwicklungsprozeß findet im Rahmen der akzidentiellen Eigenschaften statt. Es werden zum Beispiel die intendierten Anwendungen durch Forschungsarbeiten erweitert, man erkennt also, daß man die derzeitigen theoretischen Kenntnisse auch noch in Anwendungsbereichen einsetzen kann, wo man das vorher nicht vermutet hat. Es kann aber auch sein, daß man neue theoretische Zusammenhänge im Bereich der intendierten Anwendungen erkennt, die sich als Spezialisierungen des Theoriegrundelementes $T_b$ darstellen. Jedenfalls bemerken wir einen Ausbau des Theorienetzes und eine Erweiterung der zugeordneten Theorienproposition.

Die Abbildung 16 will diesen Gang der normalen Wissenschaft, wo im Lauf der Zeit Veränderungen am Theorienetz vorgenommen werden, ohne daß dabei die Identität der Theorie verletzt wird, symbolisch darstellen. Wir sind sozusagen jetzt noch einmal einen Schritt weiter zurückgetreten, um durch den größeren Abstand einen größeren Überblick zu gewinnen; die Feinstruktur des Theorienetzes wird nun zu klein, sie kann nicht mehr deutlich genug dargestellt werden, wir lassen sie daher weg. Es bleibt nur der sechseckige Rahmen unseres Netzes zurück, seine gleichbleibende Form möge uns daran erinnern, daß die Identität der Theorie bei allem sonstigen Wandel unverändert bleibt.

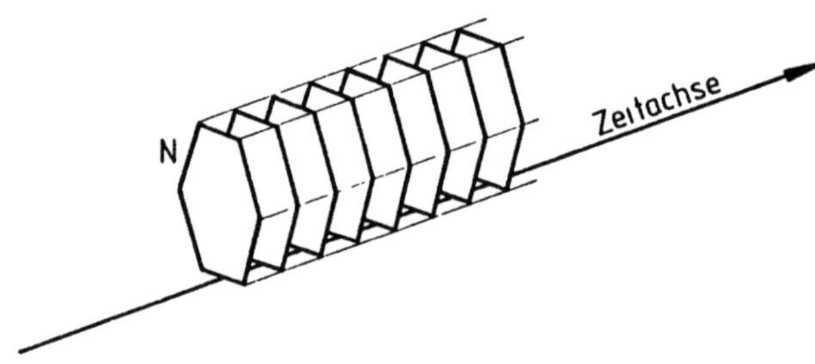


Abbildung 16

Die Beschreibung der ablaufenden Vorgänge im Theorienetz ist aber noch nicht vollständig; sie spricht nämlich nur von Erfolgen und nie von Mißerfolgen; sie stellt also ein Idealbild dar, welches überspannte Anforderungen an die Leistungsfähigkeit der betreffenden Forschergeneration stellen würde. Immer wieder tritt bei der normalwissenschaftlichen Tätigkeit der Fall ein, daß ein spezielles Gesetz als ein neues Theorie-Element $T_i$ in das Theorienetz eingebaut werden muß, um irgendein bestimmtes Phänomen mit der Theorie erklären zu können. Immer wieder tritt auch der Fall ein, daß man eine gewisse intendierte Anwendung $I_i$ (erstmalig) mit dem Formelgerüst der Theorie konfrontiert. Man kann nicht erwarten, daß alle diese Versuche grundsätzlich immer komplikationslos ablaufen. Im Gegenteil, es wird sich manchmal herausstellen, daß die zum verfeinerten Netz $N_j$ gehörige Theorienproposition im starken Sinn sich als falsch erweist. In der normalen Wissenschaft wird man dieser Situation auf die Weise begegnen, daß man das Theorie-Element $T_i$ aus dem Theorienetz $N_j$ wieder herausnimmt und damit auf den alten Stand $N_{(j-1)}$ zurückkehrt. Die vorgeschlagene Netzverfeinerung konnte also empirisch nicht gestützt werden, sie wurde aus empirischen Gründen verworfen. Im Fall der mißglückten intendierten Anwendung $I_i$ wird man nach dem Prinzip der Autodetermination die Anwendung $I_i$ ausgrenzen und behaupten, sie ist doch nicht intendiert.

Damit scheint aber – um es überdehnt zu sagen – die Theorie sehr stark von Subjektivem getragen zu sein, denn man kann offenbar diese Theorie ja überhaupt nicht dadurch widerlegen, daß man zeigt, daß im Netz der Spezialgesetze Fehler auftreten. Man kann nämlich immer sagen, der Fehler liegt gar nicht bei der Theorie und man soll außerdem die Hoffnung nie aufgeben, der Erfolg wird sich schon noch einstellen. Nach STEGMÜLLER [Analyse, Seite 299] kann keine endliche Anzahl *erfolgloser* Versuche, mittels einer Theorie mit den beiden paradigmatischen Bestandteilen $K_b$ und $I_0$ eine empirische Behauptung zu formulieren, als Beweis dafür gelten, daß es *keine* erfolgreiche Behauptung dieser Form gibt. Hier tritt uns also ganz deutlich das Schreckgespenst der "Immunität von Theorien gegen drohende empirische Falsifikationen" entgegen. Ab wievielen fehlgeschlagenen Anwendungsversuchen soll man das Theoriegrundelement samt Netz verwerfen? Anhänger der Theorie werden die Hoffnung nicht so schnell aufgeben, daß die Theorie zum Erfolg führt. Eine exakte, objektive Entscheidungsformel, die uns verrät, ab wann wir auf das alte Netz verzichten sollen, gibt es jedenfalls nach SNEED und KUHN nicht. Es ist vielleicht gut, darauf hinzuweisen. daß es sich hierbei aber nicht um eine künstliche und absichtliche Verhinderung einer Theoriefalsifikation handelt; die Standfestigkeit einer Theorie wohnt offenbar ihrer prinzipiellen Struktur inne.

Wenn eine Theorie von mehreren Fehlschlägen heimgesucht wird, kann sich eine "wissenschaftliche Revolution" mit stattfindender Theorienverdrängung einstellen. Die Häufung von Fehlschlägen wird die Geister spalten. Traditionsbewußte Forscher werden von ihrer alten und oft bewährten Theorie nicht abweichen. Sie werden die Probleme, die irgendwelche "widerspenstige" Anwendungen bereiten, nur als eine vorübergehende Krise bewerten und sagen, daß Krisen in der Geschichte der normalen Wissenschaft immer schon aufgetreten sind: Jeder einzelneAnwendungsfall widersetzt sich ja genau genommen zunächst der Eingliederung in das System, das hängt mit der menschlichen Unzulänglichkeit der Forscher zusammen und nicht mit der Theorie. Auch wird der erfahrene, traditionsbewußte Forscher gar keine andere Möglichkeit sehen, denn die alte Theorie hat sich in unzähligen Fällen bewährt und ist damit zum unentbehrlichen Hilfsmittel für die Bewältigung der täglichen Forschungsaufgaben geworden. Im Vergleich dazu erscheinen die vereinzelten widerspenstigen Anwendungen als eher unbedeutend (wenn auch zugegebenermaßen als unangenehm). Der Versuch, eine alternative Theorie aufzustellen oder anzuerkennen, wird dem traditionsbewußten Forscher besonders schwer fallen, weil ja die neue Theorie zwar die widerspenstigen Anwendungen in den Griff bekommt, aber dafür sonst auf nur sehr wenige Erfolge hinweisen kann; sehr viel mehr als ein neuartiges Theoriegrundelement ist ja zumeist noch nicht vorhanden. Gerade der große Erfahrungsschatz des traditionsbewußten Forschers bewirkt, daß er um die vielfältige Anwendbarkeit der alten Theorie weiß und das läßt ein vorschnelles Abgehen von der bisher erfolgreichen Theorie als absurd erscheinen. Der Traditionalist will kein "Hans im Glück" sein. Anders verhalten sich wissenschaftliche Revolutionäre, meist jüngere Menschen. die zwar in der Tradition der alten Theorie ausgebildet wurden, die aber kaum um wirklich alle Verdienste der alten Theorie im Detail wissen, geschweige denn sie würdigen. Während die Traditionalisten immer noch hoffen, daß die widerspenstige Anwendung durch die Theorie gezähmt wird, haben die wissenschaftlichen Revolutionäre diese Hoffnung schon lange aufgegeben und sind auf der Suche nach einem erfolgreicheren Theoriegrundelement $T_b'$ samt Ansätzen für ein neuartiges, dazugehöriges Theorienetz, welches auch die widerspenstigen Anwendungen erfassen kann. Wird man fündig, dann beobachtet man ein interessantes Phänomen: Während die Traditionalisten hartnäckig *glauben*, daß ihre alte Theorie die vereinzelten widerspenstigen Anwendungen schon noch zu lösen imstande ist, *glauben* die wissenschaftlichen Revolutionäre hartnäckig, daß ihre neue Theorie in Zukunft noch all das Unzählige wird erklären können, was die alte Theorie schon heute zu erfassen versteht. Ihr Theorienetz ist ja noch in einem embryonalen Stadium. Im vorhinein wird man wahrscheinlich gar nicht sagen können, welcher Glaube in Erfüllung gehen wird; wird die

alte Theorie ihr Problem lösen, oder die neue, oder keine von beiden, oder
– horribile dictu – am Ende beide? Jedenfalls ist die Umbruchszeit nicht
von korrekten und scharfen Kriterien beherrscht. PLANCKs Worte beleuchten diesen Zustand besonders treffend: "Eine neue wissenschaftliche
Wahrheit pflegt sich nicht in der Weise durchzusetzen, daß ihre Gegner
überzeugt werden und sich als belehrt erklären, sondern viel mehr dadurch, daß die Gegner allmählich aussterben und daß die heranwachsende
Generation von vornherein mit der Wahrheit vertraut ist" [Autobiogra-
phie, Seite 22].

Die Abbildung 17 zeigt diesen Vorgang der wissenschaftlichen Revolution. Das alte bisher bewährte Theorienetz $N$ hat sich in normalwissenschaftlicher Manier weiterentwickelt und es wurde immer perfekter
ausgebaut. Das heißt nicht, daß niemals hierbei die Situation eingetreten ist, daß irgendein Theorie-Element zurückgenommen werden mußte,
oder irgend eine intendierte Anwendung ausgegrenzt werden mußte. Solche Änderungen betreffen aber nur die akzidentiellen Eigenschaften der
Theorie und sind in unserem sechseckigen Rahmen nicht dargestellt, weil
wir beschlossen haben, diese Feinstruktur gar nicht mehr einzuzeichnen;
die wesentlichen Eigenschaften der Theorie, also der Grundkern $K_b$ und
die paradigmatischen Beispiele $I_0$ sind stets erhalten geblieben. Die Theorie hat ihre Identität bewahrt. Etwa zum Zeitpunkt $t_2$ häufen sich jedoch
die Probleme und die jetzt stattfindende Änderung betrifft nicht mehr
die akzidentiellen Eigenschaften der Theorie, sondern die wesentlichen
Eigenschaften, das heißt, es tauchen ein neuer Grundkern $K_b'$ und neue
paradigmatische Beispiele $I_0'$ auf, somit die keimhaften Anfänge für ein
neues Theorienetz $N'$, welches wir im Bild als fünfeckigen Rahmen symbolisieren. Im Zeitbereich $t_2$ bis $t_3$ stehen also gleichzeitig zwei Theorien
konkurrierend nebeneinander. Ab dem Zeitpunkt $t_3$ stirbt die alte Theorie
aus; die Theorie $N'$ hat die Theorie $N$ im Zeitintervall $t_2$ bis $t_3$ verdrängt.

Ein bemerkenswertes Problem begegnet uns im Fall der Theorienrevolution, und zwar das Inkommensurabilitätsproblem und die Frage
nach dem dabei erreichten wissenschaftlichen Fortschritt. Die Abbildung 17 zeigt eine eben erst stattgefundene wissenschaftliche Revolution. Die historisch wachsende komplexe Theorie, die durch eine Folge
von Theorienetzen $N$ dargestellt wird, ist in ihrer Identität im Theoriegrundelement $T_b$ verankert. In gleicher Weise ist auch die auf revo-
lutionärem Weg neu entstandene Theorie $N'$ durch ihr Theoriegrundelement $T_b'$ in ihrer Identität bleibend formuliert. Wie besprochen, ist
es zu dieser Änderung der Theoriegrundelemente gekommen, weil widerspenstige Anwendungen die Revolution ausgelöst haben. Das Theoriegrundelement legt aber in grundlegender Weise die theoretischen Größen
fest, die in der Theorie vorkommen. Wenn aber jetzt die Theoriegrund-

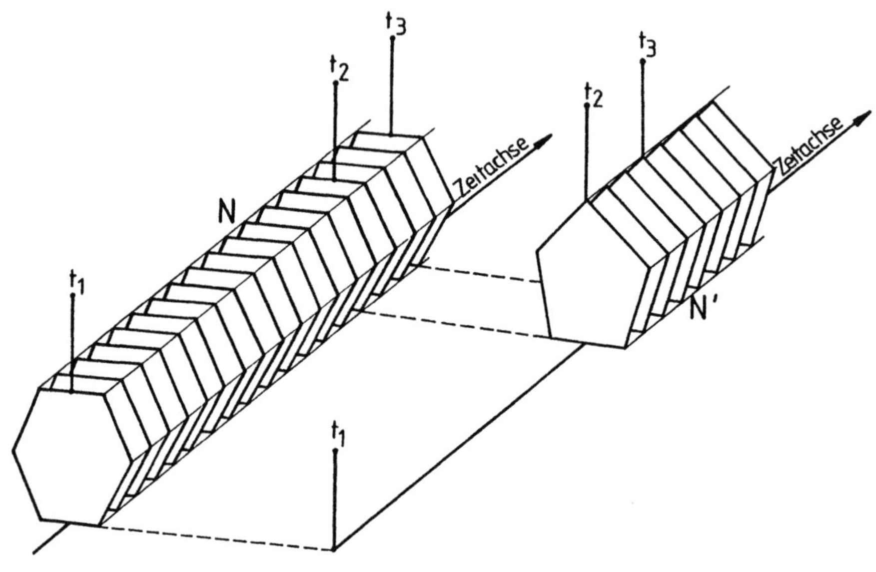


Abbildung 17

elemente von $N$ und $N'$ voneinander verschieden sind, dann sind auch die theoretischen Begriffe dieser beiden Theorien voneinander verschieden. Die theoretischen Begriffe gehen aber ganz entscheidend in die Wissenschaftssprache ein und die dort gebildeten Worte, aber auch die Sätze werden in diesen beiden Theorien dann eine unterschiedliche Bedeutung haben, sie sind in bedeutungsverschiedenen Sprachen formuliert. Wie sieht das Wörterbuch aus? Kann man überhaupt die Sätze der Theorie $N$ in die Sätze der Theorie $N'$ überführen? Wie kann man in dieser Situation erfahren, in welchem Ausmaß die Theorie $N'$ einen Fortschritt gegenüber der Theorie $N$ darstellt? Hat sich die Revolution gelohnt? Einen einfachen Maßstab für den Fortschritt gibt es in dieser Situation der wissenschaftlichen Revolution wahrscheinlich überhaupt nicht. SNEEDs abstrakte Überlegungen zur "Reduktion" von Theorien auf andere lassen sich kaum in einfacher Sprache darstellen. STEGMÜLLERs Weg versucht den komplexen Begriff der Reduktion zu ersetzen durch die These: "Eine wissenschaftliche Revolution 'progressiv' nennen heißt behaupten, die verdrängte Theorie lasse sich partiell und näherungsweise in die verdrängende einbetten." "Eine erfolgreiche Rekonstruktion des Begriffes 'progressive Theorieverdrängung' dürfte in zwei wichtigen Beziehungen von dem Begriff des 'Fortschritts' in der teleologischen Metaphysik der zunehmenden Wahrheitsnähe abweichen. Erstens wird ein Fortschrittsbegriff, der auf Beziehungen zwischen Theorien beruht, nur innere und keine äußeren erfüllen. Daher wird er nicht gewährleisten, daß sich die Erkenntnis linear auf ein bestimmtes Ziel hin entwickelt. ...Zweitens muß dieser Begriff die Grundbedingungen erfüllen, daß der 'unwiderlegte empirische Gehalt' der alten Theorie in der neuen darstellbar sein muß. 'Gehalt' meint hier die tatsächlichen empirischen Behauptungen der Verfechter der alten Theorie, nicht alle überhaupt möglichen Behauptungen" [Analyse, Seite 305f.]. Linearität im Sinn einer zielgerichteten historisch ablaufenden Annäherung des menschlichen Erkennens an "die eine Wahrheit" oder an "die Realität" ist nach dem ersten Punkt also nicht mehr gewährleistet. Die Kumulativität der Erkenntnis über eine Revolution hinweg, hat nach dem zweiten Punkt eine Chance. Soferne die dargelegte Grundbedingung des zweiten Punktes allerdings nicht exakt erfüllt ist, ist auch die Kumulativität gefährdet.

Wesentlich harmloser ist dagegen die Frage, wie sich in unserem Bild der Fortschritt im Bereich der normalen Wissenschaft formal darstellt. MOULINES hat in [Evolution] für geschichtswissenschaftliche Arbeiten ein klares Verfahren formuliert, welches geeignet ist, die verschiedenen Arten von wissenschaftlichem Fortschritt zu klassifizieren. Zu diesem Zweck müssen allerdings die Theorienetze noch genauer spezifiziert und ergänzt werden, durch Angabe, welche wissenschaftliche Gemeinschaft sich zu diesem betreffenden Netz bekennt, von welchem Zeitintervall hierbei die Rede ist und auf welchen gesicherten Annahmen diese Gemeinschaft explizit aufbaut. Erst unter solchen verfeinerten Randbedingungen kann man Untersuchungen zur Frage der Fortschrittlichkeit einer Theorienevolution anstellen. Der Begriff der Fortschrittlichkeit wird hierbei in mehrere Merkmale auseinanderfallen. Denn der Evolution solcher Theorienetze kann man eine Fortschrittlichkeit
a) in bezug auf Kernspezialsisierung,
b) in bezug auf Anwendungserweiterung,
c) in bezug auf empirische Bestätigung der Theorie und
d) auch in bezug auf mehrere der genannten Merkmale attestieren.
Dieser Fortschrittsbegriff macht nicht Gebrauch von der Vorstellung einer Zielgerichtetheit, macht nicht Gebrauch von einer asymptotischen Annäherung an "die endgültige Wahrheit" oder von einer immer genaueren und besseren Abbildung der "Realität". Der Fortschrittsbegriff hat nämlich sein Fundament in den Beziehungen, die man zwischen den Theorien aufstellen kann, er fußt also auf inneren Zusammenhängen (und zwar

auf innertheoretischen, beziehungsweise intertheoretischen) und nicht auf
äußeren, also nicht auf äußeren Zusammenhängen zwischen der Theorie
und irgendeiner externen Gegebenheit, zu der wir keinen unmittelbaren
Zugang haben.

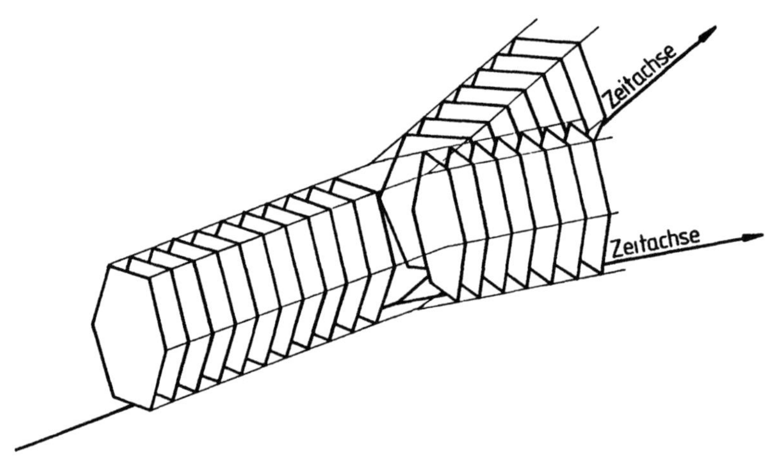


Abbildung 18

Auf besondere Phänomene, welche mit unserem Fortschrittsbegriff
zusammenhängen, weist STEGMÜLLER in [Theoriendynamik, Seite 228],
[Erklärung, Seite 1073] und [Analyse, Seite 307] hin. Es sind das die Fortschrittsverzweigungen. Wir betrachten zuerst den normalwissenschaftlichen Fall, also den Fall der Theorienevolution, in der der Fortschritt
durch eine "innertheoretische" Beziehung der Weiterentwicklung von einem Theorienetz zum zeitlich benachbarten Theorienetz vor sich geht.
Wir stellen uns vor, es gelingt uns, die paradigmatischen Beispiele $I_0$ um
ein so geartetes physikalisches System $x_1$ zu erweitern, daß der Strukturkern $K$ nach wie vor darauf erfolgreich angewendet werden kann; dieses physikalische System $x_1$ wäre dann auch eine intendierte Anwendung unserer Theorie. Machen wir diesen Schritt jetzt rückgängig und
betrachten ein zweites physikalisches System $x_2$. Stellen wir uns vor,
es gelingt uns auch in diesem Fall die paradigmatischen Beispiele $I_0$

um dieses physikalische System $x_2$ zu erweitern, sodaß der Strukturkern $K$ nach wie vor auf dieses erweiterte System angewendet werden kann; auch dieses physikalische System $x_2$ wäre dann eine intendierte Anwendung unserer Theorie. Eine normalwissenschaftliche Fortschrittsverzweigung liegt vor, wenn man wahlweise die Theorie entweder um das System $x_1$ oder um das System $x_2$ erweitern kann, nicht jedoch um beide Systeme gleichzeitig. Die Theorie würde sich ab diesem Punkt "in zwei einander ausschließenden Richtungen" weiterentwickeln (Abbildung 18). Ähnlich verhält es sich beim revolutionären Fall der Fortschrittsverzweigung. Im Fall der Theorierevolution ist der Fortschritt als "intertheoretische" Beziehung zu konstruieren. Abbildung 19 zeigt den Moment einer Theorierevolution, die vom Theorienetz $N_1$ ihren Ausgang nimmt. Es möge jetzt ein Theorienetz $N_2$ entstehen, welches gegenüber dem ursprünglichen Theorienetz $N_1$ als progressiv zu bezeichnen wäre. Doch damit nicht genug. Es möge darüber hinaus auch noch ein Theorienetz $N_3$ entstehen, welches gleichfalls in Relation zum ursprünglichen Theorienetz $N_1$ als progressiv einzustufen ist. Beide neuen Theorienetze $N_2$ und $N_3$ mögen entwicklungsfähig sein und von ihren Vertretern erfolgreich angewendet und ausgebaut werden. Damit haben sich aber jetzt Theorienetze gebildet, die sich je und je in normalwissenschaftlicher Weise entwickeln, die aber auf verschiedenen Ästen liegen. Soferne man unbedingt den wissenschaftlichen Fortschritt als eine asymptotisch besser werdende Abbildung der Realität auffassen will, dann stellen diese Phänomene der Fortschrittsverzweigung Gabelungen der "Realität" dar.

## 6. Der Sichtwandel

Ein Sichtwandel in Zeitrafferdarstellung hat den Vorteil, in einem kurzen Flug die markantesten Punkte noch einmal herausstreichen zu können. Er hat aber auch einen Nachteil, er akzentuiert zu stark. Das, was wir bei der Entwicklung unserer Überlegungen mit allen möglichen Einschränkungen und Randbedingungen eher ausführlich gesagt haben, wirkt bei einer straffen Zusammenfassung überhöht. Ich glaube aber dennoch, daß es gut ist, eine solche Übersicht zu versuchen, auch wenn sie dann vielleicht zu knallig wirkt.

Der Ausgangspunkt unserer Überlegungen, wie man Gesetze und Theorien finden kann, war von einem gewissen Optimismus getragen:
"Alles was wir über die Natur wissen, beruht auf Beobachtungen und Versuchen. Was wahr oder falsch ist, entscheidet letztlich die Natur. Wissenschaft ist eine Struktur, die auf Tatsachen beruht."

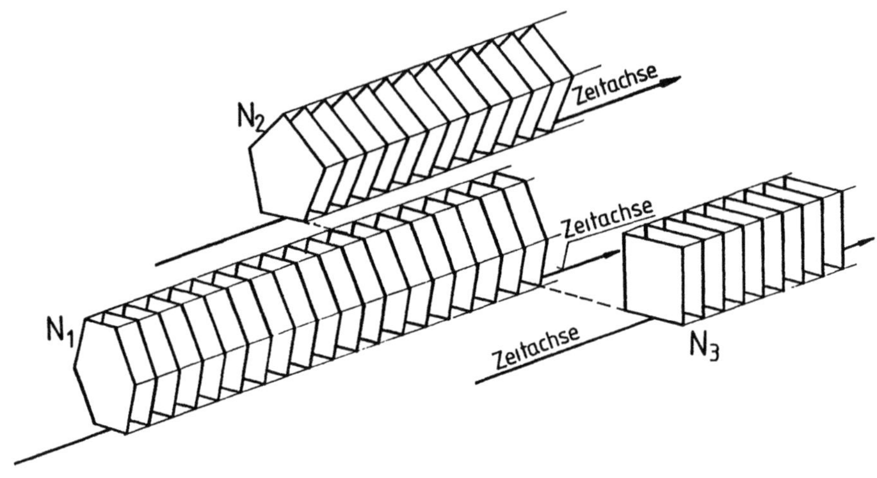



Abbildung 19

Aus solchen Äußerungen konnte man die Ansicht herauslesen, daß die wissenschaftliche Erkenntnis samt ihren Gesetzen und Theorien ein objektiv bewiesenes und absolut zuverlässiges Wissen ist. Wie kommt man zu diesem Wissen? Wir wollen noch einmal die drei wichtigsten Ansätze beleuchten, nämlich 1. den Induktivismus, 2. den Falsifikationismus und 3. den Entwurf strukturalistischer Theorien.

 **1.** In einer einfachen Form des Induktivismus stellt man sich vor, daß die Wissenschaft mit der Beobachtung beginnt, die es gestattet, Aussagen zu machen, die sich durch Augenschein unmittelbar als wahr herausstellen. Auf der Basis dieser Beobachtungsaussagen werden durch ein besonderes, sorgfältiges, nach allen Seiten absicherndes Verfahren die Gesetze und Theorien extrahiert. Dieses Verfahren ist das Induktionsprinzip. In einfacher, umgangssprachlicher Form könnte es lauten:
"Wenn sehr viele Beobachtungsaussagen unter einer großen Vielfalt von Bedingungen immer und ohne Ausnahme gezeigt haben, daß jeder untersuchte Einzelfall von $F$ die Eigenschaft $G$ hat, dann haben alle $F$ die Eigenschaft $G$."
Man mußte offenbar das Induktionsprinzip als Basis der empirischen

Wissenschaft auffassen, denn wissenschaftliche Erkenntnis soll auf Erfahrung fußen und das Induktionsprinzip führt diese Erfahrung in allgemeingültige Aussagen über. Wir gewinnen die Gesetze und Theorien. Die entscheidende Frage ist aber, ob sich die Rechtmäßigkeit des Induktionsprinzips erweisen läßt. Wir haben gesehen, daß die Probleme dort liegen, wo man singuläre Beobachtungsaussagen in allgemeingültige Aussagen überzuführen versucht hat. Das deduktive Schließen schreitet vom Allgemeinen zum Besonderen, das induktive Schließen schreitet umgekehrt vom Besonderen zum Allgemeinen. Während beim deduktiven Schließen aus wahren Prämissen niemals eine falsche Konklusion logisch erschlossen werden kann, kann bei einem gültigen induktiven Schluß aus wahren Prämissen und auch bei sorgfältigster Beachtung des Induktionsprinzips sehr wohl eine falsche Konklusion resultieren. Das Vertrauen auf die Wahrheit eines induktiven Schlusses läßt sich also nicht begründen. Im Gegensatz zur Deduktion ist es bei der Induktion kein Widerspruch, wenn wahre Prämissen falsche Schlußfolgerungen liefern. Eine endliche Zahl von Beobachtungen kann, auch wenn sehr viele Fälle untersucht wurden, prinzipiell nie das universelle Gesetz vollständig sichern. Eine Abschwächung des Induktionsprinzips mit Hilfe des Wahrscheinlichkeitsbegriffes ist auch versucht worden: "Wenn sehr viele Beobachtungsaussagen unter einer großen Vielfalt von Bedingungen immer und ohne Ausnahme gezeigt haben, daß jeder untersuchte Einzelfall von $F$ die Eigenschaft $G$ hat, dann haben wahrscheinlich alle $F$ die Eigenschaft $G$."
Aber auch hier ist wie vorhin zu sagen, daß eine endliche Zahl von Beobachtungen nie ein universelles Gesetz sichern und auch nichts über die zugehörige Wahrscheinlichkeit aussagen kann. Und dann kommt noch etwas dazu. Muß man nicht, wenn im Induktionsprinzip die Wahrscheinlichkeit eingebaut ist, dann jede beliebige, zukünftige Beobachtungsaussage, egal wie sie ausfällt, als Bestätigung des Gesetzes auffassen, weil ja die Gesetzesaussage in einer solchen Formulierung im Prinzip nichts mehr verbietet? Eine weitere Schwierigkeit bei der Anwendung des Induktionsprinzips ist auch die, daß die Befolgung des Hinweises "...sehr viele Beobachtungsaussagen unter einer großen Vielfalt von Bedingungen ..." bereits die Kenntnis der Theorie voraussetzt, die man gerade abzuleiten gedenkt.

Ein Standpunkt wie der folgende wäre – als Konsequenz auf alle diese Probleme – natürlich tödlich: Einerseits baut die empirische Wissenschaft auf einem Induktionsprinzip auf; andererseits läßt sich das Induktionsprinzip nicht rational fundieren; also entbehrt die Wissenschaft der rationalen Basis, sie läßt sich offenbar nicht rational rechtfertigen. Hier wird man also versuchen müssen, einen anderen Weg zu gehen.

**2.** Die Alternative zum angezweifelten induktiven Schluß auf eine "Wahrheit" ist die logisch deduktive Methode der Überprüfung einer Aussage, und zwar wird hier nach dem negativen Fall gesucht, ob also die betreffende Aussage sich als falsch erweist. Die Alternative ist also der Falsifikationismus. Vorgeschlagene Theorien werden nach strengsten Maßstäben einer Überprüfung unterzogen. Findet man alle Forderungen erfüllt, so hat sich die Theorie vorläufig bewährt und wir werden sie nicht verwerfen. Wahr oder wahrscheinlich wahr ist sie deshalb aber noch nicht. Wird dagegen auch nur irgendeine ganz spezielle Folgerung aus der Theorie falsifiziert, so gilt wegen des logisch deduktiven Ableitungsverfahrens die ganze Theorie als falsifiziert. Die Falsifizierung einer noch so unbedeutenden speziellen, *logisch deduktiven* Folgerung aus einer Theorie reißt also die ganze Theorie mit; sie muß durch eine neue Theorie ersetzt werden. Hier ist uns also eine bemerkenswerte Asymmetrie begegnet: Aus noch so vielen wahren Beobachtungsaussagen ist es nicht möglich, einen vermuterweise allgemeingültigen Satz zu verifizieren. Umgekehrt genügt aber eine einzige wahre Beobachtungsaussage um ihn schlagartig zu widerlegen. Die Grundlage der empirischen Wissenschaft ist also so gesehen das Widerlegungsverfahren und nicht ein Beweisverfahren. Diese Sicht hat aber Rückwirkungen auf die Struktur der allgemeingültigen Aussagen und der Theorien. Als selbstverständlich setzt man hier voraus, daß die Überprüfung objektiv sei. Ein wissenschaftlicher Satz ist dann objektiv, wenn er intersubjektiv nachprüfbar ist; nachprüfbar ist er nur dort, wo Experimente und Untersuchungen zu Phänomenen führen, die sich auf Grund von Gesetzmäßigkeiten wiederholen, die also reproduziert werden können. Ein wissenschaftlich bedeutungsvoller physikalischer Effekt kann geradezu dadurch definiert werden, daß er sich regelmäßig und von jedem reproduzieren läßt, der nur die Versuchsanordnung nach der angegebenen Vorschrift aufbaut. Eine andere wichtige Forderung, die an die Struktur der Theorie gestellt wird, ist die, daß sie so beschaffen sein muß, daß sie überhaupt an der Erfahrung scheitern kann: Ein Schöpfer einer neuen Theorie müßte also auch gleich dazu sagen, unter welchen experimentellen Bedingungen seine Theorie als widerlegt gilt. Hier wird also eine Abgrenzung vorgenommen, die sicherstellt, ob eine nähere Untersuchung eines bestimmten Satzsystems für die empirische Wissenschaft überhaupt von Interesse ist und die nachprüft, ob dieses Satzsystem von seiner Struktur aus gesehen überhaupt einen Beitrag zur empirischen Wissenschaft darstellen kann. Die Abgrenzung dient also der Kennzeichnung des Charakters einer empirischen Erkenntnis. Dieses Abgrenzungskriterium ist POPPERs Forderung der Falsifizierbarkeit des betreffenden Systems. Noch nicht falsifizierte wissenschaftliche Theorien stehen umso höher im Kurs, je mehr Gelegenheiten vorliegen zu zeigen, daß sich die Natur in Wirklichkeit anders verhält als die Theorie behauptet. Der Fortschrittsgedanke verlangt, daß die Theorien im Lauf der Entwicklung immer falsifizierbarer werden, das heißt, daß die Theorien in ihrem Aussageumfang immer mehr erweitert werden. Eine absichtliche Verhinderung einer Theoriefalsifikation, also ihre künstliche Immunisierung gegen die drohende empirische Widerlegung wird geächtet.

Das Bild, das wir uns von der empirischen Wissenschaft machen müssen, ist also bescheidener geworden. Wir hatten die Idealvorstellung, daß die wissenschaftliche Erkenntnis samt Gesetzen und Theorien ein objektiv bewiesenes und absolut zuverlässiges Wissen ist. Es hat sich aber die Hoffnung zerschlagen, Gesetze und Theorien jemals als "wahr" oder auch nur als "wahrscheinlich wahr" erweisen zu können. Die Gesetze und Theorien erscheinen uns jetzt bloß als spekulative Vermutungen und als kühne Einfälle, die wir nur hinterher, sobald sie einmal auf dem Tisch liegen, nach verläßlichen Maßstäben einer Überprüfung unterziehen können. Gesetze und Theorien erweisen sich also nie als wahr, höchstens als falsch.

Die Worte "... erweisen sich *höchstens* als falsch" deuten noch auf eine zweite Art an, daß wir noch einmal bescheidener werden müssen. daß wir das Bild, welches wir uns von Gesetzen und Theorien machen, noch einmal revidieren müssen. Vielleicht war ein ganz entscheidender Anstoß für das Ingangkommen dieses Revisionsprozesses auch die erstaunliche Feststellung, daß die historische Entwicklung der empirischen Wissenschaften ganz anders abgelaufen ist, als man auf der Basis unseres bisherigen Theorien-Verständnisses vermuten mußte. Ein abermaliger Wandel in der Vorstellung dessen, was man unter einer Theorie verstehen soll, ist jedenfalls durch die neuen Vorstellungen eingeleitet worden, die der strukturalistischen Theoriensicht zugrunde liegen.

**3.** Die bahnbrechenden Arbeiten von SNEED und STEGMÜLLER haben ein strukturalistisches Theorienkonzept geschaffen, welches zu einem bedeutenden Wandel der Frage führt, in welchem Licht man Gesetze und Theorien sehen muß.

Wir sprechen von Theorien im Bereich empirischer Wissenschaften. wir meinen also empirisch interpretierte Theorien, somit Theorien, denen man einen empirischen Gehalt zuordnen kann, wir denken also an Theorien, die in allgemeiner Form eine empirische Aussage machen. Eine sehr einfache Form einer allgemeinen empirischen Aussage ist zum Beispiel die Proposition $\bar{\bar{p}}$; sie lautet: "Der Gegenstand $o$ ist ein Modell $m$ der Theorie $T$." Ob diese Proposition aber auch wirklich wahr ist, muß allerdings erst empirisch nachgewiesen werden. Und hier beginnen die Schwierigkeiten. Die in einer Theorie vorkommenden Begriffe sind im allgemeinen von zweifacher Art. Es gibt nämlich nicht-theoretische Größen und zweitens theoretische Größen. Die nicht-theoretischen Größen sind solche, die in der Theorie vorkommen, die sich aber unabhängig von dieser Theorie bestimmen lassen. Die theoretischen Größen, die in der Theorie vorkommen, sind dagegen solche, die sich nur dann bestimmen lassen, wenn man die Gültigkeit eben dieser Theorie voraussetzen kann. Wenn man sich jetzt – wie gefordert – für eine neu erdachte Theorie überzeugen will, ob irgend ein Objekt $o$ ein Modell $m$ der Theorie $T$ ist, dann muß man die darin vorkommenden quantitativen Größen am Objekt $o$ bestimmen und in die mathematische Struktur der Theorie einführen und dann feststellen, ob diese Beziehungen erfüllt sind. Die Bestimmung der nicht-theoretischen Größen bereitet keine Schwierigkeiten. Die theoretischen Größen führen uns in Probleme, denn man kann sie nur dann bestimmen, wenn man die Gültigkeit der Theorie bereits voraussetzen kann. Wir nehmen also gerade das vorweg, was wir beweisen wollten. Die Bestimmung des quantitativen Wertes einer theoretischen Größe, die benötigt wird, um die Gültigkeit der Theorie zu beweisen, setzt die Richtigkeit eben dieser Theorie voraus. Diese Zirkularität nennt man das Problem der theoretischen Terme. Es bedeutet, daß unsere empirisch interpretierte Theorie eine andere Struktur aufweisen muß. Wollte man dagegen unbedingt bei dieser Struktur trotzdem bleiben, dann müßte man die theoretischen Terme verbieten. Der einzige heute bekannte Ausweg aus dieser Zirkularität führt über die Ramsey-Satz-Methode. Für die Erörterung dieses Verfahrens haben wir eine etwas feinere Terminologie benötigt. Wir haben voneinander unterschieden: a) die Menge der Modelle $M$, b) die Menge der möglichen Modelle $M_m$, c) die Menge der möglichen partiellen Modelle $M_{mp}$. Diese Terminologie hat schließlich d) in der Ramsey-Satz-Methode Eingang gefunden. Die Absätze 3a bis 3d fassen diese Gedanken noch einmal zusammen.

**3a.** Die Menge der Modelle $M$ faßt jene Modelle zusammen, die die Theorie im eigentlichen Sinn tragen. Sie verkörpern den theoretischen Apparat der Theorie.

**3b.** Die Menge der möglichen Modelle $M_m$ faßt alle jene möglichen Modelle zusammen, die im Prinzip die gleiche allgemeine Struktur wie die Modelle haben und die sich auch durch solche Begriffe beschreiben lassen, wie es die Theorie verlangt. Es wird aber nicht gefragt, ob die gesetzlichen Bedingungen und mathematischen Beziehungen des Formelgerüstes erfüllt sind.

**3c.** Die Menge der möglichen partiellen Modelle $M_{mp}$ faßt schließlich alle möglichen partiellen Modelle zusammen. Diese erhält man dadurch, daß man bei den möglichen Modellen alle theoretischen Terme herausnimmt und wegläßt. Bei den möglichen partiellen Modellen werden die empirischen Strukturen also ausschließlich durch die nicht-theoretischen Größen allein beschrieben. Die möglichen partiellen Modelle geben also einen beobachtbaren Sachverhalt in der Sprache der nicht-theoretischen Terme wieder. Es wurden also aus den möglichen Modellen die theoretischen Terme herausgenommen, die uns in die Probleme der Zirkularität geführt haben.

**3d.** Die Ramsey-Satz-Methode eliminiert aus einer Theorie die problembeladenen theoretischen Terme und stellt eine Ersatztheorie zur Verfügung, die zur ursprünglichen Theorie äquivalent ist. Eine interpretierte Theorie, in der theoretische Terme $\tau$ und Beobachtungsterme $\omega$ vorkommen, also

$$T\left(\tau_1,\ \tau_2,\ \ldots\ \tau_n,\ \omega_1,\ \omega_2,\ \ldots\ \omega_k\right)$$

wird in zwei Schritten umgewandelt. Im ersten Schritt werden alle theoretischen Terme durch Variable $\varphi$ substituiert. Im zweiten Schritt werden diese Variable durch Existenzquantoren gebunden. Damit ergibt sich der zur Theorie $T$ zugehörige Ramsey-Satz $T^R$:

$$\bigvee \varphi_1 \bigvee \varphi_2 \ldots \bigvee \varphi_n\ T\left(\varphi_1,\ \varphi_2,\ \ldots\ \varphi_n,\ \omega_1,\ \omega_2,\ \ldots\ \omega_k\right)\ .$$

Im Ramsey-Satz kommen keine theoretischen Terme mehr vor.

Wenden wir den Ramsey-Satz an. Unsere möglichen partiellen Modelle beschreiben die empirische Struktur ausschließlich nur durch nicht-theoretische Größen; die theoretischen Größen wurden ja weggelassen. Die möglichen partiellen Modelle bilden also unseren Ausgangspunkt. Durch die sogenannte Relation der Erweiterung $E$ geht man vom möglichen partiellen Modell zum möglichen Modell über und schreibt $m_m E m_{mp}$, das heißt in Worten: das mögliche Modell $m_m$ ist eine Erweiterung des möglichen partiellen Modells $m_{mp}$. Jetzt sind wir in der Lage, unsere ursprüngliche Proposition $\overline{\overline{p}}$ mit dem Wortlaut "der Gegenstand $o$ ist ein Modell $m$ der Theorie $T$" zu ersetzen durch den folgenden Existenzsatz:

$$\bigvee m_m\ \left(m_m E m_{mp} \wedge m_m \text{ ist ein } m \text{ der Theorie } T\right)\ .$$

In kurzen Worten könnte man ihn folgendermaßen formulieren: "Das mögliche partielle Modell $m_{mp}$ besitzt eine Erweiterung $m_m$, die ein Modell von $T$ ist."
In diesem Existenzsatz kommen explizit keine theoretischen Terme mehr vor, und das löst das Problem der Zirkularität. Wir treffen daher die Entscheidung, ab jetzt nicht mehr die Proposition $\overline{\overline{p}}$ als allgemeine Form einer empirischen Aussage der Theorie $T$ anzusehen, sondern unseren obigen Existenzsatz, den wir ab jetzt als Proposition $\bar{p}$ bezeichnen wollen. Es ist wichtig, deutlich zu sehen, daß diese Proposition $\bar{p}$ als empirische Aussage auch empirisch verifiziert werden muß. Das heißt, es muß tatsächlich

möglich sein, Werte der theoretischen Terme zu finden, die das mögliche partielle Modell in ein Modell der Theorie $T$ umformen. Nur dann kann man nämlich sagen, daß die empirische Verifikation der Proposition $\bar{p}$ geglückt ist. Im anderen Fall wird man sagen müssen, die empirische Verifikation der Proposition $\bar{p}$ ist nicht geglückt. Jedenfalls hat aber die Anwendung der Ramsey-Methode eine Rückwirkung auf die Struktur der Theorie, denn wir haben neuerdings von der Menge der möglichen partiellen Modelle $M_{mp}$, der Menge der möglichen Modelle $M_m$ und der Menge der Modelle $M$ zu sprechen. Allerdings müssen wir schon jetzt eine kleine Einschränkung machen: Wir dürfen nicht glauben, daß sich jedes mögliche Modell als ein (tatsächliches) Modell der Theorie entpuppen wird. Die Theorie wird nur von bestimmten "intendierten Anwendungen" handeln.

Mit diesen Vorüberlegungen waren wir in der Lage, die Theorienstruktur weiter zu untersuchen. Wir sind dabei auf das Problem des Theorie-Propositions-Krakelee und auf das Problem der intendierten Anwendungen gestoßen. Beide Probleme haben zu gewissen weiteren Modifikationen Anlaß gegeben und sie haben schließlich zu einer angemessenen Struktur für kleinste Theorieeinheiten geführt; wir haben sie Theorie-Elemente genannt. Übergeordnete Gebilde haben wir als Netze aus Theorie-Elementen beschrieben, deren Dynamik wir gleichfalls beleuchtet haben. Wir fassen diese Gedanken in den Absätzen 3e bis 3h zusammen.

**3e.** Das Problem des Theorie-Propositions-Krakelee. Hier ist von einem entscheidenen Mangel die Rede, der der bisherigen Theorienstruktur noch anhaftet. Es zerfällt nämlich bis jetzt noch die empirische Aussage einer Theorie in Aussageelemente, die beziehungslos neben einander stehen, auch wenn im Objektbereich zwischen den Objekten, von denen hier die Rede ist, Wechselbeziehungen bestehen. Es kommt dadurch sowohl im Bereich der empirischen Aussage, als auch im Bereich der Theorie zu einer Aufsplitterung, zu einem Krakelee. Damit wird ein Mangel der Theoriestruktur aufgedeckt, der dadurch behoben wird, daß in die Grundstruktur der Theorie Constraints eingefügt werden. Diese Constraints sind einschränkende Bedingungen, die den theoretischen Größen auferlegt werden und die als Querverbindungen zwischen allen möglichen Anwendungsfällen der betrachteten Theorie wirken und die die verschiedenen empirischen Aussagen aus dem Bereich der intendierten Anwendungen zusammenhalten und damit zu einer einzigen, unzerlegbaren empirischen Gesamtaussage $P$ führen. Diese Proposition ist folgendermaßen zu formulieren: "Jedes mögliche partielle Modell $m_{mp}^i$, welches zu den intendierten Anwendungen der Theorie gehört, besitzt eine Erweiterung $m_m^i$, die ein Modell von $T$ ist, und die Menge aller dieser Erweiterungen erfüllt die den theoretischen Größen auferlegten Constraints $C$."

**3f.** Das Problem der intendierten Anwendungen. Intendierte An-

wendungen sind solche, von denen die Theorie zu sprechen beabsichtigt.
Die intendierten Anwendungen $I$ werden durch eine Menge von paradigmatischen Beispielen $I_0$ umrissen. Diese beiden Mengen sind explizit in
der Theoriestruktur zu kennzeichnen und einzuführen. Zu den intendierten Anwendungen einer Theorie wird man all das zählen, was zur Menge
der paradigmatischen Beispiele eine gewisse Familienähnlichkeit aufweist.
Die intendierten Anwendungen werden dadurch aber nicht scharf umrissen, sie stellen also eine offene Menge dar. In manchen Randbereichen
kann dabei durchaus ein Zweifel darüber bestehen, ob eine bestimmte
Anwendung überhaupt zu den intendierten Anwendungen gehört; in diesem Fall ist die Methode der Autodetermination von $I$ durch die Theorie
unvermeidlich; bis zu einem gewissen Grad führt das zu der These: Die
Theorie bestimmt ihre eigenen Fakten.

Wir haben damit die Feingliederung dessen gefunden, was wir später
als Theorie-Element bezeichnet haben. Ein Theorie-Element $T$ besteht
aus dem Kern der Theorie

$$K =< M_{mp}, \; M_m, \; M, \; C >$$

und den intendierten Anwendungen $I$, die durch die paradigmatischen
Beispiele $I_0$ umrissen werden; somit ist

$$T =< K, \; I > .$$

**3g.** Netze aus Theorie-Elementen. Umfangreichere Theorien stellen
sich komplexer dar, sie werden durch Netze aus Theorie-Elementen beschrieben. Jenes Theorie-Element, welches die Grundlage für alle Spezialisierungen abgegeben hat, war das Theoriegrundelement $T_b$ des Netzes $N$.
Kernspezialisierungen und Spezialisierungen der intendierten Anwendungen führen zu einer Verfeinerung des Netzes. Einem Netz ist eine Theorienproposition im starken Sinn unterlegt und diese repräsentiert eine nicht in
Einzelaussagen zersplitterte Gesamtbehauptung. Theorien zeigen, wie wir
erörtert haben, einen gewissen Wandel, die Ausbildung des Netzes erfährt
im Lauf der Entwicklung manche Veränderungen. Trotzdem bleibt die
Identität des Theorienetzes erhalten und bleibt unverändert, solange die
wesentlichen Eigenschaften des Theorienetzes unangetastet bleiben. Die
wesentlichen Eigenschaften sind der Kern $K_b$ und die paradigmatischen
Beispiele $I_0$ des Theoriegrundelementes $T_b$. Die akzidentiellen Eigenschaften (intendierte Anwendungen, Spezialisierungen des Kernes) können sich
dagegen wandeln.

**3h.** Dynamik der Theorienetze. Der Schöpfer eines neuen wissenschaftlichen Konzeptes legt die wesentlichen Eigenschaften einer Theorie durch Vorgabe von $K_b$ und $I_0$ fest. Der anschließende Entwicklungsprozeß der "normalen Wissenschaft" findet im Rahmen der akzidentiellen

Eigenschaften statt, die wesentlichen Eigenschaften bleiben unverändert, wodurch die Identität der Theorie gewahrt bleibt. Im Lauf dieses Entwicklungspozesses kommt es zu Verfeinerungen des Netzes, es ist aber keineswegs ausgeschlossen, daß bei widerspenstigen Anwendungen manche Verfeinerungen des Netzes nicht auch wieder zurückgenommen werden müssen. In Randbereichen kommt das Prinzip der Autodetermination von *I* zur Geltung und bestimmt, was man noch als intendierte Anwendung gelten lassen kann und was nicht. "Die Theorie bestimmt ihre eigenen Fakten." Diese Rücknahme von versuchten Netzverfeinerungen und die Rücknahme von ehemaligen intendierten Anwendungen zufolge des Prinzips der Autodetermination wirft natürlich die Frage auf, ab wann dann eigentlich ein Theorienetz als widerlegt zu gelten hat. Eine exakte, objektive Entscheidungsformel konnte nicht angegeben werden.

Eine Häufung von Fehlschlägen kann jedenfalls eine "wissenschaftliche Revolution" mit einer anschließenden Theorienverdrängung einleiten. Traditionalisten bleiben zwar nach wie vor bei der althergebrachten Theorie, weil sie *glauben und hoffen*, daß die vereinzelten widerspenstigen Anwendungen noch in den Schoß der alten Theorie aufgenommen werden können. Die wissenschaftlichen Revolutionäre dagegen haben eine Basis für eine neue Theorie gegründet, die den widerspenstigen Anwendungen gerecht wird, und sie *glauben und hoffen*, daß ihre neue Theorie in Zukunft noch all das Unzählige wird erklären können, was die alte Theorie schon heute zu erfassen versteht. Nehmen wir an, der Glaube der Revolutionäre geht in Erfüllung, dann werden die Verfechter der neuen Theorie also in der Lage sein, den keimhaften Anfang der Theorie auszubauen und ein mehr oder minder feines Theorienetz zu verwirklichen.

Im Fall einer solchen Theorienrevolution begegnet uns das Inkommensurabilitätsproblem. Wir haben zwei ihrer Identität nach verschiedene Theorienetze vor uns mit voneinander verschiedenen Theoriegrundelementen. Die voneinander verschiedenen Theoriegrundelemente legen aber in verschiedener Weise die theoretischen Größen fest, die in diesen Theorien vorkommen. Hierdurch sind die Theorien in bedeutungsverschiedenen Sprachen formuliert. Kann man in so einer Situation überhaupt noch entscheiden, ob sich die Revolution gelohnt hat? Ein Lösungsvorschlag ist aufgezeigt worden: Man wird nämlich eine wissenschaftliche Revolution dann progressiv nennen, wenn es gelingt, die verdrängte Theorie zumindest partiell und näherungsweise in die verdrängende Theorie einzubetten. Dieser Fortschrittsbegriff beruht auf Beziehungen, die zwischen den Theorien bestehen, er erfüllt also nur innere und keine äußeren Kriterien, er wird also nicht eine Linearität im Sinn einer zielgerichteten historisch ablaufenden Annäherung des menschlichen Erkennens an "die eine Wahrheit" oder an "die Realität" gewährleisten. Bei diesem Fortschrittsbegriff hat aber wenigstens die Kumulativität der Erkenntnis eine gewisse Chance über eine Revolution hinweg zu kommen.

Im Fall der normalen Wissenschaft läßt sich der Fortschrittsbegriff leichter fassen. Die zeitlich aufeinander folgende Reihe der Theorienetze wird in einem ersten Schritt durch Einbeziehung näherer Angaben über die betreffende wissenschaftliche Gemeinschaft ergänzt. In einem zweiten Schritt kann einer Evolution von Theorienetzen dann Fortschrittlichkeit attestiert werden, wenn erfolgreiche Kernspezialisierungen, Anwendungserweiterungen, beziehungsweise eine bessere Fundierung der empirischen Bestätigung der Theorie nachgewiesen werden. Auch hier wird also nicht Gebrauch gemacht von der Vorstellung einer Zielgerichtetheit, einer asymptotischen Annäherung an "die Realität". Der Fortschrittsbegriff fußt auf inneren Zusammenhängen und nicht auf äußeren Zusammenhängen zwischen der Theorie und externen Gegebenheiten, zu denen wir keinen Zugang haben.

Der Fortschrittsbegriff wurde also auf der Basis einer inner- beziehungsweise einer intertheoretischen Relation begründet. In beiden Fällen, also beim Fortschritt in der normalen Wissenschaft und beim Fortschritt im Fall einer Theorienrevolution, ist mit dem Phänomen der Fortschrittsverzweigung zu rechnen. Es können sich hier Theorien in zwei einander ausschließenden Richtungen weiterentwickeln, wobei dann schließlich zwei Theorienetze auf verschiedenen Ästen liegen. Wollte man unbedingt den wissenschaftlichen Fortschritt als eine asymptotisch besser werdende Abbildung der "Realität" auffassen, dann müssen wir in diesem Phänomen eine "Gabelung der Realität" sehen. Solchen Vorstellungen wird man aber eher aus dem Weg gehen wollen.

# Kapitel IV

# Erklärungen und Voraussagen

## 1. Vorbemerkung

Im Rahmen der empirisch-wissenschaftlichen Arbeit steht man vielfach vor der Frage: "Was war der Fall?" "Welche Erscheinungen und Phänomene traten auf und folgten aufeinander?" Will man auf solche Fragen antworten, dann wird man die Resultate von Beobachtungen darzustellen und aufzuzeichnen haben. Der fragliche Vorgang wird im Rahmen wissenschaftlicher Belange im allgemeinen sehr genau, nach Möglichkeit sogar quantitativ, beschrieben und festgehalten. Die Antwort auf die Frage "Was war der Fall?" nennt man eine Beschreibung. Auch wenn wir uns vorstellen, daß eine solche Beschreibung eines Ereignisses mit besonderer Sorgfalt gegeben wurde, so müssen wir doch sagen, daß der betreffende Vorgang uns dadurch aber nicht verständlich gemacht wurde. Wir kennen ja nur den Hergang des Ereignisses und sonst nichts. Erst wenn wir zusätzlich eine Warum-Frage stellen und auch beantworten, kommen wir zu dem, was wir eine Erklärung nennen. Eine Antwort auf die Frage "Warum ist dieses bestimmte Phänomen aufgetreten?" erfordert aber im Vergleich zur bloßen Beschreibung des betreffenden Phänomens offenbar einen erheblich größeren Aufwand. Aber dieser Aufwand lohnt sich. Eine Erklärung greift nämlich entscheidend darüber hinaus, was eine Beschreibung liefern könnte. Man faßt eine Erklärung als eine Antwort auf eine Warum-Frage auf, bei der aus konkreten Anfangsbedingungen (sogenannten Antecedensdaten) und bestimmten allgemeinen Gesetzen oder Theorien das betreffende Ereignis (das Explanandum) nach Möglichkeit logisch erschlossen wird.

Sehen wir uns zur Illustration ein einfaches Beispiel aus der Mechanik an. Und zwar nehmen wir an, daß eine Kugel reibungsfrei auf einer unendlich ausgedehnten Ebene rollt. Das Bewegungsverhalten eines Körpers wird in der klassischen Mechanik durch das zweite Gesetz von NEWTON erfaßt. Es besagt, daß eine auf einen Körper einwirkende Kraft proportional zur Änderung der Geschwindigkeit ist. Hierbei stimmt die Kraftrichtung mit der Richtung der Geschwindigkeitsänderung überein. Schreibt man dieses Gesetz für den zweidimensionalen Fall in Gleichungsform an, so erhält man:

$$F_x = m \cdot \frac{\mathrm{d}^2 x}{\mathrm{d}t^2}$$

$$F_y = m \cdot \frac{\mathrm{d}^2 y}{\mathrm{d}t^2}$$

$F_x$ und $F_y$ sind die Komponenten der Kraft in $x$- beziehungsweise $y$-Richtung, $m$ ist die Masse des betrachteten Körpers und $\mathrm{d}^2 x/\mathrm{d}t^2$ beziehungsweise $\mathrm{d}^2 y/\mathrm{d}t^2$ sind die Änderungen der Geschwindigkeit, also die Beschleunigungskomponenten in $x$- beziehungsweise in $y$-Richtung. Die Kraft und die Beschleunigung sind Vektoren, also Größen, die durch Richtung und Betrag gekennzeichnet werden. Sie sind im Newtonschen Gesetz durch einen skalaren Faktor – nämlich durch die Masse des Körpers – verknüpft. Hierdurch wird formelmäßig zum Ausdruck gebracht, daß die Richtung der Bewegungsänderung mit der Richtung der Kraft übereinstimmt. Betrachten wir jetzt wieder unseren einfachen Sonderfall. Voraussetzungsgemäß wirken keine Kräfte auf unsere Kugel, die Reibung denken wir uns ja ausgeschaltet, sodaß wir $F_x = 0$ und $F_y = 0$ setzen werden. Stellt man sich vor, daß die Kugel entlang der $x$-Achse rollt, so erhält man nach zweimaliger Integration den Ausdruck

$$x = \frac{\mathrm{d}x_o}{\mathrm{d}t} \cdot t + x_o$$

oder

$$x = v_o \cdot t + x_o \ .$$

In dieser Gleichung ist $x_o$ die Anfangslage unserer Kugel und $v_o = \mathrm{d}x_o/\mathrm{d}t$ ihre Anfangsgeschwindigkeit. Diese Gleichung, die also aus dem Newtonschen Gesetz und aus der mathematischen Analysis folgt, gibt uns eindeutig über das zukünftige Verhalten unserer Kugel Auskunft, soferne uns nur die Randbedingungen – also die Anfangslage und die Anfangsgeschwindigkeit – bekannt sind. Nehmen wir an, die Randbedingungen sind durch die Anfangslage $x_o = 0$ und durch die Anfangsgeschwindigkeit $v_o = 2,5$ m/s vorgegeben, dann kann man zum Beispiel berechnen, daß nach einer Zeit von 3 Sekunden, also bei $t = 3$ s die Kugel an der Stelle

$$x = v_o \cdot t = 2,5 \text{ m/s} \cdot 3 \text{ s} = 7,5 \text{ m}$$

angelangt ist. Nach einer Minute rollt sie gerade bei der Koordinatenmarke $x = 150$ m vorbei oder nach 16 500 Jahren ist sie bei $x =$

$1{,}3 \cdot 10^9$ km eingetroffen. Das entspräche etwa der Entfernung von der Erde bis zum Planeten Jupiter. Wenn also die Anfangsbedingungen bekannt sind, dann ist der Ort und die Geschwindigkeit unserer rollenden Kugel für alle Zukunft bestimmt und vorgegeben.

Selbstverständlich sind solche Überlegungen nicht bloß auf derart einfache Verhältnisse beschränkt. Man kann auf die Kugel auch eine konstante Gegenkraft wirken lassen und vorhersagen, in welchem Maß sich die Kugel verlangsamen wird und wieder zurückläuft. Oder man kann Reflexionen an anderen Gegenständen in die Überlegung einbeziehen. Oder man kann gravitationsbedingte Anziehungskräfte zwischen zwei Kugeln in einem Anwendungsbeispiel zulassen und planetenähnliche Bahnen vorausberechnen. Oder man kann auch die Wirkung von Reibungskräften mitberücksichtigen oder Überlagerungen aus mehreren solchen Einflüssen. Es macht auch keinen prinzipiellen Unterschied aus, ob der betrachtete Körper ein Gasmolekül, ein Staubkorn, eine Billardkugel oder ein ganzer Planet ist. Wenn nur die Anfangsbedingungen und die allgemeinen Gesetze bekannt sind, dann ist die Zukunft dieses Teilchens oder Körpers jedenfalls vorherbestimmbar. Oder umgekehrt gesehen, können wir zu einem späteren Zeitpunkt erklären, warum dieses oder jenes Ereignis in dem betreffenden System eingetreten ist.

Erweitert man solche Überlegungen, dann kommt man offenbar zu der folgenden extremen Ansicht: Soferne man den Ort und die Geschwindigkeit *aller* Teilchen im Universum kennt, dann kann man die Beziehungen zwischen allen diesen Teilchen in Vergangenheit und Zukunft berechnen, soferne uns auch die betreffenden Gesetze bekannt sind. Das Geschehen im Universum ist damit vorhersagbar und erklärbar. Eine solche Idee hat der französische Mathematiker Pierre Simon de LAPLACE 1776 vertreten:

"Der momentane Zustand des 'Systems' Natur ist offensichtlich eine Folge dessen, was im vorherigen Moment war, und wenn wir uns eine Intelligenz vorstellen, die zu einem gegebenen Zeitpunkt alle Beziehungen zwischen den Teilchen des Universums verarbeiten kann, so könnte sie Orte, Bewegungen und allgemeine Beziehungen zwischen allen diesen Teilen für alle Zeitpunkte in Vergangenheit und Zukunft vorhersagen.

Die Astrophysik, der Teil unseres Wissens, der dem menschlichen Geist zur größten Ehre gereicht, gibt uns eine wenn auch unvollständige Vorstellung, wie diese Intelligenz beschaffen sein müßte. Die Einfachheit der Gesetze, nach denen sich die Himmelskörper bewegen, und die Beziehungen zwischen ihren Massen und Abständen erlauben der Analysis, ihren Bewegungen bis zu einem gewissen Punkt zu folgen; und um nun den Zustand dieses Systems großer Massen für zukünftige oder vergangene Jahrhunderte zu bestimmen, genügt es dem Mathematiker, daß ihre Orte und Geschwindigkeiten zu einem Zeitpunkt durch Beobachtung gegeben sind: Die Menschheit verdankt diese Möglichkeit den leistungsfähigen Instrumenten, die sie benutzt, und den wenigen Beziehungen, die man zur Berechnung braucht. Aber unser Unwissen um die verschiedenen Ursachen, die beim Werden eines Ereignisses zusammenwirken, sowie ihre Komplexität zusammen mit der Unvollkommenheit der Analyse verhindern, daß wir die gleiche Sicherheit bei den meisten anderen Problemen haben. Es gibt also Dinge, die unbestimmt sind, die mehr oder weniger wahrscheinlich sind, und wir versuchen die Unmöglichkeit, sie zu bestimmen, dadurch zu kompensieren, daß wir die verschiedenen Grade der Wahrscheinlichkeit bestimmen. Es ist also so, daß wir einer Schwäche des menschlichen Geistes eine der schönsten und genialsten mathematischen Theorien verdanken, die Wissenschaft von Zufall und Wahrscheinlichkeit." (LAPLACE [Oeuvres], CRUTCH-FIELD [Chaos])

Es sind also, wie wir lesen, bloß die praktischen Schwierigkeiten, die uns im Bereich des Erklärens und Voraussagens den endgültigen Erfolg verwehren[1]. Aber im Prinzip scheint der Laplacesche Gedanke berechtigt und zielführend zu sein. Der mechanische Aspekt ist natürlich nur ein sehr schmaler Ausschnitt aus der Wirklichkeit. Aber die restlichen physikalischen und chemischen Aspekte scheinen sich nahtlos in analoger Argumentation aneinander zu fügen. Heute vertritt zwar kaum jemand mehr eine derartig extreme deterministische Prognostizierbarkeit, weil inzwischen durch die Physik selbst einer solchen Argumentation der Boden entzogen wurde. Es ist aber nicht zu verwundern, daß man im Jahrhundert nach LAPLACE in der deterministischen Prognostizierbarkeit etwas sehr Beunruhigendes gesehen hat, weil es unwillkürlich an eine strenge Prädestination erinnerte; man hat – in Erweiterung der Laplaceschen Behauptung – mehrfach die Existenz des freien Willens bedroht gesehen.

Aus dem Laplaceschen Zitat könnte man nämlich herauslesen, daß selbst das Auftreten von Wahrscheinlichkeiten und von Zufall nur darin seinen Ursprung hat, daß der menschliche Geist einfach zu schwach ist. Unser Unwissen um die verschiedenen Ursachen, sowie ihre Komplexität, zusammen mit der Unvollkommenheit der Analyse verhindern,

---

[1] "Die angewandt-mathematischen Apparaturen, die man in Gang setzen muß, um den Laplaceschen Dämon wenigstens angenähert zu imitieren, bilden nochmals ein Kapitel für sich Für allzugroße Grade der Approximation reichen die Speicherplätze des gesamten Universums nicht aus, und wenn man fragt, wo denn der Laplacesche Dämon seine Rechnungen durchführe, bekommt man z B die scherzhafte Antwort: 'Der hat noch eine zweite Welt in Reserve, bloß zum Rechnen'." (JACOBS [Mathematik, Seite 59])

daß wir streng deterministische Aussagen machen können. Hinter allem jedoch wird sozusagen die absolute Determinierbarkeit vermutet. Der Wahrscheinlichkeit wird in Naturgesetzen nach dieser Ansicht also letztlich kein Platz gelassen; man sieht in ihr also höchstens ein Provisorium. So streng sehen wir die Verhältnisse heute jedenfalls nicht mehr.

Wir wollen über Erklärungen und Voraussagen sprechen und wollen als erstes der Frage nachgehen, ob das betrachtete System, in dem wir eine Erklärung oder Voraussage versuchen wollen, auf die prinzipielle Durchführbarkeit unseres Vorhabens einen Einfluß hat. Wir gehen dabei von einer möglichst einfachen Vorstellung darüber aus, was man unter einer Erklärung und unter einer Voraussage verstehen will. Wir werden dabei auch noch voraussetzen, daß das, was wir Erklärung und Voraussage nennen, nicht auch noch in sich selbst irgendwelche Probleme birgt; eine diesbezügliche Untersuchung verschieben wir auf später. Hier in diesem Zusammenhang werden wir unter *Erklärung* einfach ein erklärendes Argument meinen, welches ein Explanandum $Z$ aus Antecedensdaten $Z_n$ und aus Gesetzen $G_m$ erschließt. Irgendwelche interne Komplikationen werden wir uns also hierbei ausgeschaltet vorstellen. Unter einer *Voraussage* wollen wir ein voraussagendes Argument verstehen, welches ein Prognoscendum $Z$ aus Antecedensbedingungen $Z_n$ und Gesetzen $G_m$ erschließt, wobei es sich jetzt um Antecedensbedingungen handelt, die sich ausschließlich auf einen früheren Zeitpunkt beziehen, als jenen des Prognoscendums. Wir wollen uns, wie gesagt, ein Bild darüber machen, ob das System, in welchem wir eine Erklärung oder Voraussage anstreben, aus sich heraus irgend einen prinzipiellen Einfluß auf die Durchführbarkeit von Erklärungen und Voraussagen hat. Eine solche Frage wird man vorteilhafterweise an solchen Systemen studieren, bei denen die einzelnen Erklärungs- oder Voraussageschritte mit möglichst geringen technischen Schwierigkeiten verknüpft sind. Wir stützen uns daher auf ein einfaches Modellbild – es ist das Modellbild diskreter Zustandssysteme – weil man hier solche Fragen in überaus durchsichtiger Weise behandeln kann. Ein solches Modell kann uns natürlich nicht zeigen, mit welchen Problemen wir in irgendeinem speziellen und konkreten Fall tatsächlich konfrontiert sein werden. Das Modellbild wird uns aber sehr wohl deutlich machen, mit welchen unerwarteten und überraschenden Phänomenen wir schon bei einfachen Systemen zu rechnen haben. An Hand verschieden strukturierter deterministischer und auch indeterministischer Systeme werden Beispiele für Erklärungen und Voraussetzungen beleuchtet. An Hand von einfachsten Modellen sind zum Teil verblüffende Thesen formulierbar; anderseits werden wir aber auch manche vertraute Ansichten bestätigt finden. Bei diesen Überlegungen schenken wir also in der Hauptsache dem System als Ganzes unsere Aufmerksamkeit und fragen, welchen Einfluß es auf Erklärungen und Voraussagen, die man in solchen Systemen machen will, hat. Unter dem Titel "Anschauliche Modelle für deterministische und indeterministische Systeme" soll im Abschnitt 2 also hierüber die Rede sein. Im Abschnitt 3 und 4 wollen wir vom Einfluß des Systems absehen und jetzt nach den besonderen Problemen fragen, die mit der Erklärung und der Voraussage selbst im Zusammenhang stehen; wir wollen also das erörternd nachholen, was wir bei der Diskussion der Modellbilder als problemfrei vorausgesetzt haben.

Deterministische Erklärungen und Voraussagen sind das Thema des 3. Abschnittes. Hier interessiert uns also, wie die Struktur einer wissenschaftlichen Erklärung im Detail aussieht. Werden wir mit jeder Erklärung, die man uns gibt, einverstanden sein? Wohl kaum. Aber wie sehen die Bedingungen aus, die erfüllt sein müssen, damit man von einer angemessenen Erklärung sprechen kann? Wir wollen also wissen. unter welchen Bedingungen man sagen kann, daß der Argumentationsschritt, der vom sogenannten Explanans zum Explanandum geführt hat, adäquat war. Wir wollen wissen, ob er korrekt war, ob wir uns auf ihn verlassen können. Wir haben also zwei Aufgaben vor uns: Einerseits werden wir das Schema der wissenschaftlichen Erklärung selbst darzustellen haben. Anderseits werden wir verschiedene weitere, vielfach verwendete Erklärungsvarianten aufzeigen müssen und ihre Beziehung zum Schema der wissenschaftlichen Erklärung zum Teil kritisch zu beleuchten haben. Wir werden sehen, daß das Schema der logisch-systematischen wissenschaftlichen Erklärung nicht zum "Nulltarif" erhältlich ist. Nur bei strenger Beachtung gewisser Adäquatheitsbedingungen fördert man eine auch wirklich angemessene Erklärung zutage. Die nachweisbare Einhaltung dieser Bedingungen wird allerdings mit erheblichen Schwierigkeiten verbunden sein. Aber wie dem auch sei, man hat hier offenbar einen zwar schmalen, aber immerhin gangbaren Weg vor sich, der zu einer adäquaten Erklärung führt. Wir müssen allerdings betonen, daß wir bis jetzt bloß deterministische Gesetze zugelassen haben, man kann aber doch vermuten, daß sich Erklärungen mit indeterministischen Gesetzen dem gleichen Schema unterordnen lassen. Das hier besprochene Schema bietet sich also als Paradigma der wissenschaftlichen Erklärung an. Ob diese Hoffnung in Erfüllung geht, wird sich erst zeigen.

Der 4. Abschnitt befaßt sich mit Erklärungen und Voraussagen in probabilistischen Systemen. Probabilistische Systeme spielen in der empirischen Wissenschaft heute eine ganz entscheidende und grundlegende Rolle. Wir wollen und können auf Erklärungen und Voraussagen in solchen Systemen jedenfalls nicht verzichten. Zu diesem Zweck werden wir uns um eine Verallgemeinerung des Schemas der deterministischen Erklärung bemühen, um es auch in probabilistischen Systemen anwenden zu können. Allerdings stoßen wir dabei auf erhebliche Schwierigkeiten. Eine sorgfältige Analyse hat ergeben, daß man in probabilistischen Systemen auf ein ganz merkwürdiges Phänomen der Mehrdeutigkeit stößt. Es zeigt sich nämlich, daß es immer wieder vorkommen kann, daß zu einem bestimmten Erklärungs-Argument plötzlich ein rivalisierendes Argument auftaucht, welches genau das Gegenteil des betreffenden Erklärungsargumentes behauptet. Und das Groteske ist, daß beiden Argumenten praktische Sicherheit attestiert wird. Das ist natürlich eine ganz absurde Situation. Solche Erklärungen können daher niemals rational akzeptierbar sein. Um dieser Mehrdeutigkeit zu entgehen, werden wir gezwungen sein, sogenannte Wissenssituationen einzubeziehen. Hierdurch vollzieht sich aber ein entscheidender Wandel im Begriff der Erklärung und Voraussage in probabilistischen Systemen. Wir stehen nämlich unversehens einer epistemischen Relativität gegenüber. Eine sorgfältige Analyse der Begriffe Wissenssituation, Wissensverschärfung, subjektiv zu erwartende Wahrscheinlichkeiten und Glaubenswerte für bestimmte Aussagen führt auf die sogenannte *informative Begründung und Erklärung*. Die informative Erklärung werden wir schließlich als Paradigma für rationale Erklärungen auffassen und im Schema der deduktiven Erklärung bloß einen besonderen Grenzfall der informativen Erklärung sehen. Hierbei wird allerdings der uns vertraute Begriff einer "wahren deduktiven Erklärung" seinen Sinn verlieren.

## 2. Anschauliche Modelle für deterministische und indeterministische Systeme

Wenn man vom Wesen des wissenschaftlichen Verständnisses der Welt spricht, dann meint man vielfach, daß das gleichbedeutend ist mit der Möglichkeit und Fähigkeit Tatsachen zu erklären, Tatsachen vorauszusagen und auch auf Ereignisse, die in der Vergangenheit liegen, zurückschließen zu können. Beim wissenschaftlichen Weltverständnis käme es also in erster Linie auf Erklärung, Voraussage und Retrodiktion an. Wir werden diese Ansicht aber bald als fragwürdig empfinden und zu der Auffassung neigen, daß es beim wissenschaftlichen Verständnis der Welt eher darum geht. die allgemeinen Gesetze, die die Struktur der Ereignisse beherrschen, zu ergreifen, als das wissenschaftliche Verständnis der Welt als eine Fähigkeit zu konstruieren, spezifische Phänomene voraussagen, retrodizieren oder erklären zu können. Historisch gesehen war es für die Entwicklung der Wissenschaft freilich von größter Bedeutung, daß neben dem Wissen um die Gesetze auch die Möglichkeit ihrer Anwendung existierte, daß die Wissenschaft also neben einer Gesetzeskenntnis auch Erklärungen über Vorgänge oder Tatsachen geben konnte und auch in der Lage war, manches vorauszusagen und Zukünftiges zu erkennen. Erklärungen und Voraussagen schienen hierbei in ihrer Struktur äquivalent zu sein: Jede Voraussage eines Ereignisses hätte in dieser Sicht den Charakter einer Erklärung, wenn man sie zeitlich nach dem Auftreten des Ereignisses formulierte. Und umgekehrt: Jede Erklärung eines Ereignisses hätte den Charakter einer Voraussage, wenn man sie schon zeitlich vor dem Auftreten des Ereignisses formulierte. Die These der strukturellen Gleichheit von Erklärung und Voraussage scheint auf der Hand zu liegen. Als emotionales Leitbild oder Schreckgespenst – je nach dem – fungiert die Vorstellung eines Laplaceschen Weltgeistes oder Dämons: Ein allwissender Geist, der alle (deterministisch vorausgesetzten) Gesetze der Welt kennt und dem auch ein momentaner Zustand der Welt in allen Einzelheiten bekannt ist, kann die gesamte Vergangenheit und die gesamte Zukunft der Welt in allen Details berechnen. Im stillen bedauert man es vielleicht, daß man offenbar nie in diese begünstigte Lage kommen wird, weil einerseits die Weltgesetze wahrscheinlich gar nicht alle deterministisch sind und diese Vorstellung daher ohnehin nicht funktioniert und weil zweitens das schier unendliche Geflecht von Gesetzen (selbst in ihrer epistemologisch naivsten Form) uns nicht zugänglich ist und weil zuletzt unsere geistigen Fähigkeiten vermutlich zu begrenzt sind, um die Gesetze in ihrem komplexen mathematischen Apparat und ihr wechselseitiges vernetztes Zusammenspiel zu durchblicken. In einem solchen Rahmen studieren zu wollen, ob und wie weit Erklärungen, Voraussagen und Retrodiktionen möglich oder unmöglich sind, scheint chancenlos zu sein. Und da gibt es eine interessante Alternative. Nicholas RESCHER hat gezeigt, daß man mit Hilfe des Modells der sogenannten diskreten Zustandssysteme solche Fragen in überaus einfacher und durchsichtiger Weise erörtern kann. Natürlich ist dieses Modell ein sehr spezielles Modell und es wird also nicht zeigen können, mit welchen epistemologischen Fakten wir notwendigerweise tatsächlich in unserer Welt konfrontiert sind. Das System wird uns aber sehr wohl zeigen, mit welchen unerwarteten und überraschenden Phänomenen wir schon bei einfachen Systemen zu rechnen haben. An Hand verschieden strukturierter streng deterministischer Systeme, aber sogar auch indeterministischer Systeme werden Beispiele für Erklärungen und Voraussagen und Retrodiktionen beleuchtet. Manche vorgefaßte Meinung wird man dabei los. Aber auch manche vertraute Ansicht werden wir bestätigt finden.

Wir wollen uns in den folgenden Abschnitten eng an die Diktion von RESCHER [Discrete State Systems] halten[2] und zunächst erläutern, was man unter diskreten Zustandssystemen überhaupt verstehen soll und was man in diesem Zusammenhang unter Erklärung, Voraussage und Retro-

---

[2] Vergleiche auch STEGMÜLLER [Erklärung, Seite 246ff.].

diktion meint. Nach diesen Vorüberlegungen wollen wir an Hand deterministischer und indeterministischer Systembeispiele verschiedene, zum Teil verblüffende Thesen belegen.

## 2a. Diskrete Zustandssysteme

Es sei hier ausschließlich von physikalischen Systemen die Rede, von denen man sagen kann, daß sie zu einem bestimmten Zeitpunkt eine ganz bestimmte Sachlage aufweisen, die man mit einfachen empirischen Tests auch wirklich eindeutig feststellen kann. Wir wollen dabei annehmen, daß diese Sachlage nicht einem zeitlich kontinuierlichen Wandel unterworfen ist, sondern wir stellen uns vor, daß sie ein bestimmtes Zeitintervall hindurch erhalten bleibt. Damit können wir anstelle einer stetigen Zeitvariablen einen diskreten Zeitparameter einführen, der jeweils eine diskrete, getrennt stehende Zeitperiode meint, in der eine ganz bestimmte Sachlage vorliegt und unverändert bestehen bleibt. Es ist unerheblich, wie lange dieses Zeitintervall währt, Nanosekunden, Minuten oder Jahre. Ein solches System, in dem einem gewissen diskreten Zeitintervall ein bestimmter Zustand (eine bestimmte Sachlage) zugeordnet ist, wollen wir als diskretes Zustandssystem bezeichnen und manchmal auch kurz bloß von *Systemen* sprechen. Wenn ein solches System nur eine begrenzte Zahl von Zuständen aufweist, dann nennt man es ein *endliches System*, andernfalls liegt ein *unendliches System* vor.

Es gibt viele Beispiele für Abläufe, die man als diskrete Zustandssysteme betrachten kann. Angefangen von den Stromimpulsen und den zugehörigen Relaisstellungen, die in einer Telefonzentrale die Verbindung der Teilnehmer bewirken. Oder den verschiedenen Transistorschaltzuständen in einem elektronischen Rechenwerk. Oder der radioaktive Zerfall, bei dem sich aus dem chemischen Ausgangselement Uran-238 mit verschiedenen Halbwertszeiten ein oder mehrere Tochterelemente bilden, bis schließlich stabiles Blei entsteht (KRANZ [Radioaktivität]):

| Element | Halbwertszeit | Tochterelement |
|---|---|---|
| $U^{238}$ | $4,51 \cdot 10^9$ a | $Th^{234}$ |
| $Th^{234}$ | 24,1 d | $Pa^{234}$ (99,65 %) |
| | | $Pa^{234\ is}$ (0,35 %) |
| $Pa^{234}$ | 1,18 min | $U^{234}$ |
| $Pa^{234\ is}$ | 6,7 h | $U^{234}$ |
| $U^{234}$ | 248 000 a | $Th^{230}$ |
| $Th^{230}$ | 80 000 a | $Ra^{226}$ |
| $Ra^{226}$ | 1 620 a | $Em^{222}$ |

| | | |
|---|---|---|
| $Bi^{210}$ is | 5,0 d | $Po^{210}$ ($\sim$ 100 %) |
| | | $Tl^{206}$ (0,00017 %) |
| $Po^{210}$ | 138,4 d | $Pb^{206}$ |
| $Tl^{206}$ | 4,2 min | $Pb^{206}$ |
| $Pb^{206}$ | stabil | |

Oder man kann auch ganz allgemein einen durch Digitalisierung genügend fein in Einzelschritte zerlegten Vorgang der Betrachtung zugrunde legen.

Wir stellen uns jedenfalls vor, daß es eine abzählbare Zahl von Zuständen $Z_1$, $Z_2$, ... gibt und daß weiters die Zeit in Intervalle von gleichbleibender Länge geteilt ist. Den geschichtlichen Ablauf in so einem System kann man dann durch Aufzählung der einzelnen Folgezustände

$$F(m), \quad F(m+1), \quad ... \quad F(n-1), \quad F(n)$$

porträtieren. Unter dem Folgezustand $F(i)$ versteht man dabei jenen speziellen Zustand aus dem Gesamtreservoir $\{Z_1, Z_2, ...\}$, der im System im Zeitintervall $t = i$ gerade verwirklicht ist.

Wir wollen annehmen, daß in unserem betrachteten System "Übergangsgesetze", sogenannte "Sukzessionsgesetze" $\vec{S}$, herrschen und zwar von der Art, daß das Gesetz festlegt, daß auf einen gegenwärtigen Zustand $Z_i$ der Zustand $Z_j$ folgt. In Symbolen:

$$Z_i \quad \vec{S} \quad Z_j$$

(Neben Sukzessionsgesetzen gibt es auch Koexistenzgesetze. Sie setzen die verschiedenen, gleichzeitig wirkenden Eigenschaften eines physikalischen Systems zueinander in Beziehung. Im Modellbild unserer Systeme werden alle gleichzeitigen Eigenschaften zur umfassenden Eigenschaft des Zustandes $Z_i$ verschmolzen.) Wir werden deterministische Übergangsgesetze von indeterministischen (probabilistischen, statistischen) Übergangsgesetzen unterscheiden. Das *deterministische Gesetz* sagt aus, daß auf den Zustand $Z_i$ immer und unveränderlich der Zustand $Z_j$ folgt. Oder anders ausgedrückt: Wenn immer in einem Zeitintervall $t$ der Zustand $F(t) = Z_i$ verwirklicht ist, dann ist der Nachfolgezustand im Zeitintervall $t + 1$ stets $F(t + 1) = Z_j$. Oder in Symbolen schreibt sich dieser Allsatz:

$$F(t) = Z_i \quad \rightarrow \quad F(t+1) = Z_j \quad \text{mit Sicherheit}$$

Das *indeterministische Gesetz* beschreibt einen komplexeren Zusammenhang, zum Beispiel: der Zustand $Z_i$ führt mit der Wahrscheinlichkeit $p$ auf den Folgezustand $Z_k$. Oder allgemein: Wenn immer $F(t) = Z_i$ auftritt, dann ist der Folgezustand $F(t + 1)$ einer der Zustände $Z_{j_1}$, $Z_{j_2}$, ... $Z_{j_n}$ und zwar mit den zugehörigen Wahrscheinlichkeiten $p_1$, $p_2$, ... $p_n$, wobei die Summe der Einzelwahrscheinlichkeiten 1 ergibt. Oder in Symbolen:

$$F(t) = Z_i \quad \rightarrow \quad F(t + 1) = \begin{cases} Z_{j_1} & \text{mit} & p_1 \\ Z_{j_2} & \text{mit} & p_2 \\ \cdot \\ \cdot \\ \cdot \\ Z_{j_n} & \text{mit} & p_n \end{cases}$$

$$\text{mit} \quad \sum_i p_i = 1$$

Aus der Struktur der Gesetze ist ersichtlich, daß wir nur von solchen Vorgängen sprechen, die die sogenannte MARKOFF-Eigenschaft erfüllen. Das heißt, daß die Wahrscheinlichkeit dafür, daß das System zur Zeit $t$ einen bestimmten Zustand annimmt, *nur* vom Systemzustand zur Zeit $(t - 1)$, also nur vom unmittelbar vorhergehenden Zeitpunkt abhängt und nicht auch von der Systemgeschichte vor der Zeit $(t - 1)$. Viele physikalische Prozesse studiert man üblicherweise im Rahmen dieser Einschränkung, wenngleich es aber auch Vorgänge gibt, in die teilweise oder auch zu einem erheblichen Anteil die Vorgeschichte des Systems eingeht (ferromagnetische oder dielektrische Hysterese, mechanische Nachwirkungseffekte, u.a.). Auf eine gewisse Schwierigkeit sei im Zusammenhang mit indeterministischen Gesetzen noch hingewiesen. Eine unachtsame Verwendung statistischer Gesetze für Erklärungen, Voraussagen und Retrodiktionen kann, wie wir schon erwähnt haben, auf Probleme der Mehrdeut.gkeit der Aussagen führen, worauf HEMPEL zum ersten Mal hingewiesen hat. Diese wichtigen Fragen sind natürlich nicht zu vernachlässigen. wir wollen sie allerdings erst später beleuchten; die jetzigen Erörterungen sollen durch diese Probleme also noch nicht belastet werden. Ausdrücklich sollte man an dieser Stelle auch noch einen weiteren wichtigen Punkt erwähnen, nämlich daß unsere Systeme abgeschlossene Systeme seien, das heißt, daß störende Außeneinflüsse nicht existieren oder zumindest vernachlässigbar klein sind. Noch ein anderer Punkt sei erwähnt: Wir sprechen hier ziemlich ungeniert davon, daß dieses oder jenes Ereignis "mit Sicherheit" oder "mit einer gewissen Wahrscheinlichkeit" eintritt. Wir werden – dies sei jetzt schon angekündigt – in den Abschnitten 4a und 4b dieses Kapitels diese Sprechweise noch genauer unter die Lupe nehmen.

Es gibt zwei probate Verfahren, um die in einem komplexen System miteinander vernetzten Gesetze übersichtlich darzustellen. Die eine

Möglichkeit ist die charakteristische Matrix der Übergangswahrscheinlichkeiten und die zweite Möglichkeit ist das Übergangsdiagramm. Die *charakteristische Matrix* gestattet es, die Gesamtheit der Gesetze eines endlichen Systems zusammenzufassen. (Eine Matrix – kurz $\|a_{ij}\|$ – nennt man ein geordnetes Schema von Koeffizienten $(a_{ij})$; Matrix bedeutet soviel wie Ordnung oder Anordnung. Die Indizes $i$ und $j$, die einen Koeffizienten $a_{ij}$ kennzeichnen, geben an, in welcher Zeile $(i)$, bzw. in welcher Spalte $(j)$ der Koeffizient $a_{ij}$ im rechteckig angeordneten Koeffizientenschema der Matrix seinen Platz hat.) Und zwar sind in der Matrix

$$\|a_{ij}\|$$

die einzelnen Elemente $a_{ij}$ die Wahrscheinlichkeiten, die wir bei den indeterministischen Gesetzen kennen gelernt haben. Eine solche Matrix ist aber nicht bloß für indeterministische Systeme, sondern auch für deterministische Systeme geeignet; an Stelle von Wahrscheinlichkeiten steht dann für den Fall, daß ein bestimmter Folgezustand "mit Sicherheit" zu erwarten ist, die Ziffer 1, andernfalls die Ziffer 0. Beispielsweise kann man ein deterministisches System mit den Gesetzen

$$F(t) = Z_1 \qquad F(t+1) = Z_2 \qquad \text{mit Sicherheit}$$

$$F(t) = Z_2 \qquad F(t+1) = Z_3 \qquad \text{mit Sicherheit}$$

$$F(t) = Z_3 \qquad F(t+1) = Z_1 \qquad \text{mit Sicherheit}$$

durch die charakteristische Matrix

Nachfolgerzustand

|  | $Z_1$ | $Z_2$ | $Z_3$ |
|---|---|---|---|
| $Z_1$ | 0 | 1 | 0 |
| $Z_2$ | 0 | 0 | 1 |
| $Z_3$ | 1 | 0 | 0 |

Vorgängerzustand

darstellen und etwa ablesen, daß auf den Vorgängerzustand $Z_3$ mit Sicherheit (Ziffer 1) $Z_1$ als Nachfolgerzustand auftritt. $Z_2$ oder $Z_3$ sind als Nachfolgerzustände nicht zu erwarten (Ziffer 0). Ein zum Teil indeterministisches System möge von den Gesetzen

$$F(t) = Z_1 \;\rightarrow\; F(t+1) = \begin{cases} Z_2 & \text{mit der Wahrscheinlichkeit } 0{,}2 \\ Z_3 & \text{mit der Wahrscheinlichkeit } 0{,}2 \\ Z_4 & \text{mit der Wahrscheinlichkeit } 0{,}6 \end{cases}$$

$$F(t) = Z_2 \;\rightarrow\; F(t+1) = Z_1 \qquad \text{mit Sicherheit}$$

$$F(t) = Z_3 \;\rightarrow\; F(t + 1) = Z_1 \quad \text{mit Sicherheit}$$

$$F(t) = Z_4 \;\rightarrow\; F(t + 1) = Z_4 \quad \text{mit Sicherheit}$$

beherrscht werden; die charakteristische Matrix hierfür lautet dann:

|       | $Z_1$ | $Z_2$ | $Z_3$ | $Z_4$ |
|-------|-------|-------|-------|-------|
| $Z_1$ | 0     | 0,2   | 0,2   | 0,6   |
| $Z_2$ | 1     | 0     | 0     | 0     |
| $Z_3$ | 1     | 0     | 0     | 0     |
| $Z_4$ | 0     | 0     | 0     | 1     |

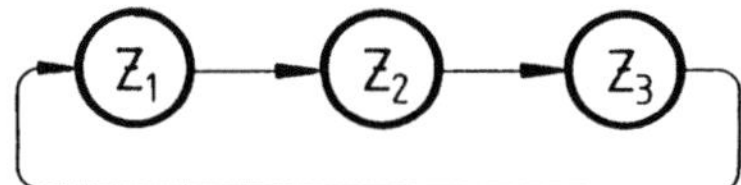


Abbildung 1

Die in der charakteristischen Matrix zusammengestellten Übergangswahrscheinlichkeiten werden in manchen Fällen anschaulicher, wenn man das System in Form eines *Übergangsdiagrammes* darstellt. Das vorhin genannte deterministische System zum Beispiel zeigt eine einfache Schleifenstruktur (Abbildung 1). Die Pfeile geben an, welcher Übergang zwischen den einzelnen Zuständen "mit Sicherheit" stattfindet. Will man zeigen, daß gewisse Übergänge bei indeterminstischen Gesetzen nur mit einer bestimmten Wahrscheinlichkeit stattfinden, dann kann man das beim Pfeil (in einem rechteckigen Kästchen) separat vermerken. Unser vorhin erwähntes indeterministisches System zeigt somit eine Struktur, wie sie die Abbildung 2 angibt. Der etwas früher erwähnte radioaktive Uranzerfall ist natürlich komplizierter. er hat ausschnittsweise eine Struktur, wie sie in Abbildung 3 dargestellt ist. (Von einer Angabe der tatsächlichen Wahrscheinlichkeitswerte wurde abgesehen.)

In den Systemen können, wie wir schon zum Teil an den Beispielen gesehen haben, deterministische oder indeterministische Gesetze in reiner oder vermischter Form vorkommen. Man spricht von *(total) deterministischen Systemen*, wenn ausschließlich deterministische Gesetze im System

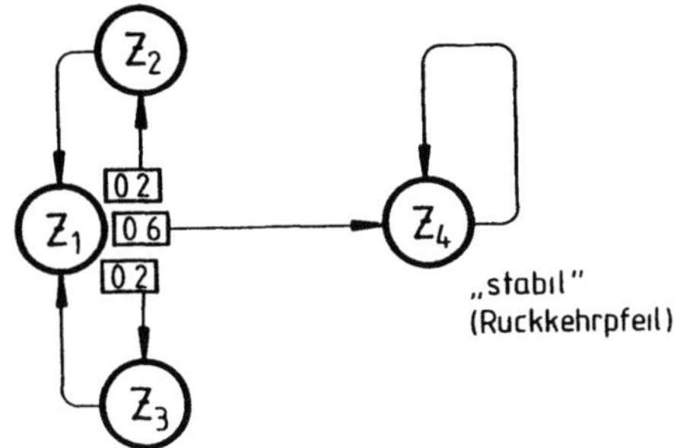


Abbildung 2

auftreten. In *partiell indeterministischen Systemen* kommt neben deterministischen Gesetzen mindestens ein indeterministisches Gesetz vor. In *total indeterministischen Systemen* treten nur mehr indeterministische Gesetze auf. Diese Bezeichnungen werden im folgenden noch mehrfach verwendet. Indeterminismus zufolge probabilistisch strukturierter Gesetze bei scharf gegebenen Zuständen nennt man "Gesetzesindeterminismus". Hiervon ist im folgenden die Rede. Indeterminismus zufolge probabilistisch strukturierter Zustände bei scharf deterministischen Gesetzen nennt man "Zustandsindeterminismus". Diese zweite Form von Indeterminismus spielt in der Quantenmechanik eine Rolle.

## 2b. Erklärung, Voraussage und Retrodiktion in diskreten Zustandssystemen

Wir haben bereits erwähnt, daß wir die Begriffe Erklärung, Voraussage und Retrodiktion auf "Tatsachen" beziehen wollen. Und diese Tatsachen werden in unserem Modellbild durch die einzelnen Zustände Z repräsentiert, die zu einem bestimmten Zeitpunkt vorliegen. Im Zentrum steht also eine Behauptung, daß sich das System zur Zeit $t$ in einem bestimmten Zustand $Z_t$ befindet.

$$F(t) = Z_t$$

Diese Behauptung soll deutlich gemacht werden, soll ausgelegt werden, sie sei also das Explanandum. Das Deutlichmachen, Auslegen, Erklären,

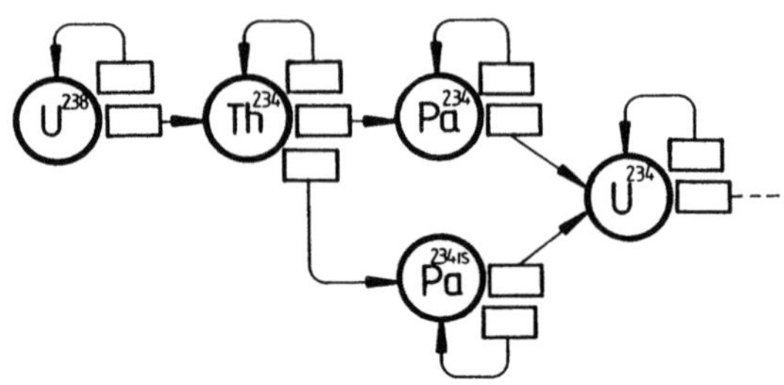


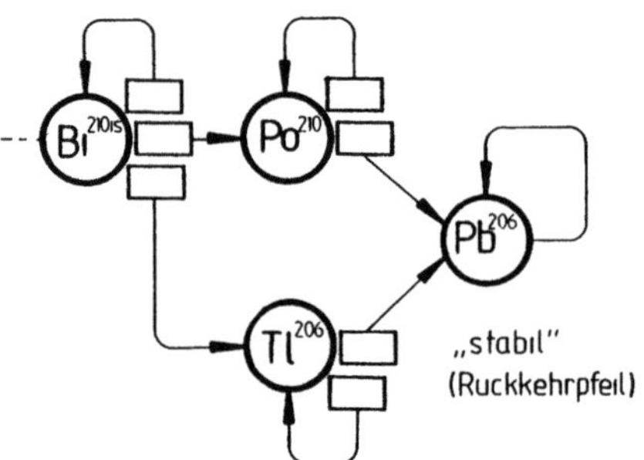


Abbildung 3

Voraussagen, Retrodizieren, u.ä. ist ein Argument, ist ein Beweis, dessen Schlußfolgerung die erwähnte Behauptung $F(t) = Z_t$ ist. Um zu diesem Argument zu kommen, sind Prämissen erforderlich, die aus zwei verschiedenen Arten von Behauptungen bestehen. Die eine Art, die Antecedensbedingungen, sagen etwas aus über die Zustände und die zugehörigen Zeitpunkte, wann diese Zustände im System eingenommen wurden. Sie sind also singuläre Feststellungen gewisser Tatsachen.

$$F(t_1) = Z_{j_1}$$

$$\vdots$$

$$F(t_n) = Z_{j_n}$$

(Selbstverständlich darf hier keine Aussage enthalten sein, die vom Zeitpunkt t selbst spricht, also das Explanandum vorwegnehmen würde.) Die andere Art von Behauptungen sind allgemeine Gesetze, die das System beherrschen. Die Gesetze

$$G_1, \; G_2, \; \ldots \; G_m$$

können eine deterministische oder indeterministische Bauart haben, jedenfalls stellen wir uns vor, daß wir sie in der charakteristischen Matrix zusammenfassen. Zu einem Argument, zu einem Beweis kommen wir nur dann, wenn die Prämissen wirklich beide Behauptungen enthalten, also sowohl die Antecedensbedingungen als auch die Gesetze. Aus den Behauptungen singulärer Tatsachen allein könnte man keine neuen Tatsachen entnehmen und auch aus den Gesetzen allein wären keine Tatsachen über das System zu erschließen.

Eine *Erklärung* im Sinn von RESCHER ist ein erklärendes Argument, welches das Explanandum

$$F(t) = Z_t$$

aus den Antecedensbedingungen

$$F(t_1) = Z_{j_1}, \; F(t_2) = Z_{j_2}, \; \ldots \; F(t_n) = Z_{j_n}$$

und den Gesetzen

$$G_1, \; G_2, \; \ldots \; G_m$$

erschließt[3]. Eine tatsächliche Erklärung setzt voraus, daß die Prämissen wahr sind; wenn das nicht sicher ist, könnte man bestenfalls von einer potentiellen Erklärung sprechen. (Diese Unterscheidung "tatsächlich/potentiell" wäre auch beim Voraussage- und beim Retrodiktionsbegriff zu treffen; wir sehen aber der Einfachheit wegen davon ab.) Je nachdem, von welchen Gesetzen das System beherrscht wird, kann man drei Arten von Erklärungen unterscheiden:
*Deduktive oder deterministische Erklärungen* deduzieren das Explanandum logisch aus deterministischen Gesetzen. Im Gegensatz dazu geben

---

[3] STEGMÜLLER [Erklärung, Seite 254] weist darauf hin, daß RESCHERs Erklärungsbegriff eine Verallgemeinerung des üblichen Sprachgebrauches enthält. Es wird nämlich hier nicht die Einschränkung vorausgesetzt, daß die in den Antecedensbedingungen genannten Zeiten $t_1$, $t_2$, $\ldots$ $t_n$ der Zeit $t$, die sich auf das Explanandum bezieht, vorangehen muß. Es können in RESCHERs Erklärungen also auch Antecedensbedingungen vorkommen, deren Information sich auf spätere Zeitpunkte bezieht als der Explanandumszeitpunkt $t$ meint. Anstelle von "Erklärung" wird ein indifferenterer Ausdruck, nämlich "wissenschaftliche Systematisierung" vorgeschlagen.

bei probabilistischen Erklärungen die Prämissen für die Konklusion keine
Garantie, sondern die Konklusion wird nur mit einer gewissen Wahrscheinlichkeit ausgestattet.

Eine *probabilistische Erklärung im starken Sinn* liegt vor, wenn das Auftreten von $F(t) = Z_i$ wahrscheinlicher ist, als daß es nicht auftritt. Es
ist also das Auftreten von $F(t) = Z_i$ nicht nur wahrscheinlicher als das
Auftreten seiner Konkurrenten einzeln genommen, sondern auch wahrscheinlicher als das Auftreten des gesamten Konkurrenten-Kollektivs. Die
Wahrscheinlichkeit für $Z_i$ muß also größer als $1/2$ sein. Ein solcher Fall
liegt also vor, wenn zum Beispiel die Wahrscheinlichkeit für das Auftreten
von $Z_i$ durch $p_i = 0,7$ und für das Auftreten von drei möglichen Konkur-
renzzuständen $Z_{j_1}$, $Z_{j_2}$ und $Z_{j_3}$ durch $p_{j_1} = 0,1$, $p_{j_2} = 0,1$ und $p_{j_3} = 0,1$
gegeben ist.

Eine *probabilistische Erklärung im schwachen Sinn* liegt vor, wenn das
Auftreten von $F(t) = Z_i$ wahrscheinlicher ist als das Auftreten der anderen möglichen Konkurrenten $F(t) = Z_{j_k}$ einzeln betrachtet. Das Auftreten
von $F(t) = Z_i$ ist aber nicht wahrscheinlicher als das Auftreten des gesamten Konkurrenten-Kollektivs. Ein Beispiel hierfür wäre der Fall, daß $Z_i$
mit einer Wahrscheinlichkeit von $p_i = 0,4$ eintritt und die Konkurrenzzustände mit $p_{j_1} = 0,2$, $p_{j_2} = 0,2$ und $p_{j_3} = 0,2$.

Eine *Voraussage* ist ein voraussagendes Argument, welches

$$F(t) = Z_i$$

aus den Antecedensbedingungen

$$F(t_1) = Z_{j_1}, \; F(t_2) = Z_{j_2}, \; \ldots \; F(t_n) = Z_{j_n}$$

und den Gesetzen

$$G_1, \; G_2, \; \ldots \; G_m$$

erschließt, wobei für alle Zeitpunkte $t_i$ der Antecedensbedingungen, also
für $t_1$, $t_2$, $\ldots$ $t_n$

$$t_i < t$$

gilt. Die in den Antecedensbedingungen gemeinten Zeiten $t_i$ sind also
früher als der Zeitpunkt $t$, der im voraussagenden Argument angesprochen
wird. Analog zum Fall der Erklärung unterscheidet man auch hier die
*deduktive oder deterministische Voraussage,* die
*probabilistische Voraussage im starken Sinn* und die
*probabilistische Voraussage im schwachen Sinn.*

Eine *Retrodiktion* ist ein retrodiktives Argument, welches

$$F(t) = Z_i$$

aus den Antecedensbedingungen

$$F(t_1) = Z_{j_1}, \; F(t_2) = Z_{j_2}, \; \ldots \; F(t_n) = Z_{j_n}$$

und den Gesetzen

$$G_1, \; G_2, \; \ldots \; G_m$$

erschließt, wobei für alle Zeitpunkte $t_i$ der Antecedensbedingungen, also für $t_1, t_2, \ldots t_n$

$$t_i > t$$

gilt. Die in den Antecedensbedingungen gemeinten Zeiten $t_i$ sind also später als der Zeitpunkt t, der im retrodiktiven Argument angesprochen wird. Analog zum Fall der Erklärung unterscheidet man auch hier die
*deduktive oder deterministische Retrodiktion*, die
*probabilistische Retrodiktion im starken Sinn* und die
*probabilistische Retrodiktion im schwachen Sinn.*

Wenn man die vorangehenden Erörterungen der Erklärung, Voraussage und Retrodiktion miteinander vergleicht, so findet man, daß die Voraussage und die Retrodiktion aus der Erklärung dadurch hervorgeht, daß eine bestimmte Restriktion temporären Charakters ($t_i < t$ bzw. $t_i > t$) hinzugefügt wird. Daraus folgt, daß immer dann, wenn eine Voraussage oder Retrodiktion in einem System gegeben ist, diese grundsätzlich auch als eine Erklärung (des betreffenden Typs: deduktiv/stark/schwach) anzusehen ist. Weiters ist es selbstverständlich, daß ein (erklärendes/ voraussagendes/retrodiktives) Argument, welches für einen strengeren Typus gilt, einen schwächeren umso eher erfüllt.

Nach diesen Vorüberlegungen wollen wir verschiedene, möglichst einfache Systeme betrachten und den Erklärungs-, Voraussage- und Retrodiktionsbegriff hierauf anwenden. Wir werden eine Reihe von Thesen aufstellen und an Hand von System-Beispielen zeigen, daß diese dort aufgestellten Behauptungen offenbar möglich sind. Zuerst soll von deterministischen und dann von indeterministischen Gesetzen die Rede sein.

## 2c. Deterministische Systeme

These **A**:
*In einem deterministischen System sind deduktive Voraussagen immer möglich.*
*In einem deterministischen System sind deduktive Erklärungen immer möglich.*
(Genau so sind auch die schwächeren Arten von Voraussagen und

Erklärungen immer möglich.) Wenn also die deterministischen Gesetze
des Systems gegeben sind und wenn der Zustand des Systems zur Zeit $t$
bekannt ist, dann kann man deterministisch den Zustand zur Zeit $t + 1$
oder auch einer späteren Zeit ableiten, also eine deduktive Voraussage machen. Und genau so kann man den Zustand, der zur Zeit t vorliegt, einer
deterministischen Erklärung zuführen, indem man ihn auf den Zustand
zur Zeit $t - 1$ bezieht. These A ist selbstverständlich, sie behauptet das,
was der Laplacesche Dämon verspricht.

These **B**:
*In einem deterministischen System kann der Fall eintreten, daß eine de-
duktive Retrodiktion unmöglich ist.*
Es kann das System also so geartet sein, daß wir aus der Kenntnis des Sy-
stemzustandes zur Zeit $t$ trotz Vorliegen ausschließlich deterministischer
Gesetze nicht in der Lage sind, den Vorgängerzustand zu erschließen. Die
Thesen A und B zeigen also, daß man nicht in den Fehler verfallen darf zu
glauben, daß der deduktive Blick in die Zukunft zum deduktiven Blick in
die Vergangenheit in einem total deterministischen System etwa äquivalent sei. Der Laplacesche Weltgeist stößt hier an eine Grenze. Die These
B kann man an einem einfachen Beispiel erhärten. Das total deterministische System sei durch die charakteristische Matrix

|       | $Z_1$ | $Z_2$ | $Z_3$ |
|-------|-------|-------|-------|
| $Z_1$ | 0     | 1     | 0     |
| $Z_2$ | 0     | 0     | 1     |
| $Z_3$ | 0     | 1     | 0     |

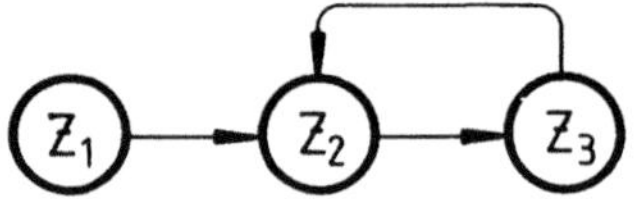

Abbildung 4

gegeben, die auf das einfache Übergangsdiagramm der Abbildung 4 führt.
Nimmt man an, daß der gegenwärtige Zustand

$$F(t) = Z_2$$

ist und man sonst über die Vergangenheit nichts weiß, dann hat man zwar (gemäß These A) die Möglichkeit deduktiv einen Blick in die Zukunft zu werfen, jedoch ist es nicht möglich, den Vorgängerzustand deduktiv zu retrodizieren, denn es ist nicht deduktiv zu entscheiden, welche der beiden Möglichkeiten

$$F(t - 1) = Z_1$$

oder

$$F(t - 1) = Z_3$$

wirklich vorgelegen ist. In diesem Zusammenhang ist es verblüffend, daß probabilistische Überlegungen in total deterministische Systeme eindringen, denn man kann behaupten, daß

$$\text{mit großer Wahrscheinlichkeit:} \quad F(t - 1) = Z_3$$

ist, da man nämlich dem System ansehen kann, daß es den Zustand $Z_3$ mit unbegrenzter Wiederholung annehmen kann, während der Zustand $Z_1$ in der ganzen Systemgeschichte nur ein einziges Mal, und zwar beim Start (Index 1), vorkommt. Es ist also keine deduktive, sondern bloß eine probabilistische Retrodiktion im starken Sinn hier möglich.


## 2d. Indeterministische Systeme

These C:
*In einem total indeterministischen System können alle Formen der Erklärung, Voraussage und Retrodiktion einheitlich, das heißt für alle Zustände unmöglich sein.*
Das ist genau genommen auch eine erstaunliche Behauptung, wenn man bedenkt, daß das ganze System von Gesetzen beherrscht wird und man diese Gesetze auch im Detail kennt. Die These C kann man durch die charakteristische Matrix

|       | $Z_1$ | $Z_2$ |
|-------|-------|-------|
| $Z_1$ | 0,5   | 0,5   |
| $Z_2$ | 0,5   | 0,5   |

belegen, der das Übergangsdiagramm der Abbildung 5 entspricht. Wenn der gegenwärtige Zustand zum Beispiel $Z_2$ ist, so kann man hieraus kein voraussagendes Argument – nicht einmal ein schwach probabilistisches – erschließen, ob der Nachfolgezustand $Z_1$ oder wieder $Z_2$ ist. Ja noch mehr. Selbst wenn die gesamte vergangene Geschichte und der gesamte

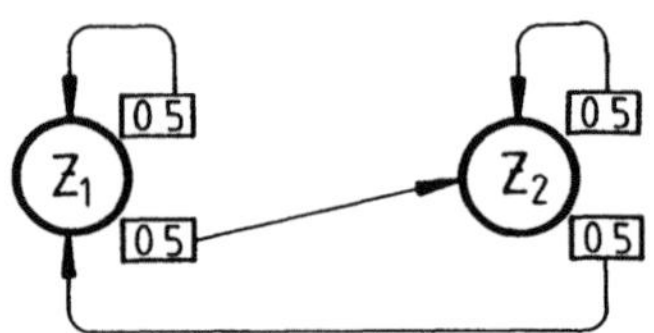

Abbildung 5

zukünftige Ablauf bis auf eine einzige Lücke bekannt ist, wenn also zum Beispiel

$$\ldots - Z_1 - Z_2 - Z_2 - \fbox{?} - Z_1 - Z_2 - Z_1 - \ldots$$

gegeben ist, ist man nicht in der Lage, irgend eine (deduktive/starke/ schwache) Voraussage oder Retrodiktion im Hinblick auf die eingetragene Fragezeichen-Position zu machen. Und sogar wenn man es abwartet, was sich einstellen wird und also erfährt, daß die Sequenz

$$\ldots - Z_1 - Z_2 - Z_2 - \boxed{Z_2} - Z_1 - Z_2 - Z_1 - \ldots$$

abgelaufen ist, ist man nicht einmal in der Lage für dieses $Z_2$ eine probabilistische Erklärung im schwachen Sinn abzugeben. Denn es kann nicht gesagt werden, daß das Auftreten von $Z_2$ wahrscheinlicher war als das Auftreten des Konkurrenten $Z_1$. Wenn nicht einmal eine probabilistische Erklärung im schwachen Sinn möglich ist, dann gibt es natürlich umso weniger eine im starken Sinn oder gar eine deduktive Erklärung.

These **D**:
*In einem indeterministischen System können alle Formen der Erklärung, Voraussage und Retrodiktion selektiv, das heißt für gewisse Zustände unmöglich sein.*
Ein Beispiel für die These D ist die charakteristische Matrix

|       | $Z_1$ | $Z_2$ | $Z_3$ |
|-------|-------|-------|-------|
| $Z_1$ | 0     | 0,5   | 0,5   |
| $Z_2$ | 0     | 0,1   | 0,9   |
| $Z_3$ | 0,1   | 0     | 0,9   |

die auf das Übergangsdiagramm der Abbildung 6 führt. Man kann zwar probabilistisch im starken Sinn voraussagen (Wahrscheinlichkeit: 0,9), daß auf den Zustand $Z_2$ der Zustand $Z_3$ folgt und nach dem Zustand $Z_3$ wieder der Zustand $Z_3$ vorliegen wird. Man ist aber nicht in der Lage, vom Zustand $Z_1$ ausgehend, $Z_2$ oder $Z_3$ vorauszusagen. Auch dann nicht, wenn man noch zusätzlich erfährt, daß der übernächste Zustand $Z_3$ sein wird, daß also die Sequenz

$$\ldots - Z_2 - Z_3 - Z_1 - \text{(?)} - Z_3 - Z_3 - Z_1 - \ldots$$

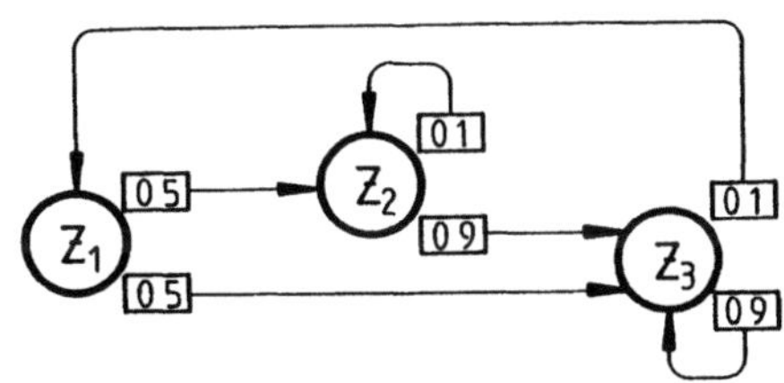


Abbildung 6

vorliegt. Denn der Weg von $Z_1$ über $Z_2$ nach $Z_3$ ist gleich wahrscheinlich wie der Weg von $Z_1$ über $Z_3$ (wieder) nach $Z_3$. Auch wenn wir es abwarten und schließlich zur Kenntnis nehmen, daß die Fragezeichen-Position in Wirklichkeit der Zustand $Z_2$ war, also die Sequenz

$$\ldots - Z_2 - Z_3 - Z_1 - (Z_2) - Z_3 - Z_3 - Z_1 - \ldots$$

abgelaufen ist, so können wir für diese Tatsache nicht einmal eine probabilistische Erklärung im schwachen Sinn geben, geschweige denn in einem stärkeren Sinn; genau so steht es auch um die verschiedenen Arten der Voraussage und Retrodiktion.

Die beiden letzten System-Beispiele (These C und D) führen uns auch noch zu einem anderen interessanten Gedanken. Er hängt mit dem Wort "Ursache" zusammen: Wenn irgend einem Ereignis $E_j$ grundsätzlich ein Ereignis $E_i$ vorangeht, dann sagt man, daß das $E_i$ "eine Ursache" für $E_j$ ist. Und wenn weiters zusätzlich immer dann, wenn das Ereignis $E_i$ realisiert wird, das Ereignis $E_j$ grundsätzlich nachfolgt, dann sagt man, daß das Ereignis $E_i$ "*die* Ursache" für das Ereignis $E_j$ ist. Mit dieser Wortbedeutung zeigt sich, daß es Systeme gibt, in deren Systemgeschichte einzelne oder auch alle Vorkommnisse nicht "verursacht" sind, obwohl das ganze System und alle seine möglichen Zustände von streng bezeichenbaren Gesetzen beherrscht werden. *Die Erforschung der Natur und das wissenschaftliche Verständnis der Welt wird also zweckmäßigerweise vor allem durch die Suche nach Gesetzen geprägt sein und nicht so sehr auf die Entdeckung von Ursachen ausgerichtet sein.*

Indeterministische Gesetze führen aber keineswegs immer zu derart starken Einschränkungen. Die folgende These gibt ein Beispiel.

These **E**:
*In einem partiell indeterministischen System können deduktive Erklärungen generell, das heißt für alle Zustände möglich sein.*
Die These E wird durch die charakteristische Matrix

|  | $Z_1$ | $Z_2$ | $Z_3$ |
|---|---|---|---|
| $Z_1$ | 0 | 0,5 | 0,5 |
| $Z_2$ | 0 | 0 | 1 |
| $Z_3$ | 1 | 0 | 0 |

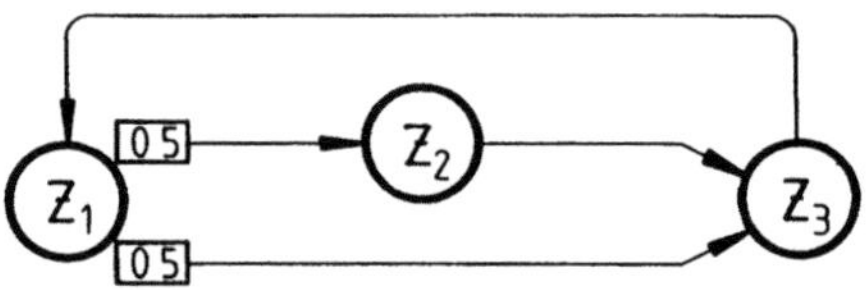


Abbildung 7

gestützt, die ein Übergangsdiagramm nach Abbildung 7 hat. Um den Zustand $F(t)$ des Systems deduktiv erklären zu können, müssen wir höchstens den Vorgängerzustand $F(t-1)$ und den Nachfolgezustand $F(t+1)$ kennen.

These **F**:

*In partiell oder total indeterministischen Systemen sind deduktive Voraussagen nicht generell, das heißt für alle Zustände möglich. Probabilistische Voraussagen im starken Sinn (und umso mehr im schwachen Sinn) können generell möglich sein.*

Der erste Satz ist selbstverständlich, der zweite Satz ergibt sich beispielsweise aus der Matrix

|       | $Z_1$ | $Z_2$ |
|-------|-------|-------|
| $Z_1$ | 0,1   | 0,9   |
| $Z_2$ | 0,9   | 0,1   |

beziehungsweise aus dem zugehörigen Übergangsdiagramm der Abbildung 8. Man sieht, daß man von jedem Zustand auch immer eine probabilistische Voraussage im starken Sinn machen kann. (Das gilt damit auch für die Erklärung des entsprechenden Typs.)

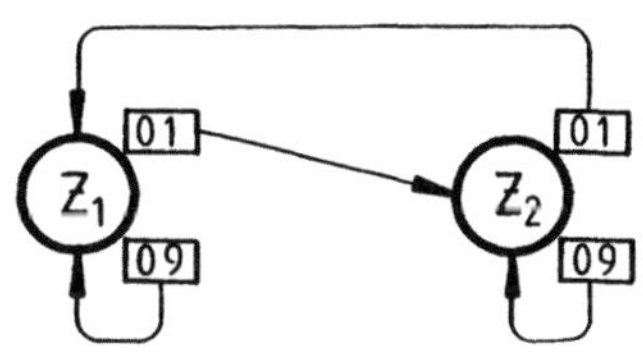


Abbildung 8

These **G**:

*In einem indeterministischen unendlichen System können deduktive Retrodiktionen generell, das heißt für alle Zustände möglich sein.*

Als Beleg für diese These ziehen wir ein unendliches System der Form nach Abbildung 9 heran. Zu jedem Zustand führt grundsätzlich nur ein einziger Ankunftspfeil, weshalb der Vorgängerzustand immer bestimmbar ist. Als Beispiel für ein total indeterministisches System, in dem dennoch deduktive Retrodiktionen generell möglich sind, könnte man die Struktur der Abbildung 10 angeben. (Die einzelnen Zahlenwerte der Übergangswahrscheinlichkeiten sind hier belanglos und wurden daher weggelassen.) Ist zum Beispiel der Zustand $Z_{13}$ verwirklicht, so kann sofort deduktiv gesagt werden, daß die Vorgängerzustände $Z_6$, $Z_3$ und $Z_1$ waren. Man beachte, daß dagegen in einem endlichen indeterministischen System eine deduktive Retrodiktion nicht für alle Zustände möglich ist, weil es da mindestens einen Zustand geben muß, in dem mehrere Ankunftspfeile einmünden. Dagegen gilt hier die These H.

These **H**:
*In einem indeterministischen endlichen System kann eine probabilistische Retrodiktion im starken Sinn generell, das heißt für alle Zustände möglich sein.*
Diese Behauptung wird zum Beispiel durch das bei der These F besprochene System gestützt oder durch die nachfolgende modifizierte Version der Abbildung 11. Wenn also gegenwärtig $Z_2$ vorliegt, dann war mit hoher Wahrscheinlichkeit auch der Vorgängerzustand $Z_2$. Die Argumentation gilt analog auch für $Z_1$. Die These H gilt weiters auch für die probabilistische Retrodiktion im schwachen Sinn.

These **I**:
*In einem indeterministischen System kann es sein, daß probabilistische Voraussagen im schwachen Sinn generell, das heißt für alle Zustände möglich sind, dagegen probabilistische Erklärungen im starken Sinn einheitlich unmöglich sind.*

Das System mit der charakteristischen Matrix

|       | $Z_1$ | $Z_2$ | $Z_3$ |
| ----- | ----- | ----- | ----- |
| $Z_1$ | 0,4   | 0,3   | 0,3   |
| $Z_2$ | 0,3   | 0,4   | 0,3   |
| $Z_3$ | 0,3   | 0,3   | 0,4   |

und dem Übergangsdiagramm nach Abbildung 12 weist diese Eigenschaft auf. Nimmt man an, daß der gegenwärtige Zustand $Z_2$ ist, dann folgt als probabilistische Voraussage im schwachen Sinn (mit der Wahrscheinlichkeit 0.4), daß der Nachfolgerzustand wieder $Z_2$ ist. Eine probabilistische Erklärung im starken Sinn für den gegenwärtigen Zustand $Z_2$ ist nicht möglich, weil der Vorgängerzustand nicht mit einer Wahrscheinlichkeit größer als 1/2 erschlossen werden kann.

Man könnte sich auf den Standpunkt stellen, daß eine probabilistische Erklärung im schwachen Sinn eigentlich gar keine Erklärung ist, weil ja das Nichtauftreten des Explanandums insgesamt wahrscheinlicher ist, daß also eine "Erklärung" nur eine deduktive Erklärung oder eine probabilistische Erklärung im starken Sinn ist. Dagegen ist eine probabilistische

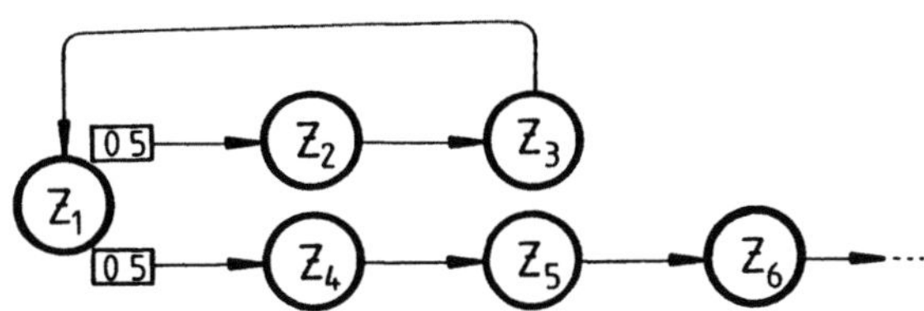

Abbildung 9

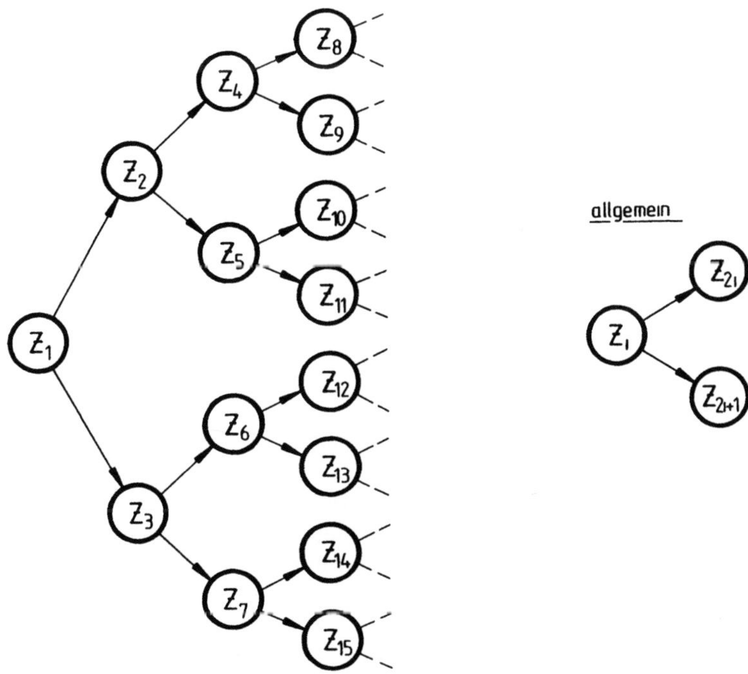

Abbildung 10

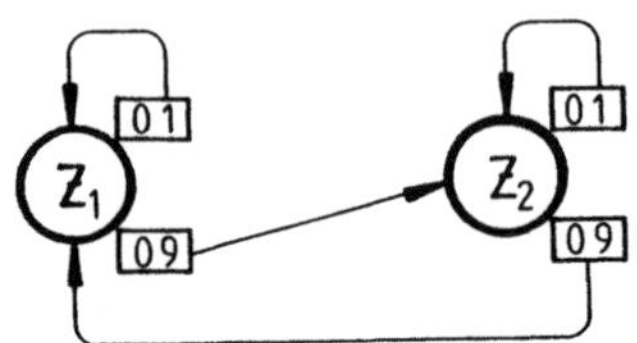

Abbildung 11

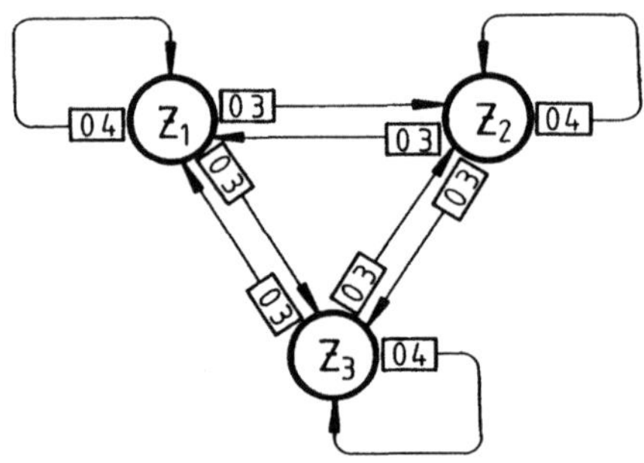

Abbildung 12

Voraussage im schwachen Sinn sehr wohl als "Voraussage" zu werten, weil
die Wahrscheinlichkeit des vorausgesagten Zustandes ja ohnehin größer
ist, als die Wahrscheinlichkeit der einzelnen Konkurrenzzustände. In dieser Diktion könnte man die These I umformulieren zu:
*In einem indeterministischen System kann es sein, daß "Voraussagen" ge-
nerell möglich sind, dagegen "Erklärungen" einheitlich unmöglich sind.*
Es können also in solchen Systemen Zustände prognostiziert werden, aber
wir können niemals irgendwelche Zustände erklären.

These **J**:

*In einem total indeterministischen System können deduktive Erklärungen
generell, das heißt für alle Zustände möglich sein, obwohl probabilistische
Voraussagen im schwachen Sinn und probabilistische Retrodiktionen im
schwachen Sinn (und erst recht die stärkeren Formen) generell unmöglich
sind.*

Die These J kann durch das System

|        | $Z_1$ | $Z_2$ | $Z_3$ | $Z_4$ |
|--------|-------|-------|-------|-------|
| $Z_1$  | 0,5   | 0     | 0,5   | 0     |
| $Z_2$  | 0,5   | 0     | 0,5   | 0     |
| $Z_3$  | 0     | 0,5   | 0     | 0,5   |
| $Z_4$  | 0     | 0,5   | 0     | 0,5   |

mit dem Übergangsdiagramm nach Abbildung 13 illustriert werden. Denn
jeder Zustand hat zwei gleich wahrscheinliche Nachfolgerzustände; es ist
also eine probabilistische Voraussage im schwachen Sinn unmöglich. Weiters hat jeder Zustand zwei gleich wahrscheinliche Vorgängerzustände; es
ist also eine probabilistische Retrodiktion im schwachen Sinn unmöglich.
Trotz der Unmöglichkeit von Voraussage und Retrodiktion jeglicher Form,
ist in diesem total indeterministischen System sogar eine deduktive
Erklärung[4] generell möglich. Hat zum Beispiel die Systemgeschichte einen solchen Verlauf genommen, daß die Sequenz

$$\ldots - Z_2 - Z_3 - Z_4 - \bigcirc - Z_2 - Z_1 - Z_3 - \ldots$$

durchlaufen wurde, dann kann man die vorerst verdeckt gehaltene Position (schraffierter Kreis) aus dem Übergangsdiagramm sofort deduktiv
erklären, weil von einer Vorgängerposition $Z_4$ nur über den Rückkehrpfeil
zu $Z_4$ die Nachfolgerposition $Z_2$ erreicht werden kann. Die Systemgeschichte hatte also den Verlauf:

$$\ldots - Z_2 - Z_3 - Z_4 - \boxed{Z_4} - Z_2 - Z_1 - Z_3 - \ldots$$

These **K**:

*In einem partiell indeterministischen System kann die nahe Zukunft (sogar
deduktiv) vorhersagbar, die ferne Zukunft dagegen nicht einmal probabilistisch im schwachen Sinn vorhersagbar sein.*

Das zeigt die Matrix

---

[4] Siehe auch Fußnote 3.

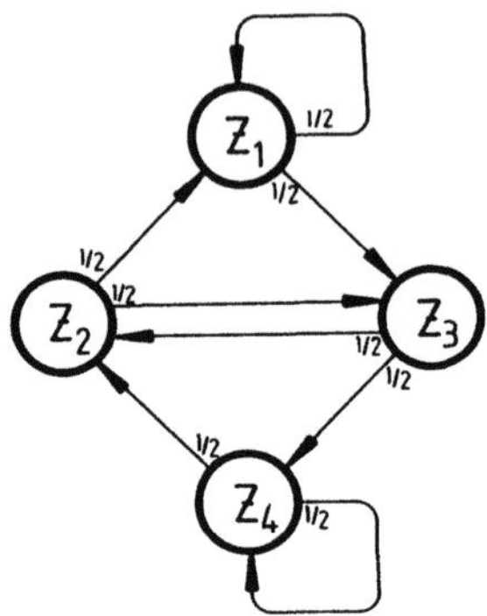

Abbildung 13

|       | $Z_1$ | $Z_2$ | $Z_3$ | $Z_4$ |
|-------|-------|-------|-------|-------|
| $Z_1$ | 0,5   | 0,5   | 0     | 0     |
| $Z_2$ | 0     | 0     | 1     | 0     |
| $Z_3$ | 0     | 0     | 0     | 1     |
| $Z_4$ | 1     | 0     | 0     | 0     |

deren Übergangsdiagramm eine Gestalt hat, wie sie die Abbildung 14

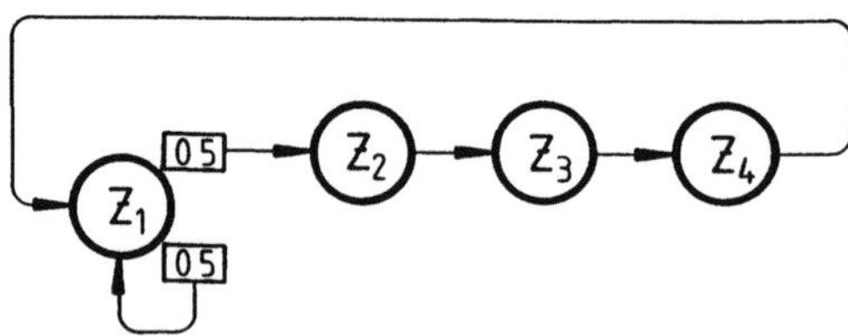


Abbildung 14

zeigt. Angenommen, der gegenwärtige Zustand ist $F(t) = Z_2$, dann kann man die nahe Zukunft $F(t + 1) = Z_3$, $F(t + 2) = Z_4$ und $F(t + 3) = Z_1$ deduktiv voraussagen, wir können aber nicht einmal eine probabilistische Voraussage im schwachen Sinn für irgend einen der weiteren Nachfolgezustände machen.

These **L**:

*In einem partiell indeterministischen System kann die nahe Zukunft nicht einmal probabilistisch im schwachen Sinn vorhersagbar sein, wogegen die ferne Zukunft (sogar deduktiv) vorausgesagt werden kann.*
Ein solches Verhalten zeigt die Matrix

|       | $Z_1$ | $Z_2$ | $Z_3$ | $Z_4$ | $Z_5$ | $Z_6$ |
|-------|-------|-------|-------|-------|-------|-------|
| $Z_1$ | 0     | 0,5   | 0,5   | 0     | 0     | 0     |
| $Z_2$ | 0     | 0     | 0     | 0,5   | 0,5   | 0     |
| $Z_3$ | 0     | 0     | 0     | 0,5   | 0,5   | 0     |
| $Z_4$ | 0     | 0     | 0     | 0     | 0     | 1     |
| $Z_5$ | 0     | 0     | 0     | 0     | 0     | 1     |
| $Z_6$ | 0     | 0     | 0     | 0     | 0     | 1     |

deren Übergangsdiagramm in Abbildung 15 dargestellt ist.

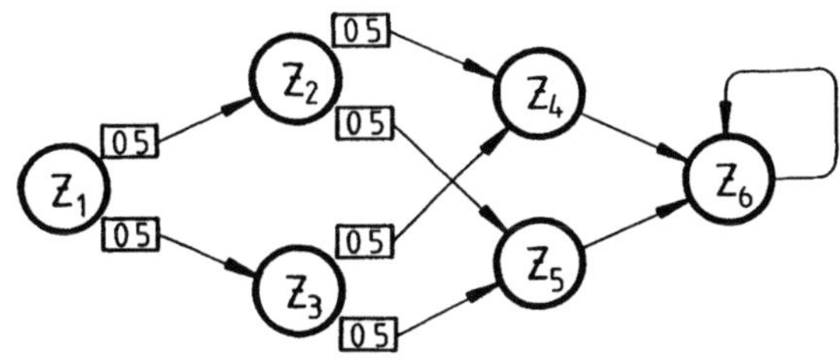


Abbildung 15

Wenn der gegenwärtige Zustand $F(t) = Z_1$ ist, dann kann man über die nahe Zukunft $F(t + 1)$ und $F(t + 2)$ nicht einmal probabilistische Voraussagen im schwachen Sinn machen, während die komplette ferne

Zukunft ab F(t+3) deduktiv vorausgesagt werden kann: Es liegt stets $Z_6$
vor.


These **M**:

*In einem partiell indeterministischen System muß die probabilistische Vor-
aussagbarkeit nicht transitiv sein.*
Das heißt, wenn der Zustand $Z_1$ als wahrscheinlichen Nachfolger den Zustand $Z_2$ hat und wenn der Zustand $Z_2$ als wahrscheinlichen Nachfolger $Z_3$
hat, so heißt das nicht, daß der wahrscheinliche 2-Schritt-Nachfolger von
$Z_1$ der Zustand $Z_3$ sein muß. Wenn das auch für deduktive Voraussagen
immer gilt, so muß es also nicht in partiell indeterministischen Systemen
so sein, wie die Matrix

|       | $Z_1$ | $Z_2$ | $Z_3$ | $Z_4$ |
|-------|-------|-------|-------|-------|
| $Z_1$ | 0     | 0,6   | 0     | 0,4   |
| $Z_2$ | 0     | 0     | 0,6   | 0,4   |
| $Z_3$ | 0     | 0     | 0     | 1     |
| $Z_4$ | 0     | 0     | 0     | 1     |

beziehungsweise das Übergangsdiagramm in Abbildung 16 zeigt.

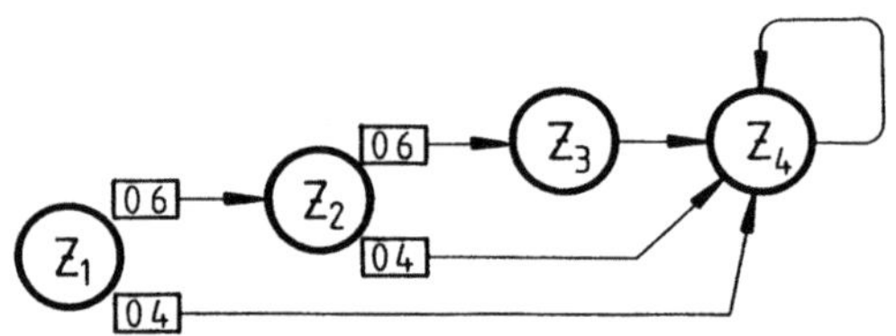


Abbildung 16

Von $Z_1$ kann man eine probabilistische Voraussage im starken Sinn (Wahrscheinlichkeit: 0,6) machen, daß der Zustand $Z_2$ folgt. Analog kann man
von $Z_2$ auf $Z_3$ mit gleicher Wahrscheinlichkeit prognostizieren. Dennoch
ist der wahrscheinlichste 2-Schritt-Nachfolger von $Z_1$ nicht der Zustand
$Z_3$, sondern es ist der Zustand $Z_4$. Denn die Wahrscheinlichkeit für den
2-Schritt-Übergang $Z_1 - Z_2 - Z_3$ ist $0,6 \times 0,6 = 0,36$, während der 2-
Schritt-Übergang $Z_1 - Z_4 - Z_4$ auf den Wert $0,4 \times 1 = 0,4$ führt. Dazu

kommt noch als zweite unabhängige Möglichkeit der 2-Schritt-Übergang $Z_1 - Z_2 - Z_4$, der den Wert $0,6 \times 0,4 = 0,24$ liefert, woraus sich für die Gesamtwahrscheinlichkeit für den 2-Schritt-Übergang $Z_1 - Z_4$ der Wert $0,4 + 0,24 = 0,64$ ergibt. Wir sehen hieraus, daß nicht einmal die probabilistische Voraussage im starken Sinn auf eine Transitivität führt.

These N:

*In einem partiell indeterministischen System kann ein Übergang von $Z_1$ auf $Z_2$ äußerst unwahrscheinlich sein, während der Übergang von $Z_1$ auf $Z_3$ dagegen praktisch sicher ist; dennoch kann als Multi-Intervall-Nachfolger von $Z_1$ der Fall $Z_2$ mit hoher Wahrscheinlichkeit eintreten.*
Die Matrix von der Gestalt

|       | $Z_1$ | $Z_2$ | $Z_3$ |
|-------|-------|-------|-------|
| $Z_1$ | 0     | 0,001 | 0,999 |
| $Z_2$ | 0     | 1     | 0     |
| $Z_3$ | 1     | 0     | 0     |

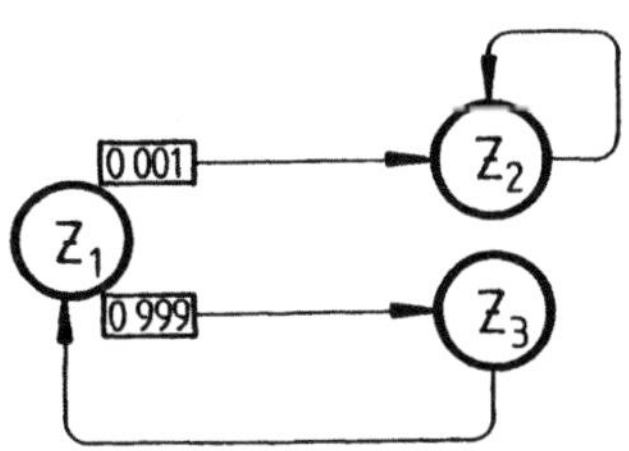


Abbildung 17

der das Übergangsdiagramm nach Abbildung 17 entspricht, gibt ein Beispiel für diese Behauptung. Läuft das System erst seit kurzer Zeit, dann ist der wahrscheinlichste Nachfolger von $Z_1$ immer der Zustand $Z_3$. Läuft das System dagegen hinreichend lange, dann ist ein Multi-Intervall-Nachfolger von $Z_1$ mit hoher Sicherheit der Zustand $Z_2$. Wenn das System also nur beliebig lange läuft, dann gelangt es trotzdem zuletzt in den äußerst unwahrscheinlichen Absorptionszustand $Z_2$.

These **O**:

*In einem partiell indeterministischen System kann selbst an solchen Stellen jede Art von Retrodiktion ausgeschlossen sein, an denen ein Zustand verwirklicht ist, der nur als Folgezustand deterministischer Gesetze auftritt*[5].

Hierfür kann man die Matrix

|       | $Z_1$ | $Z_2$ | $Z_3$ |
|-------|-------|-------|-------|
| $Z_1$ | 0     | 0     | 1     |
| $Z_2$ | 0     | 0     | 1     |
| $Z_3$ | 1,5   | 0,5   | 0     |

oder das Übergangsdiagramm entsprechend Abbildung 18 als Erläuterung heranziehen. Vom Zustand $Z_3$ aus kann man keine Retrodiktion auf den

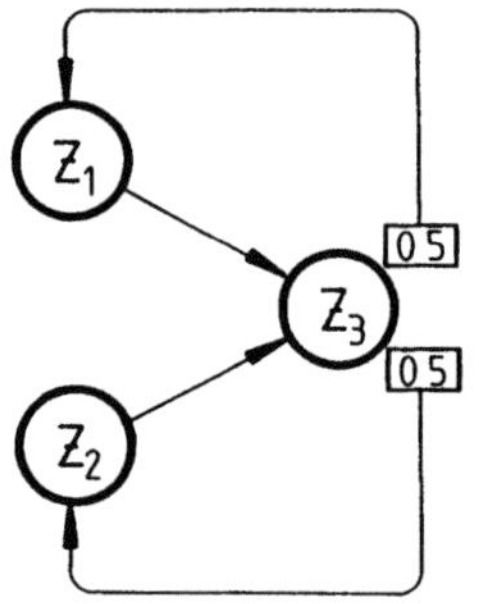


Abbildung 18

Vorgängerzustand vornehmen, obwohl sich der Zustand $Z_3$ ausschließlich auf Grund deterministischer Gesetze ergeben hat.

These **P**:

*In partiell indeterministischen Systemen können voraussagende Subargumente die Voraussetzung für Retrodiktionen sein.*
Die Matrix

---

[5] Vergleiche auch STEGMÜLLER [Erklärung, Seite **261**].

|       | $Z_1$ | $Z_2$ | $Z_3$ | $Z_4$ |
|-------|-------|-------|-------|-------|
| $Z_1$ | 0     | 0,1   | 0,9   | 0     |
| $Z_2$ | 0     | 0     | 0     | 1     |
| $Z_3$ | 0     | 0     | 0     | 1     |
| $Z_4$ | 1     | 0     | 0     | 0     |

mit dem in Abbildung 19 dargestellten Übergangsdiagramm ist hierfür ein Beispiel. Will man vom Zustand $Z_4$ aus eine Retrodiktion durchführen,

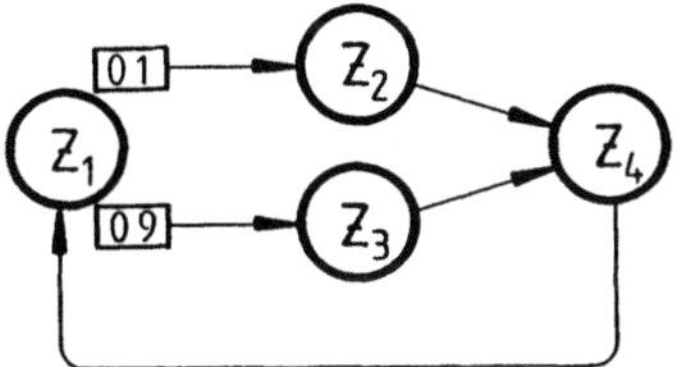


Abbildung 19

so scheint es unmöglich zu sein, den Vorgängerkandidaten zu eruieren, weil sowohl $Z_2$ als auch $Z_3$ gleichberechtigt in Frage kommen. Jedoch das stimmt nicht. Man kann in deduktiver Retrodiktion als 2-Schritt-Vorgänger von $Z_4$ den Zustand $Z_1$ sicherstellen. Und jetzt kommt das voraussagende Subargument: Von $Z_1$ können wir eine probabilistische Voraussage im starken Sinn machen, daß auf $Z_1$ der Zustand $Z_3$ folgt. Es ist also wesentlich wahrscheinlicher, daß man über $Z_3$ nach $Z_4$ gelangt ist, als über $Z_2$. Unsere probabilistische Retrodiktion im starken Sinn sagt also, daß $Z_3$ der unmittelbare Vorgänger von $Z_4$ war.

## 2e. Die vielfältigen Argumente bei einfachsten Modellen

Wir haben die Erklärung, Voraussage und die Retrodiktion als Argumente angesehen, die das Explanandum aus Antecedensbedingungen und Gesetzen erschließen, wobei je nach den Gegebenheiten deduktive Fälle, probabilistische Fälle im starken Sinn und probabilistische Fälle im schwachen Sinn zu unterscheiden waren. Schon sehr einfache Modelle konnten uns eine große Vielfalt von Möglichkeiten zeigen, mit denen wir im allgemeinen Fall also rechnen müssen. Rückblickend sehen wir eine Gliederung in drei Teile: a) die Argumente in deterministischen Systemen, b) die Argumente in indeterministischen Systemen und c) interessante Argument-Beziehungen und -Eigenschaften in indeterministischen Systemen.

**a.** In deterministischen Systemen sind, wie man allgemein erwartet, deduktive Erklärungen und deduktive Voraussagen immer möglich (These A). Es kann aber der Fall eintreten, daß deduktive Retrodiktionen unmöglich sind (These B). Es ist bemerkenswert, daß probabilistische Überlegungen auch in total deterministische Systeme eindringen können (These B).

**b.** In (partiell, beziehungsweise total) indeterministischen Systemen spalten sich die Erklärungen, Voraussagen und Retrodiktionen in deduktive Formen, probabilistische Formen im starken Sinn und in probabilistische Formen im schwachen Sinn auf. Sie lassen sich hierbei in unterschiedlicher Weise in den verschiedenen Modellen der deterministischen Systeme verwirklichen. Es resultiert eine große Vielfalt:

*Deduktive Erklärung*
kann generell unmöglich sein (These C),
kann selektiv unmöglich sein (These D),
kann generell möglich sein (These E).

*Probabilistische Erklärung im starken Sinn*
kann generell unmöglich sein (These C),
kann selektiv unmöglich sein (These D),
kann generell möglich sein (These F).

*Probabilistische Erklärung im schwachen Sinn*
kann generell unmöglich sein (These C),
kann selektiv unmöglich sein (These D),
kann generell möglich sein (These F).

*Deduktive Voraussage*
kann generell unmöglich sein (These C),
kann selektiv unmöglich sein (These D),
ist nicht generell möglich (These F).

*Probabilistische Voraussage im starken Sinn*
kann generell unmöglich sein (These C),
kann selektiv unmöglich sein (These D),
kann generell möglich sein (These F).

*Probabilistische Voraussage im schwachen Sinn*
kann generell unmöglich sein (These C),
kann selektiv unmöglich sein (These D),
kann generell möglich sein (These F).

*Deduktive Retrodiktion*
kann generell unmöglich sein (These C),
kann selektiv unmöglich sein (These D),
kann generell möglich sein (These G).
*Probabilistische Retrodiktion im starken Sinn*
kann generell unmöglich sein (These C),
kann selektiv unmöglich sein (These D),
kann generell möglich sein (These H).
*Probabilistische Retrodiktion im schwachen Sinn*
kann generell unmöglich sein (These C),
kann selektiv unmöglich sein (These D),
kann generell möglich sein (These H).

c. In partiellen beziehungsweise totalen indeterministischen Systemen haben wir eine Reihe interessanter Argument-Beziehungen und Argument-Eigenschaften gefunden:
1) Es kann sein, daß probabilistische Voraussagen im schwachen Sinn generell möglich sind, dagegen probabilistische Erklärungen im starken Sinn einheitlich unmöglich sind (These I). Oder in verschärfter Diktion formuliert: Es kann sein, daß in einem System "Voraussagen" generell möglich sind, dagegen "Erklärungen" einheitlich unmöglich sind.
2) Es kann sein, daß deduktive Erklärungen generell möglich sind, obwohl probabilistische Voraussagen und probabilistische Retrodiktionen generell unmöglich sind (These J).
3) Es kann die nahe Zukunft, nicht dagegen die ferne Zukunft vorhersagbar sein (These K).
4) Es kann die ferne Zukunft, nicht dagegen die nahe Zukunft vorhersagbar sein (These L).
5) Die probabilistische Voraussagbarkeit muß nicht transitiv sein (These M).
6) Es kann ein Übergang von $Z_1$ und $Z_2$ äußerst unwahrscheinlich sein, während der Übergang von $Z_1$ auf $Z_3$ dagegen praktisch sicher ist; dennoch kann als Multi-Intervall-Nachfolger von $Z_1$ der Fall $Z_2$ mit hoher Wahrscheinlichkeit eintreten (These N).
7) Es kann selbst an solchen Stellen jede Art von Retrodiktion ausgeschlossen sein, an denen ein Zustand verwirklicht ist, der nur als Folgezustand deterministischer Gesetze auftritt (These O).
8) Es können voraussagende Subargumente die Voraussetzung für erfolgreiche Retrodiktionen sein (These P).

Die hier besprochenen indeterministischen Systeme beruhen auf indeterministischen Gesetzen $G_i$ bei scharf vorgegebenen Zuständen $Z_j$. Man spricht hier vom Gesetzesindeterminismus. Eine andere wichtige Art indeterministischer Systeme beruht auf einer probabilistischen Struktur der Zustände bei ausschließlich deterministischen Gesetzen. Der Indeterminismus der modernen Physik, der auf der Quantenmechanik beruht, ist von der Art dieses zuletzt genannten Zustandsindeterminismus. In Anhang 3 wird die Konstruktion eines entsprechenden Modelles angedeutet.

## 3. Deterministische Erklärungen und Voraussagen

RESCHERs diskrete Zustandssysteme haben ein anschauliches und einfaches Modell abgegeben für deterministisch und indeterministisch vernetzte Zustandsfolgen und wir konnten in diesen Systemen erste Beispiele für Erklärungen, Voraussagen und Retrodiktionen analysieren. Bei diesen Überlegungen haben wir aber eher dem ganzen System unsere Aufmerksamkeit geschenkt. Jetzt wollen wir uns insbesondere dem Begriff der Erklärung selbst nähern und ihn vom System im wesentlichen isoliert betrachten und danach fragen, wie die Struktur einer wissenschaftlichen Erklärung aussieht und unter welchen Bedingungen man eine bestimmte Erklärung schließlich für "angemessen" halten darf. Wir wollen also wissen, unter welchen Bedingungen man sagen kann, daß der Argumentationsschritt, der vom "Explanans" zum "Explanandum" führt, adäquat war. Wir wollen also wissen, wann man sagen kann, daß eine Erklärung korrekt war und wir uns darauf verlassen können.

Unsere früheren Überlegungen haben uns im Hinblick auf unsere Aufgabe aber nicht unerhebliche Schwierigkeiten vor Augen geführt. Denn die in die Erklärungen und Voraussagen einfließenden Begriffe, Gesetze und Theorien weisen nicht jene idealisierte Standfestigkeit auf, an die man vorher vielleicht geglaubt hat[6]:

---

[6] Hinter der Atomhypothese vom DEMOKRIT steckt offenbar ein allgemeinerer Gedanke, der hier in unser Erkenntnisproblem hereinspielt. Auf eine einfache Formel gebracht könnte man sagen: "Alles komplizierte ist aus einfachen Bestandteilen zusammengesetzt  Bedenkt man, daß nur wir, die wir denken, Einfaches und Kompliziertes unterscheiden, so nimmt diese Formel folgende ausführliche Gestalt an  Man beschreibe und erkläre das Komplizierte, in dem man in zwei Schritten vorgeht· a) Beschreibung einfacher Bausteine des Komplizierten. b) Beschreibung der Architektur, nach der sich die Bausteine zum Komplizierten zusammenfügen  ...Läuft nicht mancher unserer Erkenntnisschritte auf eine Anwendung der "demokritischen Idee" hinaus? Oft gehen wir doch so vor. Wir führen ein Gebilde auf Architektur und Bausteine zurück und widmen uns dann diesen beiden Ingredienzien getrennt. Und gilt nicht verschiedenen Leuten ganz Verschiedenes als einfach?" (JACOBS [Mathematik, Seite 60ff ])

Es war nicht möglich, die Begriffe bedingungslos auf Erfahrbares zurückzuführen.

Gesetze lassen sich nicht einmal als "wahrscheinlich wahr", geschweige
denn als "wahr" nachweisen.

Eine scharfe Unterscheidung zwischen deterministisch und indeterministisch ist gleichfalls nicht immer einfach. Wir erinnern uns, daß allein
schon über den Meßprozeß in die empirische Erfahrung zumeist statistische Überlegungen eingehen.

Vor diesem Hintergrund stellen wir uns also die Frage: Was sind Erklärungen und Voraussagen in deterministischen beziehungsweise probabilistische Systemen. Dem deterministischen Fall wenden wir uns als erstes zu.

Wir wollen also von deterministischen Erklärungen und Voraussagen
sprechen, aber dieses Vorhaben wird uns einerseits zu eng sein, anderseits
auch zu weit. Es wird uns zu eng sein, weil wir es hier nicht konsequent vermeiden können, von probabilistischen Systemen zu sprechen. Es
wird uns anderseits zu weit sein, weil wir in der Hauptsache nur vom
wichtigsten Typ der verschiedenen wissenschaftlichen Systematisierungen
sprechen wollen, nämlich von der Erklärung, während wir die Voraussage eher stiefmütterlich behandeln wollen. Wir dürfen uns durch das
hier Gesagte aber nicht dazu verleiten lassen zu glauben, daß Erklärungen
und Voraussagen scharf umrissene Alternativen sind, die alle Möglichkeiten wissenschaftlicher Systematisierungen ausschöpfen. STEGMÜLLER
hat in seiner [Erklärung, Seite 237] eine Klassifikation wissenschaftlicher
Systematisierungen angegeben und unter Berücksichtigung einer ganzen
Reihe von Fallunterscheidungen darauf hingewiesen, daß es weit über hundert Spezialfälle gibt. Wollte man diese Fälle nachträglich wieder, so gut
als möglich unter den alltagssprachlichen Bezeichnungen "Erklärung" und
"Voraussage" einordnen, so müßte man 6 verschiedene Fälle von Erklärungen und 30 verschiedene Fälle von Voraussagen voneinander unterscheiden;
die restlichen Fälle sind überhaupt nicht unter diese Titel einzuordnen; die
gebräuchlichen Bezeichnungen "Erklärung" und "Voraussage" überstreichen also genau genommen eher ein breites Spektrum von Möglichkeiten.
Es ist ferner bemerkenswert, daß im wesentlichen nur die beiden Formen
Erklärungen und Voraussagen im Wissenschaftsbetrieb eine Bedeutung
erlangt haben; im Prinzip sind aber alle erwähnten speziellen Fälle der
wissenschaftlichen Systematisierung gleichberechtigt.

Die nachfolgenden Überlegungen gruppieren sich in zwei Hauptteile:
Einerseits wird das Schema der wissenschaftlichen Erklärung erörtert
(Abschnitt 3a). Anderseits (Abschnitt 3b) werden verschiedene weitere
vielfach verwendete Erklärungsvarianten und ihre Beziehung zu diesem
Schema beleuchtet. Zuletzt werden Beispiele genannt, wie im alltäglichen
Sprachgebrauch der Begriff der Erklärung sonst noch verwendet wird; die

Berührungspunkte zu unserer Thematik sind hier bei diesem letzten Punkt
aber eher bescheiden; diese Bemerkungen dienen daher eher einer Abgrenzung.

Entscheidende Untersuchungen zum Thema der wissenschaftlichen
Erklärung gehen auf HEMPEL und OPPENHEIM zurück. Ein von ihnen
angegebenes Modellbild ist als "Hempel-Oppenheim-Schema der wissenschaftlichen Erklärung" bekannt geworden. STEGMÜLLER hat dieses
Schema und verschiedene einschlägige Diskussionsbeiträge kritisch zusammengefaßt und auch andere Spielarten des Erklärungsbegriffes in grundlegender Weise erörtert. Die nachfolgenden Überlegungen stützen sich im
wesentlichen auf die Ausführungen von HEMPEL [Erklärung, Seite 5ff.
und 143ff.] und STEGMÜLLER [Erklärung, Seite 110ff.].


## 3a. Das Schema der wissenschaftlichen Erklärung

Im Rahmen der empirisch-wissenschaftlichen Arbeit ist die Beantwortung von Fragen der Art "Was war der Fall?", "Welche Phänomene
traten auf?", "Welche Erscheinungen folgten aufeinander?" von entscheidender Bedeutung. Hier wird nämlich das Resultat von Beobachtungen
sprachlich dargestellt und festgehalten. Die Antwort auf die Frage "Was
war der Fall?" nennt man eine Beschreibung. Beispielsweise werde in
allen Einzelheiten beschrieben, wie ein Mann aus einem Boot, welches
auf einem Teich schwimmt, einen großen Steinbrocken im Wasser versenkt
und (vielleicht erstaunt) feststellt, daß der Wasserspiegel nachher niedri-
ger ist als vorher. Die Beantwortung der Frage "Was war der Fall?" kann
noch so sorgfältig erfolgen, sie liefert vielleicht eine sehr genaue, unter
Umständen sogar eine quantitative Beschreibung des abgelaufenen Vorganges, der Vorgang selbst wird dadurch für uns aber nicht verständlich
gemacht.

Erst wenn wir zusätzlich die Warum-Frage stellen und beantworten.
erhalten wir das, was wir eine Erklärung nennen. "Warum ist jenes bestimmte Phänomen aufgetreten?" Die Antwort auf diese Frage hat jetzt,
wie wir sofort merken, einen größeren Tiefgang. Hier werden die Einzelheiten, oder zumindest einige hiervon, durch bestimmte allgemeine Gesetzmäßigkeiten miteinander in Beziehung gebracht. Man erkennt in der
Erklärung die Zusammenhänge der beschriebenen Phänomene. "Warum
ist der Wasserspiegel des Teiches gesunken, nachdem unser Bootfahrer den
großen Steinbrocken im Wasser versenkt hat?" Hätte man nicht eher das
Umgekehrte erwartet? Eine Erklärung wird darauf hinzuweisen haben,
daß im gegenständlichen Fall nach dem Archimedischen Prinzip gerade
eine solche Wassermenge durch das Boot verdrängt wird, deren Gewicht

dem Gewicht von Boot samt Inhalt entspricht. Der Stein hat eine größere Dichte als Wasser. Solange er sich im Boot befindet, ist daher sein Beitrag zur Wasserverdrängung größer als sein eigenes Volumen. Sobald er am Boden des Teiches liegt, ist seine Wasserverdrängung dagegen wesentlich geringer, nämlich nur mehr so groß, wie sein eigenes Volumen ausmacht. Insgesamt wird der Wasserspiegel des Teiches nach der Versenkung des Steines also absinken.

Auf den englischen Philosophen John Stuart MILL, der im neunzehnten Jahrhundert den klassischen Empirismus zum englischen Positivismus erweiterte, geht die ganz entscheidende Auffassung zurück, daß eine wissenschaftliche Erklärung in der Subsumption des zu Erklärenden unter Naturgesetze besteht. POPPER [Logik, Seite 31] weist darauf hin, daß eine kausale Erklärung – und das wirkt fürs erste verblüffend – eine *logische*, deduktive Ableitung sei. Er untermauert diese Behauptung durch sein berühmtes Fadenbeispiel: Es wird gefragt, warum ein bestimmter Faden zerreißt, wenn ein gewisses Gewicht an ihn gehängt wird. Zur Erklärung wird argumentiert, daß der bestimmte Faden eine so und so große Zerreißfestigkeit hatte und daß das daran gehängte Gewicht doppelt so schwer war. Seine sorgfältige Analyse dieser Erklärung zeigt, daß sie aus zwei unterschiedlichen Komponenten besteht: Und zwar einerseits aus bestimmten Gesetzmäßigkeiten und anderseits aus ganz konkreten Anfangsbedingungen. Aus diesen Prämissen in Satzform ist der Satz, daß der Faden reißt, dann *logisch* ableitbar.

In gleicher Weise zeigt sich diese prinzipielle Struktur der Erklärung als logische Ableitung des Explanandums aus den beiden Komponenten – Gesetzmäßigkeiten und Anfangsbedingungen – auch an unserem Beispiel des Bootfahrers am Teich. Die allgemeinen Gesetzmäßigkeiten, die hier verwendet werden, sind das Archimedische Prinzip, der Zusammenhang zwischen Gewicht und Masse, der Zusammenhang zwischen Masse, Dichte und Volumen, sowie die Beziehungen der Stereometrie. Die konkreten Anfangsbedingungen, die in die Erklärung eingehen, sind die Zahlenwerte für die Dichte des Teichwassers und des verwendeten Sandsteins, sowie des Volumens des Steines und weiters ist die Kenntnis der genauen räumlichen Form des Teiches zu fordern, um von der Volumendifferenz zuletzt auf die Änderung der Wasserspiegelhöhe schließen zu können. Bei der Erklärung finden also bestimmte allgemeine Gesetze und konkrete Anfangsbedingungen Verwendung, die zum Teil durch ganze Ketten logischer Schlüsse verbunden werden, wodurch sich schließlich das Explanandum ergibt. Die Erklärung greift also in dieser Hinsicht entscheidend über das hinaus, was eine Beschreibung liefern könnte. Man interpretiert also eine wissenschaftliche Erklärung als eine Antwort auf eine Warum-Frage, bei der aus konkreten Anfangsbedingungen und bestimmten allgemeinen Gesetzen oder

Theorien das Explanandum logisch erschlossen wird.

Diese Auffassung über das Wesen einer wissenschaftlichen Erklärung ist allerdings nicht uneingeschränkt gültig. Sobald nämlich das verwendete allgemeine Gesetz nicht mehr vom deterministischen Typus ist. sondern es sich um ein probabilistisches oder statistisches Gesetz handelt, ist es nicht mehr möglich, das Explanandum logisch zu erschließen. Das Explanandum folgt aus den Anfangsbedingungen und Gesetzen dann nur mehr mit einer bestimmten Wahrscheinlichkeit. Es wäre naheliegend, das vorliegende Schema der wissenschaftlichen Erklärung im Prinzip als Prototyp der Erklärung beizubehalten und das Schema auch an diesen probabilistischen Fall anzupassen. In diesem Zusammenhang wird sich aber zeigen, daß es zu einem besonderen Problem der Mehrdeutigkeit kommen kann, welches eine grundsätzliche Einbeziehung der sogenannten Wissenssituation erfordert. Und dieser Sachverhalt wird Zweifel aufkommen lassen, ob man die Form der deduktiven Erklärung überhaupt als Prototyp der Erklärung auffassen soll. Davon wird bei den Erklärungen in probabilistischen Systemen die Rede sein. Doch kehren wir zum deterministischen Fall zurück.

Bei einer Erklärung wird aus konkreten Anfangsbedingungen und bestimmten allgemeinen Gesetzen das Explanandum logisch erschlossen. Hierbei ist das Explanandum primär gegeben – die zu erklärenden Phänomene haben also schon stattgefunden. In einem zweiten, nachträglichen Schritt werden die Anfangsbedingungen und die Gesetze zur Verfügung gestellt und es wird im Zug der Erklärung das Explanandum logisch abgeleitet. Ist die Reihenfolge umgekehrt, dann spricht man von einer Voraussage. Es sind hier die Anfangsbedingungen und Gesetze zuerst gegeben und es wird auf dem Weg einer logischen Ableitung ein Explanandum ermittelt, bevor noch die betreffenden Phänomene abgelaufen sind. Diese vereinfachte Darstellung sollte uns aber nicht vorschnell dazu verleiten, in jeder Voraussage eine potentielle Erklärung und in jeder Erklärung eine potentielle Voraussage zu sehen. Gegen diese These der strukturellen Gleichartigkeit von Erklärung und Voraussage ist eine ganze Reihe von Gegenargumenten vorgebracht worden, die sie insgesamt als fragwürdig erscheinen läßt. (Man vergleiche die kritische Zusammenfassung bei STEGMÜLLER [Erklärung, Seite 191ff.].)

Im folgenden wird als erstes das HEMPEL-OPPENHEIM-Schema der wissenschaftlichen Erklärung dargestellt und es werden jene Bedingungen explizit angegeben, die erfüllt sein müssen, damit man überhaupt von einer angemessenen, korrekten Erklärung sprechen darf. Als zweites soll von unvollkommenen Erklärungen die Rede sein. Es werden verschiedene Formen der unvollkommenen Erklärung erörtert, wobei aber zu bedenken ist, daß hier die Übergänge in Wirklichkeit fließend sind.

**1. *Das Hempel-Oppenheim-Schema.*** Wenn man sich alle erforderlichen Erklärungsannahmen, also die ausdrücklich genannten, sowie die stillschweigend vorausgesetzten Annahmen explizit formuliert vorstellt, dann kann man die Erklärung nach HEMPEL und OPPENHEIM als ein deduktives Argument auffassen und die Struktur der wissenschaftlichen Erklärung in einem einfachen Schema darstellen:

$$
\begin{array}{ll}
A_1,\ A_2,\ \ldots\ A_m & \text{Antecedensbedingungen} \\
 & \text{als Satz formuliert} \\
G_1,\ G_2,\ \ldots\ G_n & \text{allgemeine} \\
 & \text{Gesetzmäßigkeiten}
\end{array}
\left.\vphantom{\begin{array}{l}a\\a\\a\\a\end{array}}\right\}\ \text{Explanans}
$$

$$
\overline{\hspace{4cm}}\qquad\text{Argumentationsschritt}
$$

$$
\begin{array}{ll}
E & \text{zu erklärendes Ereignis} \\
 & \text{(als Satz formuliert)}
\end{array}
\left.\vphantom{\begin{array}{l}a\\a\end{array}}\right\}\text{Explanandum}
$$

In diesem Schema sind die $A_1$, $A_2$, ... $A_m$ die Anfangsbedingungen, die sogenannten Antecedensbedingungen. Sie sind (gegebenenfalls in abstrakter Formelsprache) als Satz formuliert. $G_1$, $G_2$, ... $G_n$ sind die allgemeinen Gesetzmäßigkeiten, die der Erklärung zugrunde liegen. Die Antecedensbedingungen und die Gesetzmäßigkeiten bilden zusammen das Explanans; sie sind die Vordersätze, die Voraussetzungen, also die Prämissen für den Argumentationsschritt der Erklärung. Der Argumentationsschritt ist als horizontaler Strich im Hempel-Oppenheim-Schema symbolisch dargestellt. Er stellt die logische Ableitung dar, die vom Explanans zum Explanandum E führt. Eine solche Erklärung ist eine sogenannte deduktiv-nomologische Erklärung, weil sie auf deduktive Weise das Explanandum unter allgemeine Gesetze (nomoi) subsumiert. Diese Erklärungsstruktur gibt eine Antwort auf die Frage "Warum ist jenes bestimmte Phänomen aufgetreten?". Die Erklärung weist die Übereinstimmung des Phänomens, des Ereignisses mit den allgemeinen Gesetzen nach. Der Argumentationsschritt der Erklärung weist nach, daß man bei den hier vorliegenden Antecedensbedingungen und den bestehenden allgemeinen Gesetzmäßigkeiten mit dem Explanandum rechnen muß. Mit anderen Worten, wir verstehen, warum jenes bestimmte Phänomen aufgetreten ist.

HEMPEL und OPPENHEIM haben erstmals Bedingungen dafür angegeben, wann man sagen kann, daß eine Erklärung angemessen sei. Diese Bedingungen sind die vielfach zitierten[7] sogenannten Adäquatheitsbedingungen für deduktiv-nomologische Erklärungen:

---

[7] Vergleiche: STEGMÜLLER [Erklärung, Seite 124], STEGMÜLLER [Hauptströmungen I, Seite 448], SPECK [Begriffe, Seite 176], WOHLGENANNT [Wissenschaft, Seite 79], FREY [Konstruktion, Seite 45].

*Bedingung 1: Das Explanandum muß eine logische Folge des Explanans sein.* Das Explanans ist hierdurch mit Sicherheit eine notwendige und hinreichende Grundlage für das Explanandum.

*Bedingung 2: Das Explanans muß allgemeine Gesetze enthalten, und diese müssen wirklich für die Herleitung des Explanandums erforderlich sein.* Dadurch, daß man sich tatsächlich auf die allgemeinen Gesetzmäßigkeiten bezieht, sind die Antecedensbedingungen, wie schon oben angedeutet, für das Explanandum erklärungsrelevant. Hierin steckt aber eine Schwierigkeit. Soferne nämlich Gesetze von Nichtgesetzen (die also zum Beispiel nur so aussehen wie Gesetze) nicht klar unterschieden werden können, läuft man Gefahr, sich in Pseudoerklärungen zu verlieren. Sicher würde man dazu neigen, die Frage, wie man eigentlich Gesetze von Nichtgesetzen unterscheidet, als trivial anzusehen; in Wirklichkeit handelt es sich hier aber um ein ganz schwieriges Problem (STEGMÜLLER [Erklärung, Seite 319]). Bezeichnet man – worauf HEMPEL hinweist – Gesetze als "wahre gesetzesartige Sätze", dann steht man nämlich sofort vor der Aufgabe, genau zu charakterisieren, was man unter gesetzesartigen Sätzen versteht, ohne aber auf den Gesetzesbegriff zurückgreifen zu können. Es zeigt sich, daß man Gesetze nicht allein an ihrer logischen Form erkennen kann. Zum Beispiel wird man den Satz "Alle Gase, die bei konstant gehaltenem Druck erhitzt werden, dehnen sich aus" bereitwillig als Gesetz ansehen, hingegen den Satz "Alle Birnen, die sich in diesem Korb befinden, sind süß", auch wenn er wahr ist und auch wenn er die gleiche Form, wie wir sie beim ersten Beispiel gesehen haben, hat, mit Recht intuitiv nicht als Gesetz annehmen. HEMPEL verwendet zur Gesetz-Nichtgesetz-Unterscheidung das Merkmal, daß Gesetze irreale Konditionalsätze begründen können, wohingegen Nichtgesetze das nicht können. Die Aussage "Wenn diese Probe Wasserstoff bei konstant gehaltenem Druck erhitzt worden wäre, dann hätte sie sich ausgedehnt" wird durch das zitierte Gasgesetz gestützt. Dagegen erfährt die Aussage "Wenn sich diese Birne im Korb befunden hätte, wäre sie süß" durch das zitierte "Birnen-Gesetz" bestimmt keine Stützung; es wird also dadurch nicht erklärt, warum diese betreffende Birne süß ist. Eine solche Erklärung wäre eine Pseudoerklärung. (Um die Struktur der wissenschaftlichen Erklärung auch für das Erklären von Gesetzen offenzuhalten, wurde in Bedingung 2 das Vorliegen von Antecedensbedingungen nicht gefordert. Gemäß der von uns eingenommenen strukturalistischen Sicht der Gesetze und Theorien, sehen wir diese Möglichkeit für uns aber als belanglos an.)

*Bedingung 3: Das Explanans muß einen empirischen Gehalt haben.* Diese Bedingung schließt nichtempirische Erklärungen (logisch-mathematische Beweise und sogenannte metaphysische Erklärungen) aus dem Schema der wissenschaftlichen Erklärung aus[8]. Es müssen also alle Sätze des Explanans zumindest prinzipiell mit Hilfe von Experimenten oder Beobachtungen überprüft werden können. STEGMÜLLER weist allerdings auf die Probleme hin, die mit dem Begriff des "empirischen Gehaltes" zusammenhängen. Der empirische Gehalt kann nämlich nur durch ein eigenes Kriterium der empirischen Signifikanz entschieden werden; hier besteht eine Rückkopplung zur generellen Fragestellung der wissenschaftlichen Begriffsbildung. Das Explanans muß also in einer empiristischen Sprache ausgedrückt werden können.

*Bedingung 4: Die Sätze, die das Explanans bilden, müssen wahr sein.* Aus der Bedingung 1 und der Bedingung 4 folgt, daß das Explanandum E gleichfalls wahr sein muß. Und das scheint ein sehr wichtiger Punkt zu sein. Denn bei einer Erklärung geht man ja stets vom Explanandum aus, es muß also wahr sein, das betreffende Ereignis muß stattgefunden haben, man kann nicht etwas erklären, was gar nicht der Fall war. Auf der anderen Seite ist diese Bedingung aber eine sehr starke Bedingung. Sie fordert nämlich die Wahrheit der Antecedensdaten und der allgemeinen Gesetze, die aber offenbar gar nicht verifizierbar sind. Reduziert man dagegen die Forderung in der Weise, daß die Explananssätze bloß gut bestätigt sein müssen, dann wird der Erklärungsbegriff zeitlich relativiert: Das was gestern eine Erklärung war, ist vielleicht morgen keine Erklärung mehr; man kommt zur "Erklärung-zur-Zeit-t". HEMPEL hat später im Gegensatz zur "wahren Erklärung" die "potentielle Erklärung" eingeführt, bei der die Explananssätze nicht mehr wahr zu sein brauchen.

Die ersten drei Bedingungen und vielleicht mit gewissen Einschränkungen und Modifikationen auch die vierte Bedingung geben an, wie eine Erklärung mindestens beschaffen sein muß, damit man von einer angemessenen Erklärung sprechen darf. Eine solche Erklärung ist eine logisch-systematische Erklärung, in der keinerlei Bezugnahme auf Personen vorliegt. Das ideale Bild der logisch-systematischen Erklärung wird allerdings in der Praxis nicht immer in aller Strenge erfüllt werden können.

**2.** *Unvollkommene Erklärungen und Grenzfälle.* Im Bereich der empirisch-wissenschaftlichen Praxis ist zwar die logisch-systematische Erklärung nach dem HEMPEL-OPPENHEIM-Schema das Leitbild, man

---

[8] "Durch bloßes logisches Denken vermögen wir keinerlei Wissen über die Erfahrungswelt zu erlangen; alles Wissen über die Wirklichkeit geht von der Erfahrung aus und mündet in ihr. Rein logisch gewonnene Sätze sind mit Rücksicht auf das Reale völlig leer" (EINSTEIN [Weltbild, Seite 178]). "Alles logische Denken ist tautologisch; es kann nur dazu verhelfen, schon Gesagtes anders zu sagen, nie kann es dazu verhelfen, etwas Neues zu sagen" (HAHN [Occam, Seite 101]).

darf aber nicht glauben, daß es in aller Vollkommenheit auch stets verwirklicht werden kann. Es gibt verschiedene Formen und Mischformen unvollkommener Erklärungen unterschiedlich starker Ausprägung. In manchen Fällen der praktischen Anwendung, wo es vielleicht nicht so sehr auf
eine weitgespannte Tragfähigkeit der Argumente ankommt, mögen diese
Unvollkommenheiten keine Rolle spielen. Genau genommen sind die unvollkommenen Erklärungen aber stets exakter zu fassen, zu ergänzen oder
zumindest hinsichtlich ihres Geltungsbereiches ins rechte Licht zu rücken.

Mit dem eben Gesagten distanziert man sich bei den unvollkomme-
nen Erklärungen aber sehr deutlich von *falschen Erklärungen*. Bei falschen
Erklärungen hilft nämlich kein exakteres Fassen und Ergänzen; falsche
Erklärungen sind grundsätzlich zu eliminieren.

Eine unvollkommene Erklärung ist dagegen zum Beispiel die *ungenaue Erklärung*, bei der die verwendeten Begriffe ungewiß, undeutlich oder
nicht angemessen sind. Hier herein fallen also Erklärungen mit vagen und
unbestimmten Begriffen oder auch Erklärungen, die mehrdeutige Begriffe
verwenden. Ungenaue Erklärungen stellen sich auch ein, wenn man im
Explanans Begriffsarten verwendet, die im Hinblick auf das Explanandum
zu schwach sind. Verwendet man im Explanans zum Beispiel höchstens
komparative Begriffe, um ein quantitativ formuliertes Explanandum zu
erklären, so wird eine ungenaue Erklärung resultieren. Das Explanandum
erfährt hinsichtlich der quantitativen Aussagen keine Erklärung. So gesehen, könnte man diesen Fall auch als eine partielle Erklärung auffassen,
von der später noch die Rede sein wird.

Eine andere unvollkommene Erklärung ist die *rudimentäre Erklärung*.
Es handelt sich also um eine verstümmelte, nicht ausgebildete, bruchstückhafte, unvollständige oder elliptische Erklärung. Die Erklärung ist
hierbei hinsichtlich des Explanans verkümmert; es werden zum Beispiel die Antecedensbedingungen nicht komplett angegeben oder allgemeine Gesetzmäßigkeiten, die für die betreffende Erklärung grundlegend sind, kommen in der Erklärung nicht vor. Diese fehlenden Teile
müßte man ergänzen, um zu einer angemessenen Erklärung zu kommen. Oft setzt man diese fehlenden Teile als selbstverständlich und
bekannt voraus und erwähnt sie aus diesem Grund in der Erklärung
gar nicht. Soferne die für die Erklärung erforderlichen Gesetze nicht
formuliert werden können, weil sie bis heute zum Beispiel noch nicht
erforscht wurden, dann geht die rudimentäre Erklärung in eine sogenannte Erklärungsskizze über. Rudimentäre Erklärungen erkennt man
vielfach schon an der sprachlichen Formulierung; es sind zumeist Weil-
Sätze und es wird vom "verursachen" oder "bewirken" gesprochen. "Die
heftigen Schneefälle wurden durch ein ausgeprägtes kontinentales Tief
verursacht." "Der Unfall des Autofahrers wurde durch Aquaplaning be-

wirkt." Oder: "Der Wasserspiegel in der Regentonne ist gestiegen, weil Martin einen Ziegelstein darin versenkt hat." In allen diesen Fällen werden die Antecedensbedingungen nur unvollständig angegeben und die verantwortlichen Gesetzmäßigkeiten werden gar nicht erwähnt. Die Erklärung ist daher unvollständig und bruchstückhaft und somit nur vordergründig verständlich. Und das führt dazu, daß man allfällige Irrtümer gar nicht rechtzeitig erkennt. Man hätte beim früher erwähnten Beispiel mit dem Bootfahrer am Teich wahrscheinlich die folgende rudimentäre Erklärung widerspruchslos hingenommen: "Der Wasserspiegel des Teiches ist in unserem Fall gestiegen, weil der Bootfahrer Clemens einen Sandsteinbrocken darin versenkt hat." Vorausgesetzt natürlich, der Wasserspiegel wäre in diesem Moment tatsächlich angestiegen, zum Beispiel weil jemand anderer unbemerkt eine bestimmte Menge Wasser zugeführt hat. Nur die vollständige Angabe der erforderlichen Antecedensbedingungen und allgemeinen Gesetze führt über einen korrekten Argumentationsschritt zu einer angemessenen Erklärung.

Zu den unvollkommenen Erklärungen zählt man auch die sogenannten *partiellen Erklärungen*. In diesem Fall erklärt das vorgebrachte Explanans nur teilweise das beschriebene Explanandum-Phänomen. Vielfach kommt man dabei aber zu der Auffassung, die Erklärung beziehe sich auf das komplette Explanandum-Phänomen. Partielle Erklärungen können also auf diese Art ein stärkeres Erklärungsvermögen vortäuschen; vor diesem Irrtum muß man sich aber hüten.

Sehen wir ein Beispiel an: Zwischen zwei massiven gemauerten Säulen, die etwa 1 Meter tief im Erdreich frostsicher fundamentiert wurden, befindet sich ein eisernes Gartentor bestimmter Abmessungen. Es zeigt sich, daß das Tor eines Winters bei besonders tiefer Kälte nicht mehr zu versperren ist, da sich der Abstand zwischen dem Schloß und dem in der Säule befestigten Schließblech erheblich vergrößert hat. Wie ist das zu erklären? Die angebotene Erklärung möge sich auf das allgemeine Gesetz gerufen, wonach sich Metalle bei Erwärmung ausdehnen und bei Abkühlung zusammenziehen. Im Fall unseres Gartentores ist es also zufolge der tiefen Kälte zum Schrumpfen der Torbreite gekommen. Obwohl die Erklärung glaubhaft wirkt, täuscht sie doch einen höheren Erklärungswert vor, als ihr wirklich zukommt. Die behauptete Temperaturabhängigkeit geometrischer Abmessungen bei gewissen einfachen metallischen Stoffen ist an sich zweifellos richtig, dennoch liefert sie offenbar nur eine partielle Erklärung für unser Phänomen. Eine Erklärung der Schloß-Schließblech-Abstandsvergrößerung wird auch noch andere Aspekte berücksichtigen müssen: Das Erdreich zwischen den Säulen hat im betreffenden Winter durch besondere Witterungsverhältnisse einen hohen Feuchtigkeitsgehalt aufgewiesen und Wasser dehnt sich beim Frieren zufolge besonderer van der Waalsscher Kräfte (Wasserstoffbrückenbindungen) aus; hierdurch werden die tief im Boden verankerten und gelagerten Säulen an ihrer Oberseite auseinandergetrieben. Das Tor, das auf der einen Säule in Angeln befestigt ist, entfernt sich dadurch vom Schließblech, das auf der anderen Seite der Säule montiert ist. Der Säulenabstand wird also größer und das Tor wird darüberhinaus in der Kälte kleiner. Also ein doppelter Effekt. Haben wir damit jetzt alles berücksichtigt? Sicher spielt auch die Feuchteverteilung im Boden eine Rolle und wie weit der Frost in das Erdreich eindringen konnte. Oder die Bodenstruktur: denn das Wasser im Erdreich dehnt sich zwar beim Frieren aus, die Steine im Erdreich werden sich bei einer Temperaturabsenkung dagegen zusammenziehen. Auch die Wasserlöslichkeit der Bodenmineralien mag über die Besonderheiten der sogenannten Zustandsdiagramme einen Einfluß auf den Prozeß des Frierens der oberen Bodenschichten haben. Wasser und Natriumchlorid-Salz weisen zum Beispiel ein eutektisches Zustandsdiagramm mit einem besonders tief liegenden gemeinsamen Schmelzpunkt auf. Auch wird das Ausdehnungsbestreben des frierenden Wassers durch mechanische Kräfte im Boden zum Teil behindert, wodurch Deformationen in der Materie aufgenommen werden; das wiederum führt zu einer etwas verringerten Änderung des Schließblech-Abstandes. Sehr viele Aspekte spielen also in diesen zuerst so einfach wirkenden Fall herein.

Ein anderes Beispiel für eine partielle Erklärung führt HEMPEL [Erklärung, Seite 128] an; er zitiert aus FREUDs Psychopathologie des Alltagslebens:
"Auf einem Blatte, welches kurze tägliche Aufzeichnungen meist von geschäftlichem Interesse enthält, finde ich zu meiner Überraschung mitten unter den richtigen Daten des Monats September eingeschlossen das verschriebene Datum 'Donnerstag, den 20. Oktober'. Es ist nicht schwierig, diese Antizipation aufzuklären und zwar als Ausdruck eines Wunsches. Ich bin wenige Tage vorher frisch von der Ferienreise zurückgekehrt und fühle mich bereit für ausgiebige, ärztliche Beschäftigung, aber die Anzahl der Patienten ist noch gering. Bei meiner Ankunft fand ich einen Brief von einer Kranken vor, die sich für den 20. *Oktober* ankündigte. Als ich die gleiche Tageszahl im September niederschrieb, kann ich wohl gedacht haben: Die X. sollte doch schon da sein; wie schade um den vollen Monat! und in diesem Gedanken rückte ich das Datum vor"[9].          Eine solche Formulierung kann

---

[9] Eine Reihe analog gebauter Beispiele finden wir in FREUDs [Psychopathologie] angeführt.

a) Zum Thema "Vergessen" zitiert FREUD auf Seite 31 ein Beispiel von JUNG. "Ein Herr Y verliebte sich erfolglos in eine Dame, welche bald darauf Herrn X. heiratete. Trotzdem nun Herr Y den Herrn X. schon seit geraumer Zeit kennt

man zunächst sogar nur als eine rudimentäre Erklärung einstufen, weil im Explanans keine allgemeine Gesetzmäßigkeit vorkommt. Um von einer rudimentären Erklärung zu einer angemessenen, vollständigen Erklärung zu kommen, müßte man die fehlenden Teile ergänzen. Man könnte etwa die folgende allgemeine Hypothese hinzufügen:
"Immer wenn jemand einen starken, vielleicht auch unterbewußten Wunsch hat und einen Schreib-, Sprech- oder Erinnerungsfehler begeht, dann nimmt diese Fehlleistung immer (beziehungsweise mit großer Wahrscheinlichkeit) eine Gestalt an, in der der Wunsch ausgedrückt und eventuell symbolisch erfüllt wird."
Vermutlich würde FREUD einer solcher Hypothese nie zustimmen, weil sie viel zu präzise und bestimmte Konsequenzen fordert. Dennoch würde diese (an sich zu starke) Hypothese bloß den Schluß zulassen, daß die Fehlleistung die eine oder andere Gestalt annimmt, in der der gehegte Wunsch ausgedrückt und eventuell symbolisch erfüllt wird; aus dem Explanans kann man aber nicht die besondere Gestalt der Fehlleistung ableiten. Das Explanans erklärt bei partiellen Erklärungen das beschriebene Explanandum also nicht in voller Bestimmtheit, sondern nur teilweise; der Erklärungswert ist deshalb kleiner, als er zu sein scheint, beziehungsweise als er zu sein vortäuscht.

Zu den unvollkommenen Erklärungen gehören schließlich noch die sogenannten *Erklärungsskizzen*. Diese Skizzen weichen noch viel stärker von den Regeln des Erklärungsmodelles ab. Hier wird nur in ganz allgemeinen Grundzügen die Problemstellung umrissen und es gibt manch-

---

und sogar in geschäftlichen Verbindungen mit ihm steht. vergißt er immer und immer wieder dessen Namen, so daß er sich mehreremal bei anderen Leuten danach erkundigen mußte, als er mit Herrn X. korrespondieren wollte." ...
Das Vergessen scheint hier direkte Folge der Abneigung des Herrn Y gegen seinen glücklicheren Rivalen; er will nichts von ihm wissen; "nicht gedacht soll seiner werden".
b) Zum Thema "Versprechen" schreibt FREUD auf Seite 72
Eine andere Patientin, die ich nach Abbruch der Stunde frage, wie es ihrem Onkel geht, antwortet. "Ich weiß es nicht, ich sehe ihn jetzt nur *in flagranti*." Am nächsten Tag beginnt sie "Ich habe mich recht geschämt, Ihnen eine so dumme Antwort gegeben zu haben Sie müssen mich natürlich für eine ganz ungebildetet Person halten, die bestandig Fremdworter verwechselt Ich wollte sagen *en passant*". Wir wußten damals noch nicht, woher sie die unrichtig angewendeten Fremdworter genommen hatte. In derselben Sitzung aber brachte sie als Fortsetzung des vortagigen Themas eine Reminiszenz. in welcher das Ertapptwerden *in flagranti* die Hauptrolle spielte. Der Sprechfehler am Tage vorher hatte also die damals noch nicht bewußt gewordene Erinnerung antizipiert.
c) Zum Thema "Verschreiben" liest man auf Seite 129:

mal kaum konkret verwendbare Andeutungen, auf welche Weise man das Explanans durch Antecedensdaten und durch empirisch fundierte Gesetze vervollständigen könnte, um zu einer rationalen Erklärung zu kommen. Hier sind zwei Fälle zu unterscheiden: Im einen Fall hat man etwa als Experte die monierten Angaben aus irgendwelchen Gründen – zum Beispiel weil sie selbstverständlich sind – weggelassen. Ein nachträgliches Einfügen ist jedenfalls sofort möglich. Im anderen Fall fehlen diese Angaben, weil man solche Details vorläufig noch gar nicht kennt. Die zu fordernden genaueren Ausarbeitungen bleiben vielfach erst zukünftigen Forschungsprojekten vorbehalten; es ist in solchen Fällen also dann heute noch nicht möglich, Erklärungsskizzen zu rationalen Erklärungen zu ergänzen, die die geforderten Adäquatheitsbedingungen erfüllen. Die Bedeutung der Erklärungsskizzen dieser zweiten Art liegt darin, daß sie als psychologische Antriebsfeder für den Fortgang der Forschung vielleicht wirken.

Erklärungsskizzen sollten aber streng von *Pseudoerklärungen* unterschieden werden. Denn Pseudoerklärungen sind nicht als bloß unvollkommene Erklärungen einzustufen, die man durch exakteres Fassen oder geeignetes Ergänzen zu einer angemessenen Erklärung noch aufwerten kann. Pseudoerklärungen sind nicht mehr ergänzungswürdig. Allerdings können bei Pseudoerklärungen die Grenzen insbesondere zu den Erklärungsskizzen hin temporär fließend sein. Das hängt damit zusammen, daß man von vornherein ja nicht wissen kann, ob die angestrebte Forschung das erhoffte Ergebnis im Hinblick auf die ausstehenden Gesetze oder Antecedensdaten bringen wird. Sollte die Hoffnung nicht in Erfüllung gehen, dann war die vermeintliche Erklärungsskizze also doch nur eine unbrauchbare Pseudo-

---

Ich erhalte die Korrektur meines Beitrags zum "Jahresbericht für Neurologie und Psychiatrie" und muß natürlich mit besonderer Sorgfalt die Autornamen revidieren, die, weil verschiedenen Nationen angehörig, dem Setzer die größten Schwierigkeiten zu bereiten pflegen Manchen fremd klingenden Namen finde ich wirklich noch zu korrigieren, aber einen einzigen Namen hat merkwurdigerweise der Setzer *gegen* mein Manuskript verbessert, und zwar mit vollem Rechte. Ich hatte nämlich *Buckrhard* geschrieben, während der Setzer *Burckhard* erriet. Ich hatte die Abhandlung eines Geburtshelfers uber den Einfluß der Geburt auf die Entstehung der Kinderlähmungen selbst als verdienstlich gelobt. wußte auch nichts gegen deren Autor zu sagen, aber den gleichen Namen wie er tragt auch ein Schriftsteller in Wien, der mich durch eine unverständige Kritik über meine "Traumdeutung" geärgert hat Es ist gerade so, als hätte ich mir bei der Niederschrift des Namens *Burckhard*, der den Geburtshelfer bezeichnete, etwas Arges uber den anderen B., den Schriftsteller, gedacht, denn Namenverdrehen bedeutet haufig genug, wie ich schon beim Versprechen erwähnt habe, Schmahung.

erklärung; man hat sie bloß nicht als solche erkannt. Manche "Erklärungen" wird man im Bereich der empirischen Wissenschaft dagegen sofort als Pseudoerklärung erkennen können. Es sind jene, wo von vornherein sichtbar ist, daß das Explanans unter Verletzung der 3. Adäquatheitsbedingung keinen empirischen Gehalt hat; wenn man sich also auf experimentell oder beobachtungsmäßig grundsätzlich nicht überprüfbare Aussagen bezieht. Man wird aber auch jene "Erklärungen" sofort als Pseudoerklärungen entlarven können, bei denen der Argumentationsschritt, der vom Explanans zum Explanandum führt, nicht korrekt war (1. Adäquatheitsbedingung), oder bei denen im Explanans auch ansatzweise gar kein allgemeines Gesetz enthalten ist (2. Adäquatheitsbedingung).

## 3b. Andere Formen der Erklärung

Im voranstehenden Abschnitt haben wir insbesondere im Hinblick auf deterministische Systeme das Schema der wissenschaftlichen Erklärung und jene Adäquatheitsbedingungen erläutert, die erfüllt sein müssen, damit man sagen kann, die betreffende Erklärung ist angemessen, man kann sich auf sie verlassen. Die Ansprüche, die man hierbei stellen muß, haben sich als sehr hoch erwiesen. In der Praxis wird man daher vielfach auch mit unvollkommenen Erklärungen zufrieden sein müssen. Keinesfalls darf man in solchen Fällen aber die Mangelhaftigkeit übersehen und hierdurch die Tragfähigkeit unvollkommener Erklärungen überschätzen. Noch einmal sei mit besonderem Nachdruck auf die Forderung einer strengen Erfüllung der Adäquatheitsbedingungen hingewiesen und gleichzeitig auch auf die gerade hierdurch auftretende unvermeidliche Rückkopplung auf den Problemkreis der Begriffs- und Gesetzbildung.

Neben diesem besonderen Schema der wissenschaftlichen Erklärung begegnet man manchmal auch anderen Formen von Argumentationen, die vielfach als eigener Erklärungstyp gelten. In den Werken von HEMPEL [Erklärung, Seite 143f.] und STEGMÜLLER [Erklärung, Seite 155f.] ist eine ganze Reihe solcher Fälle aufgezählt und diskutiert worden. Im folgenden seien jene "alternativen" Erklärungsformen herausgegriffen, denen man in der empirischen Wissenschaft und auch im alltäglichen Sprachgebrauch häufiger gegenübersteht. Ihre Beziehung zum HEMPEL-OPPEN-HEIM-Schema der wissenschaftlichen Erklärung wird kurz angerissen.

1. *Erklärungen durch Analogiemodelle.* In der Wissenschaftsgeschichte haben Analogiemodelle als "Erklärungen" eine nicht unerhebliche Rolle gespielt. Die Bedeutung solcher Analogiemodelle wurde allerdings schon immer sehr unterschiedlich eingeschätzt. HEMPEL [Erklärung, Seite 154] zitiert eine ganze Reihe eindrucksvoller Beispiele, die zeigen,

welchen Standpunkt verschiedene Forscherpersönlichkeiten hierzu eingenommen haben. Für WILLIAM THOMSON (Lord KELVIN) waren
Analogiemodelle zur Beschreibung elektrischer, magnetischer und opti-
scher Phänomene eine ganz bedeutende Darstellungsmethode: "Ich bin
immer erst dann zufrieden, wenn ich mir ein mechanisches Modell eines Gegenstandes machen kann. Wenn ich ein mechanisches Modell bilden kann, kann ich es verstehen. Solange ich kein vollständiges Modell
machen kann, kann ich es nicht verstehen. ... Es scheint mir, daß die
Frage 'Verstehen wir einen speziellen Gegenstand der Physik?' durch die
andere Frage überprüft wird, 'Können wir für ihn ein mechanisches Modell
herstellen?'." Sieht man eine Erörterung solcher Analogiemodelle als angemessene Erklärung an, so versteht man unter Erklärung nichts anderes als
eine Zurückführung des zu erklärenden Sachverhaltes auf Gewohntes. Die
noch nicht vertrauten elektrischen Phänomene werden auf die jedermann
bekannten mechanischen Phänomene zurückgeführt. Angesichts der divergierenden Ausgangspositionen dafür, was als Gewohntes zu gelten hat,
kann einem solchen Erklärungsbegriff wohl kaum zugestimmt werden. L.
BOLTZMANN hingegen sieht die physikalischen Analogien in einem ganz
anderen Licht: "Die Natur schien gewissermaßen die verschiedensten Dinge
genau nach demselben Plane gebaut zu haben oder, wie der Analytiker
trocken sagt, dieselben Differentialgleichungen gelten für die verschiedensten Phänomene." Oder noch differenzierter hat es J.C. MAXWELL ausgesprochen: "Unter einer physikalischen Analogie verstehe ich jene teilweise Ähnlichkeit zwischen den Gesetzen eines Erscheinungsgebietes mit
denen eines anderen, welche bewirkt, daß jedes das andere illustriert."
Zur Analogie zwischen Licht und einem elastisch schwingenden Medium
führt er aus, daß "obwohl ihre Wichtigkeit und Fruchtbarkeit nicht genug geschätzt werden kann, so müssen wir doch dessen eingedenk bleiben,
daß sie nur auf einer formalen Ähnlichkeit zwischen den Gesetzen der
Lichterscheinung und denen der elastischen Schwingungen beruht."

Betrachten wir jetzt, inwieweit Analogiemodelle eine Erklärung
ermöglichen könnten. Wir stellen uns vor, daß ein bestimmter Gegenstandsbereich B (zum Beispiel die Mechanik) erforscht wurde und die
hierin wirksamen Gesetze

$$G_1, \; G_2, \; \ldots \; G_m$$

aufgefunden werden konnten. Ferner soll es einen zweiten Gegenstandsbereich $B^\times$ (zum Beispiel die elektrischen Phänomene) geben, für den die
Gesetze

$$G_1^\times, \; G_2^\times, \; \ldots \; G_m^\times$$

gelten. Der Gegenstandsbereich B kann für den Gegenstandsbereich $B^\times$
als Analogiemodell dienen, wenn man die Gesetze

$$\{G_i, \; G_j^\times\}$$

paarweise derart ordnen kann, daß die betrachteten Gesetzespaare der unterschiedlichen Gegenstandsbereiche nomologisch isomorph sind. Solche Gesetze zeigen also die gleiche logische Struktur; die empirischen Größen, die darin vorkommen, sind dagegen spezifisch auf den betreffenden Gegenstandsbereich bezogen. Im allgemeinen wird man nicht alle existierenden Gesetze der beiden Gegenstandsbereiche paarweise zusammenfassen können; die Gegenstandsbereiche B und $B^*$ weisen dann nur einen partiellen nomologischen Isomorphismus auf. Damit kann aber der Gegenstandsbereich B nur bezüglich bestimmter isomorpher Gesetzespaare als Analogiemodell für den Gegenstandsbereich $B^*$ dienen. Die legitime Verwendung von Analogiemodellen muß sich also auf den empirischen Befund eines nomologischen Isomorphismus stützen können. "Erklärungen" mit Hilfe von Analogiemodellen setzen also die Kenntnis der Gesetze beider Gegenstandsbereiche voraus; wenn man aber die Gesetze ohnehin kennt, dann braucht man für die Erklärung nicht mehr die Analogiemodelle. Man wird sich sinnvollerweise bei einer Erklärungsargumentation nicht auf irgendwelche "analoge" Gesetze berufen, wenn die wirklich zutreffenden Gesetze ohnehin zur Verfügung stehen. Auf Analogien und Analogiemodelle kann man im Zusammenhang mit der Analyse wissenschaftlicher Erklärungen also verzichten.

Die große Bedeutung der Analogiemodelle liegt dagegen darin, daß sie dem Wissenschaftler die Arbeit und das Verständnis der Zusammenhänge erleichtert, wenn er auf Gebieten tätig ist, die erst neulich erforscht wurden oder die zumindest für ihn persönlich eher fremd und ungewohnt sind. Hier werden passende Analogiemodelle seine Arbeit wesentlich ökonomischer gestalten. Der Elektrotechniker etwa, der das mechanische System einer schwingfähigen Lautsprechermembrane behandeln soll, wird gerne auf den elektrischen Schwingkreis aus Spule und Kondensator als Analogiemodell zurückgreifen, während umgekehrt der Maschinenbauer sich die Funktion eines elektrischen Schwingkreises eher an Feder-Masse-Systemen verdeutlichen wird. Analogiemodelle werden dem Benützer also rascher jene Besonderheiten vor Augen führen, die er der abstrakten Formelsprache vielleicht nicht so schnell entnommen hätte. Analogiemodelle bergen aber auch nicht unerhebliche Gefahren in sich, wenn man übersieht, daß ja in den meisten Fällen nur ein relativ enger partieller nomologischer Isomorphismus vorliegt. Wenn man Analogiemodelle in dieser Weise überspannt, dann wirken sie sogar hindernd auf den Fortgang der Forschung und führen nicht selten in Sackgassen. Beispiele hierfür sind die alten mechanischen Analogiemodelle, die im Zug der geschichtlichen Entwicklung bei der Erforschung von Elektrizität und Magnetismus Anwendung gefunden haben[10]; oder die Planeten-Analogie

---

[10] Amüsant wirkt in diesem Zusammenhang DUHEMs alte Kritik (1906)

im frühen Bohrschen Atommodell, die später durch die Quantenmechanik
wieder zurückgenommen wurde.

Manchmal spricht man auch von einer "Erklärung durch Analogiemodelle" und meint eine Erklärung durch theoretische Modelle, durch mathematische Modelle oder allgemein durch gewisse Modellvorstellungen,
die man speziellen, beobachtbaren Phänomenen als "Analogie" unterlegt
hat. Hier liegt aber nicht eine ernstgemeinte Analogie zu irgendeinem
anderen, wirklichen Gegenstandsbereich vor, sondern es handelt sich sozusagen um eine selbstgemachte Analogie. Man wird also besser von einer
"Erklärung durch Modelle" sprechen. Ein solches Modell hat man als
Theorie aufzufassen, die von einem eher beschränkten Gegenstands- und
Phänomenbereich handelt. Die Phänomene dieses Gegenstandsbereiches
werden durch quantitative oder qualitative, direkt beobachtbare oder auch
theoretische Kenngrößen repräsentiert. Die Hypothesen des Modelles behaupten gewisse Zusammenhänge zwischen solchen Kenngrößen, wodurch
man jetzt wieder zu Aussagen über empirisch beobachtbare Phänomene
kommt. Hierdurch kann man dieses Modell für Erklärungen und Voraussagen verwenden und so seine Brauchbarkeit testen. Man spricht von
Modellen und nicht von Gesetzen oder abgeschlossenen Theorien im Sinn
umfassender Gesamttheorien (wie sie zum Beispiel im Bereich der Physik
existieren), weil man den eher begrenzten Anwendungsbereich, die bewußt
vereinfachenden Annahmen und Idealisierungen betonen will und auf die
nur eingeschränkte und näherungsweise Brauchbarkeit für Erklärungen
und Voraussagen hinweisen möchte. Solche Modelle verwendet man zum
Beispiel auf physikalisch-technischem Gebiet, wenn man die Verhältnisse
der Verfahrensökonomie wegen bewußt vereinfachen will, aber auch dann,
wenn man auf einem noch unerforschten Gebiet Fuß fassen möchte. Modelle sind aber auch in der Psychologie, der Soziologie, der Verhaltensforschung und auch im Bereich der Wirtschaftswissenschaften für ähnliche
Aufgaben von großer Bedeutung. Es handelt sich aber, wie wir gesehen
haben, nicht um einen eigenständigen Erklärungstypus.

**2.** *Genetische Erklärungen.* Genetische Erklärungen erklären eine

---

am Text eines Buches über die Elektrizität (1889) von Sir Oliver LODGE: "Vor
uns liegt ein Buch, das die modernen Theorien der Elektrizität darlegen will. Es
ist darin nur die Rede von Seilen, die sich auf Rollen bewegen, sich um Walzen
winden, durch kleine Ringe hindurchgehen und Gewichte tragen, von Rohren,
deren manche Wasser ansaugen, andere anschwellen und sich wieder zusammenziehen, von Zahnrädern, die ineinander eingreifen oder an Zahnstangen geführt
werden; wir glaubten, in die friedliche und sorgfältige geordnete Behausung der
deduktiven Vernunft einzutreten, und befinden uns in einer Fabrik." (HEMPEL
[Erklärung, Seite 158].) Das Verständnis der Analogien wird hier also anstren-
gender als das Verständnis der Theorie selbst.

Tatsache als Endglied einer Entwicklungsfolge, indem die einzelnen Stufen der Entwicklung genau erörtert werden. Muß man genetische Erklärungen als eine zulässige Alternativerklärung zum HEMPEL- OPPENHEIM-Schema auffassen, welche Zusammenhänge bestehen, worin können sich die beiden Erklärungsarten unterscheiden? Um diese Frage beantworten zu können, muß man zuerst genauer dazu Stellung nehmen, was man unter einer Erörterung der einzelnen Entwicklungsstufen verstehen will. Wir werden drei Fälle unterscheiden.

Der einfachste Fall ist eine Erörterung der Entwicklungsfolge im deskriptiven Sinn. Hier werden also die einzelnen Stufen der Entwicklung durch genaue Beschreibungen festgehalten. Wenn beispielsweise die i-te Stufe der Entwicklung durch die Beschreibung $B_i$ festgehalten ist, dann wird man die gesamte Entwicklungsfolge durch die Aufsammlung

$$B_1, \ B_2, \ \ldots \ B_i, \ B_{i+1}, \ \ldots \ B_n$$

darstellen können. Jede einzelne Beschreibung $B_i$ sagt zwar genau, was der Fall war, sie sagt aber nicht, warum dieses oder jenes der Fall war. Wir verstehen also nach der Kenntnisnahme dieser Beschreibung nicht, warum jene besondere Entwicklungsstufe eingetreten ist; diesen Fall wird man somit nicht als Erklärung gelten lassen wollen.

Ein anderer Fall ist die Erörterung der Entwicklungsfolge im erklärenden Sinn. Hier wird aus den einzelnen Entwicklungsstufen $S_i$ die nachfolgende Entwicklungsstufe $S_{i+1}$ erklärt. Die einzelnen $S_i$ sind Satzmengen, die die betreffenden Antecedensbedingungen darstellen. Aus einer Satzmenge $S_i$ folgt durch Subsumption unter allgemeine Gesetzmäßigkeiten und bei Beachtung der Adäquatheitsbedingungen die Satzmenge $S_{i+1}$. Die Entwicklungsfolge kann man also schematisch als eine Erklärungskette darstellen, wobei die einzelnen Schritte korrekte wissenschaftliche Erklärungen sind.

$$S_1 \ \rightarrow \ S_2 \ \rightarrow \ S_3 \ \rightarrow \ \ldots \ \rightarrow \ S_n$$

Die einzelnen Schritte dieser Erklärungskette stellen sozusagen "Erklärungsatome" dar und sie geben einen genauen Einblick in den ablaufenden Entwicklungsprozeß. Umgekehrt kann man sich die Detailerkenntnisse auch zusammengefaßt vorstellen, wodurch man unmittelbar von $S_1$ auf $S_n$ schließt:

$$S_1 \ \rightarrow \ S_n$$

Das Sichtbarwerden der Erklärungsatome bei der angemessenen Erörterung einer Entwicklungsfolge im erklärenden Sinn ist sozusagen auf die Wirkung eines hohen Vergrößerungsmaßstabes zurückzuführen, der bei diesem Problem angewendet wurde. Im Prinzip liegt hier aber deswegen kein neuartiger Erklärungstypus vor. Eine Erörterung einer Entwicklungsfolge im erklärenden Sinn wird allerdings nur in jenen seltenen Fällen gelingen, bei denen es sich um ein absolut abgeschlossenes System handelt und die Entwicklungsprozesse nicht durch eine unkontrollierte und unüberblickbare äußere Einflußnahme verändert werden.

Vielfach trifft man auf Erörterungen von Entwicklungsfolgen im deskriptiv-erklärenden Mischsinn. Hier werden die jeweiligen Antecedensdaten $S_i'$ durch Zusatzinformationen $B_i$ ergänzt, um damit auf geeignete Antecedensdaten $S_i' + B_i = S_i$ zu kommen, die jetzt im nachhinein im Stil einer Erklärung auf $S_{i+1}'$ schließen lassen. Man beachte aber, diese Zusatzinformationen, die man den ursprünglich vorhandenen Antecedensdaten beigefügt hat, um eine geeignete Ausgangssituation für einen weiteren Erklärungsschritt zu erhalten, werden hier ohne nähere Erklärung deskriptiv hinzugefügt. Vereinfachend könnte man die Situation folgendermaßen graphisch darstellen:

$$
S_1 \nearrow \begin{array}{c} S_2' \\[2pt] {} \\[2pt] B_2 \end{array} \bigg\} \; S_2 \nearrow \begin{array}{c} S_3' \\[2pt] {} \\[2pt] B_3 \end{array} \bigg\} \; S_3 \nearrow \begin{array}{c} S_4' \\[2pt] {} \\[2pt] B_4 \end{array} \bigg\} \; S_4 \; \ldots \begin{array}{c} S_{n-1}' \\[2pt] {} \\[2pt] B_{n-1} \end{array} \bigg\} \; S_{n-1} \; \rightarrow \; S_n
$$

Hier ist also ausdrücklich festzuhalten, daß man in diesem Fall *keine* Erklärungskette von $S_1$ nach $S_n$ verwirklicht hat. Man kann hier somit nicht direkt von $S_1$ auf $S_n$ schließen; denn hier sind im richtigen Augenblick, also ratenweise die Zusatzinformationen $B_i$ eingeflickt worden, ohne daß man in erklärender Weise erfährt, wie das mit $S_1$ zusammenhängen soll. Hängt es aber nicht mit $S_1$ zusammen, dann wird $S_n$ auch nicht aus $S_1$ erklärt. Solche Erörterungen wird man also nicht als Erklärungen in unserem Sinn einstufen können. Was hier vorliegt, ist höchstens ein Mosaik von Einzelerklärungen, die durch passende Zusatzinformationen miteinander verbunden sind. Und hierbei darf nicht übersehen werden, daß der Tatsachengehalt der Zusatzinformation $B_i$ unter Umständen sogar viel bedeutender sein kann, als die durch den Erklärungsschritt zutage geförderten Sätze $S_i'$. Die ganze Aktion kann im ungünstigen Fall zu einem reinen Spiegelgefecht ausarten.

**3.** *Erklärbarkeitsbehauptungen.* Erklärbarkeitsbehauptungen sind von tatsächlichen Erklärungen zu unterscheiden. Erklärbarkeitsbehauptungen sind Existenzaussagen, in denen zum Ausdruck gebracht wird, daß Antecedensdaten und allgemeine Gesetzmäßigkeiten existieren, die es ermöglichen, das Explanandum hieraus abzuleiten. In solchen Erklärbarkeitsbehauptungen werden die Antecedensdaten und die Gesetze vielleicht nur teilweise oder auch gar nicht explizit genannt, von den fehlenden Angaben wird aber jedenfalls behauptet, daß sie existieren. Eine solche Erklärbarkeitsbehauptung ist richtig, wenn die erwähnten Antecedensbedingungen und die angeführten Gesetze in Wirklichkeit vorhanden sind. Sie müssen demjenigen, der die Erklärbarkeitsbehauptung abgegeben hat, nicht unbedingt bekannt sein, ja es spielt nicht einmal eine Rolle, wenn die fehlenden Angaben heute und auch in Zukunft verborgen bleiben. Selbstverständlich kann man Erklärbarkeitsbehauptungen grundsätzlich nicht für Prognosezwecke verwenden; denn von den Gesetzen und Antecedensbedingungen ist ja nur ihre Existenz behauptet worden, man weiß aber nicht, wie sie wirklich aussehen. Erklärbarkeitsbehauptungen entziehen sich auf diese Weise also noch einmal der Überprüfbarkeit.

Neben wissenschaftlichen Erklärungen, die sich mit Erklärungen von Tatsachen und Vorgängen beschäftigen, gibt es im alltäglichen Sprachgebrauch, wie STEGMÜLLER [Erklärungen, Seite 110f.] ausführt, noch manche andere Fälle, wo man vom "Erklären" spricht. Wie sich zeigt, haben sie mit unserem Thema allerdings praktisch keine Berührungspunkte mehr. Hierzu einige Illustrationen:

Hierher gehört zum Beispiel der Fall, daß jemand wissen möchte, was ein Steirisches Ritschert ist. Man *erklärt* ihm, daß es sich um eine besondere österreichische Landesspeise handelt, bei der eingeweichte Bohnen und Rollgerste mit würfelig geschnittenen Kaiserfleisch (was man in diesem Sinn wieder *erklären* könnte) und gerösteter Zwiebel, mit etwas Knoblauch und Salz versehen, im Rohr weichgedünstet werden. In solchen Fällen handelt es sich also darum, die Bedeutung einer Bezeichnung oder eines Begriffes zu (er)klären, zu definieren oder zu interpretieren.

Ein anderes Beispiel wäre jene Situation, wo ich einen Freund im Ausland in seinem Dienstzimmer eines Ministeriums besuche und zuerst erstaunt und dann geschmeichelt bin, mit welcher auserwählten Höflichkeit ich von dem Beamten im Vorzimmer begrüßt werde. Mein Freund *erklärt* mir später, daß hier ein Mißverständnis vorliege. Zufälligerweise war nämlich für den Zeitpunkt meines Eintreffens ein hochrangiger Botschaftsrat angekündigt, der allerdings kurzfristig seinen Besuch absagen mußte, wovon der Beamte im Vorzimmer aber nichts wußte. Hier handelt es sich beim Wort "erklären" also um eine andersartige Deutung einer Sachlage.

Wieder ein anderer Fall liegt vor, wenn man einen befreundeten Zauberkünstler bittet, ein bestimmtes Kartenkunststück zu *erklären.* Er wird dann in ausführlichen Beschreibungen, verbunden mit erläuternden Demonstrationen zeigen, wie er vorgegangen ist und wie es möglich war, die betreffende Illusion hervorzurufen. In ähnlicher Weise wird einem auch *erklärt*, wie man vorzugehen hat, wenn man mit Hilfe von Münzen bei einem Automaten Vorverkaufsfahrscheine beziehen will.

Noch einmal anders liegen die Verhältnisse, wenn ich nach dem Elternsprechtag in der Schule meine Söhne mit ernster Miene auffordere, mir zu *erklären*, warum sie dieses oder jenes getan hätten. Hier wird also nach einer moralischen Rechtfertigung gefragt.

Die Aufzählung der Varianten von Erklärungen, wie man sie im alltäglichen Sprachgebrauch vorfindet, läßt sich natürlich noch lange fortsetzen. Hierüber gibt es auch zusammenfassende Darstellungen (PASSMORE [Everyday Life]) und Überlegungen, inwieweit zwischen diesen Varianten Gemeinsamkeiten gefunden werden können. Der von uns gemeinte und behandelte Erklärungsbegriff ist aber jedenfalls von den sonstigen Erklärungen im alltäglichen Sprachgebrauch als abgesondert zu betrachten.

## 3c. Das breite Feld und der schmale Weg

Das breite Feld der vielfältigen Erklärungsbegriffe haben wir nur andeutungsweise an einigen Stellen, wo wir vorbeigekommen sind, skizziert. Allerdings haben wir das nur beiläufig getan, denn diese Fragen lagen abseits unseres Interesses. Wir haben ja ein ehrgeiziges Ziel vor Augen, welches uns gefangen nimmt: Wir suchen nach dem Begriff der Erklärung von Vorgängen und Tatsachen. Wir suchen nach der Struktur der wissenschaftlichen Erklärung, von der man sagen kann, daß der Argumentationsschritt, der vom Explanans zum Explanandum führt, adäquat war. Wir suchen also nach dem Prinzip der korrekten Erklärung, wir suchen nach Erklärungen, auf die wir uns verlassen können.

Manches, was man im Alltag Erklärung nennt, gehört nicht hierher. Die Erklärung der Bedeutung eines Wortes oder Begriffes ist eher eine Klärung, eine Definition oder Interpretation. Auch die Erklärung im Sinn einer andersartigen Deutung einer Sachlage, einer Aufklärung eines Irrtums, einer Neuinterpretation eines Phänomenmusters betrifft nicht unsere Frage. Auch meinen wir nicht jene Erklärung, die uns in einer genauen Schilderung aufzählt, wie diese oder jene Tätigkeit möglich war oder fertig gebracht wurde. Und wir meinen auch nicht Erklärungen für irgendwelche Handlungen im Sinn einer moralischen Rechtfertigung. Diese Erklärungsbereiche grenzen wir alle aus; sie betreffen nicht unsere Frage.

Hingegen führen uns die Warum-Fragen, die eine Erklärung von Vorgängen und Tatsachen anstreben, auf jenen Weg, den wir gehen wollten. Wir interpretieren eine wissenschaftliche Erklärung als eine Antwort auf eine Warum-Frage, bei der aus konkreten Anfangsbedingungen und bestimmten allgemeinen Gesetzen das Explanandum logisch erschlossen werden kann. Das logische Erschließen setzt voraus, daß die verwendeten Gesetze vom deterministischen Typ sind; diese Voraussetzung wollen wir vorerst auch als gegeben annehmen. Wir sehen die breite Straße der verläßlichen wissenschaftlichen Erklärung vor uns. Wir erhalten Antwort auf die Frage: "Warum ist jenes bestimmte Phänomen aufgetreten?" Die Erklärung weist die Übereinstimmung des Phänomens mit den allgemeinen Gesetzen nach. Der Argumentationsschritt der Erklärung weist nach, daß man bei den hier vorliegenden Antecedensbedingungen und den betreffenden allgemeinen Gesetzmäßigkeiten mit dem Explanandum rechnen muß. Wir verstehen somit, warum jenes bestimmte Phänomen aufgetreten ist und nicht ein anderes. Allerdings ist dieses Schema der logisch-systematischen wissenschaftlichen Erklärung nicht zum Nulltarif erhältlich. Nur bei strenger Beachtung gewisser Adäquatheitsbedingungen darf man annehmen, daß man wirklich eine angemessene Erklärung zutage fördert. Folgende Bedingungen sind zu erfüllen:

1. Bedingung: Das Explanandum muß eine logische Folge des Explanans sein.
2. Bedingung: Das Explanans muß allgemeine Gesetze enthalten, und diese müssen wirklich für die Herleitung des Explanandums erforderlich sein.
3. Bedingung: Das Explanans muß einen empirischen Gehalt haben.
4. Bedingung: Die Sätze, die das Explanans bilden, müssen wahr sein.

Wir haben gesehen, daß die strenge und nachweisbare Einhaltung dieser Bedingungen mit erheblichen Schwierigkeiten verbunden ist. Die hoffnungsvolle Vorstellung, daß unsere empirische wissenschaftliche Erkenntnis auf der breiten Straße der verläßlich wissenschaftlichen Erklärung beflügelt voranschreitet, entpuppt sich als ziemlich enttäuschend. Die breite Straße wird unversehens zum schmalen Weg, auf dem die empirisch-wissenschaftliche Erkenntnis nur sehr beschwerlich und mit vielen hartnäckigen Unsicherheiten behaftet vorankommt. Eine Sicht, die von vielen großen Wissenschaftern eigentlich schon immer so vertreten wurde; der euphorisch Wissenschaftsgläubige mag enttäuscht sein.

Die wirklich angemessene Erklärung wird sozusagen zu einer mühsamen Gratwandung; das HEMPEL-OPPENHEIM-Schema wird nicht immer in idealer Vollkommenheit verwirklicht. Verschiedene unvollkommene Erklärungen sind in der wissenschaftlichen Praxis zu finden. Für sie gilt grundsätzlich die Maxime und die unaufschiebbare Forderung, daß sie exakter zu fassen, zu vervollkommnen und zu ergänzen wären oder daß solche Erklärungen im Hinblick auf ihren Geltungsbereich und ihre verläßliche Gültigkeit explizit einzuschränken sind.

Auch wenn die verschiedenen Arten der unvollkommenen Erklärung vielfach in Mischform auftreten, wollen wir die Haupttypen dennoch in mehr oder minder reiner Form in Erinnerung rufen:

Bei der *ungenauen Erklärung* sind die verwendeten Begriffe ungewiß, undeutlich oder nicht angemessen.

Die *rudimentäre Erklärung* ist eine hinsichtlich des Explanans verkümmerte, nicht ausgebildete, bruchstückhafte, unvollständige oder elliptische Erklärung. Manche Antecedensbedingungen und manche Gesetze, die für die Erklärung grundlegend sind, kommen also in der Erklärung nicht vor.

Bei der *partiellen Erklärung* erklärt das vorgebrachte Explanans nur teilweise das beschriebene Explanandum-Phänomen. Hier muß man sich vor einem Irrtum hüten, den man sehr leicht begeht: Vielfach kommt man, wenn man eine partielle Erklärung vor sich hat, zu der Auffassung, die Erklärung beziehe sich auf das komplette Explanandum-Phänomen. Partielle Erklärungen können also auf diese Art ein stärkeres Erklärungsvermögen vortäuschen.

Schließlich sind noch die *Erklärungsskizzen* zu nennen. Hier wird nur in ganz allgemeinen Grundzügen die Problemstellung umrissen und es gibt kaum verwendbare Andeutungen, auf welche Weise man das Explanans durch Antecedensdaten und durch Gesetze vervollständigen könnte, um zu einer rationalen Erklärung zu kommen. Eine große Bedeutung haben die Erklärungsskizzen für jene Forschungsbereiche, wo man diese fehlenden Angaben vorläufig noch gar nicht kennt. Eine Komplettierung der Erklärungsskizzen bleibt zukünftigen Forschungsprojekten vorbehalten. Erklärungsskizzen sind hier sicherlich eine starke psychologische Antriebsfeder für den Fortgang der Forschung.

Diese unvollkommenen Erklärungen haben etwas Harmloses an sich, weil es sich hier um Fälle handelt, die im allgemeinen noch zu reparieren sind.

Es gibt aber andere "Erklärungs-Arten", gegen die wir uns sehr streng und sorgfältig abgrenzen müssen. Auch hier gehen die verschiedenen Arten zum Teil fließend ineinander über.

Bei *falschen Erklärungen* ist die Sache einfach, hier hilft keine Vervollkommnung; falsche Erklärungen sind zu eliminieren.

Wir haben uns auch gegen *Pseudoerklärungen* abgegrenzt; sie sind aber in manchen Fällen gar nicht so leicht zu entlarven. In anderen Fällen wiederum kommt es unverhüllt zum Ausdruck, daß das Explanans keinen empirischen Gehalt hat oder daß dort auch ansatzweise gar kein allgemeines Gesetz enthalten ist oder daß der Argumentationsschritt nicht korrekt war.

Auch gegen manche *genetische Erklärungen* wird man auf Distanz gehen. Genetische Erklärungen, bei denen bloß eine Erörterung der Entwicklungsfolge im deskriptiven Sinn vorliegt, sind Beschreibungen und somit keine Erklärungen; sie scheiden also aus. Nicht so deutlich ist das manchmal bei Erörterungen von Entwicklungsfolgen im deskriptiv-erklärenden Mischsinn. Hier werden die Antecedensdaten im Zug der Erklärungsfolge ratenweise durch Zusatzinformationen deskriptiv ergänzt. Hierdurch wird aber jedesmal die logische Kette unterbrochen. Eine solche genetische Erklärung zeigt also keinesfalls mehr, wie das erste Glied $S_1$ mit dem letzten Glied $S_n$ im erklärenden Sinn zusammenhängt. Es liegt höchstens ein Mosaik von Einzelerklärungen vor, die durch bestimmte Zusatzinformationen, die keiner logisch-systematischen Kontrolle mehr unterworfen sind, miteinander verbunden werden. Bei flüchtiger Betrachtung erscheint diese "Erklärungskette" vollständig zu sein. Die einzelnen Kettenglieder greifen aber – bei genauem Hinsehen – gar nicht ineinander, sie sind sozusagen bloß durch den Klebstoff der Zusatzinformationen miteinander in Verbindung gebracht worden.

*Erklärungsbehauptungen* sind Existenzaussagen, in denen zum Ausdruck gebracht wird, daß (angeblich) ein Explanans existiert, welches es ermöglicht, das Explanandum hieraus abzuleiten. Im ungünstigen Fall sind das Erklärungen, die man nur vom Hörensagen kennt, oder die – wenn die allgemeinen Gesetze noch gar nicht entdeckt wurden – einer Offenbarung bedürfen. Sie entziehen sich also letztlich der Überprüfbarkeit und sind für unsere Zwecke unbrauchbar.

Mit einer gewissen wohlwollenden Gleichgültigkeit stehen wir den *Erklärungen durch Analogiemodelle* gegenüber. Erklärungen mit Hilfe von Analogiemodellen setzen die Kenntnis der Gesetze beider Gegenstandsbereiche voraus, zwischen denen die Analogie ausgenutzt werden soll. Wenn aber die Gesetze ohnehin bekannt sind, dann braucht man für die Erklärung nicht mehr die Analogiemodelle. Analogiemodelle haben allerdings gewisse arbeitsökonomische Vorteile, wenn man sich neuerdings in ein "analog" gebautes Wissensgebiet einarbeiten will. Analogiemodelle führen den Benützer manchmal rascher die Besonderheiten vor Augen, die er der abstrakten Formelsprache vielleicht nicht so schnell angesehen hätte. Nachteile bringen die Analogiemodelle, wenn man sie – zufolge einer Unachtsamkeit – noch jenseits der Analogie verwendet.

Gleichsam am Pfad der Tugend wandeln jene *genetischen Erklärungen*, die die Entwicklungsfolge im erklärenden Sinn erörtern. Die Entwicklungsfolge wird als Erklärungskette, die aus einzelnen Erklärungsatomen besteht, dargestellt; man erhält hierdurch einen genauen Überblick über den ablaufenden Entwicklungsprozeß.

Auch Erklärungen durch *mathematische Modelle* oder *Gedankenmodelle* sind mit dem logisch-systematischen wissenschaftlichen Erklärungsbegriff verträglich. Man spricht von Modellen, weil man den eher begrenzten Anwendungsbereich, sowie die bewußt vereinfachenden Annahmen und Idealisierungen betonen will und auf die nur eingeschränkte und näherungsweise Brauchbarkeit für Erklärungen und Voraussagen hinweisen möchte.

Das HEMPEL-OPPENHEIM-Schema hat sich für den Fall deterministischer Systeme als Paradigma der wissenschaftlichen Erklärungen angeboten. Die ursprünglich erhoffte, breite Straße der verläßlichen wissenschaftlichen Erklärung hat sich zwar als schmaler Weg herausgestellt, aber er dürfte immerhin gangbar sein, wenn man nicht allzu überspannte Forderungen stellt.

Die vorerst unwidersprochene Auffassung, daß die allgemeinen Gesetzmäßigkeiten in ihrem Wesen deterministischer Natur sind, fußt auf der Physik des neunzehnten Jahrhunderts. Zwar hat man auch damals schon statistische Gesetzmäßigkeiten – wie etwa bei Würfelexperimenten oder in der kinetischen Gastheorie – verwendet. Man war aber der Meinung, daß das im Prinzip nur eine Notlösung ist. Wenn man nur alle Einzelheiten wüßte und die umfangreichen Berechnungen mit allen ihren Vernetzungen durchführen könnte, dann wäre man in der Lage, alles bis ins kleinste Detail zu erklären und man könnte auf die statistischen Gesetze zuletzt dann ganz verzichten. Bei Würfelexperimenten genauso, wie bei den unzähligen Gasmolekülen, die bei einem pneumatischen Experiment in der Gastheorie mitwirken. Die statistischen Gesetze spielen – wie STEGMÜLLER formuliert – also bloß die Rolle eines asylum ignorantiae. Wie es auch immer sei, wir haben mit statistischen Gesetzen zu rechnen. Wenn man also auch diese statistischen Fälle in das Erklärungsparadigma einbeziehen will, dann wird das sicher auf eine einfache Modifikation des HEMPEL-OPPENHEIM-Schemas hinauslaufen. Bisher haben wir gesagt: "Aus den Antecedensdaten und den deterministischen Gesetzen folgt mit Sicherheit (mit Notwendigkeit) das Explanandum $E$." In jenen Fällen, wo statistische Gesetze vorliegen, wird man eben diese Formulierung im probabilistischen Sinn abzuschwächen haben: "Aus den Antecedensdaten und den (jetzt) statistischen Gesetzen folgt *mit einer gewissen Wahrscheinlichkeit* das Explanandum $E$." Wir werden sehen, daß diese eher naive Vorstellung in eine Sackgasse führt. Es werden sogar Zweifel aufkommen, ob man die Form der deduktiven Erklärung überhaupt als Prototyp, als Paradigma der Erklärung auffassen soll. Ganz abgesehen davon, legen die Ergebnisse der modernen Physik ohnehin den Gedanken nahe, daß die Grundgesetze eher statistischer Natur sind, als deterministischer Bauart.

# 4. Erklärungen und Voraussagen in probabilistischen Systemen

Die deduktiv-nomologische Erklärung, die wir in der Form des HEMPEL-OPPENHEIM-Schemas diskutiert haben, ist von Antecedensbedingungen und allgemeinen Gesetzmäßigkeiten ausgegangen, die zusammen das Explanans bilden. Das Explanans umfaßt die notwendigen Vordersätze, die Prämissen, die über den Argumentationsschritt – eine logische Ableitung – zum Explanandum führen. Bei Einhaltung gewisser Adäquatheitsbedingungen sprechen wir von einer angemessenen Erklärung oder Voraussage. Die Hilfsmittel der Logik sind in dieser Sicht für die Gewinnung eines solchen Argumentationsschrittes jedenfalls ausreichend.

Wir haben unsere Überlegungen bisher auf deterministische Systeme konzentriert. Wir finden uns aber auch einer großen Vielfalt von probabilistischen Systemen gegenüber[11]. Heute rücken sogar probabilistische Phänomene immer mehr ins Zentrum des Interesses ( CRUTCHFIELD [Chaos], WOLSCHIN [Wege], GRAHAM [Turbulenz], SAUNDERS [Katastrophentheorie], HENNING [Zufall]). POINCARÉ hat schon 1903 die faktische Unvermeidbarkeit probabilistischer Phänomene gesehen:
"... selbst wenn es kein Geheimnis in den Naturgesetzen mehr gäbe, so könnten wir die Anfangsbedingungen doch nur annähernd bestimmen. Wenn uns dies ermöglichen würde, die spätere Situation in der gleichen Näherung vorherzusagen – dies ist alles was wir verlangen – , so würden wir sagen, daß das Phänomen vorhergesagt worden ist und daß es Gesetzmäßigkeiten folgt. Aber es ist nicht immer so; es kann vorkommen, daß kleine Abweichungen in den Anfangsbedingungen schließlich große Unterschiede in den Phänomenen erzeugen. Ein kleiner Fehler zu Anfang wird später einen großen Fehler zur Folge haben. Vorhersagen werden unmöglich, und wir haben ein zufälliges Ereignis."
Wir wissen heute, daß gewisse probabilistische Phänomene sogar noch wesentlich tiefer fundamentiert sind. Ein wesentlicher Grundsatz der Quantenmechanik – die HEISENBERGsche Unschärferelation – sagt, daß in Mikrosystemen sogar eine grundsätzliche Genauigkeitsgrenze für die gleichzeitige Messung von Ort und Impuls (oder Zeit und Energie) existiert. Es gibt eine ganze Reihe von Fällen, wo uns die Unberechenbarkeit auch im täglichen Leben vor Augen tritt ( CRUTCHFIELD [Chaos]). Ein schönes Beispiel ist die Billardkugel. Selbst wenn man sich vorstellt, daß bei einem idealisierten Billardspiel die Kugeln ohne Energieverlust

---

[11] Eine sehr lesenswerte, kurze Gegenüberstellung von Determinismus und Indeterminismus – vom mathematischen Standpunkt aus gesehen – ist in der Arbeit von JACOBS [Mathematik, Seite 58ff.] publiziert.

über den Tisch rollen und in einer längeren Folge von Kollisionen zusammenstoßen, ist man schon sehr bald, selbst bei einer perfekten Kontrolle über den Stoß und auch bei weitreichenden mentalen Fähigkeiten an einer Grenze angelangt. Man behauptet, daß eine Vorhersage über die Bahn des Spielballes bereits nach 1 Minute falsch ist, soferne man einen Effekt vernachlässigt, dessen Stärke der gravitativen Anziehung eines Elektrons am Rande der Milchstraße entspricht. Eine selbst beliebig kleine Bahnabweichung vergrößert sich nämlich bei jedem Stoß, weil die Kugeln rund sind und die neuen Fehler zu den alten Fehlern dazu kommen. Ein exponentielles Wachstum bewirkt, daß auch der kleinste Einfluß sehr bald makroskopische Dimensionen annimmt. Andere bekannte Beispiele findet man beim Würfeln mit einem Spielwürfel, beim Mischen von Spielkarten; im Bereich der Naturwissenschaft sind etwa die Zusammenstöße zwischen den unzählig vielen Molekülen eines Gases bloß statistisch zu erfassen. Ähnlich ist es auch bei der Stochastizität der Brownschen Bewegung: Man kann hier unter dem Mikroskop beobachten, wie ein Staubkorn in einem Wassertropfen ununterbrochen eine irreguläre Zitterbewegung ausführt; man macht dafür Kollisionsprozesse mit thermisch bewegten Wassermolekülen verantwortlich. Die letztlich unkalkulierbare Bewegung der Atmosphäre und die damit verbundenen Probleme einer auch bloß kurzfristigen Wettervorhersage sind allgemein bekannt. Ähnlich ist es beim wirbelnden und manchmal hoch aufspritzenden Bergbach, der sich immer wieder anders bewegt, obwohl doch die Steine und Felsen im Bachbett praktisch unverändert bleiben. Auch der ungleichmäßig tropfende Wasserhahn gehört hier her und auch die vielfältigen, erstaunlichen Muster, die sich ausbilden, wenn ein starker Wind Pulverschnee vor sich her treibt und bizarre Schneewächten am Straßenrand ausbildet. Auch die Dünen in der Sahara sind eindrucksvolle Beispiele. Statistische Gesetzmäßigkeiten begegnen uns auch bei den MENDELschen Vererbungsgesetzen und auch beim radioaktiven Zerfall von Atomkernen. Statistische Gesetzmäßigkeiten sind also nicht bloß eine Notlösung, mit der man sich vorübergehend abfindet, weil man vorläufig noch nicht alle Informationen beisammen hat. Das Gegenteil scheint der Fall zu sein: Statistische Gesetzmäßigkeiten dürften die eigentliche Basis darstellen.

Wie dem auch sei, wir stehen vor der Frage, ob man das, was wir über Erklärungen und Voraussagen in deterministischen Systemen gesagt haben, auf probabilistische Systeme übertragen kann. Wir wollen auf Erklärungen und Voraussagen in probabilistischen Systemen jedenfalls nicht verzichten. Zu diesem Zweck werden wir eine Verallgemeinerung der deduktiven Erklärung vornehmen. Eine Diskussion dieser Verallgemeinerung wird uns allerdings in nicht unerhebliche Probleme hineintreiben; wir werden auf eine merkwürdige Mehrdeutigkeit bei induktiv-statistischen Erklärungen stoßen. Um dieser Situation zu entgehen, werden wir gezwungen sein, in solchen Fällen auch sogenannte Wissenssituation einzubeziehen. Das wird für uns eine sehr ungewöhnliche Maßnahme sein. Wir waren nämlich von den deduktiv-nomologischen Erklärungen her gewohnt, daß man mit der Logik allein das Auslangen findet, wenn man den Argumentationsschritt konstruiert, der vom Explanans zum Explanandum führt. Im Bereich probabilistischer Systeme werden wir den bisherigen Erklärungsbegriff schließlich verlassen und zu einem anders gebauten Begriff, nämlich der "informativen Begründung und Erklärung" übergehen.

Der wesentliche Ausgangspunkt dieser neuen Überlegungen, die eine ganz andere Sicht erzwingen, war HEMPELs Entdeckung der Mehrdeutigkeit. HEMPEL hat durch diese seine Arbeit den Glauben an die Gültigkeit und Verwendbarkeit des naiven Modells ganz erheblich erschüttert. Denn die Mehrdeutigkeit führt das naive Modell offenbar ad absurdum. HEMPELs Arbeit stellt also die wichtigste und grundlegende Basis dar; insbesondere sei auf seine [Erklärungen, Seite 55ff.] hingewiesen. Viele kritische Diskussionsbeiträge wurden durch diese Überlegungen ausgelöst. STEGMÜLLER [Erklärung, Seite 774ff. und 940ff.] erörtert ausführlich die damit zusammenhängenden Probleme und zeigt in grundlegender Weise die Richtung, in der die Lösung des Problems zu suchen ist. Die beiden genannten Werke dienen dem nachfolgenden Text als Leitfaden.

## 4a. Verallgemeinerung der deduktiven Erklärung

Wir beabsichtigen eine Verallgemeinerung der deduktiv-nomologischen Erklärung und Voraussage, um eine Anwendung dieser Methode auch in Bereichen probabilistischer Systeme zu ermöglichen. Damit ist auch gleich gesagt, in welcher Weise wir uns mit dem Wahrscheinlichkeitsbegriff befassen wollen: mit dem Anwendungsaspekt. Wir klammern also andere Gesichtspunkte aus unserer Überlegung aus:

a) Die Sinnprobleme. Eine Wahrscheinlichkeit für eine gewisse Gegebenheit sei so und so groß. Was bedeutet das?

b) Wie ermittelt man aus Beobachtungen Wahrscheinlichkeitsaussagen?

c) Wie testet man die Wahrheit von Wahrscheinlichkeitsaussagen?

d) Wie kann man gegebene Wahrscheinlichkeiten einer Situation in neue Wahrscheinlichkeiten anderer Fragestellungen umrechnen? Zum Beispiel: Wie wahrscheinlich ist es, mit einem Würfel zweimal hintereinander die Sechs zu würfeln, wenn jede Augenzahl beim Würfeln gleich wahrscheinlich ist?

Diese Fragen $a$ bis $d$ liegen also nicht in unserer Zielrichtung. Wir wollen dagegen wissen, wie man aus Wahrscheinlichkeitsaussagen Erklärungen und Voraussagen gewinnen kann. Wir wollen also wissen, wie man die Wahrscheinlichkeitsaussagen im Bereich solcher Aufgaben anwenden kann.

Zu diesem Zweck wollen wir das Schema der deduktiven Erklärung in gestraffter Form noch einmal anschreiben und überlegen, an welchen Stellen wir Verallgemeinerungen anbringen können, um eine Anwendbarkeit auf probabilistische Systeme zu ermöglichen. Wir wollen weiters untersuchen, welche Konsequenzen aus solchen Manipulationen folgen.

Im Schema der wissenschaftlichen Erklärung haben wir aus Antecedensdaten (Anfangsbedingungen, Randbedingungen) und allgemeinen Gesetzmäßigkeiten über einen Argumentationsschritt das zu erklärende Ereignis logisch erschlossen.

$$
\begin{array}{ll}
A_1\ A_2,\ \dots\ A_m & \text{Antecedensbedingungen} \\
G_1,\ G_2\ \dots\ G_n & \text{Gesetzmäßigkeiten} \\
\hline
& \text{Argumentationsschritt:} \\
& [\text{"mit Sicherheit", "mit Notwendigkeit"}] \\
E & \text{zu erklärendes Ereignis}
\end{array}
$$

Die Antecedensbedingungen und die Gesetzmäßigkeiten bilden das Explanans, sie bilden die Prämissen. Das zu erklärende Ereignis ist das Explanandum, ist die Conclusio. Der Übergang von den Prämissen zur Conclusio, also der Argumentationsschritt (es war ein logischer Schluß), gilt also "mit Sicherheit" oder "mit logischer Notwendigkeit". Die diesbezügliche Anmerkung in unserem obigen Schema soll uns daran erinnern. In einer etwas ausführlicheren Schreibweise besagt unser Schema:

$$
\begin{array}{c}
Fa \\
\bigwedge x\ (Fx \to Gx) \\
\hline
Ga
\end{array}
$$

Hierin bedeutet die erste Zeile eine Zusammenfassung aller Antecedensbedingungen zu der Behauptung, daß $a$ ein $F$ ist. Die zweite Zeile formuliert die allgemeine deterministische Gesetzmäßigkeit: "Für jedes $x$ gilt: wenn $x$ ein $F$ ist, dann ist $x$ immer auch ein $G$." Eine logische Folge der Antecedensbedingung und der allgemeinen deterministischen Gesetzmäßigkeit ist die Conclusio, daß $a$ auch ein $G$ sein muß. Es ist ganz wichtig zu betonen, daß eine allgemeine Gesetzmäßigkeit – kurz: ein Gesetz – eine allgemeine Behauptung ist, die sich auf eine potentiell unendlich große Klasse von Fällen bezieht; unser oben angeschriebenes Gesetz enthält als erstes Symbol daher auch den Allquantor $\bigwedge$. Eine Aussage, die über eine endliche Klasse von Fällen etwas behauptet, ist dagegen kein Gesetz. Einer endlichen Konjunktion von singulären Sätzen fehlt das Erklärungsvermögen. Die gerne als Beispiel zitierte Behauptung "Alle Birnen in diesem Korb sind süß" vermag nicht in unserem Sinn zu erklären, warum jene Birne dort

– und wenn sie auch wirklich im Korb gewesen ist – tatsächlich süß ist. Gesetze dagegen machen eine Allaussage; sie umfassen die tatsächlichen und möglichen, zukünftigen oder vergangenen Fälle. Auch auf irreale Konditionalsätze sind sie anzuwenden: "Wenn dieser Eisenstab erhitzt worden wäre, dann hätte er sich ausgedehnt." Bei endlichen Konjunktionen singulärer Sätze ist das nicht so: "Wenn diese Birne im Korb gewesen wäre, dann wäre sie süß", wird man nicht gelten lassen wollen.

Während die vorhin dargestellte deterministische Gesetzesaussage behauptet, daß jeder Einzelfall von $F$ *immer* auch ein Einzelfall von $G$ ist, stellt ein statistisches Gesetz eine gewisse Abschwächung dar. Man schreibt

$$p\,(G,\ F) = r$$

und meint unter dieser elementaren statistischen Aussage folgenden Sachverhalt: Die statistische Wahrscheinlichkeit (p ... probability) dafür, daß ein Einzelfall von $F$ auch ein Einzelfall von $G$ ist, ist ihrem Zahlenwert nach gleich $r$. Oder in vergröberter Sprechweise: Der Bruchteil der Einzelfälle von $F$, die auch Einzelfälle von $G$ sind, ist im Großen gesehen angenähert gleich $r$.

Meint man zum Beispiel mit "Einzelfall von $F$": "Würfelversuche mit einem regulären Spielwürfel" und mit "Einzelfall von $G$": "eine Augenzahl 5 beim Würfeln erzielen", so lautet die elementare statistische Aussage: "Die statistische Wahrscheinlichkeit dafür, daß Würfelversuche mit einem regulären Spielwürfel eine Augenzahl 5 beim Würfeln erzielen, ist ihrem Zahlenwert nach gleich 1/6." Ein anderes Beispiel aus dem Bereich der Kernphysik sei genannt. Ein "Einzelfall von $F$" sei "ein sich selbst überlassenes Strontiumatom mit der Massenzahl 90" und ein "Einzelfall von $G$" sei ein "radioaktiver Atomzerfall im Verlauf von 28 Jahren". Die elementare statistische Aussage lautet: "Die statistische Wahrscheinlichkeit dafür, daß ein sich selbst überlassenes Strontiumatom mit der Massenzahl 90 einen radioaktiven Atomzerfall im Verlauf von 28 Jahren erleidet, ist ihrem Zahlenwert nach gleich 1/2." Verkürzt gesagt ist die Halbwertszeit von Strontium-90 achtundzwanzig Jahre. In vergröberter Sprechweise gesagt, wird bei einer Probe Strontium, die im allgemeinen immer aus einer ungeheuer großen (aber immer noch endlichen) Anzahl von Atomen besteht, nach 28 Jahren *fast* genau die Hälfte der Atome zerfallen sein. Für unsere Würfelbeispiele sieht das ähnlich aus: Würde man einen Kübel mit unendlich vielen regulären Spielwürfeln auf den Boden leeren, dann wäre jede Augenzahl in gleichem Maß vertreten. Sind dagegen im Kübel bloß 600 Würfel enthalten, dann ist die erwähnte Gleichverteilung der Augenzahl nur *fast* genau zu erwarten. Man wird ja auch nicht ernsthaft meinen, daß ein Wurf mit nur 6 regulären Spielwürfeln immer so aussieht, daß jede Augenzahl von 1 bis 6 im Wurfergebnis vorkommt. Es könnte sogar auch einmal geschehen, daß alle 6 Würfel eine Eins zeigen; zugegeben, das wird sehr selten sein.

Streng zu beachten ist auch hier bei den probabilistischen Gesetzen, genau so wie bei deterministischen Gesetzen, daß sich die betreffende Behauptung auf eine potentiell unendliche Klasse von Fällen bezieht. Es bezieht sich das probabilistische Gesetz also nicht bloß auf die tatsächlichen Einzelfälle, sondern auch auf die möglichen, zukünftigen oder vergangenen Fälle. Auch der Satz "Wenn man mit diesem Spielwürfel sehr viele Würfelversuche unternähme, dann würde in etwa 1/6 der Fälle die Augenzahl 5 als Ergebnis auftreten" wird durch das Gesetz gedeckt. Das probabilistische Gesetz ist also etwas grundlegend anderes als eine empirisch fundierte statistische Beschreibung der relativen Häufigkeiten in einer endlichen Menge. Relative Häufigkeiten als Ergebnis eines einschlägigen empirischen Befundes wird man höchstens als mehr oder minder gute Bestätigung für das betreffende probabilistische Gesetz auffassen können, nicht aber als das probabilistische Gesetz selbst.

Eine gewisse Berührungsfläche zwischen allgemeinen deterministischen Gesetzmäßigkeiten und statistischen Gesetzen scheinen die beiden Fälle

$$\bigwedge x \ (Fx \rightarrow Gx)$$

und

$$p \ (G, \ F) = 1$$

zu haben. Man beachte aber, daß diese beiden Aussagen nicht logisch äquivalent sind. Die zweite Beziehung sagt für den Fall einer praktischen Anwendung aus, daß der Bruchteil der Einzelfälle von $F$, die auch Einzelfälle von $G$ sind, im großen gesehen (endlich viele Fälle!) *angenähert* gleich 1 ist. Oder: Bei einer großen Zahl von F-Fällen sind *fast* alle diese Fälle auch G-Fälle. Ein einziger "Ausreißer" im Bereich einer solchen endlichen Menge würde die erste Beziehung sofort widerlegen, die zweite Beziehung aber hinsichtlich ihrer guten Bestätigung noch lange nicht schädigen. Sogar sehr viele Gegenbeispiele vermögen in Relation zu der potentiellen unendlichen Klasse von Fällen, von denen das probabilistische Gesetz spricht, den exakten Wahrscheinlichkeitswert 1 nicht zu erschüttern.

Wir können jetzt eine Verallgemeinerung unserer deduktiv-nomologischen Erklärung versuchen, um zu einer Grundform einer Erklärung in probabilistischen Systemen – der induktiv-statistischen Erklärung – zu kommen. Wir ersetzen hierzu die deduktive Gesetzmäßigkeit in unserem Schema durch ein statistisches Gesetz, wobei wir fürs erste annehmen wollen, daß die statistische Wahrscheinlichkeit ihrem Zahlenwert $r$ nach sehr nahe bei 1 liegen möge. Eine Schematisierung der induktiv-statistischen

Erklärung hätte dann folgende Gestalt:

$$
\left.
\begin{array}{l}
Fa \\[4pt]
p\,(G,\ F)\ \text{ist fast } 1
\end{array}
\right\} \text{Prämissen}
$$

$$
=\!=\!=\!=\!=\!=\!=\!=\!=\!=\!=\!=\!= \qquad [\text{es ist praktisch sicher}]
$$

$$
Ga \qquad\qquad \left.\vphantom{X}\right\} \text{Conclusio}
$$

Durch die doppelt gezogene Linie deutet man an, daß hier kein logisch deduktiver Argumentationsschritt vorliegt. Die Conclusio, daß $a$ ein $G$ ist, folgt aus den Prämissen nicht mit logischer Nowendigkeit, sondern hier liegt bloß eine abgeschwächte Form vor: "es ist praktisch sicher." Der Doppelstrich bringt zum Ausdruck, daß hier eine induktiv-statistische Beziehung vorliegt, wobei der Grad der Bestätigung, die die Conclusio durch die Prämissen erfährt, in eckiger Klammer angegeben wird. Genauer gesagt, wird man in der eckigen Klammer den CARNAP-schen Bestätigungsgrad angeben, der eine Aussage über die Stärke der induktiven Stützung macht. CARNAPs Theorie – von der wir annehmen wollen, daß sie sich auf unsere komplexen Probleme anwenden läßt – ermöglicht für gewisse formalisierte Sprachen die Definition einer Funktion $c(h,\ e) = s$, die den Grad $s$ (als Zahlenwert zwischen 0 und 1) dafür angibt, wie stark eine Hypothese h durch ihre Evidenz e bestätigt wird. (Man beachte den Unterschied: Diese sogenannte "induktive Wahrscheinlichkeit" stellt einen Zusammenhang zwischen den Aussagen der Prämissen und der Conclusio her. Die "statistische Wahrscheinlichkeit" dagegen meint einen Zusammenhang zwischen Ereignisklassen.) Nehmen wir an, daß in unserem Fall die zugrunde liegende probabilistische Gesetzmäßigkeit $p(G,\ F) = r$ lautet, dann ist die Hypothese h die Aussage $Ga$ und die Evidenz die Zusammenfasung von $Fa \wedge p,\,(G,\ F) = r$. Der CARNAP-sche Bestätigungsgrad ist hier somit

$$
c\,(Ga,\ Fa \wedge p\,(G,\ F) = r) = s\ .
$$

Setzt man weiters voraus, daß in einem solchen Fall grundsätzlich

$$
s = r
$$

gilt, man nennt diese Voraussetzung die "Regel $S$", so können wir als Grundform für eine induktiv-statistische Erklärung, oder allgemeiner für eine induktiv-statistische Systematisierung, das Schema

$$\left.\begin{array}{l} Fa \\ p\,(G,\ F)\ =\ r \end{array}\right\} \text{Prämissen}$$

$$\overline{\overline{\hspace{3cm}}}\quad [r]$$

$$Ga \qquad\qquad \left.\vphantom{\begin{array}{l} a \\ b \end{array}}\right\} \text{Conclusio}$$

anschreiben. Aus der Antecedensbedingung, daß $a$ ein $F$ ist und dem statistischen Gesetz $p(G,\ F) = r$ folgt auf induktiv-statistische Weise (Doppelstrich), daß mit einer induktiven Wahrscheinlichkeit $r$ die Conclusio gilt, nämlich die Aussage: $a$ ist ein $G$.


## 4b. Das Problem der Mehrdeutigkeit

Blicken wir noch einmal zurück auf die deduktiv-nomologische Erklärung, in der eine einfache deterministische Gesetzmäßigkeit vorkommt. Eine Aussage möge lauten:

$$\frac{\begin{array}{l} Fa \\ \bigwedge x\,(Fx \to Gx) \end{array}}{Ga}$$

Aus den Prämissen $Fa$ und $\bigwedge x\,(Fx \to Gx)$ folgt mit logischer Notwendigkeit die Conclusio, daß $a$ ein $G$ ist. Wenn die Prämissen wahr sind, dann ist auch diese Conclusio wahr. Eine andere Aussage möge jetzt gleichfalls vorliegen, jedoch mit der Gestalt:

$$\frac{\begin{array}{l} F^{\vee}a \\ \bigwedge x\,(F^{\vee}x \to \neg Gx) \end{array}}{\neg Ga}$$

Die Antecedensbedingung sagt: $a$ ist ein $F^{\vee}$. Das Gesetz lautet: Wenn $x$ ein $F^{\vee}$ ist, dann ist $x$ immer auch ein Nicht-G. Aus diesen Prämissen folgt mit logischer Notwendigkeit die Conclusio, daß $a$ ein Nicht-G, also kein $G$ ist. Wenn die Prämissen dieser Aussage wahr sind, dann ist auch hier die Conclusio wahr. Wir sind hier offenbar jetzt in einer Klemme. Es kann nicht gleichzeitig wahr sein, daß "$a$ ein $G$" ist und ferner "$a$ kein $G$" ist; die hier in den beiden Aussagen verwendeten Prämissen – seien es die Antecedensbedingungen oder die Gesetze – können also nicht alle wahr gewesen sein. Die falsche Prämissenaussage wäre zur Klärung der Angelegenheit zu entlarven. Wo immer auch der Fehler liegt, gilt für eine adäquate deduktive Erklärung jedenfalls grundsätzlich: *Wenn nur die Prämissen wahr sind, so ist auch die Conclusio wahr.* Wir können die Conclusio also dann additiv dem hinzufügen, was wir für wahr halten. Die deduktive Erklärung ist jedenfalls eindeutig.

HEMPEL ist bei seiner Analyse der induktiv-statistischen Erklärung auf ein ganz eigenartiges Phänomen der Mehrdeutigkeit gestoßen, welches in krassem Gegensatz zu den Verhältnissen bei der deduktiven Erklärung steht. Betrachten wir die Aussage

$$\frac{\begin{array}{l} Fa \\ p\,(G,\ F) = r \end{array}}{Ga} \qquad [r]$$

und nehmen an, daß die Prämissen wahr sind und daß der Zahlenwert $r$ fast gleich 1 ist. Die Conclusio, daß $a$ ein $G$ ist, folgt also mit praktischer Sicherheit aus den genannten Prämissen. HEMPEL hat gefunden, daß es aber immer wieder geschehen kann, daß ein rivalisierendes Argument auftaucht:

$$\frac{\begin{array}{l} F^{*}a \\ p(\neg G,\ F^{*}) = r^{*} \end{array}}{\neg Ga} \qquad [r^{*}]$$

Auch hier seien die Prämissen wahr und der Zahlenwert $r^{*}$ sei fast gleich 1. $a$ ist also nicht nur, wie vorhin gesagt, ein $F$, sondern, wie jetzt festgestellt, auch ein $F^{*}$. Das angeführte statistische Gesetz sagt aus, daß mit hoher Wahrscheinlichkeit ein $F^{*}$ ein Nicht-$G$ ist. Es folgt also mit praktischer Sicherheit aus den genannten Prämissen die Conclusio, daß $a$ ein Nicht-$G$ ist. Wir sehen also, obwohl die angegebenen Prämissen alle als *wahr* vorausgesetzt werden, folgt als Conclusio *mit praktischer Sicherheit* das eine Mal, daß "$a$ ein $G$" ist und das andere Mal folgt *mit praktischer Sicherheit*, daß "$a$ ein Nicht-$G$" ist. Diese Mehrdeutigkeit kommt dadurch zustande, daß $a$ einmal der Bezugsklasse $F$ und das andere Mal der Bezugsklasse $F^{*}$ mit vollem Recht und ohne sich in Widersprüche zu verstricken zugeordnet werden kann, wobei unterschiedliche statistische Gesetze mit unterschiedlichen Wahrscheinlichkeiten ($r$ und $r^{*}$) vorliegen. Im Gegensatz zum deduktiv-nomologischen Fall können wir beim induktiv-statistischen Fall die Conclusio also nicht mehr von den als wahr gewußten Prämissen abtrennen und additiv dem hinzufügen, was man für wahr hält.

Die erwähnte Mehrdeutigkeit meint also *nicht* den trivialen Fall, daß etwa mit 90% Wahrscheinlichkeit die Conclusio "$a$ ist ein $G$" und mit der restlichen Wahrscheinlichkeit von 10% die Conclusio "$a$ ist ein Nicht-$G$" erschlossen werden kann. Die Mehrdeutigkeit in Form zweier widersprüchlicher Aussagen hat sich im obigen Beispiel jedesmal "mit praktischer Sicherheit" ergeben. Eine solche absurde Situation stellt das ganze Bild der statistischen Erklärung in Frage.

Illustrieren wir dieses Problem an Hand der schönen Beispiele, die von HEMPEL und STEGMÜLLER angegeben wurden, und bedienen wir uns vorerst einer eher umgangssprachlichen Art der Formulierung. $G$ sei jeweils die betreffende Gesetzmäßigkeit, $A$ seien die Antecedensbedingungen; in allen Fällen mögen diese Prämissen wahr sein.

1. Beispiel:

$G$: Die Wahrscheinlichkeit dafür, an einem Septembertag in München ein warmes, sonniges Wetter zu erleben, ist 95%.
$A$: Morgen ist der 25.September.

---

Es ist daher praktisch sicher, daß morgen, am 25.September, in München ein warmes, sonniges Wetter ist.

$G$: Die Wahrscheinlichkeit dafür, daß in München auf einen kalten, regnerischen Vortag, ein warmer, sonniger Tag folgt, ist 3%.
$A$: Heute, am 24.September, ist in München ein kalter, regnerischer Tag.

---

Es ist daher praktisch sicher, daß morgen, am 25.September, in München kein warmes, sonniges Wetter ist.


2. Beispiel:

$G$: 2% aller Schweden sind römisch-katholisch.
$A$: Petersen ist Schwede.

---

Es ist daher praktisch sicher, daß Petersen nicht römisch-katholisch ist.

$G$: 97% aller Menschen, die nach Lourdes pilgern, sind römisch-katholisch.
$A$: Petersen pilgerte nach Lourdes.

---

Es ist daher praktisch sicher, daß Petersen römisch-katholisch ist.


3. Beispiel:

$G$: Die Wahrscheinlichkeit für eine Genesung bei Streptokokkeninfektion und Penicillinbehandlung ist hoch.
$A$: Bei Ludwigs Krankheit handelt es sich um eine Streptokokkeninfektion, die mit Penicillin behandelt wurde.

---

Es ist sehr wahrscheinlich, daß Ludwig gesund wird.

$G$: Die Wahrscheinlichkeit für eine Genesung bei Streptokokkeninfektion und Penicillinbehandlung ist im hohen Alter bei Herzschwäche sehr gering.

$A$: Der herzkranke Ludwig hat sich in seinem 85.Lebensjahr mit Streptokokken infiziert und wurde mit Penicillin behandelt.

Es ist sehr unwahrscheinlich, daß Ludwig gesund wird.

Die angeführten Beispiele wirken deshalb so aufreizend, weil sie in der umgangssprachlichen Formulierung einen offenkundigen Widerspruch zum Ausdruck bringen:

Am 25.September ist in München mit Sicherheit ein warmes, sonniges Wetter und auch nicht.

Petersen ist praktisch sicher römisch-katholisch und gleichzeitig auch nicht.

Ludwigs Genesung ist sehr wahrscheinlich und gleichzeitig auch sehr unwahrscheinlich.

Diese Widersprüche beruhen darauf, daß wir diesen Beispielen unzulässigerweise die Form

$$\frac{p\,(G,\ F)\ \text{ist fast 1}}{\text{es ist praktisch sicher, daß } Ga}$$
$$Fa$$

zugrunde gelegt haben. Hätten wir korrekter

$$\frac{p\,(G,\ F)\ \text{ist fast 1}}{Ga} \quad [\text{es ist praktisch sicher}]$$
$$Fa$$

geschrieben, dann wäre deutlicher hervorgetreten, daß hier eben zwei (oder vielleicht auch mehrere) wahre Prämissengruppen vorliegen können, die ihrer zugehörigen Conclusio jeweils eine hohe Wahrscheinlichkeit zuschreiben. So gesehen stört es jetzt schon weniger, daß verschiedene Prämissen, also verschiedene voneinander unabhängige Antecedensbedingungen und Gesetzmäßigkeiten auf unterschiedliche Conclusionen schließen lassen. Die Frage ist nur, auf welche der verschiedenen Prämissengruppen soll man sich verlassen, wenn man vor dem Problem der Anwendung steht und eine Erklärung finden oder eine Voraussage machen soll. Es wird sich zeigen, daß wir hier auf eine vertraute Vorstellung verzichten müssen, daß nämlich die Hilfsmittel der Logik für die Gewinnung des Argumentationsschrittes ausreichend sind. Wir werden Wissenssituationen einbeziehen müssen. Diese neue Sicht hat sich natürlich bloß schrittweise in den letzten Dezennien entwickelt. Wesentliche und fundamentale einschlägige Erkenntnisse gehen dabei auf REICHENBACH, CARNAP, HEMPEL und STEGMÜLLER zurück.


## 4c. Die Einbeziehung der Wissenssituation

Das vorhin dargestellte 3. Beispiel zur Illustration der Mehrdeutigkeit weist uns genau genommen schon den Weg, wie man sich aus der Situation befreien kann, daß man unsicher wird und im Extremfall nicht weiß, auf welche der miteinander rivalisierenden Prämissen man sich verlassen kann. Man sieht an diesem einfachen Beispiel nämlich sehr deutlich, daß man induktiv-statistische Systematisierungen nur dann rational als zutreffend annehmen kann, wenn man sie in bestimmter Weise relativ zu einer Wissenssituation betrachtet. Wir schreiben der Conclusio "Ludwig wird gesund" eine hohe Wahrscheinlichkeit zu, weil gemäß unserer ersten Wissenssituation eine Streptokokkeninfektion sich durch eine Penicillin-behandlung erfolgreich bekämpfen läßt. Diese Ansicht wird man dagegen gegebenenfalls nicht beibehalten, wenn die Wissenssituation durch gewisse andere Informationen – in Form von Antecedensbedingungen und Gesetzen – *erweitert* wird. Die Conclusio kann sich hierdurch ins Gegenteil wenden. Etwa zufolge der vorher nicht bekannten, aber angenommenerweise entscheidenden Tatsache, daß Ludwig alt und herzkrank ist, oder daß es sich bei seiner Stroptokokkeninfektion um Bakterien handelt, die gegen Penicillin resistent sind oder, daß bei Ludwig eine besondere Penicillin-Allergie vorliegt. Man wird also schon intuitiv nur einer solchen Aussage zustimmen, die eher auf einer kleineren und engeren Bezugsklasse beruht; wo also zum Beispiel berücksichtigt wird, daß die Streptokokkeninfektion sich auf den (eingeengten) Sonderfall eines alten, herzkranken Menschen bezieht.

Ein anderes Beispiel wäre der Zerfall von radioaktivem Jod-131. Diese Substanz hat bekanntlich eine Halbwertszeit von 8,1 Tagen. Das heißt, es ist die statistische Wahrscheinlichkeit dafür, daß ein sich selbst überlassenes (also nicht einem zusätzlichen Teilchenbeschuß ausgesetztes) Atom Jod-131 einen radioaktiven Atomzerfall in 8,1 Tagen erleidet, dem Zahlenwert nach gleich 1/2. Oder, wenn wir von einer (endlichen) Probe Jod-131 sprechen, ist nach 8,1 Tagen *fast* genau die Hälfte der Atome zerfallen. Betrachtet man etwa eine Probe von $10mg$, so ist die Wahrscheinlichkeit also sehr hoch, nach 8,1 Tagen eine Restmenge zwischen 4,95 und $5,05mg$ vorzufinden. Wird eine solche Aussage in Form einer Prognose vorgelegt, so wird man sich in der hier besprochenen Wissenssituation $K$ dieser Prognose sehr wohl anschließen können. Wir stellen uns jetzt eine *erweiterte* Wissenssituation $K'$ vor. Und zwar erfährt man, daß irgendjemand die Probe nach 7 Tagen gewogen und festgestellt hat, daß von den ursprünglich $10mg$ noch $6mg$ Jod-131 vorhanden sind. Dieses Faktum hätte zwar niemand für möglich gehalten, weil man mit hoher Wahrscheinlichkeit eine geringere Menge erwartet hätte; aber unmöglich war dieses Ereignis deswegen trotzdem nicht. Damit die ursprünglich vorausgesagte Restmenge von $4,95$ bis $5,05mg$ nach $8,1$ Tagen erreicht wird, müßte in der kurzen noch verbleibenden Zeit von $1,1$ Tagen der radioaktive Zerfall jetzt unverhältnismäßig schneller vor sich gehen, um das Manko aufzuholen. Unmöglich ist auch das nicht, daß es geschieht, aber sehr unwahrscheinlich. Wir würden daher auf der Basis der Wissenssituation $K'$ unsere alte Prognose nicht aufrechterhalten, sondern sie revidieren. Man beachte, solchen Situationen waren wir im deduktiv-nomologischen Fall nicht ausgeliefert.

HEMPEL [Erklärung, Seite 83] hat dieses oben beschriebene intuitive Vorgehen präzisiert und in seiner *Forderung nach maximaler Spezifizierung induktiv-statistischer Erklärungen* legitimiert:

Man betrachte die induktiv-statistische Systematisierung der Form

$$\left.\begin{array}{l} p\,(G,\ F) = r \\ Fa \end{array}\right\} \text{Prämissen}$$

$$\overline{\phantom{xxxxxxxxxxxxxx}} \qquad [r]$$

$$\left.\begin{array}{l} Ga \end{array}\right\} \text{Conclusio.}$$

$s$ sei die Konjunktion der Prämissen, und wenn $K$ die Klasse aller zum jeweiligen Zeitpunkt akzeptierten Aussagen ist, dann möge $k$ ein mit $K$ logisch äquivalenter Satz sein (in dem Sinn, daß $k$ aus $K$ logisch folgt und umgekehrt jeden Satz aus $K$ logisch impliziert). Um in der durch $K$ festgelegten Wissenssituation rational akzeptierbar zu sein, muß die vorgeschlagene Systematisierung die folgende Bedingung (die Forderung nach maximaler Spezifizierung) erfüllen. Wenn aus $s \wedge k$ folgt, daß $a$ zu einer Klasse $F_1$ gehört und $F_1$ Teilmenge von $F$ ist, dann muß aus $s \wedge k$ auch eine Aussage über die statistische Wahrscheinlichkeit von $G$ in $F_1$ folgen, etwa

$$p\,(G,\ F_1) = r_1 \ .$$

In diesem Fall muß $r_1$ gleich $r$ sein, es sei denn, die gerade angegebene Wahrscheinlichkeitsaussage ist einfach ein Theorem der mathematischen Wahrscheinlichkeitstheorie.

(Der letzte Halbsatz "es sei denn ..."schließt Lehrsätze der Wahrscheinlichkeitstheorie aus unserer Systematisierung aus; solche logisch-
theoretische Lehrsätze können nicht als Gesetzmäßigkeit für Aussagen
über empirische Sachverhalte dienen.) Die induktiv-statistische Systematisierung ist also an eine Wissenssituation $K$ angepaßt und dadurch
rational annehmbar, wenn man alle in $K$ enthaltenen Informationen in
den Prämissen berücksichtigt, die für die Conclusio relevant sind. Es sind
also alle statistischen Gesetze und alle hiermit verbundenen Sachverhalte
einzubeziehen, die auf die Conclusio einen Einfluß haben könnten.

Die Frage, ob Ludwig gesund wird oder nicht, ist ein schönes Beispiel. $a$ ist ein $F$. $a$ ist Ludwig. $F$ ist jene Klasse, wo eine Streptokokkeninfektion vorliegt, die mit Penicillin behandelt wurde. Das betreffende
statistische Gesetz liefert eine Wahrscheinlichkeit $r$ für die Genesung Ludwigs, die sehr hoch ist. In unserer Wissenssituation $K$ gibt es aber noch
weitere Informationen, die besagen, daß Ludwig eigentlich in eine Klasse
$F'$ gehört, die eine Teilmenge von $F$ ist. $F'$ ist nämlich jene Klasse, wo
eine Streptokokkeninfektion vorliegt, die mit Penicillin behandelt wurde,
wobei es sich aber um herzkranke, alte Menschen handelt. In der Wissenssituation $K$ möge auch hierfür ein statistisches Gesetz existieren, welches
besagt, daß die Genesungswahrscheinlichkeit $r'$ in einem solchen Fall sehr
klein ist. Weil $r \neq r'$ ist, ist die erste Systematisierung, die die Genesung
prophezeit, wegen der Forderung nach maximaler Spezifizierung rational
nicht akzeptierbar. Ob die zweite Systematisierung rational akzeptierbar
ist, hängt davon ab, ob in der Wissenssituation nicht abermals ein zurecht
rivalisierendes Argument vorkommt.

Ein zweites Beispiel gibt unser radioaktiver Jodzerfall ab. Die Klasse
$F$ meint hier die Jod-131 Atome. Die Wissenssituation enthält das statistische Gesetz, daß die Wahrscheinlichkeit, daß ein solches Atom in 8,1 Tagen einen radioaktiven Atomzerfall erleidet, dem Zahlenwert $r$ nach gleich
1/2 ist. Erst jetzt möge bekannt werden, daß die untersuchten Jod-131
Atome extrem tiefen Temperaturen und sehr hohen Drücken ausgesetzt
sind. Die Klasse $F'$ ist also eine Teilmenge von $F$, denn sie meint jetzt die
Jod-131 Atome, die tiefen Temperaturen und hohen Drücken ausgesetzt
sind. Die Atomtheorie, die in der Wissenssituation enthalten ist, stellt
ein statistisches Gesetz bereit, welches besagt, daß die hierfür zutreffende
Wahrscheinlichkeit $r'$ gleichfalls 1/2 ist. Temperatur- und Druckänderun-
gen haben also keinen Einfluß. Weil $r = r'$ ist, wie es die Forderung
nach maximaler Spezifizierung verlangt, ist die ursprünglich angegebene
Systematisierung rational akzeptierbar.

Ein drittes Beispiel wäre das Münchner Wetter im September. Die
Klasse $F$ sind die Septembertage. In unserem Fall erfahren wir aber,
daß eine engere Klasse $F'$ gemeint ist. $F'$ ist eine Teilmenge von $F$, denn

hier ist von Septembertagen die Rede, für die zusätzlich gilt, daß es am Vortag geregnet hat. Man muß also ein statistisches Gesetz heranziehen, welches auf diese Teilmenge $F'$ Bezug nimmt. (Das früher angegebene statistische Gesetz über verregnete Vortage bezieht sich nicht auf Septembertage allein, sondern ganz allgemein auf beliebige Tage des Jahres.) Soferne bei Vorliegen einer Teilmenge $F' \subset F$ ein solches spezielles Gesetz, wie es die Forderung nach maximaler Spezifizierung verlangt, in der Wissenssituation nicht zur Verfügung steht, kann die Frage der Akzeptierbarkeit jedenfalls nicht entschieden werden.

Belauschen wir das folgende Zwiegespräch:
"Ich höre, $a$ ist ein $F$. Die Wahrscheinlichkeit dafür, daß ein $F$ ein $G$ ist, ist 95%. Also ist es sehr wahrscheinlich, daß $a$ ein $G$ ist."
"Ja, aber $a$ ist doch auch ein $H$. Und die Wahrscheinlichkeit dafür, daß ein $H$ ein $G$ ist, ist 95%."
"Na also! Davon spreche ich ja. Es ist also gleich aus zwei Gründen sehr wahrscheinlich, daß $a$ ein $G$ ist."
Verdeutlichen wir diesen Sachverhalt an Hand einer graphischen Darstellung. Das zuerst genannte Gesetz besagt

$$p \ (G, \ F) = 0{,}95$$

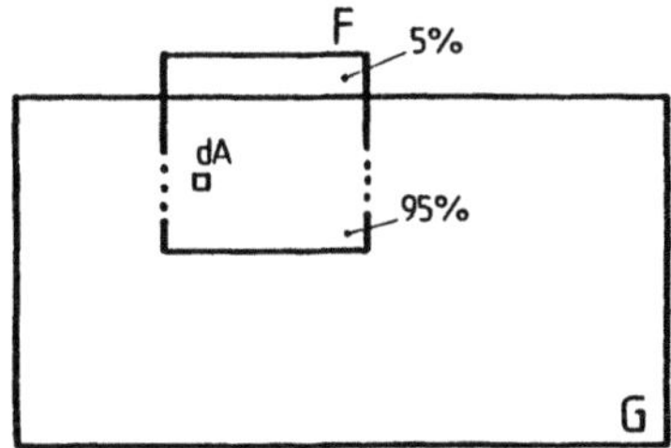


Abbildung 20

und wir wollen diese Behauptung zeichnerisch derart interpretieren, daß wir zwei Flächen auf einer Ebene abgrenzen, die sich zum Teil überschneiden und zwar derart, daß die Fläche $F$ zu 95% mit der Fläche $G$ zusammenfällt und die restlichen 5% liegen außerhalb von $G$. Die Abbildung 20 zeigt als Beispiel, wie das aussehen könnte, wobei die Figur nicht maßstabsgerecht hingezeichnet wurde (daher z.T. punktierte Berandung), um den Bereich von $F$, der nicht zu $G$ gehört, etwas deutlicher erscheinen zu lassen. Ein beliebig herausgegriffenes, infinitesimal kleines Flächenelement $dA$, welches ein $F$ ist, ist mit 95% Wahrscheinlichkeit ein $G$, denn 95% der Fläche $F$ sind mit $G$ identisch und nur 5% der Fläche $F$ liegen außerhalb von $G$. Das zweite in unserem Zwiegespräch genannte Gesetz

$$p\,(G,\ H) = 0,95$$

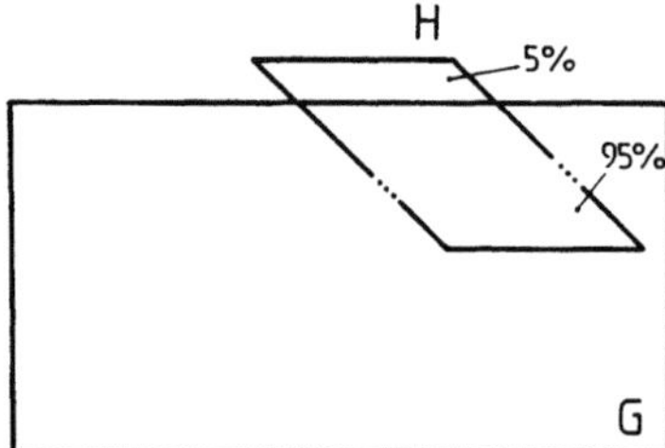


Abbildung 21

läßt sich in ähnlicher Weise verdeutlichen (Abbildung 21). Die im Zwiegespräch gezogene Schlußfolgerung, daß gleich aus zwei Gründen $a$ mit hoher Wahrscheinlichkeit ein $G$ ist, ist natürlich voreilig und daher abzulehnen, denn es kommt ja entscheidend darauf an, in welcher Relation die Flächen $F$ und $H$ zueinander liegen. Wenn die Situation zum Beispiel so aussieht, wie sie in Abbildung 22 dargestellt ist, dann folgt daraus, daß obwohl ein $F$ mit 95% Wahrscheinlichkeit ein $G$ ist und ein $H$ mit 95% Wahrscheinlichkeit ein $G$ ist, dennoch jenes $a$, welches ein $F$ und ein $H$ ist – also im schraffierten Bereich unserer Zeichnung liegt – mit Sicherheit *kein* $G$ ist. Jenes $a$ gehört also zu einer Teilmenge $F'$, nämlich zu

$$F' = F \cap H$$

und entsprechend der in Abbildung 22 festgehaltenen Wissenssituation, gilt für unser $a$ daher

$$p\,(\neg G,\ F') = 1$$

oder im Extremfall kann sogar eine deterministische Gesetzmäßigkeit daraus entstehen:

$$\bigwedge x\,(F'x \to \neg Gx)$$

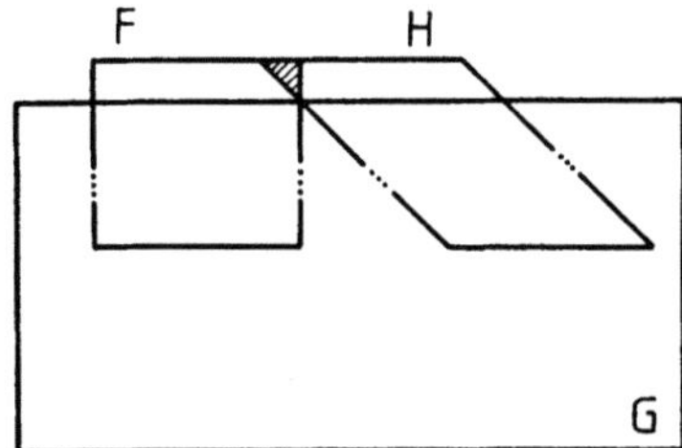

Abbildung 22

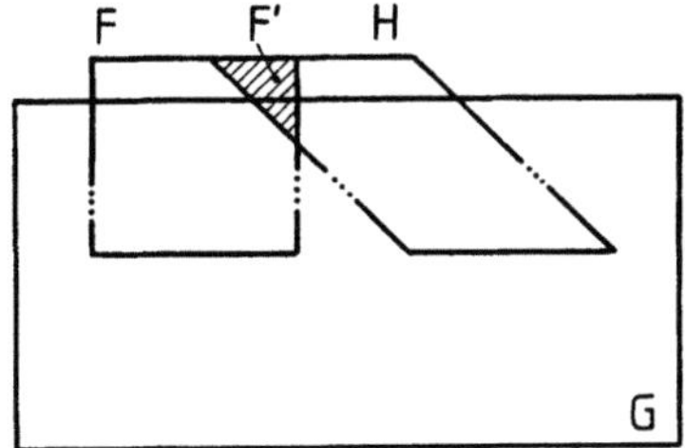

Abbildung 23

Wir wollen, um eine Variante zu beleuchten, weiterhin die beiden statistischen Gesetzmäßigkeiten

$$p\,(G,\ F) = 0,95$$

$$p\,(G,\ H) = 0,95$$

als unbezweifelt beibehalten und annehmen, daß die Wissenssituation jetzt eine etwas andere Relation zwischen $F$ und $H$ ergeben hätte. Abbildung 23 zeigt einen solchen etwas modifizierten Fall. Jetzt gilt entsprechend der Flächenverteilung von $F'$ in bezug auf die Grenzlinie von $G$ für unser $a$:

$$p\,(\neg G,\ F') = 0,75$$

Schließlich kann man sich als dritte Variante auch eine Relation zwischen $F$ und $H$ vorstellen, bei der absolut sicher ist, daß ein zu $F'$ gehöriges $a$ stets ein $G$ sein muß. Abbildung 24 zeigt diese Situation, wir können hieraus ablesen, daß

$$\bigwedge x\,(F'x \to Gx)\;.$$

In der graphischen Darstellung werden auch die anderen schon erwähnten Beispiele deutlicher. Im Fall der Frage, ob Petersen römisch-katholisch ist, mögen die Verhältnisse derart sein, wie sie die Abbildung 25 angibt. Der zur Teilmenge

$$F' = \text{Schwede} \cap \text{Lourdespilger}$$

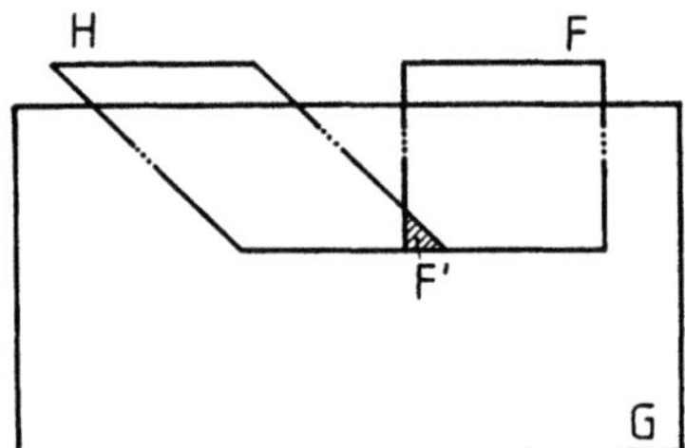


Abbildung 24

gehörende Petersen ist entsprechend dem Flächenverhältnis von $F'$ relativ zur Trennlinie "römisch-katholisch" mit der statistischen Gesetzmäßigkeit

$$p\,(\text{römisch} - \text{katholisch}, F') = 67\%$$

zu beurteilen. Die Frage, ob Ludwig der Genesung entgegengeht, ist nebst einigen anderen Beispielen in Abbildung 26 illustriert. Wegen seines hohen Alters und seiner Herzschwäche ist die Genesung in diesem Fall unwahrscheinlich. Analoge Konsequenzen haben eine Penicillinallergie, eine Penicillinresistenz und gewisse Mischinfektionen mit Pilzen, wo eine Penicillinbehandlung eine Mykose anfacht. Demgegenüber ist es wahrscheinlich belanglos, an welchem Ort man sich infiziert hat; die Genesungswahrscheinlichkeit für den Fall, daß man sich in einem Ministerium angesteckt

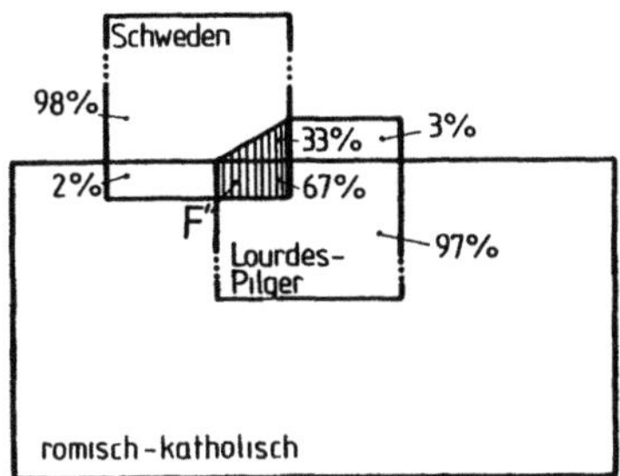


**Abbildung 25**

hat, ist genau so groß, wie etwa bei einer Infektion in der überfüllten
Straßenbahn oder bei anderen Gelegenheiten. Gemäß der HEMPELschen
Forderung nach maximaler Spezifizierung können wir solche Teilmengen
also außer acht lassen.

Fassen wir zusammen. Wir haben gesehen, daß man bei der Untersuchung der induktiv-statistischen Systematisierungen auf das Phänomen
der Mehrdeutigkeit gestoßen ist. Es hat sich nämlich gezeigt, daß es immer wieder geschehen kann, daß zu irgendeinem Argument plötzlich rivalisierende Argumente auftauchen, die das Gegenteil behaupten. Zu diesem
Widerspruch der Conclusionen kommt es aber nicht etwa deshalb, weil die
verwendeten Prämissen sich zum Teil als fehlerhaft herausgestellt haben;
ein solcher Fall wäre ja trivial. Wir haben im Gegenteil die extrem starke
Voraussetzung gemacht, daß die verwendeten Prämissen wahr seien. Und
trotz dieser Voraussetzung kann es geschehen, daß miteinander im Widerspruch stehende Conclusionen jeweils mit praktischer Sicherheit aus den
Prämissen erschlossen werden. Eine absurde Situation! Einerseits sind
die statistischen Gesetzmäßigkeiten nicht bloß irgendeine Notlösung, auf
die man vielleicht besser verzichten sollte; im Gegenteil, wenn man an
die Mikrophysik denkt, dürften die statistischen Gesetzmäßigkeiten eher
das eigentliche Fundament darstellen. Einerseits sind also die statistischen Gesetzmäßigkeiten unvermeidlich, andererseits wissen wir nicht, auf
welche der einander widersprechenden Argumente wir uns verlassen sollen. Argumente, die miteinander im Widerspruch stehen, können nicht
beide rational akzeptierbar sein. Ein Ausweg aus dieser Situation ist die
Beachtung der HEMPELschen Forderung nach maximaler Spezifizierung.

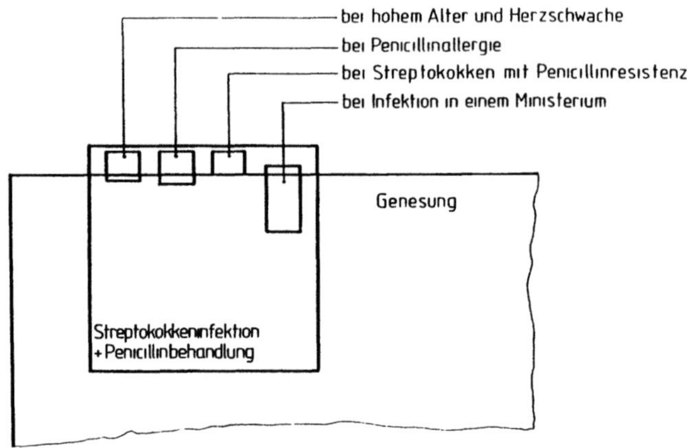


Abbildung 26

Wenn man nämlich diesen Grundsatz einhält, dann wird das Problem
der Mehrdeutigkeit lösbar.  HEMPELs Forderung kennzeichnet, welche
induktiv-statistische Systematisierung rational akzeptierbar ist.  Allerdings muß man sich bei der Anwendung dieser Forderung zwangsläufig
auf eine bestimmte, zum Beispiel momentan aktuelle Wissenssituation $K_t$
beziehen. Es ist bemerkenswert, daß hierbei jetzt aber ein entscheidender
Wandel im Begriff der statistischen Systematisierung eintritt. Es gibt also
keine induktiv-statistische Systematisierung schlechthin, sondern es gibt
stets nur eine induktiv-statistische Systematisierung in einer bestimmten
Wissenssituation.  Man kann daher nur von "induktiv-statistischen Systematisierungen relativ zur Wissenssituation $K_t$" sprechen und wir sehen
uns damit einem Phänomen gegenüber, welches HEMPEL *epistemische
Relativität* genannt hat.

Setzt man also voraus, daß die Prämissen der betreffenden Systematisierung eine hervorragende Bestätigung erfahren haben und daß sich
an der Güte dieser Bestätigung nichts ändert, oder noch besser, setzt
man voraus, daß die Prämissen der Systematisierung sogar wahr sind,
dann ist immer noch mit einer epistemischen Relativität zu rechnen. Die
betreffende Systematisierung kann nämlich durch statistische Gesetze be-

einträchtigt werden, *die gar nicht zu den Prämissen der betrachteten Systematisierung gehören.* Und zwar beruht die Beeinträchtigung darauf, daß rivalisierende statistische Argumente konstruierbar werden.

Halten wir noch einmal den deduktiv-nomologischen Fall und den induktiv-statistischen Fall vergleichend nebeneinander. Machen wir für beide Fälle die extrem starke Voraussetzung, daß die verwendeten Prämissen wahr sind. Im deduktiv-nomologischen Fall, also etwa bei einer deduktiv-nomologischen Erklärung, führen die wahren Prämissen zu einer *wahren deduktiv-nomologischen Erklärung;* eine Bezugnahme auf eine Wissenssituation ist hier nicht erforderlich. Denn bei deduktiv-nomologischen Erklärungen ist das Auftreten von rivalisierenden Argumenten von vornherein ausgeschlossen. Eine *induktiv-statistische Systematisierung* kann sich dagegen auch im Fall der Wahrheit der verwendeten Prämissen und auch bei sorgfältiger Beachtung der Forderung nach maximaler Spezifizierung zu einem späteren Zeitpunkt – wo also jetzt eine andere Wissenssituation vorliegt, die aber nichts an den verwendeten Prämissen geändert habe – als inadäquat herausstellen. Die induktiv-statistische Systematisierung kann sich also als rational unannehmbar erweisen, obwohl an der Wahrheit der verwendeten Prämissen nicht gerüttelt wurde. Während man also sinnvollerweise von wahren deduktiv-nomologischen Erklärungen sprechen kann, gibt es bei den induktiv-statistischen Erklärungen hierzu kein Analogon, weil sie stets auf eine Wissenssituation zur Zeit $t$ relativiert sind. Im Gegensatz zum deduktiv-nomologischen Fall kann man beim induktiv-statistischen Fall die Conclusio nicht mehr von den als wahr gewußten Prämissen abtrennen und additiv dem hinzufügen, was man für wahr hält.

## 4d. Informative Begründung und Erklärung

Bei der induktiv-statistischen Systematisierung ist uns das Problem der Mehrdeutigkeit begegnet. Eine absurde Situation, deren Unhaltbarkeit ins Auge springt. Kontradiktorische Aussagen können ja nicht im gleichen Atemzug rational annehmbar sein. Die HEMPELsche Forderung nach maximaler Spezifizierung hat gezeigt, wie man vorgehen muß, wenn man entscheiden will, ob eine bestimmte induktiv-statistische Systematisierung rational akzeptierbar ist. Hierbei hat es sich herausgestellt, daß man sich zwangsläufig auf eine bestimmte Wissenssituation beziehen muß; es gibt also nur "induktiv-statistische Systematisierungen relativ zur Wissenssituation $K_t$"; wir sehen uns einer epistemischen Relativität gegenüber. Selbst im Fall der ein für alle Male festgestellten Wahrheit der verwendeten Prämissen und auch bei sorgfältiger und strenger Erfüllung der HEMPELschen Forderung, kann sich zu einem späteren Zeitpunkt eine Inadäquatheit der früher gezogenen Conclusio herausstellen. Man sieht sich einer ziemlich unerwarteten Situation gegenüber, die zu einem Wandel und zu einer Weiterentwicklung der Vorstellung, die man sich über das Wesen der Erklärung und Voraussage macht, geführt hat. Die grundlegenden und schöpferischen neuen Ideen, die die weitere Entwicklung getragen haben, sind mit den Namen HANSSON, GÄRDENFORS und STEGMÜLLER verbunden. Die Phase des Überganges zur pragmatisch-epistemischen Wende und die einschlägigen Ideen anderer Denker werden bei STEGMÜLLER [Erklärung, Seite 940ff.] ausführlich und kritisch erörtert und zusammengefaßt. Dieses Werk dient unserer nachfolgenden Überlegung als Basis. Welche Themen sollen hier angesprochen werden? Es soll als erstes der Begriff der Wissenssituation näher umrissen und genauer gefaßt werden. Zweitens wird von Wahrscheinlichkeiten, von Wahrscheinlichkeitsmischungen. von subjektiv zu erwartenden Wahrscheinlichkeiten und von Glaubenswerten gesprochen. Wir wollen uns hierbei an Hand von ganz einfachen Wahrscheinlichkeitsüberlegungen, die sich auf Beispiele mit Spielkarten beziehen, diesen oben genannten Begriffen nähern. Drittens soll vom informativen Aspekt der Voraussage und der Erklärung die Rede sein. Wir werden feststellen, daß das HEMPELsche Modellbild der Erklärung und Voraussage eine allgemeinere Fassung erhält.

1. *Wissenssituationen.* Die Wissenssituation $K$ war bei HEMPEL ziemlich schmal definiert; die Wissenssituation war die Klasse aller zum jeweiligen Zeitpunkt akzeptierten Aussagen. Es ist stets auf die Alternative hinausgelaufen: Ist die betreffende gesuchte Aussage in der Wissenssituation enthalten, ja oder nein. Hiervon hängt es dann ab, ob man sich auf die fragliche Systematisierung "als rational annehmbar" stützen kann, oder ob man sein Urteil vorläufig zurückhalten muß und gar nichts sagen kann. Wir wollen demgegenüber den Begriff der Wissenssituation jetzt elastischer konstruieren, damit hier auch jene Aussagen Eingang finden können, die man zwar nicht für absolut sicher hält, die man aber doch bis zu einem gewissen Maß für wahrscheinlich zutreffend einschätzt. Die schmale Wissenssituation bei HEMPEL wird auf diese Weise erweiterbar um jene Bereiche, die man zwar nicht sicher weiß, die man aber doch für recht wahrscheinlich hält. Selbstverständlich muß man dafür Sorge tragen, daß man diese unterschiedlich zu wertenden Aussagen nicht vermischt. Wir werden den Begriff aber noch auf andere Weise elastischer konstruieren. Durch Zulassung mehrerer Wissenssituationen gehen wir von der statischen Auffassung der Wissenssituation zur dynamischen Wissenssituation über und ermöglichen es so, von sogenannten Wissensverschärfungen zu sprechen.

Wir wollen ein formales Modell $K$ der Wissenssituation einführen, welches die Wissenssituation einer bestimmten Person $N$ zu einer bestimmten Zeit $t$ erfaßt.

Ein ganz wesentlicher Bestandteil der Wissenssituation ist die Klasse $W$, der für möglich gehaltenen Weltzustände. Ein Element dieser Klasse, also $w \in W$, ist somit ein von der Person $N$ zur Zeit $t$ für möglich gehaltener Weltzustand, der mit dem Wissen der Person $N$ nicht in Konflikt steht, kurz eine mögliche Welt ist. Welten, die außerhalb von $W$ liegen, werden von der Person dagegen für unmöglich gehalten. Die Frage, für wie wahrscheinlich die Person $N$ die mögliche Welt $w$ hält, wird hier zunächst noch nicht berührt. Jedenfalls ist $W$ also die Klasse aller möglichen Welten, die mit dem Wissen der Person nicht in Konflikt stehen. Je mehr man weiß, umso *kleiner* ist die Klasse $W$, bis bei Allwissenheit schließlich die Klasse $W$ nur mehr die wirkliche Welt allein enthält. Die Klasse der möglichen Welten $W$ charakterisiert also gleichzeitig auch den Unwissenheitsspielraum.

Für die Person $N$ werden die einzelnen möglichen Welten $w$ aber nicht alle gleich wahrscheinlich sein. Vielleicht ist man zum Beispiel davon überzeugt, daß $w_i$ sehr wahrscheinlich ist, während $w_j$ schon fast für unmöglich gehalten wird. Diese subjektive Auffassung wird durch die Glaubensfunktion $B$ festgehalten. $B(w_i)$ gibt also die Glaubenswahrscheinlichkeit dafür an, daß die wirkliche Welt mit $w_i$ übereinstimmt. Die Glaubensfunktion $B$ ist somit ein weiterer wichtiger Bestandteil der Wissenssituation $K$.

In einer herausgegriffenen möglichen Welt $w$ existieren objektive, statistische Wahrscheinlichkeiten $P_w$ dafür, daß etwas Bestimmtes in der betrachteten möglichen Welt $w$ auftritt. Einige Beispiele: Ohne hier auf Feinheiten Rücksicht zu nehmen, können wir $P_w(A)$ als die Wahrscheinlichkeit auffassen, die für das Auftreten von $A$ in der möglichen Welt $w$ gilt. $P_w(A \wedge B)$ ist dagegen in $w$ die Wahrscheinlichkeit für das Auftreten von $A$ und $B$ gemeinsam. Und schließlich nennt $P_w(A, B)$ die Wahrscheinlichkeit in $w$ dafür, daß ein $B$ ein $A$ ist. Wir werden hiervon später noch Gebrauch machen. Diese objektiven oder statistischen Wahrscheinlichkeiten $P_w(\ldots)$ werden jedenfalls zur Klasse $\{P_w\}_{w \in W}$ zusammengefaßt und in den Begriff der Wissenssituation $K$ aufzunehmen sein.

Weitere Bestandteile der Wissenssituation $K$ sind auch noch der Individuenbereich $U$ und gewisse Tarskische Interpretationsfunktionen $I_w$. Für den Individuenbereich $U$ wird vorausgesetzt, daß er für alle möglichen Welten $w$ identisch ist. Die Tarskischen Interpretationsfunktionen $I_w$ haben die Aufgabe, die betreffende verwendete Sprache interpretieren zu können. Durch $I_w$ wird etwa in einer möglichen Welt $w$ einem bestimmten Namen ein bestimmtes Element aus dem Individuenbereich $U$ zugeordnet. Oder, falls es sich um etwas handelt, was von den betrachteten Individuen als Bezeichnung einer Eigenschaft ausgesagt wird, also wenn von Prädikaten die Rede ist, dann legt die Interpretationsfunktion $I_w$ den Zusammenhang zwischen Prädikat und einer Teilmenge von $U$ fest. Die Interpretationsfunktionen $I_w$ fassen wir zur Klasse $\{I_w\}_{w\in W}$ zusammen.

Den Begriff der Wissenssituation $K$ führen wir durch den formalen, fünffach gegliederten Ausdruck

$$K = <W,\ B,\ \{P_w\}_{w\in W},\ U,\ \{I_w\}_{w\in W}\ >$$

ein. Die Wissenssituation wird somit bestimmt durch die Klasse der möglichen Welten ($W$), die Glaubensfunktion ($B$), die Klasse der objektiven Wahrscheinlichkeiten ($\{P_w\}_{w\in W}$), den Individuenbereich ($U$) und durch die Klasse der Tarskischen Interpretationsfunktionen ($\{I_w\}_{w\in W}$).

Damit sind wir jetzt auch in der Lage, die Wissenssituation dynamisch zu betrachten und den Begriff der Wissensverschärfung zu untermauern. Gemeint ist hierbei die Registrierung des Überganges von der ursprünglichen Wissenssituation $K$ zu einer neuen Wissenssituation $K_S$. Man beachte, daß im Hinblick auf die neue Wissenssituation $K_S$ nicht gemeint ist, daß gewisse, bisher für richtig gehaltene Erkenntnisse revidiert werden müßten und daher aus der ursprünglichen Wissenssituation $K$ auszuscheiden waren. Im Gegenteil, hier ist gemeint, daß zu den bisherigen Kenntnissen ein neues Wissen $S$ *hinzugetreten* ist. welches zu einer Verschärfung der ursprünglichen Wissenssituation geführt hat. Die Glaubensfunktion $B$ wird sich durch das zusätzliche Wissen $S$ in eine modifizierte Glaubensfunktion $B_S$ ändern. In Extremfällen wird hierbei vielleicht sogar auch die Klasse der möglichen Welten $W$ zu einer engeren Klasse $W_S$ umgewandelt. Diesen Prozeß müssen wir aber nicht separat berücksichtigen, weil er durch die Modifikation der Glaubensfunktion ohnehin in das Gesamtbild der Wissenssituation eingeht. Jedenfalls kann die durch das zusätzliche Wissen $S$ verschärfte Wissenssituation als

$$K_S = <W,\ B_S,\ \{P_w\}_{w\in W},\ U,\ \{I_w\}_{w\in W}\ >$$

ausgesprochen werden.

**2.** *Wahrscheinlichkeiten.* Es war schon bei der Darstellung der Wissenssituation von verschiedenen Wahrscheinlichkeiten die Rede, nämlich von Glaubensfunktionen und von objektiven, statistischen Wahrscheinlichkeiten, und wir wollen zunächst an möglichst einfachen Beispielen die Situation verdeutlichen, um schließlich die in der Wissenssituation $K$ subjektiv zu erwartenden Wahrscheinlichkeiten angeben zu können. Wir wollen diese Frage an Hand von Spielkarten erörtern.

Ein Préférence-Kartenspiel besteht insgesamt aus 32 Karten:

$$\left.\begin{array}{l} \text{Herz}: As,\ K,\ D,\ B,\ 10,\ 9,\ 8,\ 7 \\ \text{Karo}: As,\ K,\ D,\ B,\ 10,\ 9,\ 8,\ 7 \end{array}\right\} \quad \text{rot (16 Karten)}$$

$$\left.\begin{array}{l} \text{Pik}: As,\ K,\ D,\ B,\ 10,\ 9,\ 8,\ 7 \\ \text{Treff}: As,\ K,\ D,\ B,\ 10,\ 9,\ 8,\ 7 \end{array}\right\} \quad \text{schwarz (16 Karten)}$$

Wir wollen annehmen, daß hier keine Schwindler am Werk sind, daß also die betrachtete Welt $(w)$ ehrlich $(e)$ sei, daß also $w = e$ gilt. Frägt man in dieser Situation, wie wahrscheinlich es ist, eine rote Karte $(r)$ zu ziehen, so sieht man aus dem oben dargestellten Kartenblatt sofort, daß genau die Hälfte aller Karten rot ist, daß also die objektive Wahrscheinlichkeit hierfür

$$P_{w=e}(r) = \frac{16 \text{ rote Karten}}{32 \text{ Spielkarten}} = 0,5$$

ist. Die Wahrscheinlichkeit ist also ziemlich hoch. Will man dagegen wissen, wie wahrscheinlich es ist, ein rotes $(r)$ As $(A)$ zu ziehen, so wird die Wahrscheinlichkeit erheblich geringer sein, denn unter 32 Spielkarten existieren ja nur 2 rote Asse, nämlich Herz-As und Karo-As. Die Wahrscheinlichkeit in unserer ehrlichen Welt ein rotes As zu ziehen ist also:

$$P_{w=e}(r \wedge A) = \frac{2 \text{ rote Asse}}{32 \text{ Spielkarten}} = 0,0625$$

Man kann aber noch nach der sogenannten bedingten Wahrscheinlichkeit fragen. Hier ist das Eintreffen eines Ereignisses (das Ziehen eines Asses) an eine Bedingung (nämlich, daß es sich bei der gezogenen Karte zum Beispiel um eine rote Karte handeln soll) gebunden. Wir wollen also wissen, wie groß die Wahrscheinlichkeit ist, daß eine rote Karte ein As ist. Aus unserem Kartenblatt entnehmen wir, daß 2 rote Asse 16 roten Spielkarten gegenüberstehen, es ist somit die bedingte Wahrscheinlichkeit

$$P_{w=e}(A,\ r) = \frac{2 \text{ rote Asse}}{16 \text{ rote Spielkarten}} = 0,12500 \ .$$

Zwischen diesen Wahrscheinlichkeiten besteht der Zusammenhang:

$$P_{w=e}(r \wedge A) = P_{w=e}(r) \cdot P_{w=e}(A,\ r)$$

Es ist also die Wahrscheinlichkeit, daß ich ein rotes As ziehe, gleich der Wahrscheinlichkeit, daß ich eine rote Karte ziehe, multipliziert mit der Wahrscheinlichkeit, daß rote Karten Asse sind.

Wechseln wir in eine andere Welt $(w)$ über, in die Welt der Falschspieler $(f)$. Wir nehmen an, daß hier ein anderes Kartenblatt verwendet

wird, welches dem Schwindler höhere Gewinnchancen einräumt. Und zwar
stellen wir uns vor, daß hier doppelt so viele Asse vorkommen, wobei die
Buben zur Kompensation weggelassen wurden. Das Kartenblatt sieht also
folgendermaßen aus:

$$\left.\begin{array}{l} \text{Herz}: As,\ K,\ D,\ As,\ 10,\ 9,\ 8,\ 7 \\ \text{Karo}: As,\ K,\ D,\ As,\ 10,\ 9,\ 8,\ 7 \end{array}\right\} \quad \text{rot (16 Karten)}$$

$$\left.\begin{array}{l} \text{Pik}: As,\ K,\ D,\ As,\ 10,\ 9,\ 8,\ 7 \\ \text{Treff}: As,\ K,\ D,\ As,\ 10,\ 9,\ 8,\ 7 \end{array}\right\} \quad \text{schwarz (16 Karten)}$$

Wie verändern sich hierdurch die in dieser Welt $w = f$ gültigen objektiven
Wahrscheinlichkeiten? Die Wahrscheinlichkeit eine rote Karte zu ziehen,
ist

$$P_{w=f}(r) = \frac{16 \text{ rote Karten}}{32 \text{ Spielkarten}} = 0,5 \ .$$

Die Wahrscheinlichkeit ein rotes As zu ziehen, ist

$$P_{w=f}(r \wedge A) = \frac{4 \text{ rote Asse}}{32 \text{ Spielkarten}} = 0,12500 \ .$$

Die bedingte Wahrscheinlichkeit dafür, daß eine rote Karte ein As ist, ist

$$P_{w=f}(A,\ r) = \frac{4 \text{ rote Asse}}{16 \text{ rote Spielkarten}} = 0,25000 \ .$$

Die Wahrscheinlichkeit, eine rote Karte zu ziehen, ist also gleich geblieben;
die Anzahl der roten und schwarzen Karten hat sich ja nicht verändert.
Die Wahrscheinlichkeiten, ein As zu ziehen, haben sich dagegen wesentlich
erhöht; es sind ja im Kartenblatt auch viel mehr Asse enthalten. Auch
hier besteht der Zusammenhang:

$$P_{w=f}(r \wedge A) = P_{w=f}(r) \cdot P_{w=f}(A,\ r)$$

Eine bestimmte Person $N$ möge auf Grund früherer schlechter Erfahrungen annehmen, daß die wirkliche Welt mit einer Wahrscheinlichkeit von
75% eine ehrliche Welt $w = e$ ist und zu 25% eine Welt von Falschspielern
$w = f$. Wie sehen jetzt für unsere pessimistische Person $N$ die subjektiv zu erwartenden Wahrscheinlichkeiten $P_W$ aus? Wir legen entsprechend
den genannten Glaubenswahrscheinlichkeiten $B(w_i)$ von 75%, beziehungsweise 25%, die Spielkarten von 3 ehrlichen Spielern und 1 Falschspieler
zusammen und fragen nach den verschiedenen (jetzt subjektiv für unsere
Person $N$ zu erwartenden) Wahrscheinlichkeiten. Wenn wir den gesamten
Kartenstapel auszählen, so finden wir folgende Verteilung:

Anzahl der roten Spielkarten:  $3 \cdot 16 + 1 \cdot 16 = 64$
Anzahl der roten Asse:  $3 \cdot 2 + 1 \cdot 4 = 10$
Gesamtzahl der Spielkarten:  $3 \cdot 32 + 1 \cdot 32 = 128$

Hieraus ergibt sich für die subjektiv zu erwartenden Wahrscheinlichkeiten:

$$P_W(r) = \frac{64 \text{ rote Karten}}{128 \text{ Spielkarten}} = 0,5$$

$$P_W(r \wedge A) = \frac{10 \text{ rote Asse}}{128 \text{ Spielkarten}} = 0,07813$$

$$P_W(A,\ r) = \frac{10 \text{ rote Asse}}{64 \text{ rote Spielkarten}} = 0,15625$$

Zu den gleichen Ergebnissen kommt man aber auch mit einer anderen Überlegung. Multipliziert man die in einer bestimmten möglichen Welt $w$ geltende objektive Wahrscheinlichkeit $P_w$ mit der Glaubenswahrscheinlichkeit $B(w)$ (das ist gleichzeitig die subjektive Wahrscheinlichkeit für das Gelten von $P_w$) und summiert über alle möglichen Welten auf, dann ergibt sich die subjektiv zu erwartende Wahrscheinlichkeit $P_W$.

$$P_W = \sum_{w \in W} P_w \cdot B(w)$$

$P_W$ errechnet sich also als ein gewogenes arithmetisches Mittel, es stellt eine Wahrscheinlichkeitsmischung dar. In unserem Beispiel sind die Glaubenswahrscheinlichkeiten

$$B(w = e) = 0,75$$
$$B(w = f) = 0,25 \ .$$

Die subjektiv zu erwartenden Wahrscheinlichkeiten sind somit:

$$P_W(r) = P_{w=e}(r) \cdot B(w = e) + P_{w=f}(r) \cdot B(w = f) =$$
$$= 0,5 \cdot 0,75 + 0,5 \cdot 0,25 =$$
$$= 0,5$$

$$P_W(r \wedge A) = P_{w=e}(r \wedge A) \cdot B(w = e) + P_{w=f}(r \wedge A) \cdot B(w = f) =$$
$$= 0,06250 \cdot 0,75 + 0,12500 \cdot 0,25 =$$
$$= 0,07813$$

$$P_W(A,\ r) = P_{w=e}(A,\ r) \cdot B(w = e) + P_{w=f}(A,\ r) \cdot B(w = f) =$$
$$= 0,12500 \cdot 0,75 + 0,25000 \cdot 0,25 =$$
$$= 0,15625$$

Diese Werte stimmen mit den vorhin errechneten überein. Auch hier, bei den subjektiv zu erwartenden Wahrscheinlichkeiten, gilt

$$P_W\,(r \wedge A) \,=\, P_W\,(r) \cdot P_W\,(A,\ r)\ .$$

Lösen wir uns von unserem Bild der Kartenspieler und betrachten wir den allgemeinen Fall. In unserer Wissenssituation $K$ gibt es eine ganze Reihe möglicher Welten $w$, die zur Klasse $W$ zusammengefaßt wurden. Diesen möglichen Welten $w$ sind Glaubenswahrscheinlichkeiten $B(w)$ zugeordnet, die angeben, für wie wahrscheinlich es die Person $N$ hält, daß die wirkliche Welt mit $w$ übereinstimmt. In unserer Wissenssituation finden wir auch verschiedene objektive Wahrscheinlichkeiten $P_w$ dafür, daß etwas Bestimmtes in der betrachteten möglichen Welt $w$ auftritt oder geschieht. Damit kann man die subjektiv zu erwartende Wahrscheinlichkeit $P_W$, die für eine Person $N$ zur Zeit $t$ in der Wissenssituation $K$ gilt, zu

$$P_W \,=\, \sum_{w \in W} P_w \cdot B(w)$$

bestimmen. (Die subjektiv zu erwartende Wahrscheinlichkeit kann auch auf Teilmengen von $W$ bezogen werden.) Beispielsweise ist ein $P_W\,(F)$ die subjektiv zu erwartende Wahrscheinlichkeit dafür, daß ein Individuum aus dem Individuenbereich $U$ ein $F$ ist (die Eigenschaft $F$ besitzt). Ein $P_W\,(F \wedge G)$ ist die subjektiv zu erwartende Wahrscheinlichkeit dafür, daß ein Individuum sowohl ein $F$ als auch ein $G$ ist. Oder ein $P_W\,(G,\ F)$ ist die subjektiv zu erwartende Wahrscheinlichkeit dafür, daß ein $F$ ein $G$ ist. Die subjektiv zu erwartende Wahrscheinlichkeit dafür, daß ein Individuum sowohl ein $F$ als auch ein $G$ ist, ist gleich der subjektiv zu erwartenden Wahrscheinlichkeit dafür, daß ein Individuum ein $F$ ist, multipliziert mit der subjektiv zu erwartenden Wahrscheinlichkeit, daß ein $F$ ein $G$ ist.

$$P_W\,(F \wedge G) \,=\, P_W\,(F) \cdot P_W\,(G,\ F)$$

Stellt man diese Gleichung um und schreibt

$$P_W\,(G,\ F) \,=\, \frac{P_W\,(F \wedge G)}{P_W\,(F)}\ ,$$

dann erhält man einen Ausdruck, der für eine Person $N$ zur Zeit $t$ in der Wissenssituation $K$ die subjektiv zu erwartende Wahrscheinlichkeit dafür angibt, daß ein Individuum aus dem Individuenbereich $U$, welches ein $F$ ist, auch ein $G$ ist. Grob gesagt ist das also ein statistisches Gesetz, wie es für eine Person $N$ zur Zeit $t$ in der Wissenssituation $K$ gilt.

Es möge uns eine Aussage vorliegen, die besagt, daß in einem probabilistischen System ein Individuum "$a$ ein $F$" sei und hieraus der Satz "$a$ ist ein $G$" folgt. Welchen Glaubenswert können wir diesem Satz zubilligen? Wir erinnern uns: HEMPELs Lösungsweg im Rahmen seiner Forderung nach maximaler Spezifizierung hat sich hierbei auf (objektive) statistische Wahrscheinlichkeiten $p$ bezogen. In unserem weiter gespannten und hinsichtlich der Wissenssituation elastischer konstruierten Bild werden wir uns auf subjektiv zu erwartende Wahrscheinlichkeiten $P_W$ zu stützen haben:

Nehmen wir an, daß $F$ die engste und schärfste in der Wissenssituation $K$ verfügbare Information über das Individuum $a$ ist. Dann ist der Glaubenswert $B$ des Satzes "$a$ ist ein $G$", also $B(Ga)$, in der Wissenssituation $K$ gleich der zu erwartenden Wahrscheinlichkeit $P_W$ von $G$ relativ auf $F$.

$$B(Ga) = P_W(G,\ F)$$

Es ist ersichtlich, daß HEMPELs Lösungsweg in diesem Bild als Grenzfall enthalten ist.

Graphische Darstellungen im Bereich unserer Probleme dürfen natürlich nie dazu verleiten, das Hingezeichnete irgendwo im dreidimensionalen physikalischen Raum zu suchen. Die graphischen Darstellungen dürfen bloß als eine andere, ergänzende Art der Übermittlung von Vorstellungen aufgefaßt werden. Wir können zum Beispiel die Welt unserer ehrlichen Kartenspieler, wie in Abbildung 27 gezeigt, durch ein Quadrat darstellen und darin jene wichtigen Beziehungen eintragen und hervorheben, die uns hier beschäftigen, wie zum Beispiel die Farbe rot ($r$) oder das Kartensymbol As ($A$). In dieser möglichen Welt $w_i$ gibt es, wie wir gesehen haben, auch gewisse objektive Wahrscheinlichkeiten für irgendwelche Geschehnisse. Zum Beispiel die Wahrscheinlichkeit, eine rote Karte zu ziehen:

$$P_{w_i}(r) = \frac{1}{2}\ .$$

Oder die Wahrscheinlichkeit, ein rotes As zu ziehen:

$$P_{w_i}(r \wedge A) = \frac{1}{16}\ .$$

Oder die Wahrscheinlichkeit dafür, daß eine rote Karte ein As ist:

$$P_{w_i}(A,\ r) = \frac{1}{8}\ .$$

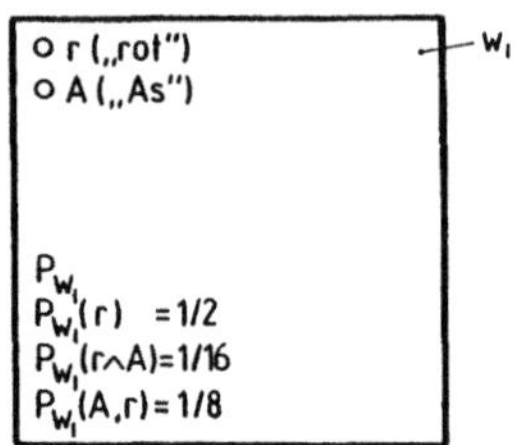


Abbildung 27

Solche und auch andere ähnliche, objektive (statistische) Wahrscheinlichkeiten $P_{w_i}$ sind Bestandteil unserer hier betrachteten möglichen Welt $w_i$ und wir wollen sie, da sie zu dieser Welt eindeutig gehören und hier auch wichtig sind und darum dort erforscht wurden, in unser Quadrat der Abbildung 27 eintragen.

Wir transponieren diese Vorstellungen jetzt auf einen allgemeinen Fall einer möglichen Welt $w_j$ und sprechen nicht von "Assen" und "rot", sondern von "$F$" und "$G$" und können auch in diesem Fall die hier geltenden objektiven Wahrscheinlichkeiten $P_{w_j}$ in ein Quadrat eintragen. Wir haben davon gesprochen, daß man bei der Beschreibung der Wissenssituation nur beim Allwissenden mit einer einzigen möglichen Welt $w$ das Auslangen findet; seine mögliche Welt ist nämlich die wirkliche Welt; sein Unwissenheitsspielraum ist verschwunden. Dort, wo ein größerer Unwissenheitsspielraum vorliegt, gibt es mehrere mögliche Welten $w$, die für unsere Person $N$ nicht alle gleich wahrscheinlich zu sein brauchen. Durch $B(w_j)$ gibt man an, wie groß die Glaubenswahrscheinlichkeit dafür ist, daß die wirkliche Welt mit $w_j$ übereinstimmt. Weil, wie wir annehmen wollen, die Person $N$ der Meinung ist, daß die wirkliche Welt in diesem Unwissenheitsspielraum vorkommt, ist die Summe über alle Einzelwahrscheinlichkeiten gleich Eins.

$$\sum_{w \in W} B(w) = 1$$

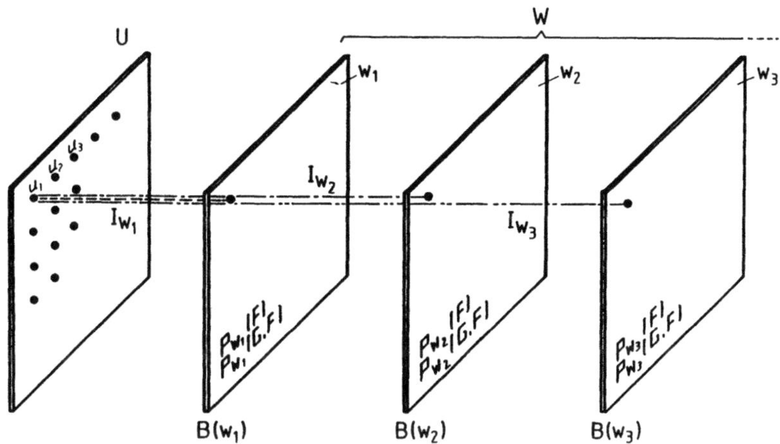

Abbildung 28

Wir haben zwar verschiedene mögliche Welten $w$ vor uns, in welchen wir
uns gewisse Vorstellungen machen, wir haben aber noch nicht erwähnt,
von welchen Individuen überhaupt die Rede ist, auf die sich diese Vorstellungen beziehen. Wir ergänzen also in unserem Schema noch den Individuenbereich $U$, der die Individuen $u_1$, $u_2$, $u_3$, ... umfassen möge. Dabei
wollen wir die Voraussetzung machen, daß der Individuenbereich $U$ für
alle möglichen Welten $w \in W$ identisch ist. Man könnte also sagen, es
wird vorausgesetzt, daß allen möglichen Welten $w$ derselbe Individuenbereich zugrunde liegt, oder daß sich alle möglichen Welten $w$ auf denselben
Individuenbereich $U$ beziehen. Jetzt fehlt in unserem graphischen Modell noch die Tarskische Interpretationsfunktion $I_{w_j}$, die die Aufgabe hat,
die betreffende verwendete Sprache interpretieren zu können. Diese Interpretationsfunktion ist im Prinzip davon abhängig, aus welcher möglichen
Welt $w_k$ heraus wir die Interpretation durchführen. Die Gesamtheit der
Interpretationsfunktionen faßt man zur Klasse $\{I_w\}_{w \in W}$ zusammen. Unsere modifizierte, alte Abbildung 27 können wir jetzt also entsprechend
dem oben Gesagten ergänzen. Die Abbildung 28 zeigt im Stil einer technischen Explosionszeichnung den "inneren Detailaufbau" dessen, was wir
die Wissenssituation $K$ einer bestimmten Person $N$ zur Zeit $t$ genannt
haben. Komprimieren wir dieses Bild zu einer kompakten Einheit, so

kommt man zu einer Darstellung, wie sie die Abbildung 29 zeigt. In formaler Schreibweise sind die einzelnen Bestandteile der Wissenssituation

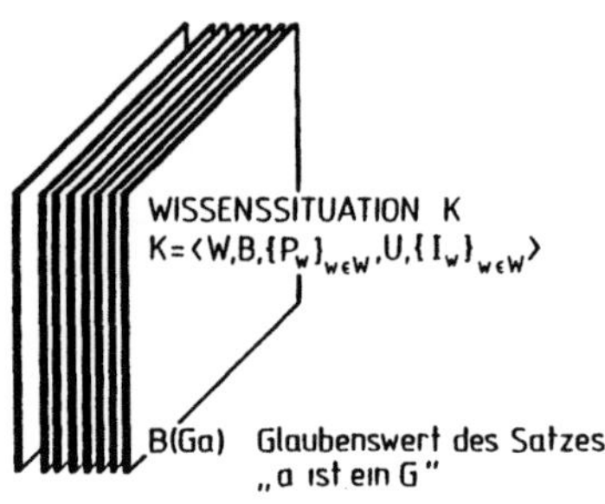


Abbildung 29

als fünffach gegliederter Ausdruck angegeben. Diese Wissenssituation ist
das Fundament, auf dem man steht: Eine Person $N$, die zur Zeit $t$ in der
Wissenssituation $K$ ist, wird dem Satz "$a$ ist ein $G$" den Glaubenswert
$B(Ga)$ zuschreiben.

**3.** *Der informative Aspekt von Voraussage und Erklärung.* Was ist
auf der Basis solcher Überlegungen jetzt eine Voraussage (Begründung)
und was ist eine Erklärung? Nehmen wir an, es ist von irgendeinem Ereignis $E$ die Rede. Bei Voraussagen ist nie sicher, ob dieses Ereignis $E$
wirklich geschehen wird, ob es Tatsache wird. Auch sehr wahrscheinliche
Voraussagen brauchen nicht einzutreffen. Anders ist das bei Erklärungen.
Hier ist von vornherein bekannt, daß das Ereignis $E$ eine Tatsache ist; es
wird dieses Ereignis als Satz formuliert, von dem wir sagen können, er ist
wahr. Hierdurch und vor allem wenn es sich um eine gewisse Überraschung
handelt, ist es also möglich zu fragen: "Warum $E$?" Es liegen also bei Voraussagen und bei Erklärungen unterschiedliche Ausgangssituationen vor.
Bei Voraussagen ist die Ausgangssituation die Wissenssituation $K$ alleine.
Mit dieser Wissenssituation im Rücken kann man niemandem verbieten
zu fragen "Wie wahrscheinlich ist $E$?". Vielleicht wäre nicht jeder auf eine
solche Fragestellung gekommen. Mag sein, daß hierzu eine gewisse geistige
Wachheit und Kreativität gehört, nach etwas zu fragen, was gar nicht zur
momentanen Wissenssituation gehört. So sieht es also im Fall der Voraussagen aus. Bei Erklärungen dagegen ist die Ausgangssituation anders.

Zunächst liegt hier genauso wie bei der Voraussage die Wissenssituation $K$ vor. Aber jetzt geschieht das Ereignis $E$. Hierdurch tritt das neue Wissen um $E$ zur alten Wissenssituation $K$ hinzu, es kommt so zu einer Verschärfung der Wissenssituation, nämlich zu $K_E$, und die Person $N$ ist überrascht. Wie es aber auch gekommen sein mag, es gab in beiden Fällen aus der Wissensituation $K$ heraus für die Person $N$, zur Zeit $t$, für das Ereignis $E$, einen bestimmten Glaubenswert $B(E)$. Vor dem Hintergrund der Wissenssituation $K$ wird jetzt im Rahmen einer geistigen Aktivität nach geeigneten Gesetzen $G$ und Antecedensdaten $A$ gesucht; setzen wir voraus, man wird fündig, dann treten $G$ und $A$ zur alten Wissenssituation $K$ hinzu und es kommt zu einer Verschärfung der Wissenssituation, nämlich zu $K_{G \cup A}$. Auf dem Fundament dieser Wissenssituation $K_{G \cup A}$ schreibt man dem Ereignis jetzt einen Glaubenswert $B_{G \cup A}$ zu, der größer ist als der Glaubenswert, der sich vor der ursprünglichen Hintergrund-Wissenssituation ergeben hat. Es muß also stets, wenn das Ereignis $E$ vorausgesagt oder erklärt werden soll,

$$B(E) < B_{G \cup A}(E)$$

sein, denn sonst hätte ja die geistige Aktivität den Glauben an das Ereignis $E$ erschüttert oder zumindest nicht verändert, anstatt den Glauben hieran zu festigen.

Wie groß soll der Glaubenswert $B_{G \cup A}(E)$ seinem Betrag nach aber wirklich sein, damit wir mit unseren geistigen Bemühungen zufrieden sein können? Darüber wird vorerst nichts Konkretes ausgesagt; er soll nur größer als $B(E)$ sein. Von Voraussagen und Erklärungen, die einer solchen Minimalbedingung genügen, kann man sagen, daß diese Systematisierungen im *epistemischen Minimalsinn* gelten. Mag sein, daß der Glaube an $E$ in der Wissenssituation $K_{G \cup A}$ immer noch einen sehr kleinen Wert aufweist, aber dennoch muß man zugeben, daß er im Vergleich zu vorher gestiegen ist. Insofern hat die geistige Bemühung gefruchtet und den Glauben an $E$ gefestigt. Andere Verhältnisse liegen vor, wenn $B_{G \cup A}(E) > 1/2$ ist. Hier handelt es sich dann um Voraussagen und Erklärungen im *starken probabilistischen Minimalsinn*. Denn jetzt ist es. weil der Glaubenswert $B_{G \cup A}(E) > 1/2$ ist, aus der Wissenssituation eher zu erwarten, daß das Ereignis $E$ Tatsache wird, als daß das Ereignis $E$ nicht geschieht. In diesem Fall werden wir sagen: eher tritt $E$ auf, als daß es nicht auftritt. Sobald der Grenzwert $1/2$ unterschritten würde, schlägt dagegen die Erwartung ins Gegenteil um. Der andere Grenzfall und damit die dritte Variante charakterisiert schließlich die Voraussagen und Erklärungen im *epistemischen Idealsinn*. Hier ist der Glaubenswert in der Wissenssituation $K_{G \cup A}$ für das Eintreten des Ereignisses $E$ nahezu gleich 1, es ist also das Ereignis $E$ mit hoher Wahrscheinlichkeit zu erwarten. Die Abbildung 30 stellt diese verschiedenen Fälle in graphischer Form dar.

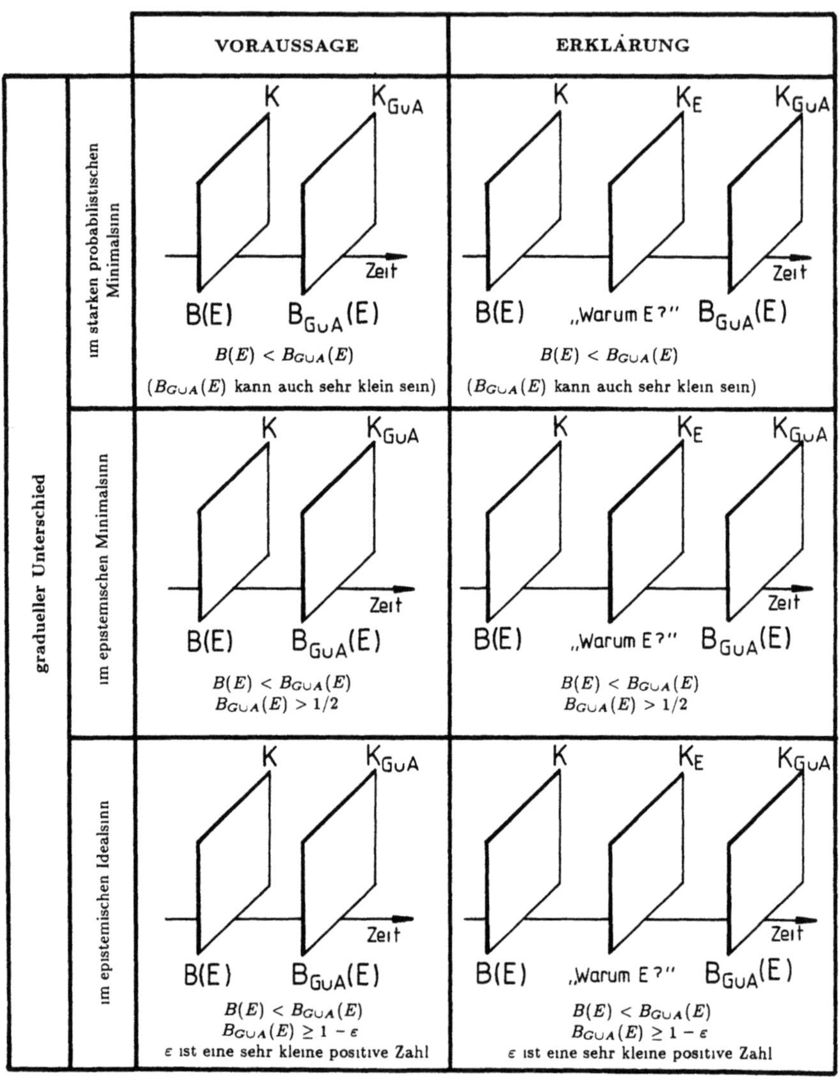


Abbildung 30

Um ein Beispiel anzuführen, könnte man bei der Variante des epistemischen Idealsinns vor folgender Frage stehen: "Warum ist der Vorrat an Jod-131 innerhalb von 16,2 Tagen von 10 Milligramm auf 2.5 Milligramm zusammengeschrumpft?" Eine Erklärung aus der Wissenssituation $K_{GUA}$ wird sich auf das probabilistische Gesetz stützen, wonach bei einer endlichen Probe aus radioaktivem Jod-131 nach 8,1 Tagen *fast genau* die Hälfte der Atome zerfallen sein wird und daß in unserem Fall eben ein Zeitraum von 2 Halbwertszeiten verstrichen ist. Hier liegt also eine Erklärung im epistemischen Idealsinn vor.

Das andere Extrem sind Erklärungen im epistemischen Minimalsinn. Der klassische Musterfall hierfür stammt von SCRIEVEN und es ist das Beispiel der progressiven Paralyse. Auch hier bei diesem Erläuterungsbeispiel geht es uns natürlich nicht um fachwissenschaftliche, hier also medizinische Details und um die hier relevanten Zahlenwerte, sondern bloß um die Struktur dessen, was als Erklärung vorgebracht wird oder vorgebracht werden könnte. Wir konstruieren also zuerst für eine Person $N$ die *Wissenssituation K*. Hier ist kein Umstand bekannt, welcher dafür verantwortlich wäre, daß es bei einem Menschen zu einer progressiven Paralyse kommt. Es wird die Wahrscheinlichkeit weiters für klein eingeschätzt ($p = 0,00005$ oder jeder Zwanzigtausendste), daß ein Mensch hieran erkrankt. In der *Wissenssituation $K_E$* steht unsere Person $N$, wenn sie jetzt zusätzlich erfährt, daß Friedrich von progressiver Paralyse befallen wurde. Die Überraschung möge sich ausdrücken in den Gedanken: "Es ist doch unbegreiflich, daß ausgerechnet Friedrich von dieser entsetzlichen Krankheit befallen wurde; progressive Paralyse kommt doch so außerordentlich selten vor!" Unsere Person $N$ stellt die Frage: "Warum tritt dieses Ereignis $E$ auf?" Zu einer Erklärung kommt es schließlich durch den Übergang zur (im Vergleich zu $K$) verschärften *Wissenssituation $K_{GUA}$*. Und zwar stellen wir uns vor, daß zur alten Wissenssituation $K$ jetzt Gesetze $G$ und Antecedensdaten $A$ hinzugefügt werden, die den Glaubenswert an das Ereignis im Vergleich zu vorher erhöhen. Im konreten Fall sind das etwa folgende Ergänzungen:

1. Gesetz: $\qquad\qquad p(P,\ S) = 0,07$

In Worten: Bei 7% der Menschen, die lange Zeit an Syphilis $S$ gelitten haben, bildet sich progressive Paralyse $P$ aus.

2. Gesetz: $\qquad\qquad p(P,\ \neg S) = 0$

In Worten: Außer Syphilis $S$ ist kein Umstand bekannt, der zur progressiven Paralyse $P$ führen könnte.

Antecedensdatum: $\qquad\qquad F \in S$

In Worten: Friedrich $F$ gehört zu jenen Menschen, die lange Zeit an Syphilis $S$ gelitten haben.

Man wird eine solche Argumentation als eine korrekte Erklärung aufzufassen haben, weil der Glaubenswert $B$ dafür, daß Friedrich ein Paralytiker (also $F \in P$) ist, in der verschärften Wissenssituation $K_{G \cup A}$ größer ist als vorher:

$$B(F \in P) < B_{G \cup A}(F \in P)$$

Denn vorher, in der Wissenssituation $K$, war Friedrich ja *einer von 20 000 Menschen*, der an progressiver Paralyse erkrankt ist. Und nachher, in der Wissenssituation $K_{G \cup A}$, war Friedrich *einer von 14 Menschen*, die lange Zeit an Syphilis gelitten haben und der zuletzt an progressiver Paralyse erkrankt ist. Die hier bei dieser Erklärung vorliegende erhebliche Steigerung des Glaubenswertes ist aber trotzdem nicht so weit gegangen, daß man hiermit sogar eine Voraussage im probabilistischen Sinn hätte machen können, zum Beispiel, daß Friedrich wahrscheinlich an progressiver Paralyse erkranken wird. Eher das Umgekehrte würden wir sagen: Friedrich wird mit großer Wahrscheinlichkeit nicht an Paralyse erkranken, weil ja nur jeder Vierzehnte von dieser schrecklichen Krankheit unter den genannten Voraussetzungen betroffen ist. Es läge hier also nur eine "Voraussage" im epistemischen Minimalsinn vor.

Unser hier erörtertes Verständnis von Voraussage und Erklärung ruht also nur auf dem Prinzip einer Informationsverbesserung. Bei dieser Informationsverbesserung kommt es auf dem Weg einer Wissensbereicherung zu einer Wissensverschärfung. Die Wissenssituation $K$ wandelt sich verschärfend zur Wissenssituation $K_{G \cup A}$ und erhöht dadurch den Glaubenswert des Ereignisses. Man wird solche Voraussagen und Erklärungen daher deutlicher als informative Voraussagen und informative Erklärungen bezeichnen. Hierdurch grenzt man sie von jenen Formen auch sprachlich ab, die neben einer angestrebten Informationsverbesserung auch noch zusätzlich den "wahren Ursachen" nachgehen wollen. Die Analyse der Kausalität wird hier vom Erklärungskontext abgekoppelt.

Es gibt noch einen anderen sehr interessanten und folgenschweren Punkt, auf den wir bis jetzt noch gar nicht ausdrücklich und deutlich hingewiesen haben. Es handelt sich darum, daß wir im Verlauf unserer Bemühungen, genauer darzustellen, was man unter einer Erklärung eigentlich verstehen soll, jetzt schließlich vor zwei Erklärungsfamilien stehen, die, worauf COFFA erstmals hingewiesen hat, miteinander inkommensurabel sind. Wir sind ganz zu Beginn von einem einfachen gedanklichen Schema der deduktiv-nomologischen wissenschaftlichen Erklärung ausgegangen und waren überzeugt, daß wir durch einfache Anpassung damit auch jene Fälle behandeln können, die sich gerade heute im Bereich der empirischen Wissenschaft immer mehr in den Vordergrund schieben, nämlich die Erklärungen und Voraussagen in probabilistischen Systemen. Bei diesem Versuch der Anpassung sind wir auf das ganz merkwürdige Phänomen der Mehrdeutigkeit gestoßen. Um dieser dort aufgefundenen, unhaltbaren Situation zu entgehen und um rationale Akzeptierbarkeit zu gewährleisten, mußte man die Forderung nach maximaler Spezifizierung erfüllen. Durch diese Maßnahme ist aber die Bezugnahme auf Wissenssituationen unvermeidlich geworden, wodurch wir in eine epistemische Relativität hineingekommen sind. Stellen wir diese beiden Fälle der Erklärung, die deduktiv-nomologische und die induktiv-statistische. in ihrer Grundform und in einer abgeschwächten Form nebeneinander, wie dies in Tabelle 1 gezeigt wird. Dabei ist nicht zu übersehen, daß sich die beiden Erklärungsfälle mittlerweile so weit in ihrer Struktur voneinander entfernt haben, daß man sagen muß, daß hier zwei kategorial verschiedenartige Begriffe vorliegen. In der Grundform ist der deduktiv-nomologische Fall als "wahr" einzustufen, der induktiv-statistische Fall zeigt dagegen bereits die "epistemische Grundbegriffs-Relativierung", also eine epistemische Relativierung, die schon im Grundbegriff dieses Erklärungsfalles verankert ist und nicht erst auf Grund unzureichender Bestätigung des Explanans entstanden ist. In der abgeschwächten Form weist der deduktiv-nomologische Fall eine "epistemische-Bestätigungs-Relativierung" auf, der induktiv-statistische Fall hingegen eine "epistemische-Grundbegriffs-und-Bestätigungs-Relativierung".

Wir stehen also vor inkommensurablen Erklärungsfamilien. Noch deutlicher wird die Diskrepanz, wenn man die verschiedenen Fälle nach der Einstufung "wahr" beziehungsweise "epistemisch relativiert" gliedert, wie in Tabelle 2 gezeigt. Der wahren, korrekten deduktiv-nomologischen Erklärung entspricht im induktiv-statistischen Fall überhaupt nichts mehr; analoge Diskrepanzen sehen wir im Bereich der epistemischen Relativierung. Man kann also nicht mehr sagen, daß der induktiv-statistische Fall aus dem deduktiv-nomologischen Fall hervorgegangen ist. Wir stehen vor einer Inkommensurabilität, die letztlich darauf beruht, daß wir nur im induktiv-statistischen Fall Wissenssituationen einbezogen haben. Zur Beseitigung der Inkommensurabilität machen wir jetzt den radikalen Schritt, daß wir unsere alte Leitvorstellung von der "deduktiv-nomologischen Erklärung" aufgeben und sie bloß als Grenzfall der informativen Erklärung auffassen. Die informative Erklärung wird dadurch zum *Paradigma für rationale Erklärungen*. Setzt man nämlich die maßgeblichen Wahrscheinlichkeiten gleich 1, dann kann man eine deduktiv-nomologische Erklärung als Grenzfall einer informativen Erklärung ansehen. Tabelle 3 zeigt ausführlich, wie es dazu kommt. Unsere alte Leitvorstellung war gemäß unserer neuen Sicht also zu grob und nicht genügend differenziert.

| | deduktiv-nomologischer Erklärungsfall | induktiv-statistischer Erklärungsfall |
|---|---|---|
| **Grundbegriff** | *Bezeichnung:*<br>  "korrekte deduktiv-nomologische Erklärung"<br><br>*Voraussetzung:*<br>  Explanans ist wahr<br><br>*Einstufung:*<br>  deduktiv-nomologische Erklärung ist wahr | *Bezeichnung:*<br>  "informative Erklärung"<br><br>*Voraussetzung:*<br>  Explanans ist wahr<br><br>*Einstufung:*<br>  epistemische Grundbegriffs-Relativierung |
| **abgeschwächte Form** | *Bezeichnung:*<br>  "gut bestätigte deduktiv-nomologische Erklärung"<br><br>*Voraussetzung:*<br>  Explanans ist bloß gut bestätigt<br><br>*Einstufung:*<br>  epistemische Bestätigungs-Relativierung | *Bezeichnung:*<br>  "gut bestätigte informative Erklärung"<br><br>*Voraussetzung:*<br>  Explanans ist bloß gut bestätigt<br><br>*Einstufung:*<br>  epistemische Grundbegriffs-und-Bestätigungs-Relativierung |

kategorial verschiedenartige Begriffe

Inkommensurabilität

Tabelle 1

Das neue Paradigma für rationale Erklärungen ist auch hinsichtlich dessen, was wir früher durch eine wahr-falsch-Zweiteilung charakterisiert haben, wesentlich elastischer. Stellen wir uns vor, daß für ein bestimmtes Ereignis E nicht eine, sondern zwei verschiedenartige Erklärungen gegeben werden. Beide Erklärungen seien in der Lage, aus der gleichen ursprünglichen Wissenssituation $K$ den bisherigen Glaubenswert $B(E)$ an dieses Ereignis $E$ zu erhöhen. Die eine Erklärung mit ihren Gesetzen $G_1$ und Antecedensdaten $A_1$ liefert den Glaubenswert $B_{G_1 \cup A_1}(E)$. Die zweite Erklärung mit $G_2$ und $A_2$ liefert den Glaubenswert $B_{G_2 \cup A_2}(E)$. Beide Erklärungen wird man als erfolgreiche Erklärungen akzeptieren müssen. Das heißt aber nicht, daß beide Erklärungen in ihrem Erklärungsvermögen gleichwertig sein müssen. Das Erklärungsvermögen einer Erklärung wird

|                                          | deduktiv-nomologischer Erklärungsfall | induktiv-statistischer Erklärungsfall |
|------------------------------------------|---------------------------------------|---------------------------------------|
| Einstufung "wahr"                        | korrekt deduktiv-nomologische Erklärung | – |
| Einstufung "epistemisch relativiert"     | ...                                   | informative Erklärung (mit epistemischer Grundbegriffs-Relativierung) |
|                                          | gut bestätigte deduktiv-nomologische Erklärung (mit epistemischer Bestätigungs-Relativierung) | gut bestätigte informative Erklärung (mit epistemischer Grundbegriffs-und-Bestätigungs-Relativierung) |

Inkommensurabilität

Tabelle 2

umso höher sein, je mehr der Glaubenswert an das betreffende Ereignis $E$ durch diese Erklärung angehoben werden konnte. Wir können also den sogenannten Gütegrad $GG$ einer Erklärung als Differenz der Glaubenswerte ansetzen.

$$GG = B_{G \cup A}(E) - B(E)$$

Zwei verschiedenartige Erklärungen für ein und dasselbe Ereignis $E$ können sehr wohl unterschiedliche Gütegrade aufweisen. Erklärungen, bei denen der Gütegrad sehr hoch ist, heben den Glaubenswert an das betreffende Ereignis also ganz beträchtlich in Relation zum ursprünglichen Glaubenswert $B(E)$ an und man wird eine solche Erklärung als eine sehr informative Erklärung bezeichnen müssen. Umgekehrt wird man in dem Fall, daß der Gütegrad sehr gering ist, von einer nicht informativen Erklärung sprechen. Wenn Erklärungen für ein Ereignis $E$ mit unterschiedlichen Gütegraden vorliegen, wird wohl die informativere Erklärung zu favorisieren sein. Selbstverständlich müßte man sich mit der nicht so informativen Erklärung begnügen, wenn die hochinformative Erklärung nicht zur Verfügung steht. Es sei aber noch einmal betont, daß hier von unterschiedlichen Erklärungen gesprochen wird, die auf ein und derselben Wissenssituation, sozusagen vor ein und demselben Hintergrundwissen,

| deduktiv-nomologische Erklärung | informative Erklärung |
|---|---|
|  | Ursprüngliche Wissenssituation: $K$<br>Glaubenswert für Ereignis $E$:<br>$$B(E) < 1$$ |
|  | Verschärfung der Wissenssituation durch Hinzutreten des Wissens um $E$.<br>$$K_E$$<br>Überraschung: "Warum $E$?" |
|  | Geistige Aktivität:<br>  Suche nach geeigneten Gesetzen $G$<br>  und Antecedensdaten $A$<br>Auffinden von $G \cup A$<br>Verschärfung der Wissenssituation zu<br>$$K_{G \cup A}$$ |
| Gesetze $G$ und Antecedensdaten $A$ bilden Explanans für Ereignis $E$ | Gesetze $G$ und Antecedensdaten $A$ bilden Explanans für Ereignis $E$ |
|  | In der Wissenssituation $K_{G \cup A}$ ist der Glaubenswert für das Ereignis $E$.<br>$$B_{G \cup A}(E) = 1$$<br>Glaubenswert ist nicht mehr zu steigern.<br>Glaubenswert nimmt Maximalbetrag an. |
| $G \cup A$ implizieren $E$ logisch | $G \cup A$ implizieren $E$ logisch |
| "$G \cup A$ erklären $E$" | "$G \cup A$ erklären $E$<br>in der Wissenssituation $K_{G \cup A}$ im Hinblick auf die Wissenssituation $K$ und $K_E$." |
| Man beachte:<br>  Die deduktiv-nomologische<br>  Erklärung ist ein Grenzfall der<br>  informativen Erklärung.<br><br>Konsequenz:<br>  Beseitigung der<br>  Inkommensurabilität. |  |
| Der Begriff der "korrekten, wahren deduktiv-nomologischen Erklärung" wird geopfert. | Die informative Erklärung ist das<br>**Paradigma**<br>**für rationale Erklärungen.** |

Tabelle 3

die betreffenden Erklärungen aufbauen. Hier sind also nicht nebeneinander stehende Erklärungen gemeint, die aus *verschiedenen* Wissenssituationen $K$ und $K'$ hervorgegangen sind.

Das neue Paradigma informativer Erklärungen und Begründungen (Voraussagen) provoziert natürlich auch eine ganze Reihe anderer Fragen, die hier nicht angeschnitten werden konnten. STEGMÜLLER bringt in seinem Werk [Erklärung, Seite 978ff. u.a.] eine ausführliche und weitreichende Diskussion der epistemischen Begründungs- und Erklärungsexplikationen.

# Kapitel V

# Reflexionen der Anschauung an Begriff und Theorie

## 1. Vorbemerkung

In den vorangehenden Kapiteln war von Begriffen, von Theorien und von Systematisierungen die Rede. Hier in diesem Kapitel wollen wir manches, was dort gesagt wurde, zusammenflechten. Uns interessiert dabei besonders, wie sich die Anschauung als allgemeinste Form des Gewahrwerdens an Begriffen und Theorien "spiegelt", also von ihnen zurückgeworfen wird. Hiervon werden wir im *Abschnitt 2* sprechen. Wir werden dort das zusammenfassen, was zur Struktur der Begriffe und der Theorien gehört, also das, was gleichsam den Mechanismus darstellt, der den "Gegenwurf" hervorbringt. Im *Abschnitt 3* soll von den Bedingungen und vom Gegenwurf die Rede sein. Mit der Bildung von Begriffen und Theorien war nämlich, wie wir wissen, eine ganze Reihe von Bedingungen und strukturellen Besonderheiten verknüpft; vieles davon hat aber einen Einfluß darauf, was man, in welcher Art als Gegenwurf erfährt. Der Gegenwurf wird sich dabei nicht als etwas erweisen, was man "die Realität" nennen könnte. Der Gegenwurf wird sich dagegen als relativ in bezug auf Begriffspyramide und Theorienetz zeigen. Im *Abschnitt 4* wollen wir die informative Systematisierung, also Erklärung und Voraussage, im Umfeld dieser Überlegungen sehen. Die informative Systematisierung wird für uns das Paradigma rationaler Systematisierungen darstellen. Begriffspyramide, Theorienetz und Systematisierung bilden für uns sozusagen den Reflektor. Das umfangreiche Schrifttum, auf dem diese Überlegungen und Gedanken fußen, wurde in den voranstehenden Kapiteln zitiert; hier wollen wir davon absehen, diese Texte nocheinmal anzuführen.

## 2.  Begriffspyramide und Theorienetz als Reflektor

Wenn man von Reflexion spricht, dann denkt man zum Beispiel
an das Zurückwerfen von Licht, wenn also ein Lichtstrahl auf eine mehr
oder minder spiegelnde Grenzfläche trifft und dort nicht ungehindert hindurchtreten kann, sondern bis zu einem gewissen Grad geschwächt und
verändert wieder zurückgebeugt, also reflektiert wird. Hierbei spielt, vereinfacht gesagt, die Grenzfläche eine ganz bedeutende Rolle. Ihre Be-
schaffenheit, ihre Struktur kann dazu führen, daß der Lichtstrahl diffus
gestreut wird oder daß er auf einen Brennpunkt konzentriert wird oder
daß er sich verfärbt oder daß er polarisiert wird oder andere Veränderungen erfährt. Es kommt ganz entscheidend auf die Wechselwirkung
zwischen Lichtstrahl und Reflektor an. Wenn wir hier in unserem Zusammenhang von Reflexion sprechen, so meinen wir das in einem übertragenen
Sinn, wir meinen eine Reflexion der Anschauung an den Begriffen und
Theorien. Wir fragen also danach, wie sich die Anschauung als allgemeinste Form des Gewahrwerdens an Begriffen und Theorien "spiegelt", von
ihnen also zurückgeworfen wird. Wir haben im Detail die Wechselwirkung zwischen Anschauung und Begriffsbildungsmethode schon erörtert
und es war bemerkenswerterweise nicht möglich, die Begriffe unabhängig
und selbsttragend zu formulieren. Es hat sich eine enge und unentwirrbare Verflochtenheit von Begriffsbildung und Gesetzbildung gezeigt. Bei
der Erstellung des Begriffsgefüges und bei den ersten Formulierungsver-
suchen für eine Theorie wurde deutlich, daß man nicht über eine theorieneutrale Beobachtungssprache verfügt. Es hat sich dadurch ein Wandel in
der Vorstellung ergeben, was man unter einer Theorie zu verstehen hat,
wir haben zu Theorielementen und Theorienetzen gefunden. Begriffspyramide und Theorienetz sind miteinander verflochten und sie stehen der
Anschauung gegenüber. Die Anschauung spiegelt sich in Begriffspyramide
und Theorienetz. Begriffspyramide und Theorienetz bilden sozusagen den
Reflektor. Die in Begriffspyramide und Theorienetz vorliegende Struktur
und die damit verknüpften Bedingungen sind entscheidend verantwortlich
dafür, was in welcher Art reflektiert wird, was als Gegenwurf erfahren
wird. Wir wollen hier zuerst alles das zusammenfassen, was zur Struktur
gehört, was also gleichsam den Mechanismus darstellt, der schließlich den
Gegenwurf erzeugt. Und zwar wollen wir zuerst die Struktur der Begriffspyramide und dann die des Theorienetzes zusammenfassen. Die daran
geknüpften Bedingungen und ihre Folgen heben wir für später auf.

## 2a. Die Begriffspyramide. Struktur

In einer Begriffspyramide haben wir ein Gebäude kennen gelernt, welches, auf der breiten allgemeinen Basis der Anschauung – der allgemeinsten Form des Gewahrwerdens – fundiert, zu einem Spektrum hochpräziser Begriffe geführt hat. Dieses Begriffsinstrumentarium ist eine ganz wichtige und unverzichtbare Voraussetzung: Nur auf der Grundlage exakter Begriffsbildung ist nämlich Wissenschaft möglich. Aus der Anschauung haben wir 1. klassifikatorische Begriffe, 2. komparative Begriffe, 3. quantitative Begriffe und 4. Größenbegriffe gebildet. Das methodische Vorgehen war hierbei durch folgende Schritte gekennzeichnet:

**1.** *Klassifikatorische Begriffe.* Klassifikatorische Begriffe oder qualitative Begriffe sind eine Einteilung eines Gegenstandsbereiches in einander ausschließende Arten oder Klassen. Zwei Adäquatheitsbedingungen nennen die Methode, die zu diesem Begriffstypus führen:

1. Die durch klassifikatorische Begriffe festgelegten Klassen müssen voneinander scharf abgegrenzt sein. Die Klassen müssen sich wechselseitig ausschließen.

2. Die Klasseneinteilung muß erschöpfend sein.

**2.** *Komparative Begriffe.* Komparative Begriffe sind Relationsbegriffe, die es erlauben. einen Vergleich anzustellen und nach größer-gleich-kleiner zu differenzieren. Der komparative Begriff wird durch zwei Relationen und durch sechs zugehörige Postulate eingeführt:

1. Vorgängerrelation. Gilt die Vorgängerrelation $xVy$, so besagt dies, daß der Begriffsgegenstand $x$ dem Begriffsgegenstand $y$ im Sinn der Reihenordnung vorangeht.

2. Koinzidenzrelation. Gilt die Koinzidenzrelation $xKy$, so besagt das, daß der Begriffsgegenstand $x$ vom Begriffsgegenstand $y$ im Sinn der Reihenordnung nicht zu unterscheiden ist.

Um eine Ordnung im komparativen Sinn aber wirklich zu gewährleisten, müssen die Koinzidenz- und Vorgängerrelation bestimmte Postulate erfüllen. Die ersten drei Postulate verlangen, daß die Relation $K$ totalreflexiv, symmetrisch und transitiv ist. Hierdurch erfüllt die Koinzidenzrelation die Bedingungen für eine Äquivalenzrelation, die zu einer Klassenzerlegung des betrachteten Bereiches Anlaß gibt: keine Klasse ist leer, die Klassen sind voneinander getrennt und die Vereinigung aller Klassen liefert wieder den ganzen betrachteten Bereich. Die Koinzidenzrelation erzeugt also eine erschöpfende Klasseneinteilung, wobei die einzelnen Klassen sich wechselseitig ausschließen. Der komparative Begriff ruht dadurch nahtlos auf dem klassifikatorischen Begriff. Die restlichen drei Postulate beziehen sich auf die Relation $V$ und verlangen, daß sie transitiv, $K$-irreflexiv und $K$-zusammenhängend ist. Die Vorgängerrelation $V$ ordnet die durch die Koinzidenzrelation gebildeten Äquivalenzklassen nach "größer" oder "kleiner". Wir haben bei den komparativen Begriffen also eine Informationserhöhung erreicht, weil hier ein Ordnungsprinzip eingeführt wurde, welches bei den klassifikatorischen Begriffen noch nicht angewendet wurde.

**3.** *Quantitative Begriffe.* Quantitative Begriffe bauen auf der Basis der klassifikatorischen und komparativen Begriffe auf. Der quantitative Begriff wird als numerische Funktion

$$f(u) = v$$

eingeführt. Den Argumenten $u$ wird mittels eines Funktors $f$ ein Zahlenwert $v$ zugeordnet. Durch Adäquatheitsbedingungen ist sicherzustellen, daß der quantitative Begriff mit dem komparativen Begriff im Einklang steht. Das wird gewährleistet:

1. dadurch, daß jedem Argument eine reelle Zahl $f(x)$ zugeordnet wird;

2. dadurch, daß bei Koinzidenz $xKy$ Zahlenwertgleichheit. also $f(x) = f(y)$ gelten muß und

3. dadurch, daß bei Bestehen einer Vorgängerrelation $xVy$ die Beziehung $f(x) < f(y)$ bestehen muß.

Es ist zu beachten, daß man durch diese Maßnahmen aber noch keinen quantitativen Begriff gewonnen hat, sondern bloß eine Ordinalskala, die die nach ihrer Größe geordneten Argumente oder Objekte bestenfalls irgendwie durchnumeriert hat. Mit einer Ordinalskala kann man selbstverständlich keine quantitativen Aussagen machen. Der quantitative Begriff wird schließlich durch drei Metrisierungsregeln und durch das Kommensurabilitätsprinzip eingeführt:

1. Metrisierungsregel (Gleichheitsregel): Für jedes beliebige Argument aus dem Argumentbereich gilt bei $xKy$ stets $f(x) = f(y)$.

2. Metrisierungsregel (Einheitenregel): Einem Standardobjekt $k$ wird per Konvention der rationale Zahlenwert $r$ zugeordnet.

3. Metrisierungsregel (Additivitätsprinzip): Für beliebige Objekte $x$ und $y$ aus dem Argumentbereich soll $f(x \circ y) = f(x) + f(y)$ gelten. Das Additivitätsprinzip spricht also davon, wie man einem komplexen Objekt, welches sich aus einer Kombination von Einzelobjekten zusammensetzt. einen Zahlenwert zuordnet. Das Symbol $\circ$ ist dabei ein Zeichen für die Durchführung einer Operation genau definierter Art zur Kombination physischer Objekte zur Bildung eines neuen physischen Objektes.

Kommensurabilitätsprinzip: Jedes Objekt $x$ des Objektbereiches $B$ ist
mit Hilfe der Koinzidenzrelation $K$ und der Kombinationsoperation $\circ$
mit dem Standardobjekt $k$ kommensurabel (vergleichbar).

Die Metrisierung wird damit auf den Prozeß des Zählens zurückgeführt;
dem Objekt wird dadurch eine rationale Zahl zugeordnet.

Verschiedene Formen der Metrisierung sind möglich und werden im
Wissenschaftsbetrieb eingesetzt:

a) Primäre Metrisierung: Hier wird der quantitative Begriff eingeführt,
ohne daß man sich dabei auf schon vorhandene andere quantitative
Begriffe stützt. Die oben beschriebene Metrisierungsform zählt man
also zur primären Metrisierung.

b) Sekundäre Metrisierung: Bei der Konstruktion des neuen Begriffes
können hier, bei der sekundären Metrisierung, auch andere schon metrisierte Begriffe einfließen.

c) Tertiäre Metrisierung: Hier liegt eine abgeleitete Metrisierung vor, die
sich auf ein als gültig angesehenes Naturgesetz stützt.

In alle diese Metrisierungsformen finden jedenfalls die erwähnten Bedingungen, Prinzipien, Regeln und Voraussetzungen Eingang. Dieser Postulatsapparat muß erfüllt sein, damit die Gültigkeit der angestrebten Begriffsdefinition garantiert ist.

Den "tatsächlichen Wert", den ein bestimmter quantitativer Begriff
bei Anwendung auf ein Objekt annimmt, ermittelt man durch den Vorgang der eigentlichen Messung. Die Streuung der Meßwerte stellt, wie wir
wissen, einen eigenen Problemkreis dar.

**4.** *Größenbegriffe.* Der Größenbegriff baut auf dem quantitativen
Begriff auf, der durch seinen Funktor $(f)$, sein Standardobjekt $(k)$ und den
damit verbundenen begriffsspezifischen Postulatsapparat $(p)$ umrissen ist.
Für einen quantitativen Begriff gibt es zumeist mehrere Möglichkeiten für
seine Quantifizierung. Die $i$-te Möglichkeit sei $f_i$, $k_i$, $p_i$. Die Einführung
des Größenbegriffes $G$ wird durch einen $[G]$-Operator ermöglicht. Die
Konstruktion des $[G]$-Operators sieht folgendes vor:

1. Der $[G]$-Operator enthält einen Funktorkatalog $F$, der alle zulässigen
Funktoren $f_i$ auflistet.

2. Der $[G]$-Operator bezeichnet einen Standardobjekt-Bereich $K$, der die
zu den Funktoren $f_i$ gehörigen Standardobjekte $k_i$ nennt.

3. Der $[G]$-Operator enthält einen Postulatskatalog $P$, der die zu den
Funktoren $f_i$ und zu den Standardobjekten $k_i$ gehörigen Postulate $p_i$
aufzählt.

4. Die Aussagen 1 bis 3 werden zu einem Abkürzungssymbol $[G]$ zusammengefaßt. Dieses Abkürzungssymbol wird als algebraische Größe behandelt. Beispielsweise ordnet man dem $[G]$-Operator der Länge $l$ das Symbol $[l]$ zu.

Um zum Ausdruck bringen zu können, daß im $[G]$-Operator die $i$-te Möglichkeit, also $f_i$, $k_i$, $p_i$ gemeint ist, konstruiert man ganz analog den $[G]_i$-Operator. Beispielsweise ordnet man dem $[G]_i$-Operator der Länge $l$, der als Standardobjekt das Meter verwendet, das Symbol $[l]_i = m$ zu.

Die Einführung des Größenbegriffes $G$ geschieht über die formale Definition

$$G = \{G\} \cdot [G] \; .$$

Hierin ist $G$ die Größenart oder der Größenbegriff; $\{G\}$ ist jener Zahlenwert, der sich ergeben würde, wenn der $[G]$-Operator auf ein bestimmtes $f_i$-$k_i$-$p_i$-Tripel konkretisiert wird und jetzt auf ein Objekt $x$ angewendet wird; $[G]$ ist das Abkürzungssymbol für den verwendeten $[G]$-Operator. $[G]$ ist also als eine algebraische Größe zu betrachten, die multiplikativ mit dem Zahlenwert $\{G\}$ verbunden ist. Meint man eine konkrete Größe, so schreibt man

$$G^* = \{G\}^* \cdot [G]_i \; .$$

Hierbei ist $\{G\}^*$ jener Zahlenwert, der sich ergibt, wenn der im $[G]_i$-Operator festgelegte Funktor $f_i$ unter Verwendung des Standardobjektes $k_i$ unter Berücksichtigung des Postulatsapparates $p_i$ auf ein bestimmtes Objekt angewendet wird. $[G]_i$ ist als Abkürzungssymbol für den verwendeten $[G]_i$-Operator zu betrachten. Die Abkürzungssymbole $[G]$ bzw. $[G]_i$ nennt man im üblichen Sprachgebrauch oft auch kurz "Einheit". Schreibt man zum Beispiel für irgend eine bestimmte konkrete Länge $l^* = 1,3 \; m$, so ist $m$ das Abkürzungssymbol für den verwendeten $[G]_i$-Operator, der hier als Standardobjekt also das Meter enthält. $l^* = 1,3 \; m$ besagt also, daß sich bei Anwendung des im speziellen $[G]_i$-Operator festgelegten Funktors $f_i$ unter Verwendung des Standardobjektes $k_i$ (hier also: Meter) unter Berücksichtigung des zugehörigen Postulatsapparates $p_i$ auf ein bestimmtes Objekt der Zahlenwert $\{G\}^* = 1,3$ ergeben hat.

Auch beim Größenbegriff ist auf Adäquatheit der Größenkonstruktion zu achten: Die in Zahlen ausgedrückten Größenverhältnisse der einzelnen Objekte müssen invariant gegen einen Funktor-Standardobjekt-Postulats-Wechsel sein.

Bei dieser Erörterung der Fundamentierung der Begriffe, wo wir die Methode der Begriffsbildung in den Vordergrund gestellt haben, darf eine ganz besondere Schwierigkeit, die uns begegnet ist, aber nicht übersehen werden und in Vergessenheit geraten: Insbesondere bei der Definition der

quantitativen Begriffe und der Größenbegriffe gehen vielfach naturgesetzliche Zusammenhänge in die Argumentation ein, die wir im Prinzip in diesem Stadium aber noch gar nicht kennen können. Es ist also eine Illusion,
wenn man glaubt, daß man etwa im System der Größenbegriffe eine theorieneutrale Beobachtungssprache vor sich hat, mit der man im nachhinein
die Gestalt und Form der Naturgesetze erforschen kann. Im Gegenteil,
es liegt bei der Begriffs- und Gesetzbildung eine enge und unentwirrbare
gegenseitige Verflochtenheit vor. Zu Begriffspyramiden gehören sozusagen
als unverlierbare und unvertauschbare Gegenstücke Theorienetze. Von der
Struktur solcher Theorienetze soll jetzt die Rede sein.

## 2b. Das Theorienetz. Struktur

Theorienetze sind komplexe Strukturen, die sich aus Theorie-
Elementen zusammensetzen, die selbst wiederum eine ganz bestimmte
Feinstruktur aufweisen. Wir wollen bei den Elementen dieser Feinstruktur
beginnen (Absatz 1 bis 7) und den Aufbau des Theorie-Elementes charakterisieren (Absatz 8) um anschließend auch Netze von Theorie-Elementen
und ihre Dynamik und die damit verbundenen Besonderheiten in Erinnerung rufen zu können (Absatz 9).

**1.** *Die Menge der Modelle M* faßt jene Modelle zusammen, die die
Theorie im eigentlichen Sinn tragen. Sie verkörpern den theoretischen
Apparat der Theorie und erfüllen ihre gesetzlichen Bedingungen.

**2.** *Die Menge der möglichen Modelle $M_m$* faßt jene möglichen Modelle $m_m$ zusammen, die im Prinzip die gleiche allgemeine Struktur wie
die Modelle haben, es wird aber nicht gefragt, ob die gesetzlichen Bedingungen des Formelgerüstes erfüllt sind. Die Menge der möglichen Modelle
trifft also eine gewisse formale Vor-Auslese und klärt die Frage ab, für
welche der empirischen Strukturen eine Chance dafür besteht, daß eine
Koinzidenz zwischen Phänomen und Theorie eintreten könnte. Dabei ist
nicht gemeint, daß sich jedes mögliche Modell zuletzt als tatsächliches
Modell der Theorie entpuppt. Im Gegenteil, man wird nur bei einem
Bruchteil der möglichen Modelle überhaupt anstreben, sie in die Theorie
wirklich einzugliedern. Die Theorie soll nur von bestimmten sogenannten
intendierten Anwendungen handeln.

**3.** *Die Menge der möglichen partiellen Modelle $M_{mp}$* erhält man dadurch, daß man bei den möglichen Modellen alle theoretischen Terme herausnimmt und wegläßt. Bei den möglichen partiellen Modellen werden die
empirischen Strukturen also ausschließlich durch die nicht-theoretischen
Größen beschrieben. Das mögliche partielle Modell gibt einen beobachtbaren Sachverhalt in der Sprache der nicht-theoretischen Terme wieder.

**4. *Die Constraints C*.** Solange in Theorie-Elementen keine Constraints eingeführt sind, kommt es sowohl im Bereich der empirischen Aussage, als auch im Bereich der Theorie zu einer Aufsplitterung, zu einem Krakelee, zu einem beziehungslosen Nebeneinanderstehen, auch dann, wenn zwischen den Objekten, von denen die Rede ist, Wechselbeziehungen existiert haben. Die Constraints – das sind einschränkende Bedingungen, die den theoretischen Größen auferlegt werden – verhindern das Auseinanderfallen der einzelnen Aussagen. Die Constraints wirken als Querverbindungen zwischen allen möglichen Anwendungsfällen der betrachteten Theorie. Sie halten die verschiedenen empirischen Aussagen aus dem Bereich der intendierten Anwendungen zusammen und führen zu einer einzigen unzerlegbaren empirischen Gesamtaussage $P$.

**5. *Die Proposition P*** ist eine nicht in Einzelaussagen zersplitterte empirische Gesamtbehauptung:

Jedes mögliche Modell $m_{mp}^i$, welches zu den intendierten Anwendungen der Theorie gehört, besitzt eine Erweiterung $m_m^i$, die ein Modell von $T$ ist, und die Menge aller dieser Erweiterungen erfüllt die den theoretischen Größen auferlegten Constraints.

**6. *Die intendierten Anwendungen I*** sind solche, von denen die Theorie zu sprechen beabsichtigt. Es ist zu betonen, daß nur ein Bruchteil der Menge der möglichen Modelle intendierte Anwendungen sind.

**7. *Die Menge der paradigmatischen Beispiele* $I_0$.** Die Menge der intendierten Anwendungen $I$ wird durch die Menge der paradigmatischen Beispiele $I_0$ umrissen. Zu den intendierten Anwendungen wird man all das zählen, was zur Menge der paradigmatischen Beispiele eine gewisse Familienähnlichkeit aufweist. Die Menge der intendierten Anwendungen wird dadurch keinesfalls scharf umrissen; die intendierten Anwendungen sind demnach als offene Menge aufzufassen. Die paradigmatischen Beispiele $I_0$ sind als Menge jedenfalls grundsätzlich in der Menge der intendierten Anwendungen $I$ enthalten.

**8. *Das Theorie-Element*** kann man als kleinste Einheit einer empirisch interpretierten Theorie auffassen. Die in den Absätzen 1 bis 7 genannten Bestandteile bilden die Feinstruktur des Theorie-Elementes mit unterlegter Proposition $P$; man könnte diese Struktur in einer graphischen Darstellung nach Abbildung 1 symbolisch zusammenfassen. Das Theorie-Element

$$T = < K, I >$$

besteht aus dem Kern der Theorie

$$K = < M_{mp}, M_m, M, C >$$

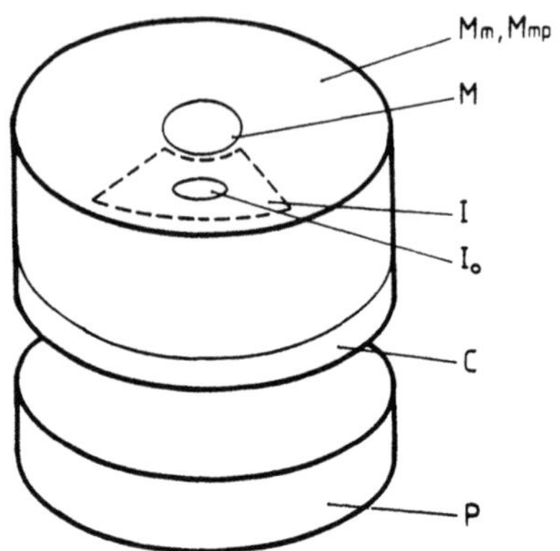

Abbildung 1

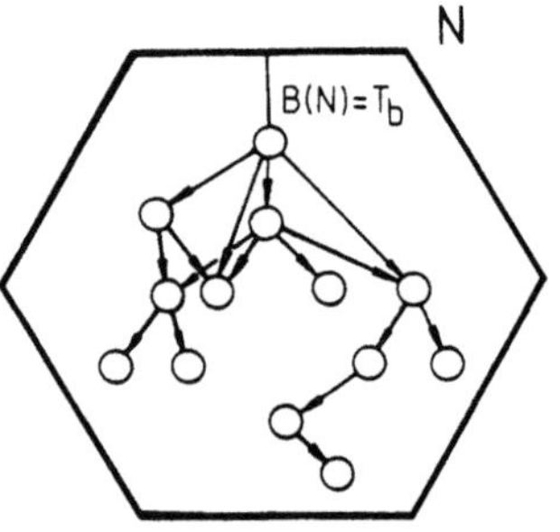



Abbildung 2

und den intendierten Anwendungen

$$I \subset M_{mp} \; ,$$

die durch paradigmatische Beispiele $I_0$ umrissen werden.

**9.** *Netze von Theorie-Elementen.* Durch Spezialisierungen, die von einem Theoriegrundelement $T_b$ ihren Ausgang nehmen, entsteht ein Netz von Theorie-Elementen (Abbildung 2), dem eine "Theorieproposition im starken Sinn" unterlegt ist. Diese Theorienetze sind keine starren Gebilde, sondern sie sind einem gewissen Wandel unterworfen; man spricht in diesem Zusammenhang von einer Theoriendynamik. Dabei ist der unveränderliche Ausgangspunkt der Theorie das Theoriegrundelement $T_b$; es verhilft dem Theorienetz zur eigenen Identität. Durch das Theoriegrundelement sind die *wesentlichen Eigenschaften* der Theorie gegeben, nämlich durch den Theoriekern $K_b$ und durch die paradigmatischen Beispiele $I_0$ des Theoriegrundelements. Die *akzidentiellen Eigenschaften* der Theorie können sich wandeln. Diese akzidentiellen Eigenschaften sind einerseits die intendierten Anwendungen mit Ausnahme der paradigmatischen Beispiele (also $I - I_0$) und es sind anderseits die Spezialisierungen des Kernes von $T_b$. Im Verlauf der Theoriendynamik kann es also zu Verfeinerungen des Theorienetzes kommen, es kann aber auch einmal sein, daß aus empirischen Gründen gewisse Netzverfeinerungen wieder zurückgenommen werden müssen. Eine ganz anders strukturierte Veränderung von Theorienetzen haben wir bei der wissenschaftlichen Revolution kennengelernt. Hier sind es nicht mehr die akzidentiellen Eigenschaften der Theorie, die eine Wandlung erfahren; jetzt kommt es zu einem Bruch: die wesentlichen Eigenschaften der Theorie ändern sich. Es taucht ein neuer Grundkern $K_b'$ auf und es liegen neue paradigmatische Beispiele $I_0'$ vor. Neben dem Theorienetz $N$ existiert jetzt auch ein Theorienetz $N'$. Ein Theoriegrundelement legt, wie wir wissen, in grundlegender Weise die theoretischen Größen fest, die in die wissenschaftliche Sprache eingehen. Die Theorien $N$ und $N'$ sind dadurch in bedeutungsverschiedenen Sprachen formuliert. Kommt es im Zug der wissenschaftlichen Revolution zu einer Theorienverdrängung, so wird man sie *progressiv* nennen, wenn sich die verdrängte Theorie partiell und näherungsweise in die verdrängende Theorie einbetten läßt. Durch diese Einbettungs-Forderung wird die Kumulativität, im Sinn einer gewissen Bewahrung von bisher Erreichtem angestrebt; nur bei strenger Beachtung dieses Postulates wird die Kumulativität über Revolutionen hinweg gelten. Die Progressivität gewährleistet allerdings nicht die zielgerichtete Annäherung des Erkennens an "die Realität", weil der Fortschrittsbegriff auf inneren Beziehungen zwischen Theorien beruht und keine äußeren Beziehungen zu "der Realität" hin ansetzen kann. "Die Realität" ist uns nicht zugänglich. Linearität als zielgerichtete Annäherung an "die Realtiät" ist folglich nicht gewährleistet und könnte auch gar nicht empirisch registriert werden.

Ein besonders merkwürdiges Phänomen, mit dem man offenbar rechnen muß, ist die Fortschrittsverzweigung. Hier können sich Theorien in zwei einander ausschließende Richtungen weiterentwickeln; es entstehen

Theorienetze, die auf verschiedenen Ästen liegen.

## 3. Die Bedingungen und der Gegenwurf

Bedingungen sind dasjenige, wovon irgend ein bestimmtes anderes abhängt, was also irgendeinen bestimmten Zustand oder ein Geschehen möglich macht. Wir meinen hier jene Bedingungen, die mit der Bildung von Begriffen und Theorien einhergehen. Wir wollen die Bedingungen derart gliedern, daß hierdurch Licht auf folgende Gesichtspunkte und Fragen geworden wird:

a) Bedingungen zum Fundament der Begriffe.
b) Sind begriffliche Aussagen scharf?
c) Begriffe, Theorien und Gegenwurf.
d) Dynamik und Wandel.

### 3a. Zum Fundament der Begriffe

Die Frage nach dem Fundament der Begriffe will die Standfestigkeit der Begriffe ausloten. Das Fundament wird als verläßlich gelten, wenn es nicht mit irgendwelchen Wenn-und-Abers verbunden ist. Wir wissen aber, daß bei der Begriffsbildung sehr wohl eine Reihe von Bedingungen eingeflossen sind, die wir zu berücksichtigen haben. Die Frage nach dem Fundament ist also berechtigt. Und zwar sind es zwei Teilfragen, die hier hereinspielen: 1. Hat man das Fundament des Begriffes überhaupt an der richtigen Stelle in den Boden gesenkt oder wäre es besser gewesen, ihn woanders zu fundieren, also anders festzulegen, mit einem anderen Bedeutungsinhalt? 2. Wenn also eine Reihe von Bedingungen zu berücksichtigen sind, damit die Gültigkeit der betreffenden Begriffsdefinition garantiert ist, dann will man wissen, ob und wie weit diese Bedingungen tatsächlich eingehalten werden oder ob es sich hier sozusagen nur um ein Provisorium handelt. Diese beiden Fragen wollen wir kurz beleuchten.

**1.** Die Frage, ob das Fundament eines Begriffes an der richtigen Stelle in den Boden gesenkt wurde, ist nicht trivial. Zwar ist der Naturforscher bei der Wahl seiner Begriffe bis zu einem gewissen Grad frei und man könnte meinen. die Begriffsfestlegung sei nur eine Angelegenheit der Konvention, es ist jedoch zu bedenken, daß die Begriffe gebildet werden, um bestimmte in Betracht gezogene Phänomene beschreiben und auch erklären zu können. Bei der Festsetzung der Begriffe spielen daher ganz wesentlich Fruchtbarkeits- und Einfachheitsüberlegungen mit. Und zwar geschieht das in der Begriffspyramide schon bei den klassifikatorischen Begriffen, also ziemlich tief unten. Fruchtbarkeits- und Einfachheitsüberlegungen werden bei der Begriffsbildung in Relation zu den in Betracht gezogenen Phänomenen stehen. Die unter diesen Voraussetzungen festgelegten Begriffe werden sich, wenn die Erwartungen in Erfüllung gehen, wissenschaftlich als fruchtbar erweisen und es werden vielleicht auch ursprüngliche Randgebiete in den Phänomenkreis eingegliedert und gegebenenfalls werden auch Gesetzmäßigkeiten, die den Phänomenen zugrunde liegen, erkannt. Umgekehrt können sich aber derart festgelegte Begriffe für einen anderen Zusammenhang als unfruchtbar erweisen. Es könnte sein, daß die festgelegten Begriffe gerade in einem solchen Bereich unfruchtbar sind, den man neuerdings für sehr bedeutend hält. Es ist denkbar. daß man dort dann Gesetzmäßigkeiten und Zusammenhänge gar nicht mehr erkennen kann. Dann wäre vielleicht der Übergang auf ein neues Begriffssystem zweckmäßig. Die Formulierung klassifikatorischer Begriffe findet also allein mit den Methoden der Konvention zur Einteilung eines Gegenstandsbereiches in die verschiedenen Klassen nicht das Auslangen. Die erforderlichen Fruchtbarkeits- und Einfachheitsüberlegungen stützen sich wesentlich auch auf empirische Erfahrungen und Befunde. Und das bringt eine nicht unerhebliche Unsicherheit mit sich: Es müßte nämlich in die Begriffe, mit denen wir die Erfahrung *später* einmal formulieren wollen, *schon von vornherein* die begrifflich formulierte Erfahrung eingebracht werden.

Aber natürlich nicht nur bei klassifikatorischen und komparativen Begriffen fließen Fruchtbarkeits- und Einfachheitsüberlegungen mit allen ihren Komplikationen ein, sondern auch bei den quantitativen Begriffen haben wir derartige Einflüsse gefunden. Bei der primären Metrisierung der Zeit muß man von einem exakt periodischen Vorgang Gebrauch machen. Die Frage, woran man eigentlich erkennt, daß ein periodischer Vorgang auch wirklich "exakt" periodisch ist, *bevor man noch die Zeit metrisiert hat*, läßt sich offenbar nur so beantworten, daß man folgendes verlangt: Entscheide dich für jenen periodischen Vorgang zur Zeitmetrisierung, der zu einer möglichst einfachen Gestalt der wichtigsten Naturgesetze führt. Die Frage, was hier aber "einfach" und "wichtig" ist, läßt sich allerdings sicher nur in Relation zu einem bestimmten zur Verfügung stehenden Erfahrungsschatz und für eine bestimmte Zeitepoche beantworten. Die Frage, ob das Begriffsfundament an der richtigen Stelle in den Boden gesenkt wurde, ist also auch hier nicht trivial.

Uns ist auch noch eine andere Einflußnahme auf den Begriffsbildungsprozeß aufgefallen, die man mit dem Schlagwort theoretische Idealisierung kennzeichnen könnte. Beim quantitativen Begriff zum Beispiel hat das Kommensurabilitätsprinzip gezeigt, daß die Zahlenwerte, die den

Objekten durch den Meßvorgang zugeordnet werden, grundsätzlich nur rationale Zahlen sein können. Oft gibt man aber Theorien, auf die man nicht verzichten will, den Vorrang und verwendet, theoretisch idealsisierend, statt dessen irrationale Zahlen ($\sqrt{2}$, $\pi$, . . .). Eine andere theoretische Idealisierung nimmt man in Kauf, wenn man sich dazu entschließt, die mathematische Analysis (Differential- und Integralrechnung, Differentialgleichungen, Vektorrechnung, Fourierreihen u.ä.) auf die Natur anwenden zu wollen: Dieser Entschluß zwingt uns dazu, die quantitativen Begriffe als stetige und differenzierbare Funktionen aufzufassen. Das führt schließlich zu der These, daß die quantitativen Begriffe nur partiell interpretierbare theoretische Begriffe seien.

**2.** Wenn also, wie sich gezeigt hat, beim Prozeß der Begriffsbildung eine Reihe von Bedingungen zu berücksichtigen sind, damit die Gültigkeit der betreffenden Begriffsdefinition garantiert ist, dann wird man sich überzeugen müssen, ob diese Bedingungen auch wirklich eingehalten wurden. Die Begriffsbildung fällt einem also nicht zum Nulltarif in den Schoß. Sollte man diese Überprüfung allerdings aus irgendwelchen Gründen nicht zum Abschluß bringen, so wären unsere Begriffe wohl nur als Provisorien – wenngleich als ungeheuer wichtige und in der Praxis brauchbare – zu betrachten.

Im Zug des Begriffspyramidenbaues mußten wir eine ganze Reihe von Bedingungen hinnehmen, die es empirisch zu überprüfen gilt: Beim klassifikatorischen Begriff waren es die beiden Adäquatheitsbedingungen. Beim komparativen Begriff mußte gefordert werden, daß die Relation $K$ symmetrisch und transitiv, die Relation $V$ transitiv und $K$-zusammenhängend ist. Bei der Bildung quantitativer Begriffe war das Additivitätsprinzip (3. Metrisierungsregel), das Kommensurabilitätsprinzip und bei den Größenbegriffen war die betreffende Adäquatheitsbedingung, zu gewährleisten. Die in diesen Bedingungen enthaltenen Allquantoren fordern, daß die Bedingungen an *allen* Begriffsgegenständen experimentell zu verifizieren sind, was im allgemeinen aber nicht möglich sein wird. Diese Bedingungen sollen, wie gesagt, die Garantie für die Gültigkeit der betreffenden Begriffsdefinition liefern. Nimmt man aber – weil es nicht anders geht – die Gültigkeit dieser Bedingungen bloß auf Grund einiger (oder auch sehr vieler) Testuntersuchungen als gegeben an, so läßt man sich hier auf eine hypothetische Verallgemeinerung ein.

### 3b. Sind begriffliche Aussagen scharf?

Wir wollen annehmen, das Unmögliche wäre möglich und es wäre gelungen, alle Bedingungen, die die Gültigkeit der Begriffe garantieren, zu erfüllen und auf irgendeine Art auch sicherzustellen, daß das Fundament der Begriffe an der richtigen Stelle im Boden verankert ist. Man kann dann den Begriffen nicht mehr vorwerfen, sie wären bloß Provisorien. Nehmen wir also an, diese Schwierigkeit wäre endgültig überwunden. Sind die Aussagen, die wir dann gewinnen können, jetzt wenigstens scharf, oder sind sie in ihrer Aussage mit einem Unsicherheitsspielraum verknüpft? Diese Frage soll jetzt beleuchtet werden.

Im Zusammenhang mit der Schärfe begrifflicher Aussagen denkt man sicher sofort an das weiter oben erwähnte Problem, das mit der 1. und 2. Metrisierungsregel bei quantitativen Begriffen zusammenhängt. Wir erinnern uns, zur primären Metrisierung der Zeit müßte man einen exakt periodischen Vorgang – etwa ein Pendel – zur Verfügung haben, mit dem man das zu messende Zeitintervall "auspendeln" und ihm dadurch einen Zahlenwert zuordnen kann. Aber wie erkennt man noch *vor der Zeitmetrisierung*, daß der periodische Vorgang wirklich exakt periodisch ist? Aber nicht nur bei der Zeit ist das so. Analoge Schwierigkeiten treten auch bei der primären Metrisierung der Länge auf: Hier braucht man etwa einen starren Stab als Längeneinheit. Aber wie kann man, *bevor* noch die Länge metrisiert ist denn erkennen, daß der Stab wirklich starr ist? Hier helfen, wie wir gesehen haben, offenbar bloß Fruchtbarkeits- und Einfachheitsüberlegungen weiter. Den scharfen Zahlenwert als quantitatives Meßergebnis erhält man bloß zufolge einer Periodizitäts- oder Starrheits*vereinbarung* für das verwendete Standardobjekt als Einheit und das nur auf der Basis gewisser Fruchtbarkeits- und Einfachheitsüberlegungen. Allfällige Änderungen bei diesen Überlegungen bleiben sicher nicht ohne Rückwirkung auf das ganze System. Wenn man diese Änderungen nicht ausschließen kann, dann handelt es sich also sozusagen bloß um eine "Schärfe auf Zeit."

Die Schärfe eines Begriffes ist aber auch noch von einer anderen Seite her gefährdet. Bei den komparativen Begriffen, den quantitativen Begriffen und den Größenbegriffen sind in zentraler Weise nämlich Relationen, Regeln und Prinzipien eingegangen, die grundsätzlich empirische Untersuchungen voraussetzen. Der komparative Begriff wurde über zwei Relationen, nämlich die Vorgängerrelation $V$ und die Koinzidenzrelation $K$ eingeführt. Ob in einem konkreten Anwendungsfall jetzt tatsächlich eine Vorgänger- oder die Koinzidenzrelation gilt, ist nur durch eine empirische Untersuchung zu entscheiden. Beim quantitativen Begriff sind es die drei Metrisierungsregeln und das Kommensurabilitätsprinzip, die die

Basis für die empirische Untersuchung zur Ermittlung des Zahlenwertes sind. Solche Untersuchungen bedienen sich in allen Fällen bestimmter Meßgeräte oder Versuchseinrichtungen. Die mit der Funktion dieser Vorrichtungen verbundenen Bedingungen fließen aber in das Ergebnis der Entscheidung und der eigentlichen Messung unmittelbar ein. Ein besonderes Problem liegt darin, daß die Meßresultate bei empirischen Untersuchungen grundsätzlich streuen, also keine scharf definierten einheitlichen Werte annehmen.

Dieses, bei empirischen Untersuchungen offenbar unvermeidliche Faktum, daß man empirische Begriffe und Größen nicht mit absoluter Exaktheit bestimmen kann, muß man auch in Wechselwirkung mit der Gesetz-Theorie-Problematik sehen. Denn, wir erinnern uns, Gesetze und Theorien können nicht verifiziert und damit ein für alle Male als gültig erkannt werden, sie können einzig und allein nur empirisch widerlegt werden und so zumindest hinterher aus der Wissenschaft ausgeschieden werden. Für eine tatsächliche Widerlegung einer Theorie genügt bereits ein einziges Gegenbeispiel. Und diese Theorie-Widerlegung tritt bei jeder Messung wegen der Meßwertstreuung im Prinzip regelmäßig auf. Deswegen muß man die Verhältnisse etwas anders sehen: Jedes Ensemble von Meßresultaten liefert statistische Hypothesen, wie der Meßwert tatsächlich aussehen könnte. Die getroffene Auswahl aus rivalisierenden statistischen Hypothesen dient schließlich als Basis für die Überprüfung quantitativer Gesetze und Theorien. *In jede Form der empirischen Erfahrung gehen damit statistische Überlegungen ein.* Statistische Hypothesen sind aber mit wissenschaftstheoretischen Problemen besonderer Art verbunden; die Systematisierungen (Erklärungen, Voraussagen) bei probabilistischen Systemen haben uns hier einen Einblick gewährt.


## 3c. Begriffe, Theorien und Gegenwurf

Beim Aufbau der Begriffspyramide und bei der Konstruktion der Theorie-Elemente sind wir einer eigenartigen Situation gegenüber gestanden. Wir haben nämlich gesehen, daß insbesondere bei der Definition mancher Größenbegriffe naturgesetzliche Zusammenhänge in den Begriffsaufbau eingehen; das eigenartige daran ist, daß wir in diesem Stadium die Naturgesetze aber eigentlich noch gar nicht kennen können. Wir wollten ja ursprünglich *zuerst* die Begriffe festlegen, um *dann* die Gesetze aus der Erfahrung herauslesen zu können. Bei der Erstellung des Begriffsgefüges wurde aber deutlich, daß man nicht über eine theorieneutrale Beobachtungssprache verfügt. Ähnlich ist es uns auch bei der Konstruktion der Theorie-Elemente ergangen. Dort war es die unabweisbare Forderung, daß es sich bei unserer Theorie um eine empirisch interpretierbare Theorie handeln soll. Ob die Behauptung, die die Theorie aufstellt, aber auch wahr ist, muß daher empirisch überprüft werden. Es zeigt sich bei dieser Gelegenheit, daß in Theorien neben nicht-theoretischen Größen auch $T$-theoretische Größen vorkommen können, also Größen, die sich nur dann bestimmen lassen, wenn man die Gültigkeit der Theorie $T$ bereits voraussetzen kann. Eine Analyse dieser Verhältnisse hat uns schließlich zu der besonderen Struktur der Theorie-Elemente geführt. Der *unentwirrbaren Verflochtenheit von Begriffsbildung und Gesetzbildung* konnten wir jedenfalls nicht entgehen.

Ein weiterer ganz merkwürdiger und interessanter Gesichtspunkt ist uns bei der Erörterung der quantitativen Begriffe und der Größenbegriffe aufgefallen. *Die Quantitäten haben sich im Zug der Begriffsbildung nicht als etwas ontologisch Vorgegebenes erwiesen, sondern sie haben sich als etwas von uns Geschaffenes gezeigt.* Das heißt, wir selbst haben den quantitativen Aspekt in die Welt hineingetragen. Mit dem quantitativen Begriff bringt man die quantitative Ordnung in die Welt hinein. Die Methoden, die die quantitativen Begriffe oder auch die Größenbegriffe generieren, sind, wie wir gesehen haben, voneinander im Detail sehr verschieden. Wir registrieren also nicht mit ein und derselben Methode die verschiedenen Größen, wie die Länge, die Masse oder die Zeit usw., sondern wir haben ganz bestimmte ausgearbeitete Regeln für einen Meßprozeß der jeweiligen Größe zur Verfügung, wodurch dann erst der betreffende quantitative Begriff einen Sinn bekommt. Die Wissenschaft gelangt nicht auf irgendeine geheimnisvolle Weise in den Besitz eines Größenbegriffes und überlegt sich hinterher, wie man ihn messen könnte. Der Größenbegriff ergibt sich immer erst aus dem Meßprozeß. Es sei in diesem Zusammenhang an die ausführlichen historischen Diskussionen während der Anfangsphase der Relativitätstheorie erinnert. Hier waren es genau diese Probleme, in denen eine nicht unerhebliche gedankliche Schwierigkeit lag: Man kann nicht genau wissen, was mit Begriffen, wie "gleiche Dauer" oder "Gleichzeitigkeit zweier Ereignisse an verschiedenen Orten" gemeint ist, wenn man nicht exakt die Geräte und Regeln festlegt, mit denen man derartige Begriffe messen kann. Unsere Zielvorstellung bei der Erschaffung des Größenbegriffes war, etwas zu erfassen, was man "Wesensinhalt, Wesenheit, Wesensart" des betreffenden Phänomens oder einer bestimmten Eigenschaft nennen könnte. Was wir aber dabei tatsächlich unter dieser Wesensart verstehen mußten, hatte zuletzt eine recht verengte und abgemagerte Bedeutung: Im Sinn der Größenart $G$ ist die Wesensart eine potentielle Reaktionsweise in Form eines noch offenen unbestimmten Zahlenwertes $\{G\}$ auf die Anwendung eines zur Zeit noch nicht festgelegten $f_i$-$k_i$-$p_i$-Tripels aus dem $[G]$-Operator. (Der $[G]$-Operator ist eine "Rezeptsammlung" verschiedener $f_i$-$k_i$-$p_i$-Tripel.) Eine Eigenschaft im Sinn des Größenbegriffes ist also eine Reaktionsweise; man gibt die Eigenschaft durch einen Bedingungssatz, "wenn $a$, so $b$", also durch eine Implikation an. Das heißt "wenn $[G]$, so $\{G\}$" oder speziell, "wenn $[G]_\iota$, so $\{G\}^\cdot$" oder wenn wir jetzt zum Beispiel den Längenbegriff herausgreifen und auf meinen Bleistift anwenden: "Wenn cm, so 13,6". (Der Größenbegriff ist derart zu konstruieren, daß er auf eine intersubjektive Aussage führt.)

Durch die Begriffe und Theorien werden die einzelnen Elemente der Anschauung in ein System gegenseitiger Beziehungen gestellt und dieses System wird einem vermöge der Begriffe und Theorien sozusagen entgegengeworfen. Ein solcher *Gegenwurf* ist, anders gesagt, die Anschauung in der Sprache von "Begriffspyramide und Theorienetz". Wir haben im übertragenen und bildlichen Sinn auch von Reflexion gesprochen, einer Reflexion der Anschauung an den Begriffen und Theorien: Die Anschauung als die allgemeinste Form des Gewahrwerdens spiegelt sich an Begriffen und Theorien und wird von ihnen zurückgeworfen. Begriffspyramide und Theorienetz – in ihrer unentwirrbaren Verflochtenheit – bilden den Reflektor. Der besondere Bau von Begriffspyramide und Theorienetz, sowie die damit verknüpften Bedingungen sind entscheidend verantwortlich dafür, was in welcher Art reflektiert wird, was als Gegenwurf erfahren wird. *Der Gegenwurf ist also relativ in Bezug auf die Begriffspyramide und das Theorienetz.* Wollte man das, was wir als Gegenwurf bezeichnet haben, Sachverhalte und Tatsachen nennen, dann wären die Sachverhalte und Tatsachen relativ in Bezug auf die Begriffspyramide und das Theorienetz, sie wären relativ in Bezug auf diese Begriffs-und-Theorienetz-Sprache, sie wären relativ in Bezug auf den Begriffs-und-Theorienetz-Reflektor. Das was wir als Gegenwurf hier erfahren, ist jedenfalls nicht als etwas einzustufen, was man "die Realität" oder auch nur einen Aspekt "der Realität", nennen könnte. Zu solchen externen Gegebenheiten haben wir jedenfalls keinen Zugang entdeckt und wir wollen daher von ihnen schweigen.


## 3d. Dynamik und Wandel

Das Studium der Theorienetze hat uns dynamische Veränderungen vor Augen geführt. Ausgangspunkt und Fundament war das Theoriegrundelement $T_b$, welches sich im Lauf der Zeit zu einem Netz $N$ von Theorieelementen erweitert hat. Es kann dabei aber durchaus auch vorkommen, daß manche vorgeschlagenen Netzverfeinerungen und manche Erweiterungen durch die Erfahrung nicht gestützt werden können und daher aus empirischen Gründen verworfen werden müssen. Jedenfalls sind solche dynamische Veränderungen, die in beide Richtungen gehen können, kennzeichnend für den Gang der *normalen Wissenschaft.*

Das Studium der Theorienetze hat uns aber auch noch auf andere, viel gravierendere Wandlungen aufmerksam gemacht: auf die *wissenschaftlichen Revolutionen*. Bei wissenschaftlichen Revolutionen kommt es zu Änderungen, die nicht mehr bloß die akzidentiellen Eigenschaften eines Theorienetzes betreffen, sondern die Änderungen betreffen die wesentlichen Eigenschaften; es tritt ein neues Theoriegrundelement $T_b'$ auf und es entstehen die keimhaften Anfänge für ein neues Theorienetz $N'$. Die neue Theorie $N'$ wird, wie wir erörtert haben, unter Umständen die alte Theorie $N$ verdrängen. Wenn aber jetzt die Theoriegrundelemente der Netze $N$ und $N'$ voneinander verschieden sind, dann sind auch die theoretischen Begriffe dieser beiden Theorien voneinander verschieden. Die theoretischen Begriffe gehen aber ganz entscheidend in die Wissenschaftssprache ein und die dort gebildeten Worte, aber auch die Sätze werden in diesen beiden Theorien dann eine unterschiedliche Bedeutung haben, sie sind in bedeutungsverschiedenen Sprachen formuliert. Wir erfahren einen anderen Gegenwurf.

Ein merkwürdiges Phänomen haben wir bei Fortschrittsverzweigungen kennen gelernt. Bei der *normalwissenschaftlichen Fortschrittsverzweigung* lassen sich die paradigmatischen Beispiele $I_0$ wahlweise durch die Systeme $x_1$ oder $x_2$ erweitern, nicht jedoch durch beide Systeme gleichzeitig. Bei unverändertem Strukturkern $K$ liegt also folgendes vor:

$$
\begin{bmatrix} K \\ I_0 \Rightarrow I \end{bmatrix}
\quad
\begin{matrix} \nearrow \\ \searrow \end{matrix}
\quad
\begin{array}{l}
\begin{bmatrix} K \\ I_0 + x_1 \Rightarrow I' \end{bmatrix} \\[1em]
\begin{bmatrix} K \\ I_0 + x_2 \Rightarrow I'' \end{bmatrix}
\end{array}
$$

Wie wir wissen, wird die Menge der intendierten Anwendungen ($I$, $I'$, $I''$) durch die Menge der paradigmatischen Beispiele, die sich jetzt in ihrem Charakter verändert hat, umrissen. Die Äste der normalwissenschaftlichen Fortschrittsverzweigung unterscheiden sich also im Hinblick auf ihre intendierten Anwendungen. Im Fall *revolutionärer Fortschrittsverzweigung* entstehen aus dem ursprünglichen Theorienetz $N_1$ zum Beispiel zwei entwicklungsfähige Theorienetze $N_2$ und $N_3$, die im Vergleich zu $N_1$ progressiv seien und die im Vergleich zu $N_1$ durch andere Theoriegrundelemente $T_{b_2}$ und $T_{b_3}$ gekennzeichnet sind:

$$
N_1
\begin{matrix} \nearrow N_2 \\ \searrow N_3 \end{matrix}
$$

Die Äste der revolutionären Fortschrittsverzweigungen werden wegen der voneinander verschiedenen Theoriegrundelemente $T_{b_2}$ und $T_{b_3}$ durch voneinander verschiedene theoretische Begriffe bestimmt; die Theorien $N_2$ und $N_3$ sind in bedeutungsverschiedenen Sprachen formuliert. *Wir erfahren bei Fortschrittsverzweigungen nach Art einer Mehrfachreflexion mehrere, voneinander verschiedene Gegenwürfe.*

## 4. Gegenwurf und informative Systematisierung

In den vorangehenden Abschnitten dieses Kapitels haben wir das Umfeld charakterisiert, in dem wir stehen, wenn wir den Gegenwurf intellektuell verarbeiten wollen und eine Systematisierung anstreben, mit dem Ziel, zum Beispiel irgendetwas zu erklären oder vorauszusagen. Wir haben gesehen, daß wir den Gegenwurf nicht als etwas erfahren, was man "die Realität" oder auch nur einen Aspekt "der Realität" nennen könnte. Der Gegenwurf hat sich als relativ in Bezug auf die Begriffspyramide und das Theorienetz gezeigt. Begriffsbildung und Theoriebildung konnten nicht voneinander separiert werden. Begriffspyramide und Theorienetz wurden nur in ihrer unentwirrbaren Verflochtenheit sichtbar. Das Studium des Fundamentes der Begriffe hat gezeigt, daß eine ganze Reihe verschiedener Einflüsse hier wirksam werden. Einfachheits- und Fruchtbarkeitsüberlegungen gehen in die Begriffsbildung ein; die Frage, ob das Begriffsfundament überhaupt an der richtigen Stelle in den Boden gesenkt wurde, ist offenbar gar nicht trivial. Ein anderer wichtiger Gesichtspunkt war der, daß es den Begriffsbildungsprozeß nicht zum Nulltarif, also nicht gratis gibt. Eine Reihe von Bedingungen sind zu berücksichtigen, damit die Gültigkeit der betreffenden Begriffsdefinition garantiert ist. Allerdings ist man gezwungen, diese Bedingungen zum größten Teil unüberprüft zu lassen, sodaß man sich hier damit im Prinzip auf hypothetische Verallgemeinerungen einläßt und die Begriffe bis zu einem gewissen Grad nur als Provisorien betrachten kann. Als bemerkenswert haben wir es auch gefunden, daß in jede Form der empirischen Erfahrung statistische Überlegungen eingehen.

Begriffs- und Theoriegebäude haben sich also nicht als etwas gezeigt, was frei von allen Bedingungen. unabhängig, uneingeschränkt und unbedingt gilt; sie haben sich nicht als absolut gezeigt. Vielmehr sind sie bedingt, nur unter bestimmten Verhältnissen gültig, sie sind relativ. Wir wollen jetzt noch einmal die Systematisierungen, also Erklärungen und Voraussagen beleuchten, um in dieser Zusammenschau deutlich zu machen, welche zusätzlichen Besonderheiten zu all dem, was wir bereits zur Kenntnis nehmen mußten, noch Eingang finden und wirksam werden.

*Probabilistische Systeme und probabilistische Phänomene* spielen in der empirischen Wissenschaft heute eine ganz entscheidende und

grundlegende Rolle. Hat man früher die Unvermeidbarkeit probabilistischer Phänomene wegen der ungenauen Kenntnis der Anfangsbedingungen selbst bei deterministisch gedachten Naturgesetzen zugeben müssen
(Kleine Abweichungen in den Anfangsbedingungen können große Unterschiede in den Phänomenen erzeugen!), so weiß man heute aus dem Studium der Mikrosysteme, daß gewisse probabilistische Phänomene sogar
noch wesentlich tiefer fundamentiert sein müssen. Aber nicht nur dort begegnet uns die Probabilistik: Auch bei der Billardkugel, beim Spielwürfel,
bei den Spielkarten, bei der Brownschen Bewegung, in der Gasphysik,
bei den Vererbungsgesetzen und vielen anderen Beispielen mehr. Im Zusammenhang mit der Meßwertstreuung haben wir gesehen, daß wir sogar
sagen müssen, daß offenbar in jede Form der empirischen Erfahrung statistische Überlegungen eingehen. Statistische Gesetze sind also nicht immer
bloß eine Notlösung, mit der man sich vorübergehend abfindet, weil man
vorläufig noch nicht alle Informationen beisammen hat. Das Gegenteil
scheint der Fall zu sein: Statistische Gesetzmäßigkeiten dürften die eigentliche Basis darstellen. Wie dem aber auch sei, wir wollen und können
auf Erklärungen und Voraussagen in probabilistischen Systemen jedenfalls
nicht verzichten.

Erklärungen und Voraussagen in probabilistischen Systemen hat
man in aller Ausführlichkeit untersucht; ihre Durchleuchtung stellt ja ein
zentrales Anliegen der modernen empirischen Wissenschaft dar. Wir haben gesehen, daß man bei der Untersuchung der induktiv-statistischen
Systematisierungen auf das *Phänomen der Mehrdeutigkeit* gestoßen ist.
Es hat sich nämlich gezeigt, daß es immer wieder geschehen kann, daß zu
irgendeinem Argument plötzlich rivalisierende Argumente auftauchen, die
das Gegenteil behaupten. Nicht aber etwa deswegen taucht dieser Widerspruch auf, weil die verwendeten Prämissen sich zum Teil als fehlerhaft
herausgestellt haben. Wir haben im Gegenteil die sehr starke Voraussetzung gemacht, daß die verwendeten Prämissen wahr seien. Und trotz
dieser Voraussetzung kann es geschehen, daß miteinander im Widerspruch
stehende Conclusionen jeweils mit praktischer Sicherheit aus den Prämissen erschlossen werden. Auf welche der einander widersprechenden Argumente soll man sich verlassen? Argumente, die miteinander im Widerspruch stehen. können nicht beide rational akzeptiert werden. Ein Ausweg aus dieser verfahrenen Situation ist die Beachtung der HEMPELschen
*Forderung nach maximaler Spezifizierung*. Wenn man diesen Grundsatz
maximaler Spezifizierung einhält, dann wird das Problem der Mehrdeutigkeit lösbar; es wird geklärt, welche induktiv-statistische Systematisierung
*rational akzeptierbar* ist. Allerdings muß man sich bei der Anwendung dieser Forderung zwangsweise auf eine ganz bestimmte *Wissenssituation* $K_t$
beziehen. Man kann daher nur von einer induktiv-statistischen Systematisierung relativ zur Wissenssituation $K_t$ sprechen. Damit sieht man sich

allerdings einem anderen Phänomen gegenüber, welches HEMPEL *episte-mische Relativität* genannt hat. Selbst wenn man voraussetzt, daß die Prämissen der Systematisierung wahr sind, dann ist immer noch mit einer epistemischen Relativität zu rechnen. Die betreffende Systematisierung kann nämlich durch statistische Gesetze beeinträchtigt werden, die gar nicht zu den Prämissen der betrachteten Systematisierung gehören. Und zwar beruht die Beeinträchtigung darauf, daß rivalisierende statistische Argumente konstruierbar werden. Eine induktiv-statistische Systemati-sierung kann sich auch im Fall der Wahrheit der verwendeten Prämissen und auch bei sorgfältiger Beachtung der Forderung nach maximaler Spe-zifizierung zu einem späteren Zeitpunkt als inadäquat herausstellen. Die induktiv-statistische Systematisierung kann sich also als rational unan-nehmbar erweisen, obwohl an der Wahrheit der verwendeten Prämissen nicht gerüttelt wurde.

Um bei induktiv-statistischen Systematisierungen mit dem Problem der Mehrdeutigkeit fertig zu werden und damit rational akzeptierbare Systematisierungen zu gewährleisten, ist die Forderung nach maximaler Spezifizierung auf der Basis der betreffenden Wissenssituation zu erfüllen. Wir haben den Begriff der *Wissenssituation* möglichst breit, umfassend und elastisch konstruiert; denn wir lassen hier sogar auch Aussagen zu, die man nicht für absolut sicher hält, sondern bloß bis zu einem gewissen Maß für wahrscheinlich zutreffend einschätzt. Sollte man über absolut sicheres Wissen verfügen, so kann man jederzeit in einfacher Weise den damit irrelevant gewordenen Rest aus der Wissenssituation ausscheiden und damit die erforderliche Wissensverschärfung durchführen. Den Begriff der Wissenssituation haben wir jedenfalls durch den fünffach gegliederten Ausdruck

$$K = \; < W, \; B, \; \{P_w\}_{w \in W}, \; U, \; \{I_w\}_{w \in W} \; >$$

eingeführt. Die Wissenssituation $K$ wird somit bestimmt durch die Klasse der möglichen Welten, die Glaubensfunktion, die Klasse der objektiven Wahrscheinlichkeiten, den Individuenbereich und durch die Klasse der Tarskischen Interpretationsfunktionen. In unserer Wissenssituation $K$ gibt es also eine ganze Reihe möglicher Welten $w$, die zur Klasse $W$ zu-sammengefaßt wurden. Diesen möglichen Welten $w$ sind Glaubenswahr-scheinlichkeiten $B(w)$ zugeordnet, die angeben, für wie wahrscheinlich es die Person $N$ im Zeitpunkt $t$ hält, daß die wirkliche Welt mit $w$ über-einstimmt. In unserer Wissenssituation finden wir auch verschiedene ob-jektive Wahrscheinlichkeiten $P_w$ dafür, daß etwas Bestimmtes in der be-trachteten möglichen Welt $w$ auftritt oder geschieht. Die Person $N$, die sich zur Zeit $t$ in der Wissenssituation $K$ befindet, sieht sich damit der *subjektiv zu erwartenden Wahrscheinlichkeit*

$$P_W = \sum_{w \in W} P_w \cdot B(w)$$

gegenüber. Für eine Person $N$ ist zur Zeit $t$ in der Wissenssituation $K$ die subjektiv zu erwartende Wahrscheinlichkeit dafür, daß ein Individuum aus dem Individuenbereich $U$, welches ein $F$ ist, auch ein $G$ ist, durch

$$P_W\ (G,\ F) = \frac{P_W\,(F \wedge G)}{P_W\,(F)}$$

gegeben. Es möge uns eine Aussage vorliegen, die besagt, daß in einem probabilistischen System ein Individuum "$a$ ein $F$" sei und hieraus der Satz "$a$ ist ein $G$" zu vermuten ist. Welchen *Glaubenswert* können wir diesem Satz zubilligen? Nehmen wir an, daß $F$ die schärfste Information sei, die man über ein Individuum $a$ in der Wissenssituation $K$ erhalten kann, dann ist der Glaubenswert des Satzes "$a$ ist ein $G$", also $B(Ga)$, in der Wissenssituation $K$ gleich der zu erwartenden Wahrscheinlichkeit $P_W$ von $G$ relativ auf $F$:

$$B(Ga) = P_W\ (G,\ F)$$

Was ist auf der Basis solcher Überlegungen jetzt eine Voraussage und was ist eine Erklärung? Nehmen wir an, es sei von irgend einem Ereignis $E$ die Rede. Bei *Voraussagen* ist die Ausgangssituation die Wissenssituation $K$ alleine. Auf der Grundlage dieser Wissenssituation frägt man: "Wie wahrscheinlich ist $E$?" Bei *Erklärungen* ist die Ausgangssituation anders. Zunächst liegt hier genauso wie bei der Voraussage die Wissenssituation $K$ vor. Aber jetzt geschieht das Ereignis $E$. Hierdurch tritt das neue Wissen um $E$ zur alten Wissenssituation $K$ hinzu und es kommt zur verschärften Wissenssituation $K_E$ und die Person $N$ ist überrascht und frägt: "Warum $E$?" In beiden Fällen gab es aus der Wissenssituation $K$ heraus, für die Person $N$, zur Zeit $t$, für das Ereignis $E$, einen bestimmten Glaubenswert $B(E)$. Vor dem Hintergrund der Wissenssituation $K$ wird jetzt im Rahmen einer geistigen Aktivität nach geeigneten Gesetzen $G$ und Antecedensdaten $A$ gesucht und wir nehmen an, es kommt tatsächlich zu einer Verschärfung der Wissenssituation, also zu $K_{G \cup A}$. Auf dem Fundament dieser verschärften Wissenssituation ergibt sich für das Ereignis jetzt ein Glaubenswert $B_{G \cup A}(E)$, der größer ist als der Glaubenswert $B(E)$, der ursprünglichen Hintergrund-Wissenssituation. Es ist

$$B(E) < B_{G \cup A}(E)\ .$$

Drei graduelle Unterschiede haben wir bei diesen Systematisierungen gemacht. Beim *epistemischen Minimalsinn* kann $B_{G \cup A}(E)$ auch sehr klein sein, die Hauptsache ist, $B_{G \cup A}(E)$ ist größer als $B(E)$. Beim *starken pro-babilistischen Minimalsinn* muß $B_{G \cup A}(E) > 1/2$ sein. Hier kann man also eher erwarten, daß das Ereignis $E$ eintritt, als daß das Ereignis $E$ nicht geschieht. Beim *epistemischen Idealsinn* ist der Glaubenswert $B_{G \cup A}(E)$ in der Wissenssituation $K_{G \cup A}$ für das Eintreten des Ereignisses $E$ nahezu gleich 1. Es ist also das Ereignis $E$ mit sehr hoher Wahrscheinlichkeit zu erwarten.

Was wir hier unter Voraussage und Erklärung verstehen, stellt im Prinzip eine Informationsverbesserung dar, denn es wird der Glaubenswert des Ereignisses erhöht. Man wird solche Voraussagen und Erklärungen daher deutlicher als *informative Systematisierungen* bezeichnen. Hierdurch grenzt man sie von jenen Formen auch sprachlich ab, die neben einer an-gestrebten Informationsverbesserung auch noch zusätzlich den "wahren Ursachen" nachgehen wollen; die Analyse der Kausalität wird hier vom Erklärungskontext abgekoppelt.

Vergleicht man den deduktiv-nomologischen Erklärungsfall, der früher unser intuitiver Ausgangspunkt war, mit dem induktiv-statistischen Erklärungsfall, so zeigt sich, daß sich diese beiden Erklärungsfälle mitt-lerweile so weit voneinander entfernt haben, daß hier zwei kategorial ver-schiedenartige Begriffe vorliegen. Wir stehen vor einer Inkommensurabi-lität, die darauf beruht, daß wir bis jetzt nur im induktiv-statistischen Fall Wissenssituationen einbezogen haben. Zur Beseitigung dieser Inkom-mensurabilität fassen wir die *informative Erklärung als Paradigma für ra-tionale Erklärungen* auf und sehen die deduktiv-nomologische Erklärung bloß als Grenzfall einer informativen Erklärung an. Die starre wahr-falsch-Zweiteilung macht jetzt elastischeren Vorstellungen Platz.

# 5. Anschauung und Gegenwurf

In den vergangenen Kapiteln haben wir versucht, uns dem zu nähern, was man den Zugriff der empirischen Wissenschaft nennen könnte.

*Wir haben am Anfang eher euphorische Vorstellungen gehabt:* Durch das empirisch-wissenschaftliche Hineinblicken in die Welt könne man mit Hilfe der empirisch fundierten begrifflichen Werkzeuge, mit Hilfe der em-pirisch fundierten Gesetze, Theorien, Erklärungen und Voraussagen etwas zutage fördern, was man die Realität nennt. Also etwas, was tatsäch-lich gegeben ist, also etwas was man die Gegebenheit nennt, die Ding-haftigkeit, die Wirklichkeit nennt, also eine Realität im nicht verengten

Sinn. Diese Zielvorstellung, so haben wir zwar von Anfang an zugegeben, ist natürlich extrem anspruchsvoll und überschreitet die faktischen Möglichkeiten, die wir heute haben. Man hat erst einen kleinen Bruchteil der Welt erforscht und es gibt eine Unzahl ungelöster wissenschaftlicher Probleme, aber man ist doch überzeugt, daß abgesehen von irgendwelchen untergeordneten Korrekturen, sich letztlich alle wesentlichen und gesicherten Erkenntnisse in diesen Rahmen einordnen lassen. Wir haben bis jetzt also nur einen Aspekt der Realität erkannt, einen eingeschränkten und verengten Anblick des Gesamten. Sicher gibt es noch andere Aspekte der Realität, die im Lauf des zukünftigen wissenschaftlichen Fortschrittes einmal aufgefunden werden. Man stellt sich vor, daß diese sich mehr oder minder nahtlos an die bereits entdeckten Aspekte der Realität anfügen lassen, wodurch dann "die eine Realität" in immer komplettierterer Form sichtbar wird. Man gesteht aber noch eine andere Einschränkung in diesem Zusammenhang zu: Es kann ohneweiters im Zug der Wissenschaftsentwicklung zutage treten, daß ein bislang erfolgreich angewendetes Gesetz in bestimmten Randbereichen der Wirklichkeit seine Gültigkeit zum Teil verliert und schließlich durch ein umfassenderes und genaueres Gesetz verdrängt wird. Ein bislang verdientes Gesetz wird durch ein umfassenderes ersetzt: das alte ausrangierte Gesetz ist dabei natürlich immer noch näherungsweise gültig, aber das neue ist jedenfalls exakter und genauer. Wir sehen in einer solchen Entwicklung eine asymptotische Annäherung an die Realität. Man muß also einschränkend sagen, daß die empirisch-wissenschaftliche Sicht nicht die komplette Realität im nicht verengten Sinn erfaßt, sondern daß sie nur aspektweise etwas ergreift, dem man bloß eine gewisse Realitätsnähe attestieren kann. Aber selbst das wäre schon sehr viel und wir könnten mit diesem Ergebnis zufrieden sein. Es ist also ganz besonders wichtig, diese Vorstellungen zu überprüfen und notfalls zu untermauern, damit wir uns über die Tragfähigkeit und Verläßlichkeit unserer Aussagen im Hinblick auf die erstrebten hohen Ansprüche ein richtiges Bild machen. Wir können eine solche Vorstellung, daß man (aspekthafte) Realitätsnähe tatsächlich dingfest machen kann, ja nicht als ein bloßes Dogma, also eine ungeprüft hingenommene Behauptung akzeptieren, denn Dogmen sind im Bereich empirischer Wissenschaften suspekt.

*Die Ergebnisse unserer Bemühungen,* mit den epistemologischen Werkzeugen bis zum Fundament, bis zur Realität oder bis zur Realitätsnähe vorstoßen, waren aber eher bescheiden. Die am Begriffs-Theorie- Systematisierungs-Reflektor gespiegelte Anschauung war bloß als Gegenwurf einzustufen. Der Gegenwurf hat sich dabei nicht als etwas Absolutes erwiesen, er war im Gegenteil relativ und zwar relativ in Bezug auf die Bauart des Reflektors. Und noch etwas kommt dazu. Man kann nicht einmal feststellen, ob sich der Gegenwurf im Lauf des wissen-

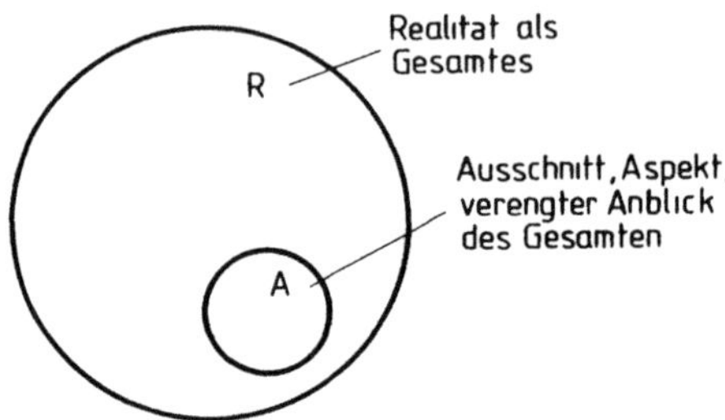


Abbildung 3

schaftlichen Fortschrittes der Realität überhaupt nähert. Unter solchen
Bedingungen jetzt die Etiketten zu vertauschen und zu einem Gegenwurf
Realität (oder aspekthafte Realitätsnähe) zu sagen, wie wir am Beginn
unserer Überlegungen vielleicht noch versucht waren es zu tun, ist nach
jetziger Sicht nicht empfehlenswert; mit dem Wort Realität ist viel zu
stark die Vorstellung der Dinghaftigkeit, des Ansichseins verbunden. Das
Ansichsein meint die Unabhängigkeit eines Seienden vom Erkanntwerden
durch das Subjekt. Es meint, wie ein Seiendes unabhängig von einem er-
kennenden Subjekt für sich selbst besteht. Das Wort Realität ist also ein
viel zu großes Wort, wenn man bloß den Gegenwurf meint. Eine Realität
wird mir höchstens als Gegenwurf gegenwärtig und nicht als Realität oder
Realitätsaspekt selbst.

Ich meine also, es ist falsch wenn man glaubt, daß der Gegenwurf
ein Aspekt, ein Ausschnitt, ein verengter Anblick des Gesamten ist, wie
das die Abbildung 3 symbolisch andeutet. Man darf also nicht glauben,
daß nur mehr die Differenzmenge $< R - A >$ erforscht werden muß,
um zuletzt die Realität als Gesamtes endlich erfaßt zu haben. Unsere
alte These, "Sachverhalte und Tatsachen werden begrifflich-theoretisch
erfaßt", ist überaus fragwürdig geworden. Experimente und Beobachtungen liefern noch keine Theorien. *Eine Realität kann uns über die Anschauung bloß als Gegenwurf gegenwärtig werden, als Spiegelung der Anschauung am Begriffs-Theorie-Systematisierungs-Reflektor (Abbildung 4).
Der Gegenwurf ist dabei relativ in Bezug auf die Bauart des Reflektors.*
Der Gegenwurf hat also nichts Absolutes an sich. Der Gegenwurf kann

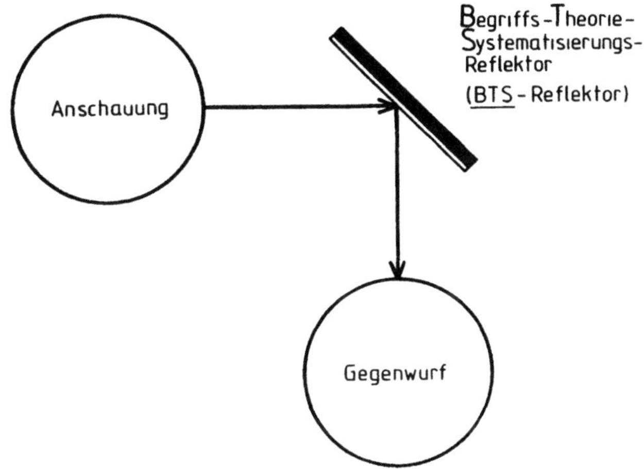


Abbildung 4

sich sogar diskontinuierlich komplett verändern, wie das bei wissenschaftlichen Revolutionen in der Geschichte schon einige Male aufgetreten ist
(Abbildung 5). Eindeutigkeitsbeweise sind für Erklärungen und Theorien
nicht üblich und wahrscheinlich auch gar nicht möglich. In ungünstigen
Fällen (Abbildung 6) – nämlich im Bereich von Fortschrittsverzweigungen – müssen wir sogar mit Mehrfachspiegelungen, also mit mehreren nebeneinander stehenden Gegenwürfen rechnen, die sich nicht als deckungsgleich erweisen. *Ein Gegenwurf ist also ein Denkmuster, welches durch
eine Begriffs-Theorie-Systematisierungs-relative Spiegelung von Begriffs-
Theorie-Systematisierungs-relativ ausgewählten Anschauungs-Elementen
konstruiert wurde.*

Die empirisch-wissenschaftliche Methode ist eine Methode, um zu
verläßlichen, empirisch relevanten Aussagen zu kommen. Das darf uns
aber nicht dazu verführen, die Reichweite der hiermit gewonnenen Aussagen zu überschätzen. Die von uns voreilig behauptete und vielleicht sogar
zuerst geglaubte starre und absolute Verkopplung von Realität im nicht
verengten Sinn mit dem, was uns Begriffe, Gesetze und Systematisierungen
entgegenwerfen, konnte von uns jedenfalls nicht gefunden werden und wir

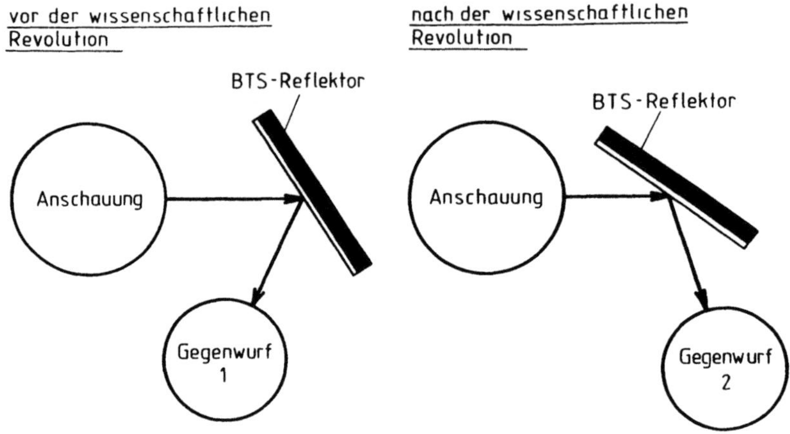


Abbildung 5

müssen diese These daher wohl als unbewiesen zurücknehmen; wir werden uns mit dem Gegenwurf bescheiden müssen: Wir können über die Realität im nicht verengten Sinn nicht empirisch-wissenschaftlich sprechen. Es ist auch kaum ein besonderer Vorteil darin zu sehen, wenn man das, was uns die empirische Wissenschaft als Gegenwurf anbietet, als Realität einstuft. Die empirische Wissenschaft erfüllt auch ohne diese Maßnahme ihre Aufgabe. Eher sollte man umgekehrt sogar dazu neigen, in einer monopolistischen Verabsolutierung eines bestimmten Gegenwurfes zu einer "Realität", einen Nachteil zu sehen. Man wird durch eine solche Vorgangsweise nämlich offenbar blind dafür, andere mögliche Gegenwürfe neben dem suggestiv zwingenden, zur Zeit "offiziellen Gegenwurf" überhaupt wahrzunehmen. Ein vielleicht längst überfälliger Umstieg von einem unfruchtbar gewordenen Gegenwurf auf einen neuen erfolgversprechenden Gegenwurf wird dadurch nur erschwert und behindert. Das Zutagetreten eines neuen Denkmusters – welches vielleicht dringend für die Lösung von anstehenden Problemen benötigt wird – wird dadurch verzögert. Man sollte in der unzulässigen Interpretation des Gegenwurfes als Realität sogar eine Immunitätsstrategie sehen, die der Stabilität und Standfestigkeit dieses Gegenwurfes dienen soll.

Anschauung
Gegenwurf
1
Gegenwurf
2
Gegenwurf
3
BTS-Reflektoren

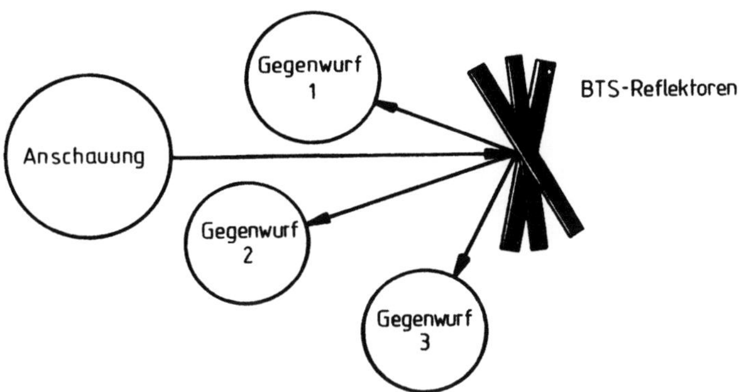

Abbildung 6

# Anhang

Der Anhang faßt Ergänzungen zum Buchtext zusammen, die in ihrem Umfang beziehungsweise in ihrer Ausführlichkeit die Lesbarkeit beeinträchtigt hätten.

Im *Anhang 1* wird eine detaillierte Zusammenstellung der Basisgrößenarten und der speziellen Größenbegriffe gegeben. Mehr als neunzig Größenbegriffe werden angeführt und ihre Verflechtung wird erläutert.

Der *Anhang 2* stellt eine Ergänzung zum Kapitel Theorien dar. Es wird zuerst (Teil a) in mengentheoretischer Sprechweise eine Miniaturtheorie (die archimedische Statik) beschrieben. Es wird erläutert, wie man zum "Modell", zum "möglichen Modell" und zum "möglichen partiellen Modell" kommt. Es wird explizit der Hilfsbegriff der "Erweiterung" eingeführt und schließlich der Ramsey-Satz formuliert. Dann – im Teil b – wird in analoger Weise die klassische Partikelmechanik abgehandelt. Im Teil c schließlich ist von der Elektrodynamik die Rede.

Der *Anhang 3* skizziert ein diskretes Zustandssystem bei Zustandsindeterminismus. Diese Indeterminismusart liegt bei der Quantenmechanik vor.

# Anhang 1: Größenbegriffe

Für eine Reihe ausgewählter Größenbegriffe wird gezeigt, auf welche Weise sie auf den Basiseinheiten aufbauen und wie sie ein in sich zusammenhängendes Begriffsnetz bilden (FASCHING [Werkstoffwissenschaft, Seite 605]). Es werden in dieser Darstellung auch Zahlenwerte einschlägiger physikalischer Konstanten genannt, wobei im allgemeinen in Klammern ihre Unsicherheit (einfache Standardabweichung) in Einheiten der letzten angegebenen Dezimale angeführt ist.

## Zusammenstellung der Basisgrößen

*a.* *Das Kilogramm* (kg). Das Kilogramm ist die Basiseinheit der Masse und zwar ist 1 Kilogramm die Masse des Internationalen Kilogrammprototyps. Dieser Prototyp ist ein Zylinder aus einer Legierung von 90 % Platin und 10 % Iridium, dessen Höhe und Durchmesser gleich groß sind (etwa 39 mm). Das Kilogramm beruht vereinfacht gesehen also auf einer primären Metrisierung, weil es sich nicht auf irgendwelche schon vorhandene quantitative Begriffe stützt. Dieses Standardobjekt wurde 1889 zum Internationalen Prototyp erklärt und wird im Internationalen Bureau für Maß und Gewicht in Sèvres aufbewahrt.

*b.* *Die Sekunde* (s). Die Sekunde ist die Basiseinheit der Zeit. Die Sekunde ist gleich der Dauer von 9 192 631 770 Schwingungen der Strahlung, die dem Übergang zwischen den beiden Hyperfeinstrukturniveaus des Grundzustandes des Cäsiumatoms-133 entspricht. Die Sekunde beruht vereinfacht ausgedrückt auf einer primären Metrisierung, die sich also nicht auf schon vorhandene quantitative Begriffe stützt. Dieser Standardvorgang verkörpert seit 1967 die Basiseinheit der Zeit.

*c.* *Das Meter* (m). Das Meter ist die Basiseinheit der Länge. Das Meter ist die Länge der Strecke, die Licht im leeren Raum während der Dauer von 1/299 792 458 Sekunden durchläuft. Das Meter beruht also auf sekundärer Metrisierung, weil schon in die Definition der Zeitbegriff einfließt. Dieser Standardvorgang verkörpert seit 1983 die Basiseinheit der Länge.

*d.* *Das Ampere* (A). Das Ampere ist die Basiseinheit der elektrischen Stromstärke. Das Ampere ist gleich der Stärke des elektrischen Stromes, der durch zwei geradlinige, dünne, unendlich lange Leiter, die in einer Entfernung von 1 Meter parallel zueinander im leeren Raum angeordnet sind, unveränderlich fließend bewirken würde, daß diese beiden Leiter aufeinander eine Kraft von $2 \cdot 10^{-7}$ kg m s$^{-2}$ je 1 Meter Länge ausüben (1 kg m s$^{-2}$ = 1 Newton). Das Ampere beruht auf sekundärer

Metrisierung, weil bereits in die Definition der Masse-, Zeit- und Längenbegriff eingeht. Dieser genannte Standardvorgang verkörpert seit 1948 die Basiseinheit der elektrischen Stromstärke.

*e. Das Kelvin* (K). Das Kelvin ist die Basiseinheit der thermodynamischen Temperatur. Das Kelvin ist 1/273,16 der thermodynamischen Temperatur des Tripelpunktes des Wassers. Gemeint ist hierbei reines Wasser natürlicher Isotopenzusammensetzung. Das Kelvin wird man wegen Skalierungsfragen und wegen der Volumsexpansionsmessungen gleichfalls als sekundär metrisiert ansehen. Dieses Standardobjekt, bzw. dieser Standardvorgang, der der Kelvindefinition zugrunde liegt, wurde 1967 festgelegt.

*f. Die Candela* (cd). Die Candela ist die Basiseinheit der Lichtstärke. Die Candela ist gleich der Lichtstärke in der Richtung der Normale einer Fläche von 1/600 000 Quadratmeter der Oberfläche des schwarzen Körpers bei der Temperatur des unter dem Druck von 101 325 $\mathrm{m^{-1}\,kg\,s^{-2}}$ erstarrenden Platins (1 $\mathrm{m^{-1}\,kg\,s^{-2}} = 1$ Pascal). Die Candela ist also eine sekundär metrisierte Größe. Dieser Standardvorgang verkörpert seit 1967 die Basiseinheit der Lichtstärke.

*g. Das Mol* (mol). Das Mol ist die Basiseinheit für die Stoffmenge. Das Mol ist gleich der Stoffmenge eines Systems, das ebensoviele Teilchen enthält, wie Atome in 0,012 Kilogramm Kohlenstoff-12 enthalten sind. Bei der Verwendung des Mol muß die Art der Teilchen besonders angegeben werden. Es können Atome, Moleküle, Ionen, Elektronen oder Gruppen solcher Teilchen genau angegebener Zusammensetzung sein. Das Mol ist sekundär metrisiert. Die Mol-Standardfestlegung verkörpert seit 1971 die Basiseinheit der Stoffmenge.

## Zusammenstellung der speziellen Größenbegriffe

*(1) Stoffmenge n,* $(\nu)$

Die Stoffmenge ist als Basisgröße definiert.

Einheit:    $[n] = \mathrm{mol}$    (Mol)

Anmerkung:

Die Zahl der Teilchen in einem Mol gibt die LOSCHMIDT- oder AVOGADRO-Konstante an:

$$L = 6{,}022\,045(31) \cdot 10^{23}\ \mathrm{mol^{-1}}$$

### (2) Masse m

Die Masse ist als Basisgröße definiert.
Einheit:    $[m] = $ kg    (Kilogramm)

Anmerkung:

a) Dezimale Vielfache und Teile der SI-Einheit der Masse werden in der
   Benennung durch die SI-Vorsilben zum Wort "Gramm" gebildet.
   Zum Beispiel: 1 dag und nicht 1 ckg $= 10^{-2}$ kg

b) Sonstige Einheiten:
   1 Tonne (t) $= 1\,000$ kg
   1 Karat (k) $= 0,000\,2$ kg
   Atomphysikalische Einheit (u)
   u $= 1/12$ der Masse eines Kohlenstoffatoms-12
   $u = \dfrac{10^{-3}\ \text{kg mol}^{-1}}{L}$    ($L$ ist die Loschmidtsche Konstante)
   $u = 1,660\,565\,5(86) \cdot 10^{-27}$ kg
   Die relative Atommasse $A_r$ ist der Zahlenwert, der in u gemessenen
   Atommasse $A$.
   $A = A_r \cdot u$            (Analog: relative Molekülmasse $M$)

c) Besondere Massen:
   Ruhemasse des leichten
   Wasserstoffatoms: $m_H = 1,007\,825\,22 \cdot u = 1,673\,43 \cdot 10^{-27}$ kg
   Protonenruhemasse:    $m_p = 1,672\,648\,5(86) \cdot 10^{-27}$ kg
   Neutronenruhemasse: $m_n = 1,674\,954\,3(86) \cdot 10^{-27}$ kg
   Elektronenruhemasse: $m_e = 9,109\,534(47) \cdot 10^{-31}$ kg

### (3) Molare Masse M

Definition: $M = \dfrac{m}{n}$                      aus (1), (2)
Einheit:    $[M] = $ kg mol$^{-1}$

Anmerkung:

   Die molare Masse ist eine stoffmengenbezogene Masse.

### (4) Zeit t

Die Zeit ist als Basisgröße definiert.
Einheit:    $[t] = $ s    (Sekunde)

Anmerkung:

a) Sonstige Einheiten:
   1 Minute (min) $= 60$ s

1 Stunde (h) $= 3\,600$ s
1 Tag (d) $= 86\,400$ s
Woche, Monat, Jahr (a)
In Sonderfällen treten allerdings auch Abweichungen auf: In Schalt-
jahren wird ein ganzer Tag eingefügt; eine Stunde wird beim Som-
merzeit-Normalzeit-Übergang eingefügt bzw. unterdrückt; durch
sogenannte Zeitdienstmitteilungen wird weiters veranlaßt, daß in
den verschiedenen Zeitskalen "Schaltsekunden" eingefügt oder unterdrückt werden.

b) Abweichende Einheiten für das kaufmännische Rechnen bzw. im
Geldwesen:
1 Monat $= 30$ d
1 Jahr $= 360$ d

### (5) Länge $l$

Die Länge ist als Basisgröße definiert.
Einheit: $[l] = $ m    (Meter)

Anmerkung:
Sonstige Einheiten:
1 Astronomische Einheit $= 149{,}6 \cdot 10^9$ m
1 Parsec (pc) $\approx 206\,265$ Astronomische Einheiten $\approx 30{,}857 \cdot 10^{15}$ m

### (6) Ebener Winkel $\alpha$, $\beta$, $\gamma$

Definition: $\alpha = \dfrac{\text{Kreisbogen}}{\text{Kreisradius}}$                aus (5)

Einheit:    $[\alpha] = \dfrac{1\,\text{m}}{1\,\text{m}} = $ rad    (Radiant)

Anmerkung:

a) Sonstige Einheiten:
1 rechter Winkel $= \frac{\pi}{2}$ rad
1 Grad ($°$) $= \frac{1}{90}$ des rechten Winkels $= \frac{\pi}{180}$ rad
1 Minute ($'$) $= \frac{1}{60}$ Grad $= \frac{\pi}{10\,800}$ rad
1 Sekunde ($''$) $= \frac{1}{60}$ Minute $= \frac{\pi}{648\,000}$ rad
1 Neugrad (Gon) $= \frac{1}{100}$ des rechten Winkels $= \frac{\pi}{200}$ rad
1 Neuminute $= \frac{1}{100}$ Neugrad $= \frac{\pi}{20\,000}$ rad
1 Neusekunde $= \frac{1}{100}$ Neuminute $= \frac{\pi}{2\,000\,000}$ rad

b) Diese Winkeldefinition stellt genau genommen eine sogenannte
"nichtrationale" Einführung dar (WALLOT [Größengleichungen]).
Es wäre vernünftiger ("rationaler") gewesen, den Vollwinkel gleich
1 zu setzen, also als einen vollen Umlauf des Winkelschenkels zu
definieren:

$$\alpha' = \frac{\text{Kreisbogen}}{2\pi \cdot \text{Kreisradius}}$$

Nach der SI-Definition ist der volle Winkel dagegen gleich $\frac{2\pi r}{r} = 2\pi$. Bei nichtrational eingeführten Größen kommen Geometriefaktoren ($\pi$) an der falschen Stelle zum Vorschein.

### (7) Fläche A, (S)

Definition: $|\vec{A}| = l^2$             aus (5)

Das Quadratmeter ist gleich dem Flächeninhalt eines Quadrates von 1 Meter Seitenlänge.

Einheit:      $[A] = \text{m}^2$

Anmerkung:

Sonstige Einheiten: (Nur für Grund und Boden)

1 Hektar (ha) = 10 000 m²
1 Ar (a) = 100 m²

### (8) Raumwinkel Ω, (ω)

Definition: $\Omega = \frac{A}{r^2}$           aus (5), (7)

Der Raumwinkel ist das Verhältnis der Fläche $A$, die sein Kegel aus einer Kugelfläche vom Halbmesser $r$ ausschneidet, zum Quadrat des Halbmessers.

Einheit:      $[\Omega] = \frac{1\ \text{m}^2}{1\ \text{m}^2} = 1\ \text{sr}$      (Steradiant)

Anmerkung:

Diese Definition ist genau genommen wieder eine nichtrationale Größeneinführung. Bei einer rationalen Größeneinführung würde man schreiben:

$$\Omega' = \frac{A}{4\pi r^2}$$

Man würde also die durch den Raumwinkel ausgeschnittene Kugelfläche zur Gesamtfläche der Kugel in Relation setzen.

### (9) Volumen V, (v)

Definition: $V = l^3$             aus (5)

Das Kubikmeter ist gleich dem Rauminhalt eines Würfels von 1 Meter Seitenlänge.

Einheit:      $[V] = \text{m}^3$

Anmerkung:

Sonstige Einheit:
1 Liter (l) $= 10^{-3}$ m$^3$ = 1 dm$^3$

### (10) Dichte $\rho$

Definition: $\rho = \frac{\mathrm{d}m}{\mathrm{d}V}$                    aus (2), (9)

Einheit:    $[\rho] = $ kg m$^{-3}$

### (11) Spezifisches Volumen $v$

Definition: $v = \frac{\mathrm{d}V}{\mathrm{d}m} = \frac{1}{\rho}$                    aus (2), (9)

Einheit:    $[v] = $ kg$^{-1}$ m$^3$

### (12) Frequenz $f$, $\nu$

Definition: $f = \frac{1}{T}$                    aus (4)

$T$ ist die Dauer einer Vollschwingung (Periode).

Einheit:    $[f] = \frac{1}{1\mathrm{s}} = $ s$^{-1}$ = Hz    (Hertz)

Anmerkung:

Sonstige Frequenzgröße :
Kreisfrequenz $\omega = 2\pi f$

### (13) Geschwindigkeit $u$, $v$, $w$, $c$

Definition: $\vec{v} = \frac{\mathrm{d}\vec{l}}{\mathrm{d}t}$                    aus (4), (5)

Einheit:    $[v] = $ m s$^{-1}$

Anmerkung:

Eine besondere Geschwindigkeit ist die Lichtgeschwindigkeit $c$
im leeren Raum. Sie ist wegen der Definition der Basiseinheit Meter

$$c = \frac{l}{t} = \frac{1 \text{ m}}{\frac{1}{299\ 792\ 458} \text{ s}} = 299\ 792\ 458 \text{ m s}^{-1}$$

Dieser Wert wurde also durch die Basiseinheit Meter (auf indirekte
Weise) zu einem exakten Zahlenwert [1].

---

[1] Vor 1983 war die Basiseinheit der Länge als ein Vielfaches der Wellenlänge eines strahlenden Krypton-Atoms definiert. Nach 1983 wurde die Basiseinheit der Länge als jene Strecke definiert, die das Licht in einem bestimmten Sekundenbruchteil durchläuft. Hierdurch wurde die Lichtgeschwindigkeit
also neuerdings auch vom Standpunkt der Begriffsdefinition konstant gesetzt.
Diese Verschiebung in der Begriffsbedeutung wurde durch den oben genannten
Wechsel des $f_i$-$k_i$-$p_i$-Tripels bei der Einheit der Länge bewirkt.

## (14) Winkelgeschwindigkeit $\omega$

Definition: $\vec{\omega} = \frac{\vec{r} \times \vec{v}}{r^2}$  aus (5), (13)

Hierin ist $r$ der Normalabstand eines Punktes von der Drehachse und $v$ die Umlaufgeschwindigkeit des Punktes.

Andere Definition: $\omega = \frac{\alpha}{t}$  aus (4), (6)

Die Winkelgeschwindigkeit eines gleichmäßigen Rotationsvorganges ist gleich dem zurückgelegten (überstrichenen) Winkel $\alpha$, bezogen auf die dafür erforderliche Zeit $t$.

Einheit:  $[\omega] = \mathrm{rad\ s}^{-1}$

Anmerkung:

Sonstige Einheit:
$$1\ U/\mathrm{min} \hat{=} \frac{2\pi\ \mathrm{rad}}{60\ \mathrm{s}} \approx 0,104\ 72\ \mathrm{rad\ s}^{-1} \quad (\text{Umdrehung je Minute})$$

## (15) Beschleunigung $a$

Definition: $\vec{a} = \frac{\mathrm{d}\vec{v}}{\mathrm{d}t}$  aus (4), (13)

Einheit:  $[a] = \frac{\mathrm{m/s}}{\mathrm{s}} = \mathrm{m\ s}^{-2}$

Anmerkung:

Eine besondere Beschleunigungsgröße ist die sogenannte Fallbeschleunigung $g$. Als Normwert für die Fallbeschleunigung wurde der exakte Zahlenwert

$$g_n = 9,806\ 65\ m\ s^{-2}$$

vereinbart.

## (16) Winkelbeschleunigung $\alpha$

Definition: $\vec{\alpha} = \frac{\vec{r} \times \vec{a}}{r^2}$  aus (5),(15) oder

$\alpha = \frac{\mathrm{d}\omega}{\mathrm{d}t}$  aus (4), (14)

Einheit:  $[\alpha] = \mathrm{rad\ s}^{-2}$

Anmerkung:

Eine Winkelbeschleunigung von 1 rad s$^{-2}$ liegt dann vor, wenn sich die Winkelgeschwindigkeit des Rotationsvorganges während der
Zeit von 1 Sekunde gleichmäßig um 1 Radiant je Sekunde ändert.

*(17) Kraft F, Gewicht G, (P, W)*

Definition: $\vec{F} = m \cdot \vec{a}$          aus (2), (15) bzw.

$\qquad\quad G = m \cdot g$

Hierin ist $g$ die örtliche Fallbeschleunigung.

Einheit:     $[F] = \mathrm{kg\,m\,s^{-2}} = \mathrm{N}$     (Newton)

Anmerkung:

Die nicht mehr empfohlene Einheit Kilopond (kp) kann umgerechnet werden gemäß:

$$1\ \mathrm{kp} = 9{,}806\ 65\ \mathrm{N}$$

*(18) Gravitationskonstante G*

Definition: $F = G \cdot \dfrac{m_1\,m_2}{r^2}$          aus (2), (5), (14)

Einheit:     $[G] = \mathrm{N\,m^2\,kg^{-2}} = \mathrm{m^3\,s^{-2}\,kg^{-1}}$

Anmerkung:

Die Gravitationskonstante hat den Wert
$$G = 6{,}672\ 0(41) \cdot 10^{-11}\ \mathrm{m^3\,s^{-2}\,kg^{-1}}$$

*(19) Impuls p*

Definition: $\vec{p} = m \cdot \vec{v}$          aus (2), (13)

$\qquad\quad \vec{F} = \mathrm{d}\vec{p}/\mathrm{d}t$          aus (4), (17)

Einheit:     $[p] = \mathrm{kg\,m\,s^{-1}} = \mathrm{N\,s}$

*(20) Druck p, Spannung σ*

Definition: $p = \dfrac{F}{A}$          aus (7), (17)

Die Kraft $F$ ist hierbei senkrecht zur Fläche $A$ gerichtet. Man spricht daher auch von einer Normal-Zug-Spannung oder Normal-Druck-Spannung.

Einheit:     $[p] = \mathrm{N\,m^{-2}} = \mathrm{kg\,m^{-1}s^{-2}} = 1\ \mathrm{Pa}$     (Pascal)

Anmerkung:

a) Das Pascal ist gleich dem auf eine ebene Fläche von $1\ \mathrm{m^2}$ wirkenden Druck, der eine Kraft von 1 N normal zu dieser Fläche hervorruft.

b) Sonstige Einheiten:

$\quad$ 1 Bar (bar) $= 10^5\ \mathrm{Pa}$

$\quad$ 1 technische Atmosphäre (at) $= 98\,066{,}5\ \mathrm{Pa}$

$\quad$ 1 physikalische Atmosphäre (atm) $= 101\,325\ \mathrm{Pa}$

$\quad$ 1 Torr $= \dfrac{101\,325}{760}\ \mathrm{Pa}$

### (21) Schubspannung $\tau$

Definition: $\tau = \frac{F}{A}$        aus (7), (17)

Die Kraft ist hierbei parallel zur Fläche $A$ gerichtet. Man spricht daher auch von einer Tangentialspannung oder Schubspannung.

Einheit:    $[\tau] = \mathrm{N\,m^{-2}} = \mathrm{kg\,m^{-1}\,s^{-2}} = 1\ \mathrm{Pa}$    (Pascal)

### (22) Moment $M$

Definition: $\vec{M} = \vec{r} \times \vec{F}$        aus (5), (17)

$\vec{M}$ ist das Moment einer Kraft in bezug auf einen Punkt 0, $\vec{r}$ ist

der Radiusvektor vom Punkt $O$ zum Angriffspunkt der Kraft, $\vec{F}$ ist der Kraftvektor.

Einheit:    $[M] = \mathrm{N\,m} = \mathrm{m^2\,kg\,s^{-2}}$

### (23) Trägheitsmoment $J$

Definition: $J = \sum_i m_i \cdot r_i^2$        aus (2), (5)

Einheit:    $[J] = \mathrm{kg\,m^2}$

### (24) Drehimpuls $L$

Definition: $\vec{L} = \vec{r} \times m\vec{v}$        aus (2), (5), (13)

Als Drehimpuls eines Massenpunktes in Bezug auf einen Pol bezeichnet man das Vektorprodukt des Radiusvektors $\vec{r}$ (vom Pol zum Massenpunkt) mit dem Impulsvektor $m\vec{v}$.

Andere Definition: $\vec{M} = \frac{d\vec{L}}{dt}$        aus (4), (22)

Einheit:    $[L] = \mathrm{m^2\,kg\,s^{-1}} = \mathrm{N\,s\,m}$

### (25) Elastizitätsmodul $E$

Definition: $\sigma = E\frac{dl}{l}$        aus (5), (20)

Einheit:    $[E] = N\,m^{-2} = kg\,m^{-1}\,s^{-2}$

### (26) Schubmodul $G$

Definition: $\tau = G \cdot \gamma$        aus (6), (21)

Einheit:    $[\tau] = \mathrm{N\,m^{-2}} = \mathrm{kg\,m^{-1}\,s^{-2}}$

Anmerkung:

Ein rechtwinkeliges Werkstoffelement wird unter Einwirkung einer Schubspannung $\tau$ in ein Parallelogramm verzerrt. Die Winkeländerung $\gamma$ hängt über den Schubmodul $G$ mit der Schubspannung $\tau$ zusammen.

### (27) Kompressionsmodul K

Definition: $\sigma = K\frac{\mathrm{d}V}{V}$　　　　　　　aus (9), (20)

Einheit: $\quad [K] = \mathrm{N\,m^{-2} = kg\,m^{-1}\,s^{-2}}$

### (28) Dynamische Viskosität $\eta,\,(\mu)$

Definition: $\tau = \eta\,(\mathrm{d}v_x/\mathrm{d}y)$　　　　　aus (5), (13), (21)

Einheit: $\quad [\eta] = \mathrm{N\,s\,m^{-2} = kg\,m^{-1}\,s^{-1} = Pa\,s}$

Anmerkung:

Die Viskosität ist die Eigenschaft eines fließfähigen Mediums, bei einer Verformung eine Spannung aufzunehmen, die von der Verformungsgeschwindigkeit abhängt. Die Definitionsgleichung stellt über $\eta$ den Zusammenhang zwischen Schubspannung $\tau$ und dem Geschwindigkeitsgefälle $\mathrm{d}v_x/\mathrm{d}y$ her.

### (29) Arbeit A, W, Energie E, W, Wärmemenge Q

Definition: $E = \int\limits_{s_1}^{s_2} \vec{F}\mathrm{d}\vec{s}$　　　　　　aus (5), (17)

Einheit: $\quad [E] = \mathrm{m^2\,kg\,s^{-2} = N\,m = J}$　　(Joule)

Anmerkung:

Sonstige Einheiten:
$1\,\mathrm{Ws} = 1\,\mathrm{J}$　　(Wattsekunde)
$1\,\mathrm{eV} \approx 1{,}602\,19\cdot10^{-19}\,\mathrm{J}$　　(Elektronvolt)
$1\,\mathrm{cal} = 4{,}186\,8\,\mathrm{J}$　　(Kalorie)

### (30) Leistung P

Definition: $P = \frac{\mathrm{d}E}{\mathrm{d}t}$　　　　　　　　aus (4), (29)

Einheit: $\quad [P] = \mathrm{J\,s^{-1} = m^2\,kg\,s^{-3} = W}$　　(Watt)

Anmerkung:

a) Das Watt ist gleich der Leistung, bei der die Energie von 1 Joule gleichmäßig während 1 Sekunde umgesetzt wird.

b) Sonstige Einheiten:
$1\,\mathrm{kp\,m/s} = 9{,}806\,65\,\mathrm{W}$
$1\,\mathrm{PS} = 75\,\mathrm{kp\,m/s} = 735{,}498\,75\,\mathrm{W}$　　(Pferdestärke)

*(31) Elektrische Stromstärke $I$*[2]

Die elektrische Stromstärke ist als Basisgröße definiert.

Einheit:    $[I] = A$    (Ampere)


*(32) Elektrische Stromdichte $S$, $J$, $G$*

Definition: $I = \int\limits_A \vec{S} \, d\vec{A}$    aus (7), (31)

Einheit:    $[S] = A \, m^{-2}$


*(33) Elektrizitätsmenge, Ladung $Q$*

Definition: $Q = \int\limits_{t_1}^{t_2} I \, dt$    aus (4), (31)

Einheit:    $[Q] = A \, s = C$    (Coulomb)

Anmerkung:

Eine besondere Ladung ist die Elementarladung
(Ladung des Elektrons): $e = 1{,}602\,189\,2(46) \cdot 10^{-19}$ C.


*(34) Flächenladungsdichte $\sigma$*

Definition: $\sigma = \frac{dQ}{dA}$    aus (7), (33)

Einheit:    $[\sigma] = A \, s \, m^{-2} = C \, m^{-2}$


*(35) Raumladungsdichte $\rho$, $\eta$*

Definition: $\rho = \frac{dQ}{dV}$    aus (9), (33)

Einheit:    $[\rho] = A \, s \, m^{-3} = C \, m^{-3}$


*(36) Faraday-Konstante $F$*

Definition: $F = L \cdot e$    aus (1), (33)
Einheit:    $[F] = C \, mol^{-1}$

Anmerkung:

$F = 9{,}648\,456(27) \cdot 10^4 \, C \, mol^{-1}$

---

[2] Die besonderen Gründe, die für die Wahl der Begriffe *(31)* bis *(68)* sprechen, kann man dem Standardwerk von HOFMANN [Feld] entnehmen.

#### (37) Elektrische Feldstärke E

Definition: $\vec{F} = Q \cdot \vec{E}$          aus (17), (33)

Einheit:    $[E] = \mathrm{m\ kg\ s^{-3}\ A^{-1}} = \mathrm{V\ m^{-1}}$

       V bedeutet Volt; Vorgriff aus (48).

#### (38) Elektrisches Potential φ

Definition: $\vec{E} = -\mathrm{grad}\ \varphi$          aus (37)

Einheit:    $[\varphi] = \mathrm{m^2\ kg\ s^{-3}\ A^{-1}} = \mathrm{V}$

       V bedeutet Volt; Vorgriff aus (48).

Anmerkung:

Gradient in kartesischen Koordinaten:

$$\mathrm{grad}\ U = \frac{\partial U}{\partial x}\vec{i} + \frac{\partial U}{\partial y}\vec{j} + \frac{\partial U}{\partial z}\vec{k}$$

$$[\mathrm{grad}] = \mathrm{m^{-1}}$$

#### (39) Elektrische Feldkonstante $\epsilon_o$
(leerer Raum)

Eine universelle, von keiner anderen physikalischen Größe abhängige Konstante ist die elektrische Feldkonstante $\epsilon_o$, die auch Dielektrizitätskonstante des leeren Raumes genannt wird. Ihr Wert ist im internationalen Einheitensystem wegen der aus den Maxwellgleichungen folgenden Beziehungen über die Lichtgeschwindigkeit gemäß (13) und (55) exakt gleich

$$\epsilon_o = \frac{1}{c^2 \mu_o} = \frac{1}{(299\ 792\ 458\ \mathrm{m\ s^{-1}})^2 \cdot 4\pi 10^{-7}\mathrm{V\ s\ A^{-1}m^{-1}}} \approx$$

$$\approx 8{,}854\ 187\ 82 \cdot 10^{-12}\ \mathrm{A\ s\ V^{-1}\ m^{-1}}$$

#### (40) Elektrische Flußdichte, Verschiebungsdichte D
(leerer Raum)

Definition: $\vec{D} = \epsilon_o \cdot \vec{E}$          aus (37), (39)

Einheit:    $[D] = \mathrm{A\ s\ m^{-2}} = \mathrm{C\ m^{-2}}$

#### (41) Elektrisches Dipolmoment p

Definition: $\vec{p} = |Q| \cdot \vec{d}$          aus (5), (33)

Einheit:    $[p] = \mathrm{A\ s\ m} = \mathrm{C\ m}$

Anmerkung:

Ein Dipol ist ein Ladungspaar von entgegengesetztem Vorzeichen und gleichem Ladungsbetrag im Abstand $d$.

*(42) Elektrische Polarisation P*

Definition: $\vec{P} = \frac{\mathrm{d}\vec{p}}{\mathrm{d}V}$                                    aus (9), (41),

Einheit:    $[P] = \mathrm{A\,s\,m^{-2}} = \mathrm{C\,m^{-2}}$

Anmerkung:

Mit Hilfe des elektrischen Dipolmomentes $\vec{p}$ läßt sich der elektrische Zustand der Materie kennzeichnen. Bezieht man nämlich das Dipolmoment $\mathrm{d}\vec{p}$ eines polarisierten Materievolumens $\mathrm{d}V$ auf dieses Volumen $\mathrm{d}V$, so erhält man die elektrische Polarisation $\vec{P}$. Die Polarisation $\vec{P}$ gibt den Polarisationszustand der dielektrischen Materie in jedem Punkt innerhalb der Materie an.


*(43) Elektrische Flußdichte, Verschiebungsdichte D*
*(in der Materie)*

Definition: $\vec{D} = \epsilon_o \vec{E} + \vec{P}$                              aus (37), (39), (42)

Einheit:    $[D] = \mathrm{A\,s\,m^{-2}} = \mathrm{C\,m^{-2}}$

Anmerkung:

Im leeren Raum gilt $\vec{P} = 0$, d.h. $\vec{D} = \epsilon_o \vec{E}$


*(44) Elektrische Suszeptibilität $\chi_e$*

Definition: $\vec{P} = \epsilon_o \chi_e \vec{E}$                                     aus (37), (39), (42)

Einheit:    $[\chi_e] = 1$


*(45) Relative Dielektrizitätskonstante $\epsilon_r$*

Definition: $\vec{D} = \epsilon_o \vec{E} + \epsilon_o \chi_e \vec{E} = \epsilon_o (1 + \chi_e) \vec{E} = \epsilon_o \epsilon_r \vec{E}$

$\epsilon_r = 1 + \chi_e$                                           aus (44)

Einheit:    $[\epsilon_r] = 1$


*(46) Dielektrizitätskonstante $\epsilon$*

Definition: $\vec{D} = \epsilon_o \epsilon_r \vec{E} = \epsilon \cdot \vec{E}$

$\epsilon = \epsilon_o \epsilon_r = \epsilon_o (1 + \chi_e)$                          aus (39), (45)

Einheit:    $[\epsilon] = \mathrm{m^{-3}\,kg^{-1}\,s^4\,A^2} = \mathrm{A\,s\,V^{-1}\,m^{-1}}$


*(47) Elektrischer Fluß $\psi$*

Definition: $\psi = \int_A \vec{D} \mathrm{d}\vec{A}$                                 aus (7), (43)

Einheit:    $[\psi] = \mathrm{A\,s} = \mathrm{C}$

*(48) Elektrische Spannung U*

Definition: $U_{12} = \int_1^2 \vec{E} \mathrm{d}\vec{s}$               aus (5), (37)

Einheit:   $[U] = \mathrm{m}^2 \, \mathrm{kg} \, \mathrm{s}^{-3} \, \mathrm{A}^{-1} = \mathrm{V}$   (Volt)


*(49) Elektrischer Widerstand R*

Definition: $U = R \cdot I$                 aus (31), (48)

Einheit[3]:  $[R] = \mathrm{m}^2 \, \mathrm{kg} \, \mathrm{s}^{-3} \, \mathrm{A}^{-2} = \mathrm{V} \, \mathrm{A}^{-1} = \Omega$   (Ohm)


*(50) Spezifischer elektrischer Widerstand ρ*

Definition  $\vec{E} = \rho \cdot \vec{S}$               aus (32), (37)

Einheit:   $[\rho] = \mathrm{m}^3 \, \mathrm{kg} \, \mathrm{s}^{-3} \mathrm{A}^{-2} = \Omega \, \mathrm{m}$


*(51) Elektrischer Leitwert G*

Definition: $I = G \cdot U$                aus (31), (48)

Einheit:   $[G] = \mathrm{m}^{-2} \, \mathrm{kg}^{-1} \, \mathrm{s}^3 \, \mathrm{A}^2 = \Omega^{-1} = \mathrm{S}$   (Siemens)


*(52) Elektrische Leitfähigkeit γ, σ, κ*

Definition: $\vec{S} = \gamma \cdot \vec{E}$               aus (32), (37)

Einheit:   $[\gamma] = \mathrm{m}^{-3} \, \mathrm{kg}^{-1} \, \mathrm{s}^3 \, \mathrm{A}^2 = \Omega^{-1} \, \mathrm{m}^{-1}$


*(53) Elektrische Kapazität C*

Definition: $Q = C \cdot U$                aus (33), (48)

Einheit:   $[C] = \mathrm{m}^{-2} \, \mathrm{kg}^{-1} \, \mathrm{s}^4 \, \mathrm{A}^2 = \mathrm{C} \, \mathrm{V}^{-1} = \mathrm{F}$   (Farad)


*(54) Magnetische Flußdichte (Induktion) B*

Definition: $\vec{F} = Q \, (\vec{v} \times \vec{B})$               aus (13), (17), (33)

Einheit:   $[B] = \mathrm{kg} \, \mathrm{s}^{-2} \, \mathrm{A}^{-1} = \mathrm{V} \, \mathrm{s} \, \mathrm{m}^{-2} = \mathrm{T}$   (Tesla)

Anmerkung:

Bewegte Ladungen erfahren in einem Magnetfeld eine Kraftwirkung. $\vec{B}$ ist jener Vektor, der das Magnetfeld kennzeichnet.


*(55) Magnetische Feldkonstante μ$_o$*
(leerer Raum)

---

[3] Bei der meßtechnischen Festlegung der Widerstandseinheit wird in Zukunft die KLITZING-Konstante eine Rolle spielen (SCHROEDER [Klitzing-Konstante]).

Definition: $\oint_{s} \vec{B} \mathrm{d}\vec{s} = \mu_o \int_{A} \vec{S} \mathrm{d}\vec{A}$ aus (5), (7), (32), (54)

Einheit: $[\mu_o] = \mathrm{m\ kg\ s^{-2} A^{-2}} = \mathrm{V\ s\ A^{-1} m^{-1}}$

Anmerkung:

Die Definitionsgleichung ist der sogenannte Durchflutungssatz; hierin ist $A$ eine Fläche und $s$ ist die Randkurve dieser Fläche. Die Erfahrung zeigt, daß das Linienintegral von $\vec{B}$ über den geschlossenen Weg $s$ stets proportional ($\mu_o$) ist dem durch die Fläche $A$ hindurchfließenden Gesamtstrom $\int_{A} \vec{S} \mathrm{d}\vec{A}$.

$$\mu_o = 4\pi \cdot 10^{-7}\ \mathrm{V\ s\ A^{-1}\ m^{-1}}$$

($\mu_o$ ist eine universelle Konstante, die im Internationalen Einheitensystem bei der Amperedefinition auf den angegebenen Wert festgelegt wurde.)

*(56) Magnetische Feldstärke H*
(leerer Raum)

Definition: $\vec{H} = \frac{\vec{B}}{\mu_o}$ aus (54), (55)

Einheit: $[H] = \mathrm{A\ m^{-1}}$

Anmerkung:

Die Vektorfelder $\vec{B}$ und $\vec{H}$ haben somit im leeren Raum die gleiche Konfiguration.

*(57) Magnetisches Moment m*

Definition: $\vec{T} = \vec{m} \times \vec{B}$ aus (22), (54)

Einheit: $[m] = \mathrm{A\ m^2}$

Anmerkung:

Ein magnetisches Moment $\vec{m}$ erfährt in einem Magnetfeld $\vec{B}$ ein mechanisches Moment $\vec{T}$. Beispielsweise zeigt eine stromdurchflossene Leiterschleife oder ein magnetisiertes Stück Materie ein magnetisches Moment. Mit Hilfe des magnetischen Momentes läßt sich der magnetische Zustand der Materie kennzeichnen.

*(58) Magnetisierung M*

Definition: $\vec{M} = \frac{\mathrm{d}\vec{m}}{\mathrm{d}V} = \lim_{V \to 0} \frac{1}{V} \sum_{k} \vec{m}_k$ aus (9), (57)

Einheit: $[M] = \mathrm{A\ m^{-1}}$

Anmerkung:

Die Magnetisierung $\vec{M}$ wird das auf das Volumen d$V$ des Elementarmagneten bezogene magnetische Moment d$\vec{m}$ der magnetisierten Materie genannt. Die Magnetisierung gibt den magnetischen Zustand der Materie in jedem Punkt innerhalb der Materie an.


### (59) Magnetische Feldstärke H
(allgemein gültige Definition)

Definition: $\vec{H} = \frac{\vec{B}}{\mu_o} - \vec{M}$        aus (54), (55), (58)

Einheit:    $[H] = \mathrm{A\ m}^{-1}$

Anmerkung:

Im leeren Raum gilt $\vec{M} = 0$, d.h. $\vec{H} = \frac{\vec{B}}{\mu_o}$.


### (60) Magnetische Polarisation J

Definition: $\vec{J} = \mu_o \cdot \vec{M}$        aus (55), (58)

Einheit:    $[J] = \mathrm{kg\ s}^{-2}\,\mathrm{A}^{-1} = \mathrm{V\ s\ m}^{-2} = \mathrm{Wb\ m}^{-2} = \mathrm{T}$

        Wb heißt Weber; Vorgriff auf (64).


### (61) Permeabilität μ

Definition: $\vec{B} = \mu \cdot \vec{H}$        aus (54), (59)

Einheit:    $[\mu] = \mathrm{m\ kg\ s}^{-2}\mathrm{A}^{-2} = \mathrm{V\ s\ A}^{-1}\,\mathrm{m}^{-1}$

Anmerkung:

In isotroper Materie sind die magnetischen Vektoren zueinander parallel oder antiparallel, wodurch der Zusammenhang zwischen Induktion $\vec{B}$ und Feldstärke $\vec{H}$ eine skalare Größe ist. In anisotroper Materie wird die Permeabilität zur Matrix. $\mu$ nennt man auch totale Permeabilität.


### (62) Relative Permeabilität μᵣ

Definition: $\mu = \mu_o \cdot \mu_r$        aus (55), (61)

Einheit:    $[\mu_r] = 1$

Anmerkung:

Durch diese Beziehung spaltet man die (totale) Permeabilität $\mu$ in das Produkt aus magnetischer Feldkonstante $\mu_o$ und relativer Permeabilität $\mu_r$ auf.

*(63) Magnetische Suszeptibilität $\chi_m$*

Definition: $\chi_m = \mu_r - 1$          aus (62)

Einheit:    $[\chi_m] = 1$

*(64) Magnetischer Fluß $\Phi$*

Definition: $\Phi = \int\limits_{A} \vec{B}\mathrm{d}\vec{A}$        aus (7), (54)

Einheit:    $[\Phi] = \mathrm{m^2\,kg\,s^{-2}A^{-1}} = \mathrm{V\,s} = \mathrm{Wb}$    (Weber)

*(65) Magnetische Spannung $V$*

Definition: $V_{12} = \int\limits_{1}^{2} \vec{H}\mathrm{d}\vec{s}$        aus (5), (59)

Einheit:    $[V] = \mathrm{A}$

*(66) Magnetischer Widerstand $R_m$*

Definition: $V = R_m \cdot \Phi$        aus (64), (65)

Einheit:    $[R_m] = \mathrm{A\,V^{-1}\,s^{-1}}$

*(67) Induktivität $L$*

Definition: $\Phi = L \cdot I$        aus (31), (64)

Einheit:    $[L] = \mathrm{m^2\,kg\,s^{-2}\,A^{-2}} = \mathrm{V\,s\,A^{-1}} = \mathrm{H}$    (Henry)

Anmerkung:

Der Koeffizient der Selbstinduktivität (oder kurz Induktivität) ist als Proportionalitätsfaktor definiert, der, mit dem Strom $I$ einer Leiterschleife multipliziert, den Fluß durch die eigene Schleife angibt.

*(68) Poyntingscher Vektor $S$*

Definition: $\vec{S} = \vec{E} \times \vec{H}$        aus (37), (59)

Einheit:    $[S] = \mathrm{kg\,s^{-3}} = \mathrm{V\,A\,m^{-2}} = \mathrm{W\,m^{-2}}$

Anmerkung:

Der Poyntingsche Vektor $S$ ist ein Energiestromdichtevektor; er beschreibt nach Betrag und Richtung die Energiestromdichte einer elektromagnetischen Welle.

*(69) Thermodynamische Temperatur (Kelvin-Temperatur) $T$, $\Theta$*

Die thermodynamische Temperatur ist als Basisgröße definiert.

Einheit:    $[T] = \mathrm{K}$    (Kelvin)

**(70) Celsius-Temperatur t, $\vartheta$**

Definition: $t = T - T_o$          aus (69)

       wobei: $T_o = 273,15$ K    (exakt)

Einheit:    $[t] = {}^\circ$C    (Grad Celsius)

Anmerkung:

Der Einheitenname Grad Celsius (Einheitenzeichen $^\circ$C) wird als besonderer Name für das Kelvin benutzt.


**(71) Temperaturdifferenz $\Delta T$, $\Delta t$**

Definition: $\Delta T = T_1 - T_2 = t_1 - t_2$      aus (69), (70)

Einheit:    $[\Delta T] = [\Delta t] = $ K

Anmerkung:

Eine Differenz $\Delta t$ zweier Celsius-Temperaturen ist nicht mehr auf die thermodynamische Temperatur $T_o$ bezogen; sie ist damit keine Celsius-Temperatur im Sinn von (70) mehr.


**(72) Entropie $S$**

Definition: $dS = \frac{\delta Q}{T}$          aus (29), (69)

Einheit:    $[S] = $ J K$^{-1}$

Anmerkung:

Als Entropie bezeichnet man in der thermodynamischen Definition die Zustandsfunktion $S$ eines Systems, deren Differential in einem elementaren Abschnitt eines reversiblen Prozesses gleich ist dem Verhältnis der infinitesimalen, dem System zugeführten Wärmemenge $\delta Q$ zur absoluten Temperatur $T$ des Systems. Die Entropieänderung in einem beliebigen reversiblen Prozeß, bei dem das System aus dem Zustand 1 in den Zustand 2 übergeht, ist gleich der diesem Prozeß zugeführten sogenannten reduzierten Wärmemenge $\frac{\delta Q}{T}$:

$$S_2 - S_1 = \int\limits_1^2 \frac{\delta Q}{T}$$

In der manchmal verwendeten, statistisch-atomistischen Definition ist dagegen die Entropie $S$ durch

$$S = k \cdot \ln W$$

gegeben, wobei $k$ die sogenannte Boltzmann-Konstante – siehe (74) – ist und $\ln W$ ist der natürliche Logarithmus der statistischen Wahrscheinlichkeit eines Zustandes. Die Entropie ist also so gesehen ein Maß für die Wahrscheinlichkeit eines physikalischen Zustandes. Bei jedem physikalischen System, welches man sich selbst überläßt, stellt sich eine solche Energieverteilung ein, daß die Entropie anwächst, also die Wahrscheinlichkeit des betreffenden Zustandes zunimmt.

### (73) Gaskonstante R

Definition: $p \cdot V = n \cdot R \cdot T$        aus (1), (9), (20), (69)

Einheit:     $[R] = \text{kg m}^2\,\text{s}^{-2}\,\text{mol}^{-1}\,K^{-1} = J\,mol^{-1}\,K^{-1}$

Anmerkung:

a) Die Gaskonstante ist jene Arbeit, die ein Mol eines idealen Gases bei isobarer Erwärmung um 1 Kelvin leistet.

$$R = 8{,}314\,41(26)\ \text{J K}^{-1}\,\text{mol}^{-1}$$

b) Das molare Volumen bei einer Temperatur von 0°C und 101 325 Pa ($= 1$ atm, physikalische Atmosphäre) eines idealen Gases ist

$$\frac{V}{n} = 22{,}413\,83(70) \cdot 10^{-3}\ \text{m}^3\,\text{mol}^{-1}.$$

### (74) Boltzmann Konstante k

Definition: $k = \frac{R}{L}$        aus (1), (73)

Einheit:     $[k] = \text{J K}^{-1}$

Anmerkung:

$$k = 1{,}380\,662(44) \cdot 10^{-23}\ \text{J K}^{-1}$$

### (75) Wärmestrom Φ

Definition: $\Phi = \frac{Q}{t}$        aus (4), (29)

Einheit:     $[\Phi] = \text{J s}^{-1} = W$

### (76) Wärmeleitfähigkeit λ

Definition: $d\Phi = -\lambda \frac{\partial \vartheta}{\partial s} dA$        aus (5), (7), (70), (75)

Einheit:     $[\lambda] = \text{W K}^{-1}\,\text{m}^{-1}$

Anmerkung:

In der Definitionsgleichung ist $\vartheta$ die Temperatur und $\Phi$ der Wärmestrom durch die Fläche $A$ in Richtung der Flächennormale $s$.

*(77) Wärmedurchgangskoeffizient k*

Definition: $\mathrm{d}\Phi = k\,(\vartheta_a - \vartheta_b)\,\mathrm{d}A$         aus (7), (70), (75)
Einheit:    $[k] = \mathrm{W\,K^{-1}\,m^{-2}}$

Anmerkung:

Der Wärmedurchgangskoeffizient beschreibt die Wärmeübertragung zwischen zwei strömenden Medien, die durch eine feste Wand voneinander getrennt sind. $\Phi$ ist der durch die Fläche $A$ tretende Wärmestrom. $\vartheta_a$ und $\vartheta_b$ sind zweckmäßig definierte Temperaturen der beiden strömenden Medien (zum Beispiel: Mischungstemperaturen, Freistromtemperaturen).

*(78) Wärmeübertragungskoeffizient $\alpha$*

Definition: $\mathrm{d}\Phi = \alpha\,(\vartheta_k - \vartheta_a)\,\mathrm{d}A$         aus (7), (70), (75)
Einheit:    $[\alpha] = \mathrm{W\,K^{-1}\,m^{-1}}$

Anmerkung:

Der Wärmeübergangskoeffizient beschreibt den Wärmestrom, der zwischen einem festen Körper und einem strömenden Medium übertragen wird. $\Phi$ ist in der Definitionsgleichung der durch die Fläche $A$ tretende Wärmestrom. $\vartheta_k$ ist die Temperatur der Körperoberfläche und $\vartheta_a$ eine zweckmäßig defininierte Temperatur des strömenden Mediums (zum Beispiel: Mischungstemperatur bei Strömungen in Rohrleitungen; Freistromtemperatur bei frei angeströmten Körpern).

*(79) Wärmekapazität C*

Definition: $C = \frac{\Delta Q}{\Delta T}$         aus (29), (69)
Einheit:    $[C] = \mathrm{J\,K^{-1}}$

Anmerkung:

Die Wärmekapazität ist der Quotient aus der zugeführten (oder abgeführten) Wärmemenge und der dadurch bedingten Temperaturänderung.

**(80) Molare Wärmekapazität $C_m$**

Definition: $C_m = \frac{C}{n}$                aus (1), (79)

Einheit:   $[C_m] = \mathrm{J\,K^{-1}\,mol^{-1}}$


**(81) Längenausdehnungskoeffizient $\alpha$**

Definition: $\alpha = \frac{1}{l_o} \cdot \frac{\partial l}{\partial T}$                aus (5), (69)

Einheit:   $[\alpha] = \mathrm{K^{-1}}$

Anmerkung:

> Die Definition gilt unter der Voraussetzung, daß der Druck konstant bleibt. Die Längenänderung $\Delta l = l - l_o$ erweist sich proportional ($\alpha$) zur Ausgangslänge $l_o$ und proportional zur Temperaturdifferenz $\Delta T$; es gilt also $\Delta l = \alpha \cdot l_o \cdot \Delta T$.


**(82) Volumenausdehnungskoeffizient $\gamma$**

Definition: $\gamma = \frac{1}{V_o} \cdot \frac{\partial V}{\partial T}$                aus (9), (69)

Einheit:   $[\gamma] = \mathrm{K^{-1}}$

Anmerkung:

> Die Definition gilt unter der Voraussetzung, daß der Druck konstant bleibt.


**(83) Kompressibilität $\chi$**

Definition: $\chi = \frac{1}{V_o} \cdot \frac{\partial V}{\partial p}$                aus (9), (20)

Einheit:   $[\chi] = \mathrm{m^2\,N^{-1}}$

Anmerkung:

> Die Definition gilt unter der Voraussetzung, daß die Temperatur konstant bleibt.


**(84) Spannungskoeffizient $\beta$**

Definition: $\beta = \frac{1}{p} \cdot \frac{\partial p}{\partial T}$                aus (20), (69)

Einheit:   $[\beta] = \mathrm{K^{-1}}$

Anmerkung:

> Die Definition gilt unter der Voraussetzung, daß das Volumen konstant ist. Es besteht weiters die Beziehung:

$$\gamma = p \cdot \beta \cdot \chi$$

*(85) Lichtstärke $I_v$, $I$*

Die Lichtstärke ist als Basisgröße definiert.
Einheit:    $[I_v] = \text{cd}$    (Candela)

*(86) Lichtstrom $\Phi_v$, $\Phi$*

Definition: $\Phi_v = \int\limits_{\Omega'} I_v \, d\Omega$           aus (8), (85)

Einheit:    $[\Phi_v] = \text{cd sr} = \text{lm}$    (Lumen)

Anmerkung:

    $\Omega$ ist der Raumwinkel der Ausstrahlung.

*(87) Lichtmenge $Q_v$*

Definition: $Q_v = \int\limits_{t_1}^{t_2} \Phi_v \, dt$           aus (4), (86)

Einheit:    $[Q_v] = \text{cd sr s} = \text{lm s}$

*(88) Beleuchtungsstärke $E_v$*

Definition: $E_v = d\Phi_v/dA$           aus (7), (86)
Einheit:    $[E_v] = \text{cd sr m}^{-2} = \text{lm m}^{-2} = \text{lx}$    (Lux)

Anmerkung:

    Die Beleuchtungsstärke $E_v$ ist der auf die Fläche $A$ bezogene Licht-
    strom $\Phi_v$. $A$ ist hierbei die beleuchtete Fläche.

*(89) Belichtung $H_v$*

Definition: $H_v = \int\limits_{t_1}^{t_2} E_v \, dt$           aus (4), (88)

Einheit:    $[H_v] = \text{cd sr m}^{-2} \text{ s} = \text{lm m}^{-2} \text{ s} = \text{lx s}$

*(90) Aktivität einer radioaktiven Substanz $A$*

Einheit:    $[A] = \text{s}^{-1} = \text{Bq}$    (Becquerel)    aus (4)

    Das Becquerel ist gleich der Aktivität einer radioaktiven Quelle mit
    1 Kernumwandlung in 1 Sekunde.

Anmerkung:

    Sonstige Einheit:
    1 Curie (Ci) $= 3,7 \cdot 10^{10} \text{ s}^{-1}$

### *(91) Energiedosis, (Absorbierte Dosis) D*

Einheit:    $[D] = \text{J kg}^{-1} = \text{W s kg}^{-1} = \text{Gy}$    (Gray)    aus (2), (29)

Das Gray ist gleich der Energiedosis in 1 Kilogramm homogener Materie, der durch ionisierende Strahlung mit homogenem Energiefluß die Energie von 1 Joule zugeführt worden ist.

Anmerkung:

Sonstige Einheiten:

1 Rad (rd) $= 10^{-2}$ J kg$^{-1}$
1 Rad Energiedosis liegt vor, wenn pro Kilogramm Probesubstanz die Energie von 10 mJ aus der Strahlung absorbiert wurde.

1 Rem (rem) $= 10^{-2}$ J kg$^{-1}$
(bei der Angabe von Werten der Äquivalentdosis)

### *(92) Ionendosis X*

Einheit:    $[X] = \text{C kg}^{-1} = \text{A s kg}^{-1}$    aus (2), (33)

Anmerkung:

Sonstige Einheit:
1 Röntgen (R) ist die Ionendosis einer ionisierenden Strahlung, die imstande ist, in 1 Kilogramm Luft bei räumlich konstanter Energieflußdichte Ionenladungen beider Vorzeichen von je $0,000\,258$ Coulomb zu erzeugen. ($1 \text{ R} = 258 \cdot 10^{-6}$ C kg$^{-1}$)

1 Röntgen ist diejenige Dosis einer Röntgen- oder Gammastrahlung, welche in $0,001\,293$ g Luft (das ist die Masse von 1 cm$^3$ trockener Luft bei einer Temperatur von $0°$C und einem Druck von 760 Torr) soviele Ionenpaare erzeugt, daß die elektrische Ladung aller gebildeter Ionen eines Ladungsvorzeichens insgesamt genau gleich einer elektrostatischen Ladungseinheit ($1 \text{ esE} = 3,335\,6 \cdot 10^{-10}$ A s) ist. Dies entspricht der Bildung von $2.082 \cdot 10^9$ Ionenpaaren pro $0,001\,293$ g Luft.

# Anhang 2: Theorien

In diesem Anhang soll im Teil a in mengentheoretischer Sprechweise nocheinmal eine Miniaturtheorie umrissen werden. Diese Miniaturtheorie schließt unmittelbar an unser Beispiel im Text von Kapitel 2 an, weil es sich wiederum um eine archimedische Statik handelt. Im Teil b wird nach dieser Vorbereitung in ähnlicher Weise jetzt eine "echte" physikalische Theorie aufgebaut; nämlich die ersten Stufen der klassischen Partikelmechanik. Beide Darstellungen sind bei STEGMÜLLER [Theoriendynamik] zu finden, sie werden hier in einer etwas simplifizierten und gekürzten Form wiedergegeben. Die Lektüre der Originaldarstellung wird zu empfehlen sein, wenn man die schärfere und exaktere Version kennen lernen will. Im Zusammenhang damit wird auch auf die Originalarbeit von SNEED [Structure] und McKINSEY [Foundation] verwiesen. Im Teil c ist von der Elektrodynamik die Rede. Hier wird das theoretische Formelgerüst axiomatisch an die Spitze gestellt und es wird gezeigt, auf welche Weise der für die Elektrodynamik grundlegende theoretische Begriff, nämlich die elektrische Stromstärke $I$. ermittelt wird. Zu diesem Zweck spezialisiert man auf ein besonders einfaches Modell der Theorie und zwar auf eine Versuchsanordnung mit zwei parallelen stromdurchflossenen Elektrizitätsleitern. Sobald die elektrische Stromstärke I gewonnen ist, können die anderen im Formelgerüst enthaltenen Größen schrittweise bestimmt werden. Von der mengentheoretisch exakten Formulierung der Elektrodynamik, wie sie für die Fälle der Mechanik in Teil a und b angedeutet wurde, wird hier Abstand genommen.

## 2a.   Miniaturtheorie

Es wird eine Miniaturtheorie mengentheoretisch beschrieben, die später als archimedische Statik angesehen werden kann. Die ersten drei Definitionen halten fest, wie man zum "Modell", zum "möglichen Modell" und zum "möglichen partiellen Modell" kommt. Die vierte Definition führt den Hilfsbegriff der "Erweiterung" als zweistellige Relation ein. Damit kann schließlich der Ramsey-Satz angeschrieben werden. Hier wird also eine Miniaturtheorie m durch ein mengentheoretisches Prädikat gekennzeichnet.

Definition 1:

$x$ ist ein $V$ genau dann, wenn es ein $D$, ein $n$ und ein $t$ gibt, so daß

(1) $x = < D, n, t >$
(2) $D$ ist eine endliche, nicht leere Menge
(3) $n$ und $t$ sind Funktionen von $D$ in $R$

(4) für alle $y \in D$ gilt: $t(y) > 0$

(5) wenn $r = |D|$ und $D = \{y_1, \ldots, y_r\}$, so gilt:

$$\sum_{i=1}^{r} n(y_i) \cdot t(y_i) = 0.$$

$R$ ist die Menge der reellen Zahlen, $|D|$ bezeichnet die Kardinalzahl der Elemente von $D$. Die Bestimmungen von (4) und (5) könnte man als die beiden "eigentlichen Axiome" der Theorie bezeichnen. Die ersten drei Bestimmungen dagegen dienen nur dazu, diejenigen Entitäten und deren Glieder formal zu charakterisieren, von denen es "vernünftig" ist, zu fragen, ob sie das Prädikat "ist ein $V$" erfüllen oder nicht. Solche Entitäten seien mögliche Modelle[1] von $V$ genannt. Die Modelle von $V$ sind dagegen diejenigen Entitäten, auf die das Prädikat "ist ein $V$" tatsächlich zutrifft.

Auch die möglichen Modelle seien durch ein eigenes Prädikat charakterisiert:

Definition 2:

> $x$ ist ein $V_m$ genau dann, wenn es ein $D$, ein $n$ und ein $t$ gibt, so daß gilt:
>
> (1) $x = \,< D, n, t >$
> (2) $D$ ist eine endliche, nicht leere Menge
> (3) $n$ und $t$ sind Funktionen von $D$ in $R$.

Die möglichen Modelle von $V$ sind also genau die Modelle von $V_m$.

Man kann der Miniaturtheorie eine anschauliche Deutung geben. Es handelt sich um eine sehr einfache statische Spezialanwendung der klassischen Mechanik, deren mathematische Struktur durch das mengentheoretische Prädikat $V$ wiedergegeben wird. Und zwar betrachten wir einen solchen Bereich der Erdoberfläche, in dem das Schwerefeld als "quasikonstant" angesehen werden kann und legen eine Balkenwaage, wie wir sie im Kapitel 2 in der Abbildung 4 dargestellt haben, zugrunde. Der Balken sei im Schwerpunkt drehbar gelagert. Auf den beiden Balken sind die drei verstellbaren Körper so angebracht, daß sich die Waage im Gleichgewicht und in Ruhe befindet. Die mathematische Struktur haben wir im Zusammenhang mit der genannten Abbildung angegeben. Sie ist also, wie ein Vergleich zeigt, identisch mit den "Axiomen", also mit den Bestimmungen (4) und (5) der Definition 1. Es entspricht also $D$ der Menge der

---

[1] STEGMÜLLER nennt sie potentielle Modelle $V_p$.

Körper, die am Waagebalken befestigt sind, $n$ entspricht den verschiedenen
Drehpunktabständen, die verschiedenen $t$ sind die betreffenden Körpergewichte.

Die Definition 3 vollzieht nun den Übergang zum möglichen partiellen Modell $V_{mp}$. Nimmt man an, daß sich die Funktion $t$ als $T$-theoretisch
erwiesen hat, dann kann man einführen:

Definition 3:

> $x$ ist ein $V_{mp}$ genau dann, wenn es ein $D$ und ein $n$ gibt, so daß gilt:
>
> (1) $x = < D,\ n >$
> (2) $D$ ist eine endliche, nicht leere Menge
> (3) $n$ ist eine Funktion von $D$ in $R$.

Die möglichen potentiellen Modelle werden also durch Abschwächung der
möglichen Modelle gewonnen. Sie sind – grob gesprochen – dasjenige, was
übrig bleibt, wenn man die theoretischen Funktionen "hinausgeworfen"
hat. Ein mögliches partielles Modell ist eine "beobachtbare Tatsache".
das heißt etwas, das mittels $T$-nicht-theoretischer Terme allein beschrieben
werden kann.

Die Definition 4 führt jetzt als Hilfsbegriff die zweistellige Relation
"Erweiterung $E$" ein[2]. Die Relation $E$ soll auf solche Weise eingeführt
werden, daß das erste Relationsglied von $xEy$ ein mögliches Modell ist,
soferne das zweite Relationsglied ein mögliches partielles Modell darstellt,
das aus dem ersten durch "Streichung" der theoretischen Funktion hervorgegangen ist.

Definition 4:

> $xEy$ (lies: "$x$ ist eine Erweiterung von $y$" oder "$y$ wird zu $x$ erwei-
> tert") genau dann, wenn es ein $D$ und ein $n$ gibt, so daß gilt:
>
> (1) $y = < D,\ n >$
> (2) $y$ ist ein Element von $V_{mp}$
> (3) es gibt eine Funktion $t$ von $D$ in $R$, so daß gilt:
>
> $$x = < D,\ n,\ t >$$

Damit gewinnt man den Existenzsatz:

$$\bigvee x\ (xEa \wedge x \text{ ist ein } S).$$

---

[2] STEGMÜLLER spricht von "Ergänzung", SNEED von "extension"

Kennzeichnet man den Übergang zu Mengen durch Fettdruck und führt weiters die Constraints C ein, die für die vorliegenden theoretischen Größen $t$ gelten, dann erhält man:

$$\bigvee \mathbf{x}\,(\mathbf{x}\mathbf{E}\mathbf{a} \wedge C \wedge \mathbf{x} \subseteq \hat{S}).$$

## 2b. Klassische Partikelmechanik

Wir verwenden für die bisherigen Prädikate $V$, $V_m$ und $V_{mp}$ jetzt $KPM(x)$, das heißt "$x$ ist eine klassische Partikelmechanik", $PM(x)$, das heißt "$x$ ist eine Partikelmechanik" und $PK(x)$, das heißt "$x$ ist eine Partikelkinematik". Durch $KPM(x)$ soll die mathematische Struktur derjenigen Systeme mengentheoretisch charakterisiert werden, die sich im Einklang mit dem zweiten Gesetz von NEWTON bewegen, welches man üblicherweise in der Form

$$\vec{F} = m \cdot \frac{\mathrm{d}^2\vec{x}}{\mathrm{d}t^2}$$

anschreibt. Dieses Gesetz wird also das einzige "eigentliche" Axiom sein. Alle speziellen Gesetze sind durch Verschärfung des Grundprädikates einführbar. Das Prädikat $PM(x)$ beschreibt nur die formale Struktur derjenigen Entitäten, von denen es sinnvoll ist, zu fragen, ob sie das Prädikat "$x$ ist eine klassische Partikelmechanik" erfüllen oder nicht. Eine Partikelmechanik ist also ein mögliches Modell der Theorie. Das Prädikat $PK(x)$ enthält schließlich nur mehr das, was nach "Streichung" der beiden theoretischen Funktionen aus Partikelmechaniken übrig bleibt, nämlich die nicht-theoretische Ortsfunktion. Eine Partikelmechanik ist somit ein mögliches partielles Modell jener Theorie, dessen mengentheoretisches Grundprädikat $KPM(x)$ ist. Aus derartigen Systemen von in Bewegung befindlichen Körpern, deren räumliche Ausdehnung vernachlässigt werden kann, besteht insbesondere die intendierte Anwendung der Theorie.

Führen wir die Partikelkinematik $PK(x)$ (mögliches partielles Modell) ein.

Definition 1:

$PK(x)$ genau dann, wenn es ein $P$, ein $T$ und ein $s$ gibt, so daß gilt:

(1) $x = < P,\ T,\ s >$
(2) $P$ ist eine endliche, nicht leere Menge

(3) $T$ ist ein Intervall von reellen Zahlen

(4) $s$ ist eine Funktion mit $D_I(s) = P \times T$ und
$D_{II}(s) \subseteq R^3$. Ferner ist $s$ im offenen (Teil-)Intervall von $T$
zweimal nach der Zeit differenzierbar.

$P$ ist die Menge der Partikel der intendierten Anwendung. Die Menge
$T$ beruht auf Idealisierungen: Beliebige Zeitintervalle sind auf geeignete
Intervalle der rellen Zahlengeraden isomorph abbildbar; hierbei entspricht
"früher als" der "kleiner als" Relation. $s(u, t)$ ist der Ortsvektor der
Partikel $u$ zur Zeit $t$ in Bezug auf ein räumliches Koordinatensystem. $T$
entspricht also Zeitpunkten, $s(u, t)$ entspricht dem Abstand zwischen Partikel $u$ und dem Koordinatenursprung zur Zeit $t$. Theorien der Zeitmetrik
und der Geometrie werden vorausgesetzt.

Führen wir die Partikelmechanik $PM(x)$ (mögliches Modell) ein.

Definition 2:

$PM(x)$ genau dann, wenn es ein $P$, $T$, $s$, $m$, $f$ gibt, so daß gilt:

(1) $x =< P, T, s, m, f >$

(2) $P$ ist eine endliche, nicht leere Menge

(3) $T$ ist ein Intervall von reellen Zahlen

(4) $s$ ist eine Funktion mit $D_I(s) = P \times T$ und $D_{II}(s) \subseteq R^3$.
Ferner sei $s$ im offenen Teilintervall von $T$ zweimal
nach der Zeit differenzierbar.

(5) $m$ ist eine Funktion mit $D_I(m) = P$ und $D_{II}(m) \subseteq R$,
wobei $m(u) > 0$ für alle $u \in P$.

(6) $f$ ist eine Funktion mit $D_I(f) = P \times T \times N$ und $D_{II}(f) \subseteq R^3$
und für alle $u \in P$ und alle $t \in T$ ist $\sum_{i \in N} f(u, t, i)$
absolut konvergent.

$m(u)$ sei die Masse der Partikel $u$ und $f(u, t, i)$ die i-te Kraft, die auf die
Partikel $u$ zur Zeit $t$ einwirkt. $N$ sind die natürlichen Zahlen $(1, 2, \ldots)$.

Schließlich führen wir die klassische Partikelmechanik $KPM(x)$ (Modell) in formaler Schreibweise ein.

Definition 3:

$KPM(x)$ genau dann, wenn

(1) $PM(x)$

(2) für alle $u \in P$ und alle $t \in T$
$$m(u) \cdot D^2 s(u, t) = \sum_{i \in N} f(u, t, i).$$

$D^2$ symbolisiert die zweifache Ableitung.

$m$ und $f$ werden als $KPM$-theoretisch aufgefaßt. Bei der Kraft
$f$ liegt das auf der Hand. Bei der Massenfunktion muß man bedenken,

daß zur Ermittlung des Massenverhältnisses zweier Körper eine Waage vorausgesetzt wird, wobei gerade diese Waage mit den beiden Objekten auf den Waagschalen ein Modell der klassischen Partikelmechanik darstellt, in welchem die Kraftfunktion eine bestimmte Gestalt besitzt. Mit der Definition 4 führen wir jetzt die Relation der "Erweiterung E" ein.

Definition 4:

$xEy$ (lies: "$x$ ist eine Erweiterung von $y$") genau dann, wenn $PK(y) \wedge \bigvee m \bigvee f$.

Wenn $a$ ein mögliches partielles Modell von $KPM$ ist, so lautet der Ramsey-Satz für dieses Objekt $a$

$$\bigvee x \left( xEa \wedge KPM(x) \right).$$

Geht man wieder auf Mengen über und führt die Constraints $C_m$ für die Massenfunktionen und die Constraints $C_f$ für die Kraftfunktionen ein, dann erhält man

$$\bigvee \mathbf{x} \, (\mathbf{x}E\mathbf{a} \wedge C_m \wedge C_f \wedge \mathbf{x} \subseteq K\hat{P}M).$$

Dieser Satz besagt: **a** ist eine Menge von möglichen partiellen Modellen für das Grundprädikat "$x$ ist eine klassische Partikelmechanik", also eine Menge von Modellen für "$x$ ist eine Partikelkinematik"; diese Menge kann durch Einführung von je zwei Funktionsstellen zu einer Menge **x** möglicher Modelle des Grundprädikats erweitert werden und zwar auf solche Weise, daß erstens jedes dieser möglichen Modelle auch zu einem Modell des Grundprädikates wird (in welchem nach Definition das zweite Gesetz von NEWTON gilt) und zweitens die Nebenbedingungen für die Massen- und Kraftfunktionen erfüllt sind. Bei SNEED und STEGMÜLLER wird weiters explizit gezeigt, wie man hieraus durch Spezialisierung und Verschärfung das dritte Gesetz von NEWTON, das Gesetz von HOOKE und das Gravitationsgesetz gewinnen kann. Darüber hinaus wird auch die Galilei-Transformation beleuchtet.

## 2c.  Elektrodynamik

Teil a und Teil b haben uns eine Vorstellung davon gegeben, auf welche Art in mengentheoretischer Sprechweise die Modelle, die möglichen Modelle und die möglichen partiellen Modelle festgehalten werden und wie schließlich die Relation der Erweiterung und wie der Ramsey-Satz gefunden wird. Es soll jetzt in einer Skizze die Elektrodynamik beleuchtet werden, jedoch ohne dabei den umfangreichen mengentheoretischen Apparat zu bemühen. Die praktische Vorgangsweise bei der mengentheoretischen Formulierung haben wir beim Beispiel der klassischen Partikelmechanik kennen gelernt; wir wollen hier davon also jetzt Abstand nehmen, vor allem auch um die Darstellung in ihrem formalen Aspekt nicht zu überlasten. Wir stellen im nachfolgenden Text zuerst die "eigentlichen Axiome", also das theoretische Formelgerüst, welches der Elektrodynamik zugrunde liegt, zusammen. In diesem umfangreichen Gleichungssystem sind bloß die Länge, die Zeit $t$ und die Kraftdichte $f$ nicht-theoretische Größen. Es soll dann explizit gezeigt werden, auf welche Weise man den theoretischen Begriff der Stromdichte $S$, beziehungsweise den damit über nicht-theoretische Begriffe verknüpften Begriff der elektrischen Stromstärke

$$I = \int_A \vec{S}\mathrm{d}\vec{A} \tag{1}$$

ermittelt. Genau dieser Begriff ist es nämlich, der heute im internationalen Einheitensystem als Basiseinheit festgelegt wurde.

Das engere Formelgerüst der Elektrodynamik setzt sich aus den vier Maxwellgleichungen, den beiden Verknüpfungsgleichungen, der Kontinuitätsgleichung und der Kraftdichtegleichung zusammen. Es stellt sich folgendermaßen dar:

Maxwellgleichungen

$$\operatorname{rot}\vec{H} = \vec{S} - \frac{\partial \vec{D}}{\partial t} \tag{2}$$

$$\operatorname{rot}\vec{E} = -\frac{\partial \vec{B}}{\partial t} \tag{3}$$

$$\operatorname{div}\vec{D} = \rho \tag{4}$$

$$\operatorname{div}\vec{B} = 0 \tag{5}$$

Verknüpfungsgleichungen

$$\vec{D} = \epsilon_o \vec{E} + \vec{P} \tag{6}$$

$$\vec{B} = \mu_o \vec{H} + \vec{J} \tag{7}$$

Kontinuitätsgleichung

$$\operatorname{div}\vec{S} + \frac{\partial \rho}{\partial t} = 0 \tag{8}$$

Kraftdichtegleichung

$$\vec{f} = (\frac{\mathrm{d}\vec{F}}{\mathrm{d}V} =) \ \rho\vec{E} + \vec{S} \times \vec{B} \tag{9}$$

Wir spezialisieren diese Gleichungen jetzt auf ein einfaches Modell, nämlich auf eine Versuchsanordnung mit zwei sehr dünnen, parallelen, geraden, stromdurchflossenen Elektrizitätsleitern im leeren Raum, wie sie die Abbildung im Schrägriß zeigt.

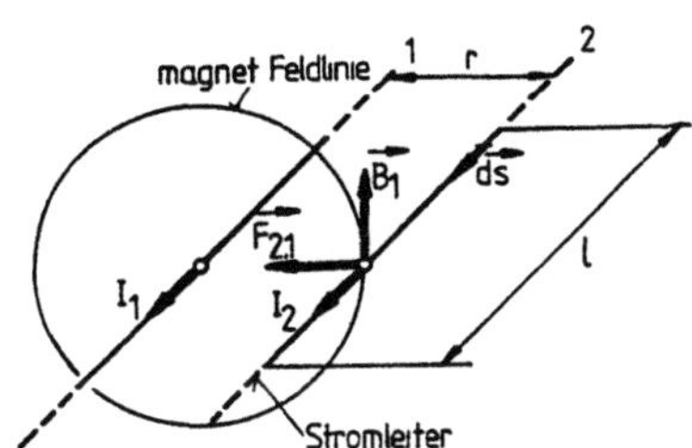


Wir ziehen die erste Maxwellgleichung, die zweite Verknüpfungsgleichung und die Kraftdichtegleichung heran und spezialisieren auf den Fall:

$$\operatorname{rot}\vec{H} = \vec{S} \tag{10}$$

$$\vec{B} = \mu_o \vec{H} \tag{11}$$

$$\vec{f} = \vec{S} \times \vec{B} \tag{12}$$

Die hierin vorkommenden Größen tragen folgende Bezeichnungen:
$H$ magnetische Feldstärke, $S$ (elektrische) Stromdichte, $B$ magnetische Induktion, $\mu_o$ magnetische Feldkonstante und $f$ ist die Kraftdichte.

Wir ziehen den Integralsatz von Stokes heran. Es möge $A$ eine nicht geschlossene Fläche sein, die von der Kurve $s$ berandet sei. Wird die geschlossene Kurve $s$ so orientiert, daß ihr Durchlaufsinn mit der Orientierung der Flächennormalen eine Rechtsschraubung ergibt, so gilt

$$\int_A (\operatorname{rot}\vec{u})\mathrm{d}\vec{A} = \oint_s \vec{u}\mathrm{d}\vec{s}. \tag{13}$$

Damit ist

$$\underbrace{\int_A (\operatorname{rot}\vec{H})\mathrm{d}\vec{A} = \oint_s \vec{H}\mathrm{d}\vec{s}}_{\text{nach Stokes}} = \int_A \vec{S}\mathrm{d}\vec{A}. \tag{14}$$

Man wählt für das zuletzt genannte Flächenintegral über die Stromdichte $\vec{S}$ die Abkürzung

$$\int_A \vec{S} \mathrm{d}\vec{A} = I \tag{15}$$

und nennt $I$ die Stromstärke. Damit haben wir den sogenannten Durchflutungssatz

$$\oint_s \vec{H} \mathrm{d}\vec{s} = I \tag{16}$$

gewonnen. Aus den in der Abbildung angegebenen Abmessungen und Bezeichnungen unserer Versuchsanordnung ergibt sich damit für die Induktion $B_1$, die im leeren Raum an der Stelle des Stromleiters 2 vorhanden ist und die vom Stromleiter 1 herrührt, wegen

$$\oint_s \vec{H}_1 \mathrm{d}\vec{s} = H_1 \cdot 2r\pi = I_1 \tag{17}$$

die Beziehung

$$B_1 = \mu_o H_1 = I_1 \mu_o \cdot \frac{1}{2r\pi}. \tag{18}$$

In einer Zwischenüberlegung müssen wir jetzt die Kraftdichtegleichung (9) umformen (HOFMANN [Feld, Seite 345]). Man wendet hierzu die Kraftdichtegleichung auf eine Leiterschleife an. Da in einem sehr dünnen Leiter die Stromdichte $\vec{S}$ parallel zur Leiterachse liegt, also $\vec{S}$ parallel zu $\mathrm{d}\vec{s}$ ist, gilt

$$\vec{F} = \int_V \vec{f} \mathrm{d}V = \int_V (\vec{S} \times \vec{B}) \mathrm{d}V = \int_V (\vec{S} \times \vec{B})(\mathrm{d}\vec{s}\mathrm{d}\vec{A}) = \int_V (\mathrm{d}\vec{s} \times \vec{B})(\vec{S}\mathrm{d}\vec{A}). \tag{19}$$

In dem kleinen Querschnitt $\delta A$ des dünnen Leiters ist das Magnetfeld $\vec{B}$ quer zur Leiterachse praktisch konstant, sodaß man im obigen Integral zunächst über den Querschnitt $\delta A$ integrieren kann, wobei das Flächenintegral der Stromdichte die Stromstärke $I$ im Leiter ergibt.

$$\vec{F} = \int_V (\mathrm{d}\vec{s} \times \vec{B})(\vec{S}\mathrm{d}\vec{A}) = \oint_s \left\{ \int_{\delta A} \vec{S}\mathrm{d}\vec{A} \right\} (\mathrm{d}\vec{s} \times \vec{B}) = \oint_s I \mathrm{d}\vec{s} \times \vec{B} \tag{20}$$

An jedem Leiterelement $\mathrm{d}\vec{s}$, durch welches ein Strom $I$ fließt, greift also ein Kraftvektor

$$\mathrm{d}\vec{F} = I \mathrm{d}\vec{s} \times \vec{B} \tag{21}$$

an. Diese Kraft ist die sogenannte Lorentzkraft.

Mit Hilfe der Lorentzschen Kraftgleichung und der berechneten magnetischen Induktion $B_1$ kann man jetzt die Kraft $F_{21}$, die der vom

Strom $I_2$ durchflossene Stromleiter 2 vom Magnetfeld $B_1$ (welches also vom Stromleiter 1 herrührt) erfährt, wie folgt berechnen:

$$\vec{F}_{21} = I_2 \cdot \int_l d\vec{s} \times \vec{B}_1 \tag{22}$$

$$\vec{F}_{21} = I_2 \cdot l \cdot B_1 = I_1 I_2 \mu_o \cdot \frac{l}{2r\pi} \tag{23}$$

Diese Gleichung sagt aus, daß zwei parallele, von gleichgerichteten Strömen durchflossene Leiter sich mit der Kraft $F_{21}$ anziehen. Fließt in beiden Leitern der gleiche Strom $I$, dann ist

$$F_{21} = I^2 \mu_o \cdot \frac{l}{2r\pi}. \tag{24}$$

Die Größen $F_{21}$, $l$ und $r$ sind hier nicht-theoretische Größen; die Größen $I$ und $\mu_o$ fassen wir als $T$-theoretisch auf. Wir haben jetzt die Aufgabe, Werte der $T$-theoretischen Größen aufzufinden, die zum entsprechenden, möglichen partiellen Modell unserer "2-Stromleiter-Spezialisierung" hinzugefügt, dieses in ein vollständiges Modell verwandeln. Die Werte der $T$-theoretischen Größen seien ein elektrischer Strom, den man

$$I = 1 \text{ Ampere} \tag{25}$$

nenne und eine magnetische Feldkonstante, die man mit

$$\mu_o = 4\pi \cdot 10^{-7} \text{ Newton/Ampere}^2 \tag{26}$$

festlege. Wählt man in unserer Doppelleiteranordnung darüber hinaus $r = 1$ Meter und $l = 1$ Meter, dann ist

$$F_{21} = I^2 \mu_o \cdot \frac{l}{2r\pi} = (1 \text{ A})^2 \cdot 4\pi 10^{-7} \frac{\text{N}}{\text{A}^2} \cdot \frac{1 \text{ m}}{2 \cdot 1 \text{ m} \cdot \pi} = 2 \cdot 10^{-7} \text{ N} \tag{27}$$

und es sagt also unsere Gleichung folgendes aus:

> "Das Ampere ist gleich der Stärke des elektrischen Stromes, der durch zwei geradlinige, dünne und unendlich lange Leiter, die in einer Entfernung von 1 Meter parallel zueinander im leeren Raum angeordnet sind, unveränderlich fließend bewirken würde, daß diese beiden Leiter aufeinander eine Kraft von $2 \cdot 10^{-7}$ Newton je 1 Meter Länge ausüben."

Und dieser Wortlaut ist genau die Festlegung der Basiseinheit "Ampere" für den elektrischen Strom im internationalen Einheitensystem.

Man ist jetzt in der Lage, schrittweise auch die anderen Größen zu bestimmen.

## Anhang 3: Diskretes Zustandssystem bei Zustandsindeterminismus

Im Abschnitt über anschauliche Modelle für deterministische und indeterministische Systeme haben wir RESCHERs diskrete Zustandssysteme besprochen, wobei die dort abgehandelten indeterministischen Systeme vom Typus des Gesetzesindeterminismus waren. Dabei war gemeint, daß die scharf angebbaren Zustände $Z$ von probabilistisch strukturierten Sukzessionsgesetzen $\vec{S}$ beherrscht werden. Es gilt also für das System die Beziehung

$$Z_\iota \ \vec{S} \ Z_{J_k} \qquad \text{mit } p_k \ ,$$

oder in ausführlicherer Schreibweise

$$F(t) = Z_\iota \ \rightarrow F(t+1) = \begin{cases} Z_{J_1} & \text{mit } p_1 \\ \vdots \\ Z_{J_k} & \text{mit } p_k \\ \vdots \\ Z_{J_n} & \text{mit } p_n \end{cases}$$

wobei $\sum_{k=1}^{n} p_k = 1$. In Worten bedeutet das, daß wenn immer $F(t) = Z_\iota$ auftritt, der Folgezustand $F(t+1)$ immer einer der Zustände $Z_{J_1}$, $Z_{J_2}$, ... $Z_{J_n}$ ist und zwar mit den zugehörigen Wahrscheinlichkeiten $p_1$, $p_2$, ... $p_n$. Der Indeterminismus ist hier also eine Konsequenz der indeterministischen Struktur der Gesetze, daher nennt man ihn Gesetzesindeterminismus.

Der Indeterminismus der Quantenmechanik ist dagegen von einer anderen Art. Hier liegt ein sogenannter Zustandsindeterminismus vor. STEGMÜLLER erläutert in [Erklärung, Seite 286] an Hand seines diskreten Analogie-Modelles zur Quantenmechanik die Struktur des Zustandsindeterminismus der modernen Physik. Grob vereinfacht gesagt, liegt dem Modell folgender Gedanke zugrunde:

Das System wird beherrscht von einem deterministischen Sukzessionsgesetz $\vec{S}$, welches keine "Realzustände" $Z$, sondern "Pseudozustände" $W$ miteinander verbindet. Es gilt also

$$W_\iota \ \vec{S} \ W_{J} \qquad \text{mit Sicherheit,}$$

das heißt, auf den Pseudozustand $W_\iota$ folgt immer und unveränderlich der genau definierte Pseudozustand $W_J$. Unter solchen Pseudozuständen $W_k$ versteht man die Wahrscheinlichkeitsverteilung der Realzustände $Z$. Es ist also nicht als Ausgangspunkt ein konkreter Realzustand $Z_k$ gegeben, sondern eine bestimmte Wahrscheinlichkeitsverteilung für das ganze Spektrum der Realszustände $Z_k$. Die gesamte Information, die wir über den Zustand des Systems in einem bestimmten Zeitpunkt haben, beschränkt sich also auf die Kenntnis solcher Wahrscheinlichkeitsverteilungen. Der Pseudozustand $W_k$ ist zum Beispiel durch

$$W_k : \begin{cases} p_k(Z_1) \\ p_k(Z_2) \\ p_k(Z_3) \\ \vdots \\ p_k(Z_m) \end{cases}$$

gegeben. Das heißt, wir können aus $W_k$ ablesen, daß der Realzustand $Z_1$ mit der Wahrscheinlichkeit $p_k(Z_1)$ angetroffen wird, der Realzustand $Z_2$ mit der Wahrscheinlichkeit $p_k(Z_2)$ angetroffen wird und so weiter bis zum Realzustand $Z_m$, der mit der Wahrscheinlichkeit $p_k(Z_m)$ auftreten wird. Die Pseudozustände nennt man daher auch Wahrscheinlichkeitszustände oder man spricht von der zweiten Zustandsart, während die Realzustände die erste Zustandsart sind. Durch das deterministische Sukzessionsgesetz

$$W_\iota \ \vec{S} \ W_\jmath$$

wird nun die vorgegebene Wahrscheinlichkeitsverteilung $W_\iota$ auf deterministische Weise in eine genau definierte zukünftige Wahrscheinlichkeitsverteilung $W_\jmath$ übergeführt. Obwohl also ein deterministisches Gesetz vorliegt, sind nur probabilistische Voraussagen möglich, weil ein Zustandsindeterminismus zugrunde liegt. Es werden nicht die physikalischen Zustände, sondern die Wahrscheinlichkeitsverteilungen solcher Zustände deterministisch durch das Sukzessionsgesetz miteinander verknüpft. Diesem Sukzessionsgesetz des Modellbildes entspricht in der Physik die zeitabhängige Schrödingergleichung. (Die Heisenbergsche Unschärferelation, die besagt, daß es prinzipiell unmöglich ist, die Werte zweier kanonisch konjugierter Größen – zum Beispiel Orts- und Impulskoordinaten – gleichzeitig mit beliebiger Genauigkeit zu messen, wird im Modellbild durch ein formales Koexistenzgesetz berücksichtigt. Darauf soll hier aber nicht näher eingegangen werden.)

# Schrifttum


ALTNER G.:    [Fortschrittsprozeß]
Wehrlosigkeit und Auftrag der Intellektuellen im wissenschaftlich-
technischen Fortschrittsprozeß.
in: SCHATZ O. [Utopia, S. 297]

ANDERSSON G.:    [Falsifikationismus]
Sind Falsifikationismus und Fallibilismus vereinbar?
in: RADNITZKY G. [Voraussetzungen, S. 255]

BALZER W.:    [Structures]
BALZER W., MOULINES C.U., SNEED J.D.:
Basic Structures in Scientific Theories.
In Vorbereitung.

BARTELS H.:    [Atmung]
Gaswechsel (Atmung).
in: KEIDEL W.D. [Physiologie]

BAUEREISEN E.:    [Herz]
Herz.
in: KEIDEL W.D. [Physiologie]

BECKER F.:    [Astronomie]
Einführung in die Astronomie.
Bibliographisches Institut, Mannheim 1966

BEISER A.:    [Atome]
Atome, Moleküle, Festkörper.
Friedr. Vieweg u. Sohn, Braunschweig - Wiesbaden 1983

BERGMANN-SCHAEFER    [Experimentalphysik]
Lehrbuch der Experimentalphysik.
Band I: Mechanik, Akustik, Wärme.
Band II: Elektrizität und Magnetismus.
Walter de Gruyter, Berlin 1970

BRAND K.:     [Hormone]
Hormone.
in: KEIDEL, W.D. [Physiologie]

BRAUNS R.:     [Mineralogie]
BRAUNS R., CHUDOBA K.F.:
Allgemeine Mineralogie.
Walter de Gruyter, Berlin (9. Auflage)

BROMM B.:     [Nerven]
Physiologie der peripheren Nerven: Erregung und
Erregungsleitung.
in: KEIDEL W.D. [Physiologie]

CARNAP R.:     [Analyse]
Überwindung der Metaphysik durch logische Analyse der Sprache.
in: SCHLEICHERT H. [Empirismus. S. 149]

CARNAP R.:     [Begriffsbildung]
Physikalische Begriffsbildung.
Wiss. Buchgesellschaft, Darmstadt 1966

CARNAP R.:     [Naturwissenschaft]
Einführung in die Philosophie der Naturwissenschaft.
Nymphenburger Verlagshandlung, München 1969

CARNAP R.:     [Protokollsätze]
Über Protokollsätze.
in: SCHLEICHERT H. [Empirismus, S. 81]

CARNAP R.:     [Weltauffassung]
CARNAP R., HAHN H., NEURATH O.:
Wissenschaftliche Weltauffassung – Der Wiener Kreis.
in: SCHLEICHERT H. [Empirismus, S. 201 – 222]

CASPER H.:     [Zentralnervensystem]
Zentralnervensystem.
in: KEIDEL W.D. [Physiologie]

CHALMERS A.F.:     [Wege]
Wege der Wissenschaft.
Eine Einführung in die Wissenschaftstheorie.
Springer-Verlag, Berlin - Heidelberg - New York 1986

CRUTCHFIELD J.P.:     [Chaos]
CRUTCHFIELD J.P., FARMER J.D., PACKARD N.H., SHAW R.S.:
Chaos.
Spektrum der Wissenschaft, Februar 1987, S. 78 – 90

DAVIS J.J.:    [Method]
  On the Scientific Method.
  Longman, London 1968

DELBRÜCK M.:    [Wirklichkeit]
  Wahrheit und Wirklichkeit.
  Über die Evolution des Erkennens.
  Rasch und Röhring Verlag, Hamburg - Zürich 1986

DIN    [Größennormen]
  Normen für Größen und Einheiten in Naturwissenschaft und Technik.
  Taschenbuch 22
  Herausgeg. v. Deutschen Normenausschuß (DNA) 1974
  Beuth Vertrieb GmbH, Berlin - Köln - Frankfurt/M.

EINSTEIN A.:    [Evolution]
  EINSTEIN A., INFELD L.: Die Evolution der Physik.
  Rowohlts Deutsche Enzyklopädie, Hamburg 1970, S. 29 und 195

EINSTEIN A.:    [Weltbild]
  Mein Weltbild.
  Querido Verlag, Amsterdam 1934

ESSLER W.K.:    [Wissenschaftstheorie]
  Wissenschaftstheorie I bis IV.
  Verlag Karl Alber, Freiburg - München 1982

FASCHING G.:    [Legierungssysteme]
  Weichlöten, Lote und Flußmittel in der Elektrotechnik.
  Teil I: Der Lötmechanismus, Weichlot-Legierungssysteme.
  Feinwerktechnik 73 (1969) Heft 12, S. 519 - 528

FASCHING G.:    [Umwelt]
  Werkstoffwissenschaft und Umwelt.
  E. u. M. 1985 (102. Jahrg.) Heft 9, S. 372 - 376

FASCHING G.:    [Werkstoffwissenschaft]
  Werkstoffe für die Elektrotechnik.
  Springer-Verlag, Wien - New York 1984

FEYERABEND P.:    [Grenzprobleme]
  FEYERABEND P., THOMAS C.:
  Grenzprobleme der Wissenschaften.
  Verlag der Fachvereine an den Schweizerischen Hochschulen und
  Techniken, Zürich 1985

FEYERABEND P.:    [Methodenzwang]
  Wider den Methodenzwang.
  Suhrkamp Verlag, Frankfurt a. M. 1983

FEYERABEND P.K.:    [Revolutionen]
Kuhns Struktur wissenschaftlicher Revolutionen – ein Trostbüchlein für
Spezialisten?
in: LAKATOS I. [Kritik, S. 191]

FISCHER J.:    [Größen]
Größen und Einheiten der Elektrizitätslehre.
Springer-Verlag, Berlin - Göttingen - Heidelberg 1961

FÖLSING A.:    [Hochenergiephysik]
FÖLSING A., SCHOPPER H., BENECKE J., PRIMAS H.,
TELEGDI V.:
Erkenntnistheoretische Bedeutung der Hochenergiephysik.
in: FEYERABEND P. [Grenzprobleme, S. 47]

FREUD S.:    [Psychopathologie]
Gesammelte Werke, 4. Band:
Zur Psychopathologie des Alltagslebens.
Fischer Verlag, Frankfurt a.M.
Imago Publishing Co. Ltd., London 1941

FREY G.:    [Konstruktion]
Die Konstruktion von Erklärungen.
in: HALLER R. [Physik]

GALILEI G.:    [Discorsi]
Discorsi e dimostrazioni matematiche, intorno à due nuove science.
Leida, 1638
zitiert in: SEXL R.U. [Physik, Teil 1A, S. 13]

GERTHSEN C.:    [Physik]
GERTHSEN C., KNESER H.O., VOGEL H.:
Physik.
Ein Lehrbuch zum Gebrauch neben Vorlesungen.
Springer-Verlag, Berlin - Heidelberg - New York 1986 (15. Auflage)

GIERER A.:    [Leben]
Die Physik im Bereich des Lebendigen.
Tragweite und Grenzen naturwissenschaftlicher Denkweise.
Conturen Nr. 25A/Juli 1986, S. 38 - 44

GRAHAM R.:    [Turbulenz]
Ein Stück unberechenbarer Natur: Die Turbulenz.
Bild der Wissenschaft 4-1982, S. 68 - 82

GUTMANN V.:    [Chemie]
GUTMANN V., HENGGE E.:
Allgemeine und anorganische Chemie.

Verlag Chemie, Weinheim 1971

HAHN H.:    [Occam]
Überflüssige Weisheiten (Occams Rasiermesser).
in: SCHLEICHERT H. [Empirismus, S. 95]

HAHN H.M.:    [Galaxienmasse]
Wie schwer ist der Andromedanebel?
Bild der Wissenschaft 1-1982, S. 102 - 103

HALLER R.:    [Physik]
HALLER R., GÖTSCHL J.:
Philosophie und Physik.
(Wissenschaftstheorie, Wissenschaft und Philosophie, Band 10)
Friedr. Vieweg u. Sohn, Braunschweig 1975

HEBB D.O.:    [Neuropsychological Theory]
Organisation of Behavior - A Neuropsychological Theory.
New York - London 1949, XI - XIX
in: REVERS W.J. [Realitätsbewußtsein, S. 199]

HEISENBERG W.:    [Grenzen]
Schritte über Grenzen.
München 1971, S. 296

HEISENBERG W.:    [Naturbild]
Das Naturbild der heutigen Physik
Rowohlt, Hamburg 1955

HEISENBERG W.:    [Philosophie]
Physik und Philosophie.
Ullstein-Verlag, Frankfurt - Berlin 1959

HEISENBERG W.:    [Teil]
Der Teil und das Ganze.
München 1969, S. 138

HEITLER W.:    [Erkenntnis]
Der Mensch und die naturwissenschaftliche Erkenntnis.
Friedr. Vieweg u. Sohn, Braunschweig 1962

HEMPEL C.G.:    [Erklärung]
Aspekte wissenschaftlicher Erklärung.
Walter de Gruyter, Berlin - New York 1977

HEMPEL C.G.:    [Fundamentals]
Fundamentals of Concept Formation in Empirical Science.
The University of Chicago Press, Chicago 1960

HEMPEL C.G.:    [Naturwissenschaften]
Philosophie der Naturwissenschaften.
Deutscher Taschenbuch Verlag, München 1974

HENNING K.:    [Zufall]
HENNING K., KUTSCHA S.:
Mangelnde Ursache oder mangelndes Wissen?
Zum Begriff Zufall in Philosophie und Naturwissenschaft.
Naturwissenschaften 71 (1984), S. 493 – 499

HERTZ H.:    [Prinzipien]
Prinzipien der Mechanik.
1876
Zitat in: HEISENBERG W. [Naturbild]

HOFMANN H.:    [Feld]
Das elektromagnetische Feld.
Theorie und grundlegende Anwendungen.
Springer-Verlag, Wien - New York 1986 (3. Auflage)

HOMMES U.:    [Erfahrungsverlust]
Entmündigung durch Wissenschaft?
Zum Problem des Erfahrungsverlustes in der gegenwärtigen Welt.
in: SCHATZ O.: [Wissenschaft, S. 133ff.]

HUND F.:    [Begriffsgeschichte]
Geschichte der physikalischen Begriffe.
Bibl. Institut, Mannheim - Wien - Zürich 1972
Hochschultaschenbücher, Band 543

HUND F.:    [Grundbegriffe]
Grundbegriffe der Physik.
Bibl. Institut, Mannheim - Wien - Zürich 1969
Hochschultaschenbücher, Band 449/449a

HÜTTER L.A.:    [Wasser]
Unser Wasser – ein faszinierender und gefährdeter Stoff.
Wissenschaftliche Nachrichten, Januar und April 1987
Heft 73 und 74

JACOBS K.:    [Mathematik]
Die Mathematik im Kreise der Naturwissenschaften.
Naturwissenschaften 70 (1984), S. 57 – 62 und 71 (1984), S. 500 – 506

KAMPITZ P.:    [Wertfreiheit]
Gibt es eine wissenschaftsimmanente Ethik?
Zur Frage der sogenannten "Wertfreiheit der Wissenschaft".
in: SCHATZ O. [Wissenschaft, S. 145]

KEIDEL W.D.:    [Biologische Regelung]
Prinzipien biologischer Regelung.
in: KEIDEL W.D. [Physiologie]

KEIDEL W.D.:    [Physiologie]
Kurzgefaßtes Lehrbuch der Physiologie.
G. Thieme Verlag, Stuttgart - New York 1985

KITTEL Ch.:    [Mechanik]
KITTEL Ch., KNIGHT W.D., RUDERMAN M.A.:
Mechanik.
Berkeley Physik Kurs 1.
Friedr. Vieweg u. Sohn, Braunschweig 1975

KLEBER W.:    [Kristallographie]
Einführung in die Kristallographie.
VEB Verlag Technik, Berlin 1977

KOHLRAUSCH F.:    [Einheitensysteme]
Praktische Physik, Band I
Kapitel 1.1: Begriffs- und Einheitensysteme.
Teubner Verlagsges., Stuttgart 1960

KRAFT V.:    [Neopositivismus]
Der Wiener Kreis.
Der Ursprung des Neopositivismus.
Ein Kapitel der jüngsten Philosophiegeschichte.
Springer-Verlag, Wien - New York 1968

KRAMER P.:    [Symmetriestrukturen]
Symmetriestrukturen der Physik.
Naturwissenschaften 69 (1982), S. 114 – 122

KRANZ J.:    [Radioaktivität]
Radioaktivität.
in: GERLACH W.: Physik.
Fischer Verlag, Frankfurt a. M. 1960

KUCHOWICZ R.B.:    [Neutrinos]
Neutrinos from the Sun.
Reports on Progress in Physics 39 (1976), S. 291 – 344

KUHN T.S.:    [Bemerkungen]
Bemerkungen zu meinen Kritikern.
in: LAKATOS I. [Kritik, S. 223]

KUHN T.S.:    [Logik]
Logik der Forschung oder Psychologie der wissenschaftlichen Arbeit?
in: LAKATOS I. [Kritik, S. 1]

KUHN T.S.:     [Struktur]
Die Struktur wissenschaftlicher Revolutionen.
Suhrkamp Verlag, Frankfurt a. M. 1967

KUTSCHERA F.v.:     [Wissenschaftstheorie]
Wissenschaftstheorie I und II.
Grundzüge der allgemeinen Methodologie der empirischen
Wissenschaften.
Wilhelm Fink Verlag, München 1972

LAKATOS I.:     [Kritik]
LAKATOS I., MUSGRAVE A. (Hrsg.):
Kritik und Erkenntnisfortschritt.
Friedr. Vieweg u. Sohn. Braunschweig 1974

LAKATOS I.:     [Methodologie]
Falsifikation und die Methodologie wissenschaftlicher
Forschungsprogramme.
in: LAKATOS I. [Kritik, S. 89]

LAPLACE P.S.:     [Œuvres]
Œuvres Complètes de Laplace
8 (1841), S. 144 – 145.
Herausgegeben von der Académie Royale des Sciences de Paris

LAUE M.v.:     [Relativitätstheorie]
Die Relativitätstheorie.
1. Band: Die spezielle Relativitätstheorie.
Friedr. Vieweg u. Sohn, Braunschweig 1955
2. Band: Die allgemeine Relativitätstheorie
Friedr. Vieweg u. Sohn. Braunschweig 1956

LEIBNIZ G.W.:     [Hauptschriften]
Hauptschriften zur Grundlegung der Philosophie.
Herausgegeben von E. Cassirer (2 Bände).
Philosophische Bibliothek, Band 107
Verlag Felix Meiner. Leipzig 1924

LENK H.:     [Wissenschaftstheorie]
Zwischen Wissenschaftstheorie und Sozialwissenschaft.
Suhrkamp Taschenbuch Wissenschaft 637, 1986

LORENZ K.:     [Abbau]
Der Abbau des Menschlichen.
Piper-Verlag, München - Zürich 1983

MASTERMAN M.:     [Paradigma]
Die Natur eines Paradigmas.

in: LAKATOS I. [Kritik, S. 59]

McKINSEY J.C.C.:    [Foundation]
McKINSEY J.C.C., SUGAR A.C., SUPPES P.C.
Axiomatic Foundation of Classical Particle Mechanics.
Journal of Rational Mechanics and Analysis, Band II (1953), S. 253
272

MOTTANA A.:    [Mineralien]
MOTTANA A., CRESPI R., LIBORIO G.:
Der große Mineralienführer.
BLV Verlagsgesellschaft, München - Bern - Wien 1979

MOULINES C.U.:    [Evolution]
Theory-Nets and the Evolution of Theories:
The Example of Newtonian Mechanics.
Synthese Band 41 (1979), S. 417 – 439

NEURATH O.:    [Protokollsätze]
Protokollsätze.
in: SCHLEICHERT H. [Empirismus, S. 70]

OBERDORFER G.:    [Größenlehre]
Das System Internationaler Einheiten (SI).
Standort in der Größenlehre.
Springer-Verlag, Wien - New York 1977

ÖSTERR. NORMUNGSINSTITUT    [Größen]
Größen und Einheiten in Physik und Technik.
Neuauflage: März 1982
ON-Handbuch 1, Oktober 1972

PASSMORE J.:    [Everyday Life]
Explanation in Everyday Life, in Science, and in History.
History and Theory, Band 2, 1962, S. 105 – 123

PAULING L.:    [Bindung]
Die Natur der chemischen Bindung.
Verlag Chemie, Weinheim 1968

PAULING L.:    [Chemie]
Chemie.
Eine Einführung.
Verlag Chemie, Weinheim 1969

PAWLOW J.P.:    [Nerventätigkeit]
Die höchste Nerventätigkeit von Tieren.
München 1926
Zitat in: REVERS W.J. [Psychologie, S. 212f.]

PENZLIN H.:    [Physiologie]
Lehrbuch der Tierphysiologie.
G. Fischer Verlag, Stuttgart 1980

PICHOTKA J.:    [Stoffwechsel]
Stoffwechsel der Organismen.
in: KEIDEL W.D. [Physiologie]

PIRSIG R.M.:    [Zen]
Zen and the Art of Motorcycle Maintenance.
(dt.: Zen und die Kunst, ein Motorrad zu warten.
Frankfurt 1976)
Bodley Head, London 1974

PLANCK M.:    [Abhandlungen]
Physikalische Abhandlungen und Vorträge (Band III).
Braunschweig 1958, S. 258

PLANCK M.:    [Autobiographie]
Wissenschaftliche Autobiographie.
Leipzig 1928

POINCARÉ H.:    [Wissenschaft]
Der Wert der Wissenschaft.
B.G. Teubner, Leipzig 1906

POPPER K.:    [Logik]
Logik der Forschung.
J.C.B. Mohr (Paul Siebeck), Tübingen 1984 (8. Auflage)

POPPER K.:    [Normalwissenschaft]
Die Normalwissenschaft und ihre Gefahren.
in: LAKATOS I. [Kritik, S. 51]

PREISINGER A.:    [Symmetrie]
Symmetrie.
Schriftenreihe der Technischen Universität Wien, Band 16.
In Kommission bei Springer-Verlag, Wien 1980

RADNITZKY G., ANDERSSON G.:    [Voraussetzungen]
Voraussetzungen und Grenzen der Wissenschaft.
J.C.B. Mohr (Paul Siebeck), Tübingen 1981

RESCHER N.:    [Discrete State Systems]
Discrete State Systems, Markov Chains and Problems in the Theory of
Scientific Explanation and Prediction.
Philosophy of Science 1963, Band 30, S. 325 - 345

REVERS W.J.:      [Psychologie]
Horizonte humanistischer Alternativen in der Psychologie.
in: SCHATZ O. [Wissenschaft, S. 207]

REVERS W.J.:      [Realitätsbewußtsein]
Die szientistische Einäugigkeit des modernen
Realitätsbewußtseins.
in: SCHATZ O. [Überlebenskrise S. 198 ff.]

RICHTER M.:      [Farbmetrik]
Farbmetrik.
in BERGMANN-SCHAEFER: Lehrbuch der Experimentalphysik, Band
III, Optik.
Walter de Gruyter, Berlin - New York 1974

ROTTER F.:      [Meter]
Die neue Definition des Meter.
E. u. M. 1984 (101. Jahrg.), Heft 6, S. 269 - 273

RÜDEL R.:      [Muskelphysiologie]
Muskelphysiologie.
in: KEIDEL W.D.: [Physiologie]

SAUNDERS P.T.:      [Katastrophentheorie]
Katastrophentheorie.
Friedr. Vieweg u. Sohn, Braunschweig - Wiesbaden 1986

SCHAIFERS K.:      [Handbuch]
SCHAIFERS K., TRAVING G.:
Meyers Handbuch über das Weltall.
Bibliographisches Institut, Mannheim - Wien - Zürich 1973

SCHATZ O.:      [Überlebenskrise]
Hoffnung in der Überlebenskrise?
Salzburger Humanismusgespräche.
Verlag Styria, Graz - Wien - Köln 1979

SCHATZ O.: [Utopia]
Abschied von Utopia.
Anspruch und Auftrag der Intellektuellen.
Verlag Styria, Graz - Wien - Köln 1977

SCHATZ O. (Hg.):      [Wissenschaft]
Brauchen wir eine andere Wissenschaft?
Verlag Styria, Graz - Wien - Köln 1981

SCHIEDERMAIR H.:      [Universität]
Universität 2000 - Das Bildungssystem und die Industriegesellschaft
von morgen.

Conturen VIP Nr. 23A/Februar 1986 (7. Jahrg.), S. 73 – 83
Institut für Wirtschaft und Politik
Wien 1, Krugerstraße 17

SCHLEICHERT H.: [Empirismus]
Logischer Empirismus – Der Wiener Kreis.
Ausgewählte Texte mit einer Einleitung.
Wilhelm Fink Verlag, München 1975

SCHREINER J.: [Physik]
Physik, 1. Teil, Ausgabe B.
Verlag Hölder - Pichler - Tempsky, Wien 1976, S. 1

SCHRÖDINGER E.: [Energy]
Might Perhaps Energy be Merely a Statistical Concept?
Il Nuovo Cimento 9, S. 162 – 170

SCHRÖDINGER E.: [Natur]
Die Natur und die Griechen.
Rowohlt, Hamburg 1956

SCHRÖDINGER E.: [Naturgesetz]
Was ist ein Naturgesetz?
Verlag R. Oldenbourg. München - Wien 1962

SCHROEDER C.: [Klitzing-Konstante]
Die Klitzing-Konstante.
Praktische Auswirkungen physikalischer Grundlagenforschung.
VDI-Nachrichten Nr. 42, 16. Oktober 1987, S. 19

SCHULZE G.E.R.: [Einfachheitsprinzip]
Zur Rolle des Einfachheitsprinzips im physikalischen Weltbild.
Sitzungsberichte der Sächsischen Akademie der Wissenschaften zu Leipzig.
Math.-naturw. Klasse, Band 110, Heft 6
VEB Akademie-Verlag, Berlin 1974

SEATTLE: [Teil der Erde]
Wir sind ein Teil der Erde.
Die Rede des Häuptlings Seattle vor dem Präsidenten der Vereinigten
Staaten von Amerika im Jahr 1855.
Walter-Verlag, Olten und Freiburg i. Brsg. 1983

SEXL R.U.: [Physik]
SEXL, RAAB, STREERUWITZ:
Physik, Band 1A, 2A.
Verlag Carl Ueberreuter, Wien 1977

SEXL R.U.:     [Relativitätstheorie]
Relativitätstheorie als didaktische Herausforderung.
Naturwissenschaften 67 (1980), S. 209 – 215

SMITH D.H.:     [Relativity]
Testing Relativity with DI Herculis.
Sky and Telescope, March 1986, S. 236

SNEED J.D.:     [Structure]
The Logical Structure of Mathematical Physics.
Dordrecht 1971 (2. Auflage, 1979)

SPECK J. (Hg.):     [Begriffe]
Handbuch wissenschaftstheoretischer Begriffe (3 Bände).
UTB. Vandenhoeck u. Ruprecht, Göttingen 1980

STEGMÜLLER W.:     [Analyse]
Eine kombinierte Analyse der Theoriendynamik.
in: RADNITZKY G., ANDERSSON G.: [Voraussetzungen, S. 277 –
317]

STEGMÜLLER W.:     [Begriffsbildung]
Probleme und Resultate der Wissenschaftstheorie und Analytischen
Philosophie.
Band II: Theorie und Erfahrung (Erster Halbband).
Erfahrung, Festsetzung, Hypothese und Einfachheit in der wissenschaft-
lichen Begriffs- und Theorienbildung.
Springer-Verlag, Berlin - Heidelberg - New York 1970
Studienausgabe Teil A, B und C

STEGMÜLLER W.:     [Erklärung]
Probleme und Resultat der Wissenschaftstheorie und Analytischen Phi-
losophie.
Band I: Erklärung – Begründung – Kausalität.
Springer-Verlag, Berlin - Heidelberg - New York 1983 (2. Auflage)

STEGMÜLLER W.:     [Hauptströmungen I]
Hauptströmungen der Gegenwartsphilosophie (Band I).
Alfred Kröner Verlag, Stuttgart 1960

STEGMÜLLER W.:     [Hauptströmungen II]
Hauptströmungen der Gegenwartsphilosophie (Band II).
Alfred Kröner Verlag, Stuttgart 1975

STEGMÜLLER W.:     [Strukturalismus]
Probleme und Resultate der Wissenschaftstheorie und Analytischen
Philosophie.
Band II: Theorie und Erfahrung.

Dritter Teilband: Die Entwicklung des neuen Strukturalismus seit 1973.
Springer-Verlag, Berlin - Heidelberg - New York - Tokyo 1986

STEGMÜLLER W.:   [Theoriendynamik]
Probleme und Resultate der Wissenschaftstheorie und Analytischen
Philosophie.
Band II: Theorie und Erfahrung.
Zweiter Halbband: Theorienstruktur und Theoriendynamik.
Springer-Verlag, Berlin - Heidelberg - New York 1973

STEGMÜLLER W.:   [Überblick]
Moderne Wissenschaftstheorie. Ein Überblick.
Teil I: Moderne Logik und Grundlagen der Mathematik.
Teil II: Theorie der empirischen Wissenschaften.
Naturwissenschaften 66 (1979), S. 377 - 380 und S. 438 - 445

STILLE U.:   [Größeneinführung]
Messen und Rechnen in der Physik.
Grundlagen der Größeneinführung und Einheitenfestlegung.
Friedr. Vieweg u. Sohn, Braunschweig 1955

STILLE U.:   [Nomenklatur]
Symbole, Einheiten und Nomenklatur in der Physik.
Deutsche Ausgabe der Veröffentlichung:
Symbols, Units and Nomenclature in Physics.
Document U.I.P. 11 (S.U.N. 65-3)
Friedr. Vieweg u. Sohn, Braunschweig 1965

TOULMIN S.:   [Normalwissenschaft]
Ist die Unterscheidung zwischen Normalwissenschaft und revolutionärer
Wissenschaft stichhaltig?
in: LAKATOS I. [Kritik, S. 39]

TRIMBLE V.:   [Neutrinos]
TRIMBLE V., REINES F.:
The Solar Neutrino Problem -
A Progress (?) Report.
Reviews of Modern Physics 45 (1973), Nr. 1, S. 1 - 5

VOIGT H.H.:   [Astronomie]
Abriß der Astronomie (2 Bände).
Bibliographisches Institut, Mannheim - Wien - Zürich 1969

VOLLMER G.:   [Erkenntnistheorie]
Evolutionäre Erkenntnistheorie.
Angeborene Erkenntnisstrukturen im Kontext von Biologie, Psycholo-
gie, Linguistik, Philosophie und Wissenschaftstheorie.
S. Hirzel Verlag, Stuttgart 1983 (3. Auflage)

WALLOT J.:    [Größengleichungen]
Größengleichungen, Einheiten und Dimensionen.
J.A. Barth Verlag, Leipzig 1953

WATKINS J.:    [Normalwissenschaft]
Gegen die "Normalwissenschaft".
in: LAKATOS I. [Kritik, S. 25]

WEIZSÄCKER C.F.:    [Atomlehre]
Die Atomlehre der modernen Physik.
Eine kritische Betrachtung ihrer Grundlagen.
in: WEIZSÄCKER C.F.: [Weltbild, S. 33ff.]

WEIZSÄCKER C.F.:    [Gegenwartsphysik]
Die Physik der Gegenwart und das physikalische Weltbild.
in: WEIZSÄCKER C.F.: [Weltbild, S. 11ff.]

WEIZSÄCKER C.F.:    [Weltbild]
Zum Weltbild der Physik.
S. Hirzel Verlag, Stuttgart 1963 (10. Auflage)

WESTPHAL W.H.:    [Begriffssystem]
Die Grundlagen des physikalischen Begriffssystems.
Physikalische Größen und Einheiten.
Friedr. Vieweg u. Sohn, Braunschweig 1965

WIELAND W.:    [Wissenschaftstheorie]
Möglichkeiten und Grenzen der Wissenschaftstheorie.
Angew. Chemie 93 (1981) Heft 8, S. 627 – 718

WILD W.:    [Wissenschaftsverständnis]
Die Auswirkungen des grün-alternativen Wissenschaftsverständnisses
auf die Forschung.
Conturen Nr. 25A/Juli 1987, S. 45 – 62

WILLIAMS L.P.:    [Normalwissenschaft]
Normalwissenschaft, wissenschaftliche Revolutionen und die Geschichte
der Wissenschaft.
in: LAKATOS I. [Kritik, S. 49]

WITTGENSTEIN L.:    [Untersuchungen]
Philosophische Untersuchungen.
Oxford 1953

WOHLGENANNT R.:    [Wissenschaft]
Was ist Wissenschaft?
Friedr. Vieweg u. Sohn, Braunschweig 1969

WOLSCHIN G.: [Wege]
Wege zum Chaos.
Spektrum der Wissenschaft, Februar 1987, S. 91

ZIMAN J.: [Erkenntnis]
Wie zuverlässig ist wissenschaftliche Erkenntnis?
Friedr. Vieweg u. Sohn, Braunschweig - Wiesbaden 1982

# Namenverzeichnis

Toulmin St.   173, 190
Traving G.   45, 49
Trimble V.   171

**V**ogel H.   403
Voigt H.H.   45
Vollmer G.   57, 141

**W**allot J.   95, 108, 110, 117, 122,
  368
Watkins J.   173
Watson W.   177

Weizsäcker C.F.   26, 51, 53, 57
Westphal   101
Wieland W.   57
Wild W.   54, 173
Williams L.P.   173
Wittgenstein L.   146, 173, 208
Wohlgenannt R.   275
Wolfe A.B.   146
Wolschin G.   295

**Z**iman J.   133, 141, 158, 170,
  171, 172, 175, 180, 186, 187

# Sachverzeichnis